高等学校土木工程专业"十四五"系列教材

建 筑 抗 震 设 计

（按新规范 GB 50011—2010）

（第五版）

郭继武　编著

中国建筑工业出版社

图书在版编目（CIP）数据

建筑抗震设计：按新规范 GB 50011—2010 / 郭继武
编著. — 5 版. — 北京：中国建筑工业出版社，2022.4
（2024.11重印）

高等学校土木工程专业"十四五"系列教材
ISBN 978-7-112-27389-8

Ⅰ. ①建… Ⅱ. ①郭… Ⅲ. ①建筑结构－防震设计－
高等学校－教材 Ⅳ. ①TU352.104

中国版本图书馆 CIP 数据核字（2022）第 082458 号

高等学校土木工程专业"十四五"系列教材

建筑抗震设计

（按新规范 GB 50011—2010）

（第五版）

郭继武　编著

*

中国建筑工业出版社出版、发行（北京海淀三里河路 9 号）

各地新华书店、建筑书店经销

北京红光制版公司制版

天津安泰印刷有限公司印刷

开本：787 毫米×1092 毫米　1/16　印张：27½　字数：665 千字
2022 年 5 月第五版　　2024 年 11 月第三次印刷
定价：59.00 元
ISBN 978-7-112-27389-8
（38967）

本教材主要介绍了建筑在地震作用下动力反应的计算方法，以及建筑抗震设计原理。内容包括：抗震设计原则，场地、地基与基础，地震作用与结构抗震验算，以及常见建筑结构抗震设计。书中特别对"三水准两阶段"抗震设计原则和反应谱理论、钢筋混凝土框架、抗震墙和框架-抗震墙结构的抗震计算作了较详细地介绍。并给出了计算用表。

为了便于读者准确理解和掌握书中基本理论和计算方法，以及抗震规范的主要内容，书中列举了一些有代表性的典型例题，供读者参考。在解题过程中，力求解题步骤清晰、说明详尽。

本书可作为高校土木工程专业教材，也可供工程设计、施工技术人员学习新规范时参考。

* * *

责任编辑：牛　松　李笑然
责任校对：党　蕾

第 五 版 前 言

由笔者编写的《建筑抗震设计（第一版）》于 2002 年 9 月出版发行，截至 2021 年 11 月，累计印刷 32 次。许多高校采用本书作为专业教材，为了进一步提高教材质量，对第四版进行了修订，在第五版教材中加强、补充了以下内容：

1. 有关《建筑抗震设计规范》计算方法的改进

近年来，笔者在学习和应用《建筑抗震设计规范》GB 50011—2010（2016 年版）（以下简称《抗震规范》）过程中，发现其中有的计算方法尚有改进之处，例如：

（1）《抗震规范》4.3.3 条第 3 款规定，"浅埋天然地基的建筑，当上覆非液化土层厚度和地下水位深度符合式（4.3.3-1）～ 式（4.3.3-3）之一时，可不考虑液化影响。"

读者在应用《抗震规范》这一规定时，通常的做法是按式（4.3.3-1）～ 式（4.3.3-3）逐一地进行试算、判别。

笔者分析发现，实际上，可以给出每个公式的适用条件。根据适用条件即可确定出所应采用的计算公式，从而使计算步骤得以简化。

（2）《抗震规范》4.2.4 条规定，"高宽比大于 4 的高层建筑，在地震作用下基础底面不宜出现脱离区（零应力区）；其他建筑，基础底面与地基土之间脱离区（零应力区）面积不应超过基础底面面积的 15％"。

基础底面积除满足上述零应力区条件外，尚应满足地基承载力要求，即 $p \leqslant f_{aE}$ 或 $p_{max} \leqslant 1.2 f_{aE}$。显然，按上述要求计算基础底面面积是相当麻烦的，须经过多次试算方可得出满意的结果。经笔者研究，可以同时给出满足上述两个条件的基础底面积的计算公式，即 $A \geqslant \dfrac{F_k}{0.6\rho f_{aE} - \gamma d}$、基底长边 $l = \dfrac{M_k}{(0.3 - 0.2\rho)\rho A f_{aE}}$，式中，$\rho$ 为基础底面非零应力区面积与基础底面面积之比。

2. 对教材中未予详细说明内容加以补充

在推导双肢墙微分方程和求解过程中，对中间过程未予详细说明。在第五版中对这些问题进行了补充。

3. 较详细地介绍了多肢墙计算新方法

（1）目前，已出版的《高层建筑结构设计》和《混凝土结构》教材中，绝大部分只介绍了双肢墙的内力和侧移计算，而对多肢墙的相关计算未予介绍。究其原因，笔者认为，其主要原因可能是目前国内普遍采用的多肢墙计算方法是在双肢墙计算方法的基础上，采取一些附加假定，做近似分析，使计算误差较大。在第五版中对此部分内容做了补充和改写。以墙肢轴力作为未知数的多肢墙计算新方法，计算参数少、计算过程简单，并可获得理论解。因此，新方法可以克服现行方法的缺陷。

（2）近年来，笔者对新方法进行了进一步研究，对计算公式重新进行了推导，同时，做了若干例题，并与现行方法进行对比，从中尚发现以下问题：理论分析表明，墙肢所承受的剪力，不仅与各墙肢的抗弯刚度有关，而且还与各墙肢轴线间的尺寸和各杆件的分布剪力有关。因此，在计算各墙肢所承受的剪力时，按墙肢折算抗弯刚度进行分配的方法，计算结果有失准确。

在编写本书时，参考了公开发表的一些文献和专著，谨向这些作者表示感谢。由于编者水平所限，本书可能存在不足和疏漏之处，请读者和同行专家不吝指正。

第 四 版 前 言

《建筑抗震设计规范》GB 50011—2010（2016 年版）于 2016 年 8 月 1 日起实施。为了满足教学和工程界广大读者学习新规范的需要，参照新版规范有关内容对本书第三版进行了修订。

本书第四版与第三版比较，主要对以下内容作了增删修改：

1. 介绍了《建筑抗震设计规范》GB 50011—2010（2016 年版）修改后的我国主要城镇新的抗设防烈度、设计基本地震加速度和设计地震分组。

2. 根据《建筑抗震设计规范》GB 50011—2010（2016 年版）附录 A 我国主要城镇抗震设防烈度局部修订内容改绘了北京地区烈度区划图。

3. 调整了桩基可不进行承载力抗震验算的建筑类别。

4. 补充说明地震设防烈度与地震系数之间的关系。

5. 对土的液化标准贯入试验判别法计算公式作了补充说明。

6. 进一步说明设计特征周期 T_g 的确定原则和方法。

7. 介绍了应用编程计算器计算钢筋混凝土单层框架地震反应（位移、速度和加速度）程序、计算步骤和方法。

8. 补充了建筑形体及其构件布置的规则性要求。

9. 补充了抗震墙约束边缘构件的范围及配筋要求的说明。

10. 增加了多层砌体房屋的建筑布置和结构体系的要求。

本书第一版于 2002 年 6 月出版，至 2016 年 10 月 14 年间印刷达 26 次，总印数达 90000 余册。许多高校采用本书作为专业教材，承蒙师生的好评。本次修订仍保持前几版的特点，即紧密结合国家最新的标准规范，力求内容由浅入深，循序渐进，理论联系实际。编者认为，作为教材不仅只给出规范公式，还要说明其来源，作必要的数学推导，这不仅使学生深入地了解公式的物理概念，同时也可学习到科研的方法。从而提高他们解决问题的能力。

在编写本书时，参考了公开发表的一些文献。谨向这些作者表示感谢。由于编者水平所限，书中可能存在不足和疏漏之处，请读者批评指正。

第 三 版 前 言

新版《建筑抗震设计规范》GB 50011—2010 于 2010 年 12 月 1 日开始实施。为了满足教学需要和工程界广大读者学习新规范的参考，参照新规范有关内容对本书第二版进行了修订。

本书第三版与第二版比较，主要对以下内容进行了增删修改：

1. 修订了建筑工程抗震设防分类，将中小学建筑划分为重点设防类（即乙类）。

2. 将场地类别 I 类场地分为 I_0 和 I_1 两个亚类；等效剪切波速分界由 140m/s 修改为 150m/s。

3. 调整了场地土液化判别公式，将液化临界值随深度的变化由原来的折线形式改为对数曲线形式，并对公式系数来源作了推演和讨论。

4. 补充了结构抗震性能化设计的概念和计算方法。

5. 改进了地震影响系数曲线（反应谱）的阻尼调整系数和形状参数；补充和完善了竖向地震作用的计算方法，并补充了竖向地震影响系数取值的规定。

6. 补充了 8 度（0.30g）现浇钢筋混凝土结构房屋的最大适用高度。

7. 修改了与"强柱弱梁""强剪弱弯"原则有关的框架内力调整相关规定，补充了框架结构楼梯间的抗震设计要求。

8. 取消了内框架砖房的相关内容；修改了多层砌体房屋层数和高度的限值、抗震横墙间距等抗震设计要求。

9. 补充了底层框架-抗震墙砌体房屋的结构布置和过渡层的设计要求、上部为混凝土小砌块墙体的相关要求、墙体抗剪承载力验算、底框部分框架柱的专门要求等规定。

10. 修改了单层钢筋混凝土柱厂房可不进行抗震验算的范围，补充完善了柱间支撑节点验算要求。

11. 修改了各种类型结构抗震构造措施。

本书第一版于 2002 年 6 月出版，第二版 2006 年 9 月出版，至 2010 年 6 月 8 年间印刷 15 次，总印数达 46500 册，许多大学采用本书作为专业教材，受到师生的好评。本次修订时，仍保持了第一版与第二版的特点，即紧密结合国家最新的标准规范，力求内容由浅入深、循序渐进、理论联系实际。

在编写本书时，参考和引用了公开发表的一些文献和资料，谨向这些作者表示感谢。

由于编者水平所限，书中可能存在疏漏之处，请读者不吝指正。

第 二 版 前 言

本书原第一版是根据作者编写的《建筑抗震设计》教材（高等教育出版社，1990），并参照《建筑抗震设计规范》GB 50011—2001 修订而成。并于 2003 年由中国建筑工业出版社出版发行，至 2005 年 11 月，共印刷六次，发行 20000 册。

考虑到编写本书第一版时，《混凝土结构设计规范》GB 50010—2002 和《高层建筑混凝土结构技术规程》JGJ 3—2002 尚未出版，该书有关抗震设计内容未能编入。另外，本书第一版对抗震墙结构也未专门讲述。为了充实和完善教材内容，以适应教学需要，决定对第一版进行修订。

本书主要介绍了建筑结构在地震作用下动力反应的计算方法，以及建筑结构的抗震设计原理。内容包括：建筑结构抗震设计的基本要求，场地、地基与基础，地震作用和结构抗震验算原则，钢筋混凝土框架、抗震墙、框架-抗震墙房屋抗震设计，多层砌体房屋抗震设计，底部框架-抗震墙和多层内框架房屋抗震设计，以及单层钢筋混凝土柱厂房抗震设计等。

在编写本书时，作者力求做到内容由浅入深，循序渐进，理论联系实际。尽量对规范有关条文、公式和计算系数的来源加以推证和说明。

本书第二版与第一版主要区别是，增加了抗震墙结构的抗震设计内容。叙述了抗震墙结构的类型及其判别方法。对双肢墙，书中采用了以墙肢轴力作为未知数的微分方程解法，并编制了计算用表。按这种方法建立的微分方程有概念清楚、计算参数少和应用方便等优点。对多肢墙，给出了以墙肢轴力作为未知数的微分方程组解法。并给出了各种抗震墙顶点侧移计算公式和计算用表。

为了使读者更好地掌握书中的基础理论知识和规范有关条文内容，书中列举了有代表性的例题。在解题过程中，力求步骤清晰，说明详尽。

在编写本书过程中，得到了中国建筑科学研究院工程抗震研究所原所长龚思礼研究员和北京工业大学赵超燮教授的帮助，在此一并致以谢忱。

在编写本书时，参考和引用了公开发表的一些文献和资料，谨向这些作者表示感谢。

由于编者水平所限，书中可能存在疏漏之处，请读者不吝指正。

第 一 版 前 言

在我们跨入 21 世纪的时候，适逢我国新的《建筑抗震设计规范》GB 50011—2001 公布实施。为了满足教学的需要和供工程界广大读者学习新规范的参考，我们参照新规范有关内容编写了这本《建筑抗震设计》。书中主要介绍了建筑结构在地震作用下动力反应新的计算方法，以及建筑结构的计算原理。内容包括：建筑结构抗震设计的基本要求，场地、地基基础，地震作用和结构抗震验算原则，以及常用建筑的抗震设计。书中特别对二阶段设计法和反应谱理论，以及双肢墙的内力、位移和等效刚度作了重点介绍，并给出了计算用表。

本书具有以下特点：

(1) 场地土的卓越周期公式推导方法新颖；

(2) 对土的液化初步判别式作了详尽的解释，并对图解法的作图公式作了推导；

(3) 对标准贯入试验判别式作了必要的解释和推导；

(4) 对底部剪力法等效重力荷载系数计算公式作了推演；

(5) 对竖向地震作用等效重力荷载系数计算公式作了推演；

(6) 推导了砌体强度正应力影响系数的计算公式；

(7) 给出了框架结构最不利内力组合取值简捷表达式；

(8) 给出了计算框架-抗震墙中抗震墙内力的等效荷载公式；

(9) 推导了双肢墙和对称三肢墙以墙肢轴力为未知数的内力的表达式，并给出了位移和等效刚度计算公式；

(10) 推导了用于底部框架砖房的框架和抗震墙平面转动刚度的表达式。

在编写本书过程中，中国建筑科学研究院工程抗震研究所原所长龚思礼研究员和北京工业大学赵超燮教授给予了很多帮助，在此一并致以谢忱。

在编写本书时，参考和引用了公开发表的一些文献和资料，谨向这些作者表示感谢。

由于编者水平所限，书中可能存在疏漏之处，请读者指正。

目　　录

主　要　符　号

作用和作用效应

F_{Ek}、F_{Evk}——结构总水平、竖向地震作用标准值；

G_E、G_{eq}——地震时结构（构件）的重力荷载代表值、等效总重力荷载代表值；

w_k——风荷载标准值；

S——地震作用效应（弯矩、轴向力、剪力、应力和变形），与其他荷载效应的基本组合；

S_k——作用、荷载标准值的效应；

M——弯矩；

N——轴向压力；

V——剪力；

p——基础底面压力；

u——侧移；

θ——楼层位移角。

材料性能和抗力

K——结构（构件）的刚度；

R——结构构件承载力；

f、f_k、f_E——各种材料强度（含地基承载力）设计值、标准值和抗震设计值；

$[\theta]$——楼层位移角限值。

几　何　参　数

A——构件截面面积；

A_s——钢筋截面面积；

B——结构总宽度；

H——结构总高度、柱高度；

L——结构（单元）总长度；

a——距离；

a_s、a_s'——纵向受拉钢筋合力点至截面边缘的最小距离；

b——构件截面宽度；

d——土层深度或厚度，钢筋直径；

h——计算楼层层高，构件截面高度；

l——构件长度或跨度；

t——抗震墙厚度、楼板厚度。

计 算 系 数

α——水平地震影响系数；

α_{max}——水平地震影响系数最大值；

α_{vmax}——竖向地震影响系数最大值；

γ_G、γ_E、γ_w——作用分项系数；

γ_{RE}——承载力抗震调整系数；

ζ——计算系数；

η——地震作用效应（内力和变形）的增大或调整系数；

λ——构件长细比，比例系数；

ξ_y——结构（构件）屈服强度系数；

ρ——配筋率，比率；

φ——构件受压稳定系数；

ψ——组合值系数，影响系数。

其 他

T——结构自振周期；

N——贯入锤击数；

I_{lE}——地震时地基的液化指数；

X_{ij}——位移振型坐标（j振型i质点的x方向相对位移）；

Y_{ij}——位移振型坐标（j振型i质点的y方向相对位移）；

n——总数，如楼层数、质点数、钢筋根数、跨数等；

v_{se}——土层等效剪切波速；

Φ_{ij}——转角振型坐标（j振型i质点的转角方向相对位移）。

第1章 抗震设计原则

§1-1 构造地震

在建筑抗震设计中，所指的地震是由于地壳构造运动使深部岩石的应变超过容许值，岩层发生断裂、错动而引起的地面振动。这种地震就称为构造地震，一般简称地震。

强烈的构造地震影响面广，破坏性大，发生频率高，约占破坏性地震总量❶的90%以上。因此，在建筑抗震设计中，仅限于讨论在构造地震作用下建筑的设防问题。

地壳深处发生岩层断裂、错动的地方称为震源。震源至地面的距离称为震源深度（图1-1）。一般把震源深度小于60km的地震称为浅源地震；60～300km的称为中源地震；大于300km的称为深源地震。我国发生的绝大部分地震都属于浅源地震，一般深度为5～40km。例如，1976年7月28日的唐山大地震，震源深度为11km；而2008年5月12日的汶川大地震，震源深度为14km。我国深源地震分布十分有限，仅在个别地区发生过深源地震，其深度一般为400～600km。由于深源地震所释放出的能量，在长距离传播中大部分被损失掉，所以对地面上的建筑物影响很小。

图1-1 地震术语示意图

震源正上方的地面称为震中，震中邻近地区称为震中区，地面上某点至震中的距离称为震中距。

§1-2 地震波、震级和烈度

一、地震波

当震源岩层发生断裂、错动时，岩层所积累的变形能突然释放，它以波的形式从震源

---

❶ 除构造地震外，还有由于火山爆发、溶洞陷落、核爆炸等原因所引起的地震。

向四周传播，这种波就称为地震波。

地震波按其在地壳传播的位置不同，分为体波和面波。

（一）体波

在地球内部传播的波称为体波。体波又分为纵波和横波。

纵波是由震源向四周传播的压缩波，又称 P 波。介质的质点的振动方向与波的传播方向一致。这种波的周期短，振幅小，波速快，在地壳内它的速度一般为 200～1400m/s。纵波的波速可按下式计算：

$$v_\mathrm{p} = \sqrt{\frac{E(1-\mu)}{\rho(1+\mu)(1-2\mu)}} \qquad (1\text{-}1)$$

式中　E——介质的弹性模量；

　　　μ——介质的泊松比；

　　　ρ——介质密度。

纵波引起地面垂直方向振动。

横波是由震源向四周传播的剪切波，又称 S 波。介质的质点的振动方向与波的传播方向垂直。这种波的周期长，振幅大，波速慢，在地壳内它的波速一般为 100～800m/s。横波的波速可按下式计算：

$$v_\mathrm{s} = \sqrt{\frac{E}{2\rho(1+\mu)}} = \sqrt{\frac{G}{\rho}} \qquad (1\text{-}2)$$

式中　G——介质的剪切模量。

其余符号意义与前相同。

横波引起地面水平方向振动。

当取 $\mu = 1/4$ 时，由式（1-1）和式（1-2）可得：

$$v_\mathrm{p} = \sqrt{3}\,v_\mathrm{s} \qquad (1\text{-}3)$$

由此可见，P 波比 S 波传播速度快。

（二）面波

在地球表面传播的波称为面波，又称 L 波。它是体波经地层界面多次反射、折射形成的次生波。其波速较慢，约为横波波速的 0.9。所以，它在体波之后到达地面。这种波的介质质点振动方向复杂，振幅比体波大，对建筑物的影响也比较大。

图 1-2　地震曲线图

图 1-2 为某次地震由地震仪记录下来的地震曲线图。由图中可见，纵波（P 波）首先到达，横波（S 波）次之，面波（L 波）最后到达。分析地震曲线图上 P 波和 S 波的到达的时间差，可确定震源的距离。

二、震级

衡量一次地震释放能量大小的等级，称为震级，用符号 M 表示。

由于人们所能观测到的只是地震波传播到地表的振动，这也正是对我们有直接影响的那一部分地震能量所引起的地面振动。因此，也就自然地用地面振动的振幅大小来度量地震震级。1935年里克特（C.F. Richter）首先提出了震级的定义，即：震级系利用标准地震仪（指周期为0.8s、阻尼系数为0.8、放大倍数为2800的地震仪）距震中100km处记录的以微米（$1\mu m=1\times10^{-3}mm$）为单位的最大水平地面位移（振幅）A的常用对数值：

$$M = \lg A \tag{1-4}$$

式中　M——地震震级，一般称为里氏震级；

　　　A——由地震曲线图上量得的最大振幅（μm）。

例如，在距震中100km处，用标准地震仪记录到的地震曲线图的最大振幅$A=10mm$（即$10^4\mu m$），于是该次地震震级为：

$$M=\lg A=\lg 10^4=4$$

实际上，地震时距震中100km处不一定恰好有地震台站，而且地震台站也不一定有上述的标准地震仪。因此，对于震中距不是100km的地震台站和采用非标准地震仪时，需按修正后的震级计算公式确定震级。

震级与地震释放的能量有下列关系：

$$\lg E = 1.5M + 11.8 \tag{1-5}$$

式中　E——地震释放的能量。

由式（1-4）和式（1-5）计算可知，当地震震级相差一级时，地面振动振幅增加约10倍，而能量增加近32倍。

一般说来，$M<2$的地震，人们感觉不到，称为微震；$M=2\sim4$的地震称为有感地震；$M>5$的地震，对建筑物就要引起不同程度的破坏，统称为破坏性地震；$M>7$的地震称为强烈地震或大地震；$M>8$的地震称为特大地震。

三、地震烈度、地震烈度表和平均震害指数

（一）地震烈度、地震烈度表

地震烈度是指地震时在一定地点引起的地面震动及其影响的强弱程度。相对震中而言，地震烈度也可以把它理解为地震场的强度。

用什么尺度衡量地震烈度？在没有仪器观测的年代，只能由地震宏观现象，如人的感觉、器物的反应、地表和建筑物的影响和破坏程度等，总结出宏观烈度表来评定地震烈度。我国早期的《新中国地震烈度表》（1957）❶ 就属于这种宏观烈度表。由于宏观烈度表未能提供定量指标，因此不能直接用于工程抗震设计。随着科学技术的发展，强震仪的问世，使人们有可能记录到地面运动参数，如地面运动加速度峰值、速度峰值来定义地震烈度，从而出现了含有物理指标的定量烈度表。由于不可能随处取得地震仪记录，因此，用定量烈度表评定地震现场的地震烈度还有一定困难。比较好的方法是将两种烈度表结合起来，使之兼有两种功能，以便工程应用。

1999年由国家地震局颁布实施的《中国地震烈度表》GB/T 17742—1999，就属于将宏观烈度与地面运动参数建立起联系的地震烈度表。所以，该烈度表既有定性的宏观标志，又有定量的物理标志，兼有宏观烈度表和定量烈度表的功能。

《中国地震烈度表》GB/T 17742—1999自发布实施以来，在地震烈度评定中发挥了

---

❶　参见北京建筑工程学院，南京工学院合编. 建筑结构抗震设计. 北京：地震出版社，1981.

重要作用。由于国家经济发展，城乡房屋结构发生了很大变化，抗震设防的建筑比例增加。因此，由中国地震局对《中国地震烈度表》GB/T 17742—1999进行了修订，并由国家质量监督检验检疫总局和国家标准化管理委员会联合发布了新的《中国地震烈度表》GB/T 17742—2008，参见表1-1。

中国地震烈度表 GB/T 17742—2008   表1-1

地震烈度	人的感觉	房屋震害			其他震害现象	水平向地震动参数	
		类型	震害程度	平均震害指数		峰值加速度 m/s²	峰值速度 m/s
I	无感	—	—	—	—	—	—
II	室内个别静止中的人有感觉	—	—	—	—	—	—
III	室内少数静止中的人有感觉	—	门、窗轻微作响	—	悬挂物微动	—	—
IV	室内多数人、室外少数人有感觉，少数人梦中惊醒	—	门、窗作响	—	悬挂物明显摆动，器皿作响	—	—
V	室内绝大多数、室外多数人有感觉，多数人梦中惊醒	—	门窗、屋顶、屋架颤动作响，灰土掉落，个别房屋墙体抹灰出现细微裂缝，个别屋顶烟囱掉砖	—	悬挂物大幅度晃动，不稳定器物摇动或翻倒	0.31 (0.22~0.44)	0.03 (0.02~0.04)
VI	多数人站立不稳，少数人惊逃户外	A	少数中等破坏，多数轻微破坏和/或基本完好	0.00~0.11	家具和物品移动；河岸和松软土出现裂缝，饱和砂层出现喷砂冒水；个别独立砖烟囱轻度裂缝	0.63 (0.45~0.89)	0.06 (0.05~0.09)
		B	个别中等破坏，少数轻微破坏，多数基本完好				
		C	个别轻微破坏，大多数基本完好	0.00~0.08			
VII	大多数人惊逃户外，骑自行车的人有感觉，行驶中的汽车驾乘人员有感觉	A	少数毁坏和/或严重破坏，多数中等和/或轻微破坏	0.09~0.31	物体从架子上掉落；河岸出现塌方，饱和砂层常见喷水冒砂，松软土地上地裂缝较多；大多数独立砖烟囱中等破坏	1.25 (0.90~1.77)	0.13 (0.10~0.18)
		B	少数中等破坏，多数轻微破坏和/或基本完好				
		C	少数中等和/和轻微破坏，多数基本完好	0.07~0.22			

地震烈度	人的感觉	房屋震害			其他震害现象	水平向地震动参数	
		类型	震害程度	平均震害指数		峰值加速度 m/s²	峰值速度 m/s
Ⅷ	多数人摇晃颠簸，行走困难	A	少数毁坏，多数严重和/或中等破坏	0.29～0.51	干硬土上出现裂缝，饱和砂层绝大多数喷砂冒水；大多数独立砖烟囱严重破坏	2.50 (1.78～3.53)	0.25 (0.19～0.35)
		B	个别毁坏，少数严重破坏，多数中等和/或轻微破坏				
		C	少数严重和/或中等破坏，多数轻微破坏	0.20～0.40			
Ⅸ	行动的人摔倒	A	多数严重破坏或/和毁坏	0.49～0.71	干硬土上多处出现裂缝，可见基岩裂缝、错动，滑坡、塌方常见；独立砖烟囱多数倒塌	5.00 (3.54～7.07)	0.50 (0.36～0.71)
		B	少数毁坏，多数严重和/或中等破坏				
		C	少数毁坏和/或严重破坏，多数中等和/或轻微破坏	0.38～0.60			
Ⅹ	骑自行车的人会摔倒，处不稳状态的人会摔离原地，有抛起感	A	绝大多数毁坏	0.69～0.91	山崩和地震断裂出现，基岩上拱桥破坏；大多数独立砖烟囱从根部破坏或倒毁	10.00 (7.08～14.14)	1.00 (0.72～1.41)
		B	大多数毁坏				
		C	多数毁坏和/或严重破坏	0.58～0.80			
Ⅺ	—	A	绝大多数毁坏	0.89～1.00	地震断裂延续很大；大量山崩滑坡	—	—
		B					
		C		0.78～1.00			
Ⅻ	—	A	几乎全部毁坏	1.00	地面剧烈变化，山河改观	—	—
		B					
		C					

注：表中给出的"峰值加速度"和"峰值速度"是参考值，括弧内给出的是变动范围。

现将新的地震烈度表的内容和查表时注意事项简述如下：

1. 地震烈度评定指标

新的烈度表规定了地震烈度的评定烈度指标，包括人的感觉、房屋震害程度、其他震害现象、水平向地震动参数。

2. 地震烈度等级

地震烈度仍划分为 12 等级，分别用罗马数字Ⅰ、Ⅱ、……Ⅻ表示。

3. 数量词的界定

数量词采用个别、少数、多数、大多数和绝大多数，其范围界定如下：

（1）个别为 10% 以下；

（2）少数为 10%～45%；

（3）多数为 40%～70%；

（4）大多数为 60%～90%；

（5）绝大多数为 80% 以上。

4. 评定烈度的房屋的类型

用于评定烈度的房屋，包括以下三种类型：

（1）A 类：木构架和土、石、砖墙建造的旧式房屋；

（2）B 类：未经抗震设防的单层或多层砖砌体房屋；

（3）C 类：按照Ⅶ度抗震设防的单层或多层砖砌体房屋。

5. 房屋破坏等级及其对应的震害指数

房屋破坏等级分为：基本完好、轻微破坏、中等破坏、严重破坏和毁坏五类，其定义和对应的震害指数见表 1-2。

建筑破坏级别与震害指数 表 1-2

破坏等级	震 害 程 度	震 害 指 数 d
基本完好	承重和非承重构件完好，或个别非承重构件轻微损坏，不加修理可继续使用	$0.00 \leqslant d < 0.10$
轻微破坏	个别承重构件出现可见裂缝，非承重构件有明显裂缝，不需要修理或稍加修理即可继续使用	$0.10 \leqslant d < 0.30$
中等破坏	多数承重构件出现轻微裂缝，部分有明显裂缝，个别非承重构件破坏严重，需要一般修理后可使用	$0.30 \leqslant d < 0.55$
严重破坏	多数承重构件破坏较严重，非承重构件局部倒塌，房屋修复困难	$0.55 \leqslant d < 0.85$
毁 坏	多数承重构件严重破坏，房屋结构濒临崩溃或已倒毁，已无修理可能	$0.85 \leqslant d < 1.00$

6. 地震烈度评定

（1）评定地震烈度时，Ⅰ度～Ⅴ度应以地面上以及底层房屋中的人的感觉和其他震害现象为主；Ⅵ度～Ⅹ度应以房屋震害为主，参照其他震害现象，当用房屋震害程度与平均震害指数评定结果不同时，应以震害程度评定结果为主，并综合考虑不同类型房屋的平均震害指数；Ⅺ度和Ⅻ度应综合房屋震害和地表震害现象。

（2）以下三种情况的地震烈度评定结果，应作适当调整：

1）当采用高楼上人的感觉和器物反应评定地震烈度时，适当降低评定值；

2）当采用低于或高于Ⅶ度抗震设计房屋的震害程度和平均震害指数评定地震烈度时，适当降低或提高评定值；

3）当采用建筑质量特别差或特别好房屋的震害程度和平均震害指数评定地震烈度时，适当降低或提高评定值。

（3）当计算的平均震害指数值位于表1-1中地震烈度对应的平均震害指数重叠搭接区间时，可参照其他判别指标和震害现象综合判定地震烈度。

（4）农村可按自然村，城镇可按街区为单位进行地震烈度评定，面积以$1km^2$为宜。

（5）当有自由场地强震动记录时，水平向地震动峰值加速度和峰值速度可作为综合评定地震烈度的参考指标。

（二）平均震害指数

由于建筑种类不同，结构类型各异，所以，如何评定某一地区房屋的震害程度，做出比较符合实际的数量统计，以便正确地应用地震烈度表评定出宏观烈度，这是一个十分重要的问题。

《中国地震烈度表》GB/T 17742—2008采用"平均震害指数"确定房屋的宏观烈度。所谓平均震害指数是指同类房屋震害指数的加权平均值，即

$$D = \frac{1}{N} \sum_{i=1}^{5} d_i n_i \tag{1-6}$$

若令$\lambda_i = \frac{n_i}{N}$，则平均震害指数又可写成：

$$D = \sum_{i=1}^{5} d_i \lambda_i \tag{1-7}$$

式中　d_i——房屋破坏等级为i的震害指数；

n_i——房屋破坏等级为i的房屋幢数；

N——房屋总幢数；

λ_i——破坏等级为i的房屋破坏比，即破坏等级为i的房屋幢数与总幢数之比。

由式（1-7）可见，平均震害指数亦可定义为破坏等级为i的房屋破坏比与其相应的震害指数的乘积之和。

式（1-6）的物理意义表示某类房屋的平均震害程度。通过各类房屋不同的对比，可以了解各类房屋之间抗震性能的优劣。如某类房屋的平均震害指数愈大，则说明该类房屋的抗震性能愈差。

求出平均震害指数后，即可由表1-1查得地震烈度。

四、烈度衰减规律和等震线

对应于一次地震，在其波及的地区内，根据烈度表可以对该地区内每一地点评定出一个烈度。我们将烈度相同的区域的外包线，称为等烈度线或等震线。理想化的等震线应该

图 1-3　等烈度区的划分

是一些规则的同心圆。但实际上，由于建筑物的差异、地质、地形的影响，等震线多是一些不规则的封闭曲线。等震线一般取地震烈度级差为 1 度。一般来说，等震线的度数随震中距的增加而递减。但有时由于局部地形、地质的影响，也会在某一烈度区域内出现一小块高于该烈度 1 度或低 1 度的异常区。

我国有关单位根据 153 个等震线资料，经过数理统计分析，给出了烈度 I、震级 M 和震中距 R（km）之间的关系式：

$$I = 0.92 + 1.63M - 3.49\lg R \qquad (1\text{-}8)$$

以及震中烈度 I_0 与震级 M 之间的关系式：

$$I_0 = 0.24 + 1.29M \qquad (1\text{-}9)$$

根据式（1-8）和式（1-9），可在 $M\text{-}\lg R$ 坐标系中绘出等烈度区（图 1-3）。实际上，它是烈度衰减规律的另一表达形式，它有助于了解不同震级 M 和震中距 R 对烈度 I 衰减的影响。

§1-3　地震基本烈度和地震烈度区划图

一、地震基本烈度

强烈地震是一种破坏性很大的自然灾害，它的发生具有很大的随机性，采用概率方法预测某地区未来一定时间内可能发生的最大烈度是具有实际意义的。因此，国家有关部门提出了基本烈度的概念。

一个地区的基本烈度是指该地区在今后 50 年期限内，在一般场地条件下❶可能遭遇超越概率为 10% 的地震烈度。

二、地震烈度区划图

国家地震局和建设部于 1992 年联合发布了新的《中国地震烈度区划图（1990）》❷。该图给出了全国各地地震基本烈度的分布，可供国家经济建设和国土利用规划、一般工业与民用建筑的抗震设防及制定减轻和防御地震灾害对策之用。

编制地震烈度区划图分两步进行：第一步先确定地震危险区，即未来 50 年期限内可能发震的地段，并估计每个发震地段可能发生的最大地震，从而确定出震中烈度；第二步是预测这些地震的影响范围，即根据地震衰减规律确定其周围地区的烈度。因此，地震烈度区划图上标明的某一地点的基本烈度，总是相应于一定震源的，当然也包括几个不同震源所造成的同等烈度的影响。

---

❶　一般场地条件是指地区内普遍分布的地基土质条件及一般地形、地貌、地质构造条件。
❷　该图未包括我国海域部分及小的岛屿。

§1-4　建筑抗震设防分类、设防标准和设防目标

一、建筑抗震设防分类

根据新版国家标准《建筑工程抗震设防分类标准》GB 50223—2008（以下简称《分类标准》）规定，建筑抗震设防类别划分，应根据下列因素综合分析确定：

（1）建筑破坏造成的人员伤亡、直接和间接经济损失及社会影响大小。

（2）城镇的大小、行业的特点、工矿企业的规模。

（3）建筑使用功能失效后，对全局的影响范围大小、抗震救灾影响及恢复的难易程度。

（4）建筑各区段的重要性显著不同时，可按区段划分抗震设防类别。

（5）不同行业的相同建筑，当所处地位及地震破坏所产生的后果和影响不同时，其抗震设防类别可不相同。

《分类标准》规定，建筑工程应根据其使用功能的重要性和地震灾害后果的严重性分为以下四个抗震设防类别：

（1）特殊设防类：指使用上有特殊设施，涉及国家公共安全的重大建筑工程和地震时可能发生严重次生灾害等特别重大灾害后果，须要进行特殊设防的建筑，简称甲类；

（2）重点设防类：指地震时使用功能不能中断或须尽快恢复的生命线相关建筑，以及地震时可能导致大量人员伤亡等重大灾害后果，须要提高设防标准的建筑，简称乙类；

（3）标准设防类：指大量的除 1、2、4 款以外按标准要求进行设防的建筑，简称丙类；

（4）适度设防类：指使用上人员稀少且震损不致产生次生灾害，允许在一定条件下适度降低要求的建筑，简称丁类。

《分类标准》指出，划分不同的抗震设防分类并采取不同的设计要求，是在现有技术和经济条件下减轻地震灾害的重要对策之一。新的《分类标准》突出了设防类别划分是侧重于使用功能和灾害后果的区分，并更强调对人员安全的保障。

《分类标准》对一些行业的建筑的设防标准作了调整，例如，教育建筑中，幼儿园、小学、中学的教学用房以及学生宿舍和食堂的抗震设防类别不应低于乙类。《分类标准》并列出了主要行业甲、乙、丁类建筑和少数丙建筑的示例，可供查用。

二、建筑抗震设防标准和目标

（一）建筑抗震设防标准

建筑抗震设防标准是衡量建筑抗震设防要求高低的尺度，由建筑设防烈度和建筑使用功能的重要性确定。抗震设防烈度是指，按国家规定的权限批准作为一个的区抗震设防依据的地震烈度。一般情况下，抗震设防烈度可采用中国地震烈度区划图的基本烈度。对已编制抗震设防区划图的城市，也可采用批准的抗震设防烈度。

《分类标准》规定，各抗震设防类别建筑的抗震设防标准，应符合下列要求：

（1）标准设防类，应按本地区抗震设防烈度确定其抗震措施和地震作用。达到在遭遇高于当地抗震设防烈度的预估罕遇地震影响时不致倒塌或发生危及生命安全的严重破坏的抗震设防目标。

（2）重点设防类：应按高于本地区抗震设防烈度 1 度的要求加强其抗震措施；但抗震设防烈度为 9 度时应按比 9 度更高的要求采取抗震措施；地基基础的抗震措施，应符合有关规定。同时，应按本地区抗震设防烈度确定其地震作用。

对于划分为重点设防类而规模很小的工业建筑，当改用抗震性能较好的材料且符合抗震设计规范对结构体系的要求时，允许按标准设防类设防。

（3）特殊设防类：应按高于本地区抗震设防烈度提高 1 度采取抗震措施；但抗震设防烈度为 9 度时应按比 9 度更高的要求采取抗震措施。同时，应按批准的地震安全性评价的结果且高于本地区抗震设防烈度确定其地震作用。

（4）适度设防类：允许比本地区抗震设防烈度的要求适当降低其抗震措施，但抗震设防烈度为 6 度时不应降低。一般情况下，仍应按本地区抗震设防烈度确定其地震作用。

抗震设防烈度为 6 度时，除《抗震规范》有具体规定外，对乙、丙、丁类建筑可不进行地震作用计算。

（二）建筑抗震设防目标

20 世纪 70 年代以来，世界上不少国家的抗震设计规范都采用了这样一种抗震设计思想：在建筑使用寿命期限内，对不同频度和强度的地震，要求建筑具有不同的抗震能力。即对于较小的地震，由于其发生的可能性大，当遭遇到这种多遇地震时，要求结构不受损坏，这在技术上和经济上是可以做到的；对于罕遇的强烈地震，由于其发生的可能性小，当遭遇到这种地震时，要求结构不受损坏，这在经济上是不合算的。比较合理的做法是，应允许损坏，但在任何情况下结构不应倒塌。

基于国际上这一趋势，结合我国具体情况，我国 1989 年颁布的《建筑抗震设计规范》GBJ 11—89 就提出了与这一抗震思想相一致的"三水准"抗震设防目标，2001《抗震规范》沿用了这一设防目标。

"三水准"抗震设防目标是：

第一水准：当遭受低于本地区抗震设防烈度的多遇的地震（简称小震）影响时，一般不受损坏或不需修理可继续使用。

第二水准：当遭受相当于本地区抗震设防烈度的设防地震（简称中震）影响时，可能损坏，经一般修理或不需修理仍可继续使用。

第三水准：当遭受高于本地区抗震设防烈度预估的罕遇地震（简称大震）影响时，不致倒塌或发生危及生命的严重破坏。

在进行建筑抗震设计时，原则上应满足三水准抗震设防目标的要求，在具体做法上，为了简化计算，《抗震规范》采取了二阶段设计法，即：

第一阶段设计：按小震作用效应和其他荷载效应的基本组合验算构件的承载能力，以及在小震作用下验算结构的弹性变形，以满足第一水准抗震设防目标的要求。

第二阶段设计：按大震作用下验算结构的弹塑性变形，以满足第三水准抗震设防目标的要求。

至于第二水准抗震设防目标的要求，《抗震规范》是以抗震措施来加以保证的。

概括起来，"三水准、二阶段"抗震设防目标的通俗说法是："小震不坏，中震可修，大震不倒。"

我国抗震设计规范所提出的"三水准"抗震设防目标，以及为实现这个目标所采取的二阶段设计法，已为震害所证明是正确的。例如，发生在 2008 年四川汶川"5·12"大地震，通过有关单位专家对此次所完成的震后房屋应急评估显示，严格按照现行建筑抗震设计规范设计、施工和使用的建筑，在遭受比当地设防烈度高 1 度的地震作用下（即地震作用比规定大 1 倍，相当于罕遇地震），没有出现倒塌破坏，有效地保护了人民的生命安全。

新版《抗震规范》规定，一般情况下仍沿用"三水准"抗震设防目标，但建筑有使用功能上或其他的专门要求时，可按高于上述一般情况的设防目标进行抗震性能设计。

三、小震和大震

按"三水准、二阶段"进行建筑抗震设计时，首先遇到的问题是如何定义大震和小震，以及在各基本烈度区小震和大震烈度如何取值。

根据地震危险性分析，一般认为，地震烈度概率密度函数符合极值 Ⅲ 型分布（图1-4），即：

$$f_{\mathrm{III}}(I) = \frac{k(\omega - I)^{k-1}}{(\omega - I_{\mathrm{m}})^k} \mathrm{e}^{-\left(\frac{\omega - I}{\omega - I_{\mathrm{m}}}\right)^k}$$

$$(1\text{-}10)$$

其分布函数

$$F_{\mathrm{III}}(I) = \mathrm{e}^{-\left(\frac{\omega - I}{\omega - I_{\mathrm{m}}}\right)^k} \qquad (1\text{-}11)$$

图 1-4　烈度概率密度函数

式中　I ——地震烈度；

ω ——地震烈度上限值，取 $\omega - $ 12 度；

I_{m} ——众值烈度，即烈度概率密度函数曲线上的峰值（称为众值）所对应的烈度，根据我国有关单位对华北、西南、西北 45 个城镇的地震烈度概率分析，基本烈度与众值烈度之差的平均值 1.55 度。若已知某地区基本烈度为 8 度，则 $I_{\mathrm{m}} = 8 - 1.55 = 6.45$ 度；

e ——无理数，e＝2.718；

k ——形状参数。

式 (1-11) 中，参数 ω 和 I_{m} 有明确的物理意义。现讨论参数 k 的确定方法。

由于不少国家以 50 年超越概率为 10% 的地震强度作为设计标准。为了简化计算，统一按这一概率水准来确定形状参数。

根据地震烈度概率分析，我国基本烈度大体上为设计基准期 50 年超越概率 10% 的烈度，现以某地区基本烈度为 8 度为例，说明形状参数 k 的确定方法，由于基本烈度 8 度区的众值烈度 $I_{\mathrm{m}} = 8 - 1.55 = 6.45$ 度，并注意到这时 $F_{\mathrm{III}}(I) = 0.9$。将上列数据代入式 (1-11)，得：

$$F_{\mathrm{III}}(8) = \mathrm{e}^{-\left(\frac{12-8}{12-6.45}\right)^k} = 0.9$$

经简化后得

$$\mathrm{e}^{-(0.72072)^k} = 0.9$$

对上式等号两端取自然对数，得

$$-0.72072^k = -0.10536$$

对上式等号两端取常用对数，经计算得 $k = 6.87128$。

其他设防烈度的形状参数 k 值见表1-3。

分布函数形状参数 k				表 1-3
设防烈度	6	7	8	9
形状参数 k	9.79323	8.33386	6.87128	5.40285

1. 小震烈度

从概率意义上讲，小震应是发生频率最多的地震，即烈度概率密度函数曲线上峰值所对应的烈度——众值烈度。因此，采用众值烈度作为小震烈度是适宜的。如上所述，对于基本烈度为 8 度区的众值烈度，即小震烈度，可取 6.45 度。不超越众值烈度的概率可由式（1-11）计算，其中取 $I=I_m$，于是

$$F_{\text{III}}(I) = \mathrm{e}^{-\left(\frac{\omega-I_m}{\omega-I_m}\right)^k} = \mathrm{e}^{-1} = 0.368 = 36.8\%$$

而超越概率为

$$1 - F_{\text{III}}(I) = 1 - 0.368 = 0.632 = 63.2\%$$

2. 大震烈度

地震的发生无论在时间、地点和强度上都具有很大的随机性。强烈地震给人们生命和财产造成极其严重的损失。因此，确定在设计基准期内防止建筑倒塌的大震烈度时，从概率上讲应为小概率事件。《抗震规范》取超越概率 $2\% \sim 3\%$ 的烈度作为大震的概率水准。

下面求大震烈度。现仍以基本烈度 8 度区为例，设取超越概率 2% 烈度作为大震的概率水准，这时 $F_{\text{III}}(I)=0.98$，$I_m=6.45$ 度，$k=6.878$。将这些数据代入式（1-11），得：

$$F_{\text{III}}(I) = \mathrm{e}^{-\left(\frac{12-I}{12-6.45}\right)^{6.878}} = 0.98$$

对上式等号两端取自然对数，得

$$-\left(\frac{12-I}{5.55}\right)^{6.878} = -0.0202$$

对上式等号两端取常用对数，即可求得 8 度区的大震烈度为 $I=8.853$ 度，即 9 度弱。

同理可求得，相应于基本烈度为 6 度、7 度和 9 度时的大震烈度分别为 7 度强，8 度强和 9 度强。因此，大震烈度比基本烈度高 1 度左右。

§1-5　建筑抗震性能设计

如前所述，新版《抗震规范》规定，当建筑有使用功能上或其他的专门要求时，可按高于一般情况的设防目标（三水准、二阶段设计）进行结构抗震性能设计。这里所说的建筑有使用功能上或其他的专门要求，一般是指下面一些情况：

（1）超限高层建筑结构；

（2）结构的规则性、结构类型不符合《抗震规范》有关规定的建筑；

（3）位于高烈度区（8 度、9 度）的甲、乙类设防标准的特殊工程；

（4）处于抗震不利地段的工程。

结构抗震性能设计，是指以结构抗震性能目标为基准的结构抗震设计，结构抗震性能目标，是指针对不同的地震地面运动（小震、中震或大震）设定的结构抗震性能水准。而结构抗震性能水准则是指对结构震后损坏状况及继续使用可能性等抗震性能的界定（如完好、基本完好或轻微破坏等）。

结构抗震性能目标应根据抗震设防类别、设防烈度、场地条件、结构类型和不规则性、附属设施功能要求、投资大小、震后损失和修复难易程度等确定，结构抗震性能目标分为 A、B、C、D 四级。不同的结构抗震性能目标设定的结构抗震性能水准分为 1、2、3、4、5 五个水准，如表 1-4 所示。

结构抗震性能水准   表 1-4

地震水准	结构抗震性能目标			
	A	B	C	D
多遇地震	1	1	1	1
设防地震	1	2	3	4
罕遇地震	2	3	4	5

表中各结构抗震性能水准可按表 1-5 进行宏观判别，各种性能水准结构的楼层均不应出现受剪破坏。

各抗震性能水准结构预期的震后性能状况   表 1-5

结构抗震性能水准	宏观损坏程度	损坏程度			继续使用的可能性
		普通竖向构件	关键构件	耗能构件	
第 1 水准	完好，无损坏	无损坏	无损坏	无损坏	一般不须修理即可使用
第 2 水准	基本完好，轻微损坏	无损坏	无损坏	轻微损坏	稍加修理即可使用
第 3 水准	轻度损坏	轻微损坏	轻微损坏	轻度损坏，部分中度损坏	一般修理后才可使用
第 4 水准	中度损坏	部分构件中度损坏	轻度损坏	中度损坏，部分比较严重损坏	修复或加固后才可继续使用
第 5 水准	比较严重损坏	部分构件比较严重损坏	中度损坏	比较严重损坏	需排险大修

注：普通竖向构件是指关键构件之外的构件；关键构件是指该构件的失效可能引起结构的连续破坏或危及生命安全的严重破坏；耗能构件包括框架梁、剪力墙连梁及损耗支撑等。

由表 1-4 可见，A、B、C、D 四级性能目标的结构，在小震作用下均应满足第 1 抗震性能水准，即满足弹性设计要求，即"小震不坏"；在中震或大震作用下，四种性能目标所要求的结构抗震性能水准有较大的区别。A 级性能目标是最高等级，中震作用下要求结构达到第 1 抗震性能水准，大震作用下要求结构达到第 2 抗震性能水准，即结构仍处于基本弹性状态；B 级性能目标，要求结构在中震作用下满足第 2 抗震性能水准，大震作用下满足第 3 抗震性能水准，结构仅有轻微损坏；C 级性能目标，要求结构在中震作用下满足第 3 抗震性能水准，大震作用下满足第 4 抗震性能水准，结构中度损坏；D 级性能目标是最低等级，要求结构在中震作用下满足第 4 抗震性能水准，大震作用下满足第 5 抗震性能水准，结构有比较严重的损坏，但不致倒塌或发生危及生命的严重损坏。

如上所述，选用结构抗震性能目标时，须综合考虑抗震设防类别、设防烈度、场地条件、结构类型和不规则性、建造费用、震后损失和修复难易程度等因素。鉴于地震地面运动的不确定性，以及结构在强烈地震下非线性分析方法（计算模型及参数的选用等）存在不少经验因素，缺少从强震记录、设计施工资料到实际震害的验证，对结构抗震性能的判断难以十分准确，尤其是对于长周期的超高层建筑或特别不规则的结构的判断难度更大。

因此，在选用抗震性能目标时，宜偏于安全一些。例如，特别不规则的超限高层建筑或处于不利地段场地的特别不规则的结构，可考虑选用 A 级性能目标；房屋高度或不规则性超过《抗震规范》适用范围很多时，可考虑选用 B 级或 C 级性能目标；房屋高度或不规则性超过适用范围较多时，可考虑选用 C 级性能目标；房屋高度或不规则性超过适用范围较少时，可考虑选用 C 级或 D 级性能目标。上面仅仅是从建筑高度超限情况、结构不规则程度和不利地段场地方面列举些例子，实际工程情况比较复杂，要考虑各种因素，合理地选用结构抗震性能目标。

应当指出，所选用的性能目标等级高低关系到结构的安全度和工程投资多少，因此，要征得业主的认可。

§1-6 地震的破坏作用

一、地表的破坏现象

1. 地裂缝

在强烈地震作用下，常常在地面产生裂缝。根据产生的机理不同，地裂缝分为重力地裂缝和构造地裂缝两种。重力地裂缝是由于在强烈地震作用下，地面作剧烈震动而引起的惯性力超过了土的抗剪强度所致。这种裂缝长度可由几米到几十米，其断续总长度可达几公里，但一般都不深，多为 $1\sim2\mathrm{m}$。图 1-5 为唐山地震中的重力地裂缝情形。构造地裂缝是地壳深部断层错动延伸至地面的裂缝。美国旧金山大地震圣安德烈斯断层的巨大水平位移，就是现代可见断层形成的构造地裂缝。

2. 喷砂冒水

在地下水位较高、砂层埋深较浅的平原地区，地震时地震波的强烈振动使地下水压力急剧增高，地下水经地裂缝或土质松软的地方冒出地面，当地表土层为砂层或粉土层时，则夹带着砂土或粉土一起喷出地表，形成喷砂冒水现象（图1-6）。喷砂冒水现象一般要持续很长时间，严重的地方可造成房屋不均匀下沉或上部结构开裂。

图 1-5　唐山地震中的地裂缝　　　　图 1-6　唐山地震中地面喷砂冒水

3. 地面下沉（震陷）

在强烈地震作用下，地面往往发生震陷，使建筑物破坏。图1-7为1976年唐山地震因地陷引起房屋破坏的情形。

4. 河岸、陡坡滑坡

在强烈地震作用下，常引起河岸、陡坡滑坡。有时规模很大，造成公路堵塞、岸边建筑物破坏。

二、建筑物的破坏

在强烈地震作用下，各类建筑物发生严重破坏，按其破坏的形态及直接原因，可分以下几类：

1. 结构丧失整体性

房屋建筑或其他构筑物，都是由许多构件组成的，在强烈地震作用下，构件连接不牢，支承长度不够或支撑失效等都会使结构丧失整体性而破坏。图1-8所示为某房屋在地震中由于结构构件连接不牢，造成屋盖塌落。

图1-7　因地陷使房屋破坏

图1-8　结构丧失整体性

2. 承重结构承载力不足引起破坏

任何承重构件都有各自的特定功能，以适用于承受一定的外力作用。对于设计时没有考虑抗震设防或抗震设防不足的结构，在强烈地震作用下，不仅构件内力增大很多，而且其受力性质往往也将改变，致使构件承载力不足而被破坏。图1-9为某旅馆在强烈地震作用下，因构件强度不足破坏的情形。

3. 地基失效

当建筑物地基内含饱和砂层、粉土层时，在强烈地面运动影响下，土中孔隙水压力急剧增高，致使地基土发生液化。地基承载力下降，甚至完全丧失，从而导致上部结构破坏。

三、次生灾害

地震除直接造成建筑物的破坏外，还可能引起火灾、水灾、污染等严重的次生灾害，

图 1-9 某旅馆因构件
承载力不足而破坏

有时比地震直接造成的损失还大。在城市，尤其是在大城市这个问题越来越引起人们的关注。

例如，发生在 1995 年 1 月 17 日的日本阪神大地震，发生火灾 122 起之多，烈焰熊熊，浓烟遮天蔽日，不少建筑物倒塌后又被烈火包围，火势入夜不减。这给救援工作带来很大困难。又如 1923 年日本关东大地震，据统计，震倒房屋 13 万栋。由于地震时正值中午做饭时间，故许多地方同时起火，自来水管普遍遭到破坏，而道路又被堵塞，致使大火蔓延，烧毁房屋达 45 万栋之多。1906 年美国旧金山大地震，在震后的三天火灾中，共烧毁 521 个街区的 28000 幢建筑物，使已被震坏但仍未倒塌的房屋，又被大火夷为一片废墟。1960 年发生在海底的智利大地震，引起海啸灾害，除吞噬了智利中、南部沿海房屋外，海浪还从智利沿大海以每小时 640km 的速度横扫太平洋，22h 之后，高达 4m 的海浪又袭击了距智利 17000km 远的日本。在本州和北海道，使海港和码头建筑遭到严重的破坏，甚至连巨船也被抛上陆地。又如，2005 年 12 月 26 日上午，印度尼西亚苏立门答腊岛附近海域发生了一场近百年来罕见的强烈地震。此次地震的震级高达里氏 8.7 级，是自 1964 年以来发生的最强烈地震。地震引起了高达 10m 的海啸，向附近的东南亚国家沿海地区呼啸而去。地震和随之而来的海啸造成了极其严重的人员伤亡和财产损失。据报道，印度、斯里兰卡等七个国家有近 30 万人遇难。

§1-7 建筑抗震设计的基本要求

在强烈地震作用下，建筑的破坏过程是十分复杂的，目前对它还没有充分的认识，因此要进行精确的抗震设计还有一些困难。20 世纪 70 年代以来，人们提出了"建筑抗震概念设计"。所谓"建筑抗震概念设计"是指，根据地震震害和工程经验等所形成的基本设计原则和设计思想，进行建筑和结构总体布置并确定细部构造的过程。

我们掌握建筑抗震概念设计，将有助于明确抗震设计思想，灵活、恰当地运用抗震设计原则，使我们不致陷入盲目的计算工作，从而能够采取比较合理的抗震措施。

应当指出，强调建筑抗震概念设计重要，并非不重视数值计算。而这正是为了给抗震计算创造有利条件，使计算分析结果更能反映地震时结构反应的实际情况。

在进行抗震设计时，应遵守下列一些要求：

一、场地、地基和基础的要求

1. 选择对抗震有利的场地

选择建筑场地时，应根据工程需要，掌握地震活动情况、工程地质和地震地质的有关资料，对抗震有利、一般、不利和危险地段作出综合评价。对不利地段，应提出避开要求；当无法避开时应采取有效措施。对危险地段，严禁建造甲、乙类的建筑，不应建造丙类的建筑。

对抗震有利地段，一般是指稳定的基岩、坚硬土或开阔、平坦、密实、均匀的中硬土等地段；不利地段，一般是指软弱土，液化土，条状突出的山嘴，高耸孤立的山丘，非岩质的陡坡，河岸和边坡的边缘，平面分布上成因、岩性、状态明显不均匀的土层（如故河道、疏松的断层破碎带、暗埋的塘浜沟谷和半填半挖的地基），高含水量可塑黄土，地表存在结构性裂隙等地段；危险地段，一般是指地震时可能发生滑坡、崩塌、地陷、地裂、泥石流等，及发震断裂带上可能发生地表错位的部位等地段；一般地段，是指不属于有利、不利和危险的地段。

2. 建造在Ⅰ❶类场地上的抗震构造措施的调整

（1）建筑场地为Ⅰ类时，甲、乙类建筑应允许仍按本地区抗震设防烈度的要求采取抗震构造措施；丙类建筑应允许按本地区抗震设防烈度降低一度的要求采取抗震构造措施，但抗震设防烈度为6度时仍应按本地区抗震设防烈度的要求采取抗震构造措施。

（2）建筑场地为Ⅲ、Ⅳ类时，对设计基本地震加速度为0.15g和0.30g的地区❷，除《抗震规范》另有规定外，宜分别按抗震设防烈度为8度（0.20g）和9度（0.40g）时各类建筑的要求采取抗震构造措施。

3. 地基和基础设计应符合下列要求

（1）同一结构单元的基础不宜设置在性质截然不同的地基上；

（2）同一结构单元不宜部分采用天然地基部分采用桩基；

（3）地基为软弱黏性土、液化土、新近填土或严重不均匀土时，应估计地震时地基不均匀沉降或其他不利影响，并采取相应的措施。

4. 山区建筑场地和地基基础设计应符合下列要求

（1）山区建筑场地应根据地质、地形条件和使用要求，因地制宜设置符合抗震设防要求的边坡工程；边坡应避免深挖高填，坡高大且稳定性差的边坡应采用后仰放坡或分阶放坡。

（2）建筑基础与土质、强风化岩质边坡的边缘应留有足够的距离，其值应根据抗震设防烈度的高低确定，并采取措施避免地震时地基基础破坏。

二、选择对抗震有利的建筑平面、立面和竖向剖面

为了防止地震时建筑发生扭转和应力集中或塑性变形集中，而形成薄弱部位，建筑平面、立面和竖向剖面应符合下列要求：

（1）建筑设计应符合抗震概念设计的要求，不规则的建筑方案应按规定采取加强措施；特别不规则的建筑方案应进行专门研究和论证，采取特别的加强措施；不应采用极不规则的建筑方案。

（2）建筑及其抗侧力结构的平面布置宜规则、对称，并具有良好的整体性；建筑的立面和竖向剖面宜规则，结构的侧向刚度宜均匀变化，竖向抗侧力构件的截面尺寸和材料强度宜自下而上逐渐减小，避免抗侧力结构的侧向刚度和承载力突变。

（3）体形复杂或平、立面特别不规则的建筑结构，可按实际需要在适当部位设置防震缝，形成多个较规则的抗侧力结构单元。防震缝应根据抗震设防烈度、结构材料种类、结

---

❶ 建筑场地的分类见第2章。

❷ 设计基本地震加速度见第3章。

构类型、结构单元高差情况，留有足够的宽度，其两侧的上部结构应全部脱开。

当设置伸缩缝和沉降缝时，其宽度应符合防震缝的要求。

三、选择技术和经济合理的结构体系

结构体系应根据建筑抗震设防类别、抗震设防烈度、建筑高度、场地条件、地基、结构材料和施工等因素，经技术、经济和使用条件综合比较确定。

1. 结构体系应符合下列各项要求

（1）具有明确的计算简图和合理的地震作用传递路线。

（2）应避免因部分结构或构件破坏而导致整体结构丧失抗震能力或对重力荷载的承载能力。

（3）应具备必要的抗震承载能力、良好的变形能力和消耗地震能量的能力。

（4）对可能出现的薄弱部位，应采取措施提高抗震承载力。

2. 结构体系尚宜符合下列各项要求

（1）结构体系宜有多道防线。

（2）宜具有合理的刚度和承载力分布，避免因局部削弱或突变形成薄弱部位，产生过大的应力集中或塑性变形集中。

（3）结构在两个主轴方向的动力特性宜相近。

3. 结构构件应符合下列要求

（1）砌体结构应按规定设置钢筋混凝土圈梁和构造柱、芯柱或采用配筋砌体等。

（2）混凝土结构构件应控制截面尺寸和受力钢筋与箍筋的设置，防止剪切破坏先于弯曲破坏，混凝土压溃先于钢筋的屈服，钢筋的锚固粘结破坏先于钢筋破坏。

（3）预应力混凝土构件，应配有足够的非预应力钢筋。

（4）钢结构构件的尺寸应合理控制，避免局部失稳或整个构件失稳。

（5）多、高层的混凝土楼、屋盖宜优先采用现浇混凝土板。当采用预制装配式混凝土楼、屋盖时，应从楼盖体系和构造上采取措施确保各预制板之间连接的整体性。

4. 结构各构件之间的连接要求

（1）构件节点的破坏，不应先于其连接的构件。

（2）预埋件的锚固破坏，不应先于连接件。

（3）装配式结构构件的连接，应能保结构的整体性。

（4）预应力混凝土构件的预应力钢筋，宜在节点核心区以外锚固。

（5）装配式单层厂房的各种抗震支撑系统，应保证地震时结构的稳定性。

四、利用计算机进行结构抗震分析

应符合下列要求：

（1）计算模型的建立，必要的简化计算与处理，应符合结构的实际工作状况；计算中应考虑楼梯构件的影响。

（2）计算软件的技术条件应符合《抗震规范》及有关标准的规定，并应阐明其特殊处理的内容和依据。

（3）复杂结构进行多遇地震作用下的内力和变形分析时，应采用不少于两个合适的不同力学模型，并对其计算结果进行分析比较。

（4）所有计算机计算结果，应经分析判断确认其合理、有效后方可用于工程设计。

五、对非结构构件的要求

（1）非结构构件，包括建筑非结构构件和建筑附属机电设备，自身及其与结构主体的连接，应进行抗震设计。

（2）非结构构件的抗震设计，应由相关专业人员分别负责进行。

（3）附着于楼、屋面结构上的非结构构件（如雨篷、女儿墙等），以及楼梯间的非承重墙体，应与主体结构有可靠连接或锚固，避免地震时倒塌伤人或砸坏重要设备。

（4）框架结构的围护墙和隔墙，应估计对结构抗震的不利影响，避免不合理设置而导致结构的破坏。

（5）幕墙、装饰贴面与主体结构应有可靠连接，避免地震时脱落伤人。

（6）安装在建筑上的附属机械、电气设备系统的支座和连接，应符合地震时使用功能的要求，且不应导致相关部件的损坏。

六、结构材料性能与施工的要求

1. 抗震结构对材料和施工质量的特别要求，应在设计文件上注明。

2. 结构材料性能指标，应符合下列最低要求：

（1）砌体结构材料应符合下列规定：

1）普通砖和多孔砖的强度等级不应低于 MU10，其砌筑砂浆强度等级不应低于 M5。

2）混凝土小型空心砌块的强度等级不应低于 MU7.5，其砌筑砂浆强度等级不应低于 Mb7.5。

（2）混凝土结构材料应符合下列规定：

1）混凝土的强度等级，框支梁，框支柱及抗震等级为一级的框架梁、柱、节点核芯区，不应低于 C30；构造柱、芯柱、圈梁及其他各类构件不应低于 C20。

2）抗震等级为一、二、三级的框架和斜撑构件（含梯段），其纵向受力钢筋采用普通钢筋时，钢筋的抗拉强度实测值与屈服强度实测值的比值不应小于 1.25；钢筋的屈服强度实测值与屈服强度标准值的比值不应大于 1.3；且钢筋在最大拉力下的总伸长率实测值不应小于 9%。

上面第 1 个限制条件是为了保证当构件某个部位出现塑性铰以后，塑性铰处有足够的转动能力与耗能能力；第 2 个限制条件是为了保证在抗震设计中实现强柱弱梁和强剪弱弯所规定的内力调整提供必要的条件；而第 3 个限制条件则是为了保证钢筋具有较好的延性。

国家标准《钢筋混凝土用钢 第 2 部分：热轧带肋钢筋》GB/T 1499.2—2018 规定，符合上述要求的钢筋牌号，在已有牌号后加 E，例如 HRB400E、HRB500E 等。

（3）钢结构的钢材应符合下列规定：

1）钢材的屈服强度实测值与抗拉强度实测值的比值不应大于 0.85。

2）钢材应有明显的屈服台阶，且伸长率应小于 20%，以保证构件有足够的塑性变形能力。

3）钢材应有良好的可焊性和合格的冲击韧性。

3. 结构材料性能指标，尚宜符合下列要求：

（1）普通钢筋宜优先采用延性、韧性和可焊性较好的钢筋；普通钢筋的强度等级，纵向受力钢筋宜选用符合抗震性能的不低于 HRB400 级热轧钢筋，也可采用符合抗震性能指标的 HRB335 级热轧钢筋；箍筋宜选用符合抗震性能指标的 HRB335、HRB400 级热轧钢筋。

（2）混凝土结构的混凝土强度等级，抗震墙不宜超过 C60，其他构件，9 度时不宜超过 C60，8 度时不宜超过 C70。对钢筋混凝土结构的混凝土强度等级的限制，是因为高强度混凝土具有脆性性质，且随等级提高而增加，因此在抗震设计中应考虑这一因素。

（3）钢结构的钢材宜采用 Q235 等级 B、C、D 的碳素结构钢及 Q345 等级 B、C、D、E 的低合金高强度结构钢，当有可靠依据时，尚可采用其他钢种和钢号。

4. 在施工中，当需要以强度等级高的钢筋代替原设计中的纵向受力钢筋时，应按照钢筋受拉承载力设计值相等的原则换算，并应满足最小配筋率、抗裂度要求。

5. 钢筋混凝土构造柱、芯柱和底部框架-抗震墙砖房中砖抗震墙的施工，应先砌墙后浇构造柱、芯柱和框架梁柱。

思　考　题

1-1　什么是基本烈度和设防烈度？它们是怎样确定的？

1-2　什么是多遇地震、设防地震和罕遇地震？

1-3　建筑工程分为哪几个抗震设防类别？分类的目的是什么？

1-4　按《抗震规范》进行抗震设计的建筑，一般情况下的抗震设防目标是什么？

1-5　什么是建筑抗震概念设计？概念设计包括哪些内容？

1-6　何谓建筑抗震性能设计？结构抗震性能目标应根据哪些因素确定？

计　算　题

【习题 1-1】已知某地区抗震设防烈度为 7 度，设防烈度与众值烈度相差 1.55 度。试计算该地区式（1-11）的形状参数 k。

【习题 1-2】已知某地区抗震设防烈度为 8 度，设防烈度与众值烈度相差 1.55 度。试计算该地区 50 年内超越概率为 3% 的大震烈度值。

第 2 章　场地、地基与基础

§2-1　场　　地

建筑场地是指工程群体所在地，具有相似的反应谱❶特征，其范围相当于厂区、居民小区和自然村或不小于 $1.0km^2$ 面积。

一、建筑场地的选择

选择建筑场地时，应按表 2-1 划分对建筑抗震有利、一般、不利和危险地段。

有利、一般、不利和危险地段的划分　　　　　　　　　　　　　　表 2-1

项次	地段类别	地质、地形、地貌
1	有利地段	稳定基岩，坚硬土，开阔、平坦、密实、均匀的中硬土等
2	一般地段	不属于有利、不利和危险地段
3	不利地段	软弱土，液化土，条状突出的山嘴，高耸孤立的山丘，陡坡、陡坎，河岸和边坡边缘等，平面分布上成因、岩性、状态明显分布不均的土层（含故河道疏松的断层破碎带、暗埋的塘滨沟谷和半填挖的地基），高含水量的可塑黄土，地表存在结构性裂缝等
4	危险地段	地震时可能发生滑坡、崩塌、地陷、地裂、泥石流等及发震断裂带上可能发生地表位错的部位

在选择建筑场地时，应优先选择有利地段或一般地段，避开不利地段，不得在危险地段进行建造。

当需要在条状突出的山嘴、高耸孤立的山丘、非岩石和强风化岩石的陡坡、河岸和边坡边缘等不利地段建造丙类及丙类以上建筑时，除保证其在地震作用下的稳定性外，尚应估计不利地段对设计地震动参数可能产生的放大作用，其水平地震影响系数最大值应乘以增大系数，其值应根据不利地段的具体情况确定，在 1.1～1.6 范围内采用。

二、建筑场地的类型

《抗震规范》规定，建筑场地的类别，根据土层等效剪切波速和场地覆盖层厚度按表 2-2 划分为四类，即 Ⅰ 类、Ⅱ 类、Ⅲ 类和 Ⅳ 类，其中 Ⅰ 类又分为 I_0 和 I_1 两个亚类。

建筑场地类别划分　　　　　　　　　　　　　　表 2-2

岩石的剪切波速或土的等效剪切波速 (m/s)	场地覆盖层厚度 d_{ov} (m)					
	$d_{ov}=0$	$0<d_{ov}<3$	$3{\leqslant}d_{ov}<5$	$5{\leqslant}d_{ov}{\leqslant}15$	$15<d_{ov}{\leqslant}50$	$50<d_{ov}{\leqslant}80$	$d_{ov}>80$
$v_s>800$	I_0					
$800{\geqslant}v_s>500$	I_1					

---

❶　关于反应谱概念见第 3 章。

岩石的剪切波速或土的等效剪切波速（m/s）	场地覆盖层厚度 d_{ov}（m）						
	$d_{ov}=0$	$0<d_{ov}<3$	$3\leqslant d_{ov}<5$	$5\leqslant d_{ov}\leqslant15$	$15<d_{ov}\leqslant50$	$50<d_{ov}\leqslant80$	$d_{ov}>80$
$500\geqslant v_{se}>250$	I$_1$		II				
$250\geqslant v_{se}>150$	I$_1$		II			III	
$v_{se}\leqslant150$	I$_1$		II		III		IV

注：表中 v_s 为岩石的剪切波速；v_{se} 为土层的等效剪切波速。

《抗震规范》采用土层等效剪切波速和场地覆盖层厚度作为评定指标来划分场地类别的构想，是以土层卓越周期计算公式 $T=4d_{ov}/v_s$ ［参见本教材公式（2-19）］为理论依据的。由这种双参数分类方法可见，它反映了土的覆盖层厚度 d_{ov} 越厚和剪切波速 v_s 值越小，则卓越周期 T 越长、土层越软的一般规律。这表明，《抗震规范》的场地分类方法是十分合理的。

（一）建筑场地覆盖层厚度的确定

《抗震规范》规定，建筑场地覆盖层厚度的确定，应符合下列要求：

（1）一般情况下，应按地面至剪切波速大于 500m/s 且其下卧各岩土的剪切波速均不小于 500m/s 的土层顶面的距离确定。

（2）当地面 5m 以下存在剪切波速大于其上部各土层剪切波速 2.5 倍的土层，且该层及其下卧各岩土的剪切波速均不小于 400m/s 时，可按地面至该土层顶面的距离确定。

（3）剪切波速大于 500m/s 的孤石、透镜体，应视同周围土层。

（4）土层中的火山岩硬夹层，应视为刚体，其厚度应从覆盖土层中扣除。

（二）土层剪切波速的测量和确定

《抗震规范》规定，土层剪切波速应在现场测量，并应符合下列要求：

（1）在场地初步勘察阶段，对大面积的同一地质单元，测试土层剪切波速的钻孔数量不宜少于 3 个。

（2）在场地详细勘察阶段，对单幢建筑，测试土层剪切波速的钻孔数量，不宜少于 2个，数据变化较大时，可适量增加；对小区中处于同一地质单元的密集建筑群，测试土层剪切波速的钻孔数量可适量减少，但每幢高层建筑和大跨空间结构的钻孔数量均不得少于 1 个。

（3）对丁类建筑和丙类建筑中层数不超过 10 层，高度不超过 24m 的多层建筑，当无实测剪切波速时，可根据岩土名称和性状，按表 2-3 划分土的类型，再利用当地经验在表 2-3 的剪切波速范围内估算各土层的剪切波速。

土的类型划分和剪切波速范围 表 2-3

土的类型	岩土名称和性状	土层剪切波速范围（m/s）
岩石	坚硬、较硬且完整的岩石	$v_s>800$
较坚硬或软质岩石	破碎和较破碎的岩石或软和较软的岩石，密实的碎石土	$800\geqslant v_s>500$
中硬土	中密、稍密的碎石土，密实、中密的砾、粗、中砂，$f_{ak}>$ 150 黏性土和粉土，坚硬黄土	$500\geqslant v_s>250$

土的类型	岩土名称和性状	土层剪切波速范围（m/s）
中软土	稍密的砾、粗、中砂，除松散外的细、粉砂，$f_{ak} \leqslant 150$ 的黏性土和粉土，$f_{ak} > 130$ 的填土，可塑新黄土	$250 \geqslant v_s > 150$
软弱土	淤泥和淤泥质土，松散的砂，新近沉积的黏性土和粉土，$f_{ak} \leqslant 130$ 的填土，流塑黄土	$v_s \leqslant 150$

注：f_{ak} 为由载荷试验等方法得到的地基承载力特征值（kPa）；v_s 为岩土的剪切波速。

表 2-2 中土层等效剪切波速，应按下列公式计算

$$v_{se} = \frac{d_0}{t} \qquad (2-1a)$$

$$t = \sum_{i=1}^{n} \frac{d_i}{v_{si}} \qquad (2-1b)$$

式中　v_{se}——土层等效剪切波速（m/s）；

　　　d_0——计算深度（m），取覆盖层厚度和 20m 两者的较小值；

　　　t——剪切波在地面至计算深度之间的传播时间（s）；

　　　d_i——计算深度范围内第 i 土层的厚度（m）；

　　　v_{si}——计算深度范围内第 i 土层的剪切波速（m/s）；

　　　n——计算深度范围内土层的分层数。

等效剪切波速是根据地震波通过计算深度范围内多层土层的时间等于该波通过计算深度范围内单一土层的时间条件确定的。

设场地计算深度范围内有 n 层性质不同的土层组成（图 2-1），地震波通过它们的厚度分别为 d_1，d_2，…，d_n，并设计算深度为 $d_0 = \sum_{i=1}^{n} d_i$，于是

$$t = \sum_{i=1}^{n} \frac{d_i}{v_{si}} = \frac{d_0}{v_{se}} \qquad (2-1c)$$

经整理后即得等效剪切波速计算公式。

图 2-1　多层土等效剪切波速的计算
（a）多层土；（b）单一土层

【例题 2-1】 表 2-4 为某工程场地地质钻孔地质资料，试确定该场地类别。

例题 2-1 附表　　　　　　　　　　　　　　　　　　　　　　表 2-4

土层底部深度（m）	土层厚度 d_i（m）	岩土名称	剪切波速 v_{si}（m/s）
2.50	2.50	杂填土	200
4.00	1.50	粉　土	280
4.90	0.90	中　砂	310
6.10	1.20	砾　砂	500

【解】因为地面下 4.90m 以下土层剪切波速 $v_s = 500\text{m/s}$，所以场地计算深度 $d_0 = 4.90\text{m}$。按式（2-1a）计算：

$$v_{se} = \frac{d_0}{\sum_{i=1}^{n} \frac{d_i}{v_{si}}} = \frac{4.90}{\frac{2.50}{200} + \frac{1.50}{280} + \frac{0.90}{310}} = 236\text{m/s}$$

由表 2-2 查得，当 $250\text{m/s} > v_{se} = 236\text{m/s} > 150\text{m/s}$ 且 $3\text{m} < d_{ov} = 4.90\text{m} < 5\text{m}$ 时，该场地属于 Ⅱ 类场地。

【例题 2-2】表 2-5 为 8 层、高度为 24m 丙类建筑的场地地质钻孔资料（无剪切波速资料），试确定该场地类别。

例题 2-2 附表　　　　　　　　　　　　　　　　表 2-5

土层底部深度（m）	土层厚度（m）	岩土名称	地基土静承载力特征值（kPa）
2.20	2.20	杂填土	130
8.00	5.80	粉质黏土	140
12.50	4.50	黏　土	150
20.70	8.20	中密的细砂	180
25.00	4.30	基　岩	700

【解】场地覆盖层厚度 $= 20.7\text{m} > 20\text{m}$，故取场地计算深度 $d_0 = 20\text{m}$。本例在计算深度范围内有 4 层土，根据杂填土静承载力特征值 $f_{ak} = 130\text{kN/m}^2$，由表 2-3 取其剪切波速值 $v_s = 150\text{m/s}$；根据粉质黏土、黏土静承载力特征值分别为 140kN/m^2 和 150kN/m^2，以及中密的细砂，由表 2-3 查得，它们的剪切波速值范围均在 $250 \sim 150\text{m/s}$ 之间，现取其平均值 $v_s = 200\text{m/s}$。

将上列数值入式（2-1b），得

$$v_{se} = \frac{d_0}{\sum_{i=1}^{n} \frac{d_i}{v_{si}}} = \frac{20}{\frac{2.20}{150} + \frac{5.80}{200} + \frac{4.50}{200} + \frac{7.50}{200}} = 192\text{m/s}$$

由表 2-2 可知，该建筑场地为 Ⅱ 类场地。

【例题 2-3】表 2-6 为某工程场地地质钻孔资料。试确定该场地的覆盖层厚度。

例题 2-3 附表　　　　　　　　　　　　　　　　表 2-6

土层编号	土层底部深度（m）	土层厚度（m）	岩土名称	剪切波速（m/s）
①	3.00	3.00	杂填土	120
②	5.50	2.50	粉质黏土	140
③	8.00	2.50	细　砂	145
④	10.40	2.40	中　砂	420
⑤	13.70	3.30	砾　砂	430

【解】因为第④层土顶面的埋深为 8m，大于 5m，且其剪切波速均大于该层以上各土层的 2.5 倍，而第④和第⑤层土的剪切波速均大于 400m/s。根据覆盖层厚度确定的要求，

本场地可按地面至第④层土顶面的距离确定覆盖层厚度，即 $d_{ov}=8m$。

三、建筑场地评价及有关规定

1.《抗震规范》规定，场地内存在发震断裂时，应对断裂的工程影响进行评价，并应符合下列要求：

（1）对符合下列规定之一的情况，可忽略发震断裂错动对地面建筑的影响：

1）抗震设防烈度小于 8 度；

2）非全新世活动断裂；

3）抗震设防烈度为 8 度和 9 度时，隐伏断裂的土层覆盖层厚度分别大于 60m 和 90m。

（2）对不符合第 1 款规定的情况，应避开主断裂带，其避让距离不宜小于表 2-7 对发震断裂最小避让距离的规定。

发震断裂的最小避让距离（m） 表 2-7

烈度	建筑抗震设防类别			
	甲	乙	丙	丁
8	专门研究	200	100	—
9	专门研究	400	200	—

2.《抗震规范》规定，当需要在条状突出的山嘴、高耸孤立的山丘、非岩石和强风化岩石的陡坡、河岸和边坡边缘等不利地段建造丙类及丙类以上建筑时，除保证其在地震作用下的稳定性外，尚应估计不利地段对设计地震动参数可能产生的放大作用，其水平地震影响系数最大值应乘以增大系数，其值应根据不利地段的具体情况确定，在 1.1～1.6 范围内采用。

3. 场地岩土工程勘察，应根据实际需要划分对建筑有利、一般、不利和危险的地段，提供建筑的场地类别和岩土地震稳定性（如滑坡、崩塌、液化和震陷特性等）评价，对需要采用时程分析法补充计算的建筑，尚应根据设计要求提供土层剖面、场地覆盖层厚度和有关的动力参数。

§2-2　地震时地面运动特性

一、场地土对地震波的作用、土的卓越周期

地震波是一种波形十分复杂的行波。根据谐波分析原理，可以将它看作是由 n 个简谐波叠加而成。场地土对基岩传来的各种谐波分量都有放大作用，但对其中有的放大得多，有的放大得少，也就是说，不同的场地土对地震波有不同的放大作用。了解场地土对地震波的这一作用，对进行建筑抗震设计和震害分析都具有重要意义。

为了说明场地土对地震波这一作用，我们先来讨论地震波在场地土中的传播。

（一）横向地震波的振动方程及其解答

首先来建立地震在均质半空间弹性体内传播时介质的振动方程，然后再讨论它的解答。

图 2-2 （a）为弹性半空间体，现从其中地震波通过的地方取出一微分体，设其体积

为 $\mathrm{d}x \times 1 \times 1$。

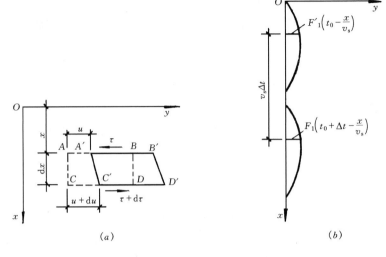

图 2-2 地震波的分析

(a) 土体在剪切波通过时的位移；(b) 剪切波的传播

剪切波通过微分体时将产生振动。设某瞬时其位置由 $ABCD$ 变位至 $A'B'C'D'$，并设 AB 变位为 u，而 CD 变位为 $u+\mathrm{d}u$。同时设微分体 AB 的水平面上产生的剪应力为 τ，而 CD 水平面上的剪应力为 $\tau+\mathrm{d}\tau$。显然

$$\mathrm{d}u = \frac{\partial u}{\partial x}\mathrm{d}x \qquad (a)$$

$$\mathrm{d}\tau = \frac{\partial \tau}{\partial x}\mathrm{d}x \qquad (b)$$

由图 2-2 可以看出，剪应变

$$\gamma = \frac{\partial u}{\partial x} \qquad (c)$$

由虎克（Hooke）定律，得：

$$\tau = G\gamma = G\,\frac{\partial u}{\partial x} \qquad (d)$$

式中 G——剪变模量。

而

$$\frac{\partial \tau}{\partial x} = G\,\frac{\partial^2 u}{\partial x^2} \qquad (e)$$

将式 (e) 代入式 (b)，得：

$$\mathrm{d}\tau = G\,\frac{\partial^2 u}{\partial x^2}\mathrm{d}x \qquad (f)$$

设 ρ 为介质的密度，根据牛顿第二定律：

$$\rho \mathrm{d}x \times 1 \times 1 \times \frac{\partial^2 u}{\partial t^2} = -\tau \times 1 \times 1 + (\tau + \mathrm{d}\tau) \times 1 \times 1$$

或

$$\rho\,\frac{\partial^2 u}{\partial t^2}\mathrm{d}x = \mathrm{d}\tau \qquad (g)$$

将式（f）代入式（g），得：

$$\rho \frac{\partial^2 u}{\partial t^2} \mathrm{d}x = G \frac{\partial^2 u}{\partial x^2} \mathrm{d}x \tag{h}$$

经整理后得：

$$\frac{\partial^2 u}{\partial t^2} = \frac{G}{\rho} \cdot \frac{\partial^2 u}{\partial x^2} \tag{2-2}$$

令

$$\frac{G}{\rho} = v_s^2 \tag{2-3}$$

则

$$\frac{\partial^2 u}{\partial t^2} - v_s^2 \frac{\partial^2 u}{\partial x^2} = 0 \tag{2-4}$$

这就是横波通过半空间弹性体时，介质质点的振动偏微分方程。它的解可写成下面形式：

$$u_1 = F_1 \left(t - \frac{x}{v_s} \right) \tag{2-5}$$

和

$$u_2 = F_2 \left(t + \frac{x}{v_s} \right) \tag{2-6}$$

或它们的和

$$u_1 + u_2 = F_1 \left(t - \frac{x}{v_s} \right) + F_2 \left(t + \frac{x}{v_s} \right) \tag{2-7}$$

式中 F_1、F_2 为具有二阶导数的函数。

实际上，u_1 是沿 x 的正方向传播的反射波，而 u_2 是沿 x 的反方向传播的入射波。

设 $t = t_0$ 时，质点的位移

$$(u_1)_{t=t_0} = F_1 \left(t_0 - \frac{x}{v_s} \right) \tag{i}$$

这时 t_0 为常数，故 u_1 是 x 的函数，设它的波形如图 2-2（b）所示。

当 $t = t_0 + \Delta t$ 时，质点的位移为：

$$(u_1)_{t=t_0+\Delta t} = F_1 \left(t_0 + \Delta t - \frac{x}{v_s} \right) = F_1 \left(t_0 - \frac{x'}{v_s} \right) \tag{j}$$

式中 $x' = x - v_s \Delta t$。

根据坐标平移定理，式（i）和式（j）具有相同的波形。同时表明，波形沿 x 的正方向平移 $v_s \Delta t$，由于所需的时间为 Δt，故波形传播的速度为 $v_s \Delta t / \Delta t = v_s$。这就证明了 $F_1 \left(t - \frac{x}{v_s} \right)$ 是沿 x 的正方向传播的反射波，同时也证明了式（2-4）振动方程中的 v_s 为剪切波的波速。

不难证明，$u_2 = F_2 \left(t + \frac{x}{v_s} \right)$ 是沿 x 的反方向传播的入射波。

（二）成层介质振动方程的解答、场地的卓越周期首先讨论在基岩上覆盖层只有一层土的振动方程的解答。

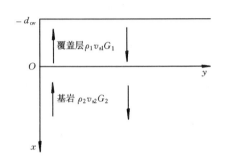

图 2-3　土的卓越周期计算

设覆盖层厚度为 d_{ov}，剪变模量为 G_1，密度为 ρ_1，剪切波速为 v_{s1}；基岩为半无限弹性体，剪变模量为 G_2，密度为 ρ_2，剪切波速为 v_{s2}（图 2-3）。

当基岩内有振幅为 1、频率为 $\omega = 2\pi/T$（T 为周期）的正弦形剪切波垂直向上传来时，即基岩内的入射波为：

$$u_0 = \mathrm{e}^{i\omega\left(t+\frac{x}{v_{\mathrm{s2}}}\right)} \tag{2-8}$$

考虑到基岩内波的反射作用，则基岩内的波为：

$$u_2 = \mathrm{e}^{i\omega\left(t+\frac{x}{v_{\mathrm{s2}}}\right)} + A\mathrm{e}^{i\omega\left(t-\frac{x}{v_{\mathrm{s2}}}\right)} \tag{2-9}$$

当基岩内的波传到与覆盖层相交的界面时，将有一部分透射到覆盖层中，并传到地面后反射。因此，覆盖层中的波可写成：

$$u_1 = B\mathrm{e}^{i\omega\left(t+\frac{x}{v_{\mathrm{s1}}}\right)} + C\mathrm{e}^{i\omega\left(t-\frac{x}{v_{\mathrm{s1}}}\right)} \tag{2-10}$$

式（2-9）、式（2-10）中的 A、B、C 为待定的常数，由边界条件确定。在我们所讨论的问题中，边界条件为：

（1）在地表面处，剪应力为零，即

$$x = -d_{\mathrm{ov}}，\ \tau = 0\ \text{或}\ \frac{\partial u_1}{\partial x} = 0$$

（2）在基岩和覆盖层的界面处剪应力相等，位移相同，即

$$x = 0，\ \left(G_1\frac{\partial u_1}{\partial x}\right)_{x=0} = \left(G_2\frac{\partial u_2}{\partial x}\right)_{x=0}，\ (u_1)_{x=0} = (u_2)_{x=0}$$

将上列边界条件代入式（2-9）和式（2-10），即可求得待定常数：

$$A = \frac{(1-k)+(1+k)\mathrm{e}^{-2i\frac{\omega d_{\mathrm{ov}}}{v_{\mathrm{s1}}}}}{(1+k)+(1-k)\mathrm{e}^{-2i\frac{\omega d_{\mathrm{ov}}}{v_{\mathrm{s1}}}}} \tag{2-11}$$

$$B = \frac{2}{(1+k)+(1-k)\mathrm{e}^{-2i\frac{\omega d_{\mathrm{ov}}}{v_{\mathrm{s1}}}}} \tag{2-12}$$

$$C = \frac{2\mathrm{e}^{-2i\frac{\omega d_{\mathrm{ov}}}{v_{\mathrm{s1}}}}}{(1+k)+(1-k)\mathrm{e}^{-2i\frac{\omega d_{\mathrm{ov}}}{v_{\mathrm{s1}}}}} \tag{2-13}$$

式中

$$k = \frac{\rho_1 v_{\mathrm{s1}}}{\rho_2 v_{\mathrm{s2}}} \tag{2-14}$$

将常数 B、C 分子分母同乘以 $\mathrm{e}^{\frac{i\omega d_{\mathrm{ov}}}{v_{\mathrm{s1}}}}$，代入覆盖层位移表达式（2-10），并令 $x = -d_{\mathrm{ov}}$，则得地面位移：

$$(u_1)_{x=-d_{\mathrm{ov}}} = \frac{2\mathrm{e}^{i\omega t}}{(1+k)\mathrm{e}^{\frac{i\omega d_{\mathrm{ov}}}{v_{\mathrm{s1}}}} + (1-k)\mathrm{e}^{-i\frac{\omega d_{\mathrm{ov}}}{v_{\mathrm{s1}}}}}$$

$$+\frac{2e^{i\omega t}}{(1+k)e^{\frac{i\omega d_{ov}}{v_{s1}}}+(1-k)e^{-i\frac{\omega d_{ov}}{v_{s1}}}}$$

经整理后，得：

$$(u_1)_{x=-d_{ov}}=\frac{4}{(1+k)e^{\frac{i\omega d_{ov}}{v_{s1}}}+(1-k)e^{\frac{-i\omega d_{ov}}{v_{s1}}}}e^{i\omega t} \qquad (2-15)$$

现来求地面位移的幅值，即振幅。为此需求式（2-15）复数的模。

设式（2-15）分母的模为 R，由矢量图并应用余弦定理（图2-4），得：

$$R=\sqrt{(1+k)^2+(1-k)^2+2(1+k)(1-k)\cos\frac{2\omega d_{ov}}{v_{s1}}} \qquad (2-16a)$$

经化简后

$$R=2\sqrt{\cos^2\frac{\omega d_{ov}}{v_{s1}}+k^2\sin^2\frac{\omega d_{ov}}{v_{s1}}} \qquad (2-16b)$$

将式（2-16b）代入式（2-15），得：

$$|(u_1)_{x=-d_{ov}}|_{\max}=\frac{2}{\sqrt{\cos^2\frac{\omega d_{ov}}{v_{s1}}+k^2\sin^2\frac{\omega d_{ov}}{v_{s1}}}} \qquad (2-17)$$

覆盖层振幅放大系数 β 等于地面振幅与基岩入射波振幅之比，即

图 2-4 式（2-15）分母模的矢量图

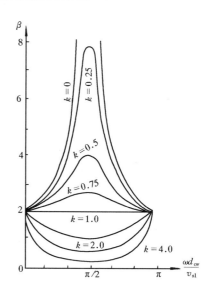

图 2-5 β - $\frac{\omega d_{ov}}{v_{s1}}$ 曲线

$$\beta=\frac{|(u_1)_{x=-d_{ov}}|_{\max}}{1}=\frac{2}{\sqrt{\cos^2\frac{\omega d_{ov}}{v_{s1}}+k^2\sin^2\frac{\omega d_{ov}}{v_{s1}}}} \qquad (2-18)$$

对应于不同 k 值的 β - $\frac{\omega d_{ov}}{v_{s1}}$ 曲线如图 2-5 所示。从图可以看出，一般 $k<1$，故基岩入

射波的振幅均被放大，并当

$$\frac{\omega\, d_{ov}}{v_{s1}} = \frac{\pi}{2}$$

时，即

$$T = \frac{4 d_{ov}}{v_{s1}} \tag{2-19}$$

时，振幅放大系数 β 将为最大值。亦即地震波的某个谐波分量的周期恰为该波穿过表土层所需的时间 d_{ov}/v_{s1} 的 4 倍时，覆盖层地面振动将最显著。

一般称式（2-19）中的 T 为场地的卓越周期或自振周期。

由于场地覆盖层的厚度 d_{ov} 与它的剪切波速 v_{s1} 不同，因此覆盖层的卓越周期 T 亦将不同，一般在 0.1 秒至数秒之间变化。

覆盖层的卓越周期是场地的重要动力特性之一。震害调查表明，凡建筑物的自振周期与场地的卓越周期相等或接近时，建筑物的震害都有加重的趋势。这是由于建筑物发生类共振现象所致。因此，在建筑抗震设计中，应使建筑物的自振周期避开场地的卓越周期，以避免发生类共振现象。

对于由碎石、砂、粉土、黏性土和人工填土等多层形成的覆盖层，可按它们的等效剪切波速 v_{se} 来计算场地的卓越周期，等效波速 v_{se} 可按式（2-1）确定：

$$v_{se} = \frac{d_0}{\sum\limits_{i=1}^{n} \dfrac{d_i}{v_{si}}}$$

由式（2-19）可见，基岩上的覆盖层越厚，则场地的卓越周期越长，这一点与观测结果一致，参见图 2-6。

在工程实践中，除采用式（2-19）计算场地的卓越周期 T 外，也常采用场地的常时微振来确定场地卓越周期。常时微振是指，由各种振源的影响，例如，工厂机器的运转、交通工具的运行等，使场地存在着微弱的振动。场地常时微振的主要周期和场地卓越周期的数值接近，因此，可以取场地常时微振的主要周期作为卓越周期的近似值。

利用场地常时微振确定卓越周期的主要做法是，将放大倍数大于 1000 的地震仪放置在要测定的场地的地面上，记录微振波形（图 2-7a），然后在记录纸上量出各周期 T_i 及出现的频数 N_i，并算出它与总频数 ΣN_i 之比（%）：

$$\mu_i = \frac{N_i}{\Sigma N_i} \quad (\%) \tag{2-20}$$

最后绘出 T-μ（%）关系曲线（图 2-7b），曲线上的峰值所对应的周期就是该场地的主要周期。

图 2-8 为不同场地的常时微振周期 T-频数 N 分布曲线。由图中可见，场地的主要周期随场地类别增高而加长。

二、强震时的地面运动

地震时地面运动加速度记录是地震工程的基本数据。在绘加速度反应谱曲线和进行结

图 2-6 北京地区覆盖层厚度与卓越周期关系示意图

图 2-7 按常时微振确定卓越周期

(a) 常时微振记录曲线；(b) T-μ（%）关系分布曲线

构地震反应直接动力计算时，都要用到强震地面运动加速度记录（时程曲线）。

强震地面运动可用强震仪测得。强震仪可以测到所在点加速度时程曲线。目前绝大多数强震仪记录的只是测点的两个水平向和一个竖向的地面加速度时程曲线。

图 2-9 所示是 1971 年美国圣费尔南多（San Fernando）6.5 级地震时地震仪记录下来的地面加速度三个方向的地面加速度记录曲线。

用什么物理量来描述一次强震地面运动？一般认为，可用加速度峰值、持续时间和主要周期三个特性参数来表示。一般说来，震级大，峰值加速度就高，持续时间就长，而主要周期则随场地类别、震中距远近而变化。如前所述，场地类别愈大，震中距愈远，地震的主要周期（或称特征周期）愈长。

强震地面加速度各分量之间的关系经统计大致有一个比例关系。从大多数测得的地震

图 2-8 不同场地的常时微振 T-N 曲线

记录来看，地面运动两个水平分量的平均强度大体相同，地面竖向分量相当于水平分量的 $1/3 \sim 2/3$。

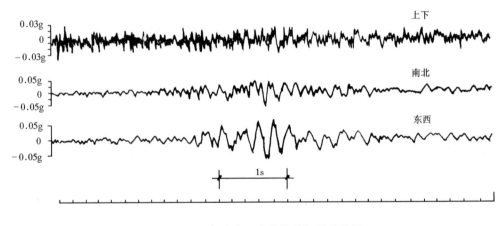

图 2-9 地面加速度三个分量的记录曲线图

§2-3 天然地基与基础

在地震作用下，为了保证建筑物的安全和正常使用，对地基而言，与静力计算一样，应同时满足地基承载力和变形的要求。但是，在地震作用下由于地基变形过程十分复杂，目前还没有条件进行这方面的定量的计算。因此，《抗震规范》规定，只要求对地基抗震承载力进行验算，至于地基变形条件，则通过对上部结构或地基基础采取一定的抗震措施来保证。

一、可不进行天然地基与基础抗震承载力验算的范围

历次震害调查表明，一般天然地基上的下列一些建筑很少因为地基失效而破坏的。因

此，《抗震规范》规定，建造在天然地基上的以下建筑，可不进行天然地基和基础抗震承载力验算：

（1）地基主要受力层❶范围内不存在软弱黏性土层的下列建筑：

1）一般单层厂房和单层空旷房屋；

2）砌体房屋；

3）不超过8层且高度在24m以下的一般民用框架和框架-抗震墙房屋；

4）基础荷载与（3）项相当的多层框架厂房和多层混凝土抗震墙房屋。

（2）6度时的建筑（不规则建筑及建造于Ⅳ类场地上较高的高层建筑❷除外）。

（3）7度Ⅰ、Ⅱ类场地，柱高不超过10m且结构单元两端均有山墙的单跨和等高多跨厂房（锯齿形除外）。

（4）7度时和8度（0.2g）Ⅰ、Ⅱ类场地的露天吊车栈桥。

软弱黏性土层指7度、8度和9度时，地基承载力特征值分别小于80kPa、100kPa和120kPa的土层。

二、天然地基抗震承载力验算

（一）验算方法

验算天然地基在地震作用下的竖向承载力时，按地震作用效应标准组合的基础底面平均压力和边缘最大压力应符合下列各式要求：

$$p \leqslant f_{aE} \tag{2-21}$$

$$p_{max} \leqslant 1.2 f_{aE} \tag{2-22}$$

式中　p——地震作用效应标准组合的基础底面平均压力；

　　　p_{max}——地震作用效应标准组合的基础底面边缘最大压力；

　　　f_{aE}——调整后的地基土抗震承载力。

《抗震规范》同时规定，高宽比大于4的建筑，在地震作用下基础底面不宜出现拉应力；其他建筑，基础底面与地基土之间零应力区域面积不应超过基底面积的15%。根据后一规定，对基础底面为矩形的基础，其受压宽度与基础宽度之比则应大于85%，即

$$b' \geqslant 0.85b \tag{2-23}$$

式中　b'——矩形基础底面受压宽度（图2-10）；

　　　b——矩形基础底面宽度。

（二）地基土抗震承载力

要确定地基土抗震承载力，就要研究动力荷载作用下土的强度，即土的动力强度（简称动强度）。动强度一般按动荷载和静荷载作用下，在一定的动荷载循环次数下，土样达到一定应变值（常取静荷载的极限应变值）时的总作用应力。因此，它与静荷载大小、脉冲次数、频率、允许应变值等因素有关。由于地震是低频（1～5Hz）的有限次的（10～30次）

---

❶　地基主要受力层是指条形基础底面下深度为3b（b为基础底面宽度），单独基础底面下深度为b，且厚度均不小于5m的范围（二层以下的民用建筑除外）。

❷　较高的高层建筑是指，高度大于40m的钢筋混凝土框架、高度大于60m的其他钢筋混凝土民用房屋及高层钢结构房屋。

图 2-10 基础底面压力
分布的限制

脉冲作用，在这样条件下，除十分软弱的土外，大多数土的动强度都比静强度高。此外，又考虑到地震是一种偶然作用，历时短暂，所以地基在地震作用下的可靠度的要求可较静力作用下时降低。这样，地基土抗震承载力，除十分软弱的土外，都较地基土静承载力高。地基土抗震承载力的取值，我国和世界上大多数国家都是采取在地基土静承载力的基础上乘一个调整系数的办法来确定的。

《抗震规范》规定，地基土抗震承载力按下式计算：

$$f_{aE} = \zeta_{sa} f_a \qquad (2\text{-}24)$$

式中　f_{aE}——调整后的地基土抗震承载力；

　　　ζ_{sa}——地基土抗震承载力调整系数，按表 2-8 采用[1]；

　　　f_a——经深、宽度修正后地基土承载力特征值，按现行国家标准《建筑地基基础设计规范》GB 50007—2011 采用。

地基土抗震承载力调整系数　　　　　　　　　　　　　　　表 2-8

岩　土　名　称　和　性　状	ζ_s
岩石，密实的碎石土，密实的砾、粗、中砂，$f_{ak} \geqslant 300\text{kPa}$ 的黏性土和粉土	1.5
中密、稍密的碎石土，中密和稍密的砾、粗、中砂，密实和中密的细、粉砂，$150\text{kPa} \leqslant f_{ak} < 300\text{kPa}$ 的黏性土和粉土，坚硬的黄土	1.3
稍密的细、粉砂，$100\text{kPa} \leqslant f_{ak} < 150\text{kPa}$ 的黏性土和粉土，可塑黄土	1.1
淤泥，淤泥质土，松散的砂，杂填土，新近堆积的黄土及流塑的黄土	1.0

§2-4　液化土地基

一、液化的概念

在地下水位以下的饱和的松砂和粉土在地震作用下，土颗粒之间有变密的趋势（图 2-11a），但因孔隙水来不及排出，使土颗粒处于悬浮状态，形成如液体一样（图 2-11b），这种现象就称为土的液化。

在近代地震史上，1964 年 6 月日本新潟地震使很多建筑的地基失效，就是饱和松砂发生液化的典型事例。这次地震开始时，使该城市的低洼地区出现了大面积砂层液化，地面多处喷砂冒水，继而在大面积液化地区上的汽车和建筑逐渐下沉。而一些诸如水池

---

[1]　由式（2-24），调整系数可写成

$$\zeta_s = \frac{f_{sE}}{f_s} = \frac{f_{ud}/k_d}{f_{us}/k_s} = \frac{f_{ud}}{f_{us}} \frac{k_s}{k_d}$$

式中 f_{ud}、f_{us} 分别为土的动、静极限强度；k_d、k_s 分别为动、静安全系数，故研究 ζ_s 值可从研究 f_{ud}/f_{us} 和 k_s/k_d 值入手。表 2-8 中的 ζ_s 值即由此得出。

图 2-11　土的液化示意图

一类的构筑物则逐渐浮出地面。其中最引人注目的是某公寓住宅群普遍倾斜，最严重的倾角竟达 80°之多。据目击者说，该建筑是在地震后 4 分钟开始倾斜的，至倾斜结束共历时 1 分钟。

新潟地震以后，土的动强度和液化问题更加引起国内外地震工作者的关注。

我国 1966 年的邢台地震，1975 年的海城地震以及 1976 年的唐山地震，场地土都发生过液化现象，都使建筑遭到不同程度的破坏。

根据土力学原理，砂土液化乃是由于饱和砂土在地震时短时间内抗剪强度为零所致。我们知道，饱和砂土的抗剪强度可写成：

$$\tau_f = \bar{\sigma}\tan\varphi = (\sigma - u)\tan\varphi \tag{2-25}$$

式中　$\bar{\sigma}$——剪切面上有效法向压应力（粒间压应力）；

　　　σ——剪切面上总的法向压应力；

　　　u——剪切面上孔隙水压力；

　　　φ——土的内摩擦角。

地震时，由于场地土作强烈振动，孔隙水压力 u 急剧增高，直至与总的法向压应力 σ 相等，即有效法向压应力 $\bar{\sigma}=\sigma-u=0$ 时，砂土颗粒便呈悬浮状态。土体抗剪强度 $\tau_f=0$，从而使场地土失去承载能力。

二、影响土的液化的因素

场地土液化与许多因素有关，因此需要根据多项指标综合分析判断土是否会发生液化。但当某项指标达到一定数值时，不论其他因素情况如何，土都不会发生液化，或即使发生液化也不会造成房屋震害。我们称这个数值为这个指标的界限值。因此，了解以下影响液化因素及其界限值是有实际意义的。

（一）地质年代

地质年代的新老表示土层沉积时间的长短。较老的沉积土，经过长时期的固结作用和历次大地震的影响，使土的密实程度增大外，还往往具有一定的胶结紧密结构。因此，地质年代愈久的土层的固结度、密实度和结构性，也就愈好，抵抗液化能力就愈强。反之，地质年代愈新，则其抵抗液化能力就愈差。宏观震害调查表明，在我国和国外的历次大地震中，尚未发现地质年代属于第四纪晚更新世（Q_3）或其以前的饱和土层发生液化的。

（二）土中黏粒含量

黏粒是指粒径≤0.005mm 的土颗粒。理论分析和实践表明，当粉土内黏粒含量超过某一限值时，粉土就不会液化。这是由于随着土中黏粒的增加，使土的黏聚力增大，从而抵抗液化能力增加的缘故。

图 2-12 为海城、唐山两个震区粉土液化点黏粒含量与烈度关系分布图。由图可以看出，液化点在不同烈度区的黏粒含量上限不同。由此可以得出结论，黏粒超过表 2-9 所列数值时就不会发生液化。

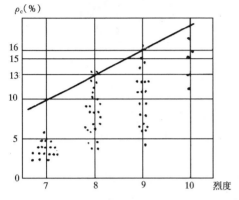

图 2-12　海城、唐山粉土液化
点黏粒含量与烈度分布图

粉土非液化黏粒含量界限值　　表 2-9

烈　　度	黏粒含量 ρ_c（%）
7	10
8	13
9	16

注：由于 7 度区资料较少，在确定界限值时作了适当调整。

（三）上覆非液化土层厚度和地下水位深度

上覆非液化土层厚度是指地震时能抑制可液化土层喷水冒砂的厚度。构成覆盖层的非液化层除天然地层外，还包括堆积 5 年以上，或地基承载力大于 100kPa 的人工填土层。当覆盖层中夹有软土层，对抑制喷水冒砂作用很小，且其本身在地震中很可能发生软化现象时，该土层应从覆盖层中扣除。覆盖层厚度一般从第一层可液化土层的顶面算至地表。

现场宏观调查表明，砂土和粉土当上覆非液化土层厚度超过表 2-10 所列界限值时，未发现土层发生液化现象。

地下水位高低是影响喷水冒砂的一个重要因素，实际震害调查表明，当砂土和粉土的地下水位不小于表 2-10 所列界限值时，未发现土层发生液化现象。

土层不考虑液化时上覆非液化土层厚度和地下水位界限值 d_{uj} 和 d_{wj}　　表 2-10

土类及项目	烈　　度	7	8	9
砂　　土	d_{uj}（m）	7	8	9
	d_{wj}（m）	6	7	8
粉　　土	d_{uj}（m）	6	7	8
	d_{wj}（m）	5	6	7

（四）土的密实程度

砂土和粉土的密实程度是影响土层液化的一个重要因素。1964 年日本新潟地震现场分析资料表明，相对密实度小于 50% 的砂土，普遍发生液化，而相对密实度大于 70% 的土层，则没有发生液化。

（五）土层埋深

理论分析和土工试验表明：侧压力愈大，土层就不易发生液化。侧压力大小反映土层埋深的大小。现场调查资料表明：土层液化深度很少超过 15m 的，多数浅于 15m，更多的浅于 10m。

（六）地震烈度和震级

烈度愈高的地区，地面运动强度就愈大，显然土层就愈容易液化。一般在 6 度及其以下地区，很少看到液化现象。而在 7 度及其以上地区，则液化现象就相当普遍。日本新潟在过去曾经发生过的 25 次地震，在历史记载中仅有三次地面加速度超过 0.13g 时才发生液化。1964 年那一次地震地面加速度为 0.16g，液化就相当普遍。

室内土的动力试验表明，土样振动的持续时间愈长，就愈容易液化。因此，某场地在遭受到相同烈度的远震比近震更容易液化。因为前者对应的大震持续时间比后者对应的中等地震持续时间要长。

三、液化土的判别

饱和砂土和饱和粉土（不含黄土）的液化判别：6 度时，一般情况下可不进行判别，但对液化沉陷敏感的乙类建筑可按 7 度的要求进行判别；7～9 度时，乙类建筑可按本地区抗震设防烈度的要求进行判别。

地面下存在饱和砂土和饱和粉土时，除 6 度外，应进行液化判别；存在液化土层的地基，应根据建筑的抗震设防类别、地基的液化等级，结合具体情况采取相应的措施。

（一）初步判别法

饱和的砂土或粉土（不含黄土），当符合下列条件之一时，可初步判别为不液化或可不考虑液化影响：

（1）地质年代为第四纪晚更新世（Q_3）及其以前时，7 度、8 度时可判别为不液化。

（2）粉土的黏粒（粒径小于 0.005mm 的颗粒）含量百分率，7 度、8 度和 9 度分别不小于 10、13 和 16 时，可判别为不液化土。

（3）浅埋天然地基上的建筑，当上覆非液化土层厚度和地下水位深度符合下列条件之一时，可不考虑液化影响：

$$d_u > d_0 + d_b - 2 \tag{2-26}$$

$$d_w > d_0 + d_b - 3 \tag{2-27}$$

$$d_u + d_w > 1.5d_0 + 2d_b - 4.5 \tag{2-28}$$

式中　d_w——地下水位深度（m），宜按建筑使用期内年平均最高水位采用，也可按近期内年最高水位采用；

d_u——上覆非液化土层厚度（m），计算宜将淤泥和淤泥质土层扣除；

d_b——基础埋置深度（m），不超过 2m 时应采用 2m；

d_0——液化土特征深度（m），可按表 2-11 采用。

现将式（2-26）～式（2-28）作些补充说明：

（1）初判公式的含义

① 式（2-26）中 d_0 即为不考虑土层液化时覆盖层界限厚度 d_{uj}。比较表 2-11 中 d_0 和

表 2-10 中的 d_{uj} 数值，便可说明这一判断是正确的。式中 d_b-2，则是考虑基础埋置深度 $d_b>2m$ 对不考虑土层液化时覆盖层厚度界限值修正项。

液化土特征深度 d_0（m）

表 2-11

饱 和 土 类 别	烈 度		
	7	8	9
粉　土	6	7	8
砂　土	7	8	9

表 2-10 中不考虑土层液化界限值 d_{uj} 是在基础埋置深度 $d_b \leqslant 2m$ 的条件下确定的。因为这时饱和土层位于地基主要受力层（厚度为 z）之下或下端（图 2-13a），它的液化与否不会引起房屋的有害影响，但当基础埋置深度 $d_b>2m$ 时，液化土层有可能进入地基主要受力层范围内（图 2-13b）而对房屋造成不利影响。因此，不考虑土层液化时覆盖层厚度界限值应增加 d_b-2。

由上可见，式（2-26）乃是不考虑土层液化的覆盖层厚度条件。

② 为了说明式（2-27）的概念，现将它改写成：

$$d_w > d_0 - 1 + d_b - 2 \tag{2-29}$$

比较表 2-11 和表 2-10 可以发现，$d_0 - 1 = d_{wj}$，于是式（2-29）可以写成：

$$d_w > d_{wj} + d_b - 2 \tag{2-30}$$

式中　d_b-2——基础埋置深度 $d_b>2m$ 对地下水位深度界限值修正项。

由此可见，式（2-30）与式（2-27）是等价的。因此，式（2-27）是不考虑土层液化的地下水位深度条件。

③ 如上所述，式（2-26）是不考虑土层液化的覆盖层厚度条件；而式（2-27）是不考虑土层液化的地下水位深度条件。从理论上讲，当 $d_u>0$ 或 $d_w>0$ 时，就可以减小相应界限值 d_{wj} 或 d_{uj}。为安全计，《抗震规范》规定，仅当 $d_u>0.5d_{uj}+0.5$ 和 $d_w>0.5d_{wj}$ 时，才考虑减小相应界限值，并按图 2-14 中直线 $\overline{AB}$ 变化规律减小。

图 2-13　基础埋深对土的液化影响示意图
(a) $d_b \leqslant 2m$；(b) $d_b>2m$

现将式（2-28）改写成下面形式：

$$d_u + d_w > 1.5d_0 - 0.5 + (d_b - 2) \times 2 \tag{2-31}$$

式中 $1.5d_0 - 0.5$ 就是按图 2-14 中线段 $\overline{AB}$ 变化规律确定的相应界限条件。实际上，它等于线段$\overline{AB}$上任一点C的纵、横坐标之和。现证明如下：

设C点的横坐标为d_u，纵坐标为d_w，由图2-14不难得出：

$$d_u = 0.5d_{uj} + 0.5 + \overline{ab} \qquad\qquad (a)$$

$$d_w = 0.5d_{wj} + \overline{ad} \qquad\qquad (b)$$

注意到$d_{uj}=d_0$，$\overline{ab}=\overline{dA}$，则（a）式可写成：$d_u=0.5d_0+0.5+\overline{dA}$。于是

$$d_u + d_w = 0.5d_0 + 0.5 + 0.5d_{wj} + \overline{dA} + \overline{ad} \qquad\qquad (c)$$

因为$\overline{dA}+\overline{ad}=0.5d_{wj}$，所以式（c）变成：$d_u+d_w=0.5d_0+0.5+d_{wj}$，由表2-10可知$d_{wj}=d_0-1$，于是，上式又可写成$d_u+d_w=0.5d_0+0.5+d_0-1=1.5d_0-0.5$（证毕）。

式中$(d_b-2)\times2$是$d_b>2$m时对上覆非化土层厚度和地下水深度两项界限值的修正项。因此，式（2-28）是不考虑土层液化影响时上覆非液化土层厚度与地下水位深度之和所应满足的条件。

（2）初判公式的适用条件

由于《抗震规范》没有给出式（2-26）、式（2-27）和式（2-28）每个公式的适用条件，所以，为了判别土层是否考虑液化影响，通常，需对上面三个公式逐一地进行试算。能否找到上面三个公式各自的适用条件？如果可能，则将使判别步骤得以简化。

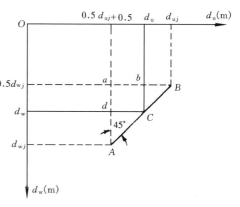

图2-14 式（2-28）意义的分析

经分析发现，上面三个判别式可找出各自的适用条件，如表2-12所示：

土层液化影响判别公式适用条件　　　　　　　　　　　　　　　表2-12

项次	判别公式	适用条件		备　注
1	$d_u > d_0 + d_b - 2$	$d_u > d_{ul}, d_w \leqslant d_{wl}$	(1)	$d_{ul} = 0.5(d_0+1)$
2	$d_w > d_0 + d_b - 3$	$d_w > d_{wl}, d_u \leqslant d_{ul}$	(2)	$d_{wl} = 0.5(d_0-1)$
3	$d_w + d_w > 1.5d_0 + 2d_b - 4.5$	$d_u > d_{ul}, d_w > d_{wl}$	(3)	
4	三式均不满足要求	$d_u \leqslant d_{ul}, d_w \leqslant d_{wl}$	(4)	需进一步进行液化判别

注：当基础埋深$d_b>2$m时，"适用条件"一栏中的实际的d_u和d_w应以$d'_u=d_u-(d_b-2)$和$d'_w=d_w-(d_b-2)$代换，再去比较和判别；"判别公式"一栏中的实际d_u和d_w不变。

（3）初判公式适用条件建立的依据

由图2-15可见，若

$$d_u > 0.5d_{uj} + 0.5 = 0.5(d_0+1), \quad d_w \leqslant 0.5d_{wj} = 0.5(d_0-1) \qquad (2\text{-}32a)$$

则由这一条件在图2-15坐标平面上所确定的点$P_1(d_u, d_w)$必然落在$aBfe$区域或Bf线以右的区域。由前述可知，而Bf线以右区域乃是初判公式（2-26）的适用区域。因此，限定条件式（2-32a）也就是式（2-26）的适用条件。

同理，若

$$d_w > 0.5d_{wj} = 0.5(d_0-1), \quad d_u \leqslant 0.5d_{uj} + 0.5 = 0.5(d_0+1) \qquad (2\text{-}32b)$$

则由这一条件在图2-15坐标平面上所确定的点$P_2(d_u, d_w)$必然落在$gaAh$区域或Ah线

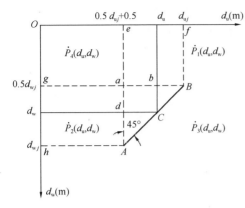

图 2-15 初判公式适用条件分析

以下的区域。而 Ah 线以下的区域乃是初判公式（2-27）的适用区域。因此，限定条件式（2-32b）也就是式（2-27）的适用条件。

显然，若

$$d_u > 0.5d_{uj} + 0.5 = 0.5(d_0 + 1), d_w > 0.5d_{wj}$$
$$= 0.5(d_0 - 1) \tag{2-32c}$$

则由这一条件在图 2-15 坐标平面上所确定点 $P_3(d_u, d_w)$ 必然落在 aBA 三角形区域或 AB 线以外的区域，而 AB 线以外的区域乃是初判公式（2-28）的适用区域。因此，限定条件式（2-32c）也就是式（2-28）的适用条件。

不难理解，若

$$d_u \leqslant 0.5d_{uj} + 0.5 = 0.5(d_0 + 1), d_w \leqslant 0.5d_{wj} = 0.5(d_0 - 1) \tag{2-32d}$$

则由这一条件在图 2-15 坐标平面上所确定的点 $P_4(d_u, d_w)$ 必然落在 $oeag$ 区域内，这表明，三个判别公式均不适用，故需进一步进行液化判别。

【例题 2-4】 某建筑场地位于抗震设防烈度 7 度区，上覆非液化土层厚度 $d_u = 5.5m$，其下为很厚的砂土，地下水位深度 $d_w = 6.0m$。基础埋深 $d_b = 2m$。试判别饱和砂土层是否需考虑液化影响？

【解】（1）按《抗震规范》方法计算：

由《抗震规范》表 4.3.3 查得，当抗震设防烈度 7 度、饱和土类别为砂土层时，液化土特征深度 $d_0 = 7m$。

按《抗震规范》式（4.3.3-1），即教材式（2-26）计算、判别：

$$d_u = 5.5m < d_0 + d_b - 2 = 7 + 2 - 2 = 7m$$

不符合条件要求。

按《抗震规范》式（4.3.3-2）即教材式（2-27）计算、判别：

$$d_w = 6.0m = d_0 + d_b - 3 = 7 + 2 - 3 = 6m$$

不符合条件要求。

按《抗震规范》式（4.3.3-3）即教材式（2-28）计算、判别：

$$d_u + d_w = 5.5 + 6 = 11.5m > 1.5d_0 + 2d_b - 4.5 = 1.5 \times 7 + 2 \times 2 - 4.5 = 10m$$

符合条件要求，故场地饱和砂土可不考虑液化影响。

（2）按简化方法计算[❶]：

由表 2-12 可知：因为

$$d_u = 5.5m > d_{ul} = 0.5(d_0 + 1) = 0.5 \times (7 + 1) = 4m$$
$$d_w = 6.0m > d_{wl} = 0.5(d_0 - 1) = 0.5 \times (7 - 1) = 3m$$

故《抗震规范》式（4.3.3-3）是本题判别土层液化与否的控制条件，因此，应按其计算：

$$d_u + d_w = 5.5 + 6 = 11.5m > 1.5d_0 + 2d_b - 4.5 = 1.5 \times 7 + 2 \times 2 - 4.5 = 10m$$

符合条件要求，故场地饱和砂土可不考虑液化影响。与按《抗震规范》方法计算结果一致。

---

❶ 这里所谓简化方法是指根据初判公式的适用条件确定计算公式的方法。

【例题 2-5】某工程场地位于抗震设防烈度 8 度区，基础埋深 $d_b = 2m$，上覆非液化土层厚度 $d_u = 6.40m$，其下为很厚的粉土，地下水位深度 $d_w = 5.50m$。试判别饱和粉土层是否需考虑液化影响？

【解】（1）按《抗震规范》方法计算：

由《抗震规范》表 4.3.3 查得，当抗震设防烈度 8 度、饱和土类别为粉土层时，液化土特征深度 $d_0 = 7m$。

按《抗震规范》式（4.3.3-1）计算、判别：

$$d_u = 6.40m < d_0 + d_b - 2 = 7 + 2 - 2 = 7m$$

不符合条件要求。

按《抗震规范》式（4.3.3-2）计算、判别：

$$d_w = 5.50m < d_0 + d_b - 3 = 7 + 2 - 3 = 6m$$

不符合条件要求。

按《抗震规范》式（4.3.3-3）计算、判别：

$$d_u + d_w = 6.40 + 5.50 = 11.90m > 1.5d_0 + 2d_b - 4.5 = 1.5 \times 7 + 2 \times 2 - 4.5 = 10m$$

符合条件要求，故场地饱和粉土可不考虑液化影响。

（2）按简化方法计算：

$$d_u = 6.40m > d_{u1} = 0.5(d_0 + 1) = 0.5 \times (7 + 1) = 4.0m$$
$$d_w = 5.50m > d_{w1} = 0.5(d_0 - 1) = 0.5 \times (7 - 1) = 3.0m$$

由表 2-12 可知，应按《抗震规范》式（4.3.3-3）计算、判别：

$$d_u + d_w = 6.40 + 5.50 = 11.90m > 1.5d_0 + 2d_b - 4.5 = 1.5 \times 7 + 2 \times 2 - 4.5 = 10m$$

因此，场地饱和粉土层可不考虑液化影响，与按《抗震规范》方法计算结果一致。

【例题 2-6】某建筑场地位于抗震设防烈度 7 度区，上覆非液化土层厚度 $d_u = 7.1m$，其下为很厚的砂土，地下水位深 $d_w = 2.5m$。基础埋深 $d_b = 2m$。试判别饱和砂土层是否需考虑液化影响？

【解】（1）按《抗震规范》方法计算：

由《抗震规范》表 4.3.3 查得，当抗震设防烈度 7 度、饱和土类别为砂土层时，液化土特征深度 $d_0 = 7m$。

按《抗震规范》式（4.3.3-1）计算、判别：

$$d_u = 7.1m > d_0 + d_b - 2 = 7 + 2 - 2 = 7m$$

符合条件要求，故场地饱和砂土可不考虑液化影响。

（2）按简化方法计算：

由表 2-12 可知：因为

$$d_u = 7.1m > d_{u1} = 0.5(d_0 + 1) = 0.5 \times (7 + 1) = 4m$$
$$d_w = 2.5m < d_{w1} = 0.5(d_0 - 1) = 0.5 \times (7 - 1) = 3m$$

故《抗震规范》式（4.3.3-1）是本题判别土层液化与否的控制条件，因此，应按其计算：

$$d_u = 7.1m > d_0 + d_b - 2 = 7 + 2 - 2 = 7m$$

符合条件要求，故场地饱和砂土可不考虑液化影响。与按《抗震规范》方法计算结果一致。

【例题 2-7】某工程场地位于抗震设防烈度 8 度区，基础埋深 $d_b = 2m$，上覆非液化土层厚度 $d_u = 1.00m$，其下为很厚的粉土，地下水位深度 $d_w = 1.20m$。试判别饱和粉土层是否需考虑液化影响？

【解】（1）按《抗震规范》方法计算：

由《抗震规范》表 4.3.3 查得，当抗震设防烈度 8 度、饱和土类别为粉土层时，液化土特征深度 $d_0 = 7$m。

按《抗震规范》式（4.3.3-1）计算、判别：
$$d_u = 1.00\text{m} < d_0 + d_b - 2 = 7 + 2 - 2 = 7\text{m}$$
不符合条件要求。

按《抗震规范》式（4.3.3-2）计算、判别：
$$d_w = 1.20\text{m} < d_0 + d_b - 3 = 7 + 2 - 3 = 6\text{m}$$
不符合条件要求。

按《抗震规范》式（4.3.3-3）计算、判别：
$$d_u + d_w = 1.00 + 1.20 = 2.20\text{m} < 1.5 d_0 + 2d_b - 4.5 = 1.5 \times 7 + 2 \times 2 - 4.5 = 10\text{m}$$
不符合条件要求。

三个判别公式均不满足条件要求，故需进一步进行液化判别。

（2）按简化方法计算：
$$d_u = 1.00\text{m} < d_{ul} = 0.5(d_0 + 1) = 0.5(7 + 1) = 4.0\text{m}$$
$$d_w = 1.20\text{m} < d_{wl} = 0.5(d_0 - 1) = 0.5(7 - 1) = 3.0\text{m}$$

由表 2-12 可知，三个判别公式均不满足要求，与按《抗震规范》方法计算结果一致，故需进一步进行液化判别。

（4）应用土层液化影响判别图判别

不考虑液化影响的判别式（2-26）、式（2-27）和式（2-28）的计算也可应用图 2-16 (a) 或图 2-16(b) 来确定。显然，当上覆非液化土层厚度 d_u 或地下水位深度 d_w 所确定的

图 2-16　土层液化判别图（一）

(a) 砂土

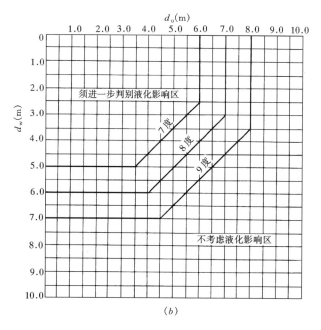

图 2-16 土层液化判别图（二）

（b）粉土

横坐标或纵坐标分别位于相应界限的右方或下方时，则表示可不考虑土层液化影响。如上所述，由于线段 AB 上的点的横坐标d_u与纵坐标 d_w 之和等于 $1.5d_0-0.5（d_u+d_w$ 的界限值），故可将判别式（2-28）的条件用 d_u 和 d_w 坐标所对应的点（d_u,d_w）位于相应线段右下方区域的条件代替，即这时表示可不考虑土层液化的影响。

应当指出，上述条件均是对 $d_b=2$ m 时的情形而言的，当 $d_b>2$m 时，应从实际 d_u 和 d_w 中分别减去（d_b-2）值之后再去查图判别。

【**例题 2-8**】图 2-17 为某场地基础剖面图，上覆非液化土层厚度$d_u=5.5$m，其下为很厚的砂土，地下水位深度 $d_w=6.0$m，基础埋置深度 $d_b=2$m。该场地为 8 度设防区。试分别按初判公式计算和应用图 2-16 确定是否需考虑液化影响。

【**解**】（1）按初判公式适用条件计算：

由《抗震规范》表 4.3.3 查得，当抗震设防烈度 8 度、饱和土类别为砂土时，液化土特征深度 $d_0=8$m，因为：

$$d_u=5.5m>d_{u1}=0.5（d_0+1）=0.5\times（8+1）=4.5m$$

$$d_w=6.0m>d_{w1}=0.5（d_0-1）=0.5\times（8-1）=3.5m$$

由表 2-12 可知，应按《抗震规范》式（4.3.3-3）验算、判别：

$$d_u+d_w=5.50+6.00=11.50m$$
$$=1.5d_0+2d_b-4.5$$
$$=1.5\times8+2\times2-4.5$$
$$=11.5m$$

图 2-17 例题 2-8 附图

由于上式等号左右项数值相等，不符合《抗震规范》式（4.3.3-3）的条件，因此，场地饱和砂土层须进一步进行液化判别。

（2）应用图 2-16（a）判别：

在图 2-16（a）横坐标轴上找到 $d_u = 5.5\text{m}$，在纵坐标轴上找到 $d_w = 6.0\text{m}$，并分别对它们做垂线得交点，该交点恰好位于 8 度的斜线上，表明须进一步进行液化判别。

【例题 2-9】 基础埋置深度 $d_b = 2.50\text{m}$，其他条件同例题 2-8。试分别按初判公式计算和应用图 2-16 确定是否需考虑液化影响。

【解】（1）按初判公式适用条件计算：

由《抗震规范》表 4.3.3 查得，当抗震设防烈度 8 度、饱和土类别为砂土时，液化特征深度 $d_0 = 8\text{m}$。因为基础埋置深度 $d_b = 2.50\text{m} > 2\text{m}$，故这时上覆非液化土层厚度和地下水位深度应分别按下式计算：

$$d'_u = d_u - (d_b - 2) = 5.5 - (2.5 - 2) = 5.0\text{m}$$
$$d'_w = d_w - (d_b - 2) = 6 - (2.5 - 2) = 5.5\text{m}$$

于是

$$d'_u = 5.0\text{m} > d_{ul} = 0.5(d_0 + 1) = 0.5 \times (8 + 1) = 4.5\text{m}$$
$$d'_w = 5.5\text{m} > d_{ul} = 0.5(d_0 - 1) = 0.5 \times (8 - 1)$$
$$= 3.5\text{m}$$

由表 2-12 可知，应按《抗震规范》式（4.3.3-3）判别：

$$d_u + d_w = 5.5 + 6.0 = 11.50\text{m} < 1.5 d_0 + 2d_b - 4.5$$
$$= 1.5 \times 8 + 2 \times 2.5 - 4.5 = 12.5\text{m}$$

不符合要求，须进一步进行液化判别。

（2）按图 2-16（a）判别：

在图 2-16（a）横坐标轴上找到 $d'_u = d_u - (d_b - 2) = 5.5 - (2.5 - 2) = 5.0\text{m}$，在纵坐标轴上找到 $d'_w = d_w - (d_b - 2) = 6.0 - (2.5 - 2) = 5.5\text{m}$，并分别对它们做垂线得交点，该交点位于 8 度的斜线的左上方，表明须进一步进行液化判别。

（二）标准贯入试验判别法

当饱和砂土、粉土的初步判别认为须进一步进行液化判别时，应采用标准贯入试验判别法。

标准贯入试验设备，主要由贯入器、触探杆和穿心锤组成（图 2-18）。触探杆一般用直径 42mm 的钻杆，穿心锤重 63.5kg。操作时先用钻具钻至试验土层标高以上 150mm，然后在锤的落距为 760mm 的条件下，每打入土中 300mm 的锤击数记作 $N_{63.5}$。

《抗震规范》规定，一般情况下，当地面下 20m 深度范围内土层的标准贯入锤击数 $N_{63.5}$（未经杆长修正）小于或等于液化判别标准贯入锤击数临界值时，应判为液化土。对于可不进行天然地基及基础的抗震承载力验算的各类建筑，可只判别地面下 15m 范围内土的液化，15m 以下的土层视为不液化。

在地面下 20m 深度范围内，液化判别标准贯入锤击数临界值可按下式计算：

图 2-18 标准贯入器

1—穿心锤；2—锤垫；3—触探杆；4—贯入器头；5—出水孔；6—贯入器身；7—贯入器靴

砂土

$$N_{cr} = N_0\beta[\ln(0.6d_s + 1.5) - 0.1d_w] \qquad (2\text{-}33a)$$

粉土

$$N_{cr} = N_0\beta[\ln(0.6d + 1.5) - 0.1d_w]\sqrt{\frac{3}{\rho_c}} \qquad (2\text{-}33b)$$

式中　N_{cr}——液化判别标准贯入锤击数临界值；

　　　N_0——液化判别标准贯入锤击数基准值，可按表 2-13 采用；

　　　d_s——饱和土标准贯入点深度（m）；

　　　d_w——地下水位深度（m）；

　　　ρ_c——黏粒含量百分率，当小于 3 或砂土时，应采用 3；

　　　β——调整系数，设计地震第一组取 0.80；第二组取 0.95；第三组取 1.05。

液化判别标准贯入锤击数基准值 N_0 表 2-13

设计基本地震加速度（g）	0.10	0.15	0.20	0.30	0.40
液化判别标准贯入锤击数基准值	7	10	12	16	19

式（2-33a）和式（2-33b）是《抗震规范》根据科研成果并考虑规范的延续性修改而成。"2001 抗震规范"砂土液化判别标准贯入锤击数临界值计算公式为：

$$N_{cr} = N_0[0.9 + 0.1(d_s - d_w)] \quad (d_s \leqslant 15\text{m}) \qquad (2\text{-}34)$$

$$N_{cr} = N_0(2.4 - 0.1d_w)(15\text{m} \leqslant d_s \leqslant 20\text{m}) \qquad (2\text{-}35)$$

新版《抗震规范》与"2001 抗震规范"标准贯入锤击数临界值计算公式的区别是：

（1）新版《抗震规范》锤击数基准值与"2001 抗震规范"不同，后者直接按烈度和设计地震分组列表给出，它是新版《抗震规范》的基准值与设计地震分组影响系数的乘积。两者在数值上接近，即 $N_0 \approx N_0'\beta$ [1]。

（2）标准贯入点深度 d_s 对标准贯入锤击数临界值的影响项由原来的折线变化改成对数曲线变化，即 $N_0'\beta[\ln(k_1d_s + k_2)]$，其中 $N_0'\beta$ [1]与"2001 抗震规范"N_0 的意义相同，且 $N_0'\beta \approx N_0$，k_1、k_2 为待定系数。

（3）地下水位深度 d_w 对标准贯入锤击数临界值的影响项，采用 $0.1d_wN_0'\beta$。

将上面两项合并起来，便得到《抗震规范》砂土液化判别标准贯入锤击数临界值计算公式：

$$N_{cr} = N_0'\beta[\ln(k_1d_s + k_2) - 0.1d_w] \qquad (a)$$

根据下面两个边界条件确定待定系数 k_1、k_2 值：

（1）由式（2-34）和式（a）可知，当 $d_s = 3$m，$d_w = 2$m 时，应有 $N_{cr} = N_0 = N_0'\beta$；

（2）取式（2-34）中 $d_s = 15$m 处 N_{cr} 值作为《抗震规范》$d_s = 16$m 处的相应值。

$$N_{cr} = N_0[0.9 + 0.1(d_s - d_w)]$$

$$= N_0[0.9 + 0.1(15 - d_w)] = (2.4 - 0.1d_w)N_0$$

---

[1]　新版《抗震规范》的 N_0 与"2001 抗震规范"的 N_0 的含义不同，为避免相混淆，这里暂以 N_0' 表示前者。

将上面两个边界条件分别代入式（a），并注意到 $N'_0\beta \approx N_0$，经简化后，得

$$\ln(3k_1 + k_2) = 1.2 \qquad (b)$$

$$\ln(16k_1 + k_2) = 2.4 \qquad (c)$$

解联立方程（b）、（c）得：$k_1 = 0.6$，$k_2 = 1.5$。将它们代入式（a），并将 N'_0 用新版《抗震规范》的符号 N_0 代换，就得到式（2-33a）。

式（2-33b）中 $\sqrt{\dfrac{3}{\rho_c}}$ 是在砂土锤击数临界值公式的基础上考虑粉土的影响项，现将其来源说明如下：

设粉土液化判别标准贯入锤击数临界值公式写成下面形式

$$N_{\mathrm{cr}} = N_0\beta\left[\ln(0.6d_s + 1.5) - 0.1d_w\right]\frac{1}{\alpha\rho_c} \qquad (d)$$

式中 $\alpha\rho_c$ 即为考虑粉土的影响项；α 为待定系数。

对于已知的液化或非液化数据：ρ_c、d_s、d_w、N_0 及实际的标准贯入锤击数 $N_{63.5}$ 均为已知。将这些数值代入式（d），反求待定系数 α 值。然后，在对数坐标纸上绘制 $\alpha\rho_c - \rho_c$ 关系散点图（图 2-19）。

由图中可见，在液化点与非液化点之间可绘出一条分界线，即液化临界线，其方程为：

$$\lg\alpha\rho_c = \lg a + m\lg\rho_c \qquad (e)$$

式中 $\lg a$——直线在纵轴上的截距；

m——直线斜率。

下面来确定 $\alpha\rho_c$ 值：

由图 2-19 查得，当 $\rho_c = 3$ 时，$\alpha\rho_c = 1$，即 $\lg\alpha\rho_c = 0$，将这些数值代入式（e），得：

$$\lg a + m\lg 3 = 0$$

由此得：

$$\lg a = -m\lg 3 \qquad (f)$$

当 $\rho_c = 25$ 时，$\alpha\rho_c = 3$，将它们和式（f）代入式（e），得：

$$\lg 3 = -m\lg 3 + m\lg 25 \qquad (g)$$

解得：

$$m \approx 0.5$$

于是式（e）可写成：

$$\lg\alpha\rho_c = -0.5\lg 3 + 0.5\lg\rho_c$$

由此得：

$$\alpha\rho_c = \sqrt{\frac{\rho_c}{3}} \qquad (h)$$

将式（h）代入式（d），即得式（2-33b）。

当有成熟经验时，尚可采用其他判别方法。

图 2-19 $\alpha\rho_c - \rho_c$ 关系散点图

× ——液化

· ——非液化

四、液化地基的评价

（一）评价的意义

过去，对场地土液化问题仅根据判别

式给出液化或非液化两种结论。因此，不能对液化危害性作出定量的评价，从而也就不能采取相应的抗液化措施。

很显然，地基土液化程度不同，对建筑的危害也就不同。因此，对液化地基危害性的分析和评价是建筑抗震设计中一个十分重要的问题。

（二）液化指数

为了鉴别场地土液化危害的严重程度，《抗震规范》给出了液化指数的概念。

在同一地震烈度下，液化层的厚度愈厚埋藏愈浅，地下水位愈高，实测标准贯入锤击数与临界标准贯入锤击数相差越多，液化就越严重，带来的危害性就愈大。液化指数是比较全面反映了上述各因素的影响。

液化指数按下式确定：

$$I_{lE} = \sum_{i=1}^{n} \left(1 - \frac{N_i}{N_{cri}}\right) d_i w_i \tag{2-36}$$

式中　I_{lE}——液化指数；

　　　n——在判别深度范围内每一个钻孔标准贯入试验点总数；

N_i、N_{cri}——分别为 i 点标准贯入锤击数的实测值和临界值，当实测值大于临界值时应取临界值；当只需判别 15m 范围以内的液化时，15m 以下的实测值可按临界值采用；

　　　d_i——i 点所代表的土层厚度（m），可采用与该标准贯入试验点相邻的上、下两标准贯入试验点深度差的一半，但上界不小于地下水位深度，下界不大于液化深度；

　　　w_i——i 层土单位土层厚度的层位影响权函数值（单位为 m^{-1}）。当该层中点的深度不大于 5m 时应采用 10，等于 20m 时应采用零值，5～20m 时应按线性内插法取值。

式（2-36）中的 d_i、w_i 等可参照图 2-20 所示方法确定。

图 2-20　确定 d_i、d_{si} 和 w_i 的示意图

现在来进一步分析式（2-36）的物理意义。

$$1-\frac{N_i}{N_{cri}}=\frac{N_{cri}-N_i}{N_{cri}}$$

上式分子表示 i 点标准贯入锤击数临界值与实测值之差，分母为锤击数临界值。显然，分子差值愈大，即式（2-36）括号内的数值愈大，表示该点液化程度愈严重。

显然，液化层的厚度愈厚，埋藏愈浅，它对建筑的危害性就愈大。式（2-36）中的 d_i 和 w_i 就是反映这两个因素的。我们可将 d_iw_i 的乘积看作是对 $\left(1-\frac{N_i}{N_{cri}}\right)$ 值的加权面积 A_i，其中，表示土层液化严重程度的值 $\left(1-\frac{N_i}{N_{cri}}\right)$ 随深度对建筑的影响是按图 2-19 的图形的 w 值来加权计算的。

（三）地基液化的等级

存在液化土层的地基，根据其液化指数按表 2-14 划分液化等级：

表 2-14

液　化　等　级

液化指数 I_{lE}	$0<I_{lE}\leqslant6$	$6<I_{lE}\leqslant18$	$I_{lE}>18$
液 化 等 级	轻　微	中　等	严　重

【例题 2-10】 图 2-21 为某办公楼地基柱状图。基础埋深为 2m，地下水水位深度 d_w =1m，设防烈度为 8 度，设计基本地震加速度为 0.2g，设计地震分组为第一组。其他条件见表 2-15。试求 15m 深度范围内地基液化指数和液化等级。

【解】（1）求锤击数临界值 N_{cri}

由表 2-13 查得 $N_0=12$。设计地震分组为第一组，故调整系数 $\beta=0.8$，将其和 $d_w=$ 1m 及各标准贯入点 d_s 值一并代入式（2-33a），即可求得 N_{cri}。

图 2-21　例题 2-10 附图

例如，第 1 标准贯入点（$d_s=1.4$m）

$$N_{cr1}=N_0\beta[\ln(0.6d_s+1.5)-0.1d_w]$$
$$=12\times0.8[\ln(0.6\times1.4+1.5)-0.1\times1]=7.20$$

其余各点 N_{cri} 值见表 2-15。

（2）求各标准贯入点所代表的土层厚度 d_i 及其中点的深度 z_i

$$d_1 = 2.1 - 1.0 = 1.1\text{m}, \qquad z_1 = 1.0 + \frac{1.1}{2} = 1.55\text{m}$$

$$d_3 = 5.5 - 4.5 = 1.0\text{m}, \qquad z_3 = 4.5 + \frac{1.0}{2} = 5.0\text{m}$$

$$d_5 = 8.0 - 6.5 = 1.5\text{m}, \qquad z_5 = 6.5 + \frac{1.5}{2} = 7.25\text{m}$$

（3）求 d_i 层中点所对应的权函数值 w_i

z_1、z_2 均不超过去 5m，故它们对应的权函数值 $w_1 = w_3 = 10\text{m}^{-1}$，而 $z_5 = 7.25\text{m}$，故它对应的权函数值由线性内插入法得：

$$w_5 = \frac{10}{15}(20 - 7.25) = 8.50 \text{ m}^{-1}$$

（4）求液化指数 I_{lE}

$$I_{lE} = \sum_{i=1}^{n}\left(1 - \frac{N_i}{N_{cri}}\right)d_i w_i = \left(1 - \frac{2}{7.20}\right)\times 1.1 \times 10 + \left(1 - \frac{8}{13.48}\right)\times 1 \times 10$$
$$+ \left(1 - \frac{12}{15.75}\right)\times 1.5 \times 8.50 = 15.05$$

（5）判断液化等级

根据液化指数 $I_{lE} = 15.05$ 在 6～18 之间，故该地基的液化等级属于中等。

上述计算过程可按表 2-15 进行。

例题 2-10 计算附表   表 2-15

柱状图	标准贯入点的编号 i	锤击数实测值 N_i	贯入试验深度 d_{si}（m）	锤击数临界值 N_{cri}	$1-\dfrac{N_i}{N_{cri}}$	标准贯入点所代表的土层厚度 d_i(m)	d_i 的中点深度 z_i（m）	与 z_i 相对应的权函数 w_i	$\left(1-\dfrac{N_i}{N_{cri}}\right)\times d_i w_i$	液化指数 I_{lE}
	1	2	1.40	7.20	0.722	1.10	1.55	10	7.94	
	2	15	4.00	12.10	—	—	—	—	—	15.05
	3	8	5.00	13.48	0.407	1.00	5.00	10	4.07	
	4	16	6.00	14.69	—	—	—	—	—	
	5	12	7.00	15.75	0.238	1.50	7.25	8.50	3.04	

五、地基抗液化措施

地基抗液化措施应根据建筑的抗震设防类别、地基的液化等级，结合具体情况综合确定。当液化土层较平坦且均匀时，可按表2-16选用抗液化措施；尚可考虑上部结构重力荷载对液化危害的影响，根据液化震陷量的估计适当调整抗液化措施。

不宜将未经处理的液化土层作为天然地基持力层。

现将表2-16中的抗液化措施具体要求说明如下：

1. 全部消除地基液化沉陷措施

（1）采用桩基时，桩端伸入液化深度以下稳定土中的长度（不包括桩尖部分），应按计算确定，且对碎石土、砾、粗、中砂、坚硬黏性土和密实粉土尚不应小于0.8m，对其他非岩石土尚不宜小于1.5m。

抗 液 化 措 施　　　　　　　　　　　　　　　　表 2-16

建筑抗震设防类别	地 基 的 液 化 等 级		
	轻　微	中　等	严　重
乙　类	部分消除液化沉陷，或对基础和上部结构处理	全部消除液化沉陷，或部分消除液化沉陷且对基础和上部结构处理	全部消除液化沉陷
丙　类	对基础和上部结构处理，亦可不采取措施	对基础和上部结构处理或更高要求的措施	全部消除液化沉陷或部分消除液化沉陷且对基础和上部结构处理
丁　类	可不采取措施	可不采取措施	基础和上部结构处理，或其他经济的措施

注：甲类建筑的地基抗液化措施应进行专门研究，但不宜低于乙类的相应要求。

（2）采用深基础时，基础底面应埋入液化深度以下的稳定土层中，其深度不应小于0.5m。

（3）采用加密法（如振冲、振动加密、挤密碎石桩、强夯等）加固时，应处理至液化深度下界；振冲或挤密碎石桩加固后，桩间土的标准贯入锤击数不宜小于液化判别标准贯入锤击数临界值。

（4）用非液化土替换全部液化土，或增加上覆非液化土层的厚度。

（5）采用加密法或换土法处理时，在基础边缘以外的处理宽度，应超过基础底面下处理深度的1/2且不小于基础宽度的1/5。

2. 部分消除地基液化沉陷措施

（1）处理深度应使处理后的地基液化指数减少，其值不宜大于5；大面积筏基、箱基的中心区域❶处理后的液化指数可比上述规定降低1；对独立基础和条形基础，尚不应小于基础底面下液化土特征深度和基础宽度的较大值。

（2）采用振冲或挤密碎石桩加固后，桩间土的标准贯入锤击数不宜小于液化判别标准贯入锤击数临界值。

（3）基础边缘以外的处理宽度，应超过基础底面下处理深度的1/2且不小于基础宽度的1/5。

---

❶　中心区域是指位于基础外边界以内沿长宽方向距外边界大于相应方向1/4长度的区域。

（4）采取减小液化震陷的其他方法，如增厚上覆非液化土层的厚度和改善周边的排水条件等。

3. 减轻液化影响的基础和上部结构处理

（1）选择合适的基础埋置深度。

（2）调整基础底面积，减少基础偏心。

（3）加强基础的整体性和刚度，如采用箱基、筏基或钢筋混凝土交叉条形基础，加设基础圈梁等。

（4）减轻荷载，增强上部结构的整体刚度和均匀对称性，合理设置沉降缝，避免采用对不均匀沉降敏感的结构形式等。

（5）管道穿过建筑处应预留足够尺寸或采用柔性接头等。

§2-5 桩基的抗震验算

一、桩基不需进行验算的范围

震害表明，承受以竖向荷载为主的低承台桩基，当地面下无液化土层且桩承台周围无淤泥、淤泥质土和地基承载力特征值不大于 100kPa 的填土时，下列建筑的桩基很少发生震害。因此，《抗震规范》规定，下列建筑的桩基可不进行抗震承载力验算：

1. 7 度和 8 度时的下列建筑

（1）一般单层厂房和单层空旷房屋；

（2）砌体房屋；

（3）不超过 8 层且高度在 24m 以下的一般民用框架房屋；

（4）基础荷载与（3）项相当的多层框架厂房和多层混凝土抗震墙房屋。

2.《抗震规范》规定可不进行上部结构抗震验算的建筑

（1）6 度时的建筑（不规则建筑及建造于Ⅳ类场地上较高的高层建筑除外）；

（2）7 度Ⅰ、Ⅱ类场地、柱高不超过 10m 且结构单元两端均有山墙的单跨和等高多跨厂房（锯齿形除外）；

（3）7 度时和 8 度（0.2g）Ⅰ、Ⅱ类场地的露天吊车栈桥。

二、低承台桩基的抗震验算

1. 非液化土中桩基

非液化土中低承台桩基的抗震验算，应符合下列规定：

（1）单桩的竖向和水平向抗震承载力特征值，可均比非抗震设计时提高 25%。

（2）当承台侧面的回填土夯至干密度不小于现行《建筑地基基础设计规范》GB 50007 对填土的要求时，可由承台正面填土与桩共同承担水平地震作用，但不应计入承台底面与地基土间的摩擦力。

2. 存在液化土层的桩基

存在液化土层的低承台桩基的抗震验算，应符合下列规定：

（1）承台埋深较浅时，不宜计入承台周围土的抗力或刚性地坪对水平地震作用的分担作用。

（2）当桩承台底面上、下分别有厚度不小于 1.5m、1.0m 的非液化土层或非软弱土层时，可按下列两种情况进行桩的抗震验算，并按不利情况设计：

1）主震时：

桩承受全部地震作用，考虑到这时土尚未充分液化，桩承载力计算可按非液化土考虑，但液化土的桩周摩阻力及桩水平抗力均应乘以表 2-17 折减系数。

2）余震时：

主震后可能发生余震。《抗震规范》规定，这时地震作用按地震影响系数最大值的 10% 采用，桩承载力仍按非抗震设计时提高 25% 取用，但应扣除液化土层的全部摩阻力及桩承台下 2m 深度范围内非液化土的桩周摩阻力。

土层液化影响折减系数   表 2-17

$n = N_{63.5}/N_{cr}$	饱和土标准贯入点深度 d_s（m）	折 减 系 数
$n \leqslant 0.6$	$d_s \leqslant 10$	0
	$10 < d_s \leqslant 20$	1/3
$0.6 < n \leqslant 0.8$	$d_s \leqslant 10$	1/3
	$10 < d_s \leqslant 20$	2/3
$0.8 < n \leqslant 1.0$	$d_s \leqslant 10$	2/3
	$10 < d_s \leqslant 20$	1

（3）打入式预制桩及其他挤土桩，当平均桩距为 2.5～4 倍桩径且桩数不少于 5×5 时，可计入打桩对土的加密作用及桩身对液化土变形限制的有利影响。当打桩后桩间土的标准贯入锤击数达到不液化的要求时，单桩承载力可不折减，但对桩尖持力层作强度校核时，桩群外侧的应力扩散角应取为零。打桩后桩间土的标准贯入锤击数宜由试验确定，也可按下式计算：

$$N_1 = N_p + 100\rho(1 - e^{-0.3N_p}) \tag{2-37}$$

式中　N_1——打桩后桩间土的标准贯入锤击数；

　　　ρ——打入式预制桩的面积置换率；

　　　N_p——打桩前土的标准贯入锤击数。

3. 桩基抗震验算的其他一些规定

（1）处于液化土中的桩基承台周围，宜用非液化土填筑夯实，若用砂土或粉土则应使土层的标准贯入锤击数不小于液化标准贯入锤击数临界值。

（2）液化土中桩的配筋范围，应自桩顶至液化深度以下符合全部消除液化沉陷所要求的深度，其纵向钢筋应与桩顶部相同，箍筋应加密。

（3）在有液化侧向扩展的地段，桩基除应满足本节中的其他的规定外，尚应考虑土流动时的侧向作用力，且承受侧向推力的面积应按边桩外缘间的宽度计算。

§2-6　软弱黏性土地基

软弱黏性土地基是指 7 度、8 度和 9 度时，地基承载力特征值分别小于 80、100 和 120kPa 的黏土层所组成的地基。这种地基的特点是地基承载力低、压缩性大。因此，建造在软弱黏性土地基上的建筑沉降大，如设计不周，施工质量不好，就会使建筑沉降超过容许值，致使建筑物开裂，这样就会加重建筑物震害。例如，1976年唐山地震时，天津市望海楼住宅小区房屋的震害就说明了这一点。小区有16栋三层、10栋四层的房屋，采用筏基，基础埋置深度为0.6m，地基承载力30～40kPa，而实际采用57kPa，于1974年建成。其中四层房屋震后总沉降量为253～540mm，震前震后的沉降差为141～203mm，震前倾斜为（1～3）‰，震后倾斜为（3～6）‰；三层房屋震后总沉降量为288～852mm，震前震后的沉降差为146～352mm，震前倾斜为（0.7～19.8）‰，震后倾斜为（0.7～45.1）‰。

由此可见，对软弱黏性土地基上的建筑，在正常荷载作用下就要采取有效措施，如采用桩基、地基加固处理或如上所述的减轻液化影响的基础和上部结构处理等措施。切实做到减小房屋的有害沉降，避免地震时产生过大的附加沉降或不均匀沉降，造成上部结构破坏。

思 考 题

2-1 场地土分哪几类？它们是如何划分的？

2-2 什么是场地？怎样划分建筑场地的类别？

2-3 简述地基基础抗震验算的原则。哪些建筑可不进行天然地基及基础的抗震承载力验算？为什么？

2-4 什么是土的液化？怎样判断土的液化？如何确定土的液化严重程度，并简述抗液化措施。

2-5 什么是土的卓越周期？它的数值与哪些因素有关？研究土的卓越周期的工程意义是什么？

2-6 哪些建筑的桩基可不进行抗震验算？低承台桩基的抗震验算应符合哪些规定？

计 算 题

【习题2-1】某建筑场地位于8度抗震设防区，场地土层分布及岩性如图2-22所示，其中粉土黏粒含量百分率为14，拟建建筑基础埋深为1.50m，已知地面以下30m土层地质年代为第四纪全新世，试问，当地下水位在地表下5m时，按《抗震规范》（2016年版）的规定，下述答案何项正确？

（A）粉土层不液化，砂土层可不考虑液化影响。

（B）粉土层液化，砂土层可不考虑液化影响。

（C）粉土层不液化，砂土层需进一步判别液化影响。

（B）粉土层、砂土层均需进一步判别液化影响。

【习题2-2】某工程场地位于抗震设防烈度7度区，基础埋深 $d_b = 1.8m$，上覆非液化土层厚 $d_u = 6.0m$，其下为很厚的饱和砂土，地下水位深度 $d_w = 3.5m$。试判别饱和砂土层是否需考虑液化影响？

【习题2-3】钢筋混凝土柱独立基础，相应于地震作用效应的标准组合时，上部结构传至基础顶面的竖向力值 $F_k = 1100$kN，作用于基础底面的力矩值 $M_k = 1450$kN·m；基础底

图 2-22 习题 2-1 附图

面处的地基抗震承载力 $f_{aE} = 264.4$kPa。基础埋置深度 $H = 2.20m$。要求在地震作用下，基础底面与地基土之间脱离区（零应力区）面积为基础底面面积的15%。

试问，为满足地基抗震承载力和控制基础偏心程度的要求，确定的基础底面面积 $A = b \times l$（m²）与

下列何项数值最为接近？

    (A) 2.6×3.5   (B) 3.0×3.8   (C) 3.0×4.1   (D) 3.0×4.5

    提示：按下列公式计算：

基底面积
$$A = \frac{F_k}{0.6\rho f_{aE} - \bar{\gamma}H}$$

平行于力矩方向的基底边长
$$l = \frac{M_k}{(0.3 - 0.2\rho)\rho A f_{aE}}$$

式中 ρ——基底非零应力区面积与基底面积之比。

第3章 地震作用与结构抗震验算

§3-1 概　　述

地震释放的能量，以地震波的形式向四周扩散，地震波到达地面后引起地面运动，使地面原来处于静止的建筑物受到动力作用而产生强迫振动。在振动过程中作用在结构上的惯性力就是地震荷载。这样，地震荷载可以理解为一种能反映地震影响的等效荷载。实际上，地震荷载是由于地面运动引起结构的动态作用，按照《建筑结构设计通用符号、计量单位和基本术语》GBJ 83—85 的规定，属于间接作用，不应该称为"地震荷载"，应称为"地震作用"。

在地震作用效应和其他荷载效应的基本组合超出结构构件的承载力，或在地震作用下结构的侧移超过允许值时，建筑物就遭到破坏，以致倒塌。因此，在建筑抗震设计中，确定地震作用是一个十分重要的问题。

地震作用与一般静荷载不同，它不仅取决于地震烈度大小和近震、远震的情况，而且与建筑结构的动力特性（如结构自振周期、阻尼等）有密切关系。而一般静荷载与结构的动力特性无关，可以独立地确定。因此，确定地震作用比确定一般静荷载复杂得多。

目前，在我国和其他许多国家的抗震设计规范中，广泛采用反应谱理论来确定地震作用，其中以加速度反应谱应用最多。所谓加速度反应谱，就是单质点弹性体系在一定的地面运动作用下，最大反应加速度（一般用相对值）与体系自振周期的变化曲线。如果已知体系的自振周期，利用反应谱曲线和相应计算公式，就可很方便地确定体系的反应加速度，进而求出地震作用。

应用反应谱理论不仅可以解决单质点体系的地震反应计算问题，而且通过振型分解法还可以计算多质点体系的地震反应。

在工程上，除采用反应谱计算结构地震作用外，对于高层建筑和特别不规则的建筑等，还常采用时程分析法来计算结构的地震反应。这个方法先选定地震地面加速度图，然后用数值积分方法求解运动方程，算出每一时间增量处的结构反应，如位移、速度和加速度反应。

本章主要介绍反应谱法，对时程分析法仅作扼要介绍。

§3-2 单质点弹性体系的地震反应

一、运动方程的建立

为了研究单质点弹性体系的地震反应，我们首先建立体系在地震作用下的运动方程。图 3-1 表示单质点弹性体系的计算简图。所谓单质点弹性体系，是指可以将结构参与振动的全部质量集中于一点，用无重量的弹性直杆支承于地面上的体系。例如，水塔、单层房屋，由于它们的质量大部分集中于结构的顶部，所以，通常将这些结构都简化成单质点体系。

目前，计算弹性体系的地震反应时，一般假定地基不产生转动，而把地基的运动分解为一个竖向和两个水平向的分量，然后分别计算这些分量对结构的影响。

图 3-2 （a）表示单质点弹性体系在地震时地面水平运动分量作用下的运动状态。其中 $x_g(t)$ 表示地面水平位移，是时间 t 的函数，它的变化规律可自地震时地面运动实测记录求得；$x(t)$ 表示质点对于地面的相对弹性位移或相对位移反应，它也是时间 t 的函数，是待求的未知量。

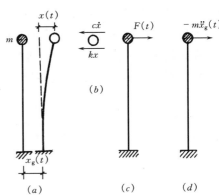

图 3-1　单质点弹性体系计算简图　　　图 3-2　地震时单质点体系运动状态

为了确定当地面位移按 $x_g(t)$ 的规律变化时单质点弹性体系相对位移反应 $x(t)$，下面来讨论如何建立运动方程。

取质点 m 为隔离体，并绘出受力图（图 3-2b），由动力学知道，作用在它上面的力有：

（1）弹性恢复力 S

这是使质点从振动位置回到平衡位置的一种力，其大小与质点 m 的相对位移 $x(t)$ 成正比，即

$$S = -kx(t) \tag{3-1a}$$

式中 k 为弹性直杆的刚度系数，即质点发生单位水平位移时在质点处所施加的力；负号表示 S 力的指向总是和位移方向相反。

（2）阻尼力 R

在振动过程中，由于外部介质阻力，构件和支座部分连接处的摩擦和材料的非弹性变形以及通过地基散失能量（由地基振动引起）等原因，结构的振动将逐渐衰减。这种使结构振动衰减的力就称为阻尼力。在工程计算中一般采用粘滞阻尼理论确定，即假定阻尼力与速度成正比：

$$R = -c\dot{x}(t) \tag{3-1b}$$

式中 c 为阻尼系数；$\dot{x}(t)$ 为质点速度；负号表示阻尼力与速度 $\dot{x}(t)$ 的方向相反。

显然，在地震作用下，质点的绝对加速度为 $\ddot{x}_g(t)+\ddot{x}(t)$。根据牛顿第二定律，质点运动方程可写作：

$$m[\ddot{x}_g(t)+\ddot{x}(t)]=-kx(t)-c\dot{x}(t) \tag{3-2a}$$

经整理后得：

$$m\ddot{x}(t)+c\dot{x}(t)+kx(t)=-m\ddot{x}_g(t) \tag{3-2b}$$

上式就是在地震作用下质点运动的微分方程。如果将式（3-2b）与动力学中单质点弹性体系在动荷载 $F(t)$（图 3-2c）作用下的运动方程

$$m\ddot{x}(t)+c\dot{x}(t)+kx(t)=F(t) \tag{3-3}$$

比较，就会发现：两个运动方程基本相同，其区别仅在于式（3-2b）等号右边为地震时地面运动加速度与质量的乘积；而式（3-3）等号右边为作用在质点上的动荷载。由此可见，地面运动对质点的影响相当于在质点上加一个动荷载，其值等于 $m\ddot{x}_g(t)$，指向与地面运动加速度方向相反（图 3-2d）。因此，计算结构的地震反应时，必须知道地震地面运动加速度 $\ddot{x}_g(t)$ 的变化规律。$\ddot{x}_g(t)$ 可由地震时地面加速度记录得到。

为了使方程（3-2b）进一步简化，设

$$\omega^2=\frac{k}{m}, \qquad \zeta=\frac{c}{2\sqrt{km}}=\frac{c}{2\omega m}$$

将上式代入式（3-2b），经简化后得：

$$\ddot{x}(t)+2\zeta\omega\dot{x}(t)+\omega^2x(t)=-\ddot{x}_g(t) \tag{3-4}$$

式（3-4）就是所要建立的单质点弹性体系在地震作用下的运动微分方程。

二、运动方程的解答

式（3-4）是一个二阶常系数线性非齐次微分方程，它的解包含两部分：一个是对应于齐次微分方程的通解；另一个是微分方程的特解。前者表示自由振动，后者表示强迫振动。

（一）齐次微分方程的通解

对应方程（3-4）的齐次方程为：

$$\ddot{x}(t)+2\zeta\omega\dot{x}(t)+\omega^2x(t)=0 \tag{3-5}$$

根据微分方程理论，其通解为：

$$x(t)=e^{-\zeta\omega t}(A\cos\omega't+B\sin\omega't) \tag{3-6}$$

式中 $\omega'=\omega\sqrt{1-\zeta^2}$；$A$ 和 B 为常数，其值可按问题的初始条件确定。当阻尼为零时，即 $\zeta=0$，于是式（3-6）变为：

$$x(t)=A\cos\omega t+B\sin\omega t \tag{3-7}$$

这是无阻尼单质点体系自由振动的通解，表示质点作简谐振动，这里 $\omega=\sqrt{k/m}$ 为

无阻尼自振频率。对比式（3-6）和式（3-7）可知，有阻尼单质点体系的自由振动为按指数函数衰减的等时振动，其振动频率为 $\omega' = \omega\sqrt{1-\zeta^2}$，故 ω' 称为有阻尼的自振频率。

根据初始条件来确定常数 A 和 B。当 $t=0$ 时，

$$x(t) = x(0), \qquad \dot{x}(t) = \dot{x}(0)$$

其中 $x(0)$ 和 $\dot{x}(0)$ 分别为初始位移和初始速度。

将 $t=0$ 和 $x(t)=x(0)$ 代入式（3-6），得：

$$A = x(0)$$

再将式（3-6）对时间 t 求一阶导数，并将 $t=0, \dot{x}(t) = \dot{x}(0)$ 代入，得：

$$B = \frac{\dot{x}(0) + \zeta\omega x(0)}{\omega'}$$

将所求得 A、B 值代入式（3-6）得：

$$x(t) = \mathrm{e}^{-\zeta\omega t}\left[x(0)\cos\omega't + \frac{\dot{x}(0) + \zeta\omega x(0)}{\omega'}\sin\omega't\right] \tag{3-8}$$

上式就是式（3-5）在给定的初始条件时的解答。

由 $\omega' = \omega\sqrt{1-\zeta^2}$ 和 $\zeta = c/2m\omega$ 可以看出，有阻尼自振频率 ω' 随阻尼系数 c 增大而减小，即阻尼愈大，自振频率愈慢。当阻尼系数达到某一数值 c_r 时，也就是

$$c = c_\mathrm{r} = 2m\omega = 2\sqrt{km}$$

即 $\zeta=1$ 时，则 $\omega'=0$，表示结构不再产生振动。这时的阻尼系数 c_r 称为临界阻尼系数。它是由结构的质量 m 和刚度 k 决定的，不同的结构有不同的阻尼系数。根据这种分析，

$$\zeta = \frac{c}{2m\omega} = \frac{c}{c_\mathrm{r}} \tag{3-9}$$

表示结构的阻尼系数 c 与临界阻尼系数 c_r 的比值，所以 ζ 称为临界阻尼比，简称阻尼比。

在建筑抗震设计中，常采用阻尼比 ζ 表示结构的阻尼参数。由于阻尼比 ζ 的值很小，它的变化范围在 $0.01 \sim 0.1$ 之间，计算时通常取 0.05。因此，有阻尼自振频率 $\omega' = \omega\sqrt{1-\zeta^2}$ 和无阻尼自振频率 ω 很接近，即 $\omega' \approx \omega$。也就是说，计算体系的自振频率时，通常可不考虑阻尼的影响。

阻尼比 ζ 值可通过对结构的振动试验确定。

（二）地震作用下运动方程的特解

求运动方程

$$\ddot{x}(t) + 2\zeta\omega\dot{x}(t) + \omega^2 x(t) = -\ddot{x}_\mathrm{g}(t)$$

的解答时，可将 $-\ddot{x}_g(t)$ 看作是随时间变化的 $m=1$ 的"扰力"，并认为它是由无穷多个连续作用的微分脉冲所组成，如图 3-3 所示。

今以任一微分脉冲的作用进行讨论。设它在 $t=\tau-d\tau$ 开始作用，作用时间为 $d\tau$，则此微分脉冲大小为 $-\ddot{x}_g(t)d\tau$，显然体系在微分脉冲作用后只产生自由振动，这时体系的位移可按式（3-8）确定。但是，式中的 $x(0)$ 和 $\dot{x}(0)$ 应为微分脉冲作用后瞬时的位移和速度值。

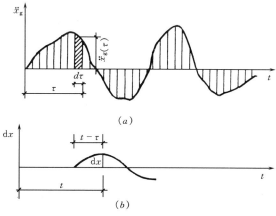

图 3-3 地震作用下运动方程解答附图
(a) 地面加速度时程曲线；(b) 微分脉冲引起的位移反应

现在来确定 $x(0)$ 和 $\dot{x}(0)$ 值。因为微分脉冲作用前质点位移和速度均为零，所以在微分脉冲作用前后的瞬时，其位移不会发生变化，而应为零，即 $x(0)=0$。但速度有变化，这个速度变化可从脉冲-动量关系中求得。设微分脉冲 $-\ddot{x}_g(\tau)d\tau$ 作用后的速度为 $\dot{x}(0)$，于是具有单位质量质点的动量变化就是 $\dot{x}(0)$，根据动量定理

$$\dot{x}(0)=-\ddot{x}_g(\tau)d\tau \tag{3-10}$$

将 $x(0)=0$ 和 $\dot{x}(0)$ 的值代入式（3-8），即可求得时间 τ 作用的微分脉冲所产生的位移反应

$$dx=-e^{-\zeta\omega(t-\tau)}\frac{\ddot{x}_g(\tau)}{\omega'}\sin\omega'(t-\tau)d\tau \tag{3-11}$$

将所有组成扰力的微分脉冲作用效果叠加，就可得到全部加载过程所引起的总反应。因此，将式（3-11）积分，可得时间为 t 的位移

$$x(t)=-\frac{1}{\omega'}\int_0^t\ddot{x}_g(\tau)e^{-\zeta\omega(t-\tau)}\sin\omega'(t-\tau)d\tau \tag{3-12}$$

上式就是非齐次线性微分方程（3-4）的特解、通称杜哈梅（Duhamel）积分。它与齐次微分方程（3-5）的通解之和就是微分方程（3-4）的全解。但是，由于结构阻尼的作用，自由振动很快就会衰减，公式（3-6）的影响通常可以忽略不计。

§3-3 单质点弹性体系水平地震作用——反应谱法

一、水平地震作用基本公式

作用在质点上的惯性力等于质量 m 乘以它的绝对加速度，方向与绝对加速度的方向相反，即

$$F(t)=-m[\ddot{x}_g(t)+\ddot{x}(t)] \tag{3-13}$$

式中 $F(t)$ 为作用在质点上的惯性力，其余符号意义同前。

若将式（3-2a）代入式（3-13），并考虑到 $c\dot{x}(t) \ll kx(t)$ 而略去不计，则得：

$$F(t) = kx(t) = m\omega^2 x(t) \tag{3-14}$$

或

$$x(t) = F(t)\frac{1}{k} = F(t)\delta \tag{3-15}$$

式中 $\delta = \frac{1}{k}$ 为杆件柔度系数，即杆端作用单位水平力时在该处所产生的侧移。

现在来分析式（3-15）。等号左端 $x(t)$ 为地震作用时质点产生的相对位移，而等号右端 $F(t)\delta$ 为该瞬时惯性力使质点产生的相对位移。因此，可以认为在某瞬时地震作用使结构产生的相对位移是该瞬时的惯性力引起的。这也就是为什么可以将惯性力理解为一种能反映地震影响的等效荷载的原因。

将式（3-12）代入式（3-14），并忽略 ω' 和 ω 的微小差别，则得：

$$F(t) = -m\omega \int_0^t \ddot{x}_g(\tau) e^{-\zeta\omega(t-\tau)} \sin\omega(t-\tau) d\tau \tag{3-16}$$

由上式可见，水平地震作用是时间 t 的函数，它的大小和方向随时间 t 而变化。在结构抗震设计中，并不需要求出每一时刻的地震作用数值，而只需求出水平作用的最大绝对值。设 F 表示水平地震作用的最大绝对值，由式（3-16）得：

$$F = m\omega \left| \int_0^t \ddot{x}_g(\tau) e^{-\zeta\omega(t-\tau)} \sin\omega(t-\tau) d\tau \right|_{max} \tag{3-17}$$

或

$$F = mS_a \tag{3-18}$$

这里

$$S_a = \omega \left| \int_0^t \ddot{x}_g(\tau) e^{-\zeta\omega(t-\tau)} \sin\omega(t-\tau) d\tau \right|_{max} \tag{3-19}$$

令

$$S_a = \beta \, |\ddot{x}_g|_{max}$$

$$|\ddot{x}_g|_{max} = kg$$

代入式（3-18），并以 F_{Ek} 代替 F，则得：

$$F_{Ek} = mk\beta g = k\beta G \tag{3-20}$$

式中　　F_{Ek}——水平地震作用标准值；

S_a——质点加速度最大值；

$|\ddot{x}_g|_{max}$——地震动峰值加速度；

k——地震系数；

β——动力系数；

G——建筑的重力荷载代表值。

式 (3-20) 就是计算水平地震作用的基本公式。由此可见，求作用在质点上的水平地震作用 F_{Ek}，关键在于求出地震系数 k 和动力系数 β 值。

二、地震系数

地震系数 k 是地震动峰值加速度与重力加速度之比，即

$$k = \frac{|\ddot{x}_g|_{max}}{g} \tag{3-21}$$

也就是以重力加速度为单位的地震动峰值加速度。显然，地面加速度愈大，地震的影响就愈强烈，即地震烈度愈大。所以，地震系数与地震烈度有关，都是地震强烈程度的参数。例如，地震时在某处地震加速度记录的最大值，就是这次地震在该处的 k 值（以重力加速度 g 为单位）。如果同时根据该处的地表破坏现象、建筑的损坏程度等，按地震烈度表评定该处的宏观烈度 I，就可提供它们之间的一个对应关系。根据许多这样的资料，就可确定出 I-k 的对应关系。

根据《抗震规范》附录 A 中设防烈度与设计基本地震加速度取值关系，就可得出抗震设防烈度与地震系数值 k 的对应关系，见表 3-1。这时，地震系数 k 意义和取值与《抗震规范》中的设计基本地震加速度的一致。它是 50 年设计基准期超越概率 10% 的地震加速度的设计取值。

设防烈度 I 与地震系数 k 的对应关系   表 3-1

设防烈度 I（度）	6	7	8	9
地震系数 k（g）	0.05	0.10 (0.15)	0.20 (0.30)	0.40

注：1. 括号内的数字分别用于附录 A 中的设计基本地震加速度 $0.15g$ 和 $0.30g$ 地区。

    2. 设计基本地震加速度为 $0.15g$ 和 $0.30g$ 地区内的建筑，应分别按设防烈度 7 度和 8 度的要求进行抗震设计，但建筑场地为 Ⅲ、Ⅳ 类时，宜分别按烈度 8（$0.20g$）度和 9（$0.40g$）度时各类建筑物的要求采取抗震构造措施。

三、动力系数 β

动力系数 β 是单质点弹性体系在地震作用下最大反应加速度与地面最大加速度之比，即

$$\beta = \frac{S_a}{|\ddot{x}_g|_{max}} \tag{3-22}$$

也就是质点最大反应加速度比地面最大加速度放大的倍数。将式 (3-19) 代入式 (3-22)，得：

$$\beta = \frac{\omega}{|\ddot{x}_g|_{max}} \left| \int_0^t \ddot{x}_g(\tau) e^{-\zeta\omega(t-\tau)} \sin\omega(t-\tau) d\tau \right|_{max} \tag{3-23}$$

在结构抗震计算中，通常将频率用自振周期表示，即 $\omega = 2\pi/T$。所以，上式又可写成

$$\beta = \frac{2\pi}{T} \cdot \frac{1}{|\ddot{x}_g|_{max}} \left| \int_0^t \ddot{x}_g(\tau) e^{-\zeta\frac{2\pi}{T}(t-\tau)} \sin\frac{2\pi}{T}(t-\tau) d\tau \right|_{max} \tag{3-24}$$

由上式可知，动力系数 β 与地面运动加速度记录 $\ddot{x}_g(t)$ 的特征、结构的自振周期 T 以及阻尼比 ζ 有关。当地面加速度记录 $\ddot{x}_g(t)$ 和阻尼比 ζ 给定时，就可根据不同的 T 值算出动力系数 β[❶]，从而得到一条 β-T 曲线。这条曲线就称为动力系数反应谱曲线。动力系数是单质点 m 最大反应加速度 S_a 与地面运动最大加速度 $|\ddot{x}_g|_{max}$ 之比，所以 β-T 曲线实质上是一种加速度反应谱曲线。

图 3-4 β 反应谱曲线

图 3-4 是根据某次地震时地面加速度记录 $\ddot{x}_g(t)$ 和阻尼比 $\zeta=0.05$ 绘制的动力系数反应谱曲线。

由图 3-4 可见，当结构自振周期 T 小于某一数值 T_g 时，β 反应谱曲线将随 T 的增加急剧上升；当 $T=T_g$ 时，动力系数达到最大值；当 $T>T_g$ 时，曲线波动下降。这里的 T_g 就是对应反应谱曲线峰值的结构自振周期，这个周期与场地的振动卓越周期相符。所以，当结构自振周期与场地的卓越周期相等或相近时，地震反应最大。这种现象与结构在动荷载作用下的共振相似。因此，在结构抗震设计中，应使结构的自振周期远离场地的卓越周期，以避免发生类共振现象。

分析表明，虽然在每次地震中测得的地面加速度曲线各不相同，从外观上看极不规律，但根据它们绘制的动力系数反应谱曲线，却有其共同的特征，这就给应用反应谱曲线确定地震作用提供了可能性。从而，根据结构的自振周期 T，就可以很方便地求出动力系数 β 值。

但是，上面的加速度反应谱曲线是根据一次地震的地面加速度记录 $\ddot{x}_g(t)$ 绘制的。不同的地震记录会有不同的反应谱曲线，虽然它们有某些共同的特征，但仍有差别。在结构抗震设计中，不可能预知建筑物将遭到怎样的地面运动，因而也就无法知道 $\ddot{x}_g(t)$ 是怎样的变化曲线。因此，在建筑抗震设计中，只采用按某一次地震记录 $\ddot{x}_g(t)$ 绘制的反应谱曲线作为设计依据是没有意义的。

根据不同的地面运动记录的统计分析表明，场地的特性、震中距的远近，对反应谱曲线有比较明显的影响。例如，场地愈软，震中距愈远，曲线主峰位置愈向右移，曲线主峰也愈扁平。因此，应按场地类别、近震和远震分别绘出反应谱曲线，然后根据统计分析，从大量的反应谱曲线中找出每种场地和近、远震有代表性的平均反应谱曲线，作为设计用的标准反应谱曲线。

四、地震影响系数

为了简化计算，将上述地震系数 k 和动力系数 β 以其乘积 α 表示，并称为地震影响系数。

---

❶ 式（3-24）中 $\ddot{x}_g(t)$ 一般不能用简单的解析式表示，通常采用数值积分法用电子计算机计算。

$$\alpha = k\beta \qquad (3-25)$$

这样，式（3-20）可以写成

$$F_{Ek} = \alpha G \qquad (3-26)$$

因为

$$\alpha = k\beta = \frac{|\ddot{x}_g|_{max}}{g} \frac{S_a}{|\ddot{x}_g|_{max}} = \frac{S_a}{g} \qquad (3-27)$$

所以，地震影响系数 α 就是单质点弹性体系在地震时最大反应加速度（以重力加速度 g 为单位）。另一方面，若将式（3-26）写成 $\alpha = F_{Ek}/G$，则可以看出，地震影响系数乃是作用在质点上的地震作用与结构重力荷载代表值之比。

《抗震规范》就是以地震影响系数 α 作为抗震设计依据的，其数值应根据烈度、场地类别、设计地震分组以及结构自振周期和阻尼比确定：

（一）当建筑结构阻尼比 $\zeta = 0.05$ 时 ❶

当建筑结构阻尼比为 0.05 时，地震影响系数 α 值按图 3-5（a）采用。现将地震影响

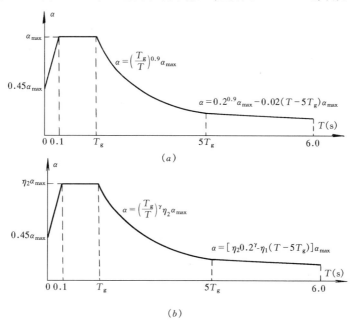

图 3-5　地震影响系数曲线

（a）阻尼比 ζ 等于 0.05；（b）阻尼比 ζ 不等于 0.05

系数 α 曲线的一些特征及有关系数取值说明如下：

（1）周期 $T \leqslant 0.1s$ 区段：在这一区段 α 为线性上升段，$T = 0.1s$ 时 $\alpha = \alpha_{max}$。

（2）$0.1s \leqslant T \leqslant T_g$ 区段：在这一区段作了平滑处理，为安全计，这一段取水平线，即均按 α_{max} 取值。

---

❶　除有专门规定外，建筑结构的阻尼比应取 0.05。

这里的 T_g 称为设计特征周期，它是抗震设计用的地震影响系数曲线中，下降段起始点对应的周期值，简称特征周期。

分析表明，地震影响系数曲线形状与场地类别和震中距远近等因素有关。为了反映震中距远近对特征周期的不同影响，新版《抗震规范》是以设计地震分组体现的，并将设计地震分为三组：第一组适用于近震，第二组适用于较远地震，第三组适用于远震。这样，根据建筑场地类别和新版《抗震规范》附录 A 我国主要城镇设计地震分组就可由表 3-2 查得特征周期值。

《抗震规范》附录 A 列出的我国主要城镇的设计地震分组可参见本书附录 A。

特征周期 T_g 值 表 3-2

设计地震分组	场 地 分 类				
	I_0	I_1	II	III	IV
第一组	0.20	0.25	0.35	0.45	0.65
第二组	0.25	0.30	0.40	0.55	0.75
第三组	0.30	0.35	0.45	0.65	0.90

注：为了避免处于不同场地分界附近的特征周期突变，《抗震规范》规定，当有可靠剪切波速和覆盖层厚度时，可采用插入法确定边界附近（指15%范围）的特征周期值。

（3）$T_g \leqslant T \leqslant 5T_g$ 区段：在这一区段为曲线下降段，曲线呈双曲线变化：

$$\alpha = \left(\frac{T_g}{T}\right)^{0.9} \alpha_{max} \qquad (3-28)$$

式中　α——地震影响系数；

　　T_g——特征周期（s）；

　　T——单质点体系自振周期（s），按下式计算：

$$T = 2\pi \sqrt{\frac{G\delta}{g}} \qquad (3-29)$$

式中　G——质点重力荷载代表值；

　　δ——作用在质点上单位水平集中力在自由端产生的侧移。

（4）$5T_g \leqslant T \leqslant 6s$ 区段：在这一区段为直线下降段，并按下式计算：

$$\alpha = [0.2^{0.9} - 0.02(T - 5T_g)]\alpha_{max} \qquad (3-30)$$

（5）关于 α_{max} 的取值：地震资料统计结果表明，动力系数最大值 β_{max} 与地震烈度、地震环境影响不大，《抗震规范》取 $\beta_{max} = 2.25$。将 $\beta_{max} = 2.25$ 与表 3-1 所列 k 值相乘，便得出不同设防烈度 α_{max} 值，参见表 3-3。

设防烈度 I	6	7	8	9
α_{max}	0.113	0.23 (0.338)	0.45 (0.675)	0.90

注：括号内的数字分别用于附录 A 中地震动峰值加速度 $0.15g$ 和 $0.30g$ 的地区。

根据三水准、两阶段的设计原则，并不进行设防烈度下的抗震计算。因此，表 3-3 中 α_{max} 值在抗震计算中并不直接应用，给出它的目的，在于推算出不同设防烈度下小震烈度和大震烈度的 α_{max} 值。

如前所述，对于多遇地震（小震）烈度比设防烈度平均低 1.55 度。研究表明，其 α_{max} 值比设防烈度时的小 1/2.82，故多遇地震时的 α_{max} 可取表 3-3 中 α_{max} 值的 1/2.82，按这个数值计算地震作用大体上相当于 1978 年《建筑抗震设计规范》的设计水准。罕遇地震（大震）时的 α_{max} 值，分别大致取表 3-3 中相应 7 度、8 度、9 度的 α_{max} 值的 2.13、1.88、1.56 倍。多遇地震和罕遇地震的 α_{max} 值参见表 3-4。

水平地震影响系数最大值 α_{max}   表 3-4

设防烈度 I	6	7	8	9
多遇地震	0.04	0.08 (0.12)	0.16 (0.24)	0.32
罕遇地震	0.28	0.50 (0.72)	0.90 (1.20)	1.40

注：表中括号内的数字分别用于附录 A 中设计基本地震加速度 $0.15g$ 和 $0.30g$ 地区。

（6）关于 $T=0$ 时，$\alpha=0.45\alpha_{max}$，因为 $\alpha=k\beta$，当 $T=0$ 时（即刚性体系），$\beta=1$（不放大），即 $\alpha=k\times1=k$，而 $\alpha_{max}=k\beta_{max}$

即

$$k = \frac{\alpha_{max}}{\beta_{max}}$$

由此

$$\alpha = k = \frac{\alpha_{max}}{\beta_{max}} = \frac{\alpha_{max}}{2.25} \approx 0.45\alpha_{max}$$

（7）计算 8、9 度罕遇地震作用时，特征周期应增加 0.05s。

（8）周期大于 6s 的建筑结构所采用的地震影响系数应专门研究。

（二）当建筑结构阻尼比不等于 0.05 时

这时水平地震影响系数曲线按图 3-5（*b*）确定，但形状参数和阻尼调整系数应按下列规定调整：

（1）曲线下降段的衰减指数，按下式确定：

$$\gamma = 0.9 + \frac{0.05 - \zeta}{0.5 + 6\zeta} \tag{3-31}$$

式中　γ——曲线下降段的衰减指数；

　　　ζ——阻尼比。

（2）直线下降段的下降斜率调整系数，按下式确定：

$$\eta_1 = 0.02 + \frac{0.05 - \zeta}{4 + 32\zeta} \tag{3-32}$$

式中　η_1——直线下降段的下降斜率调整系数，小于 0 时取 0。

（3）阻尼调整系数，按下式确定：

$$\eta_2 = 1 + \frac{0.05 - \zeta}{0.08 + 1.6\zeta} \tag{3-33}$$

式中　η_2——阻尼调整系数，当小于 0.55 时，取 0.55。

【例题 3-1】 某建筑所在地区的设计地震分组为第一组，场地覆盖层厚度 $d_{ov}=55.5\text{m}$，土层剪切波速 $v_{se}=135\text{m/s}$（Ⅲ类场地），试确定该建筑场地反应谱特征周期 T_g 值。

【解】 根据表 2-2 绘出 $d_{ov}-v_{se}$ 关系图，见图 3-6(a)。在图中标出分区分界线 15% 范围区域（用阴影线表示部分）。因为由 $50\text{m}<d_{ov}=55.5\text{m}<57.5\text{m}$ 和 $127.5\text{m/s}<v_{se}=$

(a)

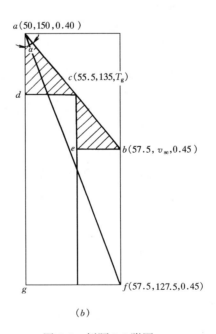

(b)

图 3-6　例题 3-1 附图

$135\text{m/s}<150\text{m/s}$，横坐标和纵坐标所确定的点 c 位于图 3-6（a）的阴影线范围内，故应按插入法确定特征周期 T_g 值。

现将 c 点邻近图形取出，并放大绘于图 3-6（b）中。由图可见，各点的坐标及 T_g 值为：

$$a \text{ 点} \begin{bmatrix} d_\text{ov} \\ v_\text{se} \\ T_\text{g} \end{bmatrix} = \begin{bmatrix} 50 \\ 150 \\ 0.40 \end{bmatrix} \qquad b \text{ 点} \begin{bmatrix} d_\text{ov} \\ v_\text{se} \\ T_\text{g} \end{bmatrix} = \begin{bmatrix} 57.5 \\ v_\text{se} \\ 0.45 \end{bmatrix}$$

$$c \text{ 点} \begin{bmatrix} d_\text{ov} \\ v_\text{se} \\ T_\text{g} \end{bmatrix} = \begin{bmatrix} 55.5 \\ 135 \\ T_\text{g} \end{bmatrix} \qquad f \text{ 点} \begin{bmatrix} d_\text{ov} \\ v_\text{se} \\ T_\text{g} \end{bmatrix} = \begin{bmatrix} 57.5 \\ 127.5 \\ 0.45 \end{bmatrix}$$

由图中可见：

$$\overline{dc}=55.5-50=5.5, \quad \overline{ad}=150-135=15, \quad \text{tg}\alpha=\frac{\overline{dc}}{\overline{ad}}=\frac{5.5}{15}, \quad \overline{eb}=57.5-55.5=2$$

显然

$$\overline{ac} = \sqrt{\overline{ad}^2+\overline{dc}^2} = \sqrt{15^2+5.5^2} = 15.98$$

而

$$\frac{\overline{eb}}{\overline{ce}} = \frac{3.5}{\overline{ce}} = \text{tg}\alpha = \frac{5.5}{15}, \text{于是} \overline{ce} = \frac{20\times15}{5.5} = 5.46$$

由此

$$\overline{cb} = \sqrt{\overline{ce}^2+\overline{eb}^2} = \sqrt{5.46^2+2.0^2} = 5.82$$

故

$$\overline{ab} = \overline{ac}+\overline{cb} = 15.98+5.82 = 21.80$$

由相似三角形比例关系，所求建筑场地反应谱的特征周期为：

$$T_\text{g} = 0.40 + \frac{0.45-0.40}{21.80}\times15.98 = 0.437\text{s}$$

【**例题 3-2**】单层钢筋混凝土框架计算简图如图 3-7（a）所示。集中于屋盖处的重力荷载代表值 $G=1200\text{kN}$ [图 3-7（b）]，梁的抗弯刚度 $EI=\infty$，柱的截面尺寸 $b\times h=350\text{mm}\times350\text{mm}$，采用 C20 的混凝土，结构的阻尼比 $\zeta=0.05$，Ⅱ类场地，设防烈度为 7 度，设计基本地震加速度为 $0.10g$，建筑所在地区的设计地震分组为第二组。试确定在多遇地震作用下框架的水平地震作用标准值，并绘出地震内力图。

【**解**】（1）求水平地震作用标准值

C20 的混凝土弹性模量 $E=25.5\text{kN/mm}^2$，柱的惯性矩

$$I = \frac{1}{12}bh^3 = \frac{1}{12}\times0.35\times0.35^3 = 1.25\times10^{-3}\text{m}^4$$

按式（3-29）计算框架自振周期

$$\delta = \frac{1}{EI}\int\overline{M}^2\text{d}x = \frac{1}{EI}\ 4\omega_1 y_1 = \frac{4}{25.5\times10^6\times1.25\times10^{-3}}$$

$$\times\frac{1}{2}\times1.25\times2.5\times\frac{2}{3}\times1.25 = 1.6\times10^{-4}\text{m}$$

$$T = 2\pi\sqrt{\frac{G\delta}{g}} = 2\pi\sqrt{\frac{1200\times1.6\times10^{-4}}{9.81}} = 0.88\text{s}$$

其中 $\overline{M}$ 图参见图 3-7（c）。

查表 3-4，当抗震设防烈度为 7 度，设计基本地震加速度为 $0.10g$，多遇地震时，

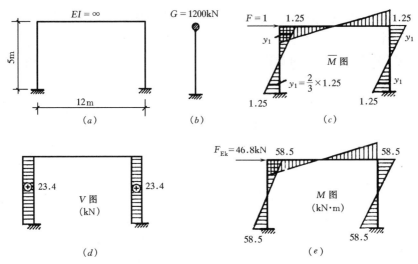

图 3-7 例题 3-2 附图

$\alpha_{\max}=0.08$；当Ⅱ类场地，设计地震分组为第二组时，$T_g=0.40\mathrm{s}$。

因为 $T_g=0.40\mathrm{s}<T=0.88\mathrm{s}<5T_g=5\times0.40=2\mathrm{s}$，故按式（3-28）计算地震影响系数：

$$\alpha=\left(\frac{T_g}{T}\right)^{0.9}\alpha_{\max}=\left(\frac{0.40}{0.88}\right)^{0.9}\times0.08=0.039$$

按式（3-26）计算水平地震作用标准值

$$F_{\mathrm{Ek}}=\alpha G=0.039\times1200=46.80\mathrm{kN}$$

（2）求地震内力标准值，并绘出内力图

求得水平地震作用标准值 $F_{\mathrm{Ek}}=46.80\mathrm{kN}$ 后，就可把它加到框架横梁标高处，按静载计算框架地震内力 V 和 M。

地震内力 V 图、M 图见图 3-7（d）、图 3-7（e）。

§3-4　多质点弹性体系的地震反应

前面讨论了单质点弹性体系的地震反应。在实际工程中，除有些结构可以简化成单质点体系外，很多工程结构，像多层或高层工业与民用建筑等，则应简化成多质点体系来计算，这样才能得出比较切合实际的结果。

对于图 3-8（a）所示的多层框架结构，应按集中质量法将 $i-i$ 和 $(i+1)-(i+1)$ 之间的结构重力荷载、楼面和屋面可变荷载集中于楼面和屋面标高处。设它们的质量为 m_i（$i=1$，2，3，……，n），并假设这些质点由无重量的弹性直杆支承于地面上（图 3-8b）。这样，就可以将多层框架简化成多质点弹性体系。一般说来，对于具有 n 层的框架，可简化成 n 个多质点弹性体系。

一、多质点弹性体系的自由振动

为了研究多质点弹性体系的地震反应和地震作用，我们先来分析体系的自由振动。因为体系的自由振动规律反映了它的许多动力特性，这些动力特性对确定体系的地震反应和地震作用有着密切的关系。

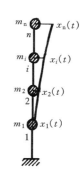

图 3-8　多质点体系计算

(a) 多层框架；(b) 多质点弹性体系

图 3-9　多质点体系的
自由振动

（一）动力方程的建立

图 3-9 表示 n 个质点体系作自由振动。设在振动过程中某瞬时质点 m_1，m_2，……，m_n 的位移分别为 $x_1(t)$，$x_2(t)$，……，$x_n(t)$，则作用在质点 m_1，m_2，……，m_n 上的惯性力分别为 $-m_1\ddot{x}_1(t)$，$-m_2\ddot{x}_2(t)$，……，$-m_n\ddot{x}_n(t)$。设不考虑阻尼的影响，根据叠加原理，可写出质点 m_i（$i=1,2,……,n$）的位移表达式

$$x_i(t) = -m_1\ddot{x}_1(t)\delta_{i1} - m_2\ddot{x}_2(t)\delta_{i2} - …… - m_n\ddot{x}_n(t)\delta_{in} \qquad (3\text{-}34a)$$
$$(i=1,2,……,n)$$

或写作

$$x_i(t) + \sum_{k=1}^{n} m_k\ddot{x}_k(t)\delta_{ik} = 0 \quad (i=1,2,……,n) \qquad (3\text{-}34b)$$

式中　δ_{ik}——单位力 $F=1$ 作用在质点 k 上，质点 i 产生的水平位移，称为柔度系数。

对于两个质点体系，式（3-34b）可写成

$$\left. \begin{array}{l} x_1(t) + m_1\ddot{x}_1(t)\delta_{11} + m_2\ddot{x}_2(t)\delta_{12} = 0 \\ x_2(t) + m_1\ddot{x}_1(t)\delta_{21} + m_2\ddot{x}_2(t)\delta_{22} = 0 \end{array} \right\} \qquad (3\text{-}34c)$$

上式表示两个质点体系运动微分方程组。它的每一项均表示位移，所以称为自由振动位移方程。

（二）微分方程组的解

式（3-34）是二阶常系数线性齐次微分方程组。现在求它的解。设两个质点作简谐振动：

$$\left. \begin{array}{l} x_1(t) = A_1\sin(\omega t + \varphi) \\ x_2(t) = A_2\sin(\omega t + \varphi) \end{array} \right\} \qquad (3\text{-}35a)$$

式中 A_1、A_2 为质点 1、2 的振幅；ω 为振动频率；φ 为初相角。

将式（3-35a）对时间 t 进行二次微分，得各质点的加速度。

$$\left.\begin{array}{l}\ddot{x}_1(t) = -\omega^2 A_1 \sin(\omega t + \varphi) \\ \ddot{x}_2(t) = -\omega^2 A_2 \sin(\omega t + \varphi)\end{array}\right\} \qquad (3\text{-}35b)$$

将式 (3-35a) 和式 (3-35b) 代入式 (3-34c)，并消去各项中的 $\sin(\omega t + \varphi)$，经整理后得：

$$\left.\begin{array}{l}\left(m_1\delta_{11} - \dfrac{1}{\omega^2}\right)A_1 + m_2\delta_{12}A_2 = 0 \\ m_1\delta_{21}A_1 + \left(m_2\delta_{22} - \dfrac{1}{\omega^2}\right)A_2 = 0\end{array}\right\} \qquad (3\text{-}36)$$

这是关于两个未知数 A_1 和 A_2 的齐次方程组。显然 $A_1 = A_2 = 0$ 是方程组的一组解。由式 (3-35a) 可知，这组零解表示体系处于静止状态，而不发生振动。这不是所需要的解。现在求 A_1、A_2 不同时为零的其他可能的解。

若使式 (3-36) 中 A_1、A_2 不全为零，则必须使式 (3-36) 的系数行列式等于零，即

$$\begin{vmatrix} \left(m_1\delta_{11} - \dfrac{1}{\omega^2}\right) & m_2\delta_{12} \\ m_1\delta_{21} & \left(m_2\delta_{22} - \dfrac{1}{\omega^2}\right) \end{vmatrix} = 0 \qquad (3\text{-}37a)$$

将上面行列式展开，得：

$$m_1m_2(\delta_{11}\delta_{22} - \delta_{12}^2)(\omega^2)^2 - (m_1\delta_{11} + m_2\delta_{22})\omega^2 + 1 = 0 \qquad (3\text{-}37b)$$

在式 (3-37b) 中，质量 m_1、m_2 和柔度系数 δ_{11}、δ_{12}、δ_{21}、δ_{22} 均为常数，只有 ω 是未知数，故上式是一个关于 ω^2 的二次代数方程，它的解为：

$$\omega_{1,2}^2 = \frac{(m_1\delta_{11} + m_2\delta_{22}) \mp \sqrt{(m_1\delta_{11} + m_2\delta_{22})^2 - 4m_1m_2(\delta_{11}\delta_{22} - \delta_{12}^2)}}{2m_1m_2(\delta_{11}\delta_{22} - \delta_{12}^2)} \qquad (3\text{-}37c)$$

由此可见，具有两个自由度的体系共有两个自振频率。其中较小的圆频率用 ω_1 表示，称为第一圆频率或基频；另一个圆频率用 ω_2 表示，称为第二圆频率。这样，对于两个质点的体系运动方程 (3-34) 有两组特解：其中对应 ω_1 的一组特解为：

$$\left.\begin{array}{l}x_{11}(t) = A_{11}\sin(\omega_1 t + \varphi_1) \\ x_{21}(t) = A_{21}\sin(\omega_1 t + \varphi_1)\end{array}\right\} \qquad (3\text{-}38a)$$

对应 ω_2 的一组特解为：

$$\left.\begin{array}{l}x_{12}(t) = A_{12}\sin(\omega_2 t + \varphi_2) \\ x_{22}(t) = A_{22}\sin(\omega_2 t + \varphi_2)\end{array}\right\} \qquad (3\text{-}38b)$$

取 $\omega = \omega_1$ 代入式 (3-36)

$$\left.\begin{array}{l}\left(m_1\delta_{11} - \dfrac{1}{\omega_1^2}\right)A_{11} + m_2\delta_{12}A_{21} = 0 \\ m_1\delta_{21}A_{11} + \left(m_2\delta_{22} - \dfrac{1}{\omega_1^2}\right)A_{21} = 0\end{array}\right\} \qquad (3\text{-}39)$$

当体系振动时，上式系数行列式应等于零

$$\begin{vmatrix} \left(m_1\delta_{11} - \dfrac{1}{\omega_1^2}\right) & m_2\delta_{12} \\ m_1\delta_{21} & \left(m_2\delta_{22} - \dfrac{1}{\omega_1^2}\right) \end{vmatrix} = 0 \qquad (3\text{-}40)$$

根据齐次线性方程组的性质可知，齐次线性方程组（3-39）中两个方程并不是独立的，即式（3-39）的第一式经过简单变换后就可得到式（3-39）的第二式。

实际上，由式（3-40）得：

$$m_1\delta_{11}\omega_1^2 - 1 = \frac{m_2\delta_{12}\omega_1^2 m_1\delta_{21}\omega_1^2}{m_2\delta_{22}\omega_1^2 - 1}$$

将上式代入式（3-39）的第一式，得：

$$\frac{m_2\delta_{12}\omega_1^2 m_1\delta_{21}\omega_1^2}{m_2\delta_{22}\omega_1^2 - 1}\cdot A_{11} + m_2\delta_{12}\omega_1^2 A_{21} = 0$$

或

$$m_1\delta_{21}\omega_1^2 A_{11} + (m_2\delta_{22}\omega_1^2 - 1)A_{21} = 0$$

可见，上式就是式（3-39）的第二式。因此，这就证明了式（3-39）的两个齐次方程彼此不是独立的。这就是说，式（3-39）未知数的个数比方程数目多一个，于是方程只能有不定解，即只能假设其中一个未知数为某一定值时，才能从方程（3-39）中任一个方程求出另一个未知数，也就是只能从方程（3-39）中求出 A_{11} 和 A_{22} 的比值，例如，由式（3-39）中第一式得：

$$\frac{A_{21}}{A_{11}} = -\frac{m_1\delta_{11} - \dfrac{1}{\omega_1^2}}{m_2\delta_{12}} \tag{3-41a}$$

显然，这一比值与时间 t 无关。于是，由式（3-38a）可见，体系按 ω_1 振动过程中，任一时刻各质点的位移比值 $\dfrac{x_{21}(t)}{x_{11}(t)}$ 等于 $\dfrac{A_{21}}{A_{11}}$，即始终保持不变。

同理，取 $\omega = \omega_2$ 代入式（3-36），也只能求出 A_{22} 和 A_{12} 的比值：

$$\frac{A_{22}}{A_{12}} = -\frac{m_1\delta_{11} - \dfrac{1}{\omega_2^2}}{m_2\delta_{12}} \tag{3-41b}$$

显然，这一比值也与时间 t 无关。体系按 ω_2 振动过程中，任一时刻各质点的位移比值 $\dfrac{x_{22}(t)}{x_{12}(t)}$ 等于 $\dfrac{A_{22}}{A_{12}}$，即也始终保持不变。

综上所述，对应于频率 ω_1 和 ω_2 运动方程（3-34c）的特解乃是相应于这样两种振动：前者各质点按 $\dfrac{A_{21}}{A_{11}}$ 的比值作简谐振动，而后者各质点按 $\dfrac{A_{22}}{A_{12}}$ 的比值作简谐振动。因此，它们在振动过程中，各自的振动形式保持不变，而只改变大小和方向。相应于 ω_1 的振动形式称为第一主振型（简称第一振型或基本振型），相应于 ω_2 的振动形式称为第二主振型（简称第二振型）。在实际工程计算中，绘制振型曲线时，常令某一质点的位移为1，另一质点的位移可根据相应比值确定。

对于两个质点的振动体系，一般可求出两个相互独立的特解，故对应地就有两个主振型。这也是体系所固有的一种特性。就每一振型而言，只有在特定的初始条件下，体系才会按这一振型振动。现在来说明在怎样初始条件下才会按某一主振型振动。如前所述，体系如按某一振型振动时，其质点位移保持一定的比值。显然，其速度也保持同一比值。所以，各质点的初位移和初速度也一定保持同样比例关系。若使体系按某一主振型作自由振动时，各质点的初位移或初速度的比值应具有该振型的比值关系。在一般初始条件下，体系的振动曲线将包含全部振型，这一情况由运动方程组的通解可见。由微分方程理论知道，通解等于各特解线性组合，即

$$x_1(t) = C_1 A_{11} \sin(\omega_1 t + \varphi_1) + C_2 A_{12} \sin(\omega_2 t + \varphi_2) \\ x_2(t) = C_1 A_{21} \sin(\omega_1 t + \varphi_1) + C_2 A_{22} \sin(\omega_2 t + \varphi_2) \tag{3-42}$$

对于 n 个质点的体系，线性微分方程组（3-34b）的通解可写成：

$$x_i(t) = \sum_{j=1}^{n} C_j A_{ij} \sin \\ (\omega_j t + \varphi_j) \quad (i = 1, 2, \cdots\cdots, n) \tag{3-43}$$

其中 $2n$ 个待定常数 C_j、φ_j（$j=1,2$，$\cdots\cdots,n$）可由 $2n$ 个初始条件 $x_i(0) = x_{i0}$、$\dot{x}_i(0) = \dot{x}_{i0}$（$i=1,2,\cdots\cdots,n$）确定。

由式（3-43）可见，在一般初始条件下，任一质点的振动都是由各主振型的简谐振动叠加而成的复合振动。需要指出的是，试验结果表明，振型越高，阻尼作用所造成的衰减越快，所以通常高振型只在振动初始才比较明显，以后则逐渐衰减。因此，在建筑抗震设计中，仅考虑较低的几个振型的影响。

图 3-10　例题 3-3 附图

【例题 3-3】某二层钢筋混凝土框架（图 3-10a），集中于楼盖和屋盖处的重力荷载代表值相等，$G_1 = G_2 = 1200$kN（图 3-10b），柱的截面尺寸 350mm×350mm，采用 C20 的混凝土，梁的刚度 $EI=\infty$。试求框架的振动圆频率和主振型。

【解】（1）求柔度系数 δ_{ik}

根据求结构位移的图乘法（$\overline{M}_1$、$\overline{M}_2$ 图见图 3-10（c）、图 3-10（d））：

$$\delta_{11} = \int \frac{\overline{M}_1^2}{EI} \mathrm{d}x = \frac{1}{EI}\left(4 \times \frac{1}{2} \times \frac{h}{4} \times \frac{h}{2} \times \frac{2}{3} \times \frac{h}{4}\right) = \frac{h^3}{24EI} = \delta$$

$$\delta_{12} = \delta_{21} = \int \frac{\overline{M}_1 \overline{M}_2}{EI} \mathrm{d}x = \frac{h^3}{24EI} = \delta$$

$$\delta_{22} = \int \frac{\overline{M}_2^2}{EI} \mathrm{d}x = \frac{h^3}{12EI} = 2\delta$$

其中 $E = 25.5\mathrm{kN/mm^2}$，$I = \frac{1}{12}bh^3 = \frac{1}{12} \times 0.35^4 = 1.25 \times 10^{-3}\mathrm{m^4}$

（2）求频率

$$\omega_{1,2}^2 = \frac{(m\delta + 2m\delta) \mp \sqrt{(m\delta + 2m\delta)^2 - 4m^2(2\delta^2 - \delta^2)}}{2m^2(2\delta^2 - \delta^2)} = \frac{3 \mp \sqrt{5}}{2m\delta}$$

72

$$\omega_1 = \sqrt{\frac{0.382}{m\delta}} = \sqrt{\frac{0.382 \times 24EI}{mh^3}} = \sqrt{\frac{0.382 \times 24 \times 25.5 \times 10^6 \times 1.25 \times 10^{-3} \times 9.81}{1200 \times 4^3}}$$

$$= 6.11 \text{s}^{-1}$$

$$\omega_2 = \sqrt{\frac{2.618}{m\delta}} = \sqrt{\frac{2.618 \times 24EI}{mh^3}} = \sqrt{\frac{2.618 \times 24 \times 25.5 \times 10^6 \times 1.25 \times 10^{-3} \times 9.81}{1200 \times 4^3}}$$

$$= 15.99 \text{s}^{-1}$$

（3）求主振型

第一主振型

$$\frac{A_{21}}{A_{11}} = -\frac{m_1\delta_{11} - \frac{1}{\omega_1^2}}{m_2\delta_{12}} = \frac{-\left(m\delta - \frac{m\delta}{0.382}\right)}{m\delta} = \frac{1.618}{1.000}$$

第二主振型

$$\frac{A_{22}}{A_{12}} = \frac{-\left(m\delta - \frac{m\delta}{2.618}\right)}{m\delta} = \frac{-0.618}{1.000}$$

第一、二主振型如图 3-10（e）、（f）所示。

（三）主振型的正交性

对于多质点弹性体系（图 3-11a），它的不同两个主振型之间存在着一个重要特性，即主振型的正交性。在体系振动计算中经常要利用这个特性。

为了便于证明主振型的正交性，而又不失一般性，仍采用两个质点体系来分析。

由式（3-39）

$$\left.\begin{array}{l} A_{11} = (m_1\delta_{11}A_{11} + m_2\delta_{12}A_{21})\omega_1^2 \\ A_{21} = (m_1\delta_{21}A_{11} + m_2\delta_{22}A_{21})\omega_1^2 \end{array}\right\} \tag{3-44a}$$

类似地，可得：

$$\left.\begin{array}{l} A_{12} = (m_1\delta_{11}A_{12} + m_2\delta_{12}A_{22})\omega_2^2 \\ A_{22} = (m_1\delta_{21}A_{12} + m_2\delta_{22}A_{22})\omega_2^2 \end{array}\right\} \tag{3-44b}$$

分别以 $m_1\omega_2^2A_{12}$ 和 $m_2\omega_2^2A_{22}$ 乘式（3-44a）的第一和第二式，然后相加；再分别以 $m_1\omega_1^2A_{11}$ 和 $m_2\omega_1^2A_{21}$ 乘式（3-44b）的第一和第二式，然后再相加。显然，这样所得到的两个等式的右边完全相等，所以，等式左边也应相等，即

$$m_1\omega_2^2A_{12}A_{11} + m_2\omega_2^2A_{22}A_{21} = m_1\omega_1^2A_{11}A_{12} + m_2\omega_1^2A_{21}A_{22}$$

亦即

$$(\omega_2^2 - \omega_1^2)(m_1A_{11}A_{12} + m_2A_{21}A_{22}) = 0$$

因 $\omega_1 \neq \omega_2$，故

$$m_1A_{11}A_{12} + m_2A_{21}A_{22} = 0 \tag{3-45a}$$

上式就是两个质点体系主振型的正交性，对于 n 个质点体系，主振型正交条件可写成：

$$\sum_{i=1}^{n} m_iA_{ik}A_{ij} = 0 \quad (k \neq j) \tag{3-45b}$$

式中　　m_i——质点 i 的质量；

A_{ik}、A_{ij}——分别为第 k 振型和第 j 振型 i 质点的相对位移（图 3-11b、c）。

由式（3-45b）可见，所谓主振型的正交性，是指这样一种性质：即两个不同的主振

型的对应位置上的质点位移相乘，再乘以该质点的质量，然后将各质点所求出的上述乘积作代数和，其值等于零。

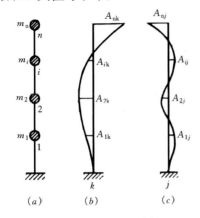

图 3-11　振型的正交性

(a) 多质点体系；(b) 第 k 振型；(c) 第 j 振型

图 3-12　多质点体系在地震下的振动

【例题 3-4】试验算例题 3-3 所示体系主振型的正交性。

【解】$m_1 = m_2 = m$

对于第一振型：$A_{11} = 1.000$，$A_{21} = 1.618$；对于第二振型 $A_{12} = 1.000$，$A_{22} = -0.618$，将上列数值代入式（3-45b），得：

$$m \times 1.000 \times 1.000 + m \times 1.618 \times (-0.618) = 0$$

故证明例题 3-3 主振型计算结果是正确的。

二、多质点弹性体系地震反应

（一）振动微分方程的建立

图 3-12 表示多质点弹性体系在地震作用下的位移情况。其中 $x_g(t)$ 表示地面水平位移，$x_i(t)$ 表示质点 i 的相对位移反应。现在来建立第 i 质点的运动方程。作用在质点 i 上的力有：

弹性恢复力

$$S_i = -(k_{i1}x_1 + k_{i2}x_2 + \cdots\cdots + k_{in}x_n^{●}) = -\sum_{r=1}^{n} k_{ir}x_r$$

$$(i = 1, 2, \cdots\cdots, n) \tag{3-46}$$

阻尼力

$$R_i = -(c_{i1}\dot{x}_1 + c_{i2}\dot{x}_2 + \cdots\cdots + c_{in}\dot{x}_n) = -\sum_{r=1}^{n} c_{ir}\dot{x}_r$$

$$(i = 1, 2, \cdots\cdots, n) \tag{3-47}$$

式中　k_{ir}——第 r 个质点产生单位位移，其余质点不动，在第 i 个质点产生的弹性反力；

c_{ir}——第 r 个质点产生单位速度，其余质点速度为零，在第 i 个质点上产生的阻尼力。

● 为了书写简便起见，$x_i(t)$ 用 x_i 表示；$\dot{x}_i(t)$ 用 $\dot{x}_i$ 表示。

根据牛顿第二定律建立运动方程：

$$m_i(\ddot{x}_g + \ddot{x}_i) = -\sum_{r=1}^{n} k_{ir}x_r - \sum_{r=1}^{n} c_{ir}\dot{x}_r \quad (i = 1, 2, \cdots\cdots, n) \tag{3-48}$$

将上式整理后得：

$$m_i\ddot{x}_i + \sum_{r=1}^{n} k_{ir}x_r + \sum_{r=1}^{n} c_{ir}\dot{x}_r = -m_i\ddot{x}_g(i = 1, 2, \cdots\cdots, n) \tag{3-49}$$

上式就是多质点弹性体系在地震作用下的运动微分方程组。

（二）运动微分方程组的解

为了便于解运动微分方程组，假定阻尼系数 c_{ir} 与质点质量 m_i 和刚度系数 k_{ir} 有下列关系

$$c_{ir} = \alpha_1 m_i + \alpha_2 k_{ir}(i = 1, 2, \cdots\cdots, n) \tag{3-50}$$

其中 α_1、α_2 为两个比例常数，其值可由试验确定。这时，作用在体系上的阻尼力可写成

$$R_i = -\alpha_1 m_i\dot{x}_i - \alpha_2\sum_{r=1}^{n} k_{ir}\dot{x}_r \tag{3-51}$$

因而，运动微分方程组（3-49）变成：

$$m_i\ddot{x}_i + \alpha_1 m_i\dot{x}_i(t) + \alpha_2\sum_{r=1}^{n} k_{ir}x_r(t) + \sum_{r=1}^{n} k_{ir}x_r(t) = -m_i\ddot{x}_g(t)$$
$$(i = 1, 2, \cdots\cdots, n) \tag{3-52}$$

将体系任一质点 i 的位移 $x_i(t)$ 按主振型展开

$$x_i(t) = \sum_{j=1}^{n} q_j(t)x_{ij} \tag{3-53a}$$

将上式对 t 求一阶和二阶导数，分别得：

$$\dot{x}_i(t) = \sum_{j=1}^{n} \dot{q}_j(t)x_{ij} \tag{3-53b}$$

$$\ddot{x}_i(t) = \sum_{j=1}^{n} \ddot{q}_j(t)x_{ij} \tag{3-53c}$$

其中 $q_j(t)$ 称为广义坐标，它是时间 t 的函数；x_{ij} 为第 j 振型质点 i 的相对位移。将式（3-53a）～式（3-53c）代入式（3-52）得：

$$\sum_{j=1}^{n}\left[m_i\ddot{q}_j x_{ij} + \alpha_1 m_i\dot{q}_j x_{ij} + \alpha_2\sum_{r=1}^{n} k_{ir}\dot{q}_j x_{rj} + \sum_{r=1}^{n} k_{ir}q_j x_{rj}\right]$$
$$= -m_i\ddot{x}_g \quad (i = 1, 2, \cdots\cdots, n) \tag{3-54}$$

对于多质点体系作自由振动，且不考虑阻尼时，其运动方程为 [参见式（3-49）]：

$$m_i\ddot{x}_i + \sum_{r=1}^{n} k_{ir}x_r = 0 \tag{3-55}$$

其特解为：

$$x_{ij}(t) = x_{ij}\sin(\omega_j t + \varphi_j), \quad (i = 1, 2, \cdots\cdots, n)$$

应当满足运动方程（3-55），即

$$m_i\omega_j^2 x_{ij} = \sum_{r=1}^{n} k_{ir}x_{rj} \tag{3-56}$$

将式（3-56）代入式（3-54），得：

$$\sum_{j=1}^{n}[m_i\ddot{q}_j x_{ij}+\alpha_1 m_i\dot{q}_j\ x_{ij}+\alpha_2 m_i\omega_j^2 x_{ij}\dot{q}_j+m_i\omega_j^2 x_{ij}q_j]=-m_i\ddot{x}_{\mathrm{g}} \tag{3-57}$$

或

$$\sum_{j=1}^{n}m_i x_{ij}[\ddot{q}_j+(\alpha_1+\alpha_2\omega_j^2)\dot{q}_j+\omega_j^2 q_j]=-m_i\ddot{x}_{\mathrm{g}} \tag{3-58}$$

将上式等号两边各乘以第 k 振型的位移 x_{ik}，并对 i 求和

$$\sum_{i=1}^{n}\sum_{j=1}^{n}m_i x_{ij}\ x_{ik}[\ddot{q}_j+(\alpha_1+\alpha_2\omega_j^2)\dot{q}_j+\omega_j^2 q_j]=-\sum_{i=1}^{n}m_i x_{ik}\ddot{x}_{\mathrm{g}}$$

将上式 $\sum_{i=1}^{n}$ 和 $\sum_{j=1}^{n}$ 互换位置，并注意到振型的正交性，则有

$$\ddot{q}_j+(\alpha_1+\alpha_2\omega_j^2)\dot{q}_j+\omega_j^2 q_j=-\gamma_j\ddot{x}_{\mathrm{g}}\quad(j=1,2,\cdots\cdots,n) \tag{3-59}$$

其中

$$\gamma_j=\frac{\displaystyle\sum_{i=1}^{n}m_i x_{ij}}{\displaystyle\sum_{i=1}^{n}m_i x_{ij}^2} \tag{3-60}$$

令

$$2\zeta_j=\left(\frac{\alpha_1}{\omega_j}+\alpha_2\omega_j\right)\quad(j=1,2,\cdots\cdots,n) \tag{3-61}$$

将上式代入（3-59）得：

$$\ddot{q}_j+2\zeta_j\omega_j\dot{q}_j+\omega_j^2 q_j=-\gamma_j\ddot{x}_{\mathrm{g}}\quad(j=1,2,\cdots\cdots,n) \tag{3-62}$$

这样，经过变换，便将原来运动微分方程组（3-49）分解成 n 个以广义坐标 $q(t)$ 的独立微分方程了。它与单质点体系在地震作用下的运动微分方程（3-4）基本相同，所不同的只是方程（3-4）中的 ζ 变成 ζ_j，ω 变成 ω_j；同时等号右边多了一个系数 γ_j。所以，式（3-62）的解可按照式（3-4）积分求得：

$$q_j(t)=\frac{-\gamma_j}{\omega_j}\int_0^t\ddot{x}_{\mathrm{g}}(\tau)\mathrm{e}^{-\zeta_j\omega_j^{(t-\tau)}}\sin\omega_j(t-\tau)\mathrm{d}\tau \tag{3-63}$$

或

$$q_j(t)=\gamma_j\Delta_j(t) \tag{3-64}$$

其中

$$\Delta_j(t)=-\frac{1}{\omega_j}\int_0^t\ddot{x}_{\mathrm{g}}(\tau)\mathrm{e}^{-\zeta_j\omega_j^{(t-\tau)}}\sin\omega_j(t-\tau)\mathrm{d}\tau \tag{3-65}$$

比较式（3-65）和式（3-12）可见，$\Delta_j(t)$ 相当于阻尼比 ζ_j、自振频率 ω_j 的单质点体系在地震作用下的位移（图 3-13）。这个单质点体系称为与振型 j 相应的振子。

求得各振型的广义坐标 $q_j(t)$ $(j=1,2,\cdots\cdots,n)$ 后，就可按式（3-53a）求出原体系的位移反应：

$$x_i(t)=\sum_{j=1}^{n}q_j(t)x_{ij}=\sum_{j=1}^{n}\gamma_j\Delta_j(t)x_{ij} \tag{3-66}$$

上式表明，多质点弹性体系质点 i 的地震反应等于各振型参与系数 γ_j 与该振型相应的振子的地震位移反应的乘积，再乘以该振型质点 i 的相对位移，然后再把它总和起来。这种振型分解法不仅对计算多质点体系的地震位移反应十分简便，而且也为按反应谱理论计算多质点体系的地震作用提供了方便条件。

图 3-13　$\Delta_j(t)$ 的意义

§3-5 多质点弹性体系水平地震作用和地震效应

一、振型分解反应谱法

多质点弹性体系在地震影响下，在质点 i 上所产生的地震作用等于质点 i 上的惯性力

$$F_i(t) = -m_i[\ddot{x}_g(t) + \ddot{x}_i(t)] \tag{3-67}$$

式中 m_i 为第 i 质点的质量；$\ddot{x}_i(t)$ 为质点 i 的相对加速度，其值等于

$$\ddot{x}_i(t) = \sum_{j=1}^{n} \gamma_j \ddot{\Delta}_j(t) x_{ij} \tag{3-68}$$

$\ddot{x}_g(t)$ 为地震时地面加速度。为了使推导公式简便起见，把它写成

$$\ddot{x}_g(t) = \ddot{x}_g(t) \sum_{j=1}^{n} \gamma_j x_{ij} \tag{3-69}$$

其中

$$\sum_{j=1}^{n} \gamma_j x_{ij} = 1 \tag{3-70}$$

下面证明公式（3-70）

将 1 按振型展开

$$1 = \sum_{s=1}^{n} a_s x_{is} \tag{a}$$

用 $\displaystyle\sum_{i=1}^{n} m_i x_{ij}$ 乘上式等号两边，得：

$$\sum_{i=1}^{n} m_i x_{ij} = \sum_{i=1}^{n} \sum_{s=1}^{n} a_s m_i x_{ij} x_{is} \tag{b}$$

由主振型正交性可知，在上式等号右边，凡是 $s \neq j$ 的各项均等于零，只剩下 $s=j$ 项。于是，上式变成

$$\sum_{i=1}^{n} m_i x_{ij} = a_j \sum_{i=1}^{n} m_i x_{ij}^2 \tag{c}$$

或写作

$$a_j = \frac{\displaystyle\sum_{i=1}^{n} m_i x_{ij}}{\displaystyle\sum_{i=1}^{n} m_i x_{ij}^2} = \gamma_j \tag{d}$$

将式（a）中符号下标 s 换成 j，并将上式代入，即得：

$$\sum_{j=1}^{n} \gamma_j x_{ij} = 1$$

证完。

将式（3-68）和式（3-69）代入式（3-67），得：

$$F_i(t) = -m_i \sum_{j=1}^{n} \gamma_j x_{ij} [\ddot{x}_g(t) + \ddot{\Delta}_j(t)]$$

其中 $\ddot{x}_g(t) + \ddot{\Delta}_j(t)$ 为第 j 振型对应的振子（它的自振频率为 ω_j，阻尼比为 ζ_j）的绝对加速度。

在第 j 振型第 i 质点上的地震作用最大绝对值，可写成

$$F_{ij} = m_i \gamma_j x_{ij} \mid \ddot{x}_g(t) + \ddot{\Delta}_j(t) \mid_{\max} \tag{3-71}$$

或

$$F_{ij} = \alpha_j \gamma_j x_{ij} G_i \tag{3-72}$$

其中

$$\alpha_j = \frac{\mid \ddot{x}_g(t) + \ddot{\Delta}_j(t) \mid_{\max}}{g} \tag{3-73}$$

$$G = m_i g \tag{3-74}$$

式（3-73）是第 j 振型对应的振子的最大绝对加速度与重力加速度之比，所以它是相应于第 j 振型的地震影响系数。这时，自振周期为与第 j 振型相对应的振子的周期 T_j，即为第 j 振型的自振周期。

这样，多质点弹性体系第 j 振型第 i 质点的水平地震作用标准值，可写成

$$F_{ij} = \alpha_j \gamma_j x_{ij} G_i \quad (i = 1, 2, \cdots\cdots, n; j = 1, 2, \cdots\cdots, n) \tag{3-75}$$

式中 F_{ij}——第 j 振型第 i 质点的水平地震作用标准值；

α_j——相应于第 j 振型自振周期的地震影响系数，按图 3-5 确定；

γ_j——第 j 振型参与系数，按式（3-60）计算；

x_{ij}——第 j 振型第 i 质点的水平相对位移；

G_i——集中于质点 i 的重力荷载代表值，应取结构和构配件自重标准值和各可变荷载组合值之和，各可变荷载的组合值系数，应按表 3-5 采用。

求出第 j 振型质点 i 上的水平地震作用 F_{ij} 后，就可按一般力学方法计算结构的地震作用效应 S_j（弯矩、剪力、轴向力和变形）。我们知道，根据振型分解反应谱法确定的相应于各振型的地震作用 F_{ij} $(i = 1, 2, \cdots\cdots, n; j = 1, 2, \cdots\cdots, n)$ 均为最大值。所以，按 F_{ij} 所求得的地震作用效应 S_j $(j = 1, 2, \cdots\cdots, n)$ 也是最大值。但是，相应于各振型的最大地震作用效应 S_j 不会同时发生，这样就出现了如何将 S_j 进行组合，以确定合理的地震作用效应问题。

组合值系数	表 3-5
可变荷载种类	组合值系数
雪荷载	0.5
屋面积灰荷载	0.5
屋面活荷载	不考虑
按实际情况考虑的楼面活荷载	1.0
按等效均布活荷载 考虑的楼面活荷载　藏书库、档案库	0.8
其他民用建筑	0.5
吊车悬吊物重力　硬钩吊车	0.3
软钩吊车	不考虑

注：硬钩吊车的吊重较大时，组合值系数应按实际情况采用。

《抗震规范》根据概率论的方法，得出了结构地震作用效应"平方和开平方"的近似计算公式：

$$S = \sqrt{\sum_{j=1}^{n} S_j^2} \tag{3-76}$$

式中 S——水平地震效应；

S_j——第 j 振型水平地震作用产生的作用效应，可只取 2～3 个振型。当基本自振周期大于 1.5s 或房屋高宽比大于 5 时，振型个数可适当增加。

【例题 3-5】试按振型分解反应谱法确定例题 3-3 所示钢筋混凝土框架的多遇水平地震

作用 F_{ij}，并绘出地震剪力图和弯矩图。建筑场地为 II 类，抗震设防烈度 7 度，设计地震分组为第二组，设计基本地震加速度为 $0.10g$，结构的阻尼比 $\zeta=0.05$。

【解】（1）求水平地震作用

由例题 3-3 可知，$\omega_1=6.11\mathrm{s}^{-1}$，$\omega_2=15.99\mathrm{s}^{-1}$，于是自振周期为：

$$T_1=\frac{2\pi}{\omega_1}=\frac{2\pi}{6.11}=1.028\mathrm{s}$$

$$T_2=\frac{2\pi}{\omega_2}=\frac{2\pi}{15.99}=0.393\mathrm{s}$$

而主振型

$$x_{11}=1.000,\quad x_{21}=1.618$$

$$x_{12}=1.000,\quad x_{22}=-0.618$$

相应于第一振型的水平地震作用，按式（3-75）计算

$$F_{i1}=\alpha_1\gamma_1 x_{i1}G_i$$

由表 3-2 查得，当 II 类建筑场地，设计地震分组为第二组时。特征周期 $T_\mathrm{g}=0.40\mathrm{s}$；由表 3-4 查得，多遇地震，7 度时，设计基本地震加速度为 $0.10g$，水平地震影响系数最大值 $\alpha_{\max}=0.08$。按式（3-28）算出相应于第一振型自振周期 T_1 的地震影响系数：

$$\alpha_1=\left(\frac{T_\mathrm{g}}{T_1}\right)^{0.9}\alpha_{\max}=\left(\frac{0.40}{1.028}\right)^{0.9}\times 0.08=0.033$$

按式（3-60）计算第一振型参与系数

$$\gamma_1=\frac{\sum\limits_{i=1}^{n}m_i x_{i1}}{\sum\limits_{i=1}^{n}m_i x_{i1}^2}=\frac{\sum\limits_{i=1}^{n}G_i x_{i1}}{\sum\limits_{i=1}^{n}G_i x_{i1}^2}=\frac{1200\times 1.000+1200\times 1.618}{1200\times 1.000^2+1200\times 1.618^2}=0.724$$

于是

$$F_{11}=0.033\times 0.724\times 1.000\times 1200=28.67\mathrm{kN}$$

$$F_{21}=0.033\times 0.724\times 1.618\times 1200=46.39\mathrm{kN}$$

相应于在第二振型上的水平地震作用

$$F_{i2}=\alpha_2\gamma_2 x_{i2}G_i$$

因为 $0.10\mathrm{s}<T_2=0.393\mathrm{s}<T_\mathrm{g}=0.40\mathrm{s}$，故取 $\alpha_2=\alpha_{\max}=0.08$

而

$$\gamma_2=\frac{\sum\limits_{i=1}^{n}G_i x_{i2}}{\sum\limits_{i=1}^{n}G_i x_{i2}^2}=\frac{1200\times 1.000+1200\times(-0.618)}{1200\times 1.000^2+1200(-0.618)^2}=0.276$$

于是

$$F_{12}=0.08\times 0.276\times 1.000\times 1200=25.97\mathrm{kN}$$

$$F_{22}=0.08\times 0.276\times(-0.618)\times 1200=-16.05\mathrm{kN}$$

（2）绘地震内力图

相应于第一、第二振型的地震作用和剪力图如图 3-14（a）、（b）、（c）、（d）所示。

组合地震剪力

第 2 层　$V_2=\sqrt{\sum\limits_{j=1}^{2}V_j^2}=\sqrt{23.20^2+(-8.03)^2}=24.55\mathrm{kN}$

第1层　　$V_1 = \sqrt{\sum_{j=1}^{2} V_i^2} = \sqrt{37.53^2 + 4.96^2} = 37.86 \text{kN}$

组合地震剪力图如图 3-14（e）所示；组合地震弯矩图如图 3-14（f）所示。

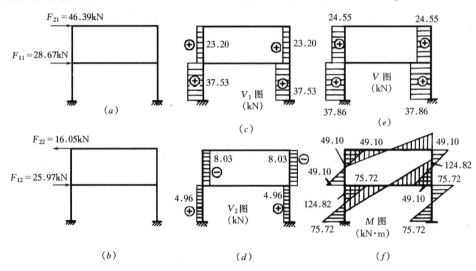

图 3-14　例题 3-5 附图

（a）相应于第一振型地震作用；（b）第二振型地震作用；（c）第一振型地震剪

力图；（d）第二振型地震剪力图；（e）组合地震剪力图；（f）组合地震弯矩图

二、底部剪力法

按振型分解反应谱法计算水平地震作用，特别是房屋层数较多时，计算过程十分冗繁。为了简化计算，《抗震规范》规定，在满足一定条件下，可采用近似计算法，即底部剪力法。

理论分析表明，对于重量和刚度沿高度分布比较均匀、高度不超过 40m，并以剪切变形为主（房屋高宽比小于 4 时）的结构，振动时具有以下特点：

（1）位移反应以基本振型为主；

（2）基本振型接近直线，参见图 3-15（a）。

因此，在满足上述条件下，在计算各质点上的地震作用时，可仅考虑基本振型，而忽略高振型的影响。这样，基本振型质点的相对水平位移 x_{i1} 将与质点的计算高度 H_i 成正比，即 $x_{i1} = \eta H_i$，其中 η 为比例常数（图 3-15b），于是，作用在第 i 质点上的水平地震作用标准值可写成

$$F_{i1} = \alpha_1 \gamma_1 \eta H_i G_i \tag{a}$$

则结构总水平地震作用标准值，即结构底部剪力，可写成

$$F_{\text{Ek}} = \sum_{i=1}^{n} F_{i1} = a_1 \gamma_1 \eta \sum_{i=1}^{n} H_i G_i \tag{b}$$

其中

$$\gamma_1 = \frac{\sum_{i=1}^{n} G_i \eta H_i}{\sum_{i=1}^{n} G_i (\eta H_i)^2} = \frac{\sum_{i=1}^{n} G_i H_i}{\eta \sum_{i=1}^{n} G_i H_i^2} \tag{c}$$

图 3-15 底部剪力法附图

代入式（b），得：

$$F_{Ek} = \alpha_1 \frac{\left(\sum_{i=1}^{n} G_i H_i\right)^2}{\sum_{i=1}^{n} G_i H_i^2} \qquad (d)$$

将上式乘以 $\dfrac{G}{\sum\limits_{i=1}^{n} G_i}$，得：

$$F_{Ek} = \alpha_1 \frac{\left(\sum_{i=1}^{n} G_i H_i\right)^2}{\sum_{i=1}^{n} G_i H_i^2} \cdot \frac{G}{\sum_{i=1}^{n} G_i} = \alpha_1 \xi G \qquad (e)$$

于是，结构总水平地震作用标准值最后计算公式可写成

$$F_{Ek} = \alpha_1 G_{eq} \qquad (3-77)$$

式中　α_1——相应于结构基本周期的水平地震影响系数；

　　　　G_{eq}——结构等效总重力荷载。

$$G_{eq} = \xi G \qquad (3-78)$$

式中　G——结构总重力荷载，$G = \sum\limits_{i=1}^{n} G_i$；

　　　　ξ——等效重力荷载系数，《抗震规范》规定 $\xi=0.85$。

现将 $\xi=0.85$ 来源说明如下：

等效重力荷载系数

$$\xi = \frac{\left(\sum_{i=1}^{n} G_i H_i\right)^2}{\sum_{i=1}^{n} G_i H_i^2 \cdot \sum_{i=1}^{n} G_i} \qquad (3-79)$$

由上式可见，ξ 与质点 G_i、H_i 有关，结构确定后，ξ 就确定了。现用最小二乘法确定若干

个多质点体系的最优 ξ 值表达式。为此，建立目标函数

$$f(\xi) = \sum_{k=1}^{m} \left[\alpha_1 \frac{(\sum_{i=1}^{n} G_i H_i)^2}{\sum_{i=1}^{n} G_i H_i^2} - \xi \alpha_1 G \right]_k^2 \tag{3-80}$$

式中 k 为结构序号；i 为质点序号；m 为结构总数；n 为质点总数。为了求得使 $f(\xi)$ 值为最小的 ξ 值，现对式（3-80）求导，并令其为零，于是解得：

$$\xi = \sum_{k=1}^{m} \frac{(\sum_{i=1}^{n} G_i H_i)_k^2 G_k}{(\sum_{i=1}^{n} G_i H_i^2)_k} \cdot \frac{1}{\sum_{k=1}^{m} G_k^2} \tag{3-81}$$

根据式（3-81）可算得若干个结构总的 ξ 值，并考虑到结构的可靠度的要求，《抗震规范》取 $\xi = 0.85$。

下面来确定作用在第 i 质点上的水平地震作用 F_i。

由式（b）得：

$$\alpha_1 \gamma_1 \eta = \frac{1}{\sum_{j=1}^{n} G_j H_j} F_{Ek} \tag{f}$$

将上式代入式（a），并以 F_i 表示 F_{i1}，就得到作用在第 i 质点上的水平地震作用标准值（图 3-15c）的计算公式：

$$F_i = \frac{G_i H_i}{\sum_{j=1}^{n} G_j H_j} F_{Ek} \tag{3-82}$$

式中　F_{Ek}——结构总水平地震作用标准值，按式（3-77）计算；

G_i、G_j——分别为集中于质点 i、j 的重力荷载代表值；

H_i、H_j——分别为质点 i、j 的计算高度。

对于自振周期比较长的多层钢筋混凝土房屋、多层内框架砖房，经计算发现，在房屋顶部的地震剪力按底部剪力法计算结果较精确法计算结果偏小，为了减小这一误差，《抗震规范》采取调整地震作用的办法，使顶层地震剪力有所增加。

对于上述建筑，《抗震规范》规定，按下式计算质点 i 的水平地震作用标准值：

$$F_i = \frac{G_i H_i}{\sum_{j=1}^{n} G_j H_j} F_{Ek}(1 - \delta_n) \tag{3-83}$$

$$\Delta F_n = \delta_n F_{Ek} \tag{3-84}$$

式中　δ_n——顶部附加地震作用系数，多层钢筋混凝土房屋按表 3-6 采用；其他房屋不考虑；

ΔF_n——顶部附加水平地震作用（图 3-16）；

F_{Ek}——结构总水平地震作用标准值，按式（3-77）计算。

顶部附加地震作用系数 δ_n 表 3-6

T_g（s）	$T_1 > 1.4T_g$	$T_1 \leq 1.4T_g$
≤ 0.35	$0.08T_1 + 0.07$	
$>0.35 \sim 0.55$	$0.08T_1 + 0.01$	不考虑
>0.55	$0.08T_1 - 0.02$	

注：T_g 为特征周期；T_1 为结构基本自振周期。

其余符号意义同前。

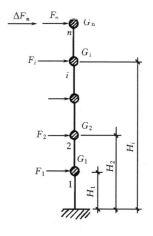

图 3-16　结构水平地震作用
计算简图

【例题 3-6】 已知条件同例题 3-5。试按底部剪力法计算水平地震作用，并绘地震剪力图和弯矩图。

【解】 已知 $G_1 = G_2 = 1200\text{kN}$，$H_1 = 4\text{m}$，$H_2 = 8\text{m}$，$T_g = 0.4\text{s}$，$T_1 = 1.028\text{s}$，$\alpha_1 = 0.033$。

（1）求总水平地震作用标准值（即底部剪力）

按式（3-77）计算

$$F_{Ek} = \alpha_1 G_{eq} = \alpha_1 \xi G = 0.033 \times 0.85(1200 + 1200) = 67.32\text{kN}$$

（2）求作用在各质点上的水平地震作用标准值（图 3-17a）

由表 3-6 查得，当 $T_g = 0.4\text{s}$，$T_1 = 1.028\text{s} > 1.4 \times T_g = 1.4 \times 0.4 = 0.56\text{s}$

$$\delta_n = 0.08T_1 + 0.01 = 0.08 \times 1.028 + 0.01 = 0.092$$

按式（3-84）计算

$$\Delta F_n = \delta_n F_{Ek} = 0.092 \times 67.32 = 6.193\text{kN}$$

按式（3-83）计算 F_i

$$F_1 = \frac{G_1 H_1}{\sum\limits_{j=1}^{n} G_j H_j} F_{Ek}(1 - \delta_n) = \frac{1200 \times 4}{1200 \times 4 + 1200 \times 8} \times 67.32 \times (1 - 0.092)$$
$$= 20.37\text{kN}$$

$$F_2 = \frac{G_2 H_2}{\sum\limits_{j=1}^{n} G_j H_j} F_{Ek}(1 - \delta_n) = \frac{1200 \times 8}{1200 \times 4 + 1200 \times 8} \times 67.32 \times (1 - 0.092)$$
$$= 40.75\text{kN}$$

（3）绘地震内力图

地震剪力图和弯矩图，见图 3-17 (b)、(c)。

三、水平地震作用下地震内力的调整

（一）突出屋面附属结构地震内力的调整

震害表明，突出屋面的屋顶间（电梯机房、水箱间）、女儿墙、烟囱等，它们的震害比下面的主体结构严重。这是由于突出屋面的这些结构的质量和刚度突然减小，地震反应随之增大的缘故，在地震工程中把这种现象称为"边端效应"。因此，《抗震规范》规定，采用底部剪力法时，突出屋面的屋顶间、女儿墙、烟囱等地震作用效应，宜乘以增大系数 3。此增大部分不应往下传递，但与该突出部分相连的构件应予计入；单层厂房突出屋

图 3-17 例题 3-6 附图

面的天窗架的地震作用效应的增大系数应按第 7 章有关规定采用。

（二）长周期结构地震内力的调整

由于地震影响系数在长周期区段下降较快，对于基本周期大于 3.5s 的结构按公式算得的水平地震作用可能太小。而对长周期结构，地震地面运动速度和位移可能对结构的破坏具有更大的影响，但是《抗震规范》所采用的振型分解反应谱法尚无法对此作出估计。出于对结构安全的考虑，增加了对各楼层水平地震剪力最小值的要求。因此，《抗震规范》规定，按振型分解法和底部剪力法所算得的结构的层间剪力应符合下式要求：

$$V_{Eki} > \lambda \sum_{j=i}^{n} G_j \qquad (3-85)$$

式中　V_{Eki}——第 i 层对应于水平地震作用标准值的楼层剪力；

λ——剪力系数，不应小于表 3-7 规定的楼层最小地震剪力系数值，对竖向不规则结构的薄弱层，尚应乘以 1.15 的增大系数；

G_j——第 j 层的重力荷载代表值。

楼层最小地震剪力系数值　　　　　　　　　　　　　表 3-7

类　　别	烈　　度			
	6	7	8	9
扭转效应明显或基本周期小于 3.5s 的结构	0.008	0.016（0.024）	0.032（0.048）	0.064
基本周期大于 5.0s 的结构	0.006	0.012（0.018）	0.024（0.036）	0.040

注：1. 基本周期介于 3.5s 和 5.0s 之间的结构，可按插入法取值；

2. 括号内数值分别用于设计基本地震加速度 0.15g 和 0.30g 的地区。

（三）考虑地基与结构相互作用的影响地震内力的调整

理论分析表明，由于地基与结构相互作用的影响，按刚性地基分析的水平地震作用在一定范围有明显的减小，但考虑到我国地震作用取值与国外相比还较小，故仅在必要时才考虑对水平地震作用予以折减。因此《抗震规范》规定，结构抗震计算，一般情况下可不考虑地基与结构相互作用的影响；8 度和 9 度时，建造在 Ⅲ、Ⅳ 类场地，采用箱基、刚性较好的筏基和桩箱联合基础的钢筋混凝土高层建筑，当结构基本自振周期处于特征周期的 1.2 倍至 5 倍范围时，若计入地基与结构相互作用的影响，这时，对刚性地基假定计算的水平地震剪力可按下列规定折减，其层间变形可按折减后的楼层剪力计算。

1. 高宽比小于 3 的结构

各楼层地震剪力折减系数，按下式计算：

$$\psi = \left(\frac{T_1}{T_1 + \Delta T} \right)^{0.9} \tag{3-86}$$

式中　ψ——考虑地基与结构相互作用后的地震剪力折减系数；

　　　T_1——按刚性地基假定确定的结构自振基本周期（s）；

　　　ΔT——考虑地基与结构相互作用的附加周期（s），可按表 3-8 采用。

附　加　周　期（s） 表 3-8

烈　　度	场　地　类　别	
	Ⅲ　　类	Ⅳ　　类
8	0.08	0.20
9	0.10	0.25

2. 高宽比不小于 3 的结构

研究表明，对高宽比较大的高层建筑，考虑地基与结构相互作用后各楼层水平地震作用折减系数并非各楼层均为同一常数，由于高振型的影响，结构上部几层水平地震作用不宜折减。大量分析计算表明，折减系数沿结构高度的变化较符合抛物线形的分布。

因此，《抗震规范》规定，底部的地震剪力按上述规定折减，顶部不折减，中间各层按线性插入折减。

折减后各楼层的水平地震剪力，不应小于按式（3-85）算得的结果。

§3-6　地震作用反应时程分析法原理

如前所述，时程分析法是用数值积分求解运动微分方程的一种方法，在数学上称为逐步积分法。这种方法是由初始状态开始逐步积分直至地震终止，求出结构在地震作用下从静止到振动，直至振动终止整个过程的地震反应（位移、速度和加速度）。

逐步积分法根据假定不同，分为线性加速度法、威尔逊（Wilson）θ 法、纽马克（Newmark）β 法等。

下面以单质点弹性体系为例，说明按线性加速度法求解运动微分方程的基本原理。

这种方法的基本假定是，质点的加速度反应在任一微小时段，即积分时段 Δt 内的变化呈线性关系，参见图 3-18。这时，加速度的变化率为：

$$\dddot{x}(t_i) = \frac{\ddot{x}(t_i + \Delta t) - \ddot{x}(t_i)}{\Delta t} = \frac{\Delta \ddot{x}(t_i)}{\Delta t} = 常数 \tag{a}$$

设已求出 t_i 时刻质点的地震位移 $x(t_i)$、速度 $\dot{x}(t_i)$ 和加速度 $\ddot{x}(t_i)$，现推导出经过时段 Δt 后在 t_{i+1} 时刻的位移 $x(t_i + \Delta t)$、速度 $\dot{x}(t_i + \Delta t)$ 和加速度 $\ddot{x}(t_i + \Delta t)$ 的表达式。为此，将

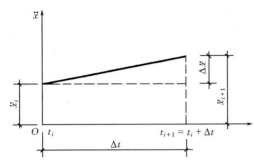

图 3-18 时段 Δt 内加速度的变化

质点位移和速度分别在 t_i 时刻按泰勒公式展开，并考虑到由于假设加速度在 Δt 时段内呈线性变化，故三阶以上导数为零，于是得：

$$x(t_i + \Delta t) = x(t_i) + \dot{x}(t_i)\Delta t + \frac{\ddot{x}(t_i)}{2!}\Delta t^2 + \frac{\dddot{x}(t_i)}{3!}\Delta t^3 \tag{b}$$

$$\dot{x}(t_i + \Delta t) = \dot{x}(t_i) + \ddot{x}(t_i)\Delta t + \frac{\dddot{x}(t_i)}{2!}\Delta t^2 \tag{c}$$

令 $\Delta x(t_i) = x(t_i + \Delta t) - x(t_i)$，$\Delta \dot{x}(t_i) = \dot{x}(t_i + \Delta t) - \dot{x}(t_i)$，并注意到式（$a$），则式（$b$）和式（$c$）经简单变换后可分别写成：

$$\frac{3\Delta x(t_i)}{\Delta t} = 3\dot{x}(t_i) + \frac{3}{2}\ddot{x}(t_i)\Delta t + \frac{\Delta \dddot{x}(t_i)}{2}\Delta t^2 \tag{d}$$

和

$$\Delta \dot{x}(t_i) = \ddot{x}(t_i)\Delta t + \frac{\Delta \dddot{x}(t_i)}{2}\Delta t^2 \tag{e}$$

将式（e）减式（d），得：

$$\Delta \dot{x}(t_i) = \frac{3}{\Delta t}\Delta x(t_i) - 3\dot{x}(t_i) - \frac{\Delta t}{2}\ddot{x}(t_i) \tag{3-87a}$$

将式（a）代入式（b）得：

$$\Delta \ddot{x}(t_i) = \frac{6}{\Delta t^2}\Delta x(t_i) - \frac{6}{\Delta t}\dot{x}(t_i) - 3\ddot{x}(t_i) \tag{3-87b}$$

式（3-87a）和式（3-87b）分别是在时刻 t_i 的速度增量和加速度增量计算公式。只要已知该时刻的位移增量 $\Delta x(t_i)$、速度 $\dot{x}(t_i)$、加速度 $\ddot{x}(t_i)$ 和时间步长 Δt，即可算出它们的数值。

将式（3-87a）和式（3-87b）代入增量运动微分方程：

$$m\Delta \ddot{x}(t_i) + c\Delta \dot{x}(t_i) + k\Delta x(t_i) = -m\Delta \ddot{x}_g(t_i) \tag{3-87c}$$

则得：

$$m\left[\frac{6\Delta x(t_i)}{\Delta t^2} - \frac{6\dot{x}(t_i)}{\Delta t} - 3\ddot{x}(t_i)\right] + c\left[\frac{3\Delta x(t_i)}{\Delta t} - 3\dot{x}(t_i) - \frac{\ddot{x}(t)}{2}\Delta t\right] + k\Delta x(t_i)$$
$$= -m\Delta \ddot{x}_g(t_i)$$

令

$$\tilde{k} = k + \frac{6}{\Delta t^2}m + \frac{3}{\Delta t}c \tag{3-87d}$$

$$\Delta \tilde{F}(t_i) = -m\Delta \ddot{x}_g(t_i) + \left(m\frac{6}{\Delta t} + 3c\right)\dot{x}(t_i) + \left(3m + \frac{\Delta t}{2}c\right)\ddot{x}(t_i) \tag{3-87e}$$

则

$$\tilde{k}\Delta x(t_i) = \Delta \tilde{F}(t_i)$$

即

$$\Delta x(t_i) = \frac{\Delta \tilde{F}(t_i)}{\tilde{k}} \tag{3-87f}$$

这是在时刻 t_i 的位移增量计算公式。它可看作是静力平衡方程。$\tilde{k}$ 称为等代刚度；$\Delta\tilde{F}$ 称为等代荷载增量。只要算出 $\tilde{k}$ 和 t_i 时刻的 $\Delta\tilde{F}$ 值即可算该时刻的质点位移增量。

应当指出，在实际计算中，为了减小计算误差，通常并不采用式（3-87b）计算加速度增量，而是采用增量运动微分方程算出它的数值：

$$\Delta\ddot{x}(t_i) = \frac{1}{m}\left[-m\ddot{x}_g(t_i) - c\Delta\dot{x}(t_i) - k\Delta x(t_i)\right]$$

式（3-87b）可作为校核公式来用。

这样，在时刻 $t_i+\Delta t$ 的位移、速度和加速度可按下列公式计算：

$$\left.\begin{array}{l}x(t_i+\Delta t) = x(t_i) + \Delta x(t_i)\\[2mm]\dot{x}(t_i+\Delta t) = \dot{x}(t_i) + \Delta\dot{x}(t_i)\\[2mm]\ddot{x}(t_i+\Delta t) = \ddot{x}(t_i) + \Delta\ddot{x}(t_i)\end{array}\right\} \tag{3-88}$$

显然，时程分析法的精度与时间步长 Δt 的取值有关。根据经验，一般取等于或小于结构自振周期的 $1/10$，即 $\Delta t \leqslant \frac{1}{10}T$，就可得到满意的结果。

按时程分析法进行地震反应计算步骤是：选定经过数字化的地面加速度 $\ddot{x}_g(t)$ 记录；计算体系的动力特性；确定时间步长 Δt 和步数，从 $t=0$ 时刻开始，一个时段一个时段地逐步运算，在每一时段均利用前一步的结果，而最初时段应根据问题的初始条件来确定初始值。

【例题 3-7】试按时程分析法确定例题 3-2 单层框架结构处于弹性阶段在 0.8s 时段内的地震位移 $x(t)$、速度 $\dot{x}(t)$ 和加速度 $\ddot{x}(t)$ 反应。

已知框架弹性侧移刚度 $k=6250\text{kN/m}$，阻尼系数 $c=87\text{kN·s/m}$，结构质量 $m=120t$（图 3-19a），结构自振周期 $T=0.88\text{s}$。地面加速度记录曲线如图 3-19（b）所示。

【解】一、用普通计算器手工计算

1. 确定时间步长

根据经验，取时间步长 $\Delta t = \frac{T}{10} = \frac{0.88}{10} \approx 0.10\text{s}$

2. 列出计算参数公式

$$\tilde{k} = k + \frac{6}{\Delta t^2}m + \frac{3}{\Delta t}c = 6250 + \frac{6}{0.1^2}\times 120 + \frac{3}{0.1}\times 87 = 80860\text{kN/m}$$

$$\Delta\tilde{F}(t_i) = -m\Delta\ddot{x}_g(t_i) + \left(m\frac{6}{\Delta t} + 3c\right)\dot{x}(t_i) + \left(3m + \frac{\Delta t}{2}c\right)\ddot{x}(t_i)$$

$$= -120\Delta\ddot{x}_g(t_i) + \left(120\times\frac{6}{0.1} + 3\times 87\right)\dot{x}(t_i) + \left(3\times 120 + \frac{0.1}{2}\times 87\right)\ddot{x}(t_i)$$

$$= -120\Delta\ddot{x}_g(t_i) + 7461\dot{x}(t_i) + 364.35\ddot{x}(t_i)$$

$$\Delta\dot{x}(t_i) = \frac{3}{\Delta t}\Delta x(t_i) - 3\dot{x}(t_i) - \frac{\Delta t}{2}\ddot{x}(t_i) = \frac{3}{0.1}\Delta x(t_i) - 3\dot{x}(t_i) - \frac{0.1}{2}\ddot{x}(t_i)$$

$$= 30\Delta x(t_i) - 3\dot{x}(t_i) - 0.05\ddot{x}(t_i)$$

(a)

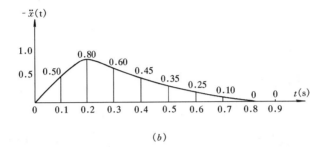

(b)

图 3-19 例题 3-7 附图之一

$$\Delta \ddot{x}(t_i) = \frac{1}{m}\left[-m\Delta\ddot{x}_g(t_i) - c\Delta\dot{x}(t_i) - k\Delta x(t_i)\right]$$

$$= \frac{1}{120}\left[-120\Delta\ddot{x}_g(t_i) - 87\Delta\dot{x}(t_i) - 6250\Delta x(t_i)\right]$$

$$= -\Delta\ddot{x}_g(t_i) - 0.725\Delta\dot{x}(t_i) - 52.083\Delta x(t_i)$$

3. 计算各时刻的质点位移、速度和加速度

（1） $t=0s$

1） 计算 $x(0)$、$\dot{x}(0)$ 和 $\ddot{x}(0)$ 的值

根据已知初始条件 $x(0)=0,\dot{x}(0)=0$

由此　$kx(0)=6250\times0=0, c\dot{x}(0)=87\times0=0$, 由图 3-19$b$ 可见 $\ddot{x}_g(0)=0$, 则由运动微分方程：

$$m\ddot{x}(0) + c\dot{x}(0) + kx(0) = -m\ddot{x}_g(0)$$

得　$\ddot{x}(0)=0$

这样，当 $t=0$ 时质点地震反应向量为：

$$\begin{Bmatrix} x(0) \\ \dot{x}(0) \\ \ddot{x}(0) \end{Bmatrix} = \begin{Bmatrix} 0 \\ 0 \\ 0 \end{Bmatrix}$$

2） 计算 $\Delta x(0)$、$\Delta\dot{x}(0)$ 和 $\Delta\ddot{x}(0)$ 的值

地面加速度增量　$\Delta\ddot{x}_g(0) = \ddot{x}_g(0.1) - \ddot{x}_g(0) = -0.50 - 0 = -0.50\text{m/s}^2$

$$\Delta \widetilde{F}(0) = -120\Delta \ddot{x}_g(0) + 7461\dot{x}(0) + 364.35\ddot{x}(0)$$

$$= -120 \times (-0.50) + 0 + 0 = 60\text{kN}$$

$$\Delta x(0) = \frac{\Delta \widetilde{F}(0)}{\widetilde{k}} = \frac{60}{80860} = 7.420 \times 10^{-4}\text{m}$$

$$\Delta \dot{x}(0) = 30\Delta x(0) - 3\dot{x}(0) - 0.05\ddot{x}(0)$$

$$= 30 \times 7.420 \times 10^{-4} - 3 \times 0 - 0.05 \times 0 = 0.0223\text{m/s}$$

$$\Delta \ddot{x}(0) = -\Delta \ddot{x}_g(0) - 0.725\Delta \dot{x}(0) - 52.083\Delta x(0) = -(-0.50)$$

$$-0.725 \times 0.0223 - 52.083 \times 7.420 \times 10^{-4} = 0.445\text{m/s}^2$$

（2）$t = 0.1\text{s}$

1）计算 $x(0.1)$、$\dot{x}(0.1)$ 和 $\ddot{x}(0.1)$ 值

$$x(0.1) = x(0) + \Delta x(0) = 0 + 7.420 \times 10^{-4} = 7.420 \times 10^{-4}\text{m}$$

$$\dot{x}(0.1) = \dot{x}(0) + \Delta \dot{x}(0) = 0 + 0.0223 = 0.0223\text{m/s}$$

$$\ddot{x}(0.1) = \ddot{x}(0) + \Delta \ddot{x}(0) = 0 + 0.445 = 0.445\text{m/s}^2$$

当 $t = 0.1\text{s}$ 时质点地震反应向量为：

$$\begin{Bmatrix} x(0.1) \\ \dot{x}(0.1) \\ \ddot{x}(0.1) \end{Bmatrix} = \begin{Bmatrix} 0.000742 \\ 0.0223 \\ 0.4450 \end{Bmatrix}$$

2）计算 $\Delta x(0.1)$、$\Delta \dot{x}(0.1)$ 和 $\Delta \ddot{x}(0.1)$ 值

$$\Delta \ddot{x}_g(0.1) = \ddot{x}_g(0.2) - \ddot{x}_g(0.1) = -0.80 - (-0.50) = -0.30\text{m/s}^2$$

$$\Delta \widetilde{F}(0.1) = -120\Delta \ddot{x}_g(0.1) + 7461\dot{x}(0.1) + 364.35\ddot{x}(0.1)$$

$$= -120 \times (-0.30) + 7461 \times 0.0223 + 364.35 \times 0.445 = 364.516\text{kN}$$

$$\Delta x(0.1) = \frac{\Delta \widetilde{F}(0.1)}{\widetilde{k}} = \frac{364.516}{80860} = 4.51 \times 10^{-3}\text{m}$$

$$\Delta \dot{x}(0.1) = 30\Delta x(0.1) - 3\dot{x}(0.1) - 0.05\ddot{x}(0.1)$$

$$= 30 \times 4.51 \times 10^{-3} - 3 \times 0.0223 - 0.05 \times 0.445 = 0.0458\text{m/s}$$

$$\Delta \ddot{x}(0.1) = -\Delta \ddot{x}_g(0.1) - 0.725\Delta \dot{x}(0.1) - 52.083\Delta x(0.1)$$

$$= -(-0.30) - 0.725 \times 0.0458 - 52.083 \times 4.51 \times 10^{-3} = 0.0318\text{m/s}^2$$

（3）$t = 0.2\text{s}$

1）计算 $x(0.2)$、$\dot{x}(0.2)$ 和 $\ddot{x}(0.2)$ 值

$$x(0.2) = x(0.1) + \Delta x(0.1) = 0.000742 + 0.00451 = 0.00525\text{m}$$

$$\dot{x}(0.2) = \dot{x}(0.1) + \Delta \dot{x}(0.1) = 0.0223 + 0.0458 = 0.0681\text{m/s}$$

$$\ddot{x}(0.2) = \ddot{x}(0.1) + \Delta \ddot{x}(0.1) = 0.445 + 0.0318 = 0.477\text{m/s}^2$$

当 $t = 0.2\text{s}$ 时质点地震反应向量为：

$$\begin{Bmatrix} x(0.2) \\ \dot{x}(0.2) \\ \ddot{x}(0.2) \end{Bmatrix} = \begin{Bmatrix} 0.00525 \\ 0.0681 \\ 0.4770 \end{Bmatrix}$$

2）计算 $\Delta x(0.2)$、$\Delta \dot{x}(0.2)$ 和 $\Delta \ddot{x}(0.2)$ 值

$$\Delta \ddot{x}_{\mathrm{g}}(0.2) = \ddot{x}_{\mathrm{g}}(0.3) - \ddot{x}_{\mathrm{g}}(0.2) = (-0.60) - (-0.80) = 0.2 \mathrm{m/s^2}$$

$$\Delta \widetilde{F}(0.2) = -120 \times \Delta \ddot{x}_{\mathrm{g}}(0.2) + 7461 \dot{x}(0.2) + 364.35 \ddot{x}(0.2)$$

$$= -120 \times 0.2 + 7461 \times 0.0681 + 364.35 \times 0.477 = 657.89 \mathrm{kN}$$

$$\Delta x(0.2) = \frac{\Delta \widetilde{F}(0.2)}{\widetilde{k}} = \frac{657.89}{80860} = 0.00814 \mathrm{m}$$

$$\Delta \dot{x}(0.2) = 30 \Delta x(0.2) - 3 \dot{x}(0.2) - 0.05 \ddot{x}(0.2)$$

$$= 30 \times 0.00814 - 3 \times 0.0681 - 0.05 \times 0.477 = 0.0160 \mathrm{m/s}$$

$$\Delta \ddot{x}(0.2) = -\Delta \ddot{x}_{\mathrm{g}}(0.2) - 0.725 \Delta \dot{x}(0.2) - 52.083 \Delta x(0.2)$$

$$= -0.2 - 0.725 \times 0.0160 - 52.083 \times 0.00814 = -0.636 \mathrm{m/s^2}$$

（4）$t = 0.3 \mathrm{s}$

以下列式计算从略，其计算过程参见表 3-9a。

例题 3-7 附表 表 3-9a

(1)	i	0	1	2	3	4	5	6	7	8	9
(2)	$t(\mathrm{s})$	0	0.1	0.2	0.3	0.4	0.5	0.6	0.7	0.8	0.9
(3)	$\ddot{x}_{\mathrm{g}}(t)(\mathrm{m/s^2})$	0	−0.50	−0.80	−0.60	−0.45	−0.35	−0.25	−0.10	0.00	0.00
(4)	$\Delta \ddot{x}_{\mathrm{g}}(t)(\mathrm{m/s^2})$	−0.50	−0.30	0.20	0.15	0.10	0.10	0.15	0.10	0	—
(5)	$x(t)10^{-3}(\mathrm{m})$	0	0.742	5.250	13.390	20.200	21.300	15.500	5.100	−6.000	−13.570
(6)	$\dot{x}(t)10^{-3}(\mathrm{m/s})$	0	22.300	68.100	84.100	44.400	−24.600	−86.500	−114.000	−100.700	−44.900
(7)	$\ddot{x}(t)10^{-3}(\mathrm{m/s^2})$	0	445.00	477.00	−159.00	−635.00	−742.00	−497.00	−85.00	383.00	737.00
(8)	$-120\Delta \ddot{x}_{\mathrm{g}}(t)$	60	36	−24	−18	−12	−12	−18	−12	0	
(9)	$7461 \dot{x}(t)$	0	166.384	508.090	627.470	330.890	−183.540	−645.370	−850.550	−751.32	
(10)	$364.35 \ddot{x}(t)$	0	162.136	173.790	−57.930	−231.59	−270.200	181.000	−30.970	139.55	
(11)	$\Delta \widetilde{F} = (8)+(9)+$ (10)(kN)	60	364.510	657.890	551.540	87.390	−465.740	−844.450	−893.520	−611.77	
(12)	$\widetilde{k}(\mathrm{kN/m})$	80860	80860	80860	80860	80860	80860	80860	80860	80860	
(13)	$\Delta x(t) = (11)$ $/(12)10^{-3}(\mathrm{m})$	0.742	4.510	8.140	6.820	1.080	−5.760	−10.400	−11.100	−7.570	
(14)	$30\Delta x(t)(\mathrm{m})$	0.0223	0.1350	0.2441	0.2046	0.0324	−0.1728	−0.3120	−0.3330	−0.227	
(15)	$3 \dot{x}(t)(\mathrm{m/s})$	0	0.0669	0.2043	0.2523	0.1331	0.0738	−0.260	−0.3420	−0.302	
(16)	$0.05 \ddot{x}(t)(\mathrm{m/s^2})$	0	0.0223	0.0239	−0.0080	−0.0318	0.0731	−0.0249	−0.0043	0.0192	

(17)	$\Delta\dot{x}(t)=(14)-$ $(15)-(16)$	0.0223	0.0458	0.0160	−0.0398	−0.0689	−0.0619	−0.0271	0.0133	0.0558	
(18)	$0.725\Delta\dot{x}(t)$	0.0162	0.0332	0.0116	−0.0288	−0.005	0.0448	−0.0196	0.0964	0.04045	
(19)	$52.083\Delta x(t)$	0.0386	0.2350	0.4240	0.3552	0.0562	0.3000	−0.5420	−0.5780	−0.3942	
(20)	$\Delta\ddot{x}(t)=-(4)-$ $(18)-(19)$	0.4450	0.0318	−0.6360	−0.4764	−0.1062	0.2450	0.4120	0.4680	0.3538	

注：$x(t_{i+1})=x(t_i)+\Delta x(t_i)$；$\dot{x}(t_{i+1})=\dot{x}(t_i)+\Delta\dot{x}(t_i)$；$\ddot{x}(t_{i+1})=\ddot{x}(t_i)+\Delta\ddot{x}(t_i)$。

（5）绘制位移时程曲线

按上述计算结果（表3-9a）绘制的位移时程曲线如图3-20所示。

图3-20 例题3-7附图之二

二、用编程计算器计算[❶]

1. 计算过程

（1）按 MENU 键，再按 9 键，进入程序菜单。

（2）找到地震反应时程分析法计算程序名：[CHXU]，按 EXE。

（3）按屏幕提示输入数据，并操作，计算器输出结果（见表3-9b）。

按编程计算器计算　　　　　　　　　　　　　　　　　　　　表3-9b

序号	屏幕显示	输入数据	计算结果	单位	说　明
1	k=?	6250		kN/m	输入框架侧移刚度
2	C=?	87		kN·s/m	输入阻尼系数
3	m=?	120		t	输入结构质量
4	Δt=?	0.1		s	输入时间步长
5	N=?	9		—	输入循环变量终值（取时间步长数量）
6	$\bar{k}$		80860	kN/m	输出框架等代侧移刚度
7	$x''_g(t_i)$=?	−0.50		m/s²	输入0.1s时地面地震加速度

---

❶　关于编程计算器使用和编程方法详见参考文献［20］。

序号	屏幕显示	输入数据	计算结果	单位	说　明
8	$\Delta x''_g(t_i)$		-0.50	m/s²	输出 0~0.1s 地面地震加速度增量
9	$\Delta \overline{F}(t_i)$		60	kN	输出 0~0.1s 等代荷载增量
10	$\Delta x(t_i)$		0.0007	m	输出 0~0.1s 结构地震位移增量
11	$\Delta x'(t_i)$		0.0223	m/s	输出 0~0.1s 结构地震速度增量
12	$\Delta x''(t_i)$		0.445	m/s²	输出 0~0.1s 结构地震加速度增量
13	$x(t_i)$		0.0007	m	输出 0.1s 时结构地震位移
14	$x'(t_i)$		0.0223	m/s	输出 0.1s 时结构地震速度
15	$x''(t_i)$		0.4452	m/s²	输出 0.1s 时结构地震加速度
16	$x''_g(t_i)=?$	-0.80		m/s²	输入 0.2s 时地面地震加速度
17	$\Delta x''_g(t_i)$		-0.30	m/s²	输出 0.1~0.2s 地面地震加速度增量
18	$\Delta \overline{F}(t_i)$		364.3	kN	输出 0.1~0.2s 等代荷载增量
19	$\Delta x(t_i)$		0.0045	m	输出 0.1~0.2s 结构地震位移增量
20	$\Delta x'(t_i)$		0.0461	m/s	输出 0.1~0.2s 结构地震速度增量
21	$\Delta x''(t_i)$		0.0319	m/s²	输出 0.1~0.2s 结构地震加速度增量
22	$x(t_i)$		0.0052	m	输出 0.2s 时结构地震位移
23	$x'(t_i)$		0.0684	m/s	输出 0.2s 时结构地震速度
24	$x''(t_i)$		0.4771	m/s²	输出 0.2s 时结构地震加速度
25	$x''_g(t_i)=?$	-0.60		m/s²	输入 0.3s 时地面地震加速度
26	$\Delta x''_g(t_i)$		-0.20	m/s²	输出 0.2~0.3s 地面地震加速度增量
27	$\Delta \overline{F}(t_i)$		660.0	kN	输出 0.2~0.3s 等代荷载增量
28	$\Delta x(t_i)$		0.0082	m	输出 0.2~0.3s 结构地震位移增量
29	$\Delta x'(t_i)$		0.0159	m/s	输出 0.2~0.3s 时结构地震速度增量
30	$\Delta x''(t_i)$		-0.6366	m/s²	输出 0.2~0.3s 结构地震加速度增量
31	$x(t_i)$		0.0134	m	输出 0.3s 时结构地震位移
32	$x'(t_i)$		0.0843	m/s	输出 0.3s 时结构地震速度
33	$x''(t_i)$		-0.1595	m/s²	输出 0.3s 时结构地震加速度
34	$x''_g(t_i)$	-0.45		m/s²	输入 0.4s 时地面地震加速度
35	$\Delta x''_g(t_i)$		0.15	m/s²	输出 0.3~0.4s 地面地震加速度增量
36	$\Delta \overline{F}(t_i)$		552.54	kN	输出 0.3~0.4s 等代荷载增量
37	$\Delta x(t_i)$		0.0068	m	输出 0.3~0.4s 结构地震位移增量
38	$\Delta x'(t_i)$		-0.0398	m/s	输出 0.3~0.4s 结构地震速度增量
39	$\Delta x''(t_i)$		-0.4770	m/s²	输出 0.3~0.4s 结构地震加速度增量
40	$x(t_i)$		0.0202	m	输出 0.4s 时结构地震位移
41	$x'(t_i)$		0.0445	m/s	输出 0.4s 时结构地震速度
42	$x''(t_i)$		-0.6366	m/s²	输出 0.4s 时结构地震加速度
43	$x''_g(t_i)=?$	-0.35		m/s²	输入 0.5s 时地面地震加速度

序号	屏幕显示	输入数据	计算结果	单位	说　明
44	$\Delta x''_g(t_i)$		0.10	m/s²	输出 0.4～0.5s 地面地震加速度增量
45	$\Delta \overline{F}(t_i)$		87.756	kN	输出 0.4～0.5s 等代荷载增量
46	$\Delta x(t_i)$		0.0011	m	输出 0.4～0.5s 结构地震位移增量
47	$\Delta x'(t_i)$		−0.0690	m/s	输出 0.4～0.5s 结构地震速度增量
48	$\Delta x''(t_i)$		−0.1065	m/s²	输出 0.4～0.5s 结构地震加速度增量
49	$x(t_i)$		0.0213	m	输出 0.5s 时结构地震位移
50	$x'(t_i)$		−0.0245	m/s	输出 0.5s 时结构地震速度
51	$x''(t_i)$		−0.7413	m/s²	输出 0.5s 时结构地震加速度
52	$x''_g(t_i)=?$	−0.25		m/s²	输入 0.6s 时地面地震加速度
53	$\Delta x''_g(t_i)$		0.10	m/s²	输出 0.5～0.6s 地面地震加速度增量
54	$\Delta \overline{F}(t_i)$		−465.72	kN	输出 0.5～0.6s 等代荷载增量
55	$\Delta x(t_i)$		−0.0058	m	输出 0.5～0.6s 结构地震位移增量
56	$\Delta x'(t_i)$		−0.0621	m/s	输出 0.5～0.6s 结构地震速度增量
57	$\Delta x''(t_i)$		0.2450	m/s²	输出 0.5～0.6s 结构地震加速度增量
58	$x(t_i)$		0.0156	m	输出 0.6s 时结构地震位移
59	$x'(t_i)$		−0.0866	m/s	输出 0.6s 时结构地震速度
60	$x''(t_i)$		−0.4981	m/s²	输出 0.6s 时结构地震加速度
61	$x''_g(t_i)=?$	−0.10		m/s²	输入 0.7s 时地面地震加速度
62	$\Delta x''_g(t_i)$		0.15	m/s²	输出 0.6～0.7s 地面地震加速度增量
63	$\Delta \overline{F}(t_i)$		−845.47	kN	输出 0.6～0.7s 等代荷载增量
64	$\Delta x(t_i)$		−0.0105	m	输出 0.6～0.7s 结构地震位移增量
65	$\Delta x'(t_i)$		−0.0290	m/s	输出 0.6～0.7s 结构地震速度增量
66	$\Delta x''(t_i)$		0.4156	m/s²	输出 0.6～0.7s 结构地震加速度增量
67	$x(t_i)$		0.0051	m	输出 0.7s 时结构地震位移
68	$x'(t_i)$		−0.1156	m/s	输出 0.7s 时结构地震速度
69	$x''(t_i)$		−0.0825	m/s²	输出 0.7s 时结构地震加速度
70	$x''_g(t_i)=?$	0		m/s²	输入 0.8s 时地面地震加速度
71	$\Delta x''_g(t_i)$		0.10	m/s²	输出 0.7～0.8s 地面地震加速度增量
72	$\Delta \overline{F}(t_i)$		−904.62	kN	输出 0.7～0.8s 等代荷载增量
73	$\Delta x(t_i)$		−0.0112	m	输出 0.7～0.8s 结构地震位移增量
74	$\Delta x'(t_i)$		0.0153	m/s	输出 0.7～0.8s 结构地震速度增量
75	$\Delta x''(t_i)$		0.4716	m/s²	输出 0.7～0.8s 结构地震加速度增量
76	$x(t_i)$		−0.0061	m	输出 0.8s 时结构地震位移
77	$x'(t_i)$		−0.1003	m/s	输出 0.8s 时结构地震速度
78	$x''(t_i)$		0.3891	m/s²	输出 0.8s 时结构地震加速度
79	$x''_g(t_i)=?$	0		m/s²	输入 0.9s 时地面地震加速度

序号	屏幕显示	输入数据	计算结果	单位	说　明
80	$\Delta x''_{\text{g}}(t_i)$		0.00	m/s^2	输出 0.8~0.9s 地面地震加速度增量
81	$\Delta \overline{F}(t_i)$		-606.41	kN	输出 0.8~0.9s 等代荷载增量
82	$\Delta x(t_i)$		-0.0075	m	输出 0.8~0.9s 结构地震位移增量
83	$\Delta x'(t_i)$		0.0564	m/s	输出 0.8~0.9s 结构地震速度增量
84	$\Delta x''(t_i)$		0.3497	m/s^2	输出 0.8~0.9s 结构地震加速度增量
85	$x(t_i)$		-0.0136	m	输出 0.9s 时结构地震位移
86	$x'(t_i)$		-0.0439	m/s	输出 0.9s 时结构地震速度
87	$x''(t_i)$		0.7390	m/s^2	输出 0.9s 时结构地震加速度

注：若不需显示中间计算结果，则将其后面的显示符▲删除即可。

2. 计算程序

程序名：[SHCH]

"k"? →K： 　　　　　　　　　　　　　　　　　（输入框架侧移刚度）

"c"? →C： 　　　　　　　　　　　　　　　　　（输入结构阻尼系数）

"m"? →M： 　　　　　　　　　　　　　　　　　（输入结构质量）

"Δt"? →T： 　　　　　　　　　　　　　　　　（输入时间步长）

"N"? →N： 　　　　　　　　　　（输入循环变量终值，即所划分的时段数）

"$x_{\text{g}}(0)$："0→List 4[1]： 　　　　（将地面初始加速度 0 赋值给变量 List 4[1]）

"k-"：$K+6M\div T^2+3C\div T\to r$▲ 　（计算结构等代刚度，并将计算结果赋值给变量 r 且予以显示）

"$x(0)$"：0→List 1[1]： 　　　　　（将结构初始位移 0 赋值给变量 List 1[1]）

"$x'(0)$"：0→List 2[1] 　　　　　（将结构初始速度 0 赋值给变量 List 2[1]）

"$x''(t_i)$"：0→List 3[1] 　　　　　（将结构初始加速度 0 赋值给变量 List 3[1]）

For 1→I To N： 　　（应用循环语句，循环变量 I 由初值 1 到终值 N，对下面算式进行计算）

"$t(i)$"：I×T▲ 　　　　　　　　（显示每循环一次增加一个时间步长 T s）

"$x''_{\text{g}}(t_i)$"? →List 4[I+1] ▲

　　　　（输入时间 t_i=T 时地面加速度值，并赋值给变量 List 4[I+1]，且显示）

"$\Delta x''_{\text{g}}(t_i)$"：List 4[I+1]−List 4[I]→List 8[I] ▲ 　（算出地面加速度地增量 $\Delta x''_{\text{g}}(t_i)$ 且予以显示）

"$\Delta F(t_i)$"：−M×List 8[I]+(M×6÷T+3C)List 2[I]

+(3M+TC÷2)×List 3[I]→List 9[I] ▲

　　　　　　　　　（算出等代荷载增量，并赋值给变量 List 9[I]，且予以显示）

"$\Delta x(t_i)$"：List 9[I]÷r→List 5[I] ▲

　　　　　　　　　（算出结构位移增量 $\Delta x(t_i)$，并赋值给变量 List 5[I]，且显示）

"$\Delta x'(t_i)$"：3×List 5[I]÷T−3×List 2[I]

−T×List 3[I]÷2→List 6[I] ▲ 　（算出结构速度增量 $\Delta x'(t_i)$，并赋值给变量 List 6[I]，且显示）

"$\Delta x''(t_i)$"：(1÷M)×(−M×List 8[I]−C×List 6[I]

−KList 5[I])→List 7[I] ▲ 　（算出结构加速度增量 $\Delta x''(t_i)$，并赋值给变量 List 7[I]，且显示）

"$x(t_i)$"：List 1[I]+List 5[I]→List 1[I+1] ▲

　　　　　　　　（算出结构位移 $x(t_i)$，赋值给变量 List 1[I+1]，且显示）

"$x'(t_i)$"：List 2[I]+List 6[I]→List 2[I+1] ▲

　　　　　　　　（算出结构速度 $x'(t_i)$，赋值给变量 List 2[I+1]，且显示）

"$x''(t_i)$": List 3[I]＋List 7[I]→List 3[I+1]

（算出结构加速度 $x''(t_i)$，赋值给变量 List 3[I+1]，且显示）

Next

§3-7 考虑水平地震作用扭转影响的计算

《抗震规范》规定，结构考虑水平地震作用的扭转影响时，可采用下列方法：

1. 规则结构不进行扭转耦连计算时，平行于地震作用方向的两个边榀，其地震作用效应宜乘以增大系数。一般情况下，短边可按 1.15 采用，长边可按 1.05 采用；当扭转刚度较小时，周边各构件宜按不小于 1.3 采用。角部构件宜同时乘以两个方向各自的增大系数。

2. 按扭转耦连振型分解法计算时，各楼层可取两个正交的水平位移和一个转角共三个自由度，并应按下列公式计算地震作用和作用效应。确有依据时，尚可采用简化计算方法确定地震作用效应。

（1）第 j 振型第 i 层的水平地震作用标准值，应按下列公式确定：

$$\left.\begin{aligned}
F_{xij} &= \alpha_j \gamma_{tj} x_{ij} G_i \\
F_{yij} &= \alpha_j \gamma_{tj} y_{ij} G_i \\
M_{tij} &= \alpha_j \gamma_{tj} r_i^2 \varphi_{ij} G_i \\
(i&=1, 2, 3, \cdots, n; \ j=1, 2, 3, \cdots, m)
\end{aligned}\right\} \tag{3-89}$$

式中　F_{xij}、F_{yij}、M_{tij}——分别为第 j 振型第 i 层的 x 方向、y 方向和转角 t 方向的地震作用标准值；

x_{ij}、y_{ij}——分别为第 j 振型第 i 层质心在 x、y 方向的水平相对位移；

φ_{ij}——第 j 振型第 i 层的相对扭转角；

r_i——第 i 层转动半径，可取第 i 层绕质心的转动惯量除以该层质量的商的正二次方根；

γ_{tj}——考虑扭转的第 j 振型参与系数，可按下列公式计算。

当仅考虑 x 方向地震时

$$\gamma_{tj} = \sum_{i=1}^{n} x_{ij} G_i \Big/ \sum_{i=1}^{n} (x_{ij}^2 + y_{ij}^2 + \varphi_{ij}^2 r_i^2) G_i \tag{3-90a}$$

当仅考虑 y 方向地震时

$$\gamma_{tj} = \sum_{i=1}^{n} y_{ij} G_i \Big/ \sum_{i=1}^{n} (x_{ij}^2 + y_{ij}^2 + \varphi_{ij}^2 r_i^2) G_i \tag{3-90b}$$

当考虑与 x 方向斜交 θ 角的地震时，

$$\gamma_{tj} = \gamma_{xj} \cos\theta + \gamma_{yj} \sin\theta \tag{3-91}$$

式中　γ_{xj}、γ_{yj}——分别由式(3-90)和式(3-91)求得的参与系数。

（2）考虑单向水平地震作用下的扭转效应，可按下列公式确定：

$$S_{Ek} = \sqrt{\sum_{j=1}^{m} \sum_{k=1}^{m} \rho_{jk} S_j S_k} \tag{3-92}$$

$$\rho_{jk}=\frac{8\sqrt{\zeta_j\zeta_k}+(\zeta_j+\lambda_T\zeta_k)\lambda_T^{1.5}}{(1-\lambda_T^2)^2+4\zeta_j\zeta_k(1+\lambda_T^2)\lambda_T+4(\zeta_j^2+\zeta_k^2)\lambda_T^2} \tag{3-93}$$

式中　　S_{Ek}——地震作用标准值的扭转效应；

　　　S_j、S_k——分别为 j、k 振型地震作用标准值的效应，可取前 9~15 个振型；

　　　　ρ_{jk}——j 振型与 k 振型的耦联系数；

　　　ζ_j、ζ_k——分别为 j、k 振型的阻尼比；

　　　　λ_T——k 振型与 j 振型的自振周期比。

（3）考虑双向水平地震作用下的扭转效应，可按下列公式的较大值确定：

$$S_{Ek}=\sqrt{S_x^2+(0.85S_y)^2} \tag{3-94}$$

或
$$S_{Ek}=\sqrt{S_y^2+(0.85S_x)^2} \tag{3-95}$$

式中　S_x——仅考虑 x 方向水平地震作用时的扭转效应；

　　　S_y——仅考虑 y 方向水平地震作用时的扭转效应。

§3-8　竖向地震作用的计算

一、概述

宏观震害和理论分析表明，在高烈度区，竖向地震作用对建筑，特别是对高层建筑、高耸结构及大跨结构等影响是很显著的。例如，对一些高层建筑和高耸结构的地震计算分析发现，竖向地震应力 σ_V 和重力荷载应力 σ_G 的比值 $\lambda_V=\dfrac{\sigma_V}{\sigma_G}$ 均沿建筑高度向上逐渐增大。对高层建筑，在 8 度强的地区，房屋上部的比值 λ_V 可超过 1；对烟囱及类似高耸结构，在 9 度地区，其上部的比值 λ_V 也达到或超过 1。即在上述情况下，高层建筑、高耸结构在其上部将产生拉应力。因此，近年来国内外一些学者对结构的竖向地震反应的研究日益重视。各国现行抗震设计规范对竖向地震作用也都有所反映。我国《抗震规范》规定，8 度和 9 度时的大跨结构、长悬臂结构、烟囱和类似高耸结构，9 度时的高层建筑，应考虑竖向地震作用。

二、竖向地震作用的计算

关于竖向地震作用的计算，各国所采用的方法不尽相同。我国《抗震规范》根据建筑类别不同，分别采用竖向反应谱法和静力法。现分述如下：

（一）竖向反应谱法

1. 竖向反应谱

《抗震规范》根据搜集到的 203 条实际地震记录绘制了竖向反应谱，并按场地类别进行分组，分别求出它们的平均反应谱，其中Ⅰ类场地的竖向平均反应谱，如图 3-21 所示。图中实线为竖向反应谱，虚线为水平地震反应谱。

由统计分析结果表明，各类场地的竖向反应谱 β_V 与水平反应谱 β_H 相差不大。因此，在竖向地震作用计算中，可近似采用水平反应谱。另据统计，地面竖向最大加速度与地面水平最大加速度比值为 1/2~2/3。对震中距较小地区宜采用较大数值，所以，竖向地震系数与水平地震系数之比取 $k_V/k_H=2/3$。因此，竖向地震影响系数

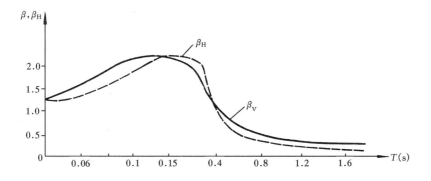

图 3-21 竖向、水平平均反应谱（Ⅰ类场地）

$$\alpha_V = k_V \beta_V = \frac{2}{3} k_H \beta_H = \frac{2}{3} \alpha_H = 0.65 \alpha_H$$

其中 k_V、k_H 分别为竖向和水平地震系数；β_V、β_H 分别为竖向和水平动力系数；α_V、α_H 分别为竖向、水平地震影响系数。

由上可知，竖向地震影响系数，可取水平地震影响系数的 0.65。

2. 竖向地震作用计算

9 度时的高层建筑，其竖向地震作用标准值可按反应谱法计算。

分析表明，高层建筑和高耸结构取第一振型竖向地震作用作为结构的竖向地震作用时其误差是不大的。而第一振型接近于直线，于是，质点 i 上的地震作用可写成

$$F_{EVi} = \alpha_{V1} \gamma_1 y_{i1} G_i \tag{a}$$

式中　F_{EVi}——第 i 质点上的地震作用标准值（图 3-22）；

　　　α_{V1}——相应于结构基本周期的竖向地震影响系数，由于竖向基本周期较短，$T_{V1} = 0.1 \sim 0.2s$，故 $\alpha_{V1} = \alpha_{Vmax}$；

　　　y_{i1}——第一振型质点 i 的相对竖向位移，由于第一振型呈直线变化，故 $y_{i1} = \eta H_i$；

　　　η——比例系数；

　　　G_i——第 i 质点重力荷载代表值；

　　　γ_1——第一振型参与系数，按下式计算。

$$\gamma_1 = \frac{\sum\limits_{i=1}^{n} G_i y_{i1}}{\sum\limits_{i=1}^{n} G_i y_{i1}^2} = \frac{\sum\limits_{i=1}^{n} G_i H_i}{\eta \sum\limits_{i=1}^{n} G_i H_i^2} \tag{b}$$

图 3-22　结构竖向地震作用计算简图

结构总竖向地震作用标准值

$$F_{EVk} = \sum_{i=1}^{n} F_{Vi} = \alpha_{V1} \gamma_1 \sum_{i=1}^{n} y_{i1} G_i \tag{c}$$

将式（b）代入上式，并注意到 $\alpha_{V1} = \alpha_{Vmax}$，$y_{i1} = \eta H_i$，于是

$$F_{EVk} = \alpha_{Vmax} \frac{\left(\sum\limits_{i=1}^{n} G_i H_i\right)^2}{\sum\limits_{i=1}^{n} G_i H_i^2} = \alpha_{Vmax} \xi' G$$

或

$$F_{\text{EVk}} = \alpha_{\text{Vmax}} G_{\text{eq}} \tag{3-96}$$

式中　G_{eq}——结构等效总重力荷载，$G_{\text{eq}} = \xi' G$；

　　　G——结构总重力荷载，$G = \sum\limits_{i=1}^{n} G_i$；

　　　ξ'——等效重力荷载系数，《抗震规范》规定取 0.75。

将式(c)改写成

$$\alpha_{\text{V1}} \gamma_1 = \frac{1}{\eta \sum\limits_{i=1}^{n} G_i H_i} F_{\text{EVk}} \tag{d}$$

将式(d)代入式(a)，并注意到 $y_{i1} = \eta H_i$，于是

$$F_{\text{EV}i} = \frac{G_i H_i}{\sum\limits_{i=1}^{n} G_i H_i} F_{\text{EVk}} \tag{3-97}$$

式中　G_i——第 i 质点重力荷载代表值；

　　　H_i——第 i 质点的高度。

其余符号意义与前相同。

楼层的竖向地震作用效应可按各构件承受的重力荷载代表值比例分配，并乘以增大系数 1.5。

等效重力荷载系数

$$\xi' = \frac{\left(\sum\limits_{i=1}^{n} G_i H_i \right)^2}{\sum\limits_{i=1}^{n} G_i H_i^2} \cdot \frac{1}{G} \tag{3-98}$$

也可由最小二乘法确定最优的 ξ' 值。它的目标函数

$$f(\xi') = \sum\limits_{k=1}^{m} \left[\alpha_{\text{Vmax}} \frac{\left(\sum\limits_{i=1}^{n} G_i H_i \right)^2}{\sum\limits_{i=1}^{n} G_i H_i^2} - \xi' \alpha_{\text{Vmax}} G \right]_k^2 \tag{3-99}$$

式中　k——结构序号；

　　　i——质点序号；

　　　m——结构总数；

　　　n——质点总数。

为了求得使 $f(\xi')$ 值为最小的 ξ' 值，令 $\dfrac{\mathrm{d} f(\xi')}{\mathrm{d} \xi'} = 0$，并从中求得

$$\xi' = \sum\limits_{k=1}^{m} \frac{\left(\sum\limits_{i=1}^{n} G_i H_i \right)_k^2 G_k}{\left(\sum\limits_{i=1}^{n} G_i H_i^2 \right)_k} \cdot \frac{1}{\sum\limits_{k=1}^{m} G_k^2} \tag{3-100}$$

根据统计分析表明，求得最优值 $\xi' = 0.75$。

《抗震规范》采用竖向等效重力荷载系数 $\xi'=0.75$，实际上，相当于将高层建筑、烟囱和类似高耸结构，看作是等截面质量均匀分布的直杆。设杆的重力代表值为 $q(\text{kN/m})$（图 3-23），则它的等效总重力荷载

$$G_{eq} = \frac{\left(\int_0^H qz\,dz\right)^2}{\int_0^H qz^2\,dz} = \frac{3}{4}Hq = 0.75G \qquad (3\text{-}101)$$

即

$$\xi'=0.75$$

图 3-23
$\xi'=0.75$
意义的另
一解释

（二）静力法

根据跨度小于 120m，或长度小于 300m 的平板钢网架屋盖、跨度大于 24m 屋架及悬臂长度小于 40m 的长悬臂结构按振型分解反应谱法分析得到的竖向地震作用表明，竖向地震作用的内力与重力作用下的内力的比值一般比较稳定。因此，《抗震规范》规定，对这些大跨度结构的竖向地震作用标准值可采用静力法计算：

$$F_{vi} = \lambda G_i \qquad (3\text{-}102)$$

式中　F_{vi}——结构、构件竖向地震作用标准值；

　　　G_i——结构、构件重力荷载代表值；

　　　λ——结构、构件竖向地震作用系数，跨度小于 120m，长度小于 300m 且规则的平板钢网架屋盖和跨度大于 24m 屋架，可按表 3-10 采用。

悬臂长度小于 40m 的长悬臂结构，8 度、9 度时可分别取该结构、构件重力荷载代表值的 10% 和 20%，设计地震基本加速度为 0.30g 时，可取该结构、构件重力荷载代表值的 15%。

竖向地震作用系数 λ　　　　　　　　　　　　　　表 3-10

结构类型	烈　度	场　地　烈　度		
		Ⅰ	Ⅱ	Ⅲ、Ⅳ
平板型网架、	8	可不计算(0.10)	0.08(0.12)	0.10(0.15)
钢屋架	9	0.15	0.15	0.20
钢筋混凝	8	0.10(0.15)	0.13(0.19)	0.13(0.19)
土屋架	9	0.20	0.25	0.25

注：括号中数值用于设计基本地震加速度为 0.30g 的地区。

§3-9　结构自振周期和振型的近似计算

按振型分解法计算多质点体系的地震作用时，需要确定体系的基频和高频以及相应的主振型。从理论上讲，它们可通过解频率方程得到。但是，当体系的质点数多于三个时，手算就感到困难。因此，在工程计算中，常常采用近似法。

一、瑞利（Rayleigh）法

瑞利法也称为能量法。这个方法是根据体系在振动过程中能量守恒定律导出的。能量法是求多质点体系基频的一种近似方法。

图 3-24(a)表示一个具有 n 个质点的弹性体系，质点 i 的质量为 m_i，体系按第一振型作自由振动时的频率为 ω_1。假设各质点的重力荷载 G_i 水平作用于相应质点 m_i 上的弹性曲线作为基本振型。Δ_i 为 i 点的水平位移(图 3-24b)。则体系的最大位能为：

$$U_{\max} = \frac{1}{2}\sum_{i-1}^{n}G_i\Delta_i = \frac{1}{2}g\sum_{i-1}^{n}m_i\Delta_i \qquad (a)$$

而最大动能为：

$$T_{\max} = \frac{1}{2}\sum_{i=1}^{n}m_i(\omega_1\Delta_i)^2 \qquad (b)$$

令 $U_{\max}=T_{\max}$，得体系的基频的近似计算公式为：

$$\omega_1 = \sqrt{\dfrac{g\displaystyle\sum_{i=1}^{n}m_i\Delta_i}{\displaystyle\sum_{i=1}^{n}m_i\Delta_i^2}} \qquad (c)$$

或

$$\omega_1 = \sqrt{\dfrac{g\displaystyle\sum_{i=1}^{n}G_i\Delta_i}{\displaystyle\sum_{i=1}^{n}G_i\Delta_i^2}} \qquad (3\text{-}103)$$

而基本周期为：

$$T_1 = 2\pi\sqrt{\dfrac{\displaystyle\sum_{i=1}^{n}G_i\Delta_i^2}{g\displaystyle\sum_{i=1}^{n}G_i\Delta_i}} \text{❶} \qquad (3\text{-}104)$$

或

$$T_1 = 2\sqrt{\dfrac{\displaystyle\sum_{i=1}^{n}G_i\Delta_i^2}{\displaystyle\sum_{i=1}^{n}G_i\Delta_i}} \qquad (3\text{-}105)$$

图 3-24 能量法
(a)多质点体系
第一振型；
(b)以 G_i 作为
水平荷载
产生的侧移

二、折算质量法

折算质量法是求体系基本频率的另一种常用的近似计算方法。它的基本原理是，在计算多质点体系基本频率时，用一个单质点体系代替原体系，使这个单质点体系的自振频率与原体系的基本频率相等或接近。这个单质点体系的质量就称为折算质量，以 M_{zh} 表示。应当指出，这个单质点体系的约束条件和刚度应与原体系的完全相同。

折算质量 M_{zh} 与它所在体系的位置有关，如果它在体系上的位置一经确定，则对应的 M_{zh}

---

❶ 当为单质点体系时，基本周期变成

$$T_1 = 2\pi\sqrt{\frac{\Delta}{g}} = 2\pi\sqrt{\frac{G\delta}{g}}$$

此公式即为式(3-29)。

也就随之确定。根据经验，如将折算质量放在体系振动时产生最大水平位移处，则计算较为方便。

折算质量 M_{zh} 应根据代替原体系的单质点体系振动时的最大动能等于原体系的最大动能的条件确定。

例如求图 3-25(a) 多质点体系的基本频率时，可用图 3-25(b) 的单质点体系代替。根据两者按第一振型振动时最大动能相等，得：

$$\frac{1}{2}M_{zh}(\omega_1 x_m)^2 = \frac{1}{2}\sum_{i=1}^{n}m_i(\omega_1 x_i)^2$$

即

$$M_{zh} = \frac{\sum_{i=1}^{n}m_i x_i^2}{x_m^2} \qquad (3\text{-}106)$$

图 3-25　折算质量法
(a) 多质点体系第一振型；
(b) 折算成单质点体系

式中　x_m——体系按第 1 振型振动时，相应于折算质量所在位置的最大位移，对图 3-25 而言，$x_m = x_n$；

　　　x_i——质点 m_i 的位移。

对于质量沿悬臂杆高度 H 连续分布的体系，求折算质量的公式将变为：

$$M_{zh} = \frac{\int_0^H \overline{m}(y)x^2(y)\mathrm{d}y}{x_m^2} \qquad (3\text{-}107)$$

式中　$\overline{m}(y)$——悬臂杆单位长度上的质量；

　　　$x(y)$——体系按第一振型振动时任一截面 y 的位移。

有了折算质量就可按单质点体系计算基本频率：

$$\omega_1 = \sqrt{\frac{1}{M_{zh}\delta}} \qquad (3\text{-}108)$$

而基本周期为：

$$T_1 = 2\pi\sqrt{M_{zh}\delta} \qquad (3\text{-}109)$$

式中　δ——单位水平力作用下悬臂杆的顶点位移。

显然，按折算质量法求基本频率时，也需假设一条接近第一振型的弹性曲线，这样才能应用上面公式。

【例题 3-8】等截面质量悬臂杆（图 3-26a），高度为 H，抗弯刚度为 EI，单位长度上均布重力荷载为 q。试按折算质量法求体系的基本周期。

【解】假定直杆重力荷载 q 沿水平方向作用的弹性曲线作为第一振型曲线（图 3-26b），即

$$x = \frac{q}{24EI}(y^4 - 4Hy^3 + 6H^2 y^2)$$

$$M_{zh} = \frac{1}{x_m^2}\overline{m}\int_0^H x^2 \mathrm{d}y = \frac{\overline{m}}{x_m^2}\left(\frac{q}{24EI}\right)^2\int_0^H (y^4 - 4Hy^3 + 6H^2 y^2)^2 \mathrm{d}y$$

其中 x_m 为原体系相应于折算质量所在位置处的水平位移。设将 M_{zh} 布置在直杆的顶端（图 3-26c），则 $x_m = \dfrac{ql^4}{8EI}$。经计算得：

$$M_{zh}=0.254\,\overline{m}H\approx0.25\,\overline{m}H$$

体系的基本周期

$$T_1=2\pi\sqrt{M_{zh}\delta}=2\pi\sqrt{0.25\,\overline{m}H\cdot\frac{1}{3}\cdot\frac{H^3}{EI}}=1.82H^2\sqrt{\frac{\overline{m}}{EI}}$$

【例题 3-9】 无重量直杆高为 H，抗弯刚度为 EI，在杆的 $0.8H$ 高度处的 B 点有一集中质量 m（图 3-27a）。试求在悬臂端 C 处的折算质量（图 3-27b）。

【解】 以悬臂杆顶端作用单位水平集中力的弹性曲线，作为第一振型曲线，即设

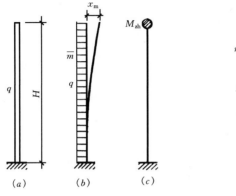

图 3-26 例题 3-8 附图　　　图 3-27 例题 3-9 附图

$$x=\frac{1}{6EI}\ (3Hy^2-y^3)$$

则顶点位移

$$x_c=x_m=\frac{H^3}{3EI}$$

而 B 点的水平位移

$$x_B=\frac{1}{6EI}\left[3H\ (0.8H)^2-\ (0.8H)^3\right]=0.235\frac{H^3}{EI}$$

代入式（3-106），得：

$$M_{zh}=\frac{m\left(0.235\dfrac{H^3}{EI}\right)^2}{\left(\dfrac{H^3}{3EI}\right)^2}=0.496m\approx0.5m$$

由上面两个例题可见，折算质量可由原体系的质量乘上某一系数得到。这个系数称为动力等效换算系数。上面两个例题的动力等效换算系数分别为 0.25 和 0.5。

三、顶点位移法

顶点位移法也是求结构基频的一种方法。它的基本原理是将结构按其质量分布情况，简化成有限个质点或无限个质点的悬臂直杆，然后求出以结构顶点位移表示的基本频率计算公式。这样，只要求出结构的顶点水平位移，就可按公式算出结构的基本频率或基本周期。

今以图 3-28（a）所示多层框架为例，介绍顶点位移法计算公式。

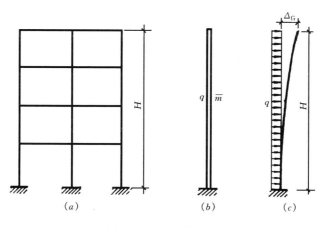

图 3-28 顶点位移法

我们将多层框架简化成均匀的无限质点的悬臂直杆（图 3-28b），若体系按弯曲振动，则基本周期为：

$$T_1 = 1.78 H^2 \sqrt{\frac{\overline{m}}{EI}} \qquad (a)$$

或

$$T_1 = 1.78 \sqrt{\frac{qH^4}{gEI}} \qquad (b)$$

而悬臂直杆在水平均布荷载 q 作用下的顶点水平位移（图 3-28c）

$$\Delta_G = \frac{qH^4}{8EI} \qquad (c)$$

即

$$8\Delta_G = \frac{qH^4}{EI} \qquad (d)$$

将上式代入式（b），得：

$$T_1 = 1.60 \sqrt{\Delta_G} \qquad (3-110)$$

若体系按剪切振动，则其基本周期为：

$$T_1 = 1.28 \sqrt{\frac{\xi q H^2}{GA}} \qquad (e)$$

式中 ξ——剪应力不均匀系数；

$\quad G$——剪切模量；

$\quad A$——杆件横截面面积。

其余符号意义同前。

这时悬臂直杆的顶点水平位移为：

$$\Delta_G = \frac{\xi q H^2}{2GA} \qquad (f)$$

即

$$2\Delta_G = \frac{\xi q H^2}{GA} \qquad (g)$$

将上式代入式（e），得：

$$T_1 = 1.80\sqrt{\Delta_G} \tag{3-111}$$

若体系按剪弯振动时，则其基本周期可按下式确定：

$$T_1 = 1.70\sqrt{\Delta_G} \tag{3-112}$$

由上述公式可见，只要求得框架的顶点位移 Δ_G（m），即可算出其基本周期。

四、矩阵迭代法

矩阵迭代法是求振动体系基频和高频的一种常用方法。这种方法不仅可以求出体系的频率，而且还可以同时求出相应的振型。

（一）振动方程组矩阵表示法

我们将振动位移方程组（3-34b）写成矩阵形式：

$$\begin{Bmatrix} x_1 \\ x_2 \\ \vdots \\ x_n \end{Bmatrix} + \begin{bmatrix} \delta_{11} & \delta_{12} & \cdots & \delta_{1n} \\ \delta_{21} & \delta_{22} & \cdots & \delta_{2n} \\ \cdots & \cdots & \cdots & \cdots \\ \delta_{n1} & \delta_{n2} & \cdots & \delta_{nn} \end{bmatrix} \begin{bmatrix} m_1 & & & \\ & m_2 & & 0 \\ & & \ddots & \\ 0 & & & m_n \end{bmatrix} \begin{Bmatrix} \ddot{x}^1 \\ \ddot{x}_2 \\ \vdots \\ \ddot{x}_n \end{Bmatrix} = \begin{Bmatrix} 0 \\ 0 \\ \vdots \\ 0 \end{Bmatrix} \tag{3-113a}$$

或简写成

$$\{X\} + [\delta][m]\{\ddot{X}\} = \{0\} \tag{3-113b}$$

式中 $\{X\}$ 为位移列向量；$[\delta]$ 为柔度矩阵；$[m]$ 为质量矩阵；$\{\ddot{X}\}$ 为加速度列向量。

参照两个质点体系情形，不难看出，式（3-113）的解，具有下面形式

$$\{X\} = \{A\}\sin(\omega t + \varphi) \tag{3-114}$$

式中 $\{A\}$ 称为振幅向量。

将式（3-114）对时间 t 求二阶导数。

$$\{\ddot{X}\} = -\{A\}\omega^2\sin(\omega t + \varphi) \tag{3-115}$$

将式（3-114）代入式（3-115），得：

$$\{\ddot{X}\} = -\omega^2\{X\} \tag{3-116}$$

将式（3-116）代入式（3-113a），经简单运算后得：

$$\begin{bmatrix} \left(m_1\delta_{11} - \dfrac{1}{\omega^2}\right) & m_2\delta_{12} & \cdots & m_n\delta_{1n} \\ m_1\delta_{21} & \left(m_2\delta_{22} - \dfrac{1}{\omega^2}\right) & \cdots & m_n\delta_{2n} \\ \cdots\cdots\cdots\cdots\cdots\cdots\cdots\cdots\cdots\cdots\cdots\cdots & & & \\ m_1\delta_{n1} & m_2\delta_{n2} & \cdots & \left(m_n\delta_{nn} - \dfrac{1}{\omega^2}\right) \end{bmatrix} \begin{Bmatrix} x_1 \\ x_2 \\ \vdots \\ x_n \end{Bmatrix} = \begin{Bmatrix} 0 \\ 0 \\ \vdots \\ 0 \end{Bmatrix} \tag{3-117}$$

若令 $m_i\delta_{ki} = \alpha_{ki}$，$\lambda = 1/\omega^2$

则式（3-117）可写成

$$\begin{bmatrix} (a_{11} - \lambda) & a_{12} & \cdots & a_{1n} \\ a_{21} & (a_{22} - \lambda) & \cdots & a_{2n} \\ \cdots\cdots\cdots\cdots\cdots\cdots\cdots\cdots\cdots\cdots\cdots\cdots & & & \\ a_{n1} & a_{n2} & \cdots & (a_{nn} - \lambda) \end{bmatrix} \begin{Bmatrix} x_1 \\ x_2 \\ \vdots \\ x_n \end{Bmatrix} = \begin{Bmatrix} 0 \\ 0 \\ \vdots \\ 0 \end{Bmatrix} \tag{3-118}$$

或简写成

$$([a] - \lambda[I])\{X\} = \{0\} \tag{3-119}$$

式中　$[I]$——单位矩阵；

$[a]$——由元素 a_{ki} 所形成的矩阵。

$$[a] = \begin{bmatrix} a_{11} & a_{12} & \cdots & a_{1n} \\ a_{21} & a_{22} & \cdots & a_{2n} \\ \cdots\cdots\cdots\cdots\cdots\cdots\cdots\cdots \\ a_{n1} & a_{n2} & \cdots & a_{nn} \end{bmatrix} \tag{3-120}$$

式（3-118）是个齐次线性代数方程组。它有非零解的充分和必要条件是其系数行列式等于零，即

$$\begin{vmatrix} (a_{11}-\lambda) & a_{12} & \cdots & a_{1n} \\ a_{21} & (a_{22}-\lambda) & \cdots & a_{2n} \\ \cdots\cdots\cdots\cdots\cdots\cdots\cdots\cdots\cdots\cdots \\ a_{n1} & a_{n2} & \cdots & (a_{nn}-\lambda) \end{vmatrix} = 0 \tag{3-121}$$

式（3-121）称为方阵 $[a]$ 的特征方程，而满足式（3-121）的 λ_j（$j=1,2,\cdots,n$）称为方阵 $[a]$ 的特征根。将 λ_j 代入式（3-118）解出的 $\{X\}_j$，称为与 λ_j 相对应的矩阵 $[a]$ 的特征向量，即第 j 振型。

（二）求基频和第一振型

将式（3-119）改写成

$$[a]\{X\} = \lambda\{X\} \tag{3-122}$$

或

$$\begin{bmatrix} a_{11} & a_{12} & \cdots & a_{1n} \\ a_{21} & a_{22} & \cdots & a_{2n} \\ \cdots\cdots\cdots\cdots\cdots\cdots\cdots\cdots \\ a_{n1} & a_{n2} & \cdots & a_{nn} \end{bmatrix} \begin{Bmatrix} x_1 \\ x_2 \\ \vdots \\ x_n \end{Bmatrix} = \lambda \begin{Bmatrix} x_1 \\ x_2 \\ \vdots \\ x_n \end{Bmatrix} \tag{3-123}$$

所谓矩阵迭代法，就是假定一个列向量，记作 $\{X\}^{(0)}$，并称为初始向量，上标（0）表示第 0 次迭代。然后，代入式（3-122）左端与矩阵 $[a]$ 相乘，得 $[a]\{X\}^{(0)} = \{X\}^{(1)}$。为了运算方便起见，把 $\{X\}^{(1)}$ 中各元素除以其中第一个或最后一个元素，这样，第 1 个或最后一个元素变成 1，而其余元素将按比例缩小或增大。这样处理称为对向量 $\{X\}^{(1)}$ 的归一化。归一了的列阵 $\{X\}^{(1)}$ 再代入式（3-122）左端 $\{X\}$ 进行矩阵乘法运算。对于第 m 次迭代过程可写成：

$$[a]\{X\}^{(m-1)} = \{X\}^{(m)} \tag{3-124}$$

若迭代次数 m 足够多时，我们会发现 $\{X\}^{(m)}$ 为 $\{X\}^{(m-1)}$ 的 λ 倍，即

$$[a]\{X\}^{(m-1)} = \{X\}^{(m)} = \lambda\{X\}^{(m-1)}$$

其中　λ 就是矩阵 $[a]$ 的特征根。而相应的列阵 $\{X\}^{(m-1)}$ 为对应 λ 特征向量。于是，由 λ 就可求出频率。

在上述迭代过程中，当迭代次数 m 足够多时，结果必收敛于基本振型和对应的 λ_1

值。我们知道，对于式（3-123）的特征根有 n 个，即 $\lambda_1 > \lambda_2 > \cdots > \lambda_n$，相应的特征向量 $\{X\}_1$，$\{X\}_2$，$\cdots$，$\{X\}_n$，它们都满足方程

$$[a]\{X\}_j = \lambda_j\{X\}_j \qquad (j = 1, 2, \cdots, n)$$

我们把假定的初始向量 $\{X\}^{(0)}$ 按振型展开，于是，

$$\{X\}^{(0)} = a_1\{X\}_1 + a_2\{X\}_2 + \cdots + a_n\{X\}_n \tag{3-125}$$

以 $[a]$ 左乘上式等号两边，这相当作第一次迭代：

$$\{X\}^{(1)} = [a]\{X\}^{(0)} = [a](a_1\{X\}_1 + a_2\{X\}_2 + \cdots + a_n\{X\}_n)$$
$$= a_1[a]\{X\}_1 + a_2[a]\{X\}_2 + \cdots + a_n[a]\{X\}_n$$

因为

$$[a]\{X\}_j = \lambda_j\{X\}_j$$

于是上式变成：

$$\{X\}^{(1)} = a_1\lambda_1\{X\}_1 + a_2\lambda_2\{X\}_2 + \cdots + a_n\lambda_n\{X\}_n$$
$$= \lambda_1\left(a_1\{X\}_1 + a_2\frac{\lambda_2}{\lambda_1}\{X\}_2 + \cdots + a_n\frac{\lambda_n}{\lambda_1}\{X\}_n\right)$$

因为上式等号右端括号内 λ_2/λ_1，λ_3/λ_1，$\cdots$，均小于 1，所以在 $\{X\}^{(1)}$ 中除第一特征向量 $\{X\}_1$ 外，其余特征向量均相对地缩小。因而，$\{X\}^{(1)}$ 比 $\{X\}^{(0)}$ 更接近第一特征向量 $\{X\}_1$。

当进行第二次迭代时，

$$\{X\}^{(2)} = [a]\{X\}^{(1)} = \lambda_1^2\left[a_1\{X\}_1 + a_2\left(\frac{\lambda_2}{\lambda_1}\right)^2\{X\}_2 + \cdots + a_n\left(\frac{\lambda_n}{\lambda_1}\right)^2\{X\}_n\right]$$

经过第二次迭代后，向量 $\{X\}^{(2)}$ 中除第一特征向量外，其余向量更加缩小了。因此，当迭代的次数 m 足够多时，

$$\{X\}^{(m)} = [a]\{X\}^{(m-1)} = \lambda_1^m\left[a_1\{X\}_1 + a_2\left(\frac{\lambda_2}{\lambda_1}\right)^m\{X\}_2 + \cdots + a_n\left(\frac{\lambda_n}{\lambda_1}\right)^m\{X\}_n\right]$$
$$\approx \lambda_1^m a_1\{X\}_1 \tag{3-126}$$

再迭代一次，得：

$$\{X\}^{(m+1)} = [a]\{X\}^{(m)} \approx \lambda_1^{m+1}a_1\{X\}_1 = \lambda_1\lambda_1^m a_1\{X\}_1 \tag{3-127}$$

比较式（3-126）和式（3-127）得：

$$\{X\}^{(m+1)} = [a]\{X\}^{(m)} \approx \lambda_1\{X\}^{(m)}$$

上式表明，上述迭代过程将收敛于最大特征值 λ_1 和它所对应的基本振型 $\{X\}_1$，而基本频率则通过最大特征值算出。

（三）求高阶频率及相应振型

矩阵迭代法对于求高阶自振频率仍然适用，但需对所假定的迭代向量作适当的处理。由式（3-125）可以看出，如能使初始迭代向量不包含第一振型，即 $a_1 = 0$，则经迭代后，可以收敛到第二自振频率和第二振型。

为了从迭代向量中消除掉第一振型，将式（3-125）等号两边左乘以 $\{X\}_1^T[m]$，得：

$$\{X\}_1^T[m]\{X\}^{(0)} = a_1\{X\}_1^T[m]\{X\}_1 + a_2\{X\}_1^T[m]\{X\}_2 + \cdots$$
$$+ a_n\{X\}_1^T[m]\{X\}_n$$

根据正交性条件可知，上式等式右端除第一项外，其余各项均为零，于是，

$$\{X\}_1^{\mathrm{T}} [m] \{X\}^{(0)} = a_1 \{X\}_1^{\mathrm{T}} [m] \{X\}_1$$

若初始迭代向量 $\{X\}^{(0)}$ 中不包含第一振型分量，则应使 $a_1=0$，即上述等号右端应等于零，也就是

$$\{X\}_1^{\mathrm{T}} [m] \{X\}^{(0)} = \{x_{11} x_{21} \cdots x_{n1}\} \begin{bmatrix} m_1 & & & 0 \\ & m_2 & & \\ & & \ddots & \\ 0 & & & m_n \end{bmatrix} \begin{Bmatrix} x_1 \\ x_2 \\ \vdots \\ x_n \end{Bmatrix} = 0$$

即迭代向量应与第一振型正交。我们将上式展开：

$$m_1 x_{11} x_1 + m_2 x_{21} x_2 + \cdots + m_n x_{n1} x_n = \sum_{i=1}^n m_i x_{i1} x_i = 0 \tag{3-128}$$

式中 x_{i1}——第一振型第 i 质点的相对位移；

x_i——初始迭代向量第 i 个元素。

将式（3-128）写成下面形式

$$\left. \begin{aligned} x_1 &= 0 x_1 - \frac{m_2}{m_1}\left(\frac{x_{21}}{x_{11}}\right) x_2 - \cdots - \frac{m_n}{m_1}\left(\frac{x_{n1}}{x_{11}}\right) x_n \\ x_2 &= x_2 \\ &\cdots\cdots\cdots\cdots\cdots\cdots \\ x_n &= x_n \end{aligned} \right\} \tag{3-129}$$

除第 1 个方程外，后面 $n-1$ 个方程只是 $n-1$ 个恒等式。这样写的目的在于，将迭代向量与第一振型正交条件写成矩阵形式：

$$\begin{Bmatrix} x_1 \\ x_2 \\ \vdots \\ x_n \end{Bmatrix} = \begin{bmatrix} 0 - \left(\frac{m_2}{m_1}\right)\left(\frac{x_{21}}{x_{11}}\right) & \cdots & -\left(\frac{m_n}{m_1}\right)\left(\frac{x_{n1}}{x_{11}}\right) \\ 0 & 1 & \cdots & 0 \\ \cdots\cdots\cdots & \cdots & \\ 0 & 0 & \cdots & 1 \end{bmatrix} \begin{Bmatrix} x_1 \\ x_2 \\ \vdots \\ x_n \end{Bmatrix} \tag{3-130}$$

或写成：

$$\{X\}^{(0)'} = [S]_1 \{X\}^{(0)} \tag{3-131}$$

矩阵 $[S]_1$ 与初始迭代向量迭代后，可将 $\{X\}^{(0)}$ 中的第一振型分量清除掉，故矩阵 $[S]_1$ 称为清除矩阵。

这样，经过上述处理后的初始迭代向量 $\{X\}^{(0)'}$，代入式（3-122）左端进行迭代，即应收敛于第二振型及相应的特征值。但是，由于所求得的第一振型是近似值，加之数字运算难免产生误差，所以不可能将初始迭代向量 $\{X\}^{(0)}$ 清除得绝对"干净"；此外，在迭代过程中的舍入误差，也可能产生第一振型 $\{X\}_1$ 的微小分量，而这个微小分量经过多层迭代之后，将逐渐增大，最后仍可能收敛于第 1 振型。为了避免发生这种情况，在迭代的每次循环中，应将迭代向量左乘以清除矩阵。为了简化计算，我们可先将 $[S]_1$ 右乘矩阵 $[a]$，然后直接用初始迭代向量 $\{X\}^{(0)}$ 进行迭代，这样即可收敛于第二振型。当迭代次数 m 足够多时，下式将必成立：

$$[a] \ [S]_1 \ \{X\}^{(m)} \approx \lambda_2 \ \{X\}^{(m)} \tag{3-132}$$

或
$$[a]_1 \ \{X\}^{(m)} \approx \lambda_2 \ \{X\}^{(m)} \tag{3-133}$$

其中
$$[a]_1 = [a] \ [S]_1 \tag{3-134}$$

要求第三频率及相应的振型，类似地，应从初始迭代向量中同时清除第一和第二振型分量。上面我们已经建立了清除第一振型分量的条件（3-128），现在来建立清除第二振型分量的条件。为此，将初始迭代向量表达式（3-125）两端左乘以 $\{X\}_2^{\mathrm{T}} \ [m]$，得：

$$\{X\}_2^{\mathrm{T}} \ [m] \ \{X\}^{(0)} = a_1 \ \{X\}_2^{\mathrm{T}} \ [m] \ \{X\}_1 + a_2 \ \{X\}_2^{\mathrm{T}} \ [m] \ \{X\}_2$$
$$+ \cdots + a_n \ \{X\}_2^{\mathrm{T}} \ [m] \ \{X\}_n$$

根据振型正交条件可知，上式等号右端除第二项外，其余各项均等于零。于是：

$$\{X\}_2^{\mathrm{T}} \ [m] \ \{X\}^{(0)} = a_2 \ \{X\}_2^{\mathrm{T}} \ [m] \ \{X\}_2$$

为了使初始迭代向量 $\{X\}^{(0)}$ 中不包含第二振型分量，令 $a_2 = 0$，于是，

$$\{X\}_2^{\mathrm{T}} \ [m] \ \{X\}^{(0)} = 0$$

即迭代向量应与第二振型正交，我们将上式展开：

$$m_1 x_{12} x_1 + m_2 x_{22} x_2 + \cdots + m_n x_{n2} x_n = \sum_{i=1}^{n} m_i x_{i2} x_i = 0 \tag{3-135}$$

式中 x_{i2}——第二振型第 i 质点的相对位移；

x_i——初始迭代向量第 i 个元素。

这样，从初始迭代向量中清除第一和第二振型分量的条件为：

$$\left. \begin{array}{l} \sum_{i=1}^{n} m_i x_{i1} x_i = 0 \\ \sum_{i=1}^{n} m_i x_{i2} x_i = 0 \end{array} \right\} \tag{3-136}$$

将上式写成下面形式：

$$\left. \begin{array}{l} x_1 = \sum_{i=1}^{n} \dfrac{m_i (x_{21} x_{i2} - x_{22} x_{i1})}{m_1 (x_{11} x_{22} - x_{12} x_{21})} x_i \\[3mm] x_2 = \sum_{i=1}^{n} \dfrac{m_i (x_{12} x_{i1} - x_{11} x_{i2})}{m_2 (x_{11} x_{22} - x_{12} x_{21})} x_i \\[3mm] x_3 = x_3 \\ \cdots\cdots\cdots \\ x_n = x_n \end{array} \right\} \tag{3-137}$$

将上式写成矩阵形式：

$$\begin{Bmatrix} x_1 \\ x_2 \\ x_3 \\ \vdots \\ x_n \end{Bmatrix} = \begin{bmatrix} 0 & 0 & d_{13} & \cdots & d_{1n} \\ 0 & 0 & d_{23} & \cdots & d_{2n} \\ 0 & 0 & 1 & \cdots & 0 \\ \vdots & \vdots & \vdots & & \vdots \\ 0 & 0 & 0 & \cdots & 1 \end{bmatrix} \begin{Bmatrix} x_1 \\ x_2 \\ x_3 \\ \vdots \\ x_n \end{Bmatrix} \tag{3-138}$$

或缩写成

$$\{X\}^{(0)''} = [S]_2 \ \{X\}^{(0)} \tag{3-139}$$

其中 $[S]_2$ 为从初始迭代向量中清除第一和第二振型分量的清除矩阵，其中元素

$$d_{13} = \frac{m_3}{m_1} \frac{(x_{21}x_{32}-x_{22}x_{31})}{(x_{11}x_{22}-x_{12}x_{21})}, \cdots, d_{1n} = \frac{m_n}{m_1} \frac{(x_{21}x_{n2}-x_{22}x_{n1})}{(x_{11}x_{22}-x_{12}x_{21})}$$

$$d_{23} = \frac{m_3}{m_2} \frac{(x_{12}x_{31}-x_{11}x_{32})}{(x_{11}x_{22}-x_{12}x_{21})}, \cdots, d_{2n} = \frac{m_n}{m_2} \frac{(x_{12}x_{n1}-x_{11}x_{n2})}{(x_{11}x_{22}-x_{12}x_{21})}$$

将式（3-139）代入式（3-122）左端进行迭代，最后将收敛于第三振型和相应的特征值 λ_3，也就是当迭代次数 m 足够多时，则有

$$[a][S]_2\{X\}^{(m)} \approx \lambda_3\{X\}^{(m)} \tag{3-140}$$

或

$$[a]_2\{X\}^{(m)} \approx \lambda_3\{X\}^{(m)} \tag{3-141}$$

其中

$$[a]_2 = [a][S]_2 \tag{3-142}$$

求出特征值 λ_3 后，就可算得相应频率 ω_3。

【例题 3-10】钢筋混凝土框架结构尺寸、截面惯性矩 I 和各杆件的相对线刚度 k，如图 3-29（a）所示。首层、二层和三层质量分别为 $m_1 = 119\mathrm{t}$、$m_2 = 113\mathrm{t}$ 和 $m_3 = 60.6\mathrm{t}$，如图 3-29（b）所示。试确定结构的自振周期及相应的振型。

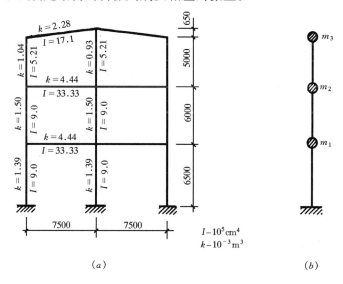

图 3-29　例题 3-10 附图之一

【解】（1）求柔度系数 δ_{ki}

柔度系数值：

$\delta_{11} = 32.8 \times 10^{-6}\,\mathrm{m/kN}$　　　　　　　　$\delta_{12} = \delta_{21} = 36.2 \times 10^{-6}\,\mathrm{m/kN}$

$\delta_{13} = \delta_{31} = 36.3 \times 10^{-6}\,\mathrm{m/kN}$　　　　　$\delta_{22} = 69.1 \times 10^{-6}\,\mathrm{m/kN}$

$\delta_{23} = \delta_{32} = 72.1 \times 10^{-6}\,\mathrm{m/kN}$　　　　　$\delta_{33} = 106 \times 10^{-6}\,\mathrm{m/kN}$

（2）求自振周期及相应振型

1）计算矩阵 $[a]$

$$[a] = \begin{bmatrix} m_1\delta_{11} & m_2\delta_{12} & m_3\delta_{13} \\ m_1\delta_{21} & m_2\delta_{22} & m_3\delta_{23} \\ m_1\delta_{31} & m_2\delta_{32} & m_3\delta_{33} \end{bmatrix} = \begin{bmatrix} 119\times32.8 & 113\times36.2 & 60.6\times36.3 \\ 119\times36.2 & 113\times69.1 & 60.6\times72.1 \\ 119\times36.3 & 113\times72.1 & 60.6\times106 \end{bmatrix} \times 10^{-6}$$

$$= \begin{bmatrix} 0.390 & 0.409 & 0.219 \\ 0.431 & 0.780 & 0.436 \\ 0.431 & 0.814 & 0.643 \end{bmatrix} \times 10^{-2}$$

2）求 λ_1、ω_1、T_1 和基本振型 $\{X\}_1$

$$[a]\{X\}^{(0)} = \begin{bmatrix} 0.390 & 0.409 & 0.219 \\ 0.431 & 0.780 & 0.436 \\ 0.431 & 0.814 & 0.643 \end{bmatrix} \begin{Bmatrix} 1 \\ 1 \\ 1 \end{Bmatrix} \times 10^{-2} = \begin{bmatrix} 0.390+0.409+0.219 \\ 0.431+0.780+0.436 \\ 0.431+0.814+0.643 \end{bmatrix} \times 10^{-2}$$

$$= \begin{Bmatrix} 1.018 \\ 1.640 \\ 1.888 \end{Bmatrix} \times 10^{-2} = 1.018 \times 10^{-2} \begin{Bmatrix} 1.00 \\ 1.62 \\ 1.85 \end{Bmatrix}$$

$$[a]\{X\}^{(1)} = \begin{bmatrix} 0.390 & 0.409 & 0.219 \\ 0.431 & 0.780 & 0.436 \\ 0.431 & 0.814 & 0.643 \end{bmatrix} \begin{Bmatrix} 1.00 \\ 1.62 \\ 1.85 \end{Bmatrix} \times 10^{-2}$$

$$= \begin{bmatrix} 0.390\times1.00+0.409\times1.62+0.219\times1.85 \\ 0.431\times1.00+0.780\times1.62+0.436\times1.85 \\ 0.431\times1.00+0.814\times1.62+0.643\times1.85 \end{bmatrix} \times 10^{-2}$$

$$= \begin{Bmatrix} 1.459 \\ 2.490 \\ 2.940 \end{Bmatrix} \times 10^{-2} = 1.459 \times 10^{-2} \begin{Bmatrix} 1.00 \\ 1.71 \\ 2.01 \end{Bmatrix}$$

$$[a]\{X\}^{(2)} = \begin{bmatrix} 0.390 & 0.409 & 0.219 \\ 0.431 & 0.780 & 0.436 \\ 0.431 & 0.814 & 0.643 \end{bmatrix} \begin{Bmatrix} 1.00 \\ 1.71 \\ 2.01 \end{Bmatrix} \times 10^{-2} = 1.529 \times 10^{-2} \begin{Bmatrix} 1.00 \\ 1.73 \\ 2.04 \end{Bmatrix}$$

$$[a]\{X\}^{(3)} = \begin{bmatrix} 0.390 & 0.409 & 0.219 \\ 0.431 & 0.780 & 0.436 \\ 0.431 & 0.814 & 0.643 \end{bmatrix} \begin{Bmatrix} 1.00 \\ 1.73 \\ 2.04 \end{Bmatrix} \times 10^{-2} = 1.544 \times 10^{-2} \begin{Bmatrix} 1.00 \\ 1.73 \\ 2.04 \end{Bmatrix}$$

由上式可见，

$$[a]\{X\}^{(3)} = \lambda_1\{X\}^{(3)}$$

故特征值：

$$\lambda_1 = 1.544 \times 10^{-2}$$

基本频率：

$$\omega_1 = \sqrt{\frac{1}{\lambda_1}} = \sqrt{\frac{100}{1.544}} = 8.05 \quad 1/s$$

基本周期：

$$T_1 = \frac{2\pi}{\omega_1} = \frac{2\pi}{8.05} = 0.780s$$

基本振型：

$$\{X\}_1^T = \{1.00 \quad 1.73 \quad 2.04\}$$

3）求 λ_2、ω_2、T_2 和第二振型 $\{X\}_2$

$$[S]_1 = \begin{bmatrix} 0 & -\dfrac{m_2}{m_1}\left(\dfrac{x_{21}}{x_{11}}\right) & -\dfrac{m_3}{m_1}\left(\dfrac{x_{31}}{x_{11}}\right) \\ 0 & 1 & 0 \\ 0 & 0 & 1 \end{bmatrix}$$

$$= \begin{bmatrix} 0 & -\dfrac{113}{119}(1.73) & -\dfrac{60.6}{119}(2.04) \\ 0 & 1 & 0 \\ 0 & 0 & 1 \end{bmatrix} = \begin{bmatrix} 0 & -1.643 & -1.039 \\ 0 & 1 & 0 \\ 0 & 0 & 1 \end{bmatrix}$$

$$[a][S]_1\{X\}^{(0)} = \begin{bmatrix} 0.390 & 0.409 & 0.219 \\ 0.431 & 0.780 & 0.436 \\ 0.431 & 0.814 & 0.643 \end{bmatrix} \begin{bmatrix} 0 & -1.643 & -1.039 \\ 0 & 1 & 0 \\ 0 & 0 & 1 \end{bmatrix} \begin{Bmatrix} 1 \\ 1 \\ 1 \end{Bmatrix} \times 10^{-2}$$

$$= \begin{bmatrix} 0 & -0.232 & -0.1862 \\ 0 & 0.0719 & -0.0118 \\ 0 & 0.1059 & 0.1952 \end{bmatrix} \begin{Bmatrix} 1 \\ 1 \\ 1 \end{Bmatrix} \times 10^{-2} = \begin{Bmatrix} -0.418 \\ 0.060 \\ 0.301 \end{Bmatrix} \times 10^{-2}$$

$$= 0.418 \times 10^{-2} \begin{Bmatrix} 1.000 \\ -0.1438 \\ -0.7203 \end{Bmatrix}$$

$$[a]_1\{X\}^{(1)} = \begin{bmatrix} 0 & -0.232 & -0.1862 \\ 0 & 0.0719 & -0.0118 \\ 0 & 0.1059 & 0.1952 \end{bmatrix} \begin{Bmatrix} 1.000 \\ -0.1438 \\ -0.7203 \end{Bmatrix} \times 10^{-2} = \begin{Bmatrix} 0.1674 \\ -0.0018 \\ -0.1558 \end{Bmatrix} \times 10^{-2}$$

$$= 0.1674 \times 10^{-2} \begin{Bmatrix} 1.000 \\ -0.0108 \\ -0.9307 \end{Bmatrix}$$

一直迭代下去，迭代到第八次得：

$$[a]_1 \{X\}^{(7)} = [a]_1 \begin{Bmatrix} 1.000 \\ 0.1186 \\ -1.1355 \end{Bmatrix} \times 10^{-2} = 0.1839 \times 10^{-2} \begin{Bmatrix} 1.000 \\ 0.119 \\ -1.137 \end{Bmatrix}$$

由上式可见

$$[a]_1 \{X\}^{(7)} \approx \lambda_2 \{X\}^{(7)}$$

所以

$$\lambda_2 = 0.1839 \times 10^{-2}$$

第二频率：

$$\omega_2 = \sqrt{\frac{1}{\lambda_2}} = \sqrt{\frac{100}{0.1839}} = 23.319 \quad 1/\mathrm{s}$$

第二周期：

$$T_2 = \frac{2\pi}{\omega_2} = \frac{2\pi}{23.319} = 0.269\mathrm{s}$$

第二振型：

$$\{X\}_2^{\mathrm{T}} = \{1.000 \quad 0.119 \quad -1.137\}$$

4）求 λ_3、ω_3、T_3 和第三振型 $\{X\}_3$

$$d_{13} = \frac{m_3 (x_{21}x_{32} - x_{22}x_{31})}{m_1 (x_{11}x_{22} - x_{12}x_{21})} = \frac{60.6 [1.73 \times (-1.137) - 0.119 \times 2.04]}{119 (1 \times 0.119 - 1 \times 1.73)} = 0.698$$

$$d_{23} = \frac{m_3 (x_{12}x_{31} - x_{11}x_{32})}{m_2 (x_{11}x_{22} - x_{12}x_{21})} = \frac{60.6 [1 \times 2.04 - 1 \times (-1.137)]}{113 (1 \times 0.119 - 1 \times 1.73)} = -1.057$$

$$[S]_2 = \begin{bmatrix} 0 & 0 & d_{13} \\ 0 & 0 & d_{23} \\ 0 & 0 & 1 \end{bmatrix} = \begin{bmatrix} 0 & 0 & 0.698 \\ 0 & 0 & -1.057 \\ 0 & 0 & 1 \end{bmatrix}$$

$$[a][S]_2 \{X\} = \begin{bmatrix} 0.390 & 0.409 & 0.219 \\ 0.431 & 0.780 & 0.436 \\ 0.431 & 0.814 & 0.643 \end{bmatrix} \begin{bmatrix} 0 & 0 & 0.698 \\ 0 & 0 & -1.057 \\ 0 & 0 & 1.000 \end{bmatrix} \begin{Bmatrix} x_1 \\ x_2 \\ x_3 \end{Bmatrix} \times 10^{-2}$$

$$[a]_2 = [a][S]_2 = \begin{bmatrix} 0 & 0 & 0.0586 \\ 0 & 0 & -0.0882 \\ 0 & 0 & 0.0844 \end{bmatrix} \times 10^{-2}$$

由于矩阵 $[a]_2$ 除第三列元素外，其余元素均为零，所以，$[a]_2$ 的第三列元素与第三特征向量的分量成比例，其比例因子即为第三列最后元素 0.0844。事实上，我们将 $[a]_2$ 的第三列作为初始迭代向量进行迭代，则有

$$[a]_2 \{X\}^{(0)} = \begin{bmatrix} 0 & 0 & 0.0586 \\ 0 & 0 & -0.0882 \\ 0 & 0 & 0.0844 \end{bmatrix} \left\{ \begin{array}{c} 0.0586 \\ -0.0882 \\ 0.0844 \end{array} \right\} \times 10^{-2} = 0.0844 \times 10^{-2} \left\{ \begin{array}{c} 0.0586 \\ -0.0882 \\ 0.0844 \end{array} \right\}$$

由上式可见

$$[a]_2 \{X\}^{(0)} = \lambda_3 \{X\}^{(0)}$$

于是

$$\lambda_3 = 0.0844 \times 10^{-2}$$

第三频率：

$$\omega_3 = \sqrt{\frac{1}{\lambda_3}} = \sqrt{\frac{100}{0.0844}} = 34.421 \ 1/s$$

第三周期：

$$T_3 = \frac{2\pi}{\omega_3} = \frac{2\pi}{34.421} = 0.183s$$

第三振型：

$$\{X\}_3^T = \{1.000 \quad -1.516 \quad 1.431\}$$

第一、第二和第三振型如图 3-30 (a)、(b)、(c) 所示。

图 3-30　例题 3-10 附图之二

(a) 第一振型；(b) 第二振型；(c) 第三振型

§3-10 地震作用计算的一般规定

一、各类建筑结构地震作用计算的规定

（1）一般情况下，可在建筑结构的两个主轴方向分别考虑水平地震作用并进行抗震验算，各方向的水平地震作用应由该方向抗侧力构件承担。

（2）有斜交抗侧力构件的结构，当相交角度大于 15°时，应分别考虑各抗侧力构件方向的水平地震作用。

（3）质量和刚度分布明显不对称的结构，应考虑双向水平地震作用下的扭转影响，其他情况，宜采用调整地震作用效应的方法考虑扭转影响。

（4）8 度和 9 度时的大跨度结构、长悬臂结构，9 度时的高层建筑，应考虑竖向地震作用。

二、各类建筑结构的抗震计算方法

（1）高度不超过 40m，以剪切变形为主且质量和刚度沿高度分布比较均匀的结构，以及近似于单质点体系的结构，可采用底部剪力法等简化方法。

（2）除上述以外的建筑结构，宜采用振型分解反应谱法。

（3）特别不规则的建筑、甲类建筑和表 3-11 所列高度范围的高层建筑，应采用时程分析法进行多遇地震下的补充计算，可取多条时程曲线计算结果的平均值与振型分解反应谱法计算结果的较大值。

采用时程分析法的房屋高度范围 表 3-11

烈度、场地类别	房屋高度范围（m）	烈度、场地类别	房屋高度范围（m）
8 度Ⅰ、Ⅱ类场地和 7 度	>100	9 度	>60
8 度Ⅲ、Ⅳ类场地	>80		

采用时程分析法时，应按建筑场地类别和地震分组选用实际强震记录和人工模拟的加速度时程曲线，其中实际强震记录的数量不应少于总数的 2/3，多组时程曲线的平均地震影响系数曲线应与振型分解反应谱法所采用的地震影响系数曲线在统计意义上相符，其加速度时程的最大值可按表 3-12 采用。弹性时程分析时，每条时程曲线计算所得结构底部剪力不应小于振型分解反应谱法计算结果的 65%，多条时程曲线计算所得结构底部剪力的平均值不应小于振型分解反应谱法计算结果的 80%。

时程分析所用地震加速度时程曲线的最大值（cm/s²） 表 3-12

地震影响	烈 度			
	6	7	8	9
多遇地震	18	35（55）	70（110）	140
罕遇地震	125	220（310）	400（510）	620

注：括号内的数值分别用于设计基本地震加速度 0.15g 和 0.30g 的地区。

（4）计算罕遇地震下结构的变形，应按 §3-11 的简化的弹塑性分析方法或弹塑性时程分析法。

（5）平面投影尺度很大的空间结构，如跨度大于或等于120m，或长度大于等于300m的平板钢网架、悬臂长度大于40m的长悬臂结构，应根据结构形式和支承条件，分别按单点一致、多点、多向单点或多向多点输入进行抗震计算。按多点输入计算时，应考虑地震行波效应和局部场地效应。6度和7度Ⅰ、Ⅱ类场地的支承结构、上部结构和基础的抗震验算可采用简化方法，根据结构跨度、长度不同，其短边构件可乘以附加地震作用效应系数1.15～1.30；7度Ⅲ、Ⅳ类场地和8度、9度时，应采用时程分析法进行验算。

§3-11　结构抗震验算

如前所述，在进行建筑结构抗震验算时，《抗震规范》规定，应采用二阶段设计法，即：

第一阶段设计：按多遇地震作用效应和其他荷载效应的基本组合验算构件截面抗震承载力，以及多遇地震作用下验算结构的弹性变形；

第二阶段设计：按罕遇地震作用下验算结构的弹塑性变形。

一、截面抗震验算

6度时不规则建筑、建造于Ⅳ类场地上较高的高层建筑，7度和7度以上的建筑结构，应进行多遇地震作用下的截面抗震验算。

结构构件的地震作用效应和其他荷载效应的基本组合，应按下式计算：

$$S = \gamma_G S_{GE} + \gamma_{Eh} S_{Ehk} + \gamma_{Ev} S_{Evk} + \Psi_w \gamma_w S_{wk} \tag{3-143}$$

式中　S——结构构件内力组合的设计值，包括组合的弯矩、轴向力和剪力设计值；

　　γ_G——重力荷载分项系数，一般情况取1.2，当重力荷载效应对构件承载能力有利时，不应大于1.0；

γ_{Eh}、γ_{Ev}——分别为水平、竖向地震作用分项系数，应按表3-13采用；

　　γ_w——风荷载分项系数，应采用1.4；

　　S_{GE}——重力荷载代表值的效应，有吊车时，尚应包括悬吊物重力标准值的效应；

　　S_{Ehk}——水平地震作用标准值的效应，尚应乘以相应的增大系数或调整系数；

　　S_{Evk}——竖向地震作用标准值的效应，尚应乘以相应的增大系数或调整系数；

　　S_{wk}——风荷载标准值的效应；

　　Ψ_w——风荷载组合系数，一般结构可不考虑，风荷载起控制作用的高层建筑应采用0.2。

<table>
<tr><td colspan="3">地震作用分项系数</td><td>表 3-13</td></tr>
<tr><td>地　震　作　用</td><td>γ_{Eh}</td><td>γ_{Ev}</td></tr>
<tr><td>仅计算水平地震作用</td><td>1.3</td><td>0</td></tr>
<tr><td>仅计算竖向地震作用</td><td>0</td><td>1.3</td></tr>
<tr><td>同时计算水平地震作用与竖向地震作用（水平地震为主）</td><td>1.3</td><td>0.5</td></tr>
<tr><td>同时计算水平地震作用与竖向地震作用（竖向地震为主）</td><td>0.5</td><td>1.3</td></tr>
</table>

结构构件的截面抗震验算，应采用下列表达式：

$$S \leqslant \frac{R}{\gamma_{RE}} \tag{3-144}$$

式中　γ_{RE} ——承载力抗震调整系数，除另有规定外，应按表 3-14 采用；

　　　R ——结构构件承载力设计值。

承载力抗震调整系数　　　　　　　　　　　　表 3-14

材料	结 构 构 件	受 力 状 态	γ_{RE}
钢	柱、梁、支撑、节点板件、螺栓、焊接	强度破坏	0.75
	柱、支撑	屈曲稳定	0.80
砌体	两端均有构造柱、芯柱的抗震墙	受剪	0.9
	其他抗震墙	受剪	1.0
混凝土	梁	受弯	0.75
	轴压比小于 0.15 柱	偏压	0.75
	轴压比不小于 0.15 柱	偏压	0.80
	抗震墙	偏压	0.85
	各类构件	受剪、偏拉	0.85

当仅计算竖向地震作用时，各类结构构件承载力抗震调整系数均应采用 1.0。

二、抗震变形验算

（一）多遇地震作用下结构抗震变形验算

表 3-15 所列各类结构应进行多遇地震作用下的抗震变形验算，其楼层内最大弹性层间位移应符合下式要求：

$$\Delta u_e \leqslant [\theta_e] h \qquad (3-145)$$

式中　Δu_e ——多遇地震作用标准值产生的楼层内最大的弹性层间位移；计算时，除以弯曲变形为主的高层建筑外，可不扣除结构整体弯曲变形，应计入扭转变形，各作用分项系数应采用 1.0；钢筋混凝土结构构件的截面刚度可采用弹性刚度；

　　　$[\theta_e]$ ——弹性层间位移角限值，宜按表 3-15 采用；

　　　h ——计算楼层层高。

弹性层间位移角限值　　　　　　　　　　　　表 3-15

结 构 类 型	$[\theta_e]$	结 构 类 型	$[\theta_e]$
钢筋混凝土框架	1/550	钢筋混凝土框支层	1/1000
钢筋混凝土框架-抗震墙、板柱-抗震墙、框架-核心筒	1/800	多、高层钢结构	1/250
钢筋混凝土抗震墙、筒中筒	1/1000		

（二）结构在罕遇地震作用下薄弱层的弹塑性变形验算

1. 计算范围

（1）下列结构应进行弹塑性变形验算：

1）8 度 Ⅲ、Ⅳ 类场地和 9 度时，高大的单层钢筋混凝土柱厂房的横向排架；

2）7～9 度时楼层屈服强度系数小于 0.5 的钢筋混凝土框架结构和框排架结构；

3）高度大于 150m 的钢结构；

4）甲类建筑和 9 度时乙类建筑中的钢筋混凝土结构和钢结构；

5）采用隔震和消能减震设计的结构。

（2）下列结构宜进行弹塑性变形验算：

1）表 3-11 所列高度范围且属于表 4-4 所列竖向不规则类型的高层建筑结构；

2）7 度Ⅲ、Ⅳ类场地和 8 度乙类建筑中的钢筋混凝土结构和钢结构；

3）板柱-抗震墙结构和底部框架砌体房屋；

4）高度不大于 150m 的高层钢结构。

2. 计算方法

（1）简化方法

不超过 12 层且层刚度无突变的钢筋混凝土框架结构和框排架结构、单层钢筋混凝土柱厂房可采用简化方法计算结构薄弱层（部位）弹塑性位移。

按简化方法计算时。需确定结构薄弱层（部位）的位置。所谓结构薄弱层，是指在强烈地震作用下结构首先发生屈服并产生较大弹塑性位移的部位。

楼层屈服强度系数大小及其沿建筑高度分布情况可判断结构薄弱层部位。对于多层和高层建筑结构，楼层屈服强度系数按下式计算：

$$\xi_y = \frac{V_y}{V_e} \qquad (3\text{-}146a)$$

式中　ξ_y——楼层屈服强度系数；

V_y——按构件实际配筋面积和材料强度标准值计算的楼层受剪承载力；

V_e——按罕遇地震作用标准值计算的楼层弹性地震剪力。

对于排架柱，楼层屈服强度系数按下式计算：

$$\xi_y = \frac{M_y}{M_e} \qquad (3\text{-}146b)$$

式中　M_y——按实际配筋面积、材料强度标准值和轴向力计算的正截面受弯承载力；

M_e——按罕遇地震作用标准值计算的弹性地震弯矩。

《抗震规范》规定，当结构薄弱层（部位）的楼层屈服强度系数不小于相邻层（部位）该系数平均值的 0.8，即符合下列条件时：

$$\xi_y(i) > 0.8[\xi_y(i+1) + \xi_y(i-1)]\frac{1}{2} \quad （标准层） \qquad (3\text{-}147)$$

$$\xi_y(n) > 0.8\xi_y(n-1) \quad （顶层） \qquad (3\text{-}148)$$

$$\xi_y(1) > 0.8\xi_y(2) \quad （首层） \qquad (3\text{-}149)$$

则认为该结构楼层屈服强度系数沿建筑高度分布均匀，否则认为不均匀。

结构薄弱层（部位）的位置可按下列情况确定：

1）楼层屈服强度系数沿高度分布均匀的结构，可取底层；

2）楼层屈服强度系数沿高度分布不均匀的结构，可取该系数最小的楼层（部位）和相对较小的楼层，一般不超过 2～3 处；

3）单层工业厂房，可取上柱。

弹塑性层间位移可按下列公式计算：

$$\Delta u_p = \eta_p \Delta u_e \qquad (3\text{-}150a)$$

$$\Delta u_{\mathrm{p}} = \mu \Delta u_{\mathrm{y}} = \frac{\eta_{\mathrm{p}}}{\xi_{\mathrm{y}}} \Delta u_{\mathrm{y}} \tag{3-150b}$$

式中　Δu_{p}——弹塑性层间位移；

　　　Δu_{y}——层间屈服位移；

　　　　μ——楼层延性系数；

　　　Δu_{e}——罕遇地震作用下按弹性分析的层间位移；

　　　η_{p}——弹塑性层间位移增大系数，当薄弱层（部位）的屈服强度系数不小于相邻层（部位）该系数平均值的 0.8 时，可按表 3-16 采用。当不大于该平均值的 0.5 时，可按表内相应数值的 1.5 倍采用；其他情况可采用内插法取值；

　　　ξ_{y}——楼层屈服强度系数。

弹塑性层间位移增大系数 表 3-16

结构类型	总层数 n 或部位	ξ_{y}		
		0.5	0.4	0.3
多层均匀框架结构	2～4	1.30	1.40	1.60
	5～7	1.50	1.65	1.80
	8～12	1.80	2.00	2.20
单层厂房	上柱	1.30	1.60	2.00

结构薄弱层（部位）弹塑性层间位移，应符合下式要求：

$$\Delta u_{\mathrm{p}} \leqslant [\theta_{\mathrm{p}}] h \tag{3-151}$$

式中　$[\theta_{\mathrm{p}}]$——弹塑性层间位移角限值，可按表 3-17 采用，对钢筋混凝土框架结构，当轴压比小于 0.40 时，可提高 10%；当柱全高的箍筋构造比表 4-68 中最小配箍特征值大 30% 时，可提高 20%，但累计不超过 25%；

　　　h——薄弱层楼层高度或单层厂房上柱高度。

弹塑性层间位移角限值 表 3-17

结　构　类　型	$[\theta_{\mathrm{p}}]$
单层钢筋混凝土柱排架	1/30
钢筋混凝土框架	1/50
底部框架砌体房屋中的框架-抗震墙	1/100
钢筋混凝土框架-抗震墙、板柱-抗震墙、框架-核心筒	1/100
钢筋混凝土抗震墙、筒中筒	1/120
多、高层钢结构	1/50

（2）除上述适用简化方法以外的建筑结构，可采用静力弹塑性分析方法或弹塑性时程分析法等。

（3）规则结构可采用弯剪层模型或平面杆系模型；不规则结构应采用空间结构模型。

118

§3-12　结构抗震性能设计

不同抗震性能水准的结构可按下列规定进行设计：

（1）第 1 性能水准的结构，应满足弹性设计要求。在多遇地震作用下，其承载力和变形应符合非抗震性能设计的规定。在设防烈度地震作用下，结构构件的抗震承载力应符合下式规定：

$$\gamma_G S_{GE} + \gamma_{Eh} S_{Ehk}^* + \gamma_{Ev} S_{Evk}^* \leqslant \frac{R}{\gamma_{RE}} \qquad (3\text{-}152)$$

式中　S_{GE} ——重力荷载代表值的效应；

S_{Ehk}^* ——水平地震作用标准值的内力，不需考虑与抗震等级有关的增大系数；

S_{Evk}^* ——竖向地震作用标准值的内力，不需考虑与抗震等级有关的增大系数；

R ——结构构件承载力设计值；

γ_G ——重力荷载分项系数；

γ_{Eh}、γ_{Ev} ——分别为水平、竖向地震作用分项系数；

γ_{RE} ——承载力抗震调整系数。

（2）第 2 性能水准的结构，在设防烈度地震或预估的罕遇地震作用下，关键构件及普通竖向构件的抗震承载力宜符合式（3-152）的规定；耗能构件的受剪承载力宜符合式（3-152）的规定，其正截面承载力应符合下式规定：

$$S_{GE} + S_{Ehk}^* + 0.4 S_{Evk}^* \leqslant R_k \qquad (3\text{-}153)$$

式中　R_k ——截面承载力标准值，按材料强度标准值计算。

（3）第 3 性能水准的结构，应进行弹塑性计算分析，在设防烈度地震或预估的罕遇地震作用下，关键构件及普通竖向构件的正截面承载力应符合式（3-153）的规定，水平长悬臂结构和大跨度结构中的关键构件正截面承载力尚应符合式（3-154）的规定，其受剪承载力宜符合式（3-152）的规定；部分耗能构件进入屈服阶段，但其受剪承载力应符合式（3-153）的规定。在预估的罕遇地震作用下，结构薄弱部位的层间位移角应满足式（3-151）的要求。

$$S_{GE} + 0.4 S_{Ehk}^* + S_{Evk}^* \leqslant R_k \qquad (3\text{-}154)$$

（4）第 4 性能水准的结构，应进行弹塑性计算分析，在设防烈度地震或预估的罕遇地震作用下，关键构件的抗震承载力应符合式（3-153）的规定；水平长悬臂结构和大跨度结构中的关键构件正截面承载力尚应符合式（3-154）的规定，部分竖向构件以及大部分耗能构件进入屈服阶段，但钢筋混凝土竖向构件的受剪截面应符合（3-155）的规定；钢-混凝土组合剪力墙的受剪截面应符合（3-156）的规定。在预估的罕遇地震作用下，结构薄弱部位的层间位移角应符合式（3-151）的规定。

$$V_{GE} + V_{Ek}^* \leqslant 0.15 f_{ck} b h_0 \qquad (3\text{-}155)$$

$$(V_{Gk} + V_{Ek}^*) - (0.25 f_{ak} A_a - 0.5 f_{spk} A_{sp}) \leqslant 0.15 f_{ck} b h_0 \qquad (3\text{-}156)$$

式中　V_{GE} ——重力荷载代表值作用下的构件剪力（N）；

V_{Ek}^* ——地震作用标准值的构件剪力（N），不需考虑与抗震等级有关的增大系数；

f_{ck} ——混凝土轴心抗压强度标准值（N/mm²）；

f_{ak}——剪力墙端部暗柱中型钢的强度标准值（N/mm²）；

A_a——剪力墙端部暗柱中型钢的截面面积（mm²）；

f_{spk}——剪力墙墙内钢板的强度标准值（N/mm²）；

A_{sp}——剪力墙墙内钢板的截面面积（mm²）。

（5）第5性能水准的结构，应进行弹塑性计算分析，在预估的罕遇地震作用下，关键构件的抗震承载力宜符合式（3-153）的规定；较多的竖向构件进入屈服阶段，但同一楼层的竖向构件不宜全部屈服，竖向构件的受剪截面应符合（3-155）或（3-156）的规定；允许部分耗能构件发生比较严重的破坏；结构薄弱部位的层间位移角应满足式（3-151）的要求。

思 考 题

3-1 什么是地震作用？怎样确定结构的地震作用？

3-2 什么是建筑的重力荷载代表值，怎样确定它们的数值？

3-3 什么是地震系数和地震影响系数？它们有何关系？

3-4 哪些结构只需进行截面抗震验算？哪些结构除进行截面抗震验算外，还要进行抗震变形验算？

3-5 什么是等效总重力荷载？怎样确定？

3-6 简述确定结构地震作用的底部剪力法和振型分解反应谱法的基本原理。

3-7 怎样进行结构截面抗震承载力验算？怎样进行结构的抗震变形验算？

3-8 什么是楼层屈服强度系数？怎样判断结构薄弱层和部位？

3-9 哪些结构须考虑竖向地震作用？怎样确定结构的竖向地震作用？

3-10 什么是地震作用效应、重力荷载分项系数、地震作用分项系数？什么是承载力抗震调整系数？

计 算 题

【习题 3-1】某钢筋混凝土框架结构，计算简图如图 3-31 所示，梁的刚度 $EI = \infty$。建筑场地类别为Ⅱ类，抗震设防烈度 8 度，设计地震分组为三组，设计基本地震加速度为 $0.2\,g$，结构阻尼比 $\zeta = 0.05$。已知该榀框架的第一、第二自振周期分别为 $T_1 = 1.1\text{s}$，$T_3 = 0.35\text{s}$。试问，在多遇地震下，对应于第一、第二振型的地震影响系数 α_1、α_2 与下列哪一组数值最为接近？

(A) 0.07，0.16　　(B) 0.07，0.12　　(C) 0.08，0.12　　(D) 0.16，0.07

图 3-31　习题 3-1 附图

【习题 3-2】已知条件同上，当采用振型分解反应谱法进行计算时，相应于第一、第二振型在水平地震作用下的剪力标准值分别如图 3-32 (a) 和图 3-32 (b) 所示。试问，在水平地震作用下底层柱剪力标准值 V（kN），与下列何项数值最为接近？

（A）42.0　　　　（B）48.2　　　　（C）50.6　　　　（D）58.0

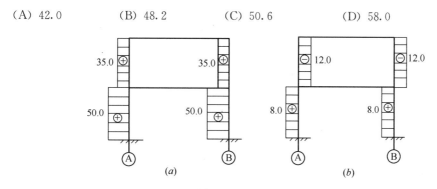

图 3-32　习题 3-2 附图

(a) V_1 图（kN）；(b) V_2 图（kN）

【习题 3-3】已知条件同上，试问，在水平地震作用下顶层柱柱顶弯矩标准值 M（kN·m）与下列何项数值最为接近？

（A）37.0　　　　（B）51.8　　　　（C）74.0　　　　（D）83.3

【习题 3-4】已知两层钢筋混凝土框架结构，集中楼盖和屋盖处的重力荷载代表值 $G_1 = G_2 = 1250$kN，首层和二层计算高度均为 $h = 4$m（图 3-33）。基本周期 $T_1 = 1.06$ s，设防烈度 8 度，设计基本地震加速度为 $0.15\,g$，设计地震分组为第二组，建筑场地为 II 类。试按底部剪力法计算水平地震作用标准值。

图 3-33　习题 3-4 附图

【习题 3-5】某三层钢筋混凝土框架结构，集中于首层、二层和三层质点质量分别为 270t、270t、180t（图 3-34a）。柔度系数为：

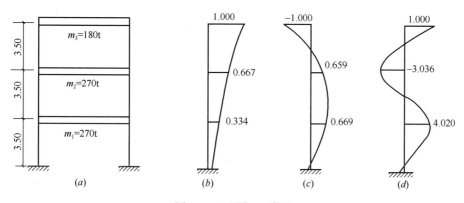

图 3-34　习题 3-5 附图

(a) 钢筋混凝土框架；(b) 第 1 振型；(c) 第 2 振型；(d) 第 3 振型

$$\delta_{11} = \delta_{12} = \delta_{21} = \delta_{13} = \delta_{31} = 4.08 \times 10^{-6} \, \text{m/kN}$$

$$\delta_{22} = \delta_{23} = \delta_{32} = 9.18 \times 10^{-6} \, \text{m/kN}$$

$$\delta_{33} = 19.39 \, \text{m/kN}$$

试计算框架的各振型和特征根（本题选自参考文献［13］）。

第4章　钢筋混凝土框架、抗震墙与框架-抗震墙房屋[1]

§4-1　概　　述

钢筋混凝土框架房屋是指由钢筋混凝土纵梁、横梁和柱等构件所组成的承重体系的房屋，以下简称框架房屋（图 4-1a）。

图 4-1　钢筋混凝土房屋
（a）框架房屋体系；（b）抗震墙房屋体系；（c）框架-抗震墙房屋体系

框架房屋具有建筑平面布置灵活，可任意分割房间，容易满足生产工艺和使用要求。它既可用于大空间的商场、工业生产车间、礼堂，也可用于住宅、办公、医院和学校建筑。因此，框架房屋在单层和多层工业与民用建筑中获得了广泛应用。

框架房屋超过一定高度后，其侧向刚度将显著减小。这时，在地震或风荷载作用下其侧向位移较大。因此，框架房屋一般多用于 10 层以下建筑，个别也有超过 10 层的，如北京长城饭店采用的就是 18 层钢筋混凝土框架结构。

抗震墙结构是由纵、横向的钢筋混凝土墙所组成的结构（图 4-1b）。这种墙体除抵抗水平荷载和竖向荷载作用外，还对房屋起围护和分割作用。这种结构适用于高层住宅、旅馆等建筑。因为抗震墙结构的墙体较多，侧向刚度大，所以它可以建得很高。目前，我国抗震墙结构用于高层住宅、旅馆建筑的高度可达百米。

计算表明，框架房屋在水平地震作用或风荷载下，靠近底层的承重构件的内力（弯矩

---

❶　本章的"抗震墙"即国家标准《混凝土结构设计规范》GB 50010 中的"剪力墙"。

M、剪力 V）和房屋的侧向位移随房屋高度的增加而急剧增大。因此，当房屋高度超过一定限度后，再采用框架房屋，框架梁、柱截面就会很大。这样，房屋造价不仅会增加，而且建筑使用面积也会减少。在这种情况下，通常采用钢筋混凝土框架-抗震墙房屋（以下简称框架-抗震墙房屋）。

框架-抗震墙房屋是在框架房屋纵、横方向的适当位置，在柱与柱之间设置几道钢筋混凝土墙体而成的（图 4-1c）。由于在这种结构中抗震墙平面内的侧向刚度比框架的侧向刚度大得多，所以在水平地震作用下产生的剪力主要由抗震墙来承受，小部分剪力由框架承受，而框架主要承受重力荷载。由于框架-抗震墙房屋充分发挥了抗震墙和框架各自的优点，因此在高层建筑中采用框架-抗震墙结构比框架结构更经济合理，如高 80.55m 的 18 层北京饭店东楼，采用的就是框架-剪力墙结构。

框架房屋、抗震墙房屋和框架-抗震墙房屋比砌体房屋有较高的承载力、较好的延性和整体性，其抗震性能较好，因此，它们在高烈度区应用十分广泛。

§4-2 震害及其分析

一、框架梁、柱的震害

框架梁、柱的震害主要反映在梁柱节点处。柱的震害重于梁；柱顶震害重于柱底；角柱震害重于内柱；短柱震害重于一般柱。震害情况如下：

图 4-2 柱顶破坏

（1）柱顶：柱顶周围有水平裂缝、斜裂缝或交叉裂缝。重者混凝土压碎崩落，柱内箍筋拉断，纵筋压曲呈灯笼状，上部梁、板倾斜。例如，发生在 1976 年唐山"7·28"大地震，以及发生在 1999 年台湾"9·21"大地震，都有框架柱顶箍筋被拉断，混凝土崩落，纵筋压曲呈灯笼状的破坏现象（图 4-2）。这种破坏的主要原因是由于节点处的弯矩、剪力和轴力都比较大，柱的箍筋配置不足或锚固不好，在弯、剪、压共同作用下，使箍筋失效造成的。这种破坏现象在高烈度区较为普遍，修复也很困难。

（2）柱底：柱的底部常见的震害是在离地面或楼面 100~400mm 处有环向的水平裂缝，其受力情况虽与柱顶相似，但往往柱底箍筋较密，故震害较轻。

（3）短柱：当有错层、夹层或有半高的填充墙，或不适当地设置某些连系梁时，容易形成 $H/b < 4$（H 为柱高，b 为柱截面的边长）的短柱。一方面短柱能吸收较大的地震剪力；另一方面短柱常发生剪切破坏，形成交叉裂缝乃至脆断。

（4）节点：梁柱节点区的破坏大都是因为节点区无箍筋或少箍筋，在剪、压作用下混凝土出现斜裂缝甚至挤压破碎，纵向钢筋压曲成灯笼状。

（5）角柱：房屋不可避免地要发生扭转，因此角柱所受剪力最大，同时角柱又受有双向弯矩作用，而其约束又较其他柱小，所以震害重于内柱。

二、填充墙的震害

框架结构的砖砌填充墙破坏较为严重，一般 7 度即出现裂缝。端墙、窗间墙及门窗洞口边角部分裂缝最多。9 度以上填充墙大部分倒塌。其原因是在地震作用下，框架的层间位移较大，填充墙企图阻止其侧移，因砖砌体的极限变形很小，在往复水平地震作用下，即产生斜裂缝，甚至倒塌。

框架的变形为剪切型，下部层间位移较大，因此填充墙在房屋中下部几层震害严重；框架-抗震墙结构的变形接近弯曲型，上部层间位移较大，故填充墙在房屋上部几层震害严重。

三、地基和其他原因造成的震害

建造在软弱地基上的高柔建筑物，烈度虽不甚高，但由于结构自振周期与地基土卓越周期接近，发生类共振而导致建筑物破坏的例子也是屡见不鲜的。如 1976 年委内瑞拉发生 6.5 级地震，距震中 56km 的加拉斯加冲积层场地土上有 4 栋 10～12 层钢筋混凝土框架公寓全部倒塌；1976 年唐山发生 7.8 级地震，距震中 70km 的天津塘沽地区，地质条件为淤泥质软土层，建在这一地区的天津碱厂蒸发塔工程，高 55m、13 层的框架结构 7 层以上部分倒塌。

防震缝宽度过小，地震时结构相互碰撞也容易造成震害，如天津市友谊宾馆东、西段之间设有 150mm 的防震缝，在唐山地震时，在防震缝处不少面砖因碰撞而掉落。

§4-3 抗震设计一般规定

一、房屋适用的最大高度

根据国内外震害调查和建筑设计经验，为了使建筑达到既安全适用又经济合理的要求，现浇钢筋混凝土房屋的高度不宜建得太高。房屋适用的最大高度与房屋结构类型、设防烈度、场地类别有关。《抗震规范》规定，乙、丙类建筑适用最大高度应不超过表 4-1 的规定❶。平面和竖向不规则的结构，房屋适用的最大高度宜适当降低，一般可降低 10% 左右。

现浇钢筋混凝土房屋适用的最大高度（单位：m）　　　　　表 4-1

结构类型		烈　　　　度				
		6	7	8		9
				0.20g	0.30g	
框　　架		60	50	40	35	24
框架-抗震墙		130	120	100	80	50
抗　震　墙		140	120	100	80	60
部分框支抗震墙		120	100	80	50	不应采用
筒体	框架-核心筒	150	130	100	90	70
	筒中筒	180	150	120	100	80
板柱-抗震墙		80	70	55	40	不应采用

注：1. 房屋高度指室外地面到主要屋面板板顶高度（不包括局部突出屋顶部分）；
　　2. 框架-核心筒结构指周边稀柱框架与核心筒组成的结构；
　　3. 部分框支抗震墙结构指首层或底部两层为框支层的结构，不包括仅个别框支墙的情况；
　　4. 表中框架不含异型柱框架；
　　5. 板柱-抗震墙结构指板柱、框架和抗震墙组成抗侧力体系的结构；
　　6. 乙类建筑可按本地区抗震设防烈度确定其适用的最大高度；
　　7. 甲类建筑，6 度、7 度、8 度时宜按本地区抗震设防烈度提高 1 度后符合本表的要求，9 度时应专门研究；
　　8. 超过表内高度的房屋，应进行专门研究和论证，采取有效的加强措施。

---

❶ 《抗震规范》对表 4-1 适用于何种类别建筑未明确说明，似应适用于乙、丙类建筑。甲类建筑应按注 7 规定执行。——编者注

二、结构抗震等级

为了体现对不同设防烈度、不同场地、不同高度的不同结构体系有不同的抗震设计要求，《抗震规范》根据结构类型、设防烈度、房屋高度和场地类别，将钢筋混凝土房屋划分为不同的抗震等级，见表 4-2a。

现浇钢筋混凝土房屋的抗震等级　　　　　　表 4-2a

结构类型		6度	7度	8度	9度
框架结构	高度（m）	≤24　>24	≤24　>24	≤24　>24	≤24
	框架	四　三	三　二	二　一	一
	大跨度公共建筑	三	二	一	一
框架-抗震墙结构	高度（m）	≤60　>60	≤24　>24~60　>60	≤24　>24~60　>60	≤24　>24~60
	框架	四　三	四　三　二	三　二　一	二　一
	抗震墙	三	三　二	二　一	一
抗震墙结构	高度（m）	≤80　>80	≤24　>24~80　>80	≤24　>24~80　>80	≤24　>24~60
	抗震墙	四　三	四　三　二	三　二　一	二　一
部分框支抗震墙结构	高度（m）	≤80　>80	≤24　>24~80　>80	≤24　>24~80	—
	抗震墙　一般部位	四　三	四　三　二	二　二	—
	抗震墙　加强部位	三　二	三　二　一	二　二	—
	框支层框架	二	二	一　一	—
筒体结构	框架核心筒　框架	三	二	一	一
	框架核心筒　核心筒	二	二	一	一
	筒中筒　外筒	三	二	一	一
	筒中筒　内筒	三	二	一	一
板柱-抗震墙结构	高度（m）	≤35　>35	≤35　>35	≤35　>35	—
	框架、板柱的柱	三　二	二　一	二　一	—
	抗震墙	二　二	二　二	二　一	—

注：1. 接近或等于高度分界线时，应允许结合房屋不规则程度及场地、地基条件确定抗震等级；

2. 大跨度框架指跨度不小于 18m 的框架；

3. 高度不超过 60m 的框架-核心筒结构按框架-抗震墙的要求设计时，应按表中框架-抗震墙结构的规定确定其抗震等级。

应当指出，划分房屋抗震等级的目的在于，对不同抗震等级的房屋采取不同的抗震措施，它包括除地震作用计算和抗力计算以外的抗震设计内容，如内力调整、轴压比确定及抗震构造措施等。因此，表 4-2a 中的设防烈度应按《建筑工程抗震设防分类标准》GB 50223—2008 第 3.0.3 条各抗震设防类别建筑的抗震设防标准中抗震措施的要求的设防烈度确定：

甲类建筑，应按高于本地区抗震设防烈度 1 度的要求加强其抗震措施，但抗震设防烈度为 9 度时，应按比 9 度更高的要求采取抗震措施。

乙类建筑，应按高于本地区抗震设防烈度 1 度的要求采取加强抗震措施，但抗震设防烈度为 9 度时，应按比 9 度更高的要求采取抗震措施。当乙类建筑为规模很小的工业建筑，当改用抗震性能较好的材料且符合抗震设计规范对结构体系的要求时，允许按丙类建筑采取抗震措施。

丙类建筑，应按本地区抗震设防烈度确定其抗震措施。

丁类建筑，允许比本地区抗震设防烈度的要求适当降低其抗震措施，但抗震设防烈度为 6 度时不应降低。

应当指出，建筑场地Ⅰ类时，甲、乙类建筑应允许仍按本地区抗震设防烈度要求采取抗震构造措施；丙类建筑，应允许按本地区抗震设防烈度降低 1 度的要求采取抗震构造措施（6 度时不降低），但内力调整的抗震等级仍与Ⅱ、Ⅲ、Ⅳ类场地相同。

综上所述，可将用以确定房屋抗震等级的烈度汇总于表 4-2*b*。

按建筑类别及场地调整后用于确定抗震等级的烈度 表 4-2*b*

建筑类别	场　　地	设　防　烈　度			
		6	7	8	9
甲、乙类	Ⅰ	6	7	8	9
	Ⅱ、Ⅲ、Ⅳ	7	8	9	9＊
丙　类	Ⅰ	6	6	7	8
	Ⅱ、Ⅲ、Ⅳ	6	7	8	9
丁　类	Ⅰ	6	6	7	8
	Ⅱ、Ⅲ、Ⅳ	6	7⁻	8⁻	9⁻

注：1. Ⅰ类场地时，按调整后的抗震烈度由表 4-2*a* 确定的抗震等级采取抗震构造措施，但内力调整的抗震等级仍与Ⅱ、Ⅲ、Ⅳ类场地相同；

2. 9＊表示比 9 度一级更有效的抗震措施，主要考虑合理的建筑平面及体型、有利的结构体系和更严格的抗震措施，具体要求应进行专门研究；

3. 7^-、8^-、9^- 表示该抗震等级的抗震构造措施可以适当降低。

按表 4-2*a* 确定房屋抗震等级时尚应符合下列要求：

（1）框架结构中设置少量抗震墙，在规定的水平力作用下**❶**，底层框架部分所承担的地震倾覆力矩大于结构地震总倾覆力矩的 50％时，其框架的抗震等级仍应按框架结构确定，抗震墙的抗震等级可与其中框架结构抗震等级相同。底层指计算嵌固端所在的层。

底层框架部分所承担的地震倾覆力矩可按下式计算：

$$M_c = \sum_{i=1}^{n} V_{fi} h_i \tag{4-1}$$

式中　M_c——框架-抗震墙结构在规定的水平力作用下，框架底部承担的地震倾覆力矩；

n——结构的层数；

V_{fi}——框架第 i 层分担的抗震剪力；

h_i——结构第 i 层层高。

（2）裙房与主楼相连，除应按裙房本身确定抗震等级外，与主楼相连的相关范围不应低于主楼的抗震等级；与主楼相连的相关范围一般是指：距主楼 3 跨且不小于 20m 的范围。主楼结构在裙房顶板对应的相邻上下各一层应适当加强抗震构造措施。裙房与主楼分离时，应按裙房本身确定抗震等级。

（3）当地下室顶板作为上部结构的嵌固部位时，地下一层的抗震等级应与上部结构相同，地下一层以下抗震构造措施的抗震等级可逐层降低一级，但不应低于四级。地下室中无上部结构的部分，抗震构造措施的抗震等级可根据具体情况采用三级或四级。

---

❶ 规定的水平力，一般是指采用振型组合后的楼层地震剪力换算的水平作用力。

（4）当甲、乙类建筑按规定提高 1 度确定其抗震等级而房屋的高度超出表 4-2a 相应规定的上界时，应采取比一级更有效的抗震构造措施。

三、建筑设计和建筑结构的规则性

震害调查表明，建筑立面和平面不规则常是造成震害的主要原因，因此，建筑及其抗侧力结构的平面布置宜规则、对称，并应具有良好的整体性；建筑的立面和竖向剖面宜规则，结构的侧向刚度宜均匀变化，竖向抗侧力构件的截面尺寸和材料强度宜自下而上逐渐减小，避免抗侧力结构的侧向刚度和承载力突变。

当混凝土房屋存在表 4-3 所列举的平面不规则类型或表 4-4 所列举的竖向不规则类型时，应属于不规则的建筑，且应按下列要求进行水平地震作用计算和内力调整，并应对薄弱部位采取有效的抗震构造措施。

平面不规则的主要类型　　　　　　　　　　　　　表 4-3

不规则类型	定义和参考指标
扭转不规则	在具有偶然偏心的规定水平力作用下，楼层两端抗侧力构件弹性水平位移（或层间位移）的最大值与平均值的比值大于 1.2（图 4-3）
凹凸不规则	平面凹进的尺寸，大于相应投影方向总尺寸的 30%（$t>0.3d$）（图 4-4）
楼板局部不连续	楼板的尺寸和平面刚度急剧变化，例如，有效楼板宽度小于该层楼板典型宽度的 50%，或开洞面积大于该层楼面面积的 30%，或较大的楼层错层

竖向不规则主要类型　　　　　　　　　　　　　表 4-4

不规则类型	定义和参考指标
侧向刚度不规则	该层的侧向刚度小于相邻上一层的 70%，或小于其上相邻三个楼层侧向刚度平均值的 80%（图 4-5）；除顶层或出屋面小建筑外，局部收进的水平向尺寸大于相邻下一层的 25%
竖向抗侧力构件不连续	竖向抗侧力构件（柱、抗震墙、抗震支撑）的内力由水平转换构件（梁、桁架等）向下传递
楼层承载力突变	抗侧力结构的层间受剪承载力小于相邻上一楼层的 80%

$$\Delta_{max} \geqslant \frac{1}{2}(\Delta_{max}+\Delta_{min})1.2$$

图 4-3　结构平面扭转不规则

图 4-4　建筑平面凹凸不规则（$t>0.3d$）

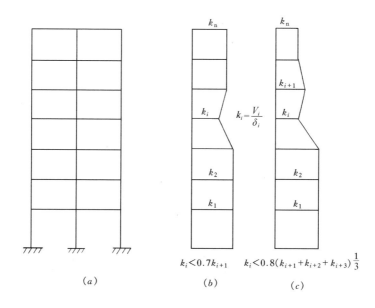

$$k_i = \frac{V_i}{\delta_i}$$

$$k_i < 0.7k_{i+1} \qquad k_i < 0.8(k_{i+1}+k_{i+2}+k_{i+3})\frac{1}{3}$$

(a)   (b)   (c)

图 4-5　沿竖向的侧向刚度不规则

1. 平面不规则而竖向规则的建筑，应采用空间结构计算模型，并应符合下列要求：

（1）扭转不规则时，应计入扭转影响。且在具有偶然偏心的规定水平力作用下，楼层两端抗侧力构件弹性水平位移或层间位移的最大值与平均值的比值不宜大于 1.5，当最大层间位移远小于规范限值时，可适当放宽；

（2）凹凸不规则或楼板局部不连续，应采用符合楼板平面内实际刚度变化计算模型；高烈度或不规则程度较大时，宜计入楼板局部变形的影响；

（3）平面不对称且凹凸不规则或局部不连续，可根据实际情况分块计算扭转位移比，对扭转较大的部位应采用局部的内力增大系数。

2. 平面规则而竖向不规则的建筑，应采用空间结构计算模型，刚度小的楼层的地震剪力应乘以不小于 1.15 的增大系数，其薄弱层应进行弹塑性变形分析，并应符合下列要求：

（1）竖向抗侧力构件不连续时，该构件传递给水平转换构件的地震内力应根据烈度高低和水平转换构件的类型、受力情况、几何学尺寸等，乘以 1.25～2.0 的增大系数；

（2）侧向刚度不规则时，相邻层的侧向刚度比应依据其结构类型符合表 4-4 的要求（图 4-5）；

（3）楼层承载力突变时，薄弱层抗侧力结构的受剪承载力不应小于相邻上一层的 65%。

3. 平面不规则且竖向不规则的建筑，应根据不规则类型的数量和程度，有针对性地采取有效不低于上面（1）、（2）款要求的各项抗震措施。特别不规则的建筑，应经专门研究，采取更有效的加强措施或对薄弱部位采用相应的抗震性能化设计方法。

四、防震缝的设置

体形复杂、平立面特别不规则的建筑结构，可按实际需要在适当部位设置防震缝，形成多个较规则的抗侧力结构单元。

防震缝应根据抗震设防烈度、结构材料种类、结构类型、结构单元的高度和高差情况，留有足够的宽度，其两侧上部结构应完全分开。

当设置伸缩缝和沉降缝时，其宽度应符合防震缝的要求。

《抗震规范》规定，防震缝最小宽度应符合下列要求：

（1）框架结构房屋的防震缝宽度，当高度不超过15m时可采用100mm；超过15m时，6度、7度、8度和9度分别每增加高度5m、4m、3m和2m，宜加宽20mm。

（2）框架-剪力墙结构房屋，其防震缝宽度可采用框架结构房屋规定数值的70％，但不宜小于100mm。

（3）抗震墙结构房屋，其防震缝宽度可采用框架结构房屋规定数值的50％，且不宜小于100mm。

（4）防震缝两侧结构体系不同时，防震缝宽度按不利体系考虑，并按低的房屋高度计算缝宽。

（5）8度、9度框架结构房屋的防震缝两侧结构层高相差较大时，防震缝两侧框架柱的箍筋应沿房屋全高加密，并可根据需要在缝两侧沿房屋全高各设置不少于两道垂直于防震缝的抗撞墙（图4-6），地震时通过抗撞墙的损坏减少防震缝两侧碰撞时框架的损坏。

（a）

标准层结构平面

Ⅰ区　外柱　450mm×450mm
　　　内柱　450mm×550mm

Ⅱ区　外柱　450mm×450mm
　　　内柱　450mm×500mm

（b）

图4-6　抗撞墙的布置

抗撞墙的布置宜避免加大扭转效应，其长度可不大于层高的1/2，抗撞墙的抗震等级可与框架结构相同；框架的内力应按设置和不设置抗撞墙两种计算模型的不利情况取值。

应当注意，结构单元较长时，两端抗撞墙可能引起较大的温度应力，故设置时应综合分析。

五、结构布置

1. 框架结构和框架-抗震墙结构中，框架和抗震墙均应双向布置，为了防止在地震作用下柱发生扭转，柱中线和抗震墙中线、梁中线与柱中线之间的偏心距宜小于柱宽的1/4，否则应计入偏心距的影响。

甲、乙类建筑以及高度大于24m的丙类建筑，不应采用单跨框架结构；高度不大于24m的丙类建筑，不宜采用单跨框架结构。

2. 框架-抗震墙结构、板柱-抗震墙结构以及框支层中，抗震墙之间无大洞口的楼盖、屋盖的长宽比，不宜超过表4-5的规定；超过时，应计入楼盖平面内变形的影响。

抗震墙之间楼、屋盖的长宽比　　　　　　　　　　表 4-5

楼、屋盖类别		设 防 烈 度			
		6	7	8	9
框架-抗震墙结构	现浇或叠合楼、屋盖	4	4	3	2
	装配整体式楼、屋盖	3	3	2	不宜采用
板柱-抗震墙结构的现浇楼、屋盖		3	3	2	—
框支层现浇楼、屋盖		2.5	2.5	2	—

3. 采用装配整体式楼、屋盖时，应采取措施保证楼、屋盖的整体性，及其与抗震墙的可靠连接。装配整体式楼、屋盖采用配筋现浇面层加强时，厚度不应小于50mm。

4. 框架-抗震墙结构和板柱-抗震墙结构中的抗震墙设置，应符合下列要求：

（1）抗震墙宜贯通房屋全高。

（2）楼梯间宜设置抗震墙，但不宜造成较大的扭转效应。

（3）抗震墙的两端（不包括洞口两侧）宜设置端柱或与另一方向抗震墙相连。

（4）房屋较长时，刚度较大的纵向抗震墙不宜设置在房屋的端开间。

（5）抗震墙的洞口宜上下对齐，洞边距端柱不宜小于300mm。

5. 抗震墙结构和部分框支抗震墙结构中的抗震墙设置，应符合下列要求：

（1）抗震墙的两端（不包括洞口两侧）应设置端柱或与另一方向抗震墙相连；框支部分落地墙的两端（不包括洞口两侧）应设置端柱或与另一方向抗震墙相连。

（2）较长的抗震墙宜设置跨高比大于6的连梁形成洞口，将一道抗震墙分成长度较均匀的若干墙段，各墙段高宽比不宜小于3。

（3）墙肢的长度沿结构全高不宜有突变；抗震墙有较大洞口时，以及一、二级抗震的底部加强部位，洞口宜上下对齐。

（4）矩形平面的部分框支抗震墙结构，其框支层的楼层侧向刚度不应小于相邻非框支层的楼层侧向刚度的50%；框支层落地抗震墙间距不宜大于24m，框支层的平面布置宜对称，且宜设置抗震筒体。底层框架部分承担的地震倾覆力矩，不应大于结构总地震倾覆力矩的50%。

6. 抗震墙底部加强部位的范围应符合下列要求：

抗震墙底部加强部位是指底部塑性铰范围，及其上部的一定范围，其目的是在此范围内采取增加边缘构件（暗柱、端柱、翼墙）箍筋和墙体横向钢筋等必要的抗震加强措施，避免脆性的剪切破坏，改善整个结构的抗震性能。

（1）底部加强部位的高度，从地下室顶板算起。

（2）部分框支抗震墙结构的抗震墙，其底部加强部位的高度，可取框支层加框支层以上两层的高度及落地抗震墙总高度的1/10二者的较大者；其他结构的抗震墙，房屋高度大于24m时，底部加强部位的高度可取底部两层和墙体总高度的1/10二者的较大者，房屋高度不大于24m时，可取底部一层。

（3）当结构计算嵌固端位于地下一层的底板或以下时，底部加强部位尚宜向下延伸到计算嵌固端。

7. 框架单独柱基有下列情况之一时，宜沿两个主轴方向设置基础连系梁：

（1）一级框架和Ⅳ类场地二级框架；

（2）各柱基础底面在重力荷载代表值作用下的压应力差别较大；

（3）基础埋置较深，或各基础埋置深度差别较大；

（4）地基主要受力层范围内存在软弱黏性土层、液化土层或严重不均匀土层；

（5）桩基承台之间。

8. 框架-抗震墙结构、板柱-抗震墙结构中的抗震墙基础和部分框支抗震墙结构的落地抗震墙基础，应有良好的整体性和抗转动能力。

9. 主楼与裙房相连且采用天然地基，除应满足地基承载力要求外，在多遇地震作用下主楼基础底面不宜出现零应力区。

10. 地下室顶板作为上部结构的嵌固部位时，应符合下列要求：

（1）地下室顶板应避免开设大洞口，地下室在地上结构相关范围的顶板应采用现浇梁板结构，相关范围以外的地下室顶板宜采用现浇梁板结构，其楼板厚度不宜小于180mm，混凝土强度等级不宜小于C30，应采用双层双向配筋，且每层每个方向的配筋率不宜小于0.25%。

（2）结构地上一层的侧向刚度，不宜大于相关范围地下一层侧向刚度的0.5；地下室周边宜有与其顶板相连的抗震墙。

（3）地下室顶板对应于地上框架柱的梁柱节点除应满足抗震计算要求外，尚应符合下列规定之一：

1）地下一层柱截面每侧纵向钢筋不应小于地上一层对应纵向钢筋的1.1倍，且地下一层柱上端和节点左右梁端实配的抗震受弯承载力之和大于地上一层柱下端实配的抗震受弯承载力的1.3倍；

2）地下一层梁刚度较大时，柱截面每侧的纵向钢筋面积应大于地上一层对应柱截面每侧的纵向钢筋面积的1.1倍；同时梁端顶面和底面的纵向钢筋面积均应比计算值增大10%。

（4）地下一层抗震墙墙肢端部边缘构件纵向钢筋的截面面积，不应少于地上一层对应墙肢端部边缘构件纵向钢筋的截面面积。

11. 楼梯间应符合下列要求：

（1）宜采用现浇钢筋混凝土楼梯。

（2）对于框架结构，楼梯间的布置不应导致结构平面特别不规则；楼梯构件与主体结构整浇时，应计入楼梯构件对地震作用及其效应的影响，应进行楼梯构件的地震承载力验算；宜采取构造措施，减少楼梯构件对主体结构刚度的影响。

（3）楼梯间两侧填充墙与柱之间应加强拉结。

12. 框架结构的砌体填充墙应符合下列要求：

（1）填充墙在平面和竖向的布置，宜均匀对称，宜避免形成薄弱层和短柱。

（2）砌体的砂浆强度等级不应低于 M5；实心块体的强度等级不宜低于 MU2.5，空心块体的强度等级不宜低于 MU3.5，墙顶应与框架梁密切结合。

（3）填充墙应沿框架柱全高每隔 500～600mm 设 2φ6 拉筋，拉筋伸入墙内的长度，6度、7 度时宜沿墙全贯通，8 度、9 度时应沿墙全长贯通。

（4）墙长大于 5m 时，墙顶与梁宜有拉结；墙长超过 8m 或层高 2 倍时，宜设置钢筋混凝土构造柱；墙高超过 4m 时，墙体半高宜设置与柱连接且沿墙全长贯通的钢筋混凝土水平连系梁。

（5）楼梯间和人流通道的填充墙，尚应采用钢丝网砂浆面层加固。

§4-4　框架、抗震墙和框架-抗震墙结构水平地震作用的计算

《抗震规范》规定，在一般情况下，应沿结构两个主轴方向分别考虑水平地震作用，以进行截面承载力和变形验算。各方向的水平地震作用应全部由该方向抗侧力构件承担。

对于高度不超过 40m，以剪切变形为主且质量和刚度沿高度分布比较均匀的框架、框架-抗震墙结构的水平地震作用标准值，可按底部剪力法计算：

$$F_{Ek} = \alpha_1 G_{eq}$$
$$F_i = \frac{G_i H_i}{\sum_{j=1}^{n} G_j H_j} F_{Ek}(1-\delta_n)$$
$$\Delta F_n = \delta_n F_{Ek}$$

式中符号与前相同。

对于抗震墙结构，宜采用振型分解反应谱法计算水平地震作用标准值。作为近似计算，也可采用底部剪力法。

按上列公式计算水平地震作用时，首先要确定结构的基本周期。对于多层钢筋混凝土框架，由于它的侧移容易计算，故一般采用能量法计算基本周期；而对于高层钢筋混凝土框架、框架-抗震墙结构和抗震墙结构，可采用顶点位移法计算结构基本周期。此外，也可用经验公式计算，但由于该法具有较大的局限性，所以，选用时应注意其适用范围。

1. 能量法

$$T_1 = 2\psi_T \sqrt{\frac{\sum_{i=1}^{n} G_i \Delta_i^2}{\sum_{i=1}^{n} G_i \Delta_i}} \tag{4-2a}$$

式中 ψ_T——结构基本周期考虑非承重砖墙影响的折减系数,民用框架结构取 $0.6\sim0.7$;

$\quad\quad G_i$——集中在各层楼面处的重力荷载代表值(kN);

$\quad\quad \Delta_i$——假想把集中在各层楼面处的重力荷载代表值 G_i 作为水平荷载而算得的结构各层楼面处位移(m)。

2. 顶点位移法

$$T_1 = 1.7\psi_T\sqrt{u_T} \tag{4-2b}$$

式中 ψ_T——意义同上,构架结构取 $0.6\sim0.7$;框架-抗震墙结构取 $0.7\sim0.8$;抗震墙结构取 1.0;

$\quad\quad u_T$——计算结构的基本周期用的结构顶点假想位移(m),即假想把集中在各层楼面处的重力荷载代表值 G_i 作为水平荷载而算得的结构顶点位移。对于框架-抗震墙结构和抗震墙结构,需将各层 G_i 折算成连续均布水平荷载,再求结构顶点位移,即:

$$q = \frac{\Sigma G_i}{H} \tag{4-3}$$

式中 $\quad q$——各层重力荷载代表值假想折算成连续均布水平荷载;

$\quad\quad G_i$——各质点重力荷载代表值;

$\quad\quad H$——结构总高度。

对于框架-抗震墙结构,u_T 可按下式计算:

$$u_T = k_H\frac{qH^4}{\Sigma EI_{we}} \tag{4-4}$$

式中 ΣEI_{we}——抗震墙等效刚度,可按式(4-129)第2式计算;

$\quad\quad k_H$——系数,根据结构特征刚度 λ 由表4-6查得。

系 数 k_H 值($\times 10^{-2}$)

表 4-6

λ	1.00	1.05	1.10	1.15	1.20	1.25	1.30	1.35
k_H	9.035	8.792	8.547	8.304	8.070	7.836	7.610	7.389
λ	1.40	1.45	1.50	1.55	1.60	1.65	1.70	1.75
k_H	7.174	6.963	6.759	6.561	6.368	6.182	6.001	5.827
λ	1.80	1.85	1.90	1.95	2.00	2.05	2.10	2.15
k_H	5.658	5.495	5.337	5.185	5.038	4.897	4.760	4.628
λ	2.20	2.25	2.30	2.35	2.40	2.45	2.50	2.55
k_H	4.501	4.378	4.260	4.146	4.037	3.931	3.828	3.730

注:表中 λ 值按式(4-249)计算。

对于抗震墙结构 u_T 可按式(4-4)计算。

3. 实测经验公式法

《建筑结构荷载规范》GB 50009—2012 根据对大量建筑物周期实测结果,给出了钢筋混凝土结构基本周期经验计算公式:

框架结构和框架-抗震墙结构:

$$T_1 = 0.25 + 0.53\times10^{-3}\frac{H^2}{\sqrt[3]{B}} \tag{4-5a}$$

抗震墙结构

$$T_1 = 0.03 + 0.03 \frac{H}{\sqrt[3]{B}} \tag{4-5b}$$

式中　H——房屋主体结构高度（m），不包括屋面以上特别细高的突出部分；

　　　B——房屋振动方向的长度（m）。

§4-5　框架结构内力和侧移的计算

多层框架是高次超静定结构，如果按精确方法用手工计算它的内力和位移是十分困难的，甚至是不可能的。因此，目前在工程结构计算中，通常采用近似的分析方法。下面将介绍几种常用的近似解法，即在水平荷载下的反弯点法和 D 值法，以及在竖向荷载下的弯矩二次分配法。

一、在水平荷载作用下框架内力和位移的计算

（一）内力计算

1. 反弯点法

框架在水平荷载作用下，节点将同时产生转角和侧移，参见图 4-7（a）。根据分析，当梁的线刚度 $k_b = \dfrac{EI_b}{l}$ 和柱的线刚度 $k_c = \dfrac{EI_c}{H}$ 之比大于 3 时，节点转角 θ 将很小，它对框架的内力影响不大。因此，为了简化计算，通常把它忽略不计，即假定 $\theta = 0$（图 4-7b）。实际上，这就等于把框架横梁简化成线刚度 $k_b = \infty$ 的刚性梁。这样处理，可使计算大为简化，而其误差一般不超过 5%。

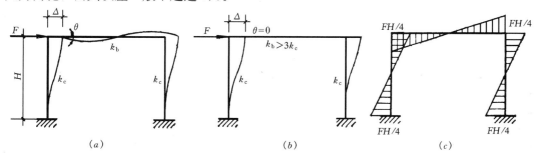

图 4-7　反弯点法

采用上述假定后，在柱的 1/2 高度处❶截面弯矩为零（图 4-7c）。柱的弹性曲线在该处改变凹凸方向，故此处称为反弯点（图 4-7b），反弯点距柱底的距离称为反弯点高度。

柱的反弯点确定后，如果再求得柱的剪力后，即可绘出框架的弯矩图。

现说明框架在水平地震作用下柱的剪力确定方法。

图 4-8（a）所示为多层框架，现将框架从第 i 层反弯点处切开。设作用在该层的总剪力为 $V_i = \sum\limits_{i}^{n} F_i$，则根据水平力的平衡条件 $\Sigma X = 0$（图 4-8b），得：

$$\Sigma V_{ik} = V_i \tag{4-6}$$

其中 V_{ik} 为第 i 层第 k 根柱所分配的剪力，其值为：

---

❶　为了使计算结果更精确一些，框架首层柱常取其 2/3 高度处截面弯矩为零。

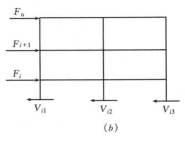

图 4-8　框架柱剪力的确定

$$V_{ik} = \frac{12k_{ik}}{h^2}\Delta_{ik} = r_{ik}\Delta_{ik} \tag{4-7}$$

式中 $r_{ik} = \dfrac{12k_{ik}}{h^2}$ 称为柱的侧移刚度，表示柱端产生相对单位水平位移（$\Delta_{ik}=1$）时，在柱内产生附加的剪力。

为了证明柱的侧移刚度 $r_{ik} = \dfrac{12k_{ik}}{h^2}$，将第 i 层第 k 根柱从框架中切出（图 4-9a）。设该

图 4-9　框架柱侧移刚度的确定

柱在剪力作用下产生的相对水平位移为 Δ。图 4-9（b）、（c）分别为柱端发生相对水平位移 Δ 时柱的弯矩图和单位弯矩图。于是，

$$\Delta = \int_0^h \frac{M_\Delta \overline{M}}{EI_{ik}}\mathrm{d}x = \Sigma \frac{1}{EI_{ik}}\Omega y_c$$

$$= \frac{1}{EI_{ik}} \cdot 2 \times \left(\frac{1}{2} \cdot \frac{Vh}{2} \cdot \frac{h}{2}\right)\left(\frac{2}{3} \cdot \frac{h}{2}\right) = \frac{Vh^3}{12EI_{ik}}$$

根据柱的侧移刚度定义，得：

$$r_{ik} = \frac{V}{\Delta} = \frac{12EI_{ik}}{h^3} = \frac{12k_{ik}}{h^2}$$

其中

$$k_{ik} = \frac{EI_{ik}}{h}$$

现将式（4-7）代入式（4-6），得：

$$\sum_{k=1}^{n} r_{ik}\Delta_{ik} = V_i \tag{4-8}$$

因为同一层各柱的相对水平位移相同，设为 Δ_i，于是，

$$\Delta_i = \Delta_{ik} = \frac{V_i}{\displaystyle\sum_{k=1}^{n} r_{ik}} \tag{4-9}$$

将上式代入式（4-7），得：

$$V_{ik} = \frac{r_{ik}}{\displaystyle\sum_{k=1}^{n} r_{ik}}V_i \tag{4-10}$$

式（4-10）说明，各柱所分配的剪力与该柱的侧移刚度成正比，$\dfrac{r_{ik}}{\sum\limits_{i=1}^{n} r_{ik}}$ 称为剪力分配系数。因此，楼层剪力 V_i 按剪力分配系数分配给各柱。

柱端弯矩由柱的剪力和反弯点高度的数值确定，边节点梁端弯矩可由节点力矩平衡条件确定，而中间节点两侧梁端弯矩则可按梁的转动刚度分配柱端弯矩求得。

反弯点法适用于少层框架结构情形，因为这时柱截面尺寸较小，容易满足梁柱线刚度比大于 3 的条件。

【例题 4-1】 用反弯点法计算图 4-10（a）所示框架的内力，并绘出弯矩图。图中圆括号内的数字为杆件的相对线刚度。

【解】 作三个截面通过各层柱的反弯点（一般层反弯点高度为 1/2 柱高，首层为 2/3 柱高），参见图 4-10（b）。

柱的剪力：

三层：
$$V_3 = 8\text{kN}$$

$$V_{31} = \frac{r_{31}}{\Sigma r} V_3 = \frac{1.5}{1.5 + 2 + 1} \times 8 = \frac{1.5}{4.5} \times 8 = 2.7\text{kN}$$

$$V_{32} = \frac{r_{32}}{\Sigma r} V_3 = \frac{2}{4.5} \times 8 = 3.5\text{kN}$$

$$V_{33} = \frac{r_{33}}{\Sigma r} V_3 = \frac{1}{4.5} \times 8 = 1.8\text{kN}$$

二层：
$$V_2 = 8 + 17 = 25\text{kN}$$

$$V_{21} = \frac{r_{21}}{\Sigma r} V_2 = \frac{3}{3 + 4 + 2} \times 25 = \frac{3}{9} \times 25 = 8.3\text{kN}$$

$$V_{22} = \frac{r_{22}}{\Sigma r} V_2 = \frac{4}{9} \times 25 = 11.1\text{kN}$$

$$V_{23} = \frac{r_{23}}{\Sigma r} V_2 = \frac{2}{9} \times 25 = 5.6\text{kN}$$

首层：
$$V_1 = 8 + 17 + 20 = 45\text{kN}$$

$$V_{11} = \frac{r_{11}}{\Sigma r} V_1 = \frac{5}{5 + 6 + 4} \times 45 = \frac{5}{15} \times 45 = 15\text{kN}$$

$$V_{12} = \frac{r_{12}}{\Sigma r} V_1 = \frac{6}{15} \times 45 = 18\text{kN}$$

$$V_{13} = \frac{r_{13}}{\Sigma r} V_1 = \frac{4}{15} \times 45 = 12\text{kN}$$

柱端弯矩

三层：

$$M_{jg} = M_{gj} = V_{31} \times \frac{h_3}{2} = 2.7 \times \frac{4}{2} = 5.4\text{kN} \cdot \text{m}$$

$$M_{kh} = M_{hk} = V_{32} \times \frac{h_3}{2} = 3.5 \times \frac{4}{2} = 7\text{kN} \cdot \text{m}$$

$$M_{li} = M_{il} = V_{33} \times \frac{h_3}{2} = 1.8 \times \frac{4}{2} = 3.6\text{kN} \cdot \text{m}$$

二层：

$$M_{gd} = M_{dg} = V_{21} \times \frac{h_2}{2} = 8.3 \times \frac{5}{2} = 20.8 \text{kN} \cdot \text{m}$$

$$M_{he} = M_{eh} = V_{22} \times \frac{h_2}{2} = 11.1 \times \frac{5}{2} = 27.8 \text{kN} \cdot \text{m}$$

$$M_{if} = M_{fi} = V_{23} \times \frac{h_2}{2} = 5.6 \times \frac{5}{2} = 14 \text{kN} \cdot \text{m}$$

首层：

$$M_{da} = V_{11} \times \frac{1}{3} h_1 = 15 \times \frac{1}{3} \times 6 = 30 \text{kN} \cdot \text{m}$$

$$M_{ad} = V_{11} \times \frac{2}{3} h_1 = 15 \times \frac{2}{3} \times 6 = 60 \text{kN} \cdot \text{m}$$

其余计算从略。

梁端弯矩

$$M_{jk} = M_{jg} = 5.4 \text{kN} \cdot \text{m}$$

$$M_{gh} = M_{gj} + M_{gd} = 5.4 + 20.8 = 26.2 \text{kN} \cdot \text{m}$$

$$M_{hg} = (M_{hk} + M_{he}) \times \frac{10}{10+16} = (7 + 27.8) \times \frac{10}{26} = 13.4 \text{kN} \cdot \text{m}$$

$$M_{hi} = (7 + 27.8) \times \frac{16}{26} = 21.4 \text{kN} \cdot \text{m}$$

其余计算从略。

框架弯矩图如图 4-10（c）所示。

图 4-10　例题 4-1 附图

2. 改进反弯点法——D 值法

上述反弯点法只适用于梁柱线刚度比大于 3 的情形，如不满足这个条件，柱的侧移刚度和反弯点位置，都将随框架节点转角大小而改变。这时，再采用反弯点法求框架内力，就会产生较大的误差。

下面介绍改进的反弯点法。这个方法近似地考虑了框架节点转动对柱的侧移刚度和反弯点高度的影响。改进的反弯点法是目前分析框架内力比较简单而又比较精确的一种近似方法，因此，在工程中广泛采用。

改进反弯点法求得柱的侧移刚度，工程上用 D 表示，故改进反弯点法又称"D 值法"。

（1）柱的侧移刚度

图 4-11（a）为多层框架；图 4-11（b）是柱 AB 及其邻近杆件受水平力变形后的情形。

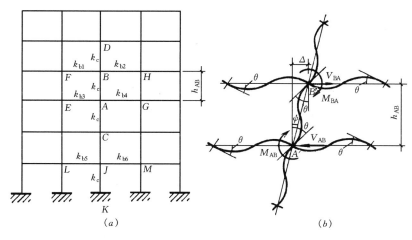

图 4-11❶　一般层 D 值的确定

1）一般层柱的侧移刚度

为了简化计算，作如下假定：

①柱 AB 以及与柱 AB 相邻的各杆的杆端转角均为 θ；

②柱 AB 及其相邻上下柱的线刚度均为 k_c，且它们的弦转角均为 ψ。

由节点 A 的平衡条件 $\Sigma M_A = 0$，得：

$$M_{AB} + M_{AG} + M_{AC} + M_{AE} = 0 \qquad (a)$$

式中

$$M_{AB} = 2k_c(2\theta + \theta - 3\psi) = 6k_c(\theta - \psi)$$

$$M_{AG} = 2k_{b4}(2\theta + \theta) = 6k_{b4}\theta$$

$$M_{AC} = 2k_c(2\theta + \theta - 3\psi) = 6k_c(\theta - \psi)$$

$$M_{AE} = 2k_{b3}(2\theta + \theta) = 6k_{b3}\theta$$

其中 k_{b3}、k_{b4} 分别为与节点 A 左梁和右梁的线刚度。将上列公式代入式（a）得：

---

❶　图中梁柱变形曲线是按结构力学中规定的正方向绘制的。

$$6(k_{b3} + k_{b4})\theta + 12k_c\theta - 12k_c\psi = 0 \qquad\qquad (b)$$

同理，由节点 B 的平衡条件 $\Sigma M_B = 0$，得：

$$6(k_{b1} + k_{b2})\theta + 12k_c\theta - 12k_c\psi = 0 \qquad\qquad (c)$$

其中 k_{b1}、k_{b2} 分别为节点 B 左梁和右梁的线刚度。

将式 (b) 与式 (c) 相加，经整理后得：

$$\theta = \frac{2}{2 + \dfrac{\Sigma k_b}{2k_c}}\psi = \frac{2}{2 + \overline{K}}\psi \qquad\qquad (d)$$

式中　Σk_b——梁的线刚度之和。

$$\Sigma k_b = k_{b1} + k_{b2} + k_{b3} + k_{b4} \qquad\qquad (4\text{-}11)$$

$\overline{K}$——一般层梁柱线刚度比。

$$\overline{K} = \frac{\Sigma k_b}{2k_c} \qquad\qquad (4\text{-}12)$$

由转角位移方程可知，柱 AB 所受的剪力为：

$$V_{AB} = \frac{12k_c}{h_{AB}}(\psi - \theta) \qquad\qquad (e)$$

将式 (d) 代入式 (e)，得：

$$V_{AB} = \frac{\overline{K}}{2 + \overline{K}}\frac{12k_c}{h_{AB}}\psi = \frac{\overline{K}}{2 + \overline{K}}\frac{12k_c}{h_{AB}^2}\Delta$$

令

$$\alpha = \frac{\overline{K}}{2 + \overline{K}} \qquad\qquad (4\text{-}13)$$

则

$$V_{AB} = \alpha \frac{12k_c}{h_{AB}^2}\Delta$$

由此得柱 AB 的侧移刚度

$$D_{AB} = \frac{V_{AB}}{\Delta} = \alpha \frac{12k_c}{h_{AB}^2} \qquad\qquad (4\text{-}14)$$

当框架横梁的线刚度为无穷大，即 $\overline{K}_b \to \infty$ 时，则 $\alpha \to 1$。由此可知，α 是考虑框架节点转动对柱侧移刚度的影响系数。

2）首层柱的侧移刚度

现以柱 JK 为例，说明首层柱侧移刚度的计算方法，参见图 4-12。

由转角位移方程可知

图 4-12　底层 D 值的确定

$$M_{JL} = 2k_{b5}(2\theta + \theta) = 6k_{b5}\theta$$

$$M_{JM} = 2k_{b6}(2\theta + \theta) = 6k_{b6}\theta$$

$$M_{JK} = 2k_c(2\theta - 3\psi) = 4k_c\theta - 6k_c\psi$$

式中　k_{b5}、k_{b6}——分别为节点 J 左梁和右梁的线刚度；

k_c——首层柱的线刚度；

θ——节点 J 的转角；

ψ——柱 JK 的弦转角。

设

$$\alpha = \frac{M_{JK}}{M_{JL} + M_{JM}} = \frac{4k_c\theta - 6k_c\psi}{6(k_{b5} + k_{b6})\theta} = \frac{2\theta - 3\dfrac{\Delta}{h_{JK}}}{3\left(\dfrac{k_{b5} + k_{b6}}{k_c}\right)\theta}$$

设

$$\overline{K} = \frac{k_{b5} + k_{b6}}{k_c} = \frac{\Sigma k_b}{k_c} \tag{4-15}$$

于是

$$\theta = \frac{3}{2 - 3\alpha\overline{K}}\frac{\Delta}{h_{JK}}$$

式中　$\overline{K}$——首层梁柱线刚度比。

柱 JK 所受到的剪力

$$V_{JK} = -\frac{6k_c}{h_{JK}}\left(\theta - 2\frac{\Delta}{h_{JK}}\right) = \frac{12k_c\Delta}{h_{JK}^2}\left(1 - \frac{1.5}{2 - 3\alpha\overline{K}}\right)$$

$$= \left(\frac{0.5 - 3\alpha\overline{K}}{2 - 3\alpha\overline{K}}\right)\frac{12k_c}{h_{JK}^2}\Delta$$

由此可得

$$D_{JK} = \frac{V_{JK}}{\Delta} = \left(\frac{0.5 - 3\alpha\overline{K}}{2 - 3\alpha\overline{K}}\right)\frac{12k_c}{h_{JK}^2}$$

设

$$\alpha = \frac{0.5 - 3\alpha\overline{K}}{2 - 3\alpha\overline{K}}$$

显然，α 就是框架节点转动对首层柱侧移刚度的影响系数，其中 α 是个变数，在实际工程中，为了计算简化，且误差不大的条件下，可取 $\alpha = -\dfrac{1}{3}$，于是，

$$\alpha = \frac{0.5 + \overline{K}}{2 + \overline{K}} \tag{4-16}$$

因此

$$D_{JK} = \alpha\frac{12k_c}{h_{JK}^2} \tag{4-17}$$

α 值计算公式汇总于表 4-7。

α 值计算公式表   表 4-7

层	边　柱	中　柱	α
一般层	$\overline{K} = \dfrac{k_{b1} + k_{b3}}{2k_c}$	$\overline{K} = \dfrac{k_{b1} + k_{b2} + k_{b3} + k_{b4}}{2k_c}$	$\alpha = \dfrac{\overline{K}}{2 + \overline{K}}$
首　层	$\overline{K} = \dfrac{k_{b5}}{k_c}$	$\overline{K} = \dfrac{k_{b5} + k_{b6}}{k_c}$	$\alpha = \dfrac{0.5 + \overline{K}}{2 + \overline{K}}$

表 4-7 中，$k_{b1} \sim k_{b6}$ 为梁的线刚度；k_c 为柱的线刚度。在计算梁的线刚度时，可以考虑楼板对梁的刚度有利影响，即板作为梁的翼缘参加工作。在工程上，为了简化计算，通常，梁均先按矩形截面计算其惯性矩 I_0，然后，再乘以表 4-8 中的增大系数，以考虑楼板或楼板上的现浇层对梁刚度的影响。

框架梁截面惯性矩增大系数   表 4-8

结　构　类　型	中　框　架	边　框　架
现浇整体梁板结构	2.0	1.5
装配整体式叠合梁	1.5	1.2

注：中框架是指梁两侧有楼板的框架；边框架是指梁一侧有楼板的框架。

（2）反弯点高度的确定

D 值法的反弯点高度按下式确定

$$h' = (y_0 + y_1 + y_2 + y_3)h \qquad (4\text{-}18a)$$

式中　y_0——标准反弯点高度比。其值根据框架总层数 n、该柱所在层数 m 和梁柱线刚度比 $\overline{K}$，由表 4-9 查得；

y_1——某层上下梁线刚度不同时，该层柱反弯点高度比修正值。当 $k_{b1} + k_{b2} < k_{b3} + k_{b4}$ 时，令

$$\alpha_1 = \frac{k_{b1} + k_{b2}}{k_{b3} + k_{b4}} \qquad (4\text{-}18b)$$

根据比值 α_1 和梁柱线刚度比 $\overline{K}$，由表 4-10 查得。这时反弯点上移，故 y_1 取正值（图 4-13a）；当 $k_{b1} + k_{b2} > k_{b3} + k_{b4}$ 时，则令

$$\alpha_1 = \frac{k_{b3} + k_{b4}}{k_{b1} + k_{b2}} \tag{4-18c}$$

仍由表 4-10 查得。这时反弯点下移，故 y_1 取负值（图 4-13b）。对于首层不考虑 y_1 值；

y_2——上层高度 $h_{上}$ 与本层高度 h 不同时（图 4-14），反弯点高度比修正值，其值根据 $\alpha_2 = \dfrac{h_{上}}{h}$ 和 $\overline{K}$ 的数值由表 4-11 查得。对于顶层不考虑 y_2 修正值；

y_3——下层高度 $h_{下}$ 与本层高度 h 不同时（图 4-14）反弯点高度比修正值，其值根据 $\alpha_3 = \dfrac{h_{下}}{h}$ 和 $\overline{K}$ 仍由表 4-11 查得。对于首层不考虑 y_3 修正值。

（a）　　　　　　　（b）

图 4-13　梁的线刚度对反弯点高度的影响

图 4-14　上下层高与本层不同时对反弯点高度的影响

综上所述，D 值法计算框架内力的步骤如下：

反弯点高度比 y_0（倒三角形节点荷载）　　　　　表 4-9

n	$\diagdown \overline{K}$ m	0.1	0.2	0.3	0.4	0.5	0.6	0.7	0.8	0.9	1.0	2.0	3.0	4.0	5.0
1	1	0.80	0.75	0.70	0.65	0.65	0.60	0.60	0.60	0.60	0.55	0.55	0.55	0.55	0.55
2	2	0.50	0.45	0.40	0.40	0.40	0.40	0.40	0.40	0.40	0.45	0.45	0.45	0.45	0.50
	1	1.00	0.85	0.25	0.70	0.65	0.65	0.65	0.65	0.60	0.60	0.55	0.55	0.55	0.55
3	3	0.25	0.25	0.25	0.30	0.30	0.35	0.35	0.35	0.40	0.40	0.45	0.45	0.45	0.50
	2	0.60	0.50	0.50	0.50	0.50	0.45	0.45	0.45	0.45	0.45	0.50	0.50	0.55	0.50
	1	1.15	0.90	0.80	0.75	0.75	0.70	0.70	0.65	0.65	0.65	0.55	0.55	0.55	0.55
4	4	0.10	0.15	0.20	0.25	0.30	0.35	0.35	0.35	0.35	0.40	0.45	0.45	0.45	0.45
	3	0.35	0.35	0.35	0.40	0.40	0.40	0.40	0.45	0.45	0.45	0.45	0.50	0.50	0.50
	2	0.70	0.60	0.55	0.50	0.50	0.50	0.50	0.50	0.50	0.50	0.50	0.50	0.50	0.50
	1	1.20	0.95	0.85	0.80	0.75	0.70	0.70	0.65	0.65	0.65	0.55	0.55	0.55	0.55
5	5	−0.05	0.10	0.20	0.25	0.30	0.30	0.35	0.35	0.35	0.35	0.40	0.45	0.45	0.45
	4	0.20	0.25	0.35	0.35	0.40	0.40	0.40	0.40	0.45	0.45	0.45	0.50	0.50	0.50
	3	0.45	0.40	0.45	0.45	0.45	0.45	0.45	0.45	0.50	0.50	0.50	0.50	0.50	0.50
	2	0.75	0.60	0.55	0.55	0.55	0.50	0.50	0.50	0.50	0.50	0.50	0.50	0.50	0.50
	1	1.30	1.00	0.85	0.80	0.75	0.70	0.70	0.65	0.65	0.65	0.60	0.55	0.55	0.55

n	m	$\overline{K}$ 0.1	0.2	0.3	0.4	0.5	0.6	0.7	0.8	0.9	1.0	2.0	3.0	4.0	5.0
6	6	−0.15	0.05	0.15	0.20	0.25	0.30	0.30	0.35	0.35	0.35	0.40	0.45	0.45	0.45
	5	0.10	0.25	0.30	0.35	0.35	0.40	0.40	0.40	0.35	0.45	0.45	0.50	0.50	0.50
	4	0.30	0.35	0.40	0.40	0.45	0.45	0.45	0.45	0.45	0.45	0.50	0.50	0.50	0.50
	3	0.50	0.45	0.45	0.45	0.45	0.45	0.45	0.45	0.45	0.50	0.50	0.50	0.50	0.50
	2	0.80	0.65	0.55	0.55	0.55	0.55	0.50	0.50	0.50	0.50	0.50	0.50	0.50	0.50
	1	1.30	1.00	0.85	0.80	0.75	0.70	0.70	0.65	0.65	0.65	0.60	0.55	0.55	0.55
7	7	−0.20	0.05	0.15	0.20	0.25	0.30	0.30	0.35	0.35	0.35	0.45	0.45	0.45	0.45
	6	0.05	0.20	0.30	0.35	0.35	0.40	0.40	0.40	0.40	0.45	0.45	0.50	0.50	0.50
	5	0.20	0.30	0.35	0.40	0.40	0.45	0.45	0.45	0.45	0.45	0.50	0.50	0.50	0.50
	4	0.35	0.40	0.40	0.45	0.45	0.45	0.45	0.45	0.45	0.45	0.50	0.50	0.50	0.50
	3	0.55	0.50	0.50	0.50	0.50	0.50	0.50	0.50	0.50	0.50	0.50	0.50	0.50	0.50
	2	0.80	0.65	0.60	0.55	0.55	0.55	0.50	0.50	0.50	0.50	0.50	0.50	0.50	0.50
	1	1.30	1.00	0.90	0.80	0.75	0.70	0.70	0.70	0.65	0.65	0.60	0.55	0.55	0.55
8	8	−0.20	0.05	0.15	0.20	0.25	0.30	0.30	0.35	0.35	0.35	0.45	0.45	0.45	0.45
	7	0.00	0.20	0.30	0.35	0.35	0.40	0.40	0.40	0.40	0.45	0.50	0.50	0.50	0.50
	6	0.15	0.30	0.35	0.40	0.40	0.45	0.45	0.45	0.45	0.45	0.50	0.50	0.50	0.50
	5	0.30	0.35	0.40	0.45	0.45	0.45	0.45	0.45	0.45	0.45	0.50	0.50	0.50	0.50
	4	0.40	0.45	0.45	0.45	0.45	0.45	0.45	0.50	0.50	0.50	0.50	0.50	0.50	0.50
	3	0.60	0.50	0.50	0.50	0.50	0.50	0.50	0.50	0.50	0.50	0.50	0.50	0.50	0.50
	2	0.85	0.65	0.60	0.55	0.55	0.55	0.50	0.50	0.50	0.50	0.50	0.50	0.50	0.50
	1	1.30	1.00	0.90	0.80	0.75	0.70	0.70	0.70	0.65	0.65	0.60	0.55	0.55	0.55
9	9	−0.25	0.00	0.15	0.20	0.25	0.30	0.30	0.30	0.35	0.40	0.45	0.45	0.45	0.45
	8	−0.00	0.20	0.30	0.35	0.35	0.40	0.40	0.40	0.40	0.45	0.45	0.50	0.50	0.50
	7	0.15	0.30	0.35	0.40	0.40	0.45	0.45	0.45	0.45	0.45	0.50	0.50	0.50	0.50
	6	0.25	0.35	0.40	0.40	0.45	0.45	0.45	0.45	0.45	0.50	0.50	0.50	0.50	0.50
	5	0.35	0.40	0.45	0.45	0.45	0.45	0.45	0.45	0.50	0.50	0.50	0.50	0.50	0.50
	4	0.45	0.45	0.45	0.45	0.45	0.50	0.50	0.50	0.50	0.50	0.50	0.50	0.50	0.50
	3	0.60	0.50	0.50	0.50	0.50	0.50	0.50	0.50	0.50	0.50	0.50	0.50	0.50	0.50
	2	0.85	0.65	0.60	0.55	0.55	0.55	0.55	0.50	0.50	0.50	0.50	0.50	0.50	0.50
	1	1.35	1.00	0.90	0.80	0.75	0.75	0.70	0.70	0.65	0.65	0.60	0.55	0.55	0.55
10	10	−0.25	0.00	0.15	0.20	0.25	0.30	0.30	0.35	0.35	0.40	0.45	0.45	0.45	0.45
	9	−0.05	0.20	0.30	0.35	0.35	0.40	0.40	0.40	0.40	0.45	0.45	0.50	0.50	0.50
	8	−0.10	0.30	0.35	0.40	0.40	0.40	0.45	0.45	0.45	0.45	0.50	0.50	0.50	0.50
	7	0.20	0.35	0.40	0.40	0.45	0.45	0.45	0.45	0.45	0.50	0.50	0.50	0.50	0.50
	6	0.30	0.40	0.40	0.45	0.45	0.45	0.45	0.45	0.45	0.50	0.50	0.50	0.50	0.50
	5	0.40	0.45	0.45	0.45	0.45	0.45	0.45	0.50	0.50	0.50	0.50	0.50	0.50	0.50
	4	0.50	0.45	0.45	0.45	0.50	0.50	0.50	0.50	0.50	0.50	0.50	0.50	0.50	0.50
	3	0.60	0.55	0.50	0.50	0.50	0.50	0.50	0.50	0.50	0.50	0.50	0.50	0.50	0.50
	2	0.85	0.65	0.60	0.55	0.55	0.55	0.55	0.50	0.50	0.50	0.50	0.50	0.50	0.50
	1	1.35	1.00	0.90	0.80	0.75	0.75	0.70	0.70	0.65	0.65	0.60	0.55	0.55	0.55

n	m \ $\overline{K}$	0.1	0.2	0.3	0.4	0.5	0.6	0.7	0.8	0.9	1.0	2.0	3.0	4.0	5.0
11	11	−0.25	0.00	0.15	0.20	0.25	0.30	0.30	0.30	0.35	0.35	0.45	0.45	0.45	0.45
	10	0.05	0.20	0.25	0.30	0.35	0.40	0.40	0.40	0.40	0.45	0.45	0.50	0.50	0.50
	9	0.10	0.30	0.35	0.40	0.40	0.40	0.45	0.45	0.45	0.45	0.50	0.50	0.50	0.50
	8	0.20	0.35	0.40	0.40	0.45	0.45	0.45	0.45	0.45	0.45	0.50	0.50	0.50	0.50
	7	0.25	0.40	0.40	0.45	0.45	0.45	0.45	0.45	0.45	0.50	0.50	0.50	0.50	0.50
	6	0.35	0.40	0.45	0.45	0.45	0.45	0.45	0.50	0.50	0.50	0.50	0.50	0.50	0.50
	5	0.40	0.44	0.45	0.45	0.45	0.50	0.50	0.50	0.50	0.50	0.50	0.50	0.50	0.50
	4	0.50	0.50	0.50	0.50	0.50	0.50	0.50	0.50	0.50	0.50	0.50	0.50	0.50	0.50
	3	0.65	0.55	0.50	0.50	0.50	0.50	0.50	0.50	0.50	0.50	0.50	0.50	0.50	0.50
	2	0.85	0.65	0.60	0.55	0.50	0.55	0.55	0.50	0.50	0.50	0.50	0.50	0.50	0.50
	1	1.35	1.50	0.90	0.80	0.75	0.75	0.70	0.70	0.65	0.65	0.60	0.55	0.55	0.55
12层以上	1	−0.30	0.00	0.15	0.20	0.25	0.30	0.30	0.30	0.35	0.35	0.40	0.45	0.45	0.45
	自2	−0.10	0.20	0.25	0.30	0.35	0.40	0.40	0.40	0.40	0.40	0.45	0.45	0.45	0.50
	上3	0.05	0.25	0.35	0.40	0.40	0.40	0.45	0.45	0.45	0.45	0.45	0.50	0.50	0.50
	4	0.15	0.30	0.40	0.40	0.45	0.45	0.45	0.45	0.45	0.45	0.50	0.50	0.50	0.50
	5	0.25	0.35	0.40	0.45	0.45	0.45	0.45	0.45	0.45	0.45	0.50	0.50	0.50	0.50
	6	0.30	0.40	0.40	0.45	0.45	0.45	0.45	0.45	0.45	0.50	0.50	0.50	0.50	0.50
	7	0.35	0.40	0.40	0.45	0.45	0.45	0.45	0.50	0.50	0.50	0.50	0.50	0.50	0.50
	8	0.35	0.45	0.45	0.45	0.50	0.50	0.50	0.50	0.50	0.50	0.50	0.50	0.50	0.50
	中间	0.45	0.45	0.45	0.45	0.50	0.50	0.50	0.50	0.50	0.50	0.50	0.50	0.50	0.50
	4	0.55	0.50	0.50	0.50	0.50	0.50	0.50	0.50	0.50	0.50	0.50	0.50	0.50	0.50
	自3	0.65	0.55	0.50	0.50	0.50	0.50	0.50	0.50	0.50	0.50	0.50	0.50	0.50	0.50
	下2	0.70	0.70	0.60	0.55	0.55	0.55	0.55	0.50	0.50	0.50	0.50	0.50	0.50	0.50
	1	1.35	1.05	0.90	0.80	0.75	0.70	0.70	0.70	0.65	0.65	0.60	0.55	0.55	0.55

注：n 为总层数；m 为所在楼层的位置；$\overline{K}$ 为平均线刚度比。

上下层横梁线刚度比对 y_0 的修正值 y_1　　　　表 4-10

α_1 \ $\overline{K}$	0.1	0.2	0.3	0.4	0.5	0.6	0.7	0.8	0.9	1.0	2.0	3.0	4.0	5.0
0.4	0.55	0.40	0.30	0.25	0.20	0.20	0.20	0.15	0.15	0.15	0.05	0.05	0.05	0.05
0.5	0.45	0.30	0.20	0.20	0.15	0.15	0.15	0.10	0.10	0.10	0.05	0.05	0.05	0.05
0.6	0.30	0.20	0.15	0.15	0.10	0.10	0.10	0.10	0.05	0.05	0.05	0	0	0
0.7	0.20	0.15	0.10	0.10	0.10	0.10	0.05	0.05	0.05	0.05	0	0	0	0
0.8	0.15	0.10	0.05	0.05	0.05	0.05	0.05	0.05	0.05	0	0	0	0	0
0.9	0.05	0.05	0.05	0.05	0	0	0	0	0	0	0	0	0	0

上下层高变化对 y_0 的修正值 y_2 和 y_3　　　　表 4-11

α_2	α_3 \ $\overline{K}$	0.1	0.2	0.3	0.4	0.5	0.6	0.7	0.8	0.9	1.0	2.0	3.0	4.0	5.0
2.0		0.25	0.15	0.15	0.10	0.10	0.10	0.10	0.10	0.05	0.05	0.05	0.05	0.0	0.0
1.8		0.20	0.15	0.10	0.10	0.10	0.05	0.05	0.05	0.05	0.05	0.05	0.0	0.0	0.0
1.6	0.4	0.15	0.10	0.10	0.05	0.05	0.05	0.05	0.05	0.05	0.05	0.0	0.0	0.0	0.0
1.4	0.6	0.10	0.05	0.05	0.05	0.05	0.05	0.05	0.05	0.05	0.0	0.0	0.0	0.0	0.0
1.2	0.8	0.05	0.05	0.05	0.0	0.0	0.0	0.0	0.0	0.0	0.0	0.0	0.0	0.0	0.0
1.0	1.0	0.0	0.0	0.0	0.0	0.0	0.0	0.0	0.0	0.0	0.0	0.0	0.0	0.0	0.0
0.8	1.2	−0.05	−0.05	−0.05	0.0	0.0	0.0	0.0	0.0	0.0	0.0	0.0	0.0	0.0	0.0
0.6	1.4	−0.10	−0.05	−0.05	−0.05	−0.05	−0.05	−0.05	−0.05	0.0	0.0	0.0	0.0	0.0	0.0
0.4	1.6	−0.15	−0.10	−0.10	−0.05	−0.05	−0.05	−0.05	−0.05	−0.05	−0.05	0.0	0.0	0.0	0.0
	1.8	−0.20	−0.15	−0.10	−0.10	−0.10	−0.05	−0.05	−0.05	−0.05	−0.05	0.0	0.0	0.0	0.0
	2.0	−0.25	−0.15	−0.15	−0.10	−0.10	−0.10	−0.10	−0.10	−0.05	−0.05	−0.05	0.0	0.0	0.0

（1）分别按式（4-14）和式（4-17）计算各层柱的侧移刚度 D_{ik}，其中 α 值按表 4-7 所列公式计算。

（2）按下式计算各柱所分配的剪力：

$$V_{ik} = \frac{D_{ik}}{\sum\limits_{k=1}^{n} D_{ik}} V_i \tag{4-19}$$

式中　V_{ik}——框架第 i 层第 k 根柱所分配的地震剪力；

　　　D_{ik}——第 i 层第 k 根柱的侧移刚度；

　　　$\sum\limits_{k=1}^{n} D_{ik}$——第 i 层柱侧移刚度之和；

　　　V_i——第 i 层地震剪力，$V_i = \sum\limits_{i}^{n} F_i$。

（3）按式（4-18a）计算柱的反弯点高度。

（4）根据 V_{ik} 和反弯点高度确定柱端弯矩，然后，按节点弯矩平衡条件和梁的转动刚度确定梁端弯矩。

（二）框架侧移的计算

框架侧移计算包括弹性侧移和弹塑性侧移计算。兹分述如下：

1. 弹性侧移的计算

如前所述，《抗震规范》规定，框架和框架-抗震墙结构，宜进行低于本地区设防烈度的多遇地震作用下结构的抗震变形验算，其层间弹性侧移应符合式（3-145）的要求：

$$\Delta u_e \leqslant [\theta_e] h$$

式中 Δu_e 即为多遇地震作用标准值产生的层间弹性侧移。其余符号意义同前。

现来说明 Δu_e 的计算方法：

设 Δu_{eik} 和 V_{ik} 为第 i 层第 k 根柱柱端相对侧移和地震剪力，根据柱的侧移刚度定义，得

$$D_{ik} = \frac{V_{ik}}{\Delta u_{eik}} \tag{a}$$

或

$$V_{ik} = \Delta u_{eik} D_{ik} \tag{b}$$

等号两边取总和号 $\sum\limits_{k=1}^{n}$，于是

$$\sum_{k=1}^{n} V_{ik} = \sum_{i=1}^{n} \Delta u_{eik} D_{ik} = V_i \tag{c}$$

因为在同一层各柱的相对侧移（即层间位移）Δu_{eik} 相同❶，等于该层框架层间侧移 Δu_{ei}，则得：

$$\Delta u_{ei} = \frac{V_i}{\sum\limits_{k=1}^{n} D_{ik}} \tag{4-20}$$

式中　V_i——多遇地震作用标准值产生的层间地震剪力。

----

❶ 假定楼盖刚度在平面内刚度为无穷大。

146

由式（4-20）可见，框架弹性层间侧移等于层间地震剪力标准值除以该层各柱侧移刚度之和。

综上所述，验算框架在多遇地震作用下其层间弹性侧移的步骤可归纳为：

（1）计算框架结构的梁、柱线刚度。

（2）计算柱的侧移刚度 D_{ik} 及 $\sum\limits_{k=1}^{n} D_{ik}$。

（3）确定结构的基本自振周期 T_1 ［参见式（4-2a）、式（4-2b）或式（4-5）］。

（4）由表 3-4 查得多遇地震的 $\alpha_{\max}$，并按图 3-5 确定 α。

（5）按式（3-77）计算结构底部剪力，按式（3-83）计算各质点的水平地震作用标准值，并求出楼层地震剪力标准值。

（6）按式（4-20）求出层间侧移 Δu_{ei}。

（7）验算层间位移条件

$$\Delta u_{ei} \leqslant [\theta_e] h_i \text{❶}$$

2. 弹塑性侧移的计算

（1）计算范围

《抗震规范》规定，下列结构应进行高于本地区设防烈度预估的罕遇地震作用下薄弱层（部位）的弹塑性侧移的计算：

1）7～9 度时楼层屈服强度系数 $\xi_y < 0.5$ 的钢筋混凝土框架结构。

2）甲类建筑中的钢筋混凝土框架和框架-抗震墙结构。

（2）结构薄弱层位置的确定

结构薄弱层的位置可按下列情况确定：

1）楼层屈服强度系数 ξ_y 沿高度分布均匀的结构，可取底层。

2）楼层屈服强度系数 ξ_y 沿高度分布不均匀的结构，可取该系数最小的楼层和相对较小的楼层，一般不超过 2～3 处。

（3）楼层屈服强度系数 ξ_y 的计算

楼层屈服强度系数按下式计算：

$$\xi_y(i) = \frac{V_y(i)}{V_e(i)} \tag{4-21}$$

式中　　$\xi_y(i)$——第 i 层的层间屈服强度系数；

　　　　$V_e(i)$——罕遇地震作用下第 i 层的弹性剪力；

　　　　$V_y(i)$——第 i 层的层间屈服剪力。

层间屈服剪力应按构件实际配筋和材料强度标准值确定，其计算步骤如下：

1）按下式计算梁、柱屈服弯矩：

梁：$$M_{yb} = 0.9 f_{yk} A_s h_0 \tag{4-22}$$

式中　　M_{yb}——梁的屈服弯矩；

　　　　f_{yk}——钢筋强度标准值；

　　　　A_s——梁内受拉钢筋实际配筋面积；

---

❶　式中 $\Delta u_{ei} \leqslant [\theta_e] h_i$ 即为《抗震规范》中公式（5.5.1）所示的 $\Delta u_e \leqslant [\theta_e] h$。

h_0——梁的截面有效高度。

柱（对称配筋）：

大偏心受压情形 $\left(\xi = \dfrac{N}{\alpha_1 f_c b h_0} \leqslant \xi_b\right)$

当 $\xi h_0 \geqslant 2a'_s$ 时

按下式确定 e 值：

$$e = \frac{A'_s \, f'_{yk}(h_0 - a'_s) + \alpha_1 f_{ck} b h_0^2 \xi (1 - 0.5\xi)}{N} \tag{4-23}$$

按下式算出偏心距

$$e_0 = \left(e - \frac{h}{2} + a'_s\right) \tag{4-24}$$

当 $\xi h_0 < 2a'_s$ 时

按下式确定 e' 值：

$$e' = \frac{A_s f_{yk}(h_0 - a'_s)}{N} \tag{4-25}$$

按下式算出偏心距

$$e_0 = \left(e' + \frac{h}{2} - a'_s\right) \tag{4-26}$$

于是，柱的屈服弯矩

$$M_{yc} = Ne_0 \tag{4-27}$$

小偏心受压情形（$\xi > \xi_b$）

按式（4-28）确定 e 值：

$$e = \frac{A'_s \, f'_{yk}(h_0 - a'_s) + \alpha_1 f_{ck} b h_0^2 \xi (1 - 0.5\xi)}{N} \tag{4-28}$$

按下式算出偏心距

$$e_0 = \left(e - \frac{h}{2} + a_s\right) \tag{4-29}$$

柱的屈服弯矩

$$M_{yc} = Ne_0$$

式（4-23）～式（4-29）中

A_s、A'_s——柱截面一侧实配钢筋面积；

f_{yk}、f'_{yk}——钢筋强度标准值；

h_0——柱的截面有效高度；

a_s、a'_s——柱截面一侧钢筋中心至截面近边的距离；

f_{ck}——混凝土抗压强度标准值；

α_1——系数，当混凝土强度等级不超过 C50 时，$\alpha_1 = 1.0$；当为 C80 时，$\alpha_1 = 0.94$，其间按直线内插法取用；

b——柱的宽度；

ξ——相对受压区高度；

ξ_b——界限相对受压区高度；

N——与配筋相应的柱截面轴向力。

2）计算柱端截面有效屈服弯矩 $\widetilde{M}_{yc}(i)$：

当 $\Sigma M_{yb} > \Sigma M_{yc}$ 时，即弱柱型（图 4-15b）。

柱的有效屈服弯矩为：

柱上端：

$$\left. \begin{aligned} \widetilde{M}_{yc}^{\text{上}}(i)_k = M_{yc}^{\text{上}}(i)_k \\ \widetilde{M}_{yc}^{\text{下}}(i)_k = M_{yc}^{\text{下}}(i)_k \end{aligned} \right\} \tag{4-30}$$

柱下端：

式中　ΣM_{yb}——框架节点左右梁端反时针或顺时针方向截面屈服弯矩之和；

　　　ΣM_{yc}——同一节点上下柱端顺时针或反时针方向截面屈服弯矩之和；

$\widetilde{M}_{yc}^{\text{上}}(i)_k$——第 i 层第 k 根柱柱顶截面有效屈服弯矩；

$\widetilde{M}_{yc}^{\text{下}}(i)_k$——第 i 层第 k 根柱柱底截面有效屈服弯矩；

$M_{yc}^{\text{上}}(i)_k$——第 i 层第 k 根柱柱顶截面屈服弯矩；

$M_{yc}^{\text{下}}(i)_k$——第 i 层第 k 根柱柱底截面屈服弯矩。

以上符号意义参见图 4-15（a）、（b）。

当 $\Sigma M_{yb} < \Sigma M_{yc}$ 时，即弱梁型（图 4-15c）。

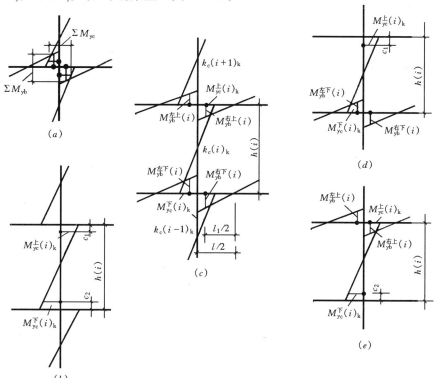

图 4-15　柱的有效屈服弯矩的计算

（a）梁柱屈服弯矩；（b）弱柱型；（c）弱梁型；

（d）上端节点为弱柱型，下端节点为弱梁型；

（e）上端节点为弱梁型，下端节点为弱柱型

柱的有效屈服弯矩

柱上端截面：

$$\left.\begin{aligned} \widetilde{M}_{\text{yc}}^{上}(i)_{\text{k}} &= \frac{k_{\text{c}}(i)_{\text{k}}}{k_{\text{c}}(i)_{\text{k}} + k_{\text{c}}(i+1)_{\text{k}}} \Sigma M_{\text{yb}}^{上}(i) \\ \widetilde{M}_{\text{yc}}^{上}(i)_{\text{k}} &= M_{\text{yc}}^{上}(i)_{\text{k}} \end{aligned}\right\} \tag{4-31}$$

取其中较小者。

柱下端截面：

$$\left.\begin{aligned} \widetilde{M}_{\text{yc}}^{下}(i)_{\text{k}} &= \frac{k_{\text{c}}(i)_{\text{k}}}{k_{\text{c}}(i)_{\text{k}} + k_{\text{c}}(i-1)_{\text{k}}} \Sigma M_{\text{yb}}^{下}(i) \\ \widetilde{M}_{\text{yc}}^{下}(i)_{\text{k}} &= M_{\text{yc}}^{下}(i)_{\text{k}} \end{aligned}\right\} \tag{4-32}$$

取其中较小者。

式中　$k_{\text{c}}(i)_{\text{k}}$——第 i 层第 k 根柱的线刚度；

　$k_{\text{c}}(i+1)_{\text{k}}$——第 $i+1$ 层第 k 根柱的线刚度；

　$k_{\text{c}}(i-1)_{\text{k}}$——第 $i-1$ 层第 k 根柱的线刚度；

　$\Sigma M_{\text{yb}}^{上}(i)$——第 i 层上节点梁端截面屈服弯矩之和，$\Sigma M_{\text{yb}}^{上}(i) = M_{\text{yb}}^{左上}(i) + M_{\text{yb}}^{右上}(i)$；

　$\Sigma M_{\text{yb}}^{下}(i)$——第 i 层下节点梁端截面屈服弯矩之和，$\Sigma M_{\text{yb}}^{下}(i) = M_{\text{yb}}^{左下}(i) + M_{\text{yb}}^{右下}(i)$。

应当指出，在式（4-31）、式（4-32）中，当取 $\widetilde{M}_{\text{yc}}^{上}(i)_{\text{k}} = M_{\text{yc}}^{上}(i)_{\text{k}}$ 或 $\widetilde{M}_{\text{yc}}^{下}(i)_{\text{k}} = M_{\text{yc}}^{下}(i)_{\text{k}}$ 时，所在节点另一柱端的截面有效屈服弯矩值应按该节点弯矩平衡条件求得，即

$$M_{\text{yc}}^{下}(i+1) = \Sigma M_{\text{yb}}^{上}(i) - M_{\text{yc}}^{上}(i)_{\text{k}}$$

$$M_{\text{yc}}^{上}(i-1) = \Sigma M_{\text{yb}}^{下}(i) - M_{\text{yc}}^{下}(i)_{\text{k}}$$

当第 i 层柱的上端节点为弱柱型，下端节点为弱梁型（图 4-15d）或相反情形（图 4-15e）时，则柱端有效屈服弯矩应分别按式（4-30）和式（4-32）或式（4-31）和式（4-30）计算。

3）计算第 i 层第 k 根柱的屈服剪力 $V_{\text{y}}(i)_{\text{k}}$

$$V_{\text{y}}(i)_{\text{k}} = \frac{\widetilde{M}_{\text{yc}}^{上}(i)_{\text{k}} + \widetilde{M}_{\text{yc}}^{下}(i)_{\text{k}}}{h_{\text{n}}(i)} \tag{4-33}$$

式中　$h_{\text{n}}(i)$——第 i 层的净高，$h_{\text{n}}(i) = h(i) - c_1 - c_2$ ❶。

4）计算第 i 层的层间屈服剪力 $V_{\text{y}}(i)$

将第 i 层各柱的屈服剪力相加，即得该层层间屈服剪力：

$$V_{\text{y}}(i) = \sum_{k=1}^{n} V_{\text{y}}(i)_{\text{k}} \tag{4-34}$$

---

❶ c_1、c_2 为 i 层上梁、下梁的半高。

（4）层间弹塑性侧移的计算

如前所述，当不超过 12 层且楼层刚度无突变的钢筋混凝土框架结构，层间弹塑性侧移可按式（3-150a）计算

$$\Delta u_{\mathrm{p}} = \eta_{\mathrm{p}} \Delta u_{\mathrm{e}}$$

其中 Δu_{e} 为罕遇地震作用下按弹性分析的层间侧移。其值（第 i 层）可按式（4-35）计算：

$$\Delta u_{\mathrm{e}} = \frac{V_{\mathrm{e}}}{\displaystyle\sum_{k=1}^{n} D_{i\mathrm{k}}} \tag{4-35}$$

式中 V_{e}——罕遇地震作用下框架层间剪力。

其余符号意义同前。

综上所述，按简化方法验算框架结构在罕遇地震作用下层间弹塑性侧移的步骤是：

（1）按式（4-34）计算楼层层间屈服剪力

$$V_{\mathrm{y}}(i) = \sum_{k=1}^{n} V_{\mathrm{y}}(i)_{\mathrm{k}} \quad (i = 1, 2, \cdots, n)$$

（2）按表 3-4 确定罕遇地震作用下的地震影响系数最大值 $\alpha_{\max}$，按图 3-5 确定 α_1，进一步计算层间弹性地震剪力 $V_{\mathrm{e}}(i)$。

（3）按式（4-35）计算层间弹性侧移 Δu_{e}。

（4）按式（4-21）计算楼层屈服强度系数 $\xi_{\mathrm{y}}(i)$，并找出薄弱层的层位。

（5）计算薄弱层的弹塑性层间侧移 $\Delta u_{\mathrm{p}} = \eta_{\mathrm{p}} \Delta u_{\mathrm{e}}$。

（6）按式（3-151）复核层间位移条件：

$$\Delta u_{\mathrm{p}} \leqslant [\theta_{\mathrm{p}}] h$$

【例题 4-2】某教学楼为四层钢筋混凝土框架结构。楼层重力荷载代表值：$G_4 = 5000\mathrm{kN}$，$G_3 = G_2 = 7000\mathrm{kN}$，$G_1 = 7800\mathrm{kN}$。梁的截面尺寸：250mm×600mm，混凝土采用 C20；柱的截面尺寸：450mm×450mm，混凝土采用 C30。现浇梁、柱，楼盖为预应力圆孔板，建造在 I 类场地上，结构阻尼比为 0.05。抗震设防烈度为 8 度，设计基本地震加速度为 0.20g，设计地震分组为第二组。结构平面图、剖面图及计算简图见图 4-16(a)、(b)、(c)。

试验算在横向水平多遇地震作用下层间弹性位移，并绘出框架地震弯矩图。

【解】（1）楼层重力荷载代表值

$G_1 = 7800\mathrm{kN}$，$G_2 = G_3 = 7000\mathrm{kN}$，$G_4 = 5000\mathrm{kN}$，$\Sigma G_i = 26800\mathrm{kN}$

（2）梁、柱线刚度计算

1）梁的线刚度

边跨梁：

$$k_{\mathrm{b}} = \frac{E_{\mathrm{b}} I_{\mathrm{b}}}{l} = \frac{25.5 \times 10^6 \times \frac{1}{12} \times 0.25 \times 0.6^3 \times 1.2^{\text{❶}}}{5.7} = 24.16 \times 10^3 \mathrm{kN \cdot m}$$

---

❶ 为了计算简化，本例框架梁截面惯性矩增大系数均采用 1.2。

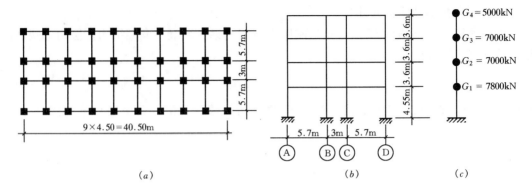

图 4-16　例题 4-2 附图

中跨梁：

$$k_b = \frac{E_b I_b}{l} = \frac{25.5 \times 10^6 \times \frac{1}{12} \times 0.25 \times 0.6^3 \times 1.2}{3.00} = 45.90 \times 10^3 \text{kN} \cdot \text{m}$$

2）柱的线刚度

首层柱：

$$k_c = \frac{E_c I_c}{h} = \frac{30 \times 10^6 \times \frac{1}{12} \times 0.45^4}{4.55} = \frac{102.52 \times 10^3}{4.55} = 22.53 \times 10^3 \text{kN} \cdot \text{m}$$

其他层柱：

$$k_c = \frac{102.52 \times 10^3}{3.60} = 28.48 \times 10^3 \text{kN} \cdot \text{m}$$

3）柱的侧移刚度 D

计算过程见表 4-12a、b。

2～4 层 D 值的计算　　　　　　　　　　　　　　　　　　　表 4-12a

D	$\bar{K} = \frac{\sum k_b}{2k_c}$	$\alpha = \frac{\bar{K}}{2 + \bar{K}}$	$D = \alpha k_c \frac{12}{h^2}$ （kN/m）
中柱（20 根）	$\frac{2(24.16 + 45.9) \times 10^3}{2 \times 28.48 \times 10^3} = 2.46$	$\frac{2.46}{2 + 2.46} = 0.552$	$0.552 \times 28.48 \times 10^3 \times \frac{12}{3.6^2} = 14560$
边柱（20 根）	$\frac{2 \times 24.16 \times 10^3}{2 \times 28.48 \times 10^3} = 0.848$	$\frac{0.848}{2 + 0.848} = 0.298$	$0.298 \times 28.48 \times 10^3 \times \frac{12}{3.6^2} = 7858$

$$\sum D = (14560 + 7858) \times 20 = 448360 \text{kN/m}$$

首层 D 值的计算　　　　　　　　　　　　　　　　　　　　表 4-12b

D	$\bar{K} = \frac{\sum k_b}{2k_c}$	$\alpha = \frac{0.5 + \bar{K}}{2 + \bar{K}}$	$D = \alpha k_c \frac{12}{h^2}$ （kN/m）
中柱（20 根）	$\frac{(24.16 + 45.9) \times 10^3}{22.53 \times 10^3} = 3.110$	$\frac{0.5 + 3.11}{2 + 3.11} = 0.706$	$0.706 \times 22.53 \times 10^3 \times \frac{12}{4.55^2} = 9220$
边柱（20 根）	$\frac{24.16 \times 10^3}{22.53 \times 10^3} = 1.072$	$\frac{0.5 + 1.072}{2 + 1.072} = 0.512$	$0.512 \times 22.53 \times 10^3 \times \frac{12}{4.55^2} = 6686$

$$\sum D = (9220 + 6686) \times 20 = 318120 \text{kN/m}$$

（3）框架自振周期的计算

按式（4-2a）计算，该式分子分母项计算过程见表 4-13。

基本周期 T_1 的计算
表 4-13

层位	G_i (kN)	ΣD (kNm)	ΣG_i (kNm)	$\Delta u_i = \dfrac{\Sigma G}{D_i}$ (m)	$u_i = \Sigma \Delta_u$ (m)	$G_i u_i$ (kN-m)	$G_i u_i^2$ (kN-m^2)
1	5000	448360	5000	0.0112	0.1646	823.0	535.47
2	7000	448360	12000	0.0268	0.1534	1073.8	164.72
3	7000	448360	19000	0.0424	0.1266	886.2	112.19
4	7800	318120	26800	0.0842	0.0842	656.8	55.30

$$\text{取 } \psi_\text{T} = 0.5, \quad T_1 = 2\psi_\text{T}\sqrt{\frac{\sum\limits_{i=1}^{n} G_i u_i^2}{\sum\limits_{i=1}^{n} G_i u_i^2}} = 2 \times 0.5 \sqrt{\frac{467.68}{3439.8}} = 0.362\text{s} \approx 0.40\text{s}$$

（4）多遇水平地震作用标准值和位移的计算

本例房屋高度 15.35m，且质量和刚度沿高度分布比较均匀，故可采用底部剪力法计算多遇水平地震作用标准值。

由表 3-4 查得，多遇地震，设防烈度 8 度，设计地震加速度为 0.20g 时，$\alpha_{\max} = 0.16$；由表 3-2 查得，I 类场地，设计地震分组为第二组 $T_g = 0.30$。

$$\alpha_1 = \left(\frac{T_g}{T_1}\right)^{0.9} \alpha_{\max} = \left(\frac{0.30}{0.40}\right)^{0.9} \times 0.16 = 0.124$$

因为 $T_1 = 0.40\text{s} < 1.4T_g = 1.4 \times 0.3 = 0.42\text{s}$，故不必考虑顶部附加水平地震作用，即 $\delta_\text{n} = 0$。

结构总水平地震作用标准值

$$F_\text{Ek} = \alpha_1 G_\text{eq} = 0.124 \times 0.85 \times 26800 = 2824\text{kN}$$

质点 i 的水平地震作用标准值、楼层地震剪力及楼层层间位移的计算过程，参见表4-14。

按式（3-145）验算框架层间弹性位移

F_i、V_i 和 Δu_e 的计算
表 4-14

层	G_i (kN)	H_i (m)	$G_i H_i$	$\Sigma G_i H_i$	F_i (kN)	V_i (kN)	ΣD (kN/m)	Δu_e (m)
4	5000	15.35	76750		861	861	448360	0.002
3	7000	11.75	82250	251540	924	1785	448360	0.004
2	7000	8.15	57050		641	2426	448360	0.005
1	7800	4.55	35490		398	2824	318120	0.009

首层：
$$\frac{\Delta u_e}{h} = \frac{0.009}{4.55} = \frac{1}{506} < \frac{1}{450} \qquad (\text{满足})$$

二层：
$$\frac{\Delta u_e}{h} = \frac{0.005}{3.60} = \frac{1}{720} < \frac{1}{450} \qquad (\text{满足})$$

（5）框架地震内力的计算

框架柱剪力和柱端弯矩的计算过程见表 4-15。梁端剪力及柱轴力见表 4-16。地震作用下框架层间剪力图见图 4-17，框架弯矩图见图 4-18。

水平地震作用下框架柱剪力和柱端弯矩标准值　　　　表 4-15

柱	层	h (m)	V_i (m)	D_i (kN/m)	ΣD_i (kN/m)	$\frac{D}{\Sigma D}$	V_{ik_i} (kN)	K_i	y_0 (m)	$M_下$ (kN·m)	$M_上$ (kN·m)
边柱	4	3.60	861	7858	448360	0.0175	15.07	0.848	0.35	18.99	35.26
	3	3.60	1785	7858	448360	0.0175	31.24	0.848	0.45	50.61	61.86
	2	3.60	2426	7858	448360	0.0175	42.46	0.848	0.50	76.43	76.43
	1	4.55	2824	6686	318120	0.0210	59.3	1.072	0.64	172.68	97.13
中柱	4	3.60	861	7858	448360	0.0325	27.98	2.460	0.45	45.33	55.40
	3	3.60	1785	7858	448360	0.0325	58.01	2.460	0.47	98.15	110.68
	2	3.60	2426	7858	448360	0.0325	78.85	2.460	0.50	141.93	141.93
	1	4.55	2824	6686	318120	0.0290	81.90	3.110	0.55	204.95	167.69

注：$V_{ik} = \frac{D}{\Sigma D} V_i$；$M_下 = V_{ik} y_0 h$ 为柱下端弯矩；$M_上 = V_{ik}(1-y_0)h$ 为柱上端弯矩。

水平地震作用下梁端剪力和柱轴力　　　　表 4-16

| 层位 | AB 跨梁端剪力 | | | BC 跨梁端剪力 | | | 柱轴力 | |
	l (m)	M_{EA} (kN·m)	M_{EB} (kN·m)	V_E (kN)	l (m)	M_{BC} (kN·m)	M_{EC} (kN·m)	V_E (kN)	N_{EA} (kN)	N_{EB} (kN)
4	5.70	35.26	19.71	9.64	3.00	36.29	36.29	24.19	9.64	14.55
3	5.70	80.85	53.82	23.63	3.00	102.18	102.18	68.12	33.27	59.04
2	5.70	127.05	82.83	36.82	3.00	157.25	157.25	104.83	70.09	127.05
1	5.70	173.56	106.81	49.19	3.00	202.80	202.80	135.20	119.28	213.06

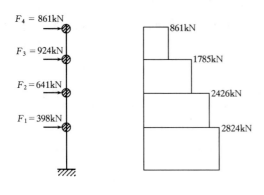

图 4-17　例题 4-2 计算简图和层间地震剪力图

二、重力荷载下框架内力的计算

框架在重力荷载作用下的内力分析，通常采用力矩二次分配法。

（一）力矩二次分配法

力矩二次分配法是一种近似计算法。这个方法就是将各节点的不平衡力矩，同时作分配和传递，并以两次分配为限。力矩二次分配法所得结果与精确法比较，相差甚小，其计算精度已满足工程需要。

【例题 4-3】试按力矩二次分配法计算例题 4-2 钢筋混凝土框架的弯矩，并绘出弯矩图。屋面和楼面荷载标准值见表 4-17。

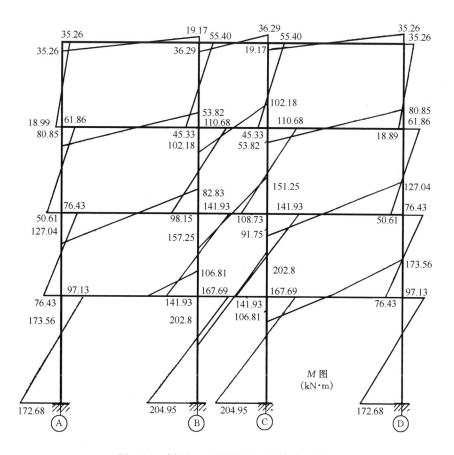

图 4-18　例题 4-2 地震作用下框架剪力图

例题 4-3　框架屋面和楼面荷载　　　　　　　　　　　　　　表 4-17

荷载性质	荷载类别	屋面荷载（kN/m²）	楼面荷载（kN/m²）	
			教　　室	走　　道
活　　载	使用荷载	0.70	2.00	2.50
	雪荷载	0.30	—	—
恒　　载	地面材料重	2.93	1.10	1.10
	叠合层重	1.00	1.00	1.00
	预制板重	2.60	2.60	2.60

【解】（1）计算梁、柱转动刚度

因为框架结构对称、荷载对称，又属奇数跨，故在对称轴上梁的截面只有竖向位移（沿对称轴方向）（图 4-19a），没有转角。所以可取如图 4-19b 所示半边结构计算。对称截面处可取为滑动端。

梁、柱转动刚度及相对转动刚度如表 4-18 所示。

（2）计算分配系数

分配系数按下式计算：

$$\mu_{ik} = \frac{S'_{ik}}{\sum\limits_{i=1}^{n} S'_{ik}}$$

其中 S'_{ik} 为节点 k 第 i 根杆件的相对转动刚度；$\sum\limits_{i=1}^{n} S'_{ik}$ 为节点 k 各杆相对转动刚度之和。

梁、柱转动刚度及相对转动刚度 表4-18

构 件 名 称		转动刚度 S（kN·m）	相对转动刚度 S'
框 架 梁	边 跨	$4 \times k_b = 4 \times 24.16 \times 10^3 = 96.64 \times 10^3$	1.072
	中 跨	$2 \times k_b = 2 \times 45.90 \times 10^3 = 91.80 \times 10^3$	1.019
框 架 柱	首 层	$4 \times k_c = 4 \times 22.53 \times 10^3 = 90.12 \times 10^3$	1.000
	其他层	$4 \times k_c = 4 \times 28.48 \times 10^3 = 113.92 \times 10^3$	1.264

各节点杆件分配系数见表 4-19。

分配系数 $\mu = \dfrac{S'}{\Sigma S'}$ 表4-19

节点	$\Sigma S'_{ik}$	$\mu_{左梁}$	$\mu_{右梁}$	$\mu_{上柱}$	$\mu_{下柱}$
5	$1.072 + 1.264 = 2.336$	—	0.459	—	0.541
4	$1.072 + 1.264 \times 2 = 3.600$	—	0.298	0.351	0.351
3	$1.072 + 1.264 \times 2 = 3.600$	—	0.298	0.351	0.351
2	$1.072 + 1.264 + 1.00 = 3.336$	—	0.321	0.379	0.300
10	$1.072 + 1.019 + 1.264 = 3.355$	0.320	0.303	—	0.377
9	$1.072 + 1.019 + 1.264 \times 2 = 4.619$	0.232	0.220	0.274	0.274
8	$1.072 + 1.019 + 1.264 \times 2 = 4.619$	0.232	0.220	0.274	0.274
7	$1.072 + 1.019 + 1.264 + 1.000 = 4.355$	0.246	0.234	0.290	0.230

（3）荷载分析

1）屋面梁上线荷载设计值

恒载：$1.2 [(2.93 + 1.00 + 2.60) \times 4.5 + 0.25 \times 0.60 \times 25 \times 1.2$[1]$] = 40.67 \text{kN/m}$

活载：$1.4 \times 0.70 \times 4.5 = \underline{4.41 \text{kN/m}}$

$q_1 = 45.08 \text{kN/m}$

2）楼面梁上线荷载设计值

教室

恒载：$1.2 [(1.10 + 1.00 + 2.60) \times 4.5 + 0.25 \times 0.60 \times 25 \times 1.2] = 30.78 \text{kN/m}$

---

❶ 式中系数 1.2 为考虑梁挑檐及抹灰重的系数。

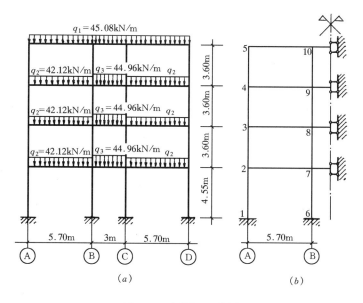

图 4-19 例题 4-3 附图

活载：
$$1.4 \times 2.00 \times 4.5 \times 0.9^{❶} = \underline{11.34 \text{kN/m}}$$
$$q_2 = 42.12 \text{kN/m}$$

走道

恒载：
$$= 30.78 \text{kN/m}$$

活载：
$$1.4 \times 2.50 \times 4.5 \times 0.9 = \underline{14.18 \text{kN/m}}$$
$$q_3 = 44.96 \text{kN/m}$$

（4）梁端固端弯矩 M_F

顶层

边跨梁（教室）：$M_F = \dfrac{1}{12} q_1 l_1^2 = \dfrac{1}{12} \times 45.08 \times 5.7^2 = 122.05 \text{kN} \cdot \text{m}$

中跨梁（走道）：$M_F = \dfrac{1}{3} q_1 l_2^2 = \dfrac{1}{3} \times 45.08 \times \left(\dfrac{3}{2}\right)^2 = 33.81 \text{kN} \cdot \text{m}$

其他层

边跨梁（教室）：$M_F = \dfrac{1}{12} q_2 l_1^2 = \dfrac{1}{12} \times 42.12 \times 5.7^2 = 114.04 \text{kN} \cdot \text{m}$

中跨梁（走道）：$M_F = \dfrac{1}{3} q_3 l_2^2 = \dfrac{1}{3} \times 44.96 \times \left(\dfrac{3}{2}\right)^2 = 33.72 \text{kN} \cdot \text{m}$

（5）力矩分配与传递

力矩分配与传递按图 4-20 的方法进行。首先将各节点的分配系数填在相应方框内，将梁的固端弯矩填写在框架横梁相应位置上，然后将节点放松，把各节点不平衡力矩同时进行分配。假定远端固定进行传递（不向滑动端传递）：右（左）梁分配力矩向左（右）梁传递，上

---

❶ 系数 0.9 为楼面活荷载折减系数。

（下）柱分配力矩向下（上）柱传递（传递系数均为 1/2）。第一次分配力矩传递后，再进行第二次力矩分配，然后不再传递。实际上，力矩二次分配法，只将不平衡力矩分配两次，将分配力矩传递一次。

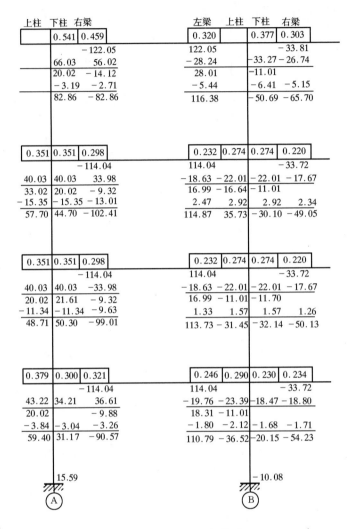

图 4-20　弯矩分配与传递

（6）作弯矩图

将杆端弯矩按比例画在杆件受拉一侧。对于无荷载直接作用的杆件（如柱），将杆端弯矩连以直线，即为该杆的弯矩图；对于有荷载直接作用的杆件（如梁），以杆端弯矩的连线为基线，叠加相应简支梁的弯矩图，即为该杆件的弯矩图。例如顶层边跨横梁 $B_{5,10}$ 的跨中弯矩为：

$$M_{中} = \frac{1}{8}q_1 l_1^2 - (M_{10,5} + M_{5,10})\frac{1}{2}$$

$$= \frac{1}{8} \times 45.08 \times 5.7^2 - (82.86 + 116.38)\frac{1}{2} = 83.46\text{kN} \cdot \text{m}$$

158

框架的弯矩图（设计值）如图 4-21 所示。

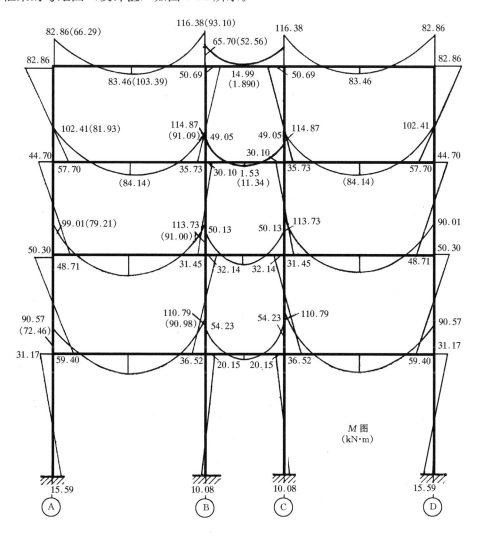

图 4-21　框架弯矩图计算值

（二）梁端弯矩的调幅

框架结构梁端弯矩较大，配筋较多，因而不便施工。由于超静定钢筋混凝土结构具有塑性内力重分布的性质，所以在重力荷载作用下可乘以调幅系数 β，适当降低梁端弯矩。根据工程经验，对现浇钢筋混凝土框架，可取 $\beta=0.8\sim0.9$，对装配式钢筋混凝土框架，可取 $\beta=0.7\sim0.8$。梁端弯矩降低后，跨中弯矩增加。这样，梁端弯矩调幅后，不仅可以减少梁端配筋数量，达到方便施工的目的，而且还可以提高柱的安全储备，以满足"强柱弱梁"的设计原则。

图 4-21 中括号内的数字为梁端弯矩调幅后相应截面弯矩数值（调幅系数为 0.8）。

【例题 4-4】试确定例题 4-3 框架结构在重力荷载（设计值）作用下边跨（AB 跨）梁的剪力和边柱的轴向力（调幅后值）。外墙尺寸如图 4-22 所示。

【解】（1）计算梁端剪力

图 4-22 例题 4-4 外墙尺寸图

重力荷载（设计值）作用下 AB 跨梁端剪力计算过程，如表 4-20 所示。

重力荷载（设计值）下 AB 跨梁端剪力计算　　　　　　　　　　　表 4-20

层	q（kN/m）	l（m）	$\dfrac{ql}{2}$ （kN）	$\dfrac{\Sigma M}{l}$ （kN）	$V_A = \dfrac{ql}{2} - \dfrac{\Sigma M}{l}$ （kN）	$V_{B左} = \dfrac{ql}{2} + \dfrac{\Sigma M}{l}$ （kN）	V'_A （kN）	V'_B （kN）
4	45.08	5.70	128.48	4.70	123.78	133.18	113.62	123.06
3	42.12	5.70	120.04	1.75	118.29	121.79	108.78	112.31
2	42.12	5.70	120.04	2.07	117.97	122.11	—	—
1	42.12	5.70	120.04	2.84	117.20	122.88	—	—

注：V'_A、V'_B 为梁端截面剪力；V_A、$V_{B左}$ 为轴线处剪力。

（2）边柱轴力（中框架）的计算（参见图 4-22）

外纵墙重：

首层：$[(4.55-0.75) \times (4.50-0.45) - (2.70 \times 1.80)]1.85 \times 1.2 = 23.38$kN

其他层：$[(3.60-0.5) \times (4.50-0.45) - (2.70 \times 1.80)]1.85 \times 1.2 = 17.08$kN

纵梁重：$0.25 \times 0.5 \times (4.50-0.45) \times 25 \times 1.2 = 15.19$kN

柱重：

首层：25.82kN

其他层：18.83kN

重力荷载作用下边柱轴力计算过程，如表 4-21 所示。

160

层	截　面	横梁剪力 (kN)	外纵墙重 (kN)	纵梁重 (kN)	柱　重 (kN)	ΔN (kN)	柱轴力 N (kN)
4	1-1	123.78	17.08	15.19	18.83	138.97	138.97
	2-2					157.80	157.80
3	3-3	118.29	17.08	15.19	18.83	150.56	308.36
	4-4					169.39	327.19
2	5-5	117.97	17.08	15.19	18.83	150.24	477.43
	6-6					169.07	496.26
1	7-7	117.20	23.38	15.19	25.82	149.47	645.73
	8-8			15.19		213.86	710.12

注：1. 表中截面位置编号见图 4-23；

2. ΔN 为本层重力荷载产生的轴力；

3. 假定外纵墙重力荷载完全由纵梁承受。

三、控制截面及其内力不利组合

在进行构件截面设计时，需求得控制截面上的最不利内力组合作为配筋的依据。对于框架梁，一般选梁的两端截面和跨中截面作为控制截面；对于柱，则选柱的上、下端截面作为控制截面。内力不利组合就是控制截面配筋最大的内力组合。

如前所述，对于一般结构，当考虑地震作用时，应按下式进行内力组合和验算构件承载力：

$$S = 1.2 C_{G} G_{E} + 1.3 C_{Eh} E_{hk} \leqslant \frac{R}{\gamma_{RE}} \qquad (4-36)$$

式中　　S——结构构件内力组合的设计值；

1.2、1.3——分别为重力荷载代表值和水平地震作用分项系数；

C_{G}、C_{Eh}——分别为重力荷载代表值和水平地震作用效应系数；

G_{E}、E_{hk}——分别为重力荷载代表值和水平地震作用标准值；

R——结构构件承载力设计值，按现行国家标准《混凝土结构设计规范》GB 50010 计算；

γ_{RE}——承载力抗震调整系数，按表 3-14 采用。

考虑到可变荷载组合值系数一般为 0.5～0.8，以及承载力抗震调整系数 $\gamma_{RE} = 0.75～0.85$，所以，框架在正常重力荷载作用下构件承载力验算条件有可能比考虑地震作用时更为不利。因此，构件除按有地震作用内力组合进行构件承载力验算外，尚需按无地震作用时，在正常重力荷载作用下内力进行承载力验算。

为了简化计算，将式（4-36）改写成：

$$S = \gamma_{RE} (1.2 C_{G} G_{E} + 1.3 C_{Eh} E_{hk}) \leqslant R \qquad (4-37a)$$

当 S 表示梁的剪力 V 时，为了简化计算，将式（4-36）写成：

图 4-23　表 4-21 截面位置编号

$$V = \gamma_{RE} \left(\eta_{vb} \frac{M_b^l + M_b^r}{l_n} + V_{Gb} \right) \frac{1}{0.6 + k} \leqslant V_c^{❶} \qquad (4\text{-}37b)$$

式中　η_{vb}——梁端剪力增大系数❷，一级框架为 1.3，二级为 1.2，三级为 1.1；

M_b^l、M_b^r——分别为梁左右端反时针或顺时针方向组合弯矩设计值，一级框架两端均为负弯矩时❸，绝对值较小一端的弯矩取零；

l_n——梁的净跨；

V_{Gb}——梁在重力荷载代表值作用下，按简支梁分析的梁端截面剪力设计值；

V_c——梁的混凝土受剪承载力设计值，$V_c = 0.7bh_0 f_t$；

f_t——混凝土抗拉强度设计值；

k——梁端箍筋加密区箍筋受剪承载力设计值（加密区箍筋要求见表 4-66）与混凝土受剪承载力设计值之比，其值可由表 4-22 查得。

k 值 表   表 4-22

梁宽	一级（$\phi10@100$）			二级（$\phi8@100$）			三级（$\phi8@150$）		
(mm)	C20	C25	C30	C20	C25	C30	C20	C25	C30
250	2.141	1.854	1.647	1.372	1.188	1.055	0.915	0.792	0.704
300	1.784	1.545	1.372	1.143	0.990	0.879	0.762	0.660	0.586
350	1.529	1.325	1.176	0.980	0.849	0.754	0.653	0.566	0.503
400	1.338	1.159	1.029	0.857	0.743	0.660	0.572	0.495	0.440

注：表中括号内箍筋数量为相应抗震等级的框架结构梁端加密区最小配箍量。

于是，式（4-37a）和式（4-37b）右端项分别只剩下正常荷载下梁端承载力设计值 R 和混凝土受剪承载力设计值 V_c，这样，就可以同重力荷载一样进行梁的承载力计算。这时梁的内力不利组合可直接按下式确定：

（一）梁的内力不利组合

梁的负弯矩，取下式两者较大值

$$\left. \begin{aligned} -M &= -\gamma_{RE} (1.3 M_{Ek} + 1.2 M_{GE}) \\ -M &= -\gamma_0 (1.2 M_{Gk} + 1.4 M_{Qk}) \end{aligned} \right\} \qquad (4\text{-}38)$$

梁端正弯矩按下式确定

$$M = \gamma_{RE} (1.3 M_{Ek} - 1.0 M_{GE}) \qquad (4\text{-}39)$$

梁端剪力，取下式两者较大值

$$\left. \begin{aligned} V &= \gamma_{RE} \left(\eta_{vb} \frac{M_b^l + M_b^r}{l_n} + V_{Gb} \right) \frac{1}{0.6 + k} \\ V &= \gamma_0 (1.2 V_{Gk} + 1.4 V_{Qk}) \frac{1}{1 + k} \end{aligned} \right\} \qquad (4\text{-}40)$$

跨中正弯矩，取下式两者较大值

---

❶　一级框架结构及 9 度时括号内各项尚应以式（4-265）右端各项替换进行验算。

❷　剪力增大系数是考虑使构件剪切破坏晚于受弯破坏，以达到"强剪弱弯"的设计原则，避免构件过早地发生脆性破坏。

❸　这里梁端负弯矩是指梁的上边缘受拉，它与位移法中梁端的符号规定有所不同。

$$\left.\begin{array}{l}M_{\text{中}}=\gamma_{\text{RE}}\ (1.3M_{\text{Ek}}+1.2M_{\text{GE}})\\[6pt]M_{\text{中}}=\gamma_0\ (1.2M_{\text{Gk}}+1.4M_{\text{Qk}})\end{array}\right\}\tag{4-41}$$

式中　γ_0——结构重要性系数，对于安全等级为一级、二级、三级[❶]的结构构件分别取

　　　　　1.1、1.0、0.9；

　　　M_{Ek}——由地震作用在梁内产生的弯矩标准值；

　　　M_{GE}——由重力荷载代表值在梁内产生的弯矩；

　　　M_{Gk}——由恒载在梁内产生的弯矩的标准值；

　　　M_{Qk}——由活载在梁内产生的弯矩标准值；

　　　V_{Gk}——由恒载在梁内产生的剪力标准值；

　　　V_{Qk}——由活载在梁内产生的剪力标准值。

　　式（4-41）第一式括号内为重力荷载代表值与水平地震作用在梁内产生的跨中最大组合弯矩设计值，用 $M_{\text{b,max}}$ 表示，即 $M_{\text{b,max}}=1.3M_{\text{Ek}}+1.2M_{\text{GE}}$，其值由作图法或解析法求得。

　　1. 按作图法求 $M_{\text{b,max}}$

　　作图步骤如下（参见图 4-24）：

　　（1）按一定比例尺作出重力荷载设计值（荷载分项系数 $\gamma_{\text{G}}=1.2$）作用下梁的 M_{G} 弯矩图。

　　（2）在 M_{G} 图上，以同一比例尺作水平地震作用设计值下梁的 M_{E} 弯矩图，作图时正弯矩绘在基线以上，负弯矩绘在基线以下。

　　（3）在 M_{G} 弯矩图上作平行于 a、b 连线的切线，从切点 m 向上作铅垂线与直线 $\overline{ab}$ 交于 n 点，$\overline{mn}$ 长度即为 $M_{\text{b,max}}$ 的设计值。

　　2. 按解析法求 $M_{\text{b,max}}$

　　现以框架梁上只承受重力均布线荷载情形为例，说明按解析法求解 $M_{\text{b,max}}$ 的具体步骤。

　　图 4-25 为从框架中隔离出来的梁，其上作用有与地震作用组合的重力线荷载设计值 q，由重力荷载代表值在梁的左端和右端产生的弯矩设计值分别为 M_{GA} 和 M_{GB}；设地震自左向右作用，则其在梁的左端和右端产生的弯矩设计值分别为 M_{EA} 和 M_{EB}。

图 4-24　梁的组合弯矩的图解法

图 4-25　梁的组合弯矩计算

距梁左端 A 距离为 x 的截面的弯矩方程

$$M_x = R_A x - \frac{qx^2}{2} - M_{GA} + M_{EA} \qquad (a)$$

由 $\dfrac{dM_x}{dx} = 0$，解得最大弯矩截面离梁的 A 端的距离为

$$x = \frac{R_A}{q} \qquad (b)$$

将式 (b) 代入式 (a)，得

$$M_{b,max} = \frac{R_A^2}{2q} - M_{GA} + M_{EA} \qquad (4-42)$$

式 $(4-42)$ 中 R_A 为在均布荷载 q 和梁端弯矩 M_{GA}、M_{GB}、M_{EA} 和 M_{EB} 共同作用下在梁端 A 产生的反力，其值为：

$$R_A = \frac{ql}{2} - \frac{1}{l} (M_{GB} - M_{GA} + M_{EA} + M_{EB}) \qquad (4-43)$$

当地震作用方向从右向左时，式 $(4-43)$ 中 M_{EA}、M_{EB} 应以负号代入。

（二）柱的内力不利组合

今以双向偏心受压柱为例，说明柱的内力不利组合方法。

图 4-26　框架平面图

图 4-27　柱的组合弯矩计算

现建立坐标系，设 x 轴平行于框架结构平面的长边，y 轴平行于短边（参见图4-26）。

当地震沿结构横向（垂直于 x 轴）作用时（图 4-27a）：

$$\left. \begin{aligned} M_x &= \gamma_{RE}(1.3M_{Ex} + 1.2M_{GEx}) \\ M_y &= \gamma_{RE}1.2M_{GEy} \\ N &= \gamma_{RE}(1.2N_{GE} \pm 1.3N_{Ex}) \end{aligned} \right\} \qquad (4-44)❶$$

当地震沿结构纵向（垂直于 y 轴）作用时（图 4-27b）：

$$\left. \begin{aligned} M_x &= \gamma_{RE}1.2M_{GEx} \\ M_y &= \gamma_{RE}(1.3M_{Ey} + 1.2M_{GEy}) \\ N &= \gamma_{RE}(1.2N_{GE} \pm 1.3N_{Ey}) \end{aligned} \right\} \qquad (4-45)$$

当无地震作用时（图 4-27c）：

$$\left. \begin{aligned} M_x &= \gamma_0 M_{Gx} = \gamma_0 (1.2M_{Gkx} + 1.4M_{Qkx}) \\ M_y &= \gamma_0 M_{Gy} = \gamma_0 (1.2M_{Gky} + 1.4M_{Qky}) \\ N &= \gamma_0 N_G = \gamma_0 (1.2N_{Gk} + 1.4N_{Qk}) \end{aligned} \right\} \qquad (4-46)$$

式中　M_x、M_y——分别为对柱的 x 轴、y 轴的弯矩设计值；

　　　M_{Ex}、M_{Ey}——分别为地震作用对柱的 x 轴和 y 轴产生的弯矩标准值；

---

❶　在式(4-44)、式(4-45)中,当柱为大偏心受压时,N_{GE}的分项系数 1.2 改为 1.0。

M_{GEx}、M_{GEy}——分别为由重力荷载代表值对柱的 x 轴和 y 轴产生的弯矩标准值；

N——柱的轴向力设计值；

N_{Ex}、N_{Ey}——地震作用垂直于柱的 x 轴和 y 轴时，柱所受到的轴向力标准值；

N_{GE}——重力荷载代表值对柱产生的轴力；

M_{Gkx}、M_{Gky}——分别为恒载对柱的 x 轴和 y 轴产生的弯矩标准值；

M_{Qkx}、M_{Qky}——分别为活载对柱的 x 轴和 y 轴产生的弯矩标准值；

N_{Gk}、N_{Qk}——分别为恒载和活载对柱产生的轴向力标准值。

图 4-28 构件端部
组合弯矩的计算

应当指出，在框架梁、柱端部截面配筋计算中，应采用构件端部控制截面的内力，而不是轴线处的内力。由图 4-28 可见，梁端截面弯矩、剪力较柱轴线处的小。柱端截面内力较梁轴线处为小。因此，在梁、柱内力不利组合前，须求出构件端部截面内力，再代入式（4-38）～式（4-46）中求组合内力。

【例题 4-5】试确定例题 4-2 钢筋混凝土框架在地震和重力荷载作用下的内力不利组合。地震作用下的内力见例题 4-2。重力荷载设计值作用下的内力见例题 4 3。

【解】1. 求与地震组合的重力荷载代表值作用下框架的内力

（1）荷载代表值的计算

1）屋面梁上线荷载

恒载　　　　$40.67 \times \dfrac{1}{1.2} = 33.89 \text{kN/m}$

雪载　　　　$0.3 \times \dfrac{1}{2} \times 4.5 = \underline{0.68} \text{kN/m}$

　　　　　　　　　$q_1 = 34.57 \text{kN/m}$

2）楼面上线荷载

教室：恒载　$30.78 \times \dfrac{1}{1.2} = 25.65 \text{kN/m}$

　　　活载　$2.00 \times \dfrac{1}{2} \times 4.5 = \underline{4.45} \text{kN/m}$

　　　　　　　　$q_2 = 30.15 \text{kN/m}$

走道：恒载　25.65kN/m

　　　活载　$2.50 \times \dfrac{1}{2} \times 4.5 = \underline{5.63} \text{kN/m}$

　　　　　　　　$q_3 = 31.28 \text{kN/m}$

（2）弯矩计算

1）梁的固端弯矩 M_F

顶层：

边跨梁　　$M_F = \dfrac{1}{12} q_1 l_1^2 = \dfrac{1}{12} \times 34.57 \times 5.7^2 = 93.60 \text{kN} \cdot \text{m}$

中跨梁　　$M_F = \dfrac{1}{3} q_1 l_2^2 = \dfrac{1}{3} \times 34.57 \times \left(\dfrac{3}{2}\right)^2 = 25.92 \text{kN} \cdot \text{m}$

其他层：

边跨梁　$M_F = \dfrac{1}{12}q_2 l_1^2 = \dfrac{1}{12} \times 30.15 \times 5.7^2 = 81.63 \text{kN} \cdot \text{m}$

中跨梁　$M_F = \dfrac{1}{3}q_2 l_2^2 = \dfrac{1}{3} \times 31.28 \times \left(\dfrac{3}{2}\right)^2 = 23.46 \text{kN} \cdot \text{m}$

2）框架梁、柱端截面弯矩

采用弯矩分配法计算，计算过程参见图 4-29。

上柱	下柱	右梁	左梁	上柱	下柱	右梁
	0.541	0.459	0.320		0.377	0.303
		−93.60	93.60			−25.92
50.64	42.96		−21.65		−25.51	−20.50
14.33	−10.83		21.48		7.98	
−1.89	−1.61		−4.33		−5.09	−4.09
	63.08	−63.08	89.10		−38.58	−50.52
0.351	0.351	0.298	0.232	0.274	0.274	0.220
		−81.63	81.63			−23.46
28.65	28.65	24.33	−13.49	−15.94	−15.94	−12.80
25.32	14.33	−6.75	12.17	−12.76	−7.97	
−11.54	−11.54	−9.8	1.99	2.34	2.34	1.88
42.43	31.43	−73.85	82.30	−26.36	−21.57	−34.38
0.351	0.351	0.298	0.232	0.274	0.274	0.220
		−81.63	81.63			−23.46
28.65	28.65	24.33	−13.49	−15.94	−15.94	−12.80
14.33	15.46	−6.75	12.17	−7.98	−8.43	
−8.09	−8.09	−6.87	0.98	1.17	1.17	0.93
34.88	36.03	70.92	81.28	−22.75	−23.21	−35.33
0.379	0.300	0.321	0.246	0.290	0.230	0.234
		−81.63	81.63			−23.46
30.93	24.49	26.20	−14.31	−16.87	−13.38	−13.61
14.33		−7.16	13.10	−7.98		
−2.72	−2.15	−2.30	−1.27	−1.48	−1.18	−1.57
42.54	22.34	64.88	79.15	−26.33	−14.55	−38.27

（柱底：左柱 11.17　右柱 −7.23）

图 4-29　弯矩分配法计算过程

3）绘弯矩图

弯矩图见图 4-30。括号内数字为调幅后值（调幅系数为 0.8）。

（3）梁端剪力计算（以中框架 AB 跨梁为例）

重力荷载代表值作用下 AB 跨梁端剪力计算过程如表 4-23a 所示。

（4）柱的轴向力计算（以中框架边柱为例）

边柱轴向力计算过程参见表 4-23b。

2. 梁、柱控制截面内力设计值不利组合

（1）梁的内力不利组合（以三层、四层边框架梁为例）

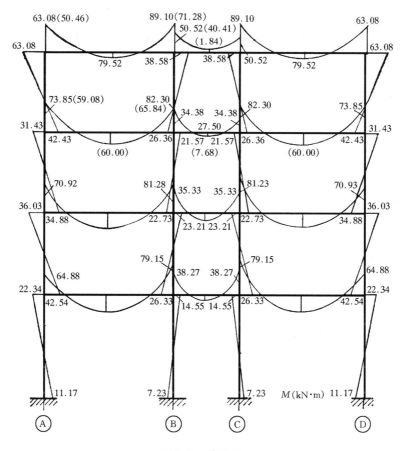

图 4-30　弯矩图

重力荷载代表值下 AB 跨梁端剪力计算　　表 **4-23a**

层	$q(\text{kN/m})$	$t(\text{m})$	$\dfrac{ql}{2}$ (kN)	$\dfrac{\Sigma M}{l}$ (kN)	$V_A = \dfrac{ql}{2} - \dfrac{\Sigma M}{l}$ (kN)	$V_{B左} = \dfrac{ql}{2} + \dfrac{\Sigma M}{l}$ (kN)
4	34.57	5.70	98.52	3.65	94.87	102.17
3	30.15	5.70	85.92	1.19	84.73	87.11
2	30.15	5.70	85.92	1.45	84.47	87.37
1	30.15	5.70	85.92	2.00	83.92	87.92

注:V_A、$V_{B左}$ 为轴线处剪力。

重力荷载代表值下边柱轴向力的计算　　表 **4-23b**

层	截面	横梁剪力 (kN)	外纵墙重 (kN)	纵梁重 (kN)	柱　重 (kN)	ΔN (kN)	柱轴向力 N (kN)
4	1—1	94.87	14.23	12.66	15.69	107.53	107.53
	2—2					123.22	123.22
3	3—3	84.73	14.23	12.66	15.69	111.62	234.84
	4—4					127.31	250.53
2	5—5	84.47	14.23	12.66	15.69	111.36	361.89
	6—6					127.05	377.58
1	7—7	83.92	19.48	12.66	21.53	110.81	488.39
	8—8					132.34	509.52

1) 梁的地震弯矩 M_{Ek} 图（数据来源见例题 4-2）

图 4-31　地震弯矩 M_{Ek} 图

四层：参见图 4-31a；三层：参见图 4-31b❶。

2) 在重力荷载代表值作用下梁的弯矩图

四层：参见图 4-32 (a)，其中控制截面弯矩：

$$M'_{GEA} = M_{GEA} - V_A \frac{b}{2} = 50.46 - 94.87 \times \frac{0.45}{2} = 29.11 \text{kN} \cdot \text{m}$$

$$M'_{GEB} = M_{GEB} - V_B \frac{b}{2} = 71.28 - 102.17 \times \frac{0.45}{2} = 48.29 \text{kN} \cdot \text{m}$$

三层：参见图 4-32 (b)。其中控制截面弯矩：

$$M'_{GEA} = M_{GEA} - V_A \frac{b}{2} = 59.08 - 84.73 \times \frac{0.45}{2} = 40.02 \text{kN} \cdot \text{m}$$

$$M'_{GEB} = M_{GEB} - V_B \frac{b}{2} = 65.84 - 87.11 \times \frac{0.45}{2} = 46.24 \text{kN} \cdot \text{m}$$

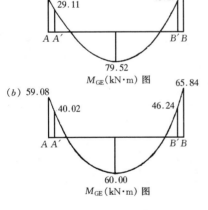

图 4-32　例题 4-5 附图之一
(a) 四层梁端控制截面 M_{GE} 图；
(b) 三层梁端控制截面 M_{GE} 图

图 4-33　例题 4-5 附图之二
(a) 四层梁端控制截面 M_G 图；
(b) 三层梁端控制截面 M_G 图

3) 在重力荷载设计值作用下梁的弯矩图（数据来源见例题 4-3）

四层：参见图 4-33 (a)，其中控制截面弯矩：

---

❶　首层、二层在地震、重力荷载代表值和设计值作用下的梁端弯矩计算从略。

$$M'_{GA} = M_{GA} - V_A \frac{b}{2} = 66.29 - 123.78 \times \frac{0.45}{2} = 38.44 \text{kN} \cdot \text{m}$$

$$M'_{GB} = M_{GB} - V_B \frac{b}{2} = 93.10 - 133.18 \times \frac{0.45}{2} = 63.14 \text{kN} \cdot \text{m}$$

三层：参见图 4-33（b），其中控制截面弯矩：

$$M'_{GA} = M_{GA} - V_A \frac{b}{2} = 81.93 - 118.29 \times \frac{0.45}{2} = 55.31 \text{kN} \cdot \text{m}$$

$$M'_{GB} = M_{GB} - V_B \frac{b}{2} = 91.09 - 121.79 \times \frac{0.45}{2} = 64.48 \text{kN} \cdot \text{m}$$

4）梁端控制截面弯矩不利组合

梁端控制截面 A' 弯矩不利组合计算，见表 4-24a；梁端控制截面 B' 弯矩不利组合计算，见表 4-24b（首层、二层计算从略，下同）。

梁端控制截面 A' 弯矩不利组合（kN·m） 表 4-24a

层	$1.3M_{Ek}$	$1.2M_{GE}$	$-M = \gamma_{RE}(1.3M_{Ek} + 1.2M_{GE})$	$M = \gamma_{RE}(1.3M_{Ek} - 1.0M_{GE})$	$-M = \gamma_0(1.2M_{Gk} + 1.4M_{Qk})$
4	$1.3 \times 33.09 = 43.02$	$1.2 \times 29.11 = 34.93$	$0.75(43.02 + 34.93) = \underline{58.46}$	$0.75(43.02 - 29.11) = 10.91$	$1 \times 38.44 = 38.44$
3	$1.3 \times 75.53 = 98.19$	$1.2 \times 40.02 = 48.02$	$0.75(98.19 + 48.02) = \underline{109.66}$	$0.75(98.19 - 40.02) = 43.63$	$1 \times 55.31 = 55.31$
2	$1.3 \times 127.57 = 165.84$	$1.2 \times 37.83 = 45.39$	$0.75(165.84 + 45.39) = \underline{158.42}$	$0.75(165.84 - 37.83) = 128.04$	$1 \times 52.67 = 52.67$
1	$1.3 \times 175.15 = 227.10$	$1.2 \times 33.13 = 39.75$	$0.75(227.1 + 39.75) = \underline{200.14}$	$0.75(227.1 - 33.13) = 145.48$	$1 \times 46.09 = 46.09$

注：表中数字下划横线者为最不利弯矩组合（下同）。

梁端控制截面 B' 弯矩不利组合（kN·m） 表 4-24b

层	$1.3M_{Ek}$	$1.2M_{GE}$	$-M = \gamma_{RE}(1.3M_{Ek} + 1.2M_{GE})$	$M = \gamma_{RE}(1.3M_{Ek} - 1.0M_{GE})$	$-M = \gamma_0(1.2M_{Gk} + 1.4M_{Qk})$
4	$1.3 \times 17.54 = 22.80$	$1.2 \times 48.29 = 57.95$	$0.75(22.80 + 57.95) = 60.56$	$0.75(22.08 - 48.29) < 0$	$1 \times 63.14 = \underline{63.14}$
3	$1.3 \times 48.50 = 63.05$	$1.2 \times 46.24 = 55.49$	$0.75(63.05 + 55.49) = \underline{88.91}$	$0.75(63.05 - 46.24) = 12.61$	$1 \times 64.48 = 64.48$

5）梁端控制截面剪力不利组合

梁端控制截面 A' 剪力不利组合计算，见表 4-25a；梁端控制截面 $B'_{左}$ 剪力不利组合计算，见表 4-25b。

梁端控制截面 A' 剪力不利组合（kN） 表 4-25a

层位	M_l (kN·m)	M_r (kN·m)	l_n (m)	V_{GE} (kN)	$V = \gamma_{RE}\left(\eta_v \dfrac{M_l - M_r}{l_n} + V_{GE}\right)\dfrac{1}{0.6+k}$	$V = \gamma_0\left(1.2V_{Gk} + 1.4V_{Qk}\right)\dfrac{1}{1+k}$
4	58.46	—	5.25	108.89	$0.85\left(1.2\times\dfrac{58.48}{5.25}+108.89\right)\dfrac{1}{0.6+1.372}$ $=\underline{52.70}$	$1\times113.62\times\dfrac{1}{1+1.372}=47.90$
3	109.7	12.61	5.25	94.97	$0.85\left(1.2\times\dfrac{109.7+12.61}{5.25}+94.97\right)$ $\dfrac{1.}{0.6+1.372}=52.98$	$1\times108.78\times\dfrac{1}{1+1.372}=45.86$

注：表中系数 $k=1.372$ 由表 4-22 中二级框架、梁宽 $b=250\text{mm}$、混凝土强度等级 C20 查得。

6）跨中弯矩不利组合

地震作用与重力荷载代表值下的跨中组合弯矩 $M_{b,\max}$：

四层：参见图 4-34（a）。

梁端控制截面 $B'_{左}$ 剪力不利组合（kN） 表 4-25b

层位	M_l (kN·m)	M_r (kN·m)	l_n (m)	V_{GE} (kN)	$V = \gamma_{RE}\left(\eta_v \dfrac{M_l - M_r}{l_n} + V_{GE}\right)\dfrac{1}{0.6+k}$	$V = \gamma_0\left(1.2V_{Gk} + 1.4V_{Qk}\right)\dfrac{1}{1+k}$
4	10.91	60.56	5.25	108.89	$0.85\times\left(1.2\times\dfrac{10.91+60.56}{5.25}+108.89\right)$ $\times\dfrac{1}{0.6+1.372}=\underline{53.98}$	$1\times123.06\times\dfrac{1}{1+1.372}=47.90$
3	43.63	88.91	5.25	94.97	$0.85\times\left(1.2\times\dfrac{43.63+88.91}{5.25}+94.97\right)$ $\times\dfrac{1.}{0.6+1.372}=\underline{53.99}$	$1\times112.31\times\dfrac{1}{1+1.372}=47.35$

图 4-34 跨中组合弯矩

$$R_A = \frac{q_l}{2} - \frac{1}{l}\left(M_{GB} - M_{GA} + M_{EA} + M_{EB}\right) = \frac{1.2\times34.54\times5.70}{2}$$

$$- \frac{1}{5.70}\left(1.2\times71.28 - 1.2\times50.46 + 1.3\times38.28 + 1.3\times21.17\right)$$

$$= 100.28\text{kN}$$

$$M_{b,max} = \frac{R_A^2}{2q} - M_{GA} + M_{EA} = \frac{100.28^2}{2 \times 1.2 \times 34.57} - 1.2 \times 50.46$$
$$+ 1.3 \times 38.28 = 110.43 \text{kN} \cdot \text{m}$$

三层：参见图 4-34（b）。

$$R_A = \frac{1.2 \times 30.15 \times 5.70}{2} - \frac{1}{5.70}(1.2 \times 65.84 - 1.2 \times 59.08 + 1.3 \times 87.77 + 1.3 \times$$
$$59.60)$$
$$= 68.08 \text{kN}$$

$$M_{b,max} = \frac{68.08^2}{2 \times 1.2 \times 30.15} - 1.2 \times 59.08 + 1.3 \times 87.77$$
$$= 107.25 \text{kN} \cdot \text{m}$$

梁的跨中控制截面弯矩不利组合计算见表 4-26。

梁的跨中控制截面弯矩不利组合（kN·m）　表 4-26

层 位	$\gamma_{RE}(1.3M_{Ek} + 1.2M_{GE})$	$\gamma_0(1.2M_{Gk} + 1.2M_{Ek})$
4	$0.75 \times 108.75 = 81.56$	$1 \times 103.39 = 103.39$
3	$0.75 \times 103.82 = 77.87$	$1 \times 64.14 = 64.14$

（2）柱的内力设计值不利组合计算（以横向地震作用和无地震下中框架边柱为例）

中框架边柱为单向偏心受压构件，在应用式（4-44）、式（4-45）和式（4-46）进行内力组合时，有下列三种情形，即在地震作用下大偏心受压、小偏心受压和无地震作用的偏心受压：

第①组内力组合（大偏心受压）
$$\left. \begin{array}{l} M_{max} = \gamma_{RE}(1.3M_E + 1.2M_{GE}) \\ N_{min} = \gamma_{RE}(1.3N_E + 1.0N_{GE}) \end{array} \right\} \qquad (a)$$

第②组内力组合（小偏心受压）
$$\left. \begin{array}{l} N_{max} = \gamma_{RE}(1.3N_E + 1.2N_{GE}) \\ M_{max} = \gamma_{RE}(1.3M_E + 1.2M_{GE}) \end{array} \right\} \qquad (b)$$

第③组内力组合（无地震作用）
$$\left. \begin{array}{l} M_x = \gamma_0(1.2M_{Gk} + 1.4M_{Qk}) \\ N = \gamma_0(1.2N_{Gk} + 1.4N_{Qk}) \end{array} \right\} \qquad (c)$$

在式（a）、式（b）中，当轴压比 $n = \frac{N}{f_c bh} \leqslant 0.15$ 时，$\gamma_{RE} = 0.75$；当 $n > 0.15$ 时，$\gamma_{RE} = 0.80$（见表3-14）。为此，应算出当 $\gamma_{RE} = 1$ 时边柱各控制截面的 N_{max} 和 N_{min} 值，然后与 $N = nf_c bh = 0.15f_c bh$ 值加以比较，当 N_{max}（或 N_{min}）$< N$ 者取 $\gamma_{RE} = 0.75$；当 N_{max}（或 N_{min}）$> N$ 者取 $\gamma_{RE} = 0.80$。

例如控制截面 8-8（表 4-27）：

$$N_{max} = 1 \times (1.3 \times 130.53 + 1.2 \times 509.52) = 781.1 \text{kN} > 0.15 \times 14.3 \times 450 \times 450 =$$
$$434.4 \times 10^3 \text{N} = 434.4 \text{kN}$$

$$N_{min} = 1 \times (1.3 \times 130.53 + 1.0 \times 509.52) = 679.2 \text{kN} > 434.4 \text{kN}$$

因此，截面 8-8 的 $\gamma_{RE} = 0.80$

边柱各控制截面内力设计值不利组合见表 4-27。由表中可见，三种组合中最大轴向力 $N=710.12$kN，而

$$\xi=\frac{N}{f_c b h_0}=\frac{710.12\times10^3}{14.3\times450\times415}=0.266<\xi_b=0.55$$

故边柱在各种内力组合下各截面均为大偏心受压。由表 4-27 可见，第 1 组内力组合为最不利组合。

中框架边柱内力组合　　　　　　　表 4-27

层	截面	横向地震作用时								无地震作用时	
		N_E	N_{GE}	M_E	M_{GE}	第 1 组内力组合		第 2 组内力组合		M_x	N
		(kN)	(kN)	(kN·m)	(kN·m)	M_{max}	N_{min}	N_{max}	M_{max}	(kN·m)	(kN)
4	1-1	10.43	107.53	33.37	54.26	81.38	90.82	106.94	81.38	82.86	138.97
	2-2	10.43	123.32	15.70	33.65	45.59	102.59	121.06	45.59	57.70	157.80
3	3-3	36.29	234.84	56.98	25.90	78.86	211.52	246.75	78.86	44.70	308.36
	4-4	36.29	250.53	44.77	29.40	70.12	223.28	278.25	74.78	48.71	327.19
2	5-5	76.59	361.89	69.13	29.48	100.20	369.17	427.06	100.20	40.54	477.43
	6-6	76.59	377.58	69.13	36.00	106.45	381.76	442.13	106.45	50.26	496.26
1	7-7	130.53	488.39	81.76	19.55	103.79	526.55	604.59	103.79	28.09	645.73
	8-8	130.53	509.52	189.13	11.17	207.43	543.36	624.85	207.43	15.59	710.12

§4-6　抗震墙结构内力和侧移的计算

一、水平荷载作用下抗震墙结构计算的简化

在水平荷载作用下抗震墙结构内力和侧移的计算，是个复杂的超静定问题。为了简化计算，可将它简化成平面结构。计算时采用如下假设：

（1）抗震墙结构的墙体，在其自身平面内的刚度为无限大，平面外的刚度很小，可忽略不计。

（2）楼板在其自身平面内的刚度为无限大，使各片墙体之间通过楼板共同工作。

根据第 1 个假设，可将空间的抗震墙结构划分成若干片平行的平面墙体，共同抵抗该方向的水平地震作用。

在计算平面墙体内力和侧移时，为了符合实际情况，《抗震规范》规定，抗震墙应计入端部翼墙共同工作，翼缘的有效长度，每侧由墙面算起可取相邻抗震墙净距的一半、至门窗洞口的墙长及抗震墙总高的 15%（或 7.5%）三者的最小值（表 4-28）。

T 形、L 形截面抗震墙翼缘有效长度　　　　表 4-28

项　次	考 虑 情 况	T 形截面	L 形截面
1	按相邻抗震墙净距	$t+1/2(l_{01}+l_{02})$	$t+1/2l_{01}$
2	按至门窗洞口的墙长	$t+a_1+a_2$	$t+a_1$
3	按抗震墙总高度考虑	$0.15H$	$0.075H$

注：1. l_{01}、l_{02} 分别为左、右相邻抗震墙的净距；

2. t 为抗震墙的厚度；

3. a_1、a_2 分别为左、右洞口至抗震墙墙面的距离；

4. H 为抗震墙的总高度。

根据第 2 个假设，各片抗震墙之间通过楼板连系，使它们协同工作。如果不考虑抗震墙结构的扭转，则各片抗震墙在同一层楼板标高处的侧移相等。因为各片抗震墙变形曲线相似（壁式框架除外），所以总水平荷载将按各片抗震墙刚度大小分配给各片墙❶。各片抗震墙的水平荷载沿高度分布与总水平荷载相似。

第 k 片抗震墙所分配的水平荷载可按下式计算：

$$q_k(x) = \frac{EI_{wek}}{\Sigma EI_{wek}} q(x) \tag{4-47}$$

式中　$q_k(x)$——第 k 片墙所分配的水平荷载（kN/m）；

　　　$q(x)$——作用在抗震墙结构上的总水平荷载（kN/m）；

　　　EI_{wek}——第 k 片墙等效刚度（kN·m²）；

　　　ΣEI_{wek}——各片墙等效刚度之和（kN·m²）。

这样，通过上面的简化，就把一个复杂的空间剪力墙结构计算问题简化成一片墙的计算问题了。本节将仅讨论单片墙在分配荷载作用下内力和侧移的计算。

单片墙根据洞口大小、形状和位置不同，分为整体墙、整体小开口墙、双肢墙、多肢墙及壁式框架（图 4-35）。

二、整体墙的计算

这种墙包括没有洞口和洞口很小的墙。前者称为实体墙（图 4-35a），后者称为小开口整截面墙（图 4-35c）。所谓小开口整截面墙是指洞口的面积与墙的总面积之比不大于 16%，且洞口的净距及洞口至墙边的距离均大于洞口长边尺寸的墙。

（一）内力计算

在水平荷载作用下整体墙受力特点与竖直的悬臂构件相同，截面上的正应力呈直线分布（图 4-36），因此，可按整体悬臂墙的公式计算其内力。

（二）侧移计算

在水平荷载作用下整体墙侧移的计算，同样可按材料力学公式计算，但考虑到抗震墙宽度一般都比较大，故除考虑墙的弯曲变形外，尚应考虑剪切变形的影响。此外，对于开洞的整体墙，还应考虑墙开洞对截面面积及刚度削弱的影响。

整体墙顶点的侧移可按下式计算：

$$\Delta = \begin{cases} \dfrac{11}{120} \dfrac{q_{max}H^4}{EI_w}\left(1 + \dfrac{3.64\mu EI_w}{H^2 GA_w}\right) & \text{（倒三角形分布荷载）} \\[3mm] \dfrac{1}{8} \dfrac{qH^4}{EI_w}\left(1 + \dfrac{4\mu EI_w}{H^2 GA_w}\right) & \text{（均布荷载）} \\[3mm] \dfrac{1}{3} \dfrac{FH^3}{EI_w}\left(1 + \dfrac{3\mu EI_w}{H^2 GA_w}\right) & \text{（顶部集中荷载）} \end{cases} \tag{4-48}$$

式中　q_{max}——倒三角形分布荷载最大值；

　　　q——均布荷载；

　　　F——顶部集中荷载；

　　　H——抗震墙总高度；

---

❶　如抗震墙结构中除有一般抗震墙外尚含有壁式框架，则其内力和侧移应按框架-抗震墙结构分析，参见 §4-7。

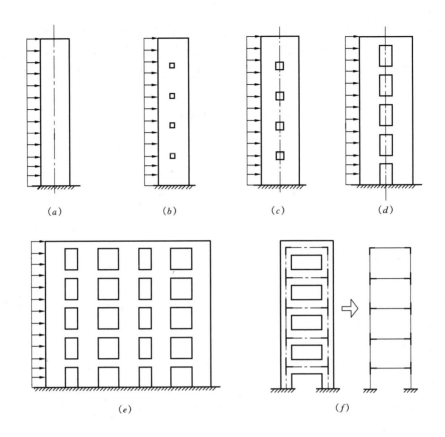

图 4-35　抗震墙的类型

(a)、(b) 整体墙；(c) 整体小开口墙；(d) 双肢墙；(e) 多肢墙；(f) 壁式框架

μ——剪应力不均匀系数：矩形截面 $\mu=1.2$；I 形截面 μ 值取抗震墙全截面与腹板截面之比；T 形截面按表 4-29 采用；

E——混凝土弹性模量；

G——混凝土剪切模量，取 $G=0.42E$；

A_W——无洞口抗震墙的截面面积，对小开口整截面墙取折算截面面积；

$$A_W = \left(1 - 1.25\sqrt{\frac{A_{op}}{A_f}}\right)A \qquad (4\text{-}49a)$$

式中　　A——抗震墙截面毛面积；

A_{op}——墙面洞口面积（立面）；

A_f——墙面总面积；

I_W——抗震墙截面惯性矩，对小开口整截面墙取折算惯性矩；

$$I_W = \frac{\Sigma I_i h_i}{\Sigma h_i} \qquad (4\text{-}49b)$$

式中　　I_i——墙的竖向各段（有洞和无洞各段）截面惯性矩；

h_i——相应各段的高度（图 4-36）。

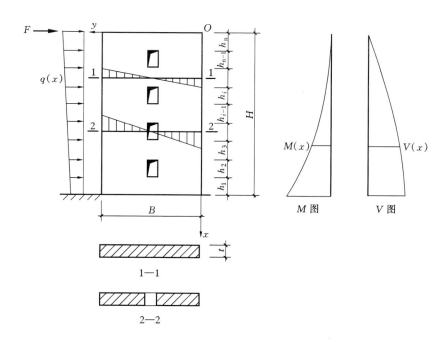

图 4-36 整体墙在水平荷载作用下正应力分布

T 形截面剪应力不均匀系数 μ   表 4-29

H/t \ B/t	2	4	6	8	10	12
2	1.383	1.496	1.521	1.511	1.483	1.445
4	1.441	1.876	2.287	2.682	3.061	3.424
6	1.362	1.097	2.033	2.367	2.698	3.026
8	1.313	1.572	1.838	2.106	2.374	2.641
10	1.283	1.489	1.707	1.927	2.148	2.370
12	1.264	1.432	1.614	1.800	1.988	2.178
15	1.245	1.374	1.519	1.669	1.820	1.973
20	1.228	1.317	1.422	1.534	1.648	1.763
30	1.214	1.264	1.328	1.399	1.473	1.549
40	1.208	1.240	1.284	1.334	1.387	1.442

注：B 为翼缘宽度；t 为剪力墙厚度；H 为剪力墙截面高度。

为了便于计算，将式（4-48）写成下面形式：

$$\Delta = \begin{cases} \dfrac{11}{120}\dfrac{q_{max}H^4}{EI_{we}} & \text{（倒三角分布荷载）} \\[2mm] \dfrac{1}{8}\dfrac{qH^4}{EI_{we}} & \text{（均布荷载）} \\[2mm] \dfrac{1}{3}\dfrac{FH^3}{EI_{we}} & \text{（顶部集中荷载）} \end{cases} \tag{4-50}$$

上式是将式（4-48）的抗震墙的顶点位移以弯曲变形的形式表示的顶点位移表达式，其中 EI_{we} 称为等效刚度，它是根据顶点位移相等的原则，将抗震墙的刚度折算成承受同样荷载的悬臂直杆只考虑弯曲变形时的刚度。比较式（4-48）和式（4-50）可见，等效刚度等于：

$$EI_{we} = \begin{cases} \dfrac{EI_w}{1 + \dfrac{3.64\mu EI_w}{H^2 GA_w}} & \text{(倒三角形分布荷载)} \\[3ex] \dfrac{EI_w}{1 + \dfrac{4\mu EI_w}{H^2 GA_w}} & \text{(均布荷载)} \\[3ex] \dfrac{EI_w}{1 + \dfrac{3\mu EI_w}{H^2 GA_w}} & \text{(顶部集中荷载)} \end{cases} \tag{4-51}$$

三、整体小开口墙

这种墙的洞口沿墙高成列布置，洞口面积虽超过抗震墙总面积的 16%，但洞口仍属于较小的抗震墙。根据模型试验和光弹试验表明，在水平荷载作用下整体小开口墙的受力特征仍接近整体墙。截面受力后仍保持平面，截面上的正应力分布基本上保持直线分布，在墙肢截面内仅出现较小的局部弯曲，因此，这种墙的内力和侧移仍可按材料力学公式计算，但需考虑局部弯曲应力的影响。

（一）判别条件

《钢筋混凝土高层建筑结构设计与施工规程》JGJ 3—91（以下简称《高层规程》）规定，当符合下面条件时可按整体小开口墙计算：

$$\lambda_1 \geqslant 10 \tag{4-52a}$$

和

$$\frac{I_n}{I_0} \leqslant Z \tag{4-52b}$$

或

$$\frac{I_n}{I_0} \leqslant Z_j \tag{4-52c}$$

式（4-52a）适用于各墙肢比较均匀的情形；而式（4-52b）则适用于各墙肢相差较大的情形，这时应分别对每一墙肢按式（4-52b）进行检查。

式中　λ_l——墙肢的整体参数，按下式计算[1]：

$$\lambda_1 = H\sqrt{\frac{12L^2 I_{b0} I_0}{h l_0^3 I_n (I_1 + I_2)}} \quad \text{（双肢墙）} \tag{4-53a}$$

$$\lambda_1 = H\sqrt{\frac{12}{Th\sum\limits_{j=1}^{m} I_j} \sum_{j=1}^{m-1} \frac{I_{b0j} L_j^2}{l_{0j}^3}} \quad \text{（多肢墙）} \tag{4-53b}$$

式中　m——墙肢数；

　　　L——双肢墙截面形心轴之间的距离；

　　　I_{b0}——连梁考虑剪切变形影响截面等效惯性矩；

$$I_{b0} = \frac{I_b}{1 + \dfrac{12\mu EI_b}{A_b G l_0^2}} \tag{4-53c}$$

---

[1]　关于墙肢的整体参数意义参见第 220 页。

I_b——连梁惯性矩；

l_0——连梁计算跨度，取洞口宽度加梁高的 $1/2$；

I_0——双肢墙组合截面惯性矩；

h——层高；

I_n——墙体组合截面惯性矩与各墙肢惯性矩之和的差 $I_n = I_0 - \Sigma I_j = \Sigma A_j y_j^2$；对于双肢墙，$I_n = A_1 y_1^2 + A_2 y_2^2$；

A_1、A_2——第 1 墙肢和第 2 墙肢的截面积；

y_1、y_2——抗震墙组合截面形心轴至第 1 和第 2 墙肢截面形心轴之间的距离；

T——轴向变形影响系数，墙肢数目 $m = 3 \sim 4$ 时，$T = 0.80$；$m = 5 \sim 7$ 时，$T = 0.85$；$m \geqslant 8$ 时，$T = 0.90$；

I_j——第 j 墙肢惯性矩；

l_{0j}——第 j 连梁计算跨度。

Z——系数，与联肢墙的整体参数 λ_1 和房屋层数 n 有关。可按式（4-54a）或式（4-54b）计算，也可由表 4-30 或表 4-31 查得：

$$Z = \frac{1}{k}\left(1 - \frac{3}{2n}\right) \quad \text{（倒三角形分布荷载）} \tag{4-54a}$$

$$Z = \frac{1}{k}\left(1 - \frac{2}{n}\right) \quad \text{（水平均布荷载）} \tag{4-54b}$$

k——系数，由表 4-30 或表 4-31 查得；

n——房屋层数；

Z_j——第 j 墙肢系数，可按下式计算。其中 k 可由表 4-30 或表 4-31 查得。

$$Z_j = \frac{1}{k}\left(1 - \frac{1.5 A_j \Sigma I_j}{n I_j \Sigma A_j}\right) \quad \text{（倒三角形分布荷载）} \tag{4-54c}$$

$$Z_j = \frac{1}{k}\left(1 - \frac{2 A_j \Sigma I_j}{n I_j \Sigma A_j}\right) \quad \text{（水平均布荷载）} \tag{4-54d}$$

式中符号意义同前。

水平倒三角形荷载作用下的系数 Z 及 k 值 表 4-30

n \ λ_1	8		10		12		16		20	
	k	Z	k	Z	k	Z	k	Z	k	Z
10	0.9153	0.887	0.9065	0.938	0.8980	0.974	0.8881	1.000	0.8819	1.000
12	0.9372	0.867	0.9292	0.915	0.9212	0.950	0.9118	0.994	0.9057	1.000
14	0.9523	0.853	0.9449	0.901	0.9376	0.933	0.9287	0.976	0.9228	1.000
16	0.9631	0.844	0.9563	0.889	0.9496	0.924	0.9412	0.963	0.9355	0.989
18	0.9710	0.837	0.9648	0.881	0.9587	0.913	0.9508	0.953	0.9454	0.978
20	0.9769	0.832	0.9713	0.875	0.9657	0.906	0.9583	0.945	0.9532	0.970
22	0.9815	0.828	0.9764	0.871	0.9713	0.901	0.9644	0.939	0.9595	0.964
24	0.9851	0.825	0.9804	0.867	0.9758	0.897	0.9693	0.935	0.9646	0.959
26	0.9875	0.822	0.9835	0.864	0.9795	0.893	0.9728	0.931	0.9678	0.956
28	0.9908	0.820	0.9873	0.861	0.9838	0.889	0.9760	0.928	0.9710	0.953
30	0.9928	0.818	0.9905	0.858	0.9882	0.885	0.9790	0.925	0.9742	0.949

n λ_1	8		10		12		16		20	
	k	Z	k	Z	k	Z	k	Z	k	Z
10	0.9022	0.832	0.8902	0.897	0.8811	0.945	0.8684	1.000	0.8599	1.000
12	0.9263	0.810	0.9148	0.874	0.9006	0.926	0.8948	0.978	0.8888	1.000
14	0.9413	0.797	0.9321	0.858	0.9247	0.901	0.9139	0.957	0.9063	0.993
16	0.9528	0.788	0.9447	0.847	0.9381	0.888	0.9281	0.943	0.9210	0.977
18	0.9613	0.781	0.9542	0.838	0.9483	0.879	0.9392	0.932	0.9325	0.965
20	0.9677	0.775	0.9651	0.832	0.9562	0.871	0.9478	0.923	0.9417	0.956
22	0.9727	0.771	0.9673	0.827	0.9645	0.864	0.9538	0.917	0.9490	0.948
24	0.9767	0.768	0.9721	0.823	0.9675	0.861	0.9605	0.911	0.9251	0.943
26	0.9798	0.766	0.9756	0.820	0.9716	0.857	0.9652	0.907	0.9601	0.937
28	0.9824	0.763	0.9784	0.818	0.9750	0.854	0.9691	0.903	0.9645	0.934
30	0.9845	0.762	0.9811	0.815	0.9778	0.853	0.9727	0.900	0.9671	0.930

（二）内力的计算

图 4-37 表示在水平荷载作用下整体小开口墙的弯矩图和剪力图。设距原点 x 处作截面 Ⅰ-Ⅰ，并取该截面以上部分为隔离体。现分析截面 Ⅰ-Ⅰ 受力情况（图 4-38a），该截面受总弯矩 M_q 和总剪力 V_q ❶，并由 M_F 在墙肢上产生轴力 N_j 和弯矩 M_j，由 V_q 在墙肢上产生剪力 V_j（图 4-38a、b）。

图 4-37 　整体小开口墙的弯矩图和剪力图

为了便于求出各墙肢截面内力，现将总弯矩 M_q 分解成两部分，一部分为产生整体弯曲的弯矩 M_{q1}，另一部分为产生局部弯曲的弯矩 M_{q2}。由它们在截面上产生的正应力图形分别见图 4-38 (c)、(d)。

由弯矩 M_{q1} 在各墙肢上产生的轴力 N_j（图 4-38c），可按材料力学公式求得：

$$N_j = \frac{M_{q1} y_j}{I_0} A_j \quad (j = 1, 2, 3, \cdots, m) \tag{4-55}$$

---

❶　为了书写方便起见，将 $M_q(x)$、$V_q(x)$ 简写成 M_q、V_q。

式中　y_j——由抗震墙组合截面形心至第 j 墙肢截面形心的距离；

　　　I_0——抗震墙组合截面的惯性矩；

　　　A_j——第 j 墙肢截面面积。

　　由弯矩 M_{q1} 在各墙肢上产生的弯矩 M_{j1}（图 4-38c），可按下面方法求得：

　　由平衡条件可知

$$M_{q1} = \Sigma M_{j1} + \Sigma N_j y_j \quad (4-56a)$$

将式（4-55）代入上式，并经简化后得：

$$\Sigma M_{j1} = M_{q1}\left(\frac{I_0 - \Sigma A_j y_j^2}{I_0}\right)$$

其中　　　$I_0 - \Sigma A_j y_j^2 = \Sigma I_j \quad (4-56b)$

于是　　　$\Sigma M_{j1} = M_{q1}\dfrac{\Sigma I_j}{I_0} \quad (a)$

　　由 M_{q1} 在第 j 墙肢截面上所产生的弯矩（图 4-38c）可按下式计算：

$$M_{j1} = \frac{I_j}{\Sigma I_j}\Sigma M_{j1} = \frac{I_j}{I_0}M_{q1} \quad (b)$$

　　由 M_{q2} 在第 j 墙肢截面上所产生的弯矩（图 4-38d）可按下式计算：

$$M_{j2} = \frac{I_j}{\Sigma I_j}M_{q2} \quad (c)$$

第 j 墙肢截面上受到的总弯矩为：

$$M_j = M_{j1} + M_{j2} = \frac{I_j}{I_0}M_{q1} + \frac{I_j}{\Sigma I_j}M_{q2} \quad (d)$$

　　根据对整体小开口抗震墙模型试验和理论分析可知，产生整体弯曲的弯矩占总弯矩的 85%，即 $M_{q1} = kM_q = 0.85M_q$（图 4-38c），而产生局部弯曲的弯矩 $M_{q2} = 0.15M_q$。

　　于是整体小开口墙第 j 墙肢截面上的弯矩为：

$$M_j = 0.85M_q\frac{I_j}{I_0} + 0.15M_q\frac{I_j}{\Sigma I_j}$$

$$(4-56c)$$

图 4-38　整体小开口墙截面的内力和正应力分布
（a）在水平荷载作用下截面的内力；（b）在 M_q 作用下截面的正应力；（c）在 M_{q1} 作用下截面的正应力；（d）在 M_{q2} 作用下墙肢的正应力

《高层建筑混凝土结构技术规程》规定，第 j 墙肢截面上的剪力❶为：

$$V_j = \frac{1}{2}\left(\frac{A_j}{\Sigma A_j} + \frac{I_j}{\Sigma I_j}\right)V_q \quad (4-56d)$$

---

❶　第 j 墙肢截面上的剪力对于底层宜按下式计算：$V_j = \left(\dfrac{A_j}{\Sigma A_j}\right)V_q$　　　　　　$(4-56d)'$

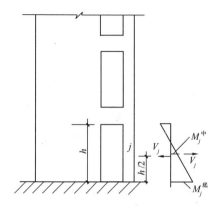

图 4-39 在不等肢墙中小墙肢
底部弯矩的计算

在不等肢墙中，如果部分小墙肢不满足式（4-52c）的要求，则表明该墙肢在较多的层间会出现反弯点（图 4-39）。这时如果仍按式（4-56c）计算墙肢底部截面弯矩，将使弯矩值太小而不安全。因此，可以先按式（4-56c）求出墙肢中部截面弯矩 $M_j^{中}$，再按下式计算小墙肢底部截面的弯矩。

$$M_j^{底} = M_j^{中} + V_j \frac{h}{2} \qquad (4-57)$$

（三）位移计算

整体小开口墙的顶点侧移，可按整体墙公式（4-48）计算，但考虑到洞口对墙体等效刚度有所减小，因此，在采用式（4-51）计算等效刚度时，式中 I_w 和 A_w 分别按下式计算：

$$I_w = 0.8 I_0 \qquad (4-58a)$$

$$A_w = \Sigma A_j \qquad (4-58b)$$

式中符号意义与前相同。

【例题 4-6】 某 10 层钢筋混凝土抗震墙结构住宅，层高 $h=3m$，窗台高度为 1m，总高 $H=30m$，墙体厚度 $t=0.18m$，墙面洞口布置及尺寸见图 4-40。承受水平地震作用，墙体采用 C30 混凝土现浇。

试计算首层各墙肢在其底部截面内的内力及抗震墙顶点侧移。

【解】（1）截面特征

计算截面面积和惯性矩：

$$A_1 = 5.48 \times 0.18 = 0.986 \text{m}^2$$

$$I_1 = \frac{1}{12} \times 0.18 \times 5.48^3 = 2.469 \text{m}^4$$

$$A_2 = 1 \times 0.18 = 0.180 \text{m}^2$$

$$I_2 = \frac{1}{12} \times 0.18 \times 1^3 = 0.015 \text{m}^4$$

$$A_3 = 2.50 \times 0.18 = 0.450 \text{m}^2$$

$$I_3 = \frac{1}{12} \times 0.18 \times 2.5^3 = 0.234 \text{m}^4$$

计算组合截面形心位置：

$$\Sigma A_j y_j = 0.986 \times 2.74 + 0.18 \times 6.98 + 0.45 \times 9.73 = 8.3475 \text{m}^3$$

$$\Sigma A_j = 0.986 + 0.180 + 0.450 = 1.616 \text{m}^2$$

$$y_c = \frac{\Sigma A_j y_j}{\Sigma A_j} = \frac{8.3475}{1.616} = 5.164 \text{m}$$

图 4-40 例题 4-6 附图

计算组合截面惯性矩：

$$\Sigma I_j = 2.469 + 0.015 + 0.234 = 2.718 \text{m}^4$$

$$I_0 = 2.718 + 0.986 \times 2.424^2 + 0.180 \times 1.816^2$$
$$+ 0.45 \times 4.566^2 = 18.490 \text{m}^4$$

（2）判别抗震墙类型

$$I_b = \frac{1}{12} \times 0.18 \times 1.5^3 = 0.0506 \text{m}^4$$

$$l_{01} = l_{02} = 1 + 0.75 = 1.75 \text{m}$$

$$A_b = 0.18 \times 1.5 = 0.27 \text{m}^2$$

$$I_{b01} = I_{b02} = \frac{I_b}{1 + \dfrac{12\mu E I_b}{A_b G l_{0j}^2}} = \frac{0.0506}{1 + \dfrac{12 \times 1.2 \times 0.506}{0.27 \times 0.42 \times 1.75^2}} = 0.0163$$

$$\lambda_1 = H\sqrt{\frac{12}{Th\displaystyle\sum_{j=1}^{m} I_j} \times \sum_{j=1}^{m-1} \frac{I_{b0j} L_j^2}{l_{0j}^3}}$$

$$= 30\sqrt{\frac{12}{0.8 \times 3 \times 2.718} \times \frac{0.0163(4.24^2 + 2.75^2)}{1.75^3}}$$

$$= 11.34 > 10$$

$$I_n = I_0 - \sum_{j=1}^{m} I_j = 18.490 - 2.718 = 15.772 \text{m}^4$$

根据 $\lambda = 11.34$，$n = 10$，由表 4-30 查得，$Z = 0.923$。

$$\frac{I_n}{I_0} = \frac{15.772}{18.490} = 0.853 < Z = 0.923$$

故属于整体小开口墙。

按式（4-52c）验算各墙肢是否满足非小墙肢的要求：

根据 $\lambda_1 = 11.34$，$n = 10$，由表 4-30 查得，$k = 0.922$

$$Z_1 = \frac{1}{k}\left(1 - 1.5\frac{A_j \Sigma I_j}{n I_j \Sigma A_j}\right) = \frac{1}{0.922}\left(1 - 1.5 \times \frac{0.986 \times 2.718}{10 \times 2.469 \times 1.616}\right) = 0.976 > \frac{I_n}{I_0} = 0.853$$

$$Z_2 = \frac{1}{0.922}\left(1 - 1.5 \times \frac{0.18 \times 2.718}{10 \times 0.015 \times 1.616}\right) < 0 < 0.853$$

$$Z_3 = \frac{1}{0.922}\left(1 - 1.5 \times \frac{0.45 \times 2.718}{10 \times 0.234 \times 1.616}\right) = 0.559 < 0.853$$

由上可见，第 2 和第 3 墙肢属于小墙肢。其底部截面弯矩应加以修正。

（3）抗震墙首层截面的总弯矩和总剪力

基底弯矩：

$$M_0 = \Sigma F_i H_i = 328.1 \times 30 + 295.3 \times 27 + \cdots + 32.8 \times 3 = 37896 \text{kN} \cdot \text{m}$$

首层基底总剪力（首层层间剪力）：$V_0 = \Sigma F_i = 1804 \text{kN}$

首层墙肢底部截面总弯矩：$M_q^{\text{底}} = M_0 - V_0 \times 1 = 37896 - 1804 \times 1 = 36092 \text{kN} \cdot \text{m}$

首层中间截面总弯矩：$M_q^{\text{中}} = M_0 - V_0 \times 1.75 = 37896 - 1804 \times 1.75 = 34739 \text{kN} \cdot \text{m}$

（4）首层墙肢截面内力：

按式（4-56c）计算墙肢底部截面弯矩：

$$M_j = 0.85 M_q \frac{I_j}{I_0} + 0.15 M_q \frac{I_j}{\Sigma I_j}$$

$$M_1 = 0.85 \times 36092 \times \frac{2.469}{18.490} + 0.15 \times 36092 \times \frac{2.469}{2.718} = 9014 \text{kN} \cdot \text{m}$$

$$M_2 = 0.85 \times 36092 \times \frac{0.015}{18.490} + 0.15 \times 36092 \times \frac{0.015}{2.718} = 54.75 \text{kN} \cdot \text{m}$$

$$M_3 = 0.85 \times 36092 \times \frac{0.234}{18.490} + 0.15 \times 36092 \times \frac{0.234}{2.718} = 854.34 \text{kN} \cdot \text{m}$$

按式（4-55）计算各墙肢底部截面轴力：

$$N_j = \frac{M_{q1} y_j}{I_0} A_j$$

$$N_1 = \frac{0.85 \times 36092 \times 2.424}{18.490} \times 0.9864 = 3967.15 \text{kN}$$

$$N_2 = \frac{0.85 \times 36092 \times (-1.816)}{18.490} \times 0.18 = -542.35 \text{kN}$$

$$N_3 = \frac{0.85 \times 36092 \times (-4.566)}{18.490} \times 0.45 = -3409.11 \text{kN}$$

各墙肢弯矩和轴力均已求出，为了验证其正确性，将其代入平衡方程：

$$\Sigma N_j = 0, \quad N_1 + N_2 + N_3 = 3967.15 - 542.35 - 3409.11 \approx 0$$

$$\Sigma M_j + \Sigma N_j y_j = 9014 + 54.75 + 854.34 + 3967.15 \times 2.424 + 542.35 \times 1.816 +$$
$$3409.11 \times 4.566 = 36090 \approx M_q^{\text{底}} = 36092 \text{kN}$$

说明计算无误。

按式（4-56d）'计算墙肢截面剪力：

$$V_1 = \frac{A_1}{\Sigma A_j} V_0 = \frac{0.986}{1.616} \times 1804 = 1100 \text{kN}$$

$$V_2 = \frac{A_2}{\Sigma A_j} V_0 = \frac{0.18}{1.616} \times 1804 = 201 \text{kN}$$

$$V_3 = \frac{A_3}{\Sigma A_j} V_0 = \frac{0.45}{1.616} \times 1804 = 502.4 \text{kN}$$

按式（4-57）计算小墙肢底部截面弯矩：

第2墙肢弯矩

$$M_2^{\text{中}} = 0.85 \times 34739 \times \frac{0.015}{18.490} + 0.15 \times 34739 \times \frac{0.015}{2.718} = 52.72 \text{kN} \cdot \text{m}$$

$$M_2^{\text{底}} = M_2^{\text{中}} + \frac{1}{2} V_2 h_0 = 52.72 + \frac{1}{2} \times 201 \times 1.5 = 203.39 \text{kN} \cdot \text{m}$$

第3墙肢弯矩

$$M_3^{\text{中}} = 0.85 \times 34739 \times \frac{0.234}{18.490} + 0.15 \times 34739 \times \frac{0.234}{2.718} = 822.31 \text{kN} \cdot \text{m}$$

$$M_3^{\text{底}} = 822.31 + \frac{1}{2} \times 502.4 \times 1.5 = 1199.1 \text{kN} \cdot \text{m}$$

（5）顶点侧移

首先按式（4-51）求出等效刚度，并注意到对整体小开口墙 $I_w = 0.8I_0$，$A_w = \Sigma A_j$。

$$EI_{eq} = \frac{EI_0 \times 0.8}{1 + \frac{3.64\mu EI_0 \times 0.8}{H^2 GA_w}} = \frac{3 \times 10^7 \times 18.49 \times 0.8}{1 + \frac{3.64 \times 1.2 \times 18.49 \times 0.8}{30^2 \times 0.42 \times 1.616}} = 401.26 \times 10^6 \text{kN} \cdot \text{m}^2$$

按式（4-50）计算顶点侧移：

根据基底弯矩相等的条件，可求出倒三角形连续分布地震作用最大值：

$$q_{max} = \frac{3M_0}{H^2} = \frac{3 \times 37896}{30^2} = 126.32 \text{kN/m}$$

于是

$$\Delta = \frac{11}{120} \frac{q_{max} H^4}{EI_{eq}} = \frac{11}{120} \frac{126.32 \times 30^4}{401.26 \times 10^6} = 0.0237 \text{m}$$

四、双肢抗震墙

双肢抗震墙是指墙体沿高度仅开有一列较大洞口，其整体参数为 $\lambda = 1 \sim 10$ 的抗震墙。在洞口两侧的实墙称为墙肢。墙肢之间由连梁连接（图 4-41a），双肢抗震墙的受力特点是连梁出现反弯点。

（一）内力计算

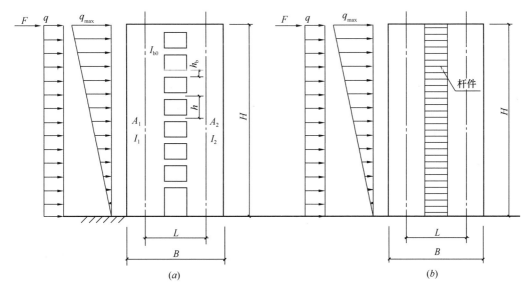

图 4-41 双肢抗震墙

(a) 结构立面图；(b) 计算简图

1. 基本假定和计算简图

为了简化计算，在计算双肢墙的内力和侧移时，通常采用下面一些假定：

（1）各层层高、墙肢和连梁的几何特征等沿墙高相同，当不同时，可按层高加权平均值加以处理。

（2）为了采用微分方程求解，将每一楼层处的连梁假想为等效均匀分布在该楼层高度内的两端与墙肢固接的杆件（又称栅片），即一个楼层高度范围内所有杆件的弯曲刚度之和、剪切刚度之和应分别等于连梁的弯曲刚度和剪切刚度（图 4-41b），若用算式表示，则可写成：$\Sigma(EI_{b0}/h) = EI_{b0}$ 和 $\Sigma(GA_b/h) = GA_b$（式中 E、G 分别为混凝土弹性模量和剪切模量；I_{b0}、A_b 分别为连梁截面惯性矩和截面面积；h 为层高）。

显然，这种处理方法会产生一定的误差。试验和比较计算均证明，由于高层建筑层数较多，采用上述处理方法所引起的误差是很小的。

（3）楼板在其自身平面内刚度为无限大，且两墙肢刚度相差不过分悬殊，忽略连梁的轴向变形，因此，两墙肢在同一标高处的水平位移和转角相等。

（4）连梁的反弯点在其跨度中央。试验和理论分析表明，当墙肢的线刚度（在层高范围内）大于连梁的线刚度 5 倍时，这项假定便成立。一般抗震墙结构均满足这一条件。

2. 微分方程的建立

双肢墙在水平荷载作用下，如果连梁是绝对刚性的，则双肢墙变形特征如同竖向整截面悬臂构件一样，其截面正应力分布如图 4-42（a）所示；如果连梁是绝对柔性的，则双肢墙每个墙肢将各自独立地变形，其截面正应力分布如图 4-42（b）所示；实际上，连梁具有一定的刚性，这时，双肢墙内正应力分布如图 4-42（c）所示。这样，在各墙肢内的正应力图形可以看作是在弯矩和轴力共同作用下叠加而成。显然，在水平荷载作用下，双肢墙任意横截面内产生的弯矩为（图 4-43）：

$$M_q = \Sigma M_j + NL \tag{4-59a}$$

式中 M_q ——外部水平荷载在双肢墙横截面内产生的弯矩（kN·m）；

ΣM_j ——双肢墙墙肢弯矩之和，$\Sigma M_j = M_1 + M_2$（kN·m）；

N ——墙肢的轴力（kN）；

L ——两墙肢形心轴间的距离（m）。

因为墙肢的弯矩 $M_j(j=1,2)$ 可用墙肢的转角 $\alpha(x)$ 表示，如果再知道转角 $\alpha(x)$ 与墙肢轴力 $N(x)$ 之间的关系，则式（4-59a）可写成具有一个未知数 $N(x)$ 的表达式。下面就来建立这种关系。

图 4-43 为双肢墙在水平荷载作用下的变形情形，其中 $\alpha_1(x)$ 为墙肢在轴力作用下产生的转角；$\alpha_2(x)$ 为墙肢弯曲变形产生的转角。墙肢总的转角等于

$$\alpha(x) = \alpha_1(x) + \alpha_2(x) \tag{4-59b}$$

图 4-42 双肢墙水平截面正应力分布图

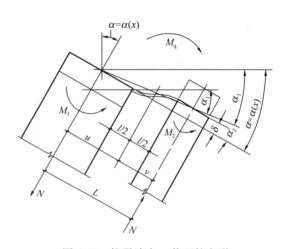

图 4-43 抗震墙在 x 截面的变形

（1）转角 $\alpha_1(x)$ 的表达式

$\alpha_1(x)$ 是墙肢由于轴力 $N(x)$ 作用产生的转角，它沿墙高按某一规律分布（图4-44）。设 c 表示墙肢在截面 x 的轴向变形，E 和 A 分别表示墙肢的弹性模量和横截面面积。根据胡克定律得到，墙肢在长度 dx 微段上的变形增量为：

$$\Delta x = \frac{N(x)}{EA}dx \qquad (4\text{-}60)$$

图4-44　在轴力作用下墙肢轴向
变形的计算

式中　dx——在墙肢上截取的微分段；

　　　Δx——在墙肢正应力 $\sigma = \dfrac{N}{A}$ 作用下，在 dx 微分段

　　　　　　上的变形。

全部变形 c 等于变形区段 $(H-x)$ 上变形增量之和。在这范围内对式（4-60）积分，就得到按任意分布的轴力（压力或拉力）作用于墙肢截面 x 竖向变形：

$$c_i = \pm\frac{1}{E_iA_i}\int_x^H N(x)dx \quad (i=1,2) \qquad (4\text{-}61)$$

现在，可以用 $c_i(i=1,2)$ 表示 $\alpha_1(x)$：

$$\alpha_1(x) = \frac{c_1+c_2}{L} \qquad (4\text{-}62)$$

式中　L——墙肢1和2轴线之间的距离；

　　　c_1、c_2——分别为墙肢1和2轴向变形，两者均取绝对值。

$$c_1 = \frac{1}{E_1A_1}\int_x^H N(x)dx \qquad (4\text{-}63a)$$

$$c_2 = \frac{1}{E_2A_2}\int_x^H N(x)dx \qquad (4\text{-}63b)$$

$$c = c_1+c_2 = \left(\frac{1}{E_1A_1}+\frac{1}{E_2A_2}\right)\int_x^H N(x)dx \qquad (4\text{-}64)$$

式中　E_1、E_2——分别为墙肢1和2的弹性模量；

　　　A_1、A_2——分别为墙肢1和2的横截面面积。

将式（4-64）代入式（4-62），并经整理后，得：

$$\alpha_1(x) = \left(1+\frac{E_2A_2}{E_1A_1}\right)\frac{1}{LE_2A_2}\int_x^H N(x)dx \qquad (4\text{-}65a)$$

令

$$\beta = \frac{E_2A_2}{E_1A_1} \qquad (4\text{-}65b)$$

于是

$$\alpha_1(x) = \frac{1+\beta}{LE_2A_2}\int_x^H N(x)dx \qquad (4\text{-}65c)$$

（2）转角 $\alpha_2(x)$ 的表达式

由图4-43可见，α_2 为墙肢弯曲变形引起的转角，由于连梁弯曲变形和剪切变形在墙肢上将产生轴力，现将其表示成连梁两端相对线位移 δ_i 的函数。在第 i 层连梁的反力，即第 i 层墙肢的轴力增量 N_i 等于

$$N_i = \frac{12EI_{b0}}{l_0^3}\delta_i \tag{4-66}$$

式中 E——连梁混凝土的弹性模量;

l_0——连梁计算跨度,取洞口边柱中心距,当无边柱时,取洞口宽度加梁高的 $1/2$;

δ_i——第 i 层连梁两端相对线位移;

I_{b0}——考虑连梁剪切变形影响连梁截面折算惯性矩。

$$I_{b0} = \frac{I_b}{1 + \dfrac{12\mu EI_b}{A_b Gl_0}} \tag{4-67a}$$

式中 I_b——连梁的惯性矩;

μ——剪切不均匀系数, $\mu = 1.2$;

G——混凝土剪切模量, $G = 0.42E$;

A_b——连梁横截面面积。

将 $G = 0.42E$ 代入式 (4-67a),可得 I_{b0} 计算公式的简化形式:

$$I_{b0} = \frac{I_b}{1 + \dfrac{12\mu I_b}{0.42A_b l_0}} \tag{4-67b}$$

因为假定连梁沿抗震墙高度以连续杆件代替,所以,当层高为 h 时,轴力在 dx 区段上的增量为:

$$dN = \frac{12EI_{b0}}{hl_0^3}\delta(x)dx \tag{4-68}$$

如上所述,$\delta(x)$ 是墙肢弯曲变形在杆件左右端产生的相对线位移,由图 4-43 可见,其值与墙肢 2 轴线处的位移相等。于是,$\delta(x) = L\alpha_2(x)$。把它代入式 (4-68),经过简单变换后,就可建立起墙肢任意截面轴力 $N(x)$ 与转达角 $\alpha_2(x)$ 之间的关系式:

$$\frac{dN}{dx} = \frac{12EI_{b0}L}{hl_0^3}\alpha_2(x) \tag{4-69}$$

由此,就得到关于 $\alpha_2(x)$ 表达式:

$$\alpha_2(x) = \frac{hl_0^3}{12LEI_{b0}}\frac{dN}{dx} = S\frac{dN}{dx} \tag{4-70a}$$

式中 S——连梁柔度系数,按下式计算:

$$S = \frac{hl_0^3}{12LEI_{b0}} \tag{4-70b}$$

式中 L——洞口两侧墙肢轴线间的距离;

h——层高;

l_0——连梁计算跨度;

I_{b0}——考虑连梁剪切变形影响墙肢折算惯性矩。

将式 (4-65c) 和式 (4-70a) 代入式 (4-59b),可得抗震墙转角 $\alpha(x)$ 和轴力 $N(x)$ 之间的重要公式:

$$\alpha(x) = S\frac{dN}{dx} + \frac{1+\beta}{E_2 A_2 L}\int_x^H N(x)dx \tag{4-71a}$$

令

$$k = \frac{1+\beta}{E_2 A_2 L} \tag{4-71b}$$

于是

$$\alpha(x) = S\frac{\mathrm{d}N}{\mathrm{d}x} + k\int_x^H N(x)\mathrm{d}x \tag{4-71c}$$

将上式积分上、下限互换位置，并注意到这时在式子前面需添加一负号，然后再对其进行微分，于是，式（4-71c）变成：

$$\frac{\mathrm{d}\alpha(x)}{\mathrm{d}x} = \frac{S\mathrm{d}^2 N(x)}{\mathrm{d}x^2} - k\frac{\mathrm{d}}{\mathrm{d}x}\left(\int_H^x N(x)\mathrm{d}x\right) \tag{4-72}$$

由高等数学"关于对积分上限的导数定理"可知，对积分上限 x 的导数等于该积分的被积函数，即

$$I'(x) = \left(\int_H^x f(x)\mathrm{d}x\right)' = f(x)\text{❶} \tag{4-73}$$

于是，式（4-72）最后得：

$$\frac{\mathrm{d}\alpha(x)}{\mathrm{d}x} = \frac{S\mathrm{d}^2 N(x)}{\mathrm{d}x^2} - kN(x) \tag{4-74}$$

由材料力学可知，$\Sigma M_j = -\dfrac{\mathrm{d}\alpha}{\mathrm{d}x}\Sigma EI_j$，于是式（4-59a）可写成：

$$M_q = -\frac{\mathrm{d}\alpha}{\mathrm{d}x}\Sigma EI_j + NL \tag{4-75}$$

把式（4-74）代入式（4-75），得：

$$M_q(x) = -\Sigma EI_j\left(\frac{S\mathrm{d}^2 N(x)}{\mathrm{d}x^2} - kN(x)\right) + N(x)L \tag{4-76}$$

上式经整理后，便得到：

$$\frac{\mathrm{d}^2 N(x)}{\mathrm{d}x^2} - \lambda^2 N(x) = -\frac{M_q(x)}{S\Sigma EI_j} \tag{4-77}$$

式中

$$\lambda = \sqrt{\frac{k}{S} + \frac{L}{S\Sigma EI_j}} \tag{4-78a}$$

或

$$\lambda = \sqrt{\frac{12L^2 I_{b0} I_0}{hl_0^3 I_n \Sigma EI_j}} \tag{4-78b}$$

式中　λ ——双肢墙整体参数；

I_0 ——抗震墙对组合截面形心的惯性矩；

I_n ——抗震墙对组合截面形心的惯性矩与两墙肢惯性矩的和之差 $I_n = I_0 - (I_1 + I_2)$；

I_1 ——墙肢 1 的惯性矩；

I_2 ——墙肢 2 的惯性矩。

式（4-77）就是所要建立的双肢墙承受沿房屋高度按任意分布的水平荷载以轴力为未知数的基本微分方程。

根据式（4-71c）可得基本微分方程关于转角 $\alpha(x)$ 的另一表达式。其中 $N(x)$ 可由式

---

❶ 见樊映川等．高等数学讲义（P387～P388）（上册）．北京：人民教育出版社，1958.

（4-75）求得，同时求出它的一阶导数 $N'(x)$。再把它们代入式（4-71c），经简单变换后，得：

$$\frac{\mathrm{d}^2\alpha}{\mathrm{d}x^2} - \lambda^2\alpha = \frac{k}{S\Sigma EI_j}\int_H^x M_q\mathrm{d}x - \frac{V_q}{\Sigma EI_j} \tag{4-79}$$

为了计算方便起见，现采用相对坐标表示微分方程（4-77）。设 $x = \xi H$，即 $\xi = \frac{x}{H}$，同时注意到在常用三种荷载作用下抗震墙横截面内总的弯矩为：

$$M(\xi) = \begin{cases} \dfrac{1}{2}q_{max}H^2\xi^2\left(1-\dfrac{1}{3}\xi\right) & \text{倒三角形荷载} \\[2mm] \dfrac{1}{2}q\xi^2H^2 & \text{均布荷载} \\[2mm] F\xi H & \text{顶部集中荷载} \end{cases} \tag{4-80}$$

式中　q_{max}——倒三角形荷载最大值；

　　　q——均布荷载值；

　　　F——顶部集中荷载。

将上式代入式（4-77），得：

$$\frac{\mathrm{d}^2 N}{\mathrm{d}\xi^2} - \lambda^2 H^2 N = -\begin{cases} \dfrac{q_{max}H^4\xi}{2S\Sigma EI_j}\left(1-\dfrac{\xi}{3}\right) & \text{倒三角形荷载} \\[2mm] \dfrac{qH^4\xi^2}{2S\Sigma EI_j} & \text{均布荷载} \\[2mm] \dfrac{FH^3\xi}{S\Sigma EI_j} & \text{顶部集中荷载} \end{cases} \tag{4-81}$$

令

$$\lambda_1 = \lambda H \tag{4-82}$$

$$\varepsilon_1 = \frac{q_{max}H^4}{S\Sigma EI_j} \tag{4-83}$$

$$\varepsilon_2 = \frac{qH^4}{S\Sigma EI_j} \tag{4-84}$$

$$\varepsilon_3 = \frac{FH^3}{S\Sigma EI_j} \tag{4-85}$$

于是，式（4-81）变成

$$\frac{\mathrm{d}^2 N}{\mathrm{d}\xi^2} - \lambda_1^2 N = -\begin{cases} \dfrac{1}{2}\varepsilon_1\xi^2\left(1-\dfrac{\xi}{3}\right) & \text{倒三角形荷载} \\[2mm] \dfrac{1}{2}\varepsilon_2\xi^2 & \text{均布荷载} \\[2mm] \varepsilon_3\xi & \text{顶部集中荷载} \end{cases} \tag{4-86}$$

式中　λ_1——墙体整体参数，其值为：

$$\lambda_1 = H\sqrt{\frac{12L^2 I_{b0} I_0}{h l_0^3 I_n(I_1+I_2)}} \tag{4-87}$$

式（4-86）是以相对坐标表示的双肢墙微分方程。

3. 微分方程的解

由高等数学可知，微分方程（4-86）为二阶线性非齐次微分方程，其全解等于对应的齐次微分方程的通解与非齐次微分方程特解之和。现分述如下：

（1）齐次微分方程通解

齐次微分方程

$$\frac{\mathrm{d}^2 N}{\mathrm{d}\xi^2} - \lambda_1^2 N = 0 \tag{4-88}$$

其通解为

$$N_0 = C_1 \operatorname{ch}\lambda_1\xi + C_2 \operatorname{sh}\lambda_1\xi \tag{4-89}$$

式中　C_1、C_2——待定常数，由边界条件确定。

不难证明，式（4-89）是微分方程（4-88）的通解。

1）$\operatorname{ch}\lambda_1\xi$ 和 $\operatorname{sh}\lambda_1\xi$ 是微分方程的两个特解，为了证明这一点，只需分别将它们及其二阶导数代入式（4-88）即可得证；

2）因为它们的比值 $\operatorname{sh}\lambda_1\xi/\operatorname{ch}\lambda_1\xi = \operatorname{th}\lambda_1\xi \neq$ 常数，因此，两个特解是线性无关的；

3）根据微分方程理论的"叠加原理"，它们的线性组合 $N_0 = C_1 \operatorname{ch}\lambda_1\xi + C_2 \operatorname{sh}\lambda_1\xi$ 必定是微分方程（4-88）的通解。

（2）非齐次微分方程特解

现将非齐次微分方程（4-86）的特解分述如下：

1）墙顶承受水平集中荷载

式（4-86）第3式是双肢墙墙顶承受水平集中荷载时的微分方程：

$$\frac{\mathrm{d}^2 N}{\mathrm{d}\xi^2} - \lambda_1^2 N = -\varepsilon_3\xi \tag{4-90a}$$

微分方程的特解是指使方程两端等式成立的函数。因为上式等号右端函数可看作是多项式，而多项式的导数仍然是多项式，因而，上式的特解形式应为：

$$N^*(\xi) = b_0\xi + b_1 \tag{a}$$

下面，我们采用待定系数法求解。显然，$\dfrac{\mathrm{d}^2 N^*(\xi)}{\mathrm{d}\xi^2} = 0$，将它和式（$a$）代入式（4-90a），得：

$$-\lambda_1^2(b_0\xi + b_1) = -\varepsilon_3\xi \tag{b}$$

上式等号两端同次幂的系数应相等，从而解出：

$$\begin{cases} -\lambda_1^2 b_0 = -\varepsilon_3 \\ -\lambda_1^2 b_1 = 0 \end{cases} \tag{c}$$

由此求得：$b_0 = \dfrac{\varepsilon_3}{\lambda_1^2}$，$b_1 = 0$，于是式（4-90a）的特解为：

$$N_{\mathrm{P}}(\xi) = \frac{\varepsilon_3}{\lambda_1^2}\xi \tag{d}$$

2）墙体承受水平均布荷载

式（4-86）第2式是双肢墙承受水平均布荷载时的微分方程：

$$\frac{\mathrm{d}^2 N}{\mathrm{d}\xi^2} - \lambda_1^2 N = -\frac{1}{2}\varepsilon_2\xi^2 \tag{4-90b}$$

上式的特解形式取为：

$$N^*(\xi) = b_0\xi^2 + b_1\xi + b_2 \tag{a}$$

而
$$\frac{\mathrm{d}N^*}{\mathrm{d}\xi} = 2b_0\xi + b_1, \qquad \frac{\mathrm{d}^2 N^*}{\mathrm{d}\xi} = 2b_0 \tag{b}$$

将上式（a）和（b）的第 2 式代入式（4-90b），得：

$$2b_0 - \lambda_1^2(b_0\xi^2 + b_1\xi + b_2) = -\frac{1}{2}\varepsilon_2\xi^2 \tag{c}$$

上式等号两端同次幂的系数应相等，从而解出：

$$\begin{cases} -\lambda_1^2 b_0 = -\dfrac{1}{2}\varepsilon_2 \\[2mm] -\lambda_1^2 b_1 = 0 \\[2mm] 2b_0 - \lambda_1^2 b_2 = 0 \end{cases} \tag{d}$$

由此求得：$b_0 = \dfrac{\varepsilon_2}{2\lambda_1^2}$，$b_1 = 0$，$b_2 = \dfrac{2b_0}{\lambda_1^2} = \dfrac{1}{\lambda_1^2}\dfrac{\varepsilon_2}{\lambda_1^2}$，于是式（4-90$b$）的特解为：

$$N_\mathrm{p}(\xi) = \frac{\varepsilon_2}{2\lambda_1^2}\left(\xi^2 + \frac{2}{\lambda_1^2}\right) \tag{e}$$

3）墙体承受倒三角形水平荷载

式（4-86）第 1 式是双肢墙承受倒三角形水平荷载时的微分方程：

$$\frac{\mathrm{d}^2 N}{\mathrm{d}\xi^2} - \lambda_1^2 N = -\frac{1}{2}\varepsilon_1\xi^2\left(1 - \frac{1}{3}\xi\right) \tag{4-90c}$$

或写成：

$$\frac{\mathrm{d}^2 N}{\mathrm{d}\xi^2} - \lambda_1^2 N = \frac{1}{6}\varepsilon_1\xi^3 - \frac{1}{2}\varepsilon_1\xi^2 \tag{4-90c$'$}$$

上式的特解形式取成：

$$N^*(\xi) = b_0\xi^3 + b_1\xi^2 + b_2\xi + b_3 \tag{a}$$

而
$$\frac{\mathrm{d}N^*}{\mathrm{d}\xi} = 3b_0\xi^2 + 2b_1\xi + b_2, \qquad \frac{\mathrm{d}^2 N^*}{\mathrm{d}\xi} = 6b_0\xi + 2b_1 \tag{b}$$

将式（a）和式（b）的第 2 式代入式（4-90c）$'$，得：

$$6b_0\xi + 2b_1 - \lambda_1^2(b_0\xi^3 + b_1\xi^2 + b_2\xi + b_3) = \frac{1}{6}\varepsilon_1\xi^3 - \frac{1}{2}\varepsilon_1\xi^2 \tag{c}$$

上式等号两端同次幂的系数应相等，从而解出：

$$\begin{cases} -\lambda_1^2 b_0 = \dfrac{\varepsilon_1}{6} \\[3mm] -\lambda_1^2 b_1 = -\dfrac{\varepsilon_1}{2} \\[3mm] 6b_0 - \lambda_1^2 b_2 = 0 \\[3mm] 2b_1 - \lambda_1^2 b_3 = 0 \end{cases} \tag{d}$$

由此求得：
$$b_0 = -\frac{\varepsilon_1}{6\lambda_1^2}, \quad b_1 = \frac{\varepsilon_1}{2\lambda_1^2} \tag{e}$$

$$b_2 = \frac{6b_0}{\lambda_1^2} = -\frac{6\varepsilon_1}{6\lambda_1^2\lambda_1^2} = -\frac{\varepsilon_1}{\lambda_1^2\lambda_1^2}, \quad b_3 = \frac{2b_1}{\lambda_1^2} = \frac{2\varepsilon_1}{2\lambda_1^2\lambda_1^2} \tag{f}$$

于是，式（4-90c）′的特解为：

$$N_p(\xi) = -\frac{\varepsilon_1}{2\lambda_1^2}\left(\frac{1}{3}\xi^3 - \xi^2 + \frac{2}{\lambda_1^2}\xi - \frac{2}{\lambda_1^2}\right) \tag{g}$$

综上所述，式（4-86）微分方程式的通解为：

$$N(\xi) = C_1 \mathrm{ch}\lambda_1\xi + C_2 \mathrm{sh}\lambda_1\xi + \begin{cases} -\dfrac{\varepsilon_1}{2\lambda_1^2}\left(\dfrac{1}{3}\xi^3 - \xi^2 + \dfrac{2}{\lambda_1^2}\xi - \dfrac{2}{\lambda_1^2}\right) & \text{倒三角形荷载} \\[2mm] \dfrac{\varepsilon_2}{2\lambda_1^2}\left(\xi^2 + \dfrac{2}{\lambda_1^2}\right) & \text{均布荷载} \\[2mm] \dfrac{\varepsilon_3}{\lambda_1^2}\xi & \text{顶部集中荷载} \end{cases} \tag{4-91}$$

最后，将按待定系数法求常系数线性非齐次微分方程特解的步骤总结如下：

（1）根据微分方程非齐次项 $f(\xi)$（即等号右端函数）为多项式，故其特解 $N_p(\xi)$ 也为多项式，且其次数与 $f(\xi)$ 的相同；

（2）将 $N_p(\xi)$ 及其二阶导数代入微分方程式等号的左侧；

（3）比较等号两边各项，同类项的系数应相等，从而求出 $N_p(\xi)$ 的全部待定系数，最后就得到特解表达式 $N_p(\xi)$。

4. 待定常数的确定

待定常数由边界条件确定：

$$\left.\begin{aligned} N(0) &= 0 \\ N'(1) &= 0 \end{aligned}\right\} \tag{4-92}$$

式（4-92）第 1 式是根据在杆件内沿墙肢高度分布剪力的积分（即轴力）结果得到的。当 $\xi = 0$ 时，积分区间等于零，故 $N(0) = 0$；第 2 式是根据墙肢固定端的转角为零，因而该处杆件两端相对位移也必为零。于是，在墙肢的固定端处的杆件内的分布剪力为零，即 $N'(H) = 0$。

根据边界条件 $N(0) = 0$，由式（4-92）第 1 式可求得待定常数 C_1

$$C_1 = \begin{cases} -\dfrac{\varepsilon_1}{\lambda_1^4} & \text{倒三角形荷载} \\[2mm] -\dfrac{\varepsilon_2}{\lambda_1^4} & \text{均布荷载} \\[2mm] 0 & \text{顶部集中荷载} \end{cases} \tag{4-93}$$

将式（4-91）对 ξ 进行求导，得：

$$N'(\xi) = C_1\lambda_1 \mathrm{sh}\lambda_1\xi + C_2\lambda_1 \mathrm{ch}\lambda_1\xi + \begin{cases} \dfrac{\varepsilon_1}{2\lambda_1^2}\left(\xi^2 - 2\xi + \dfrac{2}{\lambda_1^2}\right) & \text{倒三角形荷载} \\[2mm] \dfrac{\varepsilon_2}{2\lambda_1^2}2\xi & \text{均布荷载} \\[2mm] \dfrac{\varepsilon_3}{\lambda_1^2} & \text{顶部集中荷载} \end{cases} \tag{4-94}$$

根据边界条件 $N'(1) = 0$，由上式可求得待定常数 C_2

$$C_2 = \begin{cases} \dfrac{\varepsilon_1 \left(\text{sh}\lambda_1 - 0.5\lambda_1 + \dfrac{1}{\lambda_1}\right)}{\lambda_1^4 \text{ch}\lambda_1} & \text{倒三角形荷载} \\[4mm] \dfrac{\varepsilon_2 (\text{sh}\lambda_1 - \lambda_1)}{\lambda_1^4 \text{ch}\lambda_1} & \text{均布荷载} \\[4mm] -\dfrac{\varepsilon_3}{\lambda_1^3 \text{ch}\lambda_1} & \text{顶部集中荷载} \end{cases} \tag{4-95}$$

5. 双肢墙内力的计算

（1）墙肢轴力

将待定常数表达式（4-93）和式（4-95）代入式（4-91），就得到双肢抗震墙在三种荷载作用下墙肢轴力的表达式：

$$N = \pm \left(\frac{N}{\varepsilon_i}\right)\varepsilon_i^{❶} \quad i = (1,2,3) \tag{4-96}$$

式中 $\left(\dfrac{N}{\varepsilon_i}\right)$ 为墙肢轴力计算系数，它与抗震墙所承受的水平外荷载类型有关，其表达式如下：

倒三角形荷载：

$$\left(\frac{N}{\varepsilon_1}\right) = \frac{1}{\lambda_1^4}\left[-\text{ch}\lambda_1\xi + \left(\text{sh}\lambda_1 - \frac{\lambda_1}{2} + \frac{1}{\lambda_1}\right)\frac{\text{sh}\lambda_1\xi}{\text{ch}\lambda_1} - \frac{\lambda_1^2}{6}\xi^3 + \frac{\lambda_1^2}{2}\xi^2 - \xi + 1\right] \tag{4-97}$$

均布荷载：

$$\left(\frac{N}{\varepsilon_2}\right) = \frac{1}{\lambda_1^4}\left(-\text{ch}\lambda_1\xi + \frac{\text{sh}\lambda_1 - \lambda_1}{\text{ch}\lambda_1}\text{sh}\lambda_1\xi + \frac{\lambda_1^2}{2}\xi^2 + 1\right) \tag{4-98}$$

顶部集中荷载：

$$\left(\frac{N}{\varepsilon_3}\right) = \frac{1}{\lambda_1^2}\left(-\frac{1}{\lambda_1\text{ch}\lambda_1}\text{sh}\lambda_1\xi + \xi\right) \tag{4-99}$$

$\left(\dfrac{N}{\varepsilon_i}\right)(i = 1,2,3)$ 值可根据 λ_1 和 ξ 分别分别由表 4-32～表 4-34 查得；$\varepsilon_i(i = 1,2,3)$ 为计算参数，分别按式（4-83）～（4-85）计算。

（2）墙肢弯矩

第 $j(j = 1,2)$ 墙肢弯矩

$$M_j = \frac{EI_j}{\Sigma EI_j}(M_q - NL) \tag{4-100}$$

式中 M_q ——由外部水平荷载在双肢墙内产生的弯矩。

---

❶ 为了便于制表，表中只含变量 λ_1 和 ξ，轴力表达式中的系数 ε_1 未予计入，即表 4-32～表 4-34 中的值为 (N/ε_1)，最后，为了求得轴力 $N(\xi)$ 值，再将 (N/ε_1) 乘以 ε_1 值。

（3）连梁剪力

根据前面的假定，杆件的分布剪力 $\tau(x)$ 沿墙高呈连续分布，它等于轴力 $N(x)$ 对 x 的微分，即 $\tau(x)=\dfrac{\mathrm{d}N(x)}{\mathrm{d}x}$，但是，连梁是集中分布的，其间距等于层高 h，因此，距墙顶为 x 处的连梁的剪力为：

$$V_\mathrm{b}=\frac{\mathrm{d}N(x)}{\mathrm{d}x}h=\frac{\mathrm{d}N(\xi)}{H\mathrm{d}\xi}h=\left(\frac{V_\mathrm{b}}{\varepsilon_i}\right)\varepsilon_i \quad (i=4,5,6) \tag{4-101}$$

式中，$\left(\dfrac{V_\mathrm{b}}{\varepsilon_i}\right)$ 为连梁剪力计算系数，它与抗震墙所承受的水平外荷载类型有关，其表达式如下：

倒三角形荷载：

$$\left(\frac{V_\mathrm{b}}{\varepsilon_4}\right)=\frac{1}{\lambda_1^3}\left[-\mathrm{sh}\lambda_1\xi+\left(\mathrm{sh}\lambda_1-\frac{\lambda_1}{2}+\frac{1}{\lambda}\right)\frac{\mathrm{ch}\lambda_1\xi}{\mathrm{ch}\lambda_1}-\frac{\lambda_1}{2}\xi^2-\lambda_1\xi-\frac{1}{\lambda_1}\right] \tag{4-102}$$

均布荷载：

$$\left(\frac{V_\mathrm{b}}{\varepsilon_5}\right)=\frac{1}{\lambda_1^3}\left(-\mathrm{sh}\lambda_1\xi+\frac{\mathrm{sh}\lambda_1-\lambda_1}{\mathrm{ch}\lambda_1}\mathrm{ch}\lambda_1\xi+\lambda_1\xi\right) \tag{4-103}$$

顶部集中荷载：

$$\left(\frac{V_\mathrm{b}}{\varepsilon_6}\right)=\frac{1}{\lambda_1^2}\left(-\frac{1}{\mathrm{ch}\lambda_1}\mathrm{ch}\lambda_1\xi+1\right) \tag{4-104}$$

式中

$$\varepsilon_4=\frac{q_\mathrm{max}H^3h}{S\Sigma EI_j} \tag{4-105}❶$$

$$\varepsilon_5=\frac{qH^3h}{S\Sigma EI_j} \tag{4-106}$$

$$\varepsilon_6=\frac{FH^2h}{S\Sigma EI_j} \tag{4-107}$$

$\left(\dfrac{V_\mathrm{b}}{\varepsilon_i}\right)(i=4,5,6)$ 值可根据 λ_1 和 ξ 分别由表 4-35～表 4-37 查得；$\varepsilon_i(i=4,5,6)$ 为计算参数，分别按式（4-105）～（4-107）计算。

（4）连梁固端弯矩

$$M_\mathrm{b}=\frac{1}{2}V_\mathrm{b}l_\mathrm{n} \tag{4-108}$$

（5）墙肢剪力

图 4-45（a）为双肢墙计算附图，现从墙肢 1 切出高为 $\mathrm{d}x$ 的微分体，该微分体受力如图 4-45（b）所示。根据力的平衡条件，作用在微分体上的各力和力偶对微分体上端截面 O 点的力矩应为零，即 $\Sigma M_0=0$，得

$$-q(x)\mathrm{d}x\,\frac{1}{2}\mathrm{d}x+M_1-(M_1+\mathrm{d}M_1)+(V_1+\mathrm{d}V_1)\mathrm{d}x-\tau_1(x)u_1\mathrm{d}x=0 \tag{4-109a}$$

---

❶ 对于顶层 $\xi=0$ 处的连梁，式(4-104)～式(4-107)中的层高 h 应换成 $\dfrac{h}{2}$，而 $\left(\dfrac{V_\mathrm{b}}{\varepsilon_i}\right)$ 值应取 $\dfrac{1}{4}\cdot\dfrac{h}{H}$ 的对应值。

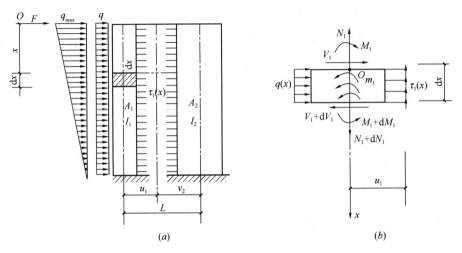

图 4-45 双肢墙墙肢剪力计算附图

其中，$\tau_1(x)$ 为杆件的分布剪力；u_1 为杆件中心至墙肢 1 轴线的距离。令 $m_1(x) = \tau_1(x)u_1$ 并称为分布弯矩。同时，忽略二阶微量，则式（4-109a）可写成

$$-\mathrm{d}M_1 + V_1\mathrm{d}x - m_1(x)\mathrm{d}x = 0 \tag{4-109b}$$

$$\frac{\mathrm{d}M_1}{\mathrm{d}x} = V_1 - m_1(x) \tag{4-109c}$$

上式表明，墙肢 1 内的弯矩对 x 的一阶导数等于外力在其中产生的剪力与分布弯矩 $m_1(x)$ 两项数值之差。这与一般结构受弯构件的情形不同，一般结构受弯构件截面弯矩对 x 的一阶导数等于该截面的剪力。

另一方面，将式（4-100）取 $j = 1$，并对 x 微分一次，则得：

$$M'_1 = \frac{EI_1}{\Sigma EI_j}(M'_q - N'L) \tag{4-110}$$

将式（4-109c）代入式（4-110），并注意到对墙肢 1，$\tau_1(x) = N'_1$，$m_1 = \tau_1(x)u_1 = \dfrac{V_b}{h}u_1$ 经整理后，可得墙肢 1 的剪力：

$$V_1 = \frac{I_1}{\Sigma I_j}V_q + \frac{V_b}{h}\left(u_1 - \frac{I_1}{\Sigma I_j}L\right) \tag{4-111a}$$

类似地，可求得墙肢 2 的剪力：

$$V_2 = \frac{I_2}{\Sigma I_j}V_q + \frac{V_b}{h}\left(v_2 - \frac{I_2}{\Sigma I_j}L\right) \tag{4-111b}$$

式中　v_2——杆件中心至墙肢 2 轴线的距离。

若双肢墙两墙肢相同，则上式中括号内的值等于 $1/2L - 1/2L = 0$，于是，$V_1 = V_2 = 1/2V_q$

ξ \ λ_1	1.00	1.20	1.40	1.60	1.80	2.00	2.20	2.40	2.60	2.80	3.00
0.00	0.000	0.000	0.000	0.000	0.000	0.000	0.000	0.000	0.000	0.000	0.000
0.02	0.171	0.150	0.130	0.112	0.096	0.083	0.071	0.062	0.053	0.046	0.040
0.04	0.343	0.299	0.259	0.224	0.192	0.166	0.143	0.123	0.107	0.093	0.081
0.06	0.514	0.449	0.389	0.336	0.289	0.249	0.215	0.186	0.161	0.140	0.122
0.08	0.686	0.599	0.519	0.448	0.386	0.332	0.287	0.248	0.215	0.187	0.163
0.10	0.857	0.749	0.649	0.561	0.483	0.416	0.359	0.311	0.270	0.235	0.205
0.12	1.029	0.899	0.780	0.674	0.581	0.501	0.432	0.374	0.325	0.283	0.247
0.14	1.201	1.050	0.911	0.787	0.679	0.586	0.506	0.438	0.380	0.332	0.290
0.16	1.373	1.201	1.042	0.901	0.777	0.671	0.580	0.503	0.437	0.381	0.333
0.18	1.545	1.352	1.174	1.015	0.876	0.757	0.655	0.568	0.494	0.431	0.378
0.20	1.717	1.503	1.306	1.130	0.976	0.844	0.730	0.634	0.552	0.482	0.423
0.22	1.890	1.655	1.438	1.245	1.076	0.931	0.807	0.701	0.610	0.534	0.468
0.24	2.062	1.806	1.570	1.360	1.177	1.019	0.883	0.768	0.670	0.586	0.515
0.26	2.233	1.957	1.703	1.476	1.278	1.107	0.961	0.836	0.730	0.639	0.562
0.28	2.405	2.109	1.836	1.592	1.380	1.196	1.039	0.905	0.791	0.693	0.610
0.30	2.576	2.260	1.969	1.709	1.482	1.285	1.118	0.974	0.852	0.748	0.659
0.32	2.746	2.411	2.101	1.825	1.584	1.375	1.197	1.044	0.914	0.804	0.709
0.34	2.915	2.561	2.234	1.942	1.686	1.466	1.276	1.115	0.977	0.860	0.759
0.36	3.084	2.711	2.366	2.058	1.789	1.556	1.357	1.186	1.041	0.916	0.810
0.38	3.252	2.860	2.498	2.174	1.891	1.647	1.437	1.258	1.105	0.974	0.862
0.40	3.418	3.008	2.629	2.290	1.994	1.738	1.518	1.330	1.169	1.032	0.914
0.42	3.583	3.155	2.759	2.406	2.096	1.829	1.599	1.402	1.234	1.090	0.967
0.44	3.747	3.301	2.889	2.521	2.198	1.919	1.680	1.475	1.299	1.149	1.020
0.46	3.908	3.445	3.017	2.635	2.300	2.010	1.761	1.547	1.364	1.208	1.074
0.48	4.068	3.588	3.145	2.748	2.401	2.100	1.841	1.620	1.430	1.267	1.128
0.50	4.225	3.729	3.271	2.861	2.501	2.190	1.922	1.692	1.495	1.327	1.182
0.52	4.380	3.868	3.395	2.972	2.600	2.279	2.002	1.764	1.561	1.386	1.236
0.54	4.532	4.005	3.518	3.081	2.698	2.367	2.081	1.836	1.626	1.445	1.290
0.56	4.682	4.139	3.638	3.189	2.795	2.454	2.160	1.907	1.690	1.504	1.344
0.58	4.827	4.271	3.756	3.295	2.891	2.540	2.237	1.978	1.755	1.563	1.398
0.60	4.970	4.400	3.872	3.400	2.984	2.624	2.314	2.047	1.818	1.621	1.451
0.62	5.109	4.525	3.985	3.501	3.076	2.707	2.389	2.116	1.881	1.678	1.504
0.64	5.243	4.647	4.095	3.601	3.166	2.789	2.463	2.183	1.942	1.735	1.556
0.66	5.374	4.765	4.202	3.697	3.253	2.868	2.535	2.249	2.003	1.790	1.607
0.68	5.499	4.879	4.305	3.791	3.338	2.945	2.606	2.313	2.062	1.845	1.657
0.70	5.620	4.989	4.405	3.881	3.420	3.020	2.674	2.376	2.119	1.898	1.706
0.72	5.735	5.094	4.500	3.968	3.499	3.092	2.740	2.436	2.175	1.949	1.754
0.74	5.845	5.194	4.592	4.051	3.575	3.161	2.803	2.494	2.228	1.999	1.800
0.76	5.949	5.289	4.678	4.129	3.647	3.227	2.863	2.550	2.280	2.047	1.844
0.78	6.047	5.379	4.760	4.204	3.715	3.289	2.921	2.603	2.329	2.092	1.887
0.80	6.138	5.462	4.836	4.274	3.778	3.347	2.975	2.653	2.375	2.135	1.927
0.82	6.222	5.539	4.907	4.338	3.838	3.402	3.025	2.700	2.419	2.175	1.965
0.84	6.299	5.610	4.971	4.398	3.892	3.452	3.071	2.743	2.459	2.213	2.000
0.86	6.368	5.674	5.030	4.451	3.942	3.498	3.114	2.782	2.495	2.247	2.032
0.88	6.429	5.730	5.082	4.499	3.986	3.551	2.817	2.528	2.278	2.060	
0.90	6.482	5.779	5.127	4.540	4.024	3.574	3.184	2.848	2.557	2.305	2.086
0.92	6.526	5.819	5.164	4.575	4.056	3.604	3.212	2.873	2.581	2.327	2.107
0.94	6.561	5.852	5.194	4.603	4.082	3.628	3.234	2.894	2.600	2.346	2.124
0.96	6.587	5.875	5.216	4.623	4.100	3.645	3.251	2.909	2.615	2.359	2.137
0.98	6.602	5.890	5.229	4.635	4.112	3.656	3.261	2.919	2.623	2.368	2.145
1.00	6.608	5.895	5.234	4.640	4.116	3.659	3.264	2.922	2.627	2.370	2.148

ξ \ λ_1	3.20	3.40	3.60	3.80	4.00	4.20	4.40	4.60	4.80	5.00	5.20
0.00	0.000	0.000	0.000	0.000	0.000	0.000	0.000	0.000	0.000	0.000	0.000
0.02	0.035	0.031	0.027	0.024	0.021	0.019	0.017	0.015	0.014	0.012	0.011
0.04	0.071	0.062	0.055	0.048	0.043	0.038	0.034	0.031	0.027	0.025	0.022
0.06	0.107	0.094	0.083	0.073	0.065	0.058	0.052	0.046	0.042	0.037	0.034
0.08	0.143	0.126	0.111	0.098	0.087	0.077	0.069	0.062	0.056	0.050	0.046
0.10	0.179	0.158	0.139	0.123	0.110	0.098	0.087	0.078	0.071	0.064	0.058
0.12	0.217	0.191	0.168	0.149	0.133	0.118	0.106	0.095	0.086	0.077	0.070
0.14	0.254	0.224	0.198	0.176	0.156	0.140	0.125	0.112	0.101	0.092	0.083
0.16	0.293	0.258	0.228	0.203	0.181	0.161	0.145	0.130	0.118	0.107	0.097
0.18	0.332	0.293	0.259	0.230	0.206	0.184	0.165	0.149	0.135	0.122	0.111
0.20	0.372	0.328	0.291	0.259	0.231	0.207	0.186	0.168	0.152	0.138	0.126
0.22	0.412	0.365	0.324	0.288	0.258	0.231	0.208	0.188	0.170	0.155	0.141
0.24	0.454	0.402	0.357	0.318	0.285	0.256	0.230	0.208	0.189	0.172	0.157
0.26	0.496	0.440	0.391	0.349	0.313	0.281	0.254	0.230	0.208	0.190	0.173
0.28	0.539	0.478	0.426	0.381	0.341	0.307	0.277	0.251	0.229	0.208	0.191
0.30	0.583	0.518	0.461	0.413	0.371	0.334	0.302	0.274	0.249	0.228	0.208
0.32	0.628	0.558	0.498	0.446	0.401	0.362	0.327	0.297	0.271	0.248	0.227
0.34	0.673	0.599	0.535	0.480	0.432	0.390	0.353	0.321	0.293	0.268	0.246
0.36	0.719	0.641	0.573	0.514	0.463	0.419	0.380	0.346	0.316	0.289	0.266
0.38	0.766	0.683	0.612	0.550	0.496	0.449	0.408	0.371	0.339	0.311	0.286
0.40	0.813	0.726	0.651	0.586	0.529	0.479	0.436	0.397	0.364	0.334	0.307
0.42	0.861	0.770	0.691	0.622	0.562	0.510	0.464	0.424	0.388	0.357	0.328
0.44	0.909	0.814	0.731	0.659	0.596	0.542	0.493	0.451	0.413	0.380	0.350
0.46	0.958	0.858	0.772	0.697	0.631	0.574	0.523	0.479	0.439	0.404	0.373
0.48	1.007	0.903	0.813	0.735	0.666	0.606	0.553	0.507	0.465	0.429	0.396
0.50	1.057	0.949	0.855	0.773	0.702	0.639	0.584	0.535	0.492	0.453	0.419
0.52	1.106	0.994	0.897	0.812	0.738	0.672	0.615	0.564	0.519	0.479	0.443
0.54	1.156	1.040	0.939	0.851	0.774	0.706	0.646	0.593	0.546	0.504	0.467
0.56	1.205	1.085	0.981	0.890	0.810	0.740	0.678	0.623	0.574	0.530	0.491
0.58	1.255	1.131	1.023	0.929	0.846	0.773	0.709	0.652	0.601	0.556	0.515
0.60	1.304	1.176	1.065	0.968	0.883	0.807	0.741	0.682	0.629	0.582	0.540
0.62	1.353	1.221	1.107	1.007	0.919	0.841	0.772	0.711	0.657	0.608	0.565
0.64	1.401	1.266	1.148	1.045	0.955	0.875	0.804	0.741	0.685	0.635	0.589
0.66	1.448	1.310	1.189	1.083	0.990	0.908	0.835	0.770	0.713	0.661	0.614
0.68	1.495	1.353	1.229	1.121	1.026	0.941	0.866	0.800	0.740	0.687	0.639
0.70	1.540	1.395	1.269	1.158	1.060	0.974	0.897	0.828	0.767	0.712	0.663
0.72	1.854	1.437	1.308	1.194	1.094	1.005	0.927	0.857	0.794	0.737	0.687
0.74	1.627	1.477	1.345	1.229	1.127	1.037	0.956	0.884	0.820	0.762	0.710
0.76	1.669	1.515	1.381	1.263	1.159	1.067	0.984	0.911	0.845	0.786	0.733
0.78	1.708	1.553	1.416	1.296	1.190	1.096	1.012	0.937	0.870	0.810	0.755
0.80	1.746	1.588	1.449	1.327	1.219	1.123	1.038	0.962	0.894	0.832	0.776
0.82	1.781	1.621	1.480	1.356	1.247	1.150	1.063	0.986	0.916	0.853	0.797
0.84	1.814	1.652	1.509	1.384	1.273	1.174	1.086	1.008	0.937	0.873	0.816
0.86	1.844	1.680	1.536	1.409	1.297	1.197	1.108	1.028	0.957	0.892	0.834
0.88	1.871	1.706	1.560	1.432	1.319	1.218	1.128	1.047	0.975	0.909	0.850
0.90	1.895	1.728	1.582	1.452	1.338	1.236	1.145	1.064	0.990	0.924	0.865
0.92	1.915	1.747	1.600	1.470	1.354	1.252	1.160	1.078	1.004	0.938	0.877
0.94	1.932	1.763	1.614	1.484	1.368	1.264	1.172	1.090	1.015	0.948	0.888
0.96	1.944	1.774	1.625	1.494	1.377	1.274	1.181	1.098	1.024	0.956	0.895
0.98	1.951	1.781	1.632	1.500	1.384	1.280	1.187	1.104	1.029	0.961	0.900
1.00	1.954	1.784	1.635	1.503	1.386	1.282	1.189	1.106	1.031	0.963	0.902

ξ \ λ_1	5.50	6.00	6.50	7.00	7.50	8.00	8.50	9.00	9.50	10.00	10.50
0.00	0.000	0.000	0.000	0.000	0.000	0.000	0.000	0.000	0.000	0.000	0.000
0.02	0.010	0.008	0.006	0.005	0.004	0.003	0.003	0.002	0.002	0.002	0.002
0.04	0.019	0.015	0.012	0.010	0.008	0.007	0.006	0.005	0.004	0.004	0.003
0.06	0.029	0.023	0.019	0.015	0.013	0.011	0.009	0.008	0.007	0.006	0.005
0.08	0.039	0.031	0.025	0.021	0.017	0.014	0.012	0.010	0.009	0.008	0.007
0.10	0.050	0.040	0.032	0.026	0.022	0.018	0.016	0.013	0.012	0.010	0.009
0.12	0.061	0.049	0.040	0.033	0.027	0.023	0.019	0.017	0.015	0.013	0.011
0.14	0.072	0.058	0.047	0.039	0.033	0.028	0.024	0.020	0.018	0.015	0.014
0.16	0.084	0.068	0.055	0.046	0.038	0.033	0.028	0.024	0.021	0.018	0.016
0.18	0.097	0.078	0.064	0.053	0.045	0.038	0.033	0.028	0.025	0.022	0.019
0.20	0.110	0.089	0.073	0.061	0.051	0.044	0.038	0.033	0.029	0.025	0.022
0.22	0.123	0.100	0.082	0.069	0.058	0.050	0.043	0.037	0.033	0.029	0.026
0.24	0.137	0.112	0.092	0.077	0.066	0.056	0.049	0.042	0.037	0.033	0.030
0.26	0.152	0.124	0.103	0.086	0.073	0.063	0.055	0.048	0.042	0.037	0.034
0.28	0.168	0.137	0.114	0.096	0.082	0.070	0.061	0.054	0.047	0.042	0.038
0.30	0.184	0.151	0.125	0.106	0.090	0.078	0.068	0.060	0.053	0.047	0.042
0.32	0.200	0.165	0.137	0.116	0.099	0.086	0.075	0.066	0.058	0.052	0.047
0.34	0.217	0.179	0.150	0.127	0.109	0.094	0.082	0.072	0.064	0.057	0.052
0.36	0.235	0.194	0.163	0.138	0.119	0.103	0.090	0.079	0.071	0.063	0.057
0.38	0.254	0.210	0.176	0.150	0.129	0.112	0.098	0.087	0.077	0.069	0.062
0.40	0.272	0.226	0.190	0.162	0.139	0.121	0.106	0.094	0.084	0.075	0.068
0.42	0.292	0.243	0.204	0.174	0.150	0.131	0.115	0.102	0.091	0.081	0.073
0.44	0.312	0.260	0.219	0.187	0.162	0.141	0.124	0.110	0.098	0.088	0.079
0.46	0.332	0.277	0.234	0.200	0.173	0.151	0.133	0.118	0.105	0.095	0.085
0.48	0.353	0.295	0.250	0.214	0.185	0.162	0.143	0.127	0.113	0.102	0.092
0.50	0.374	0.313	0.266	0.228	0.198	0.173	0.152	0.135	0.121	0.109	0.098
0.52	0.396	0.332	0.282	0.242	0.210	0.184	0.162	0.144	0.129	0.116	0.105
0.54	0.418	0.351	0.298	0.257	0.223	0.195	0.173	0.153	0.137	0.124	0.112
0.56	0.440	0.370	0.315	0.271	0.236	0.207	0.183	0.163	0.146	0.131	0.119
0.58	0.462	0.389	0.332	0.286	0.249	0.219	0.193	0.172	0.154	0.139	0.126
0.60	0.485	0.409	0.349	0.301	0.263	0.231	0.204	0.182	0.163	0.147	0.133
0.62	0.507	0.429	0.367	0.317	0.276	0.243	0.215	0.192	0.172	0.155	0.141
0.64	0.530	0.448	0.384	0.332	0.290	0.255	0.226	0.202	0.181	0.163	0.148
0.66	0.553	0.468	0.401	0.348	0.304	0.267	0.237	0.212	0.190	0.172	0.156
0.68	0.575	0.488	0.419	0.363	0.317	0.280	0.248	0.222	0.199	0.180	0.163
0.70	0.597	0.508	0.436	0.378	0.331	0.292	0.259	0.232	0.208	0.188	0.171
0.72	0.619	0.527	0.453	0.394	0.345	0.304	0.271	0.242	0.218	0.197	0.179
0.74	0.641	0.546	0.470	0.409	0.359	0.317	0.282	0.252	0.227	0.205	0.186
0.76	0.662	0.565	0.487	0.424	0.372	0.329	0.293	0.262	0.236	0.214	0.194
0.78	0.683	0.583	0.503	0.438	0.385	0.341	0.304	0.272	0.245	0.222	0.202
0.80	0.703	0.601	0.519	0.453	0.398	0.352	0.314	0.282	0.254	0.230	0.209
0.82	0.722	0.618	0.534	0.466	0.410	0.364	0.324	0.291	0.263	0.238	0.217
0.84	0.740	0.634	0.549	0.479	0.422	0.374	0.334	0.300	0.271	0.246	0.224
0.86	0.756	0.649	0.562	0.492	0.433	0.385	0.344	0.309	0.279	0.253	0.231
0.88	0.772	0.662	0.575	0.503	0.444	0.394	0.352	0.317	0.286	0.260	0.237
0.90	0.785	0.675	0.586	0.513	0.453	0.403	0.360	0.324	0.293	0.266	0.243
0.92	0.797	0.686	0.596	0.522	0.461	0.411	0.368	0.331	0.299	0.272	0.248
0.94	0.807	0.694	0.604	0.530	0.468	0.417	0.373	0.336	0.305	0.277	0.253
0.96	0.814	0.701	0.610	0.535	0.474	0.422	0.378	0.341	0.309	0.281	0.257
0.98	0.819	0.705	0.614	0.539	0.477	0.425	0.381	0.344	0.311	0.283	0.259
1.00	0.820	0.707	0.615	0.540	0.478	0.426	0.382	0.345	0.312	0.284	0.260

ξ \ λ_1	11.00	12.00	13.00	14.00	15.00	17.00	19.00	21.00	23.00	25.00	28.00
0.00	0.000	0.000	0.000	0.000	0.000	0.000	0.000	0.000	0.000	0.000	0.000
0.02	0.001	0.001	0.001	0.001	0.001	0.000	0.000	0.000	0.000	0.000	0.000
0.04	0.003	0.002	0.002	0.001	0.001	0.001	0.001	0.000	0.000	0.000	0.000
0.06	0.004	0.003	0.003	0.002	0.002	0.001	0.001	0.001	0.001	0.000	0.000
0.08	0.006	0.005	0.004	0.003	0.003	0.002	0.001	0.001	0.001	0.001	0.001
0.10	0.008	0.006	0.005	0.004	0.003	0.003	0.002	0.001	0.001	0.001	0.001
0.12	0.010	0.008	0.006	0.005	0.004	0.003	0.003	0.002	0.002	0.001	0.001
0.14	0.012	0.010	0.008	0.007	0.006	0.004	0.003	0.003	0.002	0.002	0.001
0.16	0.015	0.012	0.010	0.008	0.007	0.005	0.004	0.003	0.003	0.002	0.002
0.18	0.017	0.014	0.012	0.010	0.008	0.006	0.005	0.004	0.003	0.003	0.002
0.20	0.020	0.016	0.014	0.011	0.010	0.007	0.006	0.005	0.004	0.003	0.003
0.22	0.023	0.019	0.016	0.013	0.011	0.009	0.007	0.005	0.005	0.004	0.003
0.24	0.027	0.022	0.018	0.015	0.013	0.010	0.008	0.006	0.005	0.004	0.004
0.26	0.030	0.025	0.021	0.018	0.015	0.012	0.009	0.007	0.006	0.005	0.004
0.28	0.034	0.028	0.023	0.020	0.017	0.013	0.010	0.008	0.007	0.006	0.005
0.30	0.038	0.031	0.026	0.022	0.019	0.015	0.012	0.010	0.008	0.007	0.005
0.32	0.042	0.035	0.029	0.025	0.022	0.017	0.013	0.011	0.009	0.007	0.006
0.34	0.047	0.039	0.033	0.028	0.024	0.019	0.015	0.012	0.010	0.008	0.007
0.36	0.051	0.043	0.036	0.031	0.027	0.020	0.016	0.013	0.011	0.009	0.007
0.38	0.056	0.047	0.039	0.034	0.029	0.023	0.018	0.015	0.012	0.010	0.008
0.40	0.061	0.051	0.043	0.037	0.032	0.025	0.020	0.016	0.013	0.011	0.009
0.42	0.067	0.055	0.047	0.040	0.035	0.027	0.021	0.017	0.015	0.012	0.010
0.44	0.072	0.060	0.051	0.044	0.038	0.029	0.023	0.019	0.016	0.013	0.011
0.46	0.078	0.065	0.055	0.047	0.041	0.032	0.025	0.021	0.017	0.014	0.012
0.48	0.083	0.070	0.059	0.051	0.044	0.034	0.027	0.022	0.018	0.016	0.012
0.50	0.089	0.075	0.063	0.054	0.047	0.037	0.029	0.024	0.020	0.017	0.013
0.52	0.095	0.080	0.068	0.058	0.051	0.039	0.031	0.026	0.021	0.018	0.014
0.54	0.102	0.085	0.072	0.062	0.054	0.042	0.033	0.027	0.023	0.019	0.015
0.56	0.108	0.091	0.077	0.066	0.058	0.045	0.036	0.029	0.024	0.021	0.016
0.58	0.115	0.096	0.082	0.070	0.061	0.047	0.038	0.031	0.026	0.022	0.017
0.60	0.121	0.102	0.086	0.074	0.065	0.050	0.040	0.033	0.027	0.023	0.018
0.62	0.128	0.107	0.091	0.079	0.068	0.053	0.043	0.035	0.029	0.024	0.020
0.64	0.135	0.113	0.096	0.083	0.072	0.056	0.045	0.037	0.031	0.026	0.021
0.66	0.142	0.119	0.101	0.087	0.076	0.059	0.047	0.039	0.032	0.027	0.022
0.68	0.149	0.125	0.107	0.092	0.080	0.062	0.050	0.041	0.034	0.029	0.023
0.70	0.156	0.131	0.112	0.096	0.084	0.065	0.052	0.043	0.036	0.030	0.024
0.72	0.163	0.137	0.117	0.101	0.088	0.068	0.055	0.045	0.037	0.032	0.025
0.74	0.170	0.143	0.122	0.105	0.092	0.072	0.057	0.047	0.039	0.033	0.026
0.76	0.177	0.149	0.127	0.110	0.096	0.075	0.060	0.049	0.041	0.035	0.028
0.78	0.184	0.155	0.133	0.115	0.100	0.078	0.062	0.051	0.043	0.036	0.029
0.80	0.191	0.161	0.138	0.119	0.104	0.081	0.065	0.053	0.044	0.038	0.030
0.82	0.198	0.167	0.143	0.124	0.108	0.084	0.068	0.055	0.046	0.039	0.031
0.84	0.205	0.173	0.148	0.128	0.112	0.087	0.070	0.057	0.048	0.041	0.032
0.86	0.211	0.179	0.153	0.132	0.116	0.091	0.073	0.060	0.050	0.042	0.034
0.88	0.217	0.184	0.158	0.137	0.119	0.094	0.075	0.062	0.052	0.044	0.035
0.90	0.223	0.189	0.162	0.140	0.123	0.096	0.078	0.064	0.053	0.045	0.036
0.92	0.228	0.193	0.166	0.144	0.126	0.099	0.080	0.066	0.055	0.047	0.037
0.94	0.232	0.197	0.169	0.147	0.129	0.101	0.082	0.067	0.056	0.048	0.038
0.96	0.235	0.200	0.172	0.150	0.131	0.103	0.083	0.069	0.058	0.049	0.039
0.98	0.238	0.202	0.174	0.151	0.133	0.105	0.085	0.070	0.059	0.050	0.040
1.00	0.239	0.203	0.175	0.152	0.133	0.105	0.085	0.070	0.059	0.050	0.040

连续均布水平荷载（N/ε_2）$\times 10^{-2}$ 值表　　　表 4-33

ξ \ λ_1	1.00	1.20	1.40	1.60	1.80	2.00	2.20	2.40	2.60	2.80	3.00
0.00	0.000	0.000	0.000	0.000	0.000	0.000	0.000	0.000	0.000	0.000	0.000
0.02	0.227	0.198	0.171	0.147	0.126	0.108	0.093	0.080	0.069	0.060	0.052
0.04	0.454	0.396	0.342	0.294	0.252	0.216	0.186	0.160	0.138	0.119	0.104
0.06	0.682	0.594	0.513	0.441	0.379	0.325	0.279	0.240	0.207	0.179	0.156
0.08	0.909	0.792	0.685	0.589	0.506	0.434	0.373	0.321	0.277	0.240	0.208
0.10	1.137	0.991	0.857	0.737	0.633	0.544	0.467	0.403	0.348	0.301	0.262
0.12	1.365	1.190	1.029	0.886	0.761	0.654	0.562	0.485	0.419	0.363	0.316
0.14	1.593	1.390	1.202	1.035	0.890	0.765	0.658	0.568	0.491	0.426	0.371
0.16	1.822	1.590	1.376	1.186	1.020	0.877	0.755	0.652	0.564	0.490	0.426
0.18	2.050	1.790	1.550	1.336	1.150	0.990	0.853	0.737	0.638	0.554	0.483
0.20	2.279	1.991	1.725	1.488	1.281	1.103	0.952	0.823	0.713	0.620	0.541
0.22	2.508	2.192	1.900	1.640	1.413	1.218	1.051	0.910	0.789	0.687	0.600
0.24	2.737	2.393	2.076	1.793	1.546	1.334	1.152	0.998	0.867	0.755	0.660
0.26	2.966	2.594	2.252	1.946	1.680	1.450	1.254	1.087	0.945	0.825	0.722
0.28	3.195	2.796	2.428	2.101	1.815	1.568	1.357	1.178	1.025	0.895	0.785
0.30	3.424	2.998	2.605	2.255	1.950	1.686	1.461	1.269	1.106	0.967	0.849
0.32	3.652	3.199	2.783	2.411	2.086	1.806	1.566	1.362	1.188	1.040	0.914
0.34	3.879	3.401	2.960	2.567	2.223	1.926	1.672	1.456	1.272	1.114	0.980
0.36	4.106	3.602	3.137	2.723	2.360	2.047	1.779	1.551	1.356	1.190	1.048
0.38	4.332	3.803	3.315	2.879	2.498	2.169	1.887	1.647	1.442	1.267	1.117
0.40	4.556	4.002	3.491	3.035	2.636	2.291	1.996	1.743	1.528	1.344	1.187
0.42	4.780	4.201	3.668	3.191	2.774	2.414	2.105	1.841	1.616	1.423	1.258
0.44	5.001	4.399	3.844	3.347	2.913	2.537	2.215	1.939	1.704	1.503	1.330
0.46	5.221	4.596	4.019	3.503	3.051	2.660	2.325	2.038	1.793	1.583	1.403
0.48	5.439	4.791	4.193	3.658	3.189	2.784	2.436	2.138	1.883	1.664	1.477
0.50	5.654	4.984	4.365	3.812	3.327	2.907	2.546	2.237	1.973	1.746	1.552
0.52	5.866	5.175	4.536	3.965	3.464	3.030	2.657	2.337	2.063	1.828	1.627
0.54	6.076	5.363	4.705	4.116	3.599	3.152	2.767	2.437	2.154	1.911	1.702
0.56	6.282	5.549	4.872	4.266	3.734	3.273	2.877	2.536	2.244	1.994	1.778
0.58	6.484	5.732	5.037	4.414	3.868	3.394	2.986	2.636	2.335	2.077	1.854
0.60	6.682	5.911	5.198	4.560	3.999	3.513	3.094	2.734	2.425	2.159	1.930
0.62	6.876	6.087	5.357	4.703	4.129	3.630	3.201	2.832	2.514	2.241	2.006
0.64	7.064	6.258	5.512	4.844	4.256	3.746	3.306	2.928	2.603	2.323	2.081
0.66	7.247	6.425	5.663	4.981	4.381	3.860	3.410	3.023	2.690	2.403	2.156
0.68	7.425	6.586	5.810	5.114	4.502	3.971	3.511	3.116	2.776	2.483	2.229
0.70	7.596	6.743	5.953	5.244	4.620	4.079	3.611	3.207	2.860	2.561	2.301
0.72	7.760	6.893	6.090	5.369	4.735	4.183	3.707	3.296	2.942	2.637	2.372
0.74	7.918	7.037	6.221	5.489	4.845	4.284	3.800	3.382	3.022	2.711	2.441
0.76	8.067	7.174	6.347	5.604	4.950	4.381	3.889	3.465	3.099	2.782	2.508
0.78	8.208	7.304	6.466	5.713	5.051	4.474	3.975	3.544	3.172	2.851	2.572
0.80	8.340	7.425	6.577	5.816	5.145	4.561	4.056	3.619	3.243	2.917	2.634
0.82	8.463	7.538	6.682	5.912	5.234	4.643	4.132	3.690	3.309	2.978	2.692
0.84	8.575	7.642	6.777	6.000	5.316	4.719	4.202	3.756	3.370	3.036	2.746
0.86	8.677	7.737	6.865	6.081	5.390	4.788	4.267	3.816	3.427	3.089	2.796
0.88	8.768	7.821	6.942	6.153	5.457	4.850	4.325	3.871	3.478	3.137	2.842
0.90	8.846	7.894	7.010	6.216	5.515	4.905	4.376	3.918	3.523	3.180	2.882
0.92	8.912	7.955	7.067	6.269	5.565	4.951	4.419	3.959	3.561	3.216	2.916
0.94	8.965	8.004	7.113	6.311	5.604	4.988	4.454	3.992	3.592	3.245	2.944
0.96	9.003	8.040	7.146	6.342	5.634	5.016	4.480	4.016	3.615	3.267	2.965
0.98	9.027	8.062	7.167	6.362	5.652	5.033	4.496	4.031	3.629	3.281	2.978
1.00	9.035	8.069	7.174	6.368	5.658	5.038	4.501	4.037	3.634	3.286	2.982

ξ \ λ_1	3.20	3.40	3.60	3.80	4.00	4.20	4.40	4.60	4.80	5.00	5.20
0.00	0.000	0.000	0.000	0.000	0.000	0.000	0.000	0.000	0.000	0.000	0.000
0.02	0.045	0.039	0.034	0.030	0.027	0.024	0.021	0.019	0.017	0.015	0.013
0.04	0.090	0.079	0.069	0.061	0.054	0.047	0.042	0.037	0.034	0.030	0.027
0.06	0.136	0.118	0.104	0.091	0.081	0.071	0.063	0.057	0.051	0.045	0.041
0.08	0.182	0.159	0.139	0.123	0.108	0.096	0.085	0.076	0.068	0.061	0.055
0.10	0.228	0.200	0.175	0.154	0.136	0.121	0.108	0.096	0.086	0.077	0.070
0.12	0.275	0.241	0.212	0.187	0.165	0.147	0.131	0.117	0.105	0.094	0.085
0.14	0.324	0.284	0.249	0.220	0.195	0.173	0.154	0.138	0.124	0.112	0.101
0.16	0.373	0.327	0.288	0.254	0.225	0.200	0.179	0.160	0.144	0.130	0.117
0.18	0.423	0.371	0.327	0.289	0.257	0.229	0.204	0.183	0.165	0.149	0.135
0.20	0.474	0.417	0.367	0.325	0.289	0.258	0.231	0.207	0.186	0.168	0.153
0.22	0.526	0.463	0.409	0.363	0.322	0.288	0.258	0.232	0.209	0.189	0.172
0.24	0.580	0.511	0.452	0.401	0.357	0.319	0.286	0.258	0.233	0.211	0.191
0.26	0.634	0.560	0.495	0.440	0.393	0.351	0.316	0.284	0.257	0.233	0.212
0.28	0.690	0.610	0.541	0.481	0.429	0.385	0.346	0.312	0.283	0.257	0.234
0.30	0.748	0.661	0.587	0.523	0.467	0.419	0.378	0.341	0.309	0.281	0.257
0.32	0.806	0.714	0.634	0.566	0.507	0.455	0.410	0.371	0.337	0.307	0.280
0.34	0.866	0.768	0.683	0.610	0.547	0.492	0.444	0.402	0.366	0.333	0.305
0.36	0.927	0.823	0.733	0.656	0.589	0.530	0.479	0.435	0.396	0.361	0.330
0.38	0.989	0.879	0.784	0.702	0.631	0.569	0.515	0.468	0.426	0.390	0.357
0.40	1.052	0.937	0.837	0.750	0.675	0.610	0.553	0.502	0.458	0.419	0.385
0.42	1.117	0.995	0.890	0.799	0.720	0.651	0.591	0.538	0.491	0.450	0.413
0.44	1.182	1.055	0.945	0.849	0.766	0.694	0.630	0.574	0.525	0.481	0.443
0.46	1.249	1.116	1.000	0.901	0.813	0.737	0.671	0.612	0.560	0.514	0.473
0.48	1.316	1.177	1.057	0.953	0.862	0.782	0.712	0.650	0.596	0.547	0.504
0.50	1.384	1.240	1.114	1.006	0.911	0.827	0.754	0.690	0.632	0.582	0.536
0.52	1.453	1.303	1.173	1.059	0.960	0.874	0.797	0.730	0.670	0.617	0.569
0.54	1.522	1.367	1.232	1.114	1.011	0.921	0.841	0.771	0.708	0.652	0.603
0.56	1.592	1.431	1.291	1.169	1.062	0.968	0.885	0.812	0.747	0.689	0.637
0.58	1.662	1.496	1.351	1.225	1.114	1.016	0.930	0.854	0.787	0.726	0.672
0.60	1.732	1.561	1.411	1.281	1.166	1.065	0.976	0.897	0.827	0.764	0.708
0.62	1.802	1.625	1.471	1.337	1.218	1.114	1.022	0.940	0.867	0.802	0.744
0.64	1.872	1.690	1.532	1.393	1.271	1.163	1.068	0.983	0.908	0.840	0.780
0.66	1.941	1.754	1.592	1.449	1.323	1.212	1.114	1.027	0.949	0.879	0.816
0.68	2.009	1.818	1.651	1.504	1.376	1.262	1.160	1.070	0.990	0.918	0.853
0.70	2.077	1.881	1.710	1.560	1.427	1.310	1.206	1.114	1.031	0.957	0.890
0.72	2.143	1.943	1.768	1.614	1.478	1.358	1.252	1.157	1.071	0.995	0.926
0.74	2.207	2.003	1.824	1.667	1.529	1.406	1.296	1.199	1.112	1.033	0.962
0.76	2.270	2.062	1.879	1.719	1.578	1.452	1.340	1.240	1.151	1.070	0.998
0.78	2.330	2.118	1.933	1.769	1.625	1.497	1.383	1.281	1.189	1.107	1.033
0.80	2.388	2.173	1.984	1.818	1.671	1.540	1.424	1.320	1.227	1.142	1.066
0.82	2.442	2.224	2.033	1.864	1.714	1.582	1.463	1.357	1.262	1.177	1.099
0.84	2.494	2.273	2.078	1.907	1.756	1.621	1.501	1.393	1.296	1.209	1.130
0.86	2.541	2.317	2.121	1.948	1.794	1.657	1.535	1.426	1.328	1.239	1.159
0.88	2.584	2.358	2.159	1.984	1.829	1.691	1.567	1.457	1.357	1.267	1.186
0.90	2.622	2.394	2.194	2.017	1.860	1.721	1.596	1.484	1.383	1.292	1.210
0.92	2.654	2.425	2.223	2.045	1.887	1.746	1.621	1.508	1.406	1.314	1.231
0.94	2.681	2.450	2.247	2.068	1.909	1.768	1.641	1.527	1.425	1.332	1.249
0.96	2.701	2.469	2.265	2.085	1.926	1.783	1.656	1.542	1.439	1.346	1.262
0.98	2.713	2.481	2.277	2.096	1.936	1.794	1.666	1.551	1.448	1.355	1.270
1.00	2.717	2.485	2.281	2.100	1.940	1.797	1.669	1.555	1.451	1.358	1.273

ξ \ λ_1	5.50	6.00	6.50	7.00	7.50	8.00	8.50	9.00	9.50	10.00	10.50
0.00	0.000	0.000	0.000	0.000	0.000	0.000	0.000	0.000	0.000	0.000	0.000
0.02	0.012	0.009	0.007	0.006	0.005	0.004	0.003	0.003	0.002	0.002	0.002
0.04	0.023	0.018	0.014	0.012	0.010	0.008	0.007	0.006	0.005	0.004	0.004
0.06	0.035	0.027	0.022	0.018	0.015	0.012	0.010	0.009	0.007	0.006	0.005
0.08	0.047	0.037	0.030	0.024	0.020	0.016	0.014	0.012	0.010	0.009	0.008
0.10	0.060	0.047	0.038	0.031	0.025	0.021	0.018	0.015	0.013	0.011	0.010
0.12	0.073	0.058	0.046	0.038	0.031	0.026	0.022	0.019	0.016	0.014	0.012
0.14	0.087	0.069	0.056	0.045	0.038	0.032	0.027	0.023	0.020	0.017	0.015
0.16	0.101	0.081	0.065	0.053	0.044	0.037	0.032	0.027	0.024	0.021	0.018
0.18	0.117	0.093	0.075	0.062	0.052	0.044	0.037	0.032	0.028	0.025	0.022
0.20	0.132	0.106	0.086	0.071	0.060	0.050	0.043	0.037	0.033	0.029	0.025
0.22	0.149	0.120	0.098	0.081	0.068	0.058	0.049	0.043	0.038	0.033	0.029
0.24	0.167	0.134	0.110	0.091	0.077	0.065	0.056	0.049	0.043	0.038	0.034
0.26	0.185	0.150	0.123	0.102	0.086	0.074	0.064	0.055	0.049	0.043	0.038
0.28	0.205	0.166	0.136	0.114	0.096	0.082	0.071	0.062	0.055	0.049	0.043
0.30	0.225	0.183	0.151	0.126	0.107	0.092	0.080	0.070	0.061	0.054	0.049
0.32	0.246	0.200	0.166	0.139	0.118	0.102	0.088	0.077	0.068	0.061	0.054
0.34	0.268	0.219	0.182	0.153	0.130	0.112	0.097	0.086	0.076	0.067	0.060
0.36	0.291	0.238	0.198	0.167	0.143	0.123	0.107	0.094	0.083	0.074	0.067
0.38	0.315	0.259	0.216	0.182	0.156	0.135	0.117	0.103	0.092	0.082	0.073
0.40	0.340	0.280	0.234	0.198	0.170	0.147	0.128	0.113	0.100	0.090	0.081
0.42	0.365	0.302	0.253	0.214	0.184	0.159	0.140	0.123	0.109	0.098	0.088
0.44	0.392	0.325	0.272	0.232	0.199	0.173	0.151	0.134	0.119	0.106	0.096
0.46	0.420	0.348	0.293	0.249	0.215	0.187	0.164	0.145	0.129	0.115	0.104
0.48	0.448	0.372	0.314	0.268	0.231	0.201	0.176	0.156	0.139	0.125	0.112
0.50	0.477	0.398	0.336	0.287	0.248	0.216	0.190	0.168	0.150	0.134	0.121
0.52	0.507	0.423	0.358	0.306	0.265	0.231	0.203	0.180	0.161	0.144	0.130
0.54	0.538	0.450	0.381	0.327	0.283	0.247	0.217	0.193	0.172	0.155	0.140
0.56	0.569	0.477	0.405	0.347	0.301	0.263	0.232	0.206	0.184	0.166	0.150
0.58	0.601	0.505	0.429	0.369	0.320	0.280	0.247	0.220	0.196	0.177	0.160
0.60	0.634	0.533	0.454	0.391	0.339	0.298	0.263	0.234	0.209	0.188	0.170
0.62	0.667	0.562	0.479	0.413	0.359	0.315	0.279	0.248	0.222	0.200	0.181
0.64	0.700	0.591	0.505	0.436	0.380	0.333	0.295	0.263	0.235	0.212	0.192
0.66	0.734	0.620	0.531	0.459	0.400	0.352	0.311	0.278	0.249	0.224	0.203
0.68	0.768	0.650	0.557	0.482	0.421	0.370	0.328	0.293	0.263	0.237	0.215
0.70	0.801	0.680	0.583	0.506	0.442	0.389	0.345	0.308	0.277	0.250	0.227
0.72	0.835	0.710	0.610	0.529	0.463	0.409	0.363	0.324	0.291	0.263	0.239
0.74	0.869	0.739	0.636	0.553	0.485	0.428	0.380	0.340	0.306	0.276	0.251
0.76	0.902	0.769	0.663	0.576	0.506	0.447	0.398	0.356	0.320	0.290	0.263
0.78	0.934	0.798	0.689	0.600	0.527	0.466	0.415	0.372	0.335	0.303	0.276
0.80	0.966	0.826	0.714	0.623	0.548	0.485	0.432	0.388	0.349	0.316	0.288
0.82	0.996	0.853	0.738	0.645	0.568	0.503	0.449	0.403	0.364	0.330	0.300
0.84	1.025	0.879	0.762	0.666	0.587	0.521	0.466	0.418	0.378	0.343	0.312
0.86	1.052	0.904	0.784	0.687	0.606	0.538	0.481	0.433	0.391	0.355	0.324
0.88	1.078	0.927	0.805	0.706	0.624	0.555	0.496	0.447	0.404	0.367	0.335
0.90	1.100	0.948	0.824	0.723	0.640	0.569	0.510	0.459	0.416	0.378	0.345
0.92	1.120	0.966	0.841	0.739	0.654	0.583	0.522	0.471	0.427	0.388	0.355
0.94	1.137	0.981	0.855	0.752	0.666	0.594	0.533	0.481	0.436	0.397	0.363
0.96	1.149	0.993	0.866	0.762	0.675	0.603	0.541	0.488	0.443	0.404	0.369
0.98	1.157	1.000	0.873	0.768	0.681	0.608	0.546	0.493	0.448	0.408	0.374
1.00	1.160	1.003	0.875	0.770	0.683	0.610	0.548	0.495	0.450	0.410	0.375

ξ \\ λ_1	11.00	12.00	13.00	14.00	15.00	17.00	19.00	21.00	23.00	25.00	28.00
0.00	0.000	0.000	0.000	0.000	0.000	0.000	0.000	0.000	0.000	0.000	0.000
0.02	0.002	0.001	0.001	0.001	0.001	0.000	0.000	0.000	0.000	0.000	0.000
0.04	0.003	0.002	0.002	0.002	0.001	0.001	0.001	0.000	0.000	0.000	0.000
0.06	0.005	0.004	0.003	0.002	0.002	0.001	0.001	0.001	0.001	0.000	0.000
0.08	0.007	0.005	0.004	0.003	0.003	0.002	0.001	0.001	0.001	0.001	0.001
0.10	0.009	0.007	0.006	0.005	0.004	0.003	0.002	0.002	0.001	0.001	0.001
0.12	0.011	0.009	0.007	0.006	0.005	0.004	0.003	0.002	0.002	0.001	0.001
0.14	0.013	0.011	0.009	0.007	0.006	0.004	0.003	0.003	0.002	0.002	0.001
0.16	0.016	0.013	0.011	0.009	0.007	0.006	0.004	0.003	0.003	0.002	0.002
0.18	0.019	0.016	0.013	0.011	0.009	0.007	0.005	0.004	0.003	0.003	0.002
0.20	0.023	0.018	0.015	0.013	0.011	0.008	0.006	0.005	0.004	0.003	0.003
0.22	0.026	0.021	0.018	0.015	0.013	0.010	0.007	0.006	0.005	0.004	0.003
0.24	0.030	0.025	0.020	0.017	0.015	0.011	0.009	0.007	0.006	0.005	0.004
0.26	0.034	0.028	0.023	0.020	0.017	0.013	0.010	0.008	0.007	0.006	0.004
0.28	0.039	0.032	0.027	0.023	0.019	0.015	0.012	0.009	0.008	0.007	0.005
0.30	0.044	0.036	0.030	0.026	0.022	0.017	0.013	0.011	0.009	0.007	0.006
0.32	0.049	0.040	0.034	0.029	0.025	0.019	0.015	0.012	0.010	0.008	0.007
0.34	0.054	0.045	0.038	0.032	0.028	0.021	0.017	0.014	0.011	0.010	0.008
0.36	0.060	0.050	0.042	0.036	0.031	0.024	0.019	0.015	0.013	0.011	0.008
0.38	0.066	0.055	0.046	0.039	0.034	0.026	0.021	0.017	0.014	0.012	0.009
0.40	0.073	0.060	0.051	0.043	0.038	0.029	0.023	0.019	0.015	0.013	0.010
0.42	0.080	0.066	0.056	0.048	0.041	0.032	0.025	0.021	0.017	0.014	0.011
0.44	0.087	0.072	0.061	0.052	0.045	0.035	0.028	0.022	0.019	0.016	0.013
0.46	0.094	0.078	0.066	0.057	0.049	0.038	0.030	0.025	0.020	0.017	0.014
0.48	0.102	0.085	0.072	0.061	0.053	0.041	0.033	0.027	0.022	0.019	0.015
0.50	0.110	0.091	0.077	0.066	0.058	0.044	0.035	0.029	0.024	0.020	0.016
0.52	0.118	0.099	0.083	0.072	0.062	0.048	0.038	0.031	0.026	0.022	0.017
0.54	0.127	0.106	0.090	0.077	0.067	0.052	0.041	0.034	0.028	0.024	0.019
0.56	0.136	0.113	0.096	0.083	0.072	0.055	0.044	0.036	0.030	0.025	0.020
0.58	0.145	0.121	0.103	0.088	0.077	0.059	0.047	0.039	0.032	0.027	0.022
0.60	0.155	0.129	0.110	0.094	0.082	0.063	0.051	0.041	0.034	0.029	0.023
0.62	0.165	0.138	0.117	0.100	0.087	0.068	0.054	0.044	0.037	0.031	0.025
0.64	0.175	0.146	0.124	0.107	0.093	0.072	0.057	0.047	0.039	0.033	0.026
0.66	0.185	0.155	0.132	0.113	0.099	0.076	0.061	0.050	0.042	0.035	0.028
0.68	0.196	0.164	0.140	0.120	0.104	0.081	0.065	0.053	0.044	0.037	0.030
0.70	0.207	0.173	0.148	0.127	0.111	0.086	0.069	0.056	0.047	0.039	0.031
0.72	0.218	0.183	0.156	0.134	0.117	0.091	0.072	0.059	0.049	0.042	0.033
0.74	0.229	0.192	0.164	0.141	0.123	0.096	0.077	0.063	0.052	0.044	0.035
0.76	0.240	0.202	0.172	0.149	0.130	0.101	0.081	0.066	0.055	0.046	0.037
0.78	0.252	0.212	0.181	0.156	0.136	0.106	0.085	0.069	0.058	0.049	0.039
0.80	0.263	0.222	0.189	0.164	0.143	0.111	0.089	0.073	0.061	0.051	0.041
0.82	0.274	0.232	0.198	0.171	0.149	0.117	0.093	0.077	0.064	0.054	0.043
0.84	0.285	0.241	0.207	0.179	0.156	0.122	0.098	0.080	0.067	0.057	0.045
0.86	0.296	0.251	0.215	0.186	0.163	0.127	0.102	0.084	0.070	0.059	0.047
0.88	0.307	0.260	0.223	0.193	0.169	0.133	0.107	0.087	0.073	0.062	0.049
0.90	0.317	0.269	0.231	0.200	0.175	0.138	0.111	0.091	0.076	0.065	0.052
0.92	0.325	0.277	0.238	0.207	0.181	0.142	0.115	0.094	0.079	0.067	0.054
0.94	0.333	0.283	0.244	0.212	0.186	0.147	0.118	0.098	0.082	0.070	0.056
0.96	0.339	0.289	0.249	0.217	0.191	0.150	0.122	0.100	0.084	0.072	0.057
0.98	0.343	0.293	0.253	0.220	0.193	0.153	0.124	0.102	0.086	0.073	0.059
1.00	0.345	0.294	0.254	0.221	0.195	0.154	0.125	0.103	0.087	0.074	0.059

顶部集中水平荷载（N/ε_3）$\times 10^{-2}$ 值表

ξ \\ λ_1	1.00	1.20	1.40	1.60	1.80	2.00	2.20	2.40	2.60	2.80	3.00
0.00	0.000	0.000	0.000	0.000	0.000	0.000	0.000	0.000	0.000	0.000	0.000
0.02	0.704	0.622	0.546	0.478	0.419	0.367	0.323	0.285	0.252	0.224	0.200
0.04	1.407	1.243	1.091	0.956	0.837	0.734	0.645	0.569	0.504	0.448	0.400
0.06	2.109	1.863	1.636	1.433	1.255	1.100	0.967	0.854	0.756	0.672	0.600
0.08	2.810	2.483	2.180	1.909	1.672	1.466	1.289	1.137	1.007	0.896	0.800
0.10	3.509	3.100	2.722	2.384	2.088	1.831	1.610	1.421	1.258	1.119	0.999
0.12	4.205	3.715	3.263	2.858	2.503	2.195	1.930	1.703	1.509	1.342	1.198
0.14	4.898	4.327	3.801	3.329	2.916	2.557	2.249	1.985	1.758	1.564	1.396
0.16	5.587	4.937	4.336	3.799	3.327	2.919	2.567	2.266	2.007	1.785	1.594
0.18	6.272	5.543	4.869	4.265	3.736	3.278	2.883	2.545	2.255	2.006	1.792
0.20	6.952	6.144	5.398	4.729	4.143	3.635	3.198	2.823	2.502	2.225	1.988
0.22	7.628	6.742	5.923	5.190	4.547	3.990	3.511	3.100	2.747	2.444	2.184
0.24	8.297	7.334	6.444	5.648	4.949	4.343	3.822	3.375	2.991	2.662	2.378
0.26	8.960	7.921	6.961	6.101	5.347	4.693	4.131	3.648	3.234	2.878	2.572
0.28	9.616	8.502	7.473	6.551	5.742	5.041	4.437	3.919	3.475	3.093	2.764
0.30	10.265	9.077	7.979	6.996	6.133	5.385	4.741	4.188	3.714	3.306	2.956
0.32	10.907	9.645	8.479	7.436	6.520	5.725	5.042	4.455	3.951	3.518	3.146
0.34	11.539	10.206	8.974	7.870	6.902	6.062	5.339	4.719	4.186	3.728	3.334
0.36	12.163	10.759	9.462	8.300	7.280	6.396	5.634	4.980	4.419	3.936	3.521
0.38	12.777	11.304	9.943	8.723	7.653	6.725	5.925	5.238	4.649	4.142	3.706
0.40	13.381	11.841	10.416	9.140	8.021	7.049	6.212	5.494	4.877	4.346	3.889
0.42	13.974	12.368	10.882	9.551	8.383	7.369	6.496	5.746	5.102	4.548	4.070
0.44	14.557	12.885	11.339	9.954	8.739	7.684	6.775	5.994	5.323	4.747	4.249
0.46	15.127	13.392	11.788	10.351	9.088	7.993	7.050	6.239	5.542	4.943	4.426
0.48	15.685	13.889	12.227	10.739	9.432	8.297	7.320	6.479	5.757	5.136	4.601
0.50	16.230	14.374	12.657	11.119	9.768	8.595	7.585	6.716	5.969	5.326	4.772
0.52	16.762	14.848	13.077	11.490	10.097	8.887	7.844	6.947	6.177	5.513	4.941
0.54	17.279	15.309	13.486	11.853	10.418	9.172	8.098	7.174	6.380	5.697	5.107
0.56	17.782	15.758	13.885	12.206	10.731	9.451	8.346	7.396	6.580	5.876	5.270
0.58	18.270	16.193	14.271	12.549	11.036	9.721	8.588	7.613	6.774	6.052	5.429
0.60	18.741	16.614	14.646	12.882	11.331	9.985	8.823	7.824	6.964	6.224	5.584
0.62	19.197	17.021	15.008	13.204	11.618	10.240	9.051	8.029	7.149	6.391	5.736
0.64	19.635	17.413	15.358	13.514	11.894	10.487	9.272	8.227	7.328	6.553	5.883
0.66	20.055	17.790	15.693	13.813	12.161	10.725	9.486	8.419	7.501	6.710	6.026
0.68	20.457	18.150	16.015	14.100	12.416	10.954	9.691	8.604	7.669	6.862	6.165
0.70	20.840	18.493	16.322	14.374	12.661	11.173	9.888	8.782	7.829	7.008	6.298
0.72	21.203	18.819	16.613	14.634	12.894	11.382	10.076	8.952	7.983	7.148	6.426
0.74	21.546	19.128	16.889	14.881	13.115	11.580	10.255	9.113	8.130	7.282	6.549
0.76	21.868	19.417	17.149	15.113	13.323	11.768	10.424	9.266	8.269	7.409	6.665
0.78	22.168	19.688	17.391	15.331	13.519	11.943	10.583	9.410	8.400	7.529	6.775
0.80	22.446	19.938	17.616	15.533	13.700	12.107	10.731	9.545	8.523	7.641	6.878
0.82	22.701	20.168	17.823	15.719	13.868	12.258	10.868	9.669	8.636	7.745	6.974
0.84	22.932	20.377	18.011	15.888	14.020	12.396	10.993	9.783	8.741	7.841	7.062
0.86	23.139	20.564	18.179	16.040	14.157	12.520	11.105	9.886	8.835	7.927	7.142
0.88	23.320	20.728	18.328	16.174	14.278	12.630	11.205	9.977	8.919	8.005	7.213
0.90	23.476	20.869	18.455	16.289	14.383	12.725	11.292	10.056	8.991	8.072	7.275
0.92	23.605	20.987	18.561	16.385	14.469	12.804	11.364	10.122	9.052	8.128	7.328
0.94	23.707	21.079	18.645	16.461	14.538	12.866	11.421	10.175	9.101	8.173	7.369
0.96	23.781	21.146	18.706	16.516	14.588	12.912	11.463	10.214	9.136	8.206	7.400
0.98	23.825	21.187	18.743	16.549	14.619	12.940	11.489	10.237	9.158	8.226	7.419
1.00	23.841	21.201	18.755	16.561	14.630	12.950	11.498	10.245	9.166	8.233	7.426

ξ \ λ_1	3.20	3.40	3.60	3.80	4.00	4.20	4.40	4.60	4.80	5.00	5.20
0.00	0.000	0.000	0.000	0.000	0.000	0.000	0.000	0.000	0.000	0.000	0.000
0.02	0.179	0.161	0.146	0.132	0.120	0.110	0.101	0.093	0.085	0.079	0.073
0.04	0.359	0.323	0.292	0.265	0.241	0.220	0.202	0.185	0.171	0.158	0.146
0.06	0.538	0.484	0.437	0.397	0.361	0.330	0.302	0.278	0.256	0.237	0.219
0.08	0.717	0.645	0.583	0.529	0.481	0.440	0.403	0.370	0.341	0.316	0.292
0.10	0.896	0.806	0.729	0.661	0.601	0.549	0.503	0.463	0.427	0.394	0.366
0.12	1.074	0.967	0.874	0.793	0.721	0.659	0.604	0.555	0.512	0.473	0.439
0.14	1.252	1.127	1.019	0.924	0.841	0.768	0.704	0.647	0.597	0.552	0.512
0.16	1.430	1.287	1.163	1.055	0.961	0.878	0.804	0.740	0.682	0.630	0.584
0.18	1.607	1.447	1.308	1.186	1.080	0.987	0.904	0.832	0.767	0.709	0.657
0.20	1.783	1.606	1.451	1.317	1.199	1.096	1.004	0.923	0.851	0.787	0.730
0.22	1.959	1.764	1.595	1.447	1.318	1.204	1.104	1.015	0.936	0.866	0.803
0.24	2.134	1.922	1.738	1.577	1.436	1.312	1.203	1.106	1.020	0.944	0.875
0.26	2.308	2.079	1.880	1.706	1.554	1.420	1.302	1.198	1.105	1.022	0.947
0.28	2.481	2.235	2.021	1.835	1.672	1.528	1.401	1.289	1.189	1.099	1.020
0.30	2.653	2.391	2.162	1.963	1.789	1.635	1.499	1.379	1.272	1.177	1.092
0.32	2.824	2.545	2.302	2.091	1.905	1.742	1.598	1.470	1.356	1.254	1.163
0.34	2.994	2.698	2.442	2.217	2.021	1.848	1.695	1.560	1.439	1.331	1.235
0.36	3.162	2.851	2.580	2.343	2.136	1.953	1.792	1.649	1.522	1.408	1.306
0.38	3.329	3.002	2.717	2.469	2.250	2.058	1.889	1.738	1.604	1.485	1.378
0.40	3.494	3.152	2.853	2.593	2.364	2.163	1.985	1.827	1.686	1.561	1.448
0.42	3.658	3.300	2.988	2.716	2.477	2.266	2.080	1.915	1.768	1.637	1.519
0.44	3.820	3.447	3.122	2.838	2.589	2.369	2.175	2.003	1.849	1.712	1.589
0.46	3.979	3.592	3.254	2.959	2.699	2.471	2.269	2.089	1.930	1.787	1.659
0.48	4.137	3.735	3.385	3.078	2.809	2.572	2.362	2.176	2.010	1.861	1.728
0.50	4.293	3.876	3.514	3.196	2.917	2.672	2.454	2.261	2.089	1.935	1.797
0.52	4.446	4.016	3.641	3.313	3.025	2.770	2.545	2.345	2.167	2.008	1.865
0.54	4.596	4.153	3.766	3.428	3.130	2.868	2.636	2.429	2.245	2.080	1.932
0.56	4.744	4.288	3.889	3.541	3.234	2.964	2.724	2.512	2.322	2.152	1.999
0.58	4.889	4.420	4.010	3.652	3.337	3.059	2.812	2.593	2.397	2.222	2.065
0.60	5.030	4.549	4.129	3.761	3.437	3.151	2.898	2.673	2.472	2.292	2.130
0.62	5.169	4.675	4.245	3.868	3.536	3.243	2.983	2.752	2.545	2.361	2.194
0.64	5.303	4.799	4.358	3.972	3.632	3.332	3.066	2.829	2.618	2.428	2.258
0.66	5.434	4.918	4.468	4.074	3.726	3.419	3.147	2.905	2.688	2.494	2.320
0.68	5.560	5.035	4.575	4.172	3.818	3.504	3.226	2.978	2.757	2.559	2.380
0.70	5.683	5.147	4.679	4.268	3.906	3.587	3.303	3.050	2.824	2.622	2.439
0.72	5.800	5.255	4.778	4.360	3.992	3.666	3.377	3.120	2.889	2.683	2.497
0.74	5.912	5.358	4.874	4.449	4.074	3.743	3.449	3.187	2.952	2.742	2.553
0.76	6.019	5.457	4.965	4.534	4.153	3.817	3.518	3.251	3.013	2.799	2.607
0.78	6.121	5.550	5.052	4.614	4.228	3.887	3.584	3.313	3.071	2.854	2.658
0.80	6.216	5.638	5.134	4.690	4.299	3.953	3.646	3.372	3.126	2.906	2.707
0.82	6.304	5.721	5.210	4.761	4.366	4.016	3.704	3.427	3.178	2.955	2.754
0.84	6.386	5.796	5.280	4.827	4.427	4.073	3.759	3.478	3.226	3.001	2.797
0.86	6.460	5.865	5.345	4.887	4.484	4.126	3.809	3.525	3.271	3.043	2.837
0.88	6.526	5.927	5.402	4.941	4.534	4.174	3.853	3.567	3.311	3.081	2.873
0.90	6.584	5.981	5.452	4.988	4.579	4.216	3.893	3.605	3.347	3.115	2.906
0.92	6.632	6.026	5.495	5.028	4.616	4.252	3.927	3.637	3.377	3.144	2.933
0.94	6.671	6.063	5.529	5.061	4.647	4.280	3.954	3.663	3.402	3.167	2.956
0.96	6.700	6.089	5.555	5.085	4.670	4.302	3.975	3.682	3.421	3.185	2.973
0.98	6.718	6.106	5.570	5.099	4.684	4.315	3.987	3.695	3.432	3.196	2.983
1.00	6.724	6.112	5.576	5.105	4.689	4.320	3.992	3.699	3.436	3.200	2.987

ξ \ λ₁	5.50	6.00	6.50	7.00	7.50	8.00	8.50	9.00	9.50	10.00	10.50
0.00	0.000	0.000	0.000	0.000	0.000	0.000	0.000	0.000	0.000	0.000	0.000
0.02	0.066	0.055	0.047	0.041	0.036	0.031	0.028	0.025	0.022	0.020	0.018
0.04	0.131	0.111	0.094	0.081	0.071	0.062	0.055	0.049	0.044	0.040	0.036
0.06	0.197	0.166	0.142	0.122	0.107	0.094	0.083	0.074	0.066	0.060	0.054
0.08	0.262	0.221	0.189	0.163	0.142	0.125	0.111	0.099	0.089	0.080	0.073
0.10	0.328	0.276	0.236	0.204	0.178	0.156	0.138	0.123	0.111	0.100	0.091
0.12	0.393	0.332	0.283	0.244	0.213	0.187	0.166	0.148	0.133	0.120	0.109
0.14	0.459	0.387	0.330	0.285	0.249	0.219	0.194	0.173	0.155	0.140	0.127
0.16	0.524	0.442	0.377	0.326	0.284	0.250	0.221	0.197	0.177	0.160	0.145
0.18	0.589	0.497	0.424	0.366	0.320	0.281	0.249	0.222	0.199	0.180	0.163
0.20	0.655	0.552	0.472	0.407	0.355	0.312	0.277	0.247	0.222	0.200	0.181
0.22	0.720	0.607	0.519	0.448	0.390	0.343	0.304	0.271	0.244	0.220	0.200
0.24	0.785	0.662	0.566	0.488	0.426	0.375	0.332	0.296	0.266	0.240	0.218
0.26	0.850	0.717	0.613	0.529	0.461	0.406	0.360	0.321	0.288	0.260	0.236
0.28	0.915	0.772	0.659	0.570	0.497	0.437	0.387	0.345	0.310	0.280	0.254
0.30	0.979	0.827	0.706	0.610	0.532	0.468	0.415	0.370	0.332	0.300	0.272
0.32	1.044	0.881	0.753	0.651	0.567	0.499	0.442	0.395	0.354	0.320	0.290
0.34	1.108	0.936	0.800	0.691	0.603	0.530	0.470	0.419	0.377	0.340	0.308
0.36	1.173	0.990	0.846	0.731	0.638	0.561	0.498	0.444	0.399	0.360	0.326
0.38	1.237	1.044	0.893	0.772	0.673	0.592	0.525	0.469	0.421	0.380	0.345
0.40	1.300	1.099	0.939	0.812	0.708	0.623	0.553	0.493	0.443	0.400	0.363
0.42	1.364	1.152	0.986	0.852	0.744	0.654	0.580	0.518	0.465	0.420	0.381
0.44	1.427	1.206	1.032	0.892	0.779	0.685	0.608	0.542	0.487	0.440	0.399
0.46	1.490	1.260	1.078	0.932	0.814	0.716	0.635	0.567	0.509	0.460	0.417
0.48	1.553	1.313	1.124	0.972	0.849	0.747	0.662	0.591	0.531	0.479	0.435
0.50	1.615	1.366	1.169	1.012	0.883	0.778	0.690	0.616	0.553	0.499	0.453
0.52	1.676	1.419	1.215	1.051	0.918	0.808	0.717	0.640	0.575	0.519	0.471
0.54	1.737	1.471	1.260	1.090	0.952	0.839	0.744	0.664	0.597	0.539	0.489
0.56	1.798	1.523	1.305	1.129	0.987	0.869	0.771	0.689	0.619	0.559	0.507
0.58	1.858	1.574	1.349	1.168	1.021	0.899	0.798	0.713	0.641	0.579	0.525
0.60	1.917	1.625	1.393	1.207	1.055	0.930	0.825	0.737	0.662	0.598	0.543
0.62	1.975	1.675	1.437	1.245	1.089	0.959	0.852	0.761	0.684	0.618	0.561
0.64	2.033	1.724	1.480	1.283	1.122	0.989	0.878	0.785	0.705	0.637	0.579
0.66	2.089	1.773	1.522	1.320	1.155	1.018	0.904	0.808	0.727	0.657	0.596
0.68	2.145	1.821	1.564	1.357	1.187	1.047	0.930	0.832	0.748	0.676	0.614
0.70	2.199	1.868	1.605	1.393	1.219	1.076	0.956	0.855	0.769	0.695	0.631
0.72	2.251	1.914	1.645	1.428	1.251	1.104	0.981	0.878	0.790	0.714	0.648
0.74	2.302	1.958	1.684	1.463	1.282	1.132	1.006	0.900	0.810	0.733	0.666
0.76	2.352	2.001	1.722	1.497	1.312	1.159	1.031	0.922	0.830	0.751	0.682
0.78	2.399	2.043	1.759	1.529	1.341	1.185	1.054	0.944	0.850	0.769	0.699
0.80	2.445	2.083	1.794	1.561	1.369	1.211	1.078	0.965	0.869	0.786	0.715
0.82	2.487	2.121	1.828	1.591	1.396	1.235	1.100	0.985	0.887	0.803	0.731
0.84	2.528	2.156	1.859	1.619	1.422	1.258	1.121	1.005	0.905	0.820	0.746
0.86	2.565	2.189	1.889	1.646	1.446	1.280	1.141	1.023	0.922	0.835	0.760
0.88	2.598	2.219	1.916	1.670	1.468	1.300	1.159	1.040	0.938	0.850	0.774
0.90	2.628	2.246	1.940	1.692	1.488	1.318	1.176	1.055	0.952	0.863	0.786
0.92	2.654	2.269	1.961	1.711	1.505	1.335	1.191	1.069	0.965	0.875	0.797
0.94	2.675	2.288	1.978	1.727	1.520	1.348	1.203	1.081	0.976	0.885	0.807
0.96	2.691	2.302	1.991	1.739	1.531	1.358	1.213	1.089	0.984	0.893	0.814
0.98	2.701	2.312	2.000	1.747	1.538	1.365	1.219	1.095	0.989	0.898	0.819
1.00	2.705	2.315	2.003	1.749	1.541	1.367	1.221	1.097	0.991	0.900	0.821

ξ \ λ_1	11.00	12.00	13.00	14.00	15.00	17.00	19.00	21.00	23.00	25.00	28.00
0.00	0.000	0.000	0.000	0.000	0.000	0.000	0.000	0.000	0.000	0.000	0.000
0.02	0.017	0.014	0.012	0.010	0.009	0.007	0.006	0.005	0.004	0.003	0.003
0.04	0.033	0.028	0.024	0.020	0.018	0.014	0.011	0.009	0.008	0.006	0.005
0.06	0.050	0.042	0.036	0.031	0.027	0.021	0.017	0.014	0.011	0.010	0.008
0.08	0.066	0.056	0.047	0.041	0.036	0.028	0.022	0.018	0.015	0.013	0.010
0.10	0.083	0.069	0.059	0.051	0.044	0.035	0.028	0.023	0.019	0.016	0.013
0.12	0.099	0.083	0.071	0.061	0.053	0.042	0.033	0.027	0.023	0.019	0.015
0.14	0.116	0.097	0.083	0.071	0.062	0.048	0.039	0.032	0.026	0.022	0.018
0.16	0.132	0.111	0.095	0.082	0.071	0.055	0.044	0.036	0.030	0.026	0.020
0.18	0.149	0.125	0.107	0.092	0.080	0.062	0.050	0.041	0.034	0.029	0.023
0.20	0.165	0.139	0.118	0.102	0.089	0.069	0.055	0.045	0.038	0.032	0.026
0.22	0.182	0.153	0.130	0.112	0.098	0.076	0.061	0.050	0.042	0.035	0.028
0.24	0.198	0.167	0.142	0.122	0.107	0.083	0.066	0.054	0.045	0.038	0.031
0.26	0.215	0.181	0.154	0.133	0.116	0.090	0.072	0.059	0.049	0.042	0.033
0.28	0.231	0.194	0.166	0.143	0.124	0.097	0.078	0.063	0.053	0.045	0.036
0.30	0.248	0.208	0.178	0.153	0.133	0.104	0.083	0.068	0.057	0.048	0.038
0.32	0.264	0.222	0.189	0.163	0.142	0.111	0.089	0.073	0.060	0.051	0.041
0.34	0.281	0.236	0.201	0.173	0.151	0.118	0.094	0.077	0.064	0.054	0.043
0.36	0.297	0.250	0.213	0.184	0.160	0.125	0.100	0.082	0.068	0.058	0.046
0.38	0.314	0.264	0.225	0.194	0.169	0.131	0.105	0.086	0.072	0.061	0.048
0.40	0.330	0.278	0.237	0.204	0.178	0.138	0.111	0.091	0.076	0.064	0.051
0.42	0.347	0.292	0.248	0.214	0.187	0.145	0.116	0.095	0.079	0.067	0.054
0.44	0.363	0.305	0.260	0.224	0.196	0.152	0.122	0.100	0.083	0.070	0.056
0.46	0.380	0.319	0.272	0.235	0.204	0.159	0.127	0.104	0.087	0.074	0.059
0.48	0.396	0.333	0.284	0.245	0.213	0.166	0.133	0.109	0.091	0.077	0.061
0.50	0.413	0.347	0.296	0.255	0.222	0.173	0.139	0.113	0.095	0.080	0.064
0.52	0.429	0.361	0.308	0.265	0.231	0.180	0.144	0.118	0.098	0.083	0.066
0.54	0.446	0.375	0.319	0.275	0.240	0.187	0.150	0.122	0.102	0.086	0.069
0.56	0.462	0.389	0.331	0.286	0.249	0.194	0.155	0.127	0.106	0.090	0.071
0.58	0.479	0.402	0.343	0.296	0.258	0.201	0.161	0.132	0.110	0.093	0.074
0.60	0.495	0.416	0.355	0.306	0.267	0.208	0.166	0.136	0.113	0.096	0.077
0.62	0.511	0.430	0.367	0.316	0.275	0.215	0.172	0.141	0.117	0.099	0.079
0.64	0.527	0.444	0.378	0.326	0.284	0.221	0.177	0.145	0.121	0.102	0.082
0.66	0.544	0.457	0.390	0.336	0.293	0.228	0.183	0.150	0.125	0.106	0.084
0.68	0.560	0.471	0.402	0.347	0.302	0.235	0.188	0.154	0.129	0.109	0.087
0.70	0.576	0.485	0.413	0.357	0.311	0.242	0.194	0.159	0.132	0.112	0.089
0.72	0.592	0.498	0.425	0.367	0.320	0.249	0.199	0.163	0.136	0.115	0.092
0.74	0.607	0.511	0.436	0.377	0.328	0.256	0.205	0.168	0.140	0.118	0.094
0.76	0.623	0.525	0.448	0.386	0.337	0.263	0.210	0.172	0.144	0.122	0.097
0.78	0.638	0.538	0.459	0.396	0.346	0.269	0.216	0.177	0.147	0.125	0.099
0.80	0.653	0.550	0.470	0.406	0.354	0.276	0.221	0.181	0.151	0.128	0.102
0.82	0.667	0.563	0.481	0.415	0.362	0.283	0.227	0.186	0.155	0.131	0.105
0.84	0.681	0.575	0.491	0.425	0.371	0.289	0.232	0.190	0.159	0.134	0.107
0.86	0.695	0.586	0.502	0.434	0.379	0.296	0.237	0.194	0.162	0.137	0.110
0.88	0.707	0.597	0.511	0.442	0.386	0.302	0.242	0.199	0.166	0.140	0.112
0.90	0.719	0.608	0.520	0.450	0.393	0.308	0.247	0.203	0.169	0.143	0.115
0.92	0.729	0.617	0.528	0.457	0.400	0.313	0.252	0.207	0.173	0.146	0.117
0.94	0.738	0.625	0.535	0.464	0.406	0.318	0.256	0.210	0.176	0.149	0.119
0.96	0.745	0.631	0.541	0.469	0.410	0.322	0.259	0.213	0.178	0.151	0.121
0.98	0.750	0.635	0.545	0.472	0.414	0.325	0.261	0.215	0.180	0.153	0.122
1.00	0.751	0.637	0.546	0.474	0.415	0.326	0.262	0.216	0.181	0.154	0.123

ξ \ λ_1	1.00	1.20	1.40	1.60	1.80	2.00	2.20	2.40	2.60	2.80	3.00
0.00	8.562	7.476	6.476	5.585	4.808	4.139	3.568	3.082	2.669	2.319	2.022
0.02	8.564	7.478	6.479	5.588	4.811	4.142	3.571	3.085	2.673	2.323	2.025
0.04	8.568	7.484	6.485	5.596	4.819	4.151	3.581	3.095	2.683	2.333	2.035
0.06	8.574	7.492	6.496	5.607	4.833	4.165	3.595	3.110	2.698	2.349	2.051
0.08	8.581	7.502	6.509	5.623	4.850	4.184	3.615	3.131	2.719	2.369	2.072
0.10	8.589	7.514	6.524	5.641	4.870	4.206	3.638	3.155	2.744	2.394	2.097
0.12	8.596	7.526	6.540	5.661	4.893	4.231	3.665	3.183	2.772	2.423	2.126
0.14	8.602	7.538	6.557	5.682	4.917	4.258	3.694	3.213	2.804	2.455	2.158
0.16	8.606	7.549	6.574	5.704	4.943	4.287	3.725	3.246	2.838	2.490	2.193
0.18	8.608	7.558	6.590	5.725	4.969	4.317	3.758	3.280	2.873	2.526	2.229
0.20	8.607	7.565	6.605	5.746	4.996	4.347	3.791	3.316	2.910	2.564	2.268
0.22	8.602	7.570	6.617	5.766	5.021	4.377	3.824	3.351	2.948	2.602	2.307
0.24	8.593	7.571	6.627	5.784	5.045	4.406	3.857	3.387	2.985	2.641	2.346
0.26	8.578	7.568	6.634	5.799	5.067	4.434	3.889	3.422	3.023	2.680	2.386
0.28	8.558	7.560	6.637	5.811	5.087	4.459	3.919	3.456	3.059	2.718	2.425
0.30	8.532	7.547	6.636	5.820	5.104	4.483	3.948	3.488	3.094	2.755	2.463
0.32	8.499	7.528	6.629	5.824	5.117	4.503	3.974	3.518	3.127	2.791	2.500
0.34	8.459	7.503	6.617	5.824	5.126	4.520	3.996	3.546	3.158	2.824	2.535
0.36	8.411	7.470	6.599	5.818	5.130	4.532	4.016	3.570	3.186	2.855	2.568
0.38	8.354	7.430	6.575	5.806	5.129	4.540	4.031	3.591	3.211	2.883	2.599
0.40	8.288	7.383	6.543	5.788	5.123	4.543	4.041	3.608	3.233	2.908	2.626
0.42	8.213	7.326	6.503	5.763	5.110	4.541	4.047	3.620	3.250	2.929	2.650
0.44	8.128	7.261	6.456	5.731	5.091	4.532	4.047	3.627	3.263	2.946	2.671
0.46	8.032	7.186	6.399	5.691	5.065	4.517	4.042	3.629	3.271	2.959	2.687
0.48	7.926	7.101	6.334	5.642	5.031	4.495	4.030	3.625	3.273	2.967	2.699
0.50	7.808	7.005	6.258	5.585	4.989	4.466	4.011	3.615	3.270	2.969	2.706
0.52	7.678	6.899	6.173	5.518	4.938	4.429	3.985	3.598	3.261	2.966	2.707
0.54	7.536	6.781	6.077	5.442	4.878	4.384	3.951	3.574	3.245	2.957	2.703
0.56	7.381	6.651	5.971	5.355	4.809	4.329	3.909	3.543	3.222	2.941	2.693
0.58	7.213	6.509	5.852	5.258	4.730	4.266	3.859	3.503	3.192	2.918	2.677
0.60	7.031	6.354	5.722	5.150	4.641	4.193	3.800	3.456	3.154	2.888	2.654
0.62	6.836	6.186	5.580	5.030	4.541	4.110	3.731	3.399	3.107	2.850	2.623
0.64	6.626	6.005	5.425	4.899	4.430	4.016	3.652	3.333	3.052	2.804	2.585
0.66	6.401	5.809	5.256	4.754	4.307	3.911	3.563	3.257	2.988	2.750	2.539
0.68	6.161	5.599	5.074	4.597	4.172	3.795	3.463	3.171	2.914	2.686	2.484
0.70	5.905	5.375	4.879	4.427	4.024	3.667	3.352	3.075	2.830	2.613	2.420
0.72	5.634	5.135	4.668	4.243	3.863	3.527	3.230	2.967	2.735	2.530	2.347
0.74	5.347	4.880	4.443	4.045	3.689	3.374	3.095	2.848	2.630	2.436	2.263
0.76	5.043	4.609	4.203	3.833	3.502	3.207	2.947	2.717	2.513	2.331	2.169
0.78	4.722	4.322	3.947	3.606	3.299	3.027	2.786	2.573	2.384	2.215	2.064
0.80	4.384	4.019	3.676	3.363	3.082	2.833	2.612	2.416	2.242	2.087	1.948
0.82	4.029	3.698	3.388	3.104	2.850	2.624	2.423	2.245	2.087	1.946	1.819
0.84	3.656	3.360	3.083	2.830	2.602	2.400	2.220	2.060	1.918	1.792	1.678
0.86	3.265	3.005	2.761	2.539	2.338	2.160	2.002	1.861	1.736	1.623	1.523
0.88	2.855	2.632	2.422	2.230	2.058	1.904	1.768	1.646	1.538	1.441	1.354
0.90	2.427	2.241	2.065	1.905	1.760	1.632	1.517	1.415	1.324	1.243	1.170
0.92	1.980	1.831	1.690	1.561	1.445	1.342	1.250	1.168	1.095	1.029	0.970
0.94	1.515	1.402	1.296	1.199	1.112	1.034	0.965	0.903	0.848	0.799	0.755
0.96	1.029	0.954	0.883	0.819	0.761	0.709	0.662	0.621	0.584	0.551	0.521
0.98	0.525	0.487	0.452	0.419	0.390	0.364	0.341	0.320	0.302	0.285	0.270
1.00	0.000	0.000	0.000	0.000	0.000	0.000	0.000	0.000	0.000	0.000	0.000

ξ \ λ_1	3.20	3.40	3.60	3.80	4.00	4.20	4.40	4.60	4.80	5.00	5.20
0.00	1.768	1.552	1.367	1.208	1.071	0.952	0.850	0.761	0.683	0.615	0.555
0.02	1.772	1.555	1.370	1.211	1.074	0.956	0.853	0.764	0.686	0.618	0.558
0.04	1.782	1.565	1.380	1.221	1.083	0.965	0.862	0.773	0.695	0.626	0.566
0.06	1.797	1.581	1.395	1.236	1.098	0.979	0.876	0.786	0.708	0.639	0.579
0.08	1.818	1.601	1.415	1.255	1.118	0.998	0.895	0.804	0.726	0.657	0.596
0.10	1.843	1.626	1.440	1.279	1.141	1.021	0.917	0.826	0.747	0.677	0.616
0.12	1.872	1.655	1.468	1.307	1.168	1.048	0.943	0.851	0.771	0.701	0.639
0.14	1.904	1.686	1.499	1.338	1.198	1.077	0.971	0.879	0.798	0.727	0.664
0.16	1.939	1.721	1.533	1.371	1.231	1.109	1.002	0.909	0.827	0.755	0.691
0.18	1.975	1.757	1.569	1.406	1.265	1.142	1.035	0.941	0.858	0.785	0.720
0.20	2.013	1.795	1.606	1.443	1.301	1.177	1.069	0.974	0.890	0.816	0.750
0.22	2.053	1.834	1.645	1.481	1.338	1.214	1.104	1.008	0.923	0.848	0.781
0.24	2.093	1.874	1.684	1.520	1.376	1.251	1.140	1.043	0.957	0.881	0.813
0.26	2.133	1.914	1.724	1.559	1.414	1.288	1.177	1.078	0.991	0.914	0.845
0.28	2.172	1.953	1.763	1.598	1.453	1.325	1.213	1.114	1.026	0.947	0.877
0.30	2.211	1.992	1.802	1.636	1.491	1.362	1.249	1.149	1.060	0.980	0.909
0.32	2.249	2.031	1.840	1.674	1.528	1.399	1.285	1.184	1.093	1.013	0.940
0.34	2.285	2.067	1.877	1.711	1.564	1.435	1.320	1.218	1.126	1.045	0.971
0.36	2.319	2.102	1.913	1.746	1.599	1.469	1.354	1.251	1.158	1.076	1.001
0.38	2.351	2.135	1.946	1.780	1.632	1.502	1.386	1.282	1.189	1.106	1.031
0.40	2.381	2.166	1.977	1.811	1.664	1.533	1.417	1.313	1.219	1.135	1.059
0.42	2.407	2.194	2.006	1.840	1.693	1.563	1.446	1.341	1.247	1.162	1.085
0.44	2.430	2.218	2.032	1.867	1.720	1.590	1.473	1.368	1.273	1.188	1.110
0.46	2.449	2.239	2.054	1.891	1.745	1.614	1.498	1.392	1.298	1.212	1.134
0.48	2.464	2.257	2.074	1.911	1.766	1.636	1.520	1.415	1.320	1.234	1.155
0.50	2.474	2.270	2.089	1.928	1.784	1.655	1.539	1.434	1.339	1.253	1.175
0.52	2.480	2.279	2.100	1.941	1.798	1.670	1.555	1.451	1.356	1.270	1.192
0.54	2.480	2.282	2.107	1.950	1.809	1.682	1.568	1.464	1.370	1.285	1.206
0.56	2.475	2.281	2.108	1.954	1.815	1.690	1.577	1.475	1.381	1.296	1.218
0.58	2.464	2.274	2.105	1.953	1.817	1.694	1.582	1.481	1.389	1.305	1.227
0.60	2.446	2.261	2.096	1.947	1.814	1.693	1.584	1.484	1.393	1.309	1.233
0.62	2.422	2.242	2.081	1.936	1.806	1.687	1.580	1.482	1.393	1.311	1.235
0.64	2.390	2.216	2.060	1.919	1.792	1.677	1.572	1.476	1.388	1.308	1.234
0.66	2.351	2.183	2.032	1.895	1.772	1.660	1.558	1.465	1.379	1.301	1.228
0.68	2.303	2.142	1.996	1.865	1.746	1.638	1.539	1.448	1.365	1.289	1.218
0.70	2.248	2.093	1.954	1.828	1.713	1.609	1.514	1.426	1.346	1.272	1.204
0.72	2.183	2.035	1.903	1.782	1.673	1.573	1.482	1.398	1.321	1.250	1.184
0.74	2.108	1.969	1.843	1.729	1.625	1.530	1.443	1.363	1.289	1.221	1.158
0.76	2.024	1.893	1.775	1.667	1.569	1.479	1.397	1.321	1.251	1.187	1.127
0.78	1.929	1.807	1.697	1.596	1.504	1.420	1.343	1.272	1.206	1.145	1.088
0.80	1.823	1.710	1.608	1.515	1.430	1.352	1.280	1.214	1.152	1.096	1.043
0.82	1.705	1.602	1.509	1.424	1.346	1.274	1.208	1.147	1.090	1.038	0.989
0.84	1.575	1.482	1.398	1.321	1.250	1.186	1.126	1.070	1.019	0.971	0.927
0.86	1.432	1.350	1.275	1.207	1.144	1.086	1.033	0.984	0.938	0.895	0.855
0.88	1.275	1.204	1.139	1.080	1.025	0.975	0.928	0.885	0.845	0.808	0.773
0.90	1.104	1.044	0.989	0.939	0.893	0.851	0.811	0.775	0.741	0.710	0.680
0.92	0.917	0.869	0.825	0.784	0.747	0.713	0.681	0.651	0.624	0.598	0.574
0.94	0.714	0.678	0.644	0.614	0.586	0.560	0.536	0.513	0.492	0.473	0.455
0.96	0.494	0.470	0.448	0.427	0.408	0.391	0.375	0.360	0.346	0.332	0.320
0.98	0.257	0.244	0.233	0.223	0.213	0.205	0.197	0.189	0.182	0.175	0.169
1.00	0.000	0.000	0.000	0.000	0.000	0.000	0.000	0.000	0.000	0.000	0.000

ξ \ λ_1	5.50	6.00	6.50	7.00	7.50	8.00	8.50	9.00	9.50	10.00	10.50
0.00	0.479	0.379	0.305	0.248	0.204	0.170	0.143	0.122	0.104	0.090	0.078
0.02	0.482	0.382	0.307	0.250	0.207	0.172	0.145	0.124	0.106	0.092	0.080
0.04	0.490	0.389	0.314	0.257	0.213	0.178	0.151	0.129	0.111	0.096	0.084
0.06	0.502	0.401	0.325	0.267	0.222	0.187	0.159	0.136	0.118	0.103	0.091
0.08	0.518	0.415	0.338	0.280	0.234	0.198	0.169	0.146	0.127	0.112	0.099
0.10	0.537	0.433	0.355	0.295	0.248	0.211	0.182	0.158	0.138	0.122	0.108
0.12	0.559	0.453	0.373	0.312	0.264	0.226	0.195	0.170	0.150	0.133	0.119
0.14	0.583	0.475	0.394	0.331	0.281	0.242	0.210	0.184	0.163	0.145	0.130
0.16	0.609	0.499	0.416	0.351	0.300	0.259	0.226	0.199	0.176	0.157	0.141
0.18	0.636	0.524	0.439	0.372	0.319	0.277	0.242	0.214	0.190	0.170	0.153
0.20	0.665	0.550	0.463	0.394	0.339	0.295	0.259	0.229	0.204	0.183	0.166
0.22	0.694	0.577	0.487	0.416	0.359	0.314	0.276	0.245	0.219	0.197	0.178
0.24	0.724	0.605	0.512	0.439	0.380	0.332	0.293	0.261	0.233	0.210	0.190
0.26	0.754	0.632	0.537	0.462	0.401	0.351	0.311	0.276	0.248	0.223	0.202
0.28	0.785	0.660	0.562	0.484	0.422	0.370	0.328	0.292	0.262	0.237	0.215
0.30	0.815	0.687	0.587	0.507	0.442	0.389	0.345	0.308	0.276	0.250	0.226
0.32	0.845	0.715	0.612	0.529	0.462	0.407	0.362	0.323	0.290	0.262	0.238
0.34	0.874	0.741	0.636	0.552	0.482	0.426	0.378	0.338	0.304	0.275	0.250
0.36	0.903	0.768	0.660	0.573	0.502	0.443	0.394	0.353	0.317	0.287	0.261
0.38	0.931	0.793	0.683	0.594	0.521	0.461	0.410	0.367	0.330	0.229	0.272
0.40	0.957	0.818	0.705	0.614	0.540	0.477	0.425	0.381	0.343	0.311	0.282
0.42	0.983	0.841	0.727	0.634	0.557	0.493	0.440	0.394	0.355	0.322	0.293
0.44	1.007	0.863	0.747	0.653	0.574	0.509	0.454	0.407	0.367	0.333	0.303
0.46	1.030	0.884	0.767	0.670	0.591	0.524	0.468	0.420	0.378	0.343	0.312
0.48	1.051	0.904	0.785	0.687	0.606	0.538	0.480	0.431	0.389	0.353	0.321
0.50	1.070	0.922	0.802	0.703	0.620	0.551	0.493	0.443	0.400	0.362	0.330
0.52	1.087	0.938	0.817	0.717	0.634	0.564	0.504	0.453	0.409	0.371	0.338
0.54	1.101	0.953	0.831	0.730	0.646	0.575	0.515	0.463	0.418	0.380	0.346
0.56	1.113	0.965	0.843	0.742	0.657	0.585	0.524	0.472	0.427	0.388	0.353
0.58	1.123	0.975	0.853	0.752	0.667	0.595	0.533	0.480	0.434	0.395	0.360
0.60	1.130	0.983	0.862	0.760	0.675	0.603	0.541	0.487	0.441	0.401	0.366
0.62	1.133	0.988	0.868	0.767	0.682	0.609	0.547	0.494	0.447	0.407	0.372
0.64	1.134	0.990	0.871	0.771	0.686	0.614	0.552	0.499	0.452	0.412	0.376
0.66	1.130	0.989	0.872	0.773	0.689	0.618	0.556	0.503	0.456	0.416	0.380
0.68	1.122	0.985	0.870	0.773	0.690	0.619	0.558	0.505	0.459	0.419	0.383
0.70	1.111	0.977	0.864	0.769	0.688	0.619	0.558	0.506	0.461	0.421	0.385
0.72	1.094	0.964	0.855	0.763	0.684	0.616	0.557	0.505	0.461	0.421	0.386
0.74	1.072	0.947	0.842	0.753	0.676	0.610	0.553	0.502	0.459	0.420	0.386
0.76	1.045	0.925	0.825	0.739	0.665	0.601	0.546	0.497	0.455	0.417	0.383
0.78	1.011	0.898	0.802	0.721	0.650	0.589	0.536	0.489	0.448	0.412	0.379
0.80	0.970	0.865	0.775	0.698	0.631	0.573	0.522	0.478	0.439	0.404	0.373
0.82	0.922	0.824	0.741	0.669	0.607	0.552	0.505	0.463	0.426	0.393	0.363
0.84	0.866	0.776	0.700	0.634	0.577	0.527	0.483	0.444	0.409	0.378	0.351
0.86	0.801	0.720	0.652	0.592	0.540	0.495	0.455	0.419	0.388	0.359	0.334
0.88	0.725	0.655	0.594	0.542	0.496	0.456	0.420	0.389	0.361	0.335	0.312
0.90	0.639	0.579	0.528	0.483	0.444	0.409	0.378	0.351	0.327	0.305	0.285
0.92	0.541	0.492	0.450	0.413	0.381	0.353	0.328	0.305	0.285	0.267	0.250
0.94	0.430	0.392	0.360	0.332	0.308	0.286	0.266	0.249	0.233	0.219	0.207
0.96	0.303	0.278	0.257	0.238	0.221	0.206	0.193	0.181	0.170	0.161	0.152
0.98	0.161	0.148	0.137	0.128	0.119	0.112	0.105	0.099	0.094	0.089	0.084
1.00	0.000	0.000	0.000	0.000	0.000	0.000	0.000	0.000	0.000	0.000	0.000

ξ \ λ₁	11.00	12.00	13.00	14.00	15.00	17.00	19.00	21.00	23.00	25.00	28.00
0.00	0.068	0.053	0.042	0.034	0.028	0.019	0.014	0.010	0.008	0.006	0.004
0.02	0.070	0.054	0.043	0.035	0.029	0.020	0.015	0.011	0.009	0.007	0.005
0.04	0.074	0.058	0.047	0.038	0.032	0.023	0.017	0.013	0.010	0.008	0.006
0.06	0.080	0.064	0.052	0.043	0.036	0.026	0.020	0.016	0.013	0.010	0.008
0.08	0.088	0.071	0.058	0.048	0.041	0.031	0.024	0.019	0.015	0.013	0.010
0.10	0.097	0.079	0.065	0.055	0.047	0.035	0.028	0.022	0.018	0.015	0.012
0.12	0.106	0.087	0.073	0.062	0.053	0.040	0.032	0.026	0.021	0.018	0.014
0.14	0.117	0.096	0.081	0.069	0.060	0.046	0.036	0.030	0.025	0.021	0.017
0.16	0.128	0.106	0.089	0.076	0.066	0.051	0.041	0.033	0.028	0.023	0.019
0.18	0.139	0.116	0.098	0.084	0.073	0.056	0.045	0.037	0.031	0.026	0.021
0.20	0.150	0.125	0.106	0.091	0.079	0.062	0.049	0.040	0.034	0.029	0.023
0.22	0.162	0.135	0.115	0.099	0.086	0.067	0.054	0.044	0.037	0.031	0.025
0.24	0.173	0.145	0.123	0.106	0.093	0.072	0.058	0.047	0.040	0.034	0.027
0.26	0.184	0.155	0.132	0.114	0.099	0.077	0.062	0.051	0.042	0.036	0.029
0.28	0.195	0.164	0.140	0.121	0.105	0.082	0.066	0.054	0.045	0.038	0.031
0.30	0.207	0.174	0.148	0.128	0.112	0.087	0.070	0.057	0.048	0.041	0.032
0.32	0.217	0.183	0.156	0.135	0.118	0.092	0.074	0.060	0.050	0.043	0.034
0.34	0.228	0.192	0.164	0.142	0.124	0.097	0.077	0.063	0.053	0.045	0.036
0.36	0.238	0.201	0.172	0.148	0.129	0.101	0.081	0.066	0.055	0.047	0.037
0.38	0.248	0.209	0.179	0.155	0.135	0.105	0.085	0.069	0.058	0.049	0.039
0.40	0.258	0.218	0.186	0.161	0.140	0.110	0.088	0.072	0.060	0.051	0.041
0.42	0.267	0.226	0.193	0.167	0.146	0.114	0.091	0.075	0.062	0.053	0.042
0.44	0.277	0.233	0.200	0.172	0.151	0.118	0.094	0.077	0.065	0.055	0.044
0.46	0.285	0.241	0.206	0.178	0.155	0.121	0.097	0.080	0.067	0.056	0.045
0.48	0.294	0.248	0.212	0.183	0.160	0.125	0.100	0.082	0.069	0.058	0.046
0.50	0.302	0.255	0.218	0.189	0.165	0.129	0.103	0.085	0.071	0.060	0.048
0.52	0.309	0.261	0.224	0.193	0.169	0.132	0.106	0.087	0.072	0.061	0.049
0.54	0.317	0.268	0.229	0.198	0.173	0.135	0.108	0.089	0.074	0.063	0.050
0.56	0.323	0.274	0.234	0.203	0.177	0.138	0.111	0.091	0.076	0.064	0.051
0.58	0.330	0.279	0.239	0.207	0.181	0.141	0.113	0.093	0.077	0.066	0.052
0.60	0.335	0.284	0.243	0.211	0.184	0.144	0.116	0.095	0.079	0.067	0.053
0.62	0.341	0.289	0.248	0.214	0.187	0.147	0.118	0.096	0.080	0.068	0.054
0.64	0.345	0.293	0.251	0.218	0.190	0.149	0.120	0.098	0.082	0.069	0.055
0.66	0.349	0.296	0.255	0.221	0.193	0.151	0.122	0.100	0.083	0.070	0.056
0.68	0.352	0.300	0.258	0.224	0.196	0.153	0.123	0.101	0.084	0.072	0.057
0.70	0.354	0.302	0.260	0.226	0.198	0.155	0.125	0.102	0.086	0.072	0.058
0.72	0.355	0.303	0.261	0.227	0.200	0.157	0.126	0.104	0.087	0.073	0.059
0.74	0.355	0.304	0.262	0.229	0.201	0.158	0.127	0.105	0.088	0.074	0.059
0.76	0.354	0.303	0.262	0.229	0.201	0.159	0.128	0.106	0.088	0.075	0.060
0.78	0.350	0.301	0.261	0.229	0.201	0.159	0.129	0.106	0.089	0.076	0.060
0.80	0.345	0.297	0.259	0.227	0.200	0.159	0.129	0.107	0.089	0.076	0.061
0.82	0.337	0.292	0.255	0.224	0.198	0.158	0.129	0.107	0.090	0.076	0.061
0.84	0.326	0.283	0.248	0.219	0.195	0.156	0.128	0.106	0.089	0.076	0.061
0.86	0.311	0.272	0.239	0.212	0.189	0.153	0.125	0.105	0.089	0.076	0.061
0.88	0.292	0.256	0.227	0.202	0.181	0.147	0.122	0.102	0.087	0.075	0.060
0.90	0.267	0.236	0.210	0.188	0.169	0.139	0.116	0.098	0.084	0.072	0.059
0.92	0.235	0.209	0.187	0.168	0.152	0.127	0.107	0.091	0.079	0.068	0.056
0.94	0.195	0.174	0.157	0.143	0.130	0.109	0.093	0.080	0.070	0.062	0.052
0.96	0.144	0.130	0.118	0.108	0.099	0.084	0.073	0.064	0.056	0.050	0.043
0.98	0.080	0.073	0.067	0.062	0.057	0.049	0.043	0.039	0.035	0.031	0.027
1.00	0.000	0.000	0.000	0.000	0.000	0.000	0.000	0.000	0.000	0.000	0.000

ξ \ λ_1	1.00	1.20	1.40	1.60	1.80	2.00	2.20	2.40	2.60	2.80	3.00
0.00	11.354	9.891	8.544	7.346	6.302	5.405	4.641	3.991	3.442	2.976	2.582
0.02	11.356	9.893	8.548	7.350	6.306	5.409	4.645	3.996	3.446	2.981	2.586
0.04	11.362	9.901	8.557	7.360	6.318	5.422	4.657	4.009	3.459	2.994	2.599
0.06	11.371	9.913	8.571	7.377	6.336	5.441	4.677	4.029	3.480	3.015	2.620
0.08	11.382	9.928	8.590	7.398	6.359	5.466	4.704	4.057	3.508	3.043	2.648
0.10	11.394	9.945	8.612	7.424	6.388	5.497	4.737	4.090	3.542	3.077	2.682
0.12	11.407	9.965	8.637	7.453	6.421	5.533	4.774	4.129	3.582	3.117	2.722
0.14	11.420	9.985	8.663	7.486	6.458	5.573	4.816	4.173	3.626	3.162	2.767
0.16	11.431	10.005	8.691	7.520	6.497	5.616	4.862	4.221	3.675	3.211	2.816
0.18	11.441	10.025	8.720	7.555	6.538	5.662	4.911	4.272	3.727	3.264	2.869
0.20	11.448	10.043	8.748	7.592	6.581	5.709	4.962	4.325	3.783	3.320	2.925
0.22	11.452	10.059	8.775	7.628	6.624	5.758	5.015	4.381	3.840	3.378	2.983
0.24	11.451	10.072	8.800	7.662	6.667	5.807	5.069	4.438	3.899	3.438	3.044
0.26	11.446	10.082	8.822	7.696	6.709	5.856	5.123	4.495	3.959	3.500	3.106
0.28	11.435	10.086	8.841	7.726	6.749	5.904	5.176	4.553	4.019	3.562	3.168
0.30	11.417	10.086	8.855	7.754	6.787	5.950	5.229	4.610	4.079	3.623	3.231
0.32	11.391	10.079	8.865	7.777	6.822	5.993	5.279	4.665	4.138	3.685	3.294
0.34	11.358	10.065	8.868	7.796	6.853	6.034	5.327	4.719	4.195	3.745	3.355
0.36	11.315	10.043	8.865	7.808	6.878	6.070	5.371	4.769	4.250	3.803	3.415
0.38	11.262	10.013	8.855	7.815	6.899	6.102	5.412	4.816	4.303	3.858	3.473
0.40	11.199	9.973	8.836	7.814	6.913	6.128	5.448	4.860	4.351	3.911	3.528
0.42	11.124	9.923	8.808	7.805	6.920	6.148	5.478	4.898	4.395	3.960	3.580
0.44	11.037	9.862	8.771	7.788	6.920	6.161	5.502	4.931	4.435	4.004	3.628
0.46	10.937	9.789	8.722	7.761	6.910	6.166	5.519	4.957	4.469	4.043	3.672
0.48	10.823	9.703	8.662	7.723	6.892	6.163	5.529	4.977	4.496	4.077	3.710
0.50	10.694	9.604	8.590	7.674	6.863	6.151	5.530	4.989	4.517	4.104	3.743
0.52	10.549	9.490	8.504	7.613	6.822	6.128	5.521	4.992	4.529	4.124	3.769
0.54	10.387	9.361	8.404	7.539	6.770	6.094	5.503	4.986	4.534	4.137	3.787
0.56	10.208	9.216	8.290	7.451	6.705	6.049	5.474	4.970	4.528	4.140	3.798
0.58	10.011	9.053	8.159	7.348	6.627	5.991	5.432	4.943	4.513	4.135	3.800
0.60	9.794	8.873	8.011	7.230	6.534	5.919	5.379	4.904	4.487	4.118	3.792
0.62	9.558	8.673	7.846	7.095	6.425	5.832	5.311	4.853	4.448	4.091	3.775
0.64	9.300	8.454	7.662	6.942	6.300	5.731	5.229	4.787	4.397	4.052	3.745
0.66	9.021	8.214	7.459	6.771	6.157	5.612	5.132	4.708	4.333	4.000	3.704
0.68	8.719	7.953	7.235	6.581	5.996	5.477	5.018	4.612	4.253	3.934	3.650
0.70	8.393	7.668	6.989	6.370	5.815	5.322	4.886	4.500	4.158	3.854	3.582
0.72	8.042	7.361	6.721	6.138	5.614	5.149	4.736	4.371	4.046	3.757	3.498
0.74	7.666	7.028	6.429	5.883	5.392	4.955	4.567	4.223	3.917	3.643	3.398
0.76	7.263	6.670	6.113	5.604	5.147	4.739	4.376	4.055	3.768	3.511	3.281
0.78	6.833	6.286	5.771	5.301	4.878	4.500	4.164	3.865	3.599	3.360	3.146
0.80	6.375	5.874	5.403	4.972	4.584	4.237	3.929	3.654	3.408	3.188	2.990
0.82	5.887	5.433	5.007	4.616	4.264	3.949	3.669	3.419	3.195	2.994	2.813
0.84	5.368	4.963	4.582	4.232	3.917	3.635	3.383	3.159	2.958	2.777	2.614
0.86	4.818	4.462	4.126	3.819	3.541	3.293	3.071	2.873	2.695	2.535	2.390
0.88	4.236	3.929	3.640	3.375	3.136	2.921	2.730	2.558	2.405	2.266	2.141
0.90	3.620	3.363	3.122	2.900	2.699	2.520	2.359	2.215	2.086	1.969	1.864
0.92	2.969	2.763	2.569	2.391	2.230	2.086	1.957	1.841	1.737	1.643	1.558
0.94	2.283	2.128	1.982	1.848	1.727	1.618	1.521	1.434	1.355	1.285	1.220
0.96	1.560	1.457	1.359	1.270	1.189	1.116	1.051	0.993	0.940	0.893	0.850
0.98	0.799	0.748	0.699	0.654	0.614	0.577	0.545	0.515	0.489	0.465	0.444
1.00	0.000	0.000	0.000	0.000	0.000	0.000	0.000	0.000	0.000	0.000	0.000

ξ \ λ_1	3.20	3.40	3.60	3.80	4.00	4.20	4.40	4.60	4.80	5.00	5.20
0.00	2.247	1.962	1.719	1.511	1.333	1.179	1.047	0.932	0.833	0.746	0.670
0.02	2.251	1.966	1.723	1.515	1.337	1.183	1.051	0.936	0.836	0.750	0.674
0.04	2.264	1.979	1.736	1.527	1.349	1.195	1.062	0.947	0.847	0.760	0.684
0.06	2.285	1.999	1.755	1.547	1.368	1.213	1.080	0.964	0.864	0.776	0.700
0.08	2.312	2.026	1.782	1.573	1.393	1.238	1.104	0.987	0.886	0.798	0.721
0.10	2.346	2.060	1.815	1.605	1.424	1.268	1.133	1.016	0.914	0.824	0.746
0.12	2.386	2.098	1.853	1.642	1.460	1.303	1.167	1.049	0.945	0.855	0.776
0.14	2.430	2.142	1.895	1.683	1.501	1.342	1.205	1.086	0.981	0.890	0.809
0.16	2.479	2.190	1.942	1.729	1.545	1.386	1.247	1.126	1.020	0.927	0.845
0.18	2.531	2.242	1.993	1.779	1.593	1.432	1.292	1.170	1.062	0.968	0.885
0.20	2.587	2.297	2.047	1.831	1.645	1.482	1.340	1.216	1.107	1.011	0.926
0.22	2.645	2.354	2.104	1.887	1.698	1.534	1.391	1.265	1.154	1.056	0.970
0.24	2.705	2.414	2.162	1.944	1.754	1.588	1.443	1.315	1.203	1.103	1.015
0.26	2.767	2.475	2.222	2.003	1.811	1.644	1.497	1.368	1.253	1.152	1.061
0.28	2.830	2.537	2.284	2.063	1.870	1.701	1.552	1.421	1.305	1.201	1.109
0.30	2.893	2.600	2.346	2.124	1.929	1.759	1.608	1.475	1.357	1.252	1.157
0.32	2.956	2.663	2.408	2.185	1.989	1.817	1.665	1.530	1.410	1.302	1.206
0.34	3.018	2.725	2.469	2.245	2.049	1.875	1.721	1.584	1.463	1.353	1.256
0.36	3.079	2.786	2.530	2.306	2.108	1.933	1.777	1.639	1.515	1.405	1.305
0.38	3.138	2.846	2.590	2.365	2.166	1.990	1.833	1.693	1.568	1.455	1.354
0.40	3.195	2.904	2.648	2.422	2.223	2.046	1.888	1.746	1.619	1.505	1.402
0.42	3.249	2.959	2.704	2.478	2.278	2.100	1.941	1.798	1.670	1.554	1.450
0.44	3.300	3.011	2.757	2.531	2.331	2.152	1.992	1.849	1.719	1.602	1.496
0.46	3.346	3.059	2.806	2.581	2.381	2.202	2.042	1.897	1.766	1.648	1.541
0.48	3.388	3.104	2.852	2.628	2.428	2.249	2.088	1.943	1.812	1.693	1.584
0.50	3.424	3.143	2.893	2.671	2.471	2.293	2.132	1.986	1.855	1.735	1.625
0.52	3.455	3.177	2.929	2.709	2.511	2.333	2.172	2.027	1.894	1.774	1.664
0.54	3.478	3.204	2.960	2.741	2.545	2.368	2.208	2.063	1.931	1.810	1.700
0.56	3.495	3.225	2.984	2.769	2.574	2.399	2.240	2.095	1.964	1.843	1.733
0.58	3.503	3.239	3.002	2.789	2.597	2.424	2.266	2.123	1.992	1.872	1.762
0.60	3.503	3.244	3.012	2.803	2.614	2.443	2.287	2.145	2.016	1.896	1.787
0.62	3.492	3.240	3.013	2.809	2.623	2.455	2.302	2.162	2.034	1.916	1.807
0.64	3.472	3.226	3.005	2.806	2.625	2.460	2.310	2.172	2.046	1.929	1.822
0.66	3.440	3.202	2.988	2.794	2.617	2.457	2.310	2.175	2.051	1.937	1.831
0.68	3.395	3.166	2.959	2.771	2.600	2.444	2.301	2.170	2.049	1.937	1.834
0.70	3.337	3.117	2.918	2.737	2.573	2.422	2.283	2.156	2.038	1.930	1.829
0.72	3.265	3.055	2.865	2.692	2.533	2.388	2.255	2.132	2.019	1.913	1.816
0.74	3.178	2.979	2.798	2.633	2.482	2.343	2.215	2.098	1.989	1.888	1.794
0.76	3.074	2.886	2.715	2.559	2.416	2.285	2.163	2.051	1.947	1.851	1.761
0.78	2.952	2.776	2.616	2.470	2.336	2.212	2.098	1.992	1.894	1.802	1.717
0.80	2.811	2.648	2.500	2.364	2.239	2.124	2.017	1.918	1.826	1.741	1.661
0.82	2.650	2.500	2.364	2.239	2.124	2.018	1.920	1.829	1.744	1.664	1.590
0.84	2.466	2.331	2.208	2.095	1.991	1.894	1.805	1.722	1.644	1.572	1.504
0.86	2.259	2.140	2.030	1.929	1.836	1.750	1.670	1.596	1.526	1.462	1.401
0.88	2.027	1.923	1.828	1.740	1.659	1.584	1.514	1.449	1.388	1.331	1.278
0.90	1.768	1.680	1.600	1.526	1.457	1.394	1.335	1.279	1.228	1.179	1.134
0.92	1.480	1.409	1.344	1.284	1.229	1.177	1.129	1.084	1.042	1.003	0.966
0.94	1.162	1.108	1.059	1.014	0.971	0.932	0.896	0.862	0.830	0.800	0.772
0.96	0.810	0.774	0.741	0.711	0.683	0.656	0.632	0.609	0.587	0.567	0.548
0.98	0.424	0.406	0.389	0.374	0.360	0.347	0.334	0.323	0.312	0.302	0.292
1.00	0.000	0.000	0.000	0.000	0.000	0.000	0.000	0.000	0.000	0.000	0.000

ξ \ λ_1	5.50	6.00	6.50	7.00	7.50	8.00	8.50	9.00	9.50	10.00	10.50
0.00	0.574	0.449	0.357	0.288	0.235	0.194	0.162	0.137	0.116	0.100	0.086
0.02	0.577	0.452	0.360	0.291	0.238	0.197	0.164	0.139	0.118	0.102	0.088
0.04	0.587	0.461	0.368	0.298	0.245	0.203	0.171	0.145	0.124	0.107	0.093
0.06	0.602	0.475	0.381	0.310	0.256	0.213	0.180	0.154	0.132	0.115	0.100
0.08	0.622	0.493	0.398	0.325	0.270	0.227	0.193	0.165	0.143	0.125	0.110
0.10	0.646	0.516	0.418	0.344	0.287	0.243	0.207	0.179	0.156	0.137	0.121
0.12	0.674	0.541	0.442	0.366	0.307	0.261	0.224	0.194	0.170	0.150	0.133
0.14	0.706	0.570	0.468	0.389	0.329	0.281	0.242	0.211	0.186	0.164	0.147
0.16	0.740	0.601	0.496	0.415	0.352	0.302	0.262	0.229	0.202	0.180	0.161
0.18	0.777	0.635	0.526	0.443	0.377	0.325	0.283	0.249	0.220	0.196	0.176
0.20	0.816	0.670	0.559	0.472	0.404	0.349	0.305	0.269	0.238	0.213	0.192
0.22	0.857	0.707	0.592	0.502	0.431	0.374	0.328	0.289	0.258	0.231	0.208
0.24	0.900	0.746	0.627	0.534	0.460	0.400	0.351	0.311	0.277	0.249	0.224
0.26	0.944	0.785	0.663	0.566	0.489	0.426	0.375	0.333	0.297	0.267	0.241
0.28	0.989	0.826	0.699	0.599	0.519	0.453	0.400	0.355	0.317	0.285	0.258
0.30	1.034	0.867	0.736	0.633	0.549	0.481	0.424	0.377	0.338	0.304	0.275
0.32	1.080	0.909	0.774	0.666	0.579	0.508	0.449	0.400	0.358	0.323	0.293
0.34	1.127	0.951	0.812	0.701	0.610	0.536	0.475	0.423	0.379	0.342	0.310
0.36	1.173	0.993	0.850	0.735	0.641	0.564	0.500	0.446	0.400	0.361	0.327
0.38	1.220	1.035	0.888	0.769	0.672	0.592	0.525	0.469	0.421	0.380	0.345
0.40	1.265	1.077	0.926	0.803	0.703	0.620	0.551	0.492	0.442	0.399	0.362
0.42	1.311	1.118	0.963	0.837	0.734	0.648	0.576	0.515	0.463	0.418	0.380
0.44	1.355	1.158	1.000	0.871	0.764	0.676	0.601	0.538	0.484	0.438	0.397
0.46	1.398	1.198	1.036	0.904	0.794	0.703	0.626	0.561	0.505	0.456	0.415
0.48	1.439	1.236	1.071	0.936	0.824	0.730	0.650	0.583	0.525	0.475	0.432
0.50	1.479	1.273	1.106	0.968	0.853	0.756	0.675	0.605	0.545	0.494	0.449
0.52	1.517	1.309	1.139	0.998	0.881	0.782	0.698	0.627	0.565	0.512	0.466
0.54	1.552	1.342	1.170	1.027	0.908	0.807	0.721	0.648	0.585	0.530	0.483
0.56	1.584	1.373	1.199	1.055	0.934	0.831	0.744	0.669	0.604	0.548	0.499
0.58	1.613	1.402	1.227	1.081	0.958	0.854	0.765	0.689	0.623	0.565	0.515
0.60	1.639	1.427	1.252	1.105	0.981	0.875	0.785	0.708	0.640	0.582	0.531
0.62	1.660	1.449	1.274	1.126	1.002	0.895	0.804	0.726	0.657	0.598	0.546
0.64	1.676	1.467	1.292	1.145	1.020	0.913	0.822	0.742	0.673	0.613	0.560
0.66	1.688	1.481	1.307	1.161	1.036	0.929	0.837	0.757	0.688	0.627	0.573
0.68	1.693	1.489	1.318	1.173	1.049	0.943	0.851	0.771	0.701	0.639	0.585
0.70	1.691	1.492	1.324	1.181	1.058	0.953	0.861	0.781	0.712	0.650	0.596
0.72	1.682	1.488	1.324	1.184	1.063	0.959	0.869	0.790	0.720	0.659	0.605
0.74	1.665	1.477	1.318	1.181	1.064	0.962	0.873	0.795	0.726	0.666	0.612
0.76	1.638	1.457	1.304	1.172	1.058	0.959	0.872	0.796	0.729	0.669	0.616
0.78	1.600	1.429	1.282	1.155	1.046	0.950	0.866	0.793	0.727	0.669	0.617
0.80	1.551	1.389	1.250	1.130	1.026	0.935	0.855	0.784	0.721	0.665	0.615
0.82	1.488	1.337	1.208	1.095	0.997	0.911	0.835	0.768	0.708	0.655	0.607
0.84	1.410	1.272	1.153	1.049	0.958	0.878	0.808	0.745	0.688	0.638	0.593
0.86	1.316	1.192	1.084	0.990	0.907	0.834	0.769	0.712	0.660	0.613	0.572
0.88	1.204	1.094	0.999	0.915	0.842	0.777	0.719	0.667	0.621	0.579	0.541
0.90	1.071	0.977	0.895	0.824	0.760	0.704	0.654	0.609	0.569	0.532	0.499
0.92	0.914	0.838	0.771	0.712	0.660	0.614	0.572	0.535	0.501	0.471	0.443
0.94	0.732	0.674	0.623	0.578	0.538	0.502	0.470	0.441	0.415	0.391	0.370
0.96	0.522	0.482	0.448	0.417	0.390	0.365	0.344	0.324	0.306	0.290	0.275
0.98	0.279	0.259	0.241	0.226	0.212	0.200	0.189	0.179	0.170	0.161	0.154
1.00	0.000	0.000	0.000	0.000	0.000	0.000	0.000	0.000	0.000	0.000	0.000

ξ \ λ_1	11.00	12.00	13.00	14.00	15.00	17.00	19.00	21.00	23.00	25.00	28.00
0.00	0.075	0.058	0.046	0.036	0.030	0.020	0.015	0.011	0.008	0.006	0.005
0.02	0.077	0.059	0.047	0.038	0.031	0.021	0.016	0.012	0.009	0.007	0.005
0.04	0.081	0.064	0.051	0.041	0.034	0.024	0.018	0.014	0.011	0.009	0.007
0.06	0.088	0.070	0.056	0.046	0.039	0.028	0.021	0.017	0.013	0.011	0.009
0.08	0.097	0.078	0.063	0.053	0.044	0.033	0.025	0.020	0.016	0.014	0.011
0.10	0.108	0.087	0.072	0.060	0.051	0.038	0.030	0.024	0.020	0.017	0.013
0.12	0.119	0.097	0.081	0.068	0.058	0.044	0.035	0.028	0.023	0.020	0.015
0.14	0.132	0.108	0.090	0.077	0.066	0.050	0.040	0.032	0.027	0.023	0.018
0.16	0.145	0.120	0.100	0.086	0.074	0.057	0.045	0.037	0.030	0.026	0.020
0.18	0.159	0.132	0.111	0.095	0.082	0.063	0.050	0.041	0.034	0.029	0.023
0.20	0.173	0.144	0.122	0.104	0.090	0.070	0.056	0.046	0.038	0.032	0.026
0.22	0.188	0.157	0.133	0.114	0.099	0.077	0.061	0.050	0.042	0.035	0.028
0.24	0.204	0.170	0.144	0.124	0.107	0.083	0.067	0.054	0.045	0.038	0.031
0.26	0.219	0.183	0.155	0.134	0.116	0.090	0.072	0.059	0.049	0.042	0.033
0.28	0.235	0.196	0.167	0.144	0.125	0.097	0.078	0.064	0.053	0.045	0.036
0.30	0.250	0.210	0.178	0.154	0.134	0.104	0.083	0.068	0.057	0.048	0.038
0.32	0.266	0.223	0.190	0.164	0.142	0.111	0.089	0.073	0.060	0.051	0.041
0.34	0.282	0.237	0.202	0.174	0.151	0.118	0.094	0.077	0.064	0.054	0.043
0.36	0.298	0.250	0.213	0.184	0.160	0.125	0.100	0.082	0.068	0.058	0.046
0.38	0.314	0.264	0.225	0.194	0.169	0.132	0.105	0.086	0.072	0.061	0.048
0.40	0.330	0.278	0.237	0.204	0.178	0.138	0.111	0.091	0.076	0.064	0.051
0.42	0.346	0.291	0.248	0.214	0.187	0.145	0.116	0.095	0.079	0.067	0.054
0.44	0.362	0.305	0.260	0.224	0.195	0.152	0.122	0.100	0.083	0.070	0.056
0.46	0.378	0.319	0.272	0.234	0.204	0.159	0.127	0.104	0.087	0.074	0.059
0.48	0.394	0.332	0.283	0.245	0.213	0.166	0.133	0.109	0.091	0.077	0.061
0.50	0.410	0.346	0.295	0.255	0.222	0.173	0.138	0.113	0.095	0.080	0.064
0.52	0.426	0.359	0.307	0.265	0.231	0.180	0.144	0.118	0.098	0.083	0.066
0.54	0.441	0.372	0.318	0.275	0.240	0.187	0.150	0.122	0.102	0.086	0.069
0.56	0.456	0.385	0.329	0.285	0.248	0.194	0.155	0.127	0.106	0.090	0.071
0.58	0.471	0.398	0.341	0.295	0.257	0.200	0.161	0.131	0.110	0.093	0.074
0.60	0.486	0.411	0.352	0.304	0.266	0.207	0.166	0.136	0.113	0.096	0.077
0.62	0.500	0.423	0.363	0.314	0.274	0.214	0.172	0.141	0.117	0.099	0.079
0.64	0.513	0.435	0.373	0.323	0.282	0.221	0.177	0.145	0.121	0.102	0.082
0.66	0.526	0.447	0.383	0.332	0.291	0.227	0.182	0.149	0.125	0.106	0.084
0.68	0.538	0.457	0.393	0.341	0.299	0.234	0.188	0.154	0.128	0.109	0.087
0.70	0.548	0.467	0.402	0.349	0.306	0.240	0.193	0.158	0.132	0.112	0.089
0.72	0.557	0.476	0.411	0.357	0.313	0.246	0.198	0.163	0.136	0.115	0.092
0.74	0.564	0.483	0.418	0.364	0.320	0.252	0.203	0.167	0.139	0.118	0.094
0.76	0.569	0.489	0.424	0.370	0.326	0.257	0.208	0.171	0.143	0.121	0.097
0.78	0.571	0.492	0.428	0.375	0.330	0.262	0.212	0.175	0.146	0.124	0.099
0.80	0.570	0.493	0.429	0.377	0.333	0.265	0.215	0.178	0.149	0.127	0.102
0.82	0.564	0.489	0.428	0.377	0.335	0.268	0.218	0.181	0.152	0.129	0.104
0.84	0.552	0.482	0.423	0.374	0.333	0.268	0.219	0.183	0.154	0.131	0.106
0.86	0.534	0.468	0.413	0.367	0.328	0.266	0.219	0.183	0.155	0.133	0.107
0.88	0.507	0.447	0.396	0.354	0.318	0.260	0.215	0.181	0.154	0.133	0.108
0.90	0.469	0.416	0.371	0.333	0.301	0.248	0.208	0.176	0.151	0.131	0.107
0.92	0.418	0.373	0.335	0.303	0.275	0.230	0.194	0.166	0.144	0.126	0.104
0.94	0.350	0.315	0.285	0.259	0.237	0.200	0.172	0.149	0.130	0.115	0.096
0.96	0.261	0.237	0.216	0.198	0.183	0.157	0.136	0.120	0.106	0.095	0.081
0.98	0.147	0.134	0.124	0.114	0.106	0.093	0.082	0.073	0.066	0.060	0.052
1.00	0.000	0.000	0.000	0.000	0.000	0.000	0.000	0.000	0.000	0.000	0.000

顶部集中水平荷载（V_b/ε_6）×10^{-2}值表

表 4-37

ξ ╲ λ_1	1.00	1.20	1.40	1.60	1.80	2.00	2.20	2.40	2.60	2.80	3.00
0.00	35.195	31.091	27.300	23.907	20.932	18.355	16.138	14.237	12.608	11.210	10.007
0.02	35.182	31.080	27.291	23.899	20.926	18.350	16.134	14.233	12.605	11.207	10.005
0.04	35.143	31.047	27.263	23.876	20.906	18.334	16.121	14.222	12.596	11.200	10.000
0.06	35.078	30.992	27.216	23.837	20.874	18.307	16.099	14.204	12.581	11.188	9.990
0.08	34.987	30.914	27.151	23.783	20.829	18.270	16.068	14.179	12.560	11.171	9.976
0.10	34.870	30.815	27.067	23.713	20.771	18.222	16.028	14.146	12.533	11.149	9.957
0.12	34.727	30.693	26.964	23.627	20.699	18.163	15.980	14.106	12.500	11.121	9.935
0.14	34.558	30.549	26.843	23.525	20.615	18.093	15.922	14.059	12.461	11.089	9.909
0.16	34.363	30.382	26.702	23.408	20.517	18.012	15.855	14.004	12.416	11.052	9.878
0.18	34.142	30.193	26.543	23.274	20.406	17.920	15.779	13.941	12.364	11.009	9.843
0.20	33.894	29.981	26.364	23.125	20.281	17.816	15.693	13.870	12.305	10.961	9.803
0.22	33.620	29.747	26.166	22.958	20.143	17.701	15.598	13.791	12.240	10.907	9.758
0.24	33.319	29.490	25.948	22.776	19.991	17.575	15.493	13.704	12.168	10.847	9.709
0.26	32.992	29.209	25.711	22.577	19.824	17.436	15.378	13.609	12.089	10.782	9.654
0.28	32.638	28.906	25.454	22.361	19.644	17.285	15.252	13.505	12.002	10.710	9.595
0.30	32.256	28.579	25.177	22.127	19.448	17.123	15.117	13.392	11.908	10.631	9.529
0.32	31.848	28.229	24.879	21.877	19.238	16.947	14.970	13.269	11.806	10.547	9.459
0.34	31.413	27.854	24.562	21.609	19.013	16.758	14.813	13.138	11.697	10.455	9.382
0.36	30.950	27.456	24.223	21.323	18.773	16.557	14.644	12.996	11.578	10.356	9.299
0.38	30.459	27.034	23.863	21.019	18.517	16.342	14.463	12.845	11.451	10.249	9.209
0.40	29.941	26.587	23.482	20.696	18.244	16.113	14.271	12.683	11.315	10.134	9.113
0.42	29.394	26.116	23.080	20.354	17.956	15.869	14.066	12.511	11.170	10.012	9.009
0.44	28.820	25.620	22.655	19.994	17.651	15.612	13.848	12.327	11.015	9.881	8.898
0.46	28.216	25.098	22.209	19.614	17.328	15.339	13.617	12.132	10.849	9.740	8.779
0.48	27.585	24.551	21.739	19.214	16.988	15.050	13.373	11.924	10.673	9.590	8.651
0.50	26.924	23.978	21.247	18.793	16.630	14.746	13.114	11.704	10.486	9.431	8.515
0.52	26.234	23.379	20.732	18.352	16.254	14.425	12.841	11.471	10.287	9.261	8.369
0.54	25.514	22.753	20.192	17.890	15.859	14.088	12.553	11.225	10.076	9.080	8.214
0.56	24.765	22.101	19.629	17.406	15.444	13.733	12.249	10.964	9.852	8.887	8.047
0.58	23.985	21.421	19.041	16.899	15.009	13.360	11.928	10.689	9.615	8.682	7.870
0.60	23.175	20.713	18.428	16.370	14.554	12.968	11.591	10.398	9.363	8.465	7.682
0.62	22.335	19.978	17.789	15.818	14.078	12.557	11.236	10.091	9.097	8.234	7.480
0.64	21.463	19.213	17.124	15.242	13.580	12.126	10.863	9.767	8.816	7.989	7.266
0.66	20.560	18.420	16.433	14.642	13.059	11.675	10.471	9.426	8.519	7.728	7.038
0.68	19.625	17.598	15.714	14.017	12.515	11.202	10.059	9.067	8.204	7.453	6.796
0.70	18.658	16.746	14.968	13.366	11.948	10.707	9.627	8.688	7.872	7.160	6.537
0.72	17.659	15.863	14.194	12.688	11.356	10.189	9.173	8.290	7.521	6.850	6.263
0.74	16.626	14.949	13.390	11.984	10.739	9.648	8.698	7.871	7.150	6.521	5.970
0.76	15.560	14.005	12.557	11.252	10.095	9.082	8.198	7.429	6.759	6.173	5.660
0.78	14.461	13.028	11.694	10.491	9.425	8.491	7.675	6.965	6.346	5.804	5.329
0.80	13.327	12.018	10.801	9.701	8.727	7.873	7.127	6.477	5.910	5.414	4.978
0.82	12.158	10.976	9.875	8.881	8.000	7.227	6.552	5.964	5.450	5.000	4.605
0.84	10.955	9.900	8.918	8.031	7.244	6.554	5.950	5.424	4.965	4.562	4.208
0.86	9.716	8.789	7.927	7.148	6.457	5.850	5.320	4.857	4.453	4.099	3.787
0.88	8.440	7.644	6.903	6.233	5.638	5.116	4.660	4.262	3.913	3.608	3.339
0.90	7.128	6.463	5.844	5.284	4.787	4.351	3.969	3.636	3.344	3.088	2.863
0.92	5.779	5.246	4.749	4.300	3.902	3.552	3.246	2.978	2.744	2.539	2.357
0.94	4.392	3.992	3.619	3.281	2.982	2.719	2.489	2.287	2.111	1.957	1.820
0.96	2.967	2.700	2.451	2.226	2.026	1.850	1.696	1.562	1.444	1.341	1.250
0.98	1.503	1.370	1.245	1.132	1.032	0.944	0.867	0.800	0.741	0.689	0.644
1.00	0.000	0.000	0.000	0.000	0.000	0.000	0.000	0.000	0.000	0.000	0.000

ξ \ λ₁	3.20	3.40	3.60	3.80	4.00	4.20	4.40	4.60	4.80	5.00	5.20
0.00	8.971	8.074	7.295	6.616	6.021	5.499	5.038	4.631	4.269	3.946	3.657
0.02	8.969	8.072	7.294	6.615	6.020	5.498	5.038	4.630	4.269	3.946	3.657
0.04	8.964	8.068	7.290	6.612	6.018	5.497	5.037	4.629	4.268	3.945	3.657
0.06	8.956	8.062	7.285	6.607	6.015	5.494	5.034	4.627	4.266	3.944	3.655
0.08	8.945	8.052	7.277	6.601	6.009	5.489	5.031	4.624	4.264	3.942	3.654
0.10	8.930	8.040	7.267	6.593	6.003	5.484	5.026	4.621	4.260	3.939	3.652
0.12	8.911	8.025	7.255	6.583	5.994	5.477	5.020	4.616	4.257	3.936	3.649
0.14	8.890	8.007	7.240	6.571	5.984	5.469	5.014	4.611	4.252	3.932	3.646
0.16	8.864	7.986	7.223	6.556	5.973	5.459	5.006	4.604	4.247	3.928	3.642
0.18	8.835	7.962	7.203	6.540	5.959	5.448	4.997	4.596	4.240	3.923	3.638
0.20	8.802	7.935	7.181	6.522	5.944	5.435	4.986	4.588	4.233	3.917	3.633
0.22	8.766	7.905	7.155	6.501	5.927	5.421	4.974	4.578	4.225	3.910	3.628
0.24	8.725	7.871	7.127	6.478	5.907	5.405	4.961	4.567	4.216	3.902	3.621
0.26	8.679	7.833	7.096	6.452	5.886	5.387	4.946	4.554	4.206	3.894	3.614
0.28	8.630	7.792	7.062	6.423	5.862	5.367	4.929	4.541	4.194	3.884	3.606
0.30	8.576	7.747	7.024	6.392	5.836	5.345	4.911	4.525	4.181	3.873	3.597
0.32	8.516	7.697	6.983	6.357	5.807	5.321	4.891	4.508	4.167	3.861	3.587
0.34	8.452	7.644	6.938	6.319	5.775	5.294	4.868	4.489	4.151	3.848	3.575
0.36	8.382	7.585	6.888	6.278	5.740	5.265	4.843	4.468	4.133	3.833	3.562
0.38	8.307	7.522	6.835	6.232	5.702	5.232	4.816	4.445	4.113	3.816	3.548
0.40	8.226	7.453	6.777	6.183	5.660	5.197	4.786	4.419	4.091	3.797	3.532
0.42	8.138	7.379	6.714	6.130	5.615	5.158	4.753	4.391	4.067	3.777	3.515
0.44	8.044	7.299	6.646	6.072	5.565	5.116	4.717	4.360	4.041	3.754	3.495
0.46	7.943	7.212	6.572	6.009	5.511	5.070	4.677	4.326	4.011	3.728	3.473
0.48	7.834	7.119	6.493	5.941	5.453	5.019	4.634	4.289	3.979	3.700	3.449
0.50	7.717	7.019	6.407	5.867	5.389	4.964	4.586	4.247	3.943	3.669	3.422
0.52	7.592	6.912	6.314	5.787	5.320	4.905	4.534	4.202	3.904	3.635	3.392
0.54	7.458	6.796	6.214	5.700	5.245	4.839	4.477	4.152	3.861	3.597	3.359
0.56	7.314	6.672	6.106	5.606	5.163	4.768	4.415	4.098	3.813	3.555	3.322
0.58	7.161	6.538	5.990	5.505	5.074	4.690	4.347	4.038	3.760	3.509	3.281
0.60	6.997	6.395	5.865	5.396	4.978	4.606	4.272	3.972	3.702	3.457	3.235
0.62	6.821	6.242	5.730	5.277	4.874	4.514	4.191	3.900	3.638	3.401	3.185
0.64	6.634	6.077	5.585	5.149	4.761	4.414	4.102	3.821	3.568	3.338	3.129
0.66	6.433	5.900	5.429	5.011	4.638	4.305	4.005	3.735	3.490	3.268	3.066
0.68	6.219	5.711	5.261	4.862	4.505	4.186	3.899	3.639	3.405	3.192	2.997
0.70	5.990	5.508	5.081	4.701	4.361	4.057	3.783	3.535	3.311	3.107	2.921
0.72	5.746	5.290	4.886	4.527	4.205	3.916	3.656	3.421	3.207	3.013	2.835
0.74	5.486	5.057	4.677	4.339	4.036	3.763	3.518	3.295	3.093	2.909	2.741
0.76	5.208	4.808	4.453	4.136	3.852	3.597	3.367	3.158	2.968	2.795	2.636
0.78	4.911	4.540	4.211	3.917	3.653	3.416	3.202	3.007	2.830	2.668	2.520
0.80	4.594	4.254	3.951	3.681	3.438	3.219	3.021	2.842	2.678	2.528	2.391
0.82	4.256	3.947	3.672	3.426	3.205	3.005	2.824	2.660	2.510	2.373	2.248
0.84	3.896	3.619	3.372	3.150	2.952	2.772	2.609	2.461	2.326	2.202	2.089
0.86	3.511	3.267	3.049	2.853	2.677	2.519	2.374	2.243	2.123	2.013	1.912
0.88	3.101	2.890	2.702	2.533	2.381	2.243	2.118	2.004	1.900	1.805	1.717
0.90	2.664	2.487	2.329	2.187	2.059	1.943	1.838	1.742	1.654	1.574	1.499
0.92	2.197	2.055	1.927	1.813	1.710	1.617	1.532	1.455	1.384	1.319	1.258
0.94	1.700	1.592	1.496	1.410	1.333	1.262	1.198	1.140	1.086	1.037	0.991
0.96	1.169	1.097	1.033	0.975	0.923	0.876	0.833	0.794	0.758	0.725	0.694
0.98	0.603	0.567	0.535	0.506	0.480	0.457	0.435	0.415	0.397	0.381	0.365
1.00	0.000	0.000	0.000	0.000	0.000	0.000	0.000	0.000	0.000	0.000	0.000

ξ \ λ_1	5.50	6.00	6.50	7.00	7.50	8.00	8.50	9.00	9.50	10.00	10.50
0.00	3.279	2.764	2.360	2.037	1.776	1.561	1.384	1.234	1.108	1.000	0.907
0.02	3.279	2.764	2.360	2.037	1.776	1.561	1.384	1.234	1.108	1.000	0.907
0.04	3.278	2.764	2.360	2.037	1.776	1.561	1.383	1.234	1.108	1.000	0.907
0.06	3.277	2.763	2.359	2.037	1.776	1.561	1.383	1.234	1.108	1.000	0.907
0.08	3.276	2.762	2.359	2.036	1.775	1.561	1.383	1.234	1.108	1.000	0.907
0.10	3.275	2.761	2.358	2.036	1.775	1.561	1.383	1.234	1.108	1.000	0.907
0.12	3.273	2.760	2.357	2.036	1.775	1.561	1.383	1.234	1.108	1.000	0.907
0.14	3.270	2.759	2.357	2.035	1.775	1.561	1.383	1.234	1.108	1.000	0.907
0.16	3.268	2.757	2.356	2.035	1.774	1.560	1.383	1.234	1.108	1.000	0.907
0.18	3.264	2.755	2.354	2.034	1.774	1.560	1.383	1.234	1.108	1.000	0.907
0.20	3.261	2.753	2.353	2.033	1.773	1.560	1.382	1.234	1.107	1.000	0.907
0.22	3.256	2.750	2.351	2.032	1.772	1.559	1.382	1.233	1.107	1.000	0.907
0.24	3.252	2.747	2.349	2.030	1.772	1.559	1.382	1.233	1.107	0.999	0.907
0.26	3.246	2.744	2.347	2.029	1.771	1.558	1.381	1.233	1.107	0.999	0.907
0.28	3.240	2.740	2.344	2.027	1.770	1.558	1.381	1.233	1.107	0.999	0.907
0.30	3.233	2.735	2.341	2.025	1.768	1.557	1.380	1.232	1.107	0.999	0.906
0.32	3.225	2.730	2.338	2.023	1.767	1.556	1.380	1.232	1.106	0.999	0.906
0.34	3.216	2.724	2.334	2.021	1.765	1.555	1.379	1.231	1.106	0.999	0.906
0.36	3.206	2.717	2.330	2.018	1.763	1.553	1.378	1.231	1.105	0.998	0.906
0.38	3.195	2.710	2.324	2.014	1.761	1.552	1.377	1.230	1.105	0.998	0.906
0.40	3.182	2.701	2.319	2.010	1.758	1.550	1.376	1.229	1.104	0.998	0.905
0.42	3.168	2.692	2.312	2.006	1.755	1.547	1.374	1.228	1.104	0.997	0.905
0.44	3.153	2.681	2.305	2.000	1.751	1.545	1.372	1.227	1.103	0.996	0.904
0.46	3.135	2.669	2.296	1.994	1.747	1.542	1.370	1.225	1.101	0.995	0.904
0.48	3.116	2.655	2.286	1.987	1.742	1.538	1.367	1.223	1.100	0.994	0.903
0.50	3.094	2.639	2.275	1.979	1.736	1.534	1.364	1.221	1.098	0.993	0.902
0.52	3.069	2.622	2.262	1.970	1.729	1.529	1.361	1.218	1.096	0.992	0.901
0.54	3.042	2.602	2.248	1.959	1.721	1.523	1.356	1.215	1.094	0.990	0.900
0.56	3.011	2.579	2.231	1.947	1.712	1.516	1.351	1.211	1.091	0.988	0.898
0.58	2.977	2.554	2.212	1.933	1.702	1.508	1.345	1.206	1.088	0.985	0.896
0.60	2.939	2.526	2.191	1.917	1.689	1.499	1.338	1.201	1.083	0.982	0.893
0.62	2.896	2.493	2.167	1.898	1.675	1.488	1.329	1.194	1.078	0.978	0.890
0.64	2.849	2.457	2.139	1.877	1.658	1.475	1.319	1.186	1.072	0.973	0.886
0.66	2.796	2.416	2.107	1.852	1.639	1.460	1.307	1.177	1.064	0.967	0.881
0.68	2.737	2.370	2.071	1.824	1.616	1.442	1.293	1.165	1.055	0.959	0.876
0.70	2.671	2.319	2.030	1.791	1.590	1.421	1.276	1.152	1.044	0.950	0.868
0.72	2.597	2.260	1.983	1.753	1.560	1.396	1.256	1.135	1.031	9.939	0.859
0.74	2.514	2.194	1.930	1.710	1.525	1.367	1.232	1.116	1.014	0.926	0.848
0.76	2.423	2.120	1.869	1.660	1.484	1.333	1.204	1.092	0.995	0.909	0.834
0.78	2.320	2.036	1.800	1.603	1.436	1.294	1.171	1.064	0.971	0.889	0.817
0.80	2.205	1.941	1.722	1.538	1.381	1.247	1.131	1.030	9.942	0.865	0.796
0.82	2.077	1.834	1.632	1.462	1.317	1.192	1.084	0.990	0.908	0.835	0.770
0.84	1.934	1.714	1.530	1.375	1.242	1.128	1.029	0.942	0.866	0.798	0.738
0.86	1.775	1.579	1.414	1.275	1.156	1.053	0.963	0.884	0.815	0.753	0.698
0.88	1.597	1.426	1.282	1.160	1.055	0.964	0.885	0.815	0.754	0.699	0.650
0.90	1.398	1.253	1.131	1.027	0.938	0.860	0.793	0.733	0.680	0.632	0.590
0.92	1.177	1.059	0.960	0.875	0.802	0.739	0.683	0.634	0.590	0.551	0.515
0.94	0.929	0.840	0.764	0.700	0.644	0.596	0.553	0.515	0.481	0.451	0.424
0.96	0.653	0.593	0.542	0.498	0.461	0.428	0.399	0.373	0.350	0.330	0.311
0.98	0.344	0.314	0.289	0.267	0.248	0.231	0.216	0.203	0.192	0.181	0.172
1.00	0.000	0.000	0.000	0.000	0.000	0.000	0.000	0.000	0.000	0.000	0.000

ξ \ λ_1	11.00	12.00	13.00	14.00	15.00	17.00	19.00	21.00	23.00	25.00	28.00
0.00	0.826	0.694	0.592	0.510	0.444	0.346	0.277	0.227	0.189	0.160	0.128
0.02	0.826	0.694	0.592	0.510	0.444	0.346	0.277	0.227	0.189	0.160	0.128
0.04	0.826	0.694	0.592	0.510	0.444	0.346	0.277	0.227	0.189	0.160	0.128
0.06	0.826	0.694	0.592	0.510	0.444	0.346	0.277	0.227	0.189	0.160	0.128
0.08	0.826	0.694	0.592	0.510	0.444	0.346	0.277	0.227	0.189	0.160	0.128
0.10	0.826	0.694	0.592	0.510	0.444	0.346	0.277	0.227	0.189	0.160	0.128
0.12	0.826	0.694	0.592	0.510	0.444	0.346	0.277	0.227	0.189	0.160	0.128
0.14	0.826	0.694	0.592	0.510	0.444	0.346	0.277	0.227	0.189	0.160	0.128
0.16	0.826	0.694	0.592	0.510	0.444	0.346	0.277	0.227	0.189	0.160	0.128
0.18	0.826	0.694	0.592	0.510	0.444	0.346	0.277	0.227	0.189	0.160	0.128
0.20	0.826	0.694	0.592	0.510	0.444	0.346	0.277	0.227	0.189	0.160	0.128
0.22	0.826	0.694	0.592	0.510	0.444	0.346	0.277	0.227	0.189	0.160	0.128
0.24	0.826	0.694	0.592	0.510	0.444	0.346	0.277	0.227	0.189	0.160	0.128
0.26	0.826	0.694	0.592	0.510	0.444	0.346	0.277	0.227	0.189	0.160	0.128
0.28	0.826	0.694	0.592	0.510	0.444	0.346	0.277	0.227	0.189	0.160	0.128
0.30	0.826	0.694	0.592	0.510	0.444	0.346	0.277	0.227	0.189	0.160	0.128
0.32	0.826	0.694	0.592	0.510	0.444	0.346	0.277	0.227	0.189	0.160	0.128
0.34	0.826	0.694	0.592	0.510	0.444	0.346	0.277	0.227	0.189	0.160	0.128
0.36	0.826	0.694	0.592	0.510	0.444	0.346	0.277	0.227	0.189	0.160	0.128
0.38	0.826	0.694	0.592	0.510	0.444	0.346	0.277	0.227	0.189	0.160	0.128
0.40	0.825	0.694	0.591	0.510	0.444	0.346	0.277	0.227	0.189	0.160	0.128
0.42	0.825	0.694	0.591	0.510	0.444	0.346	0.277	0.227	0.189	0.160	0.128
0.44	0.825	0.694	0.591	0.510	0.444	0.346	0.277	0.227	0.189	0.160	0.128
0.46	0.824	0.693	0.591	0.510	0.444	0.346	0.277	0.227	0.189	0.160	0.128
0.48	0.824	0.693	0.591	0.510	0.444	0.346	0.277	0.227	0.189	0.160	0.128
0.50	0.823	0.693	0.591	0.510	0.444	0.346	0.277	0.227	0.189	0.160	0.128
0.52	0.822	0.692	0.591	0.510	0.444	0.346	0.277	0.227	0.189	0.160	0.128
0.54	0.821	0.692	0.590	0.509	0.444	0.346	0.277	0.227	0.189	0.160	0.128
0.56	0.820	0.691	0.590	0.509	0.444	0.346	0.277	0.227	0.189	0.160	0.128
0.58	0.818	0.690	0.589	0.509	0.444	0.346	0.277	0.227	0.189	0.160	0.128
0.60	0.816	0.689	0.588	0.508	0.443	0.346	0.277	0.227	0.189	0.160	0.128
0.62	0.814	0.687	0.587	0.508	0.443	0.345	0.277	0.227	0.189	0.160	0.128
0.64	0.811	0.685	0.586	0.507	0.442	0.345	0.277	0.227	0.189	0.160	0.128
0.66	0.807	0.683	0.585	0.506	0.442	0.345	0.277	0.227	0.189	0.160	0.128
0.68	0.802	0.680	0.582	0.504	0.441	0.345	0.276	0.226	0.189	0.160	0.128
0.70	0.796	0.675	0.580	0.503	0.440	0.344	0.276	0.226	0.189	0.160	0.128
0.72	0.788	0.670	0.576	0.500	0.438	0.343	0.276	0.226	0.189	0.160	0.128
0.74	0.779	0.664	0.572	0.497	0.435	0.342	0.275	0.226	0.189	0.160	0.127
0.76	0.767	0.655	0.566	0.492	0.432	0.340	0.274	0.225	0.188	0.160	0.127
0.78	0.753	0.645	0.558	0.487	0.428	0.338	0.273	0.225	0.188	0.159	0.127
0.80	0.735	0.631	0.548	0.479	0.422	0.334	0.271	0.223	0.187	0.159	0.127
0.82	0.712	0.614	0.535	0.469	0.415	0.330	0.268	0.222	0.186	0.158	0.127
0.84	0.684	0.593	0.518	0.456	0.404	0.323	0.264	0.219	0.184	0.157	0.126
0.86	0.649	0.565	0.496	0.438	0.390	0.314	0.258	0.215	0.181	0.155	0.125
0.88	0.606	0.530	0.467	0.415	0.371	0.301	0.249	0.209	0.177	0.152	0.123
0.90	0.551	0.485	0.430	0.384	0.345	0.283	0.236	0.199	0.170	0.147	0.120
0.92	0.484	0.429	0.383	0.344	0.311	0.257	0.216	0.184	0.159	0.138	0.114
0.94	0.399	0.356	0.320	0.290	0.264	0.221	0.188	0.162	0.141	0.124	0.104
0.96	0.294	0.265	0.240	0.219	0.201	0.171	0.147	0.129	0.114	0.101	0.086
0.98	0.163	0.148	0.135	0.125	0.115	0.100	0.088	0.078	0.070	0.063	0.055
1.00	0.000	0.000	0.000	0.000	0.000	0.000	0.000	0.000	0.000	0.000	0.000

（二）双肢墙的侧移和等效刚度

解微分方程（4-79），可得墙肢转角 α 的表达式：

$$\alpha(x) = C_3\,\mathrm{sh}\lambda x + C_4\,\mathrm{ch}\lambda x + \frac{k}{\lambda^2 S\Sigma EI_j}\left[-\int_H^x M_q(x)\mathrm{d}x + \left(\frac{S}{k} - \frac{1}{\lambda^2}\right)V_0(x) - \left(\frac{S}{\lambda^2 k} - \frac{1}{\lambda^4}\right)\frac{\mathrm{d}q}{\mathrm{d}x}\right]$$

$$(4\text{-}112)$$

待定常数 C_3 和 C_4 由下列边界条件确定：

$$\frac{\mathrm{d}\alpha(0)}{\mathrm{d}x} = 0$$

$$\alpha(H) = 0 \tag{4-113}$$

上述两个条件，其中一个是根据房屋顶点（即 $x=0$）弯矩，即转角的微商等于零确定的，另一个是根据底面，即固定端处（$x=H$）地基倾角等于零确定的。

由这些条件求得：

$$C_3 = \left(S\lambda - \frac{k}{\lambda}\right)\frac{q}{\lambda^4 S\Sigma EI_j} \tag{4-114}$$

$$C_4 = \left(S\lambda - \frac{k}{\lambda}\right)\frac{qA}{\lambda^4 S\Sigma EI_j} \tag{4-115}$$

其中

$$A = \left(-\frac{1}{\lambda H} + \frac{\lambda H}{2} - \mathrm{sh}\lambda H\right)\frac{1}{\mathrm{ch}\lambda h} \quad \text{（倒三角形荷载）} (4\text{-}116a)$$

$$A = (\lambda H - \mathrm{sh}\lambda H)\frac{1}{\mathrm{ch}\lambda H} \qquad \text{（均布荷载）} (4\text{-}116b)$$

将所求得的待定常数 C_3 和 C_4 代入式（4-112）就可得到抗震墙的转角。若再考虑墙肢剪切变形的影响，则其侧移为：

$$y(x) = \int_x^H \alpha_{\mathrm{M+N}}(x)\mathrm{d}x + \int_x^H \alpha_{\mathrm{V}}(x)\mathrm{d}x \tag{4-117}$$

其中 $\alpha_{\mathrm{M+N}}(x)$——墙肢在水平荷载作用下考虑弯曲变形和轴向变形影响时的转角；

$\alpha_{\mathrm{V}}(x)$——墙肢在水平荷载作用下仅考虑剪切变形时的转角，可按下式确定：

$$\alpha_{\mathrm{V}}(x) = \frac{\mu V_q(x)}{G\Sigma A_j} \tag{4-118}$$

G——混凝土剪切模量；

ΣA_j——双肢墙横截面面积之和。

将上列关系代入式（4-117），得剪力墙在倒三角形荷载和均布荷载作用下的侧移：

当倒三角形荷载时：

$$y = y_0(x) + \frac{I_n}{\lambda^2 I_0 \Sigma EI_j} \left\{ \frac{q_{max}}{\lambda^2} \left[\mathrm{ch}\lambda H - \mathrm{ch}\lambda x + A(\mathrm{sh}\lambda H - \mathrm{sh}\lambda x) + \left(1 - \frac{x}{H}\right) \right] \right.$$

$$\left. + \left[M_q(H) - M_q(x) \right] \right\} + \frac{\mu V_q(H) H}{G \Sigma A_j} \left\{ 1 - \left(\frac{x}{H}\right)^2 - \frac{1}{3}\left[1 - \left(\frac{x}{H}\right)^3 \right] \right\} \quad (4\text{-}119)$$

当均布荷载时：

$$y = y_0(x) + \frac{I_n}{\lambda^2 I_0 \Sigma EI_j} \left\{ \frac{q}{\lambda^2} \left[\mathrm{ch}\lambda H - \mathrm{ch}\lambda x + A(\mathrm{sh}\lambda H - \mathrm{sh}\lambda x) \right] \right.$$

$$\left. + \left[M_q(H) - M_q(x) \right] \right\} + \frac{\mu V_0(H) H}{2 G \Sigma A_j} \left[1 - \left(\frac{x}{H}\right)^2 \right] \quad (4\text{-}120)$$

式中 $y_0(x)$——连梁为绝对刚性时抗震墙在水平荷载作用下的侧移；

I_n——抗震墙组合截面的惯性矩与两墙肢惯性矩之和的差，$I_n = I_0 - \Sigma I_j$。

对于水平集中荷载，采用式（4-71c）计算墙的侧移较为方便。将式（4-71c）用相对坐标表示：

$$\alpha = S \frac{1}{H} N'(\xi) + kH \int_\xi^1 N \mathrm{d}\xi \quad (4\text{-}121)$$

其中

$$N(\xi) = \frac{FH^3}{\lambda_1^2 S \Sigma EI} \left(\xi - \frac{\mathrm{sh}\lambda_1 \xi}{\lambda_1 \mathrm{ch}\lambda_1} \right) \quad (4\text{-}122)$$

而

$$N'(\xi) = \frac{FH^3}{\lambda_1^2 S \Sigma EI} \left(1 - \frac{\mathrm{ch}\lambda_1 \xi}{\mathrm{ch}\lambda_1} \right) \quad (4\text{-}123)$$

将上列公式代入式（4-121）经计算得：

$$\alpha(\xi) = \frac{FH^2}{EI_0} \left[\frac{EI_n}{\lambda_1^2 \Sigma EI} \left(1 - \frac{\mathrm{ch}\lambda_1 \xi}{\mathrm{ch}\lambda_1} \right) + \frac{1}{2}(1 - \xi^2) \right] \quad (4\text{-}124)$$

同时考虑墙肢剪切变形的影响，则墙的总位移为：

$$y(\xi) = H \int_\xi^1 \alpha_{M+N}(\xi) \mathrm{d}\xi + H \int_\xi^1 \alpha_V(\xi) \mathrm{d}\xi \quad (4\text{-}125)$$

其中

$$\alpha_V(\xi) = \frac{\mu V_p(\xi)}{G \Sigma A_j} = \frac{\mu F}{G \Sigma A_j} \quad (4\text{-}126)$$

将式（4-124）和式（4-126）代入式（4-125）经计算后得：

$$y = \frac{FH^3}{EI_0} \left\{ \frac{EI_n}{\lambda_1^3 \Sigma EI_j} \left[\lambda_1(1 - \xi) - \mathrm{th}\lambda_1 + \frac{\mathrm{sh}\lambda_1 \xi}{\mathrm{ch}\lambda_1} \right] + \frac{1}{3} - \frac{\xi}{2} + \frac{\xi^3}{6} \right\} + \frac{\mu FH}{G \Sigma A_j}(1 - \xi)$$

$$(4\text{-}127)$$

令 $x=0$（即 $\xi=0$），则由式（4-119）、式（4-120）和式（4-127）可得三种荷载顶点侧移为：

$$\Delta = \begin{cases} \dfrac{11q_{\max}H^4}{120B_0}\left(1+\dfrac{I_{\mathrm{n}}}{\Sigma I_j}A_0+3.64\gamma\right) & \text{（倒三角形分布荷载）} \\[3mm] \dfrac{qH^4}{8B_0}\left(1+\dfrac{I_{\mathrm{n}}}{\Sigma I_j}A_0+4\gamma\right) & \text{（均布荷载）} \\[3mm] \dfrac{FH^3}{3B_0}\left(1+\dfrac{I_{\mathrm{n}}}{\Sigma I_j}A_0+3\gamma\right) & \text{（顶部集中荷载）} \end{cases} \tag{4-128a}$$

或写成

$$\Delta = \begin{cases} \dfrac{11q_{\max}H^4}{120EI_{\mathrm{we}}} \\[3mm] \dfrac{qH^4}{8EI_{\mathrm{we}}} \\[3mm] \dfrac{FH^3}{3EI_{\mathrm{we}}} \end{cases} \tag{4-128b}$$

式中　H——抗震墙高度；

　　　B_0——抗震墙组合截面的抗弯刚度，$B_0=EI_0$；

　　　EI_{we}——抗震墙等效刚度。

等效刚度是指按顶点侧移相等的原则，将考虑墙肢弯曲、剪切变形和轴向变形的双肢墙等效只考虑弯曲变形的实体墙。后者的刚度就称为前者的等效刚度，因此，双肢墙的等效刚度可由式（4-128a）得到：

$$EI_{\mathrm{we}} = \begin{cases} \dfrac{EI_0}{1+\dfrac{I_{\mathrm{n}}}{\Sigma I_j}A_0+3.64\gamma} & \text{（倒三角形荷载）} \\[5mm] \dfrac{EI_0}{1+\dfrac{I_{\mathrm{n}}}{\Sigma I_j}A_0+4\gamma} & \text{（均布荷载）} \\[5mm] \dfrac{EI_0}{1+\dfrac{I_{\mathrm{n}}}{\Sigma I_j}A_0+3\gamma} & \text{（顶部集中荷载）} \end{cases} \tag{4-129}$$

式中，系数 A_0 应分别按式（4-130）计算。

$$A_0 = \begin{cases} \dfrac{120}{11\lambda_1^2}\left\{\dfrac{1}{\lambda_1^2}\left[-\mathrm{ch}\lambda_1-\left(\dfrac{\lambda_1}{2}-\dfrac{1}{\lambda_1}-\mathrm{sh}\lambda_1\right)\mathrm{th}\lambda_1\right]+\dfrac{1}{3}\right\} & \text{（倒三角形荷载）} \\[4mm] \dfrac{8}{\lambda_1^2}\left\{\dfrac{1}{\lambda_1^2}\left[-\mathrm{ch}\lambda_1-(\lambda_1-\mathrm{sh}\lambda_1)\mathrm{th}\lambda_1+1\right]+\dfrac{1}{2}\right\} & \text{（均布荷载）} \\[4mm] \dfrac{3}{\lambda_1^2}\left(1-\dfrac{\mathrm{th}\lambda_1}{\lambda_1}\right) & \text{（顶部集中荷载）} \end{cases} \tag{4-130}$$

其值可根据 λ_1 分别由表 4-38、表 4-39 和表 4-40 查得。

$$\gamma = \frac{\mu B_0}{H^2 G \Sigma A_j} \tag{4-131}$$

倒三角形荷载 A_0（×1/10）值表　　　　　　　　　　表 4-38

λ_1	1.00	1.05	1.10	1.15	1.20	1.25	1.30	1.35	1.40	1.45	1.50
A_0	7.208	7.010	6.814	6.521	6.431	6.244	6.062	5.883	5.710	5.540	5.376
λ_1	1.55	1.60	1.65	1.70	1.75	1.80	1.85	1.90	1.95	2.00	2.05
A_0	5.216	5.061	4.911	4.766	4.626	4.490	4.359	4.232	4.110	3.992	3.878
λ_1	2.10	2.15	2.20	2.25	2.30	2.35	2.40	2.45	2.50	2.55	2.60
A_0	3.769	3.663	3.561	3.462	3.367	3.276	3.188	3.103	3.021	2.942	2.865
λ_1	2.65	2.70	2.75	2.80	2.85	2.90	2.95	3.00	3.05	3.10	3.15
A_0	2.792	2.721	2.652	2.586	2.522	2.460	2.401	2.343	2.287	2.234	2.182
λ_1	3.20	3.25	3.30	3.35	3.40	3.45	3.50	3.55	3.60	3.65	3.70
A_0	2.131	2.083	2.036	1.990	1.946	1.903	1.862	1.822	1.783	1.746	1.709
λ_1	3.75	3.80	3.85	3.90	3.95	4.00	4.05	4.10	4.15	4.20	4.25
A_0	1.674	1.639	1.606	1.574	1.542	1.512	1.482	1.454	1.426	1.398	1.372
λ_1	4.30	4.40	4.50	4.60	4.70	4.80	4.90	5.00	5.10	5.20	5.30
A_0	1.346	1.297	1.250	1.206	1.164	1.125	1.087	1.051	1.017	0.984	0.953
λ_1	5.40	5.50	5.60	5.70	5.80	5.90	6.00	6.10	6.20	6.30	6.40
A_0	0.923	0.895	0.868	0.842	0.817	0.794	0.771	0.750	0.729	0.709	0.690
λ_1	6.50	6.60	6.70	6.80	6.90	7.00	7.10	7.20	7.30	7.40	7.50
A_0	0.671	0.654	0.637	0.620	0.605	0.589	0.575	0.561	0.547	0.534	0.522
λ_1	7.60	7.70	7.80	7.90	8.00	8.10	8.20	8.30	8.40	8.50	8.60
A_0	0.510	0.498	0.487	0.476	0.465	0.455	0.445	0.435	0.426	0.417	0.408
λ_1	8.80	9.00	9.20	9.40	9.60	9.80	10.00	10.20	10.40	10.60	10.80
A_0	0.392	0.376	0.361	0.347	0.334	0.322	0.310	0.299	0.289	0.279	0.269
λ_1	11.00	11.20	11.40	11.60	11.80	12.00	12.20	12.40	12.60	12.80	13.00
A_0	0.260	0.252	0.244	0.236	0.228	0.221	0.215	0.208	0.202	0.196	0.191
λ_1	13.20	13.40	13.60	13.80	14.00	14.20	14.40	14.60	14.80	15.00	15.20
A_0	0.185	0.180	0.175	0.170	0.166	0.161	0.157	0.153	0.149	0.146	0.142
λ_1	15.50	16.00	16.50	17.00	17.50	18.00	18.50	19.00	19.50	20.00	20.50
A_0	0.137	0.129	0.122	0.115	0.109	0.103	0.098	0.093	0.088	0.084	0.080
λ_1	21.00	22.00	23.00	24.00	25.00	26.00	27.00	28.00	29.00	30.00	31.00
A_0	0.077	0.070	0.064	0.059	0.055	0.051	0.047	0.044	0.041	0.038	0.036

水平均布荷载 A_0（×1/10）值表　　　　表 4-39

λ_1	1.00	1.05	1.10	1.15	1.20	1.25	1.30	1.35	1.40	1.45	1.50
A_0	7.228	7.031	6.837	6.644	6.456	6.270	6.089	5.912	5.739	5.571	5.407
λ_1	1.55	1.60	1.65	1.70	1.75	1.80	1.85	1.90	1.95	2.00	2.05
A_0	5.249	5.095	4.945	4.801	4.661	4.526	4.396	4.270	4.148	4.031	3.917
λ_1	2.10	2.15	2.20	2.25	2.30	2.35	2.40	2.45	2.50	3.55	2.60
A_0	3.808	3.703	3.601	3.503	3.408	3.317	3.229	3.144	3.063	2.984	2.907
λ_1	2.65	2.70	2.75	2.80	2.85	2.90	2.95	3.00	3.05	3.10	3.15
A_0	2.834	2.763	2.695	2.628	2.565	2.503	2.443	2.386	2.330	2.276	2.224
λ_1	3.20	3.25	3.30	3.35	3.40	3.45	3.50	3.55	3.60	3.65	3.70
A_0	2.174	2.125	2.078	2.032	1.988	1.945	1.904	1.864	1.825	1.787	1.750
λ_1	3.75	3.80	3.85	3.90	3.95	4.00	4.05	4.10	4.15	4.20	4.25
A_0	1.715	1.680	1.647	1.614	1.583	1.552	1.522	1.493	1.465	1.438	1.411
λ_1	4.30	4.40	4.50	4.60	4.70	4.80	4.90	5.00	5.10	5.20	5.30
A_0	1.385	1.335	1.288	1.244	1.201	1.161	1.123	1.086	1.052	1.019	0.987
λ_1	5.40	5.50	5.60	5.70	5.80	5.90	6.00	6.10	6.20	6.30	6.40
A_0	0.957	0.928	0.901	0.874	0.849	0.825	0.802	0.780	0.759	0.738	0.719
λ_1	6.50	6.60	6.70	6.80	6.90	7.00	7.10	7.20	7.30	7.40	7.50
A_0	0.700	0.682	0.665	9.648	0.632	0.616	0.601	0.587	0.573	0.560	0.547
λ_1	7.60	7.70	7.80	7.90	8.00	8.10	8.20	8.30	8.40	8.50	8.60
A_0	0.534	0.522	0.510	0.499	0.488	0.478	0.467	0.458	0.448	0.439	0.430
λ_1	8.80	9.00	9.20	9.40	9.60	9.80	10.00	10.20	10.40	10.60	10.80
A_0	0.412	0.396	0.381	0.367	0.353	0.340	0.328	0.316	0.306	0.295	0.285
λ_1	11.00	11.20	11.40	11.60	11.80	12.00	12.20	12.40	12.60	12.80	13.00
A_0	0.276	0.267	0.259	0.250	0.243	0.235	0.228	0.222	0.215	0.209	0.203
λ_1	13.20	13.40	13.60	13.80	14.00	14.20	14.40	14.60	14.80	15.00	15.20
A_0	0.197	0.192	0.187	0.182	0.177	0.172	0.168	0.164	0.160	0.156	0.152
λ_1	15.50	16.00	16.50	17.00	17.50	18.00	18.50	19.00	19.50	20.00	20.50
A_0	0.146	0.138	0.130	0.123	0.117	0.111	0.105	0.100	0.095	0.090	0.086
λ_1	21.00	22.00	23.00	24.00	25.00	26.00	27.00	28.00	29.00	30.00	31.00
A_0	0.082	0.075	0.069	0.064	0.059	0.055	0.051	0.048	0.044	0.042	0.039

顶部集中荷载 A_0（×1/10）值表 表 4-40

λ_1	1.00	1.05	1.10	1.15	1.20	1.25	1.30	1.35	1.40	1.45	1.50
A_0	7.152	6.950	6.751	6.554	6.360	6.170	5.985	5.803	5.627	5.455	5.228
λ_1	1.55	1.60	1.65	1.70	1.75	1.80	1.85	1.90	1.95	2.00	2.05
A_0	5.125	4.968	4.816	4.669	4.526	4.389	4.256	4.128	4.004	3.885	3.770
λ_1	2.10	2.15	2.20	2.25	2.30	2.35	2.40	2.45	2.50	2.55	2.60
A_0	3.659	3.552	3.449	3.350	3.254	3.162	3.074	2.988	2.906	2.826	2.750
λ_1	2.65	2.70	2.75	2.80	2.85	2.90	2.95	3.00	3.05	3.10	3.15
A_0	2.676	2.605	2.536	2.470	2.406	2.345	2.285	2.228	2.172	2.119	2.067
λ_1	3.20	3.25	3.30	3.35	3.40	3.45	3.50	3.55	3.60	3.65	3.70
A_0	2.017	1.969	1.992	1.877	1.834	1.791	1.751	1.711	1.673	1.636	1.600
λ_1	3.75	3.80	3.85	3.90	3.95	4.00	4.05	4.10	4.15	4.20	4.25
A_0	1.565	1.531	1.499	1.467	1.436	1.407	1.378	1.350	1.322	1.296	1.270
λ_1	4.30	4.40	4.50	4.60	4.70	4.80	4.90	5.00	5.10	5.20	5.30
A_0	1.245	1.198	1.152	1.110	1.069	1.031	0.995	0.960	0.927	0.896	0.860
λ_1	5.40	5.50	5.60	5.70	5.80	5.90	6.00	6.10	6.20	6.30	6.40
A_0	0.838	0.811	0.786	0.761	0.738	0.716	0.694	0.674	0.655	0.636	0.618
λ_1	6.50	6.60	6.70	6.80	6.90	7.00	7.10	7.20	7.30	7.40	7.50
A_0	0.601	0.584	0.569	0.553	0.539	0.525	0.511	0.498	0.486	0.474	0.462
λ_1	7.60	7.70	7.80	7.90	8.00	8.10	8.20	8.30	8.40	8.50	8.60
A_0	0.451	0.440	0.430	0.420	0.410	0.401	0.392	0.383	0.375	0.366	0.358
λ_1	8.80	9.00	9.20	9.40	9.60	9.80	10.00	10.20	10.40	10.60	10.80
A_0	0.343	0.329	0.316	0.303	0.292	0.280	0.270	0.260	0.251	0.242	0.233
λ_1	11.00	11.20	11.40	11.60	11.80	12.00	12.20	12.40	12.60	12.80	13.00
A_0	0.225	0.218	0.211	0.204	0.197	0.191	0.185	0.179	0.174	0.169	0.164
λ_1	13.20	13.40	13.60	13.80	14.00	14.20	14.40	14.60	14.80	15.00	15.20
A_0	0.159	0.155	0.150	0.146	0.142	0.138	0.135	0.131	0.128	0.124	0.121
λ_1	15.50	16.00	16.50	17.00	17.50	18.00	18.50	19.00	19.50	20.00	20.50
A_0	0.117	0.110	0.104	0.098	0.092	0.087	0.083	0.079	0.075	0.071	0.068
λ_1	21.00	22.00	23.00	24.00	25.00	26.00	27.00	28.00	29.00	30.00	31.00
A_0	0.065	0.059	0.054	0.050	0.046	0.043	0.040	0.037	0.034	0.032	0.030

五、对称三肢墙

（一）对称三肢墙在水平荷载作用下内力的计算

1. 微分方程的建立

在水平荷载作用下，对称三肢墙截面 x 的变形如图 4-46 所示。这时在墙肢内将产生弯矩、剪力和轴力，而在连梁内仅考虑弯矩和剪力。显然，中间墙肢的轴力等于零，于是，在抗震墙任一截面内的外弯矩等于（对边墙肢中心取矩）：

$$M_q = \Sigma M_j + NL \qquad (4\text{-}69)'$$

式中　ΣM_j——各墙肢弯矩之和；

　　　　N——边墙肢的轴力；

　　　　L——两边墙肢轴线之间的距离。

采用推导双肢墙微分方程（4-83）的方法，将未知数 ΣM_j 和 N 用相应的截面转角表示（图 4-46）：

$$\Sigma M_j = -\alpha' \Sigma EI_j \qquad (a)$$

由图 4-46 可见

$$\alpha = \alpha_1 + \alpha_2 \qquad (b)$$

式中　$\alpha_1 = \dfrac{c}{\frac{L}{2}} = \dfrac{2}{LEA_1} \displaystyle\int_x^H N\,\mathrm{d}x \quad (c)$

$$\alpha_2 = \dfrac{hl_0^3}{12 \times \frac{L}{2} EI_b} N' = SN' \quad (d)$$

将式（c）、（d）代入式（b），并对 x 求一阶导数，然后代入式（a），最后再代入式（4-69）$'$，得：

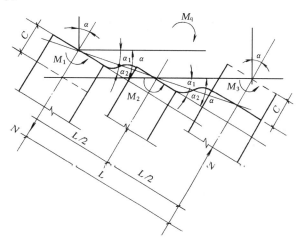

图 4-46　对称三肢墙截面的变形

$$\dfrac{\mathrm{d}^2 N}{\mathrm{d}x^2} - \left(\dfrac{1}{SEA_1 \frac{L}{2}} + \dfrac{L}{S\Sigma EI_j} \right) N = -\dfrac{M_q}{S\Sigma EI_j} \qquad (4\text{-}132)$$

令

$$\lambda_2 = \sqrt{\dfrac{1}{SEA_1 \frac{L}{2}} + \dfrac{L}{S\Sigma EI_j}} \qquad (4\text{-}133)$$

或

$$\lambda_2 = \sqrt{\dfrac{12 I_{b0} I_0}{hl_0^3 A_1 \Sigma I_j}} \qquad (4\text{-}134)$$

则

$$\dfrac{\mathrm{d}^2 N}{\mathrm{d}x^2} - \lambda_2^2 N = -\dfrac{M_q}{S\Sigma EI_j} \qquad (4\text{-}135)$$

其余符号与前相同。

2. 微分方程的解

将式（4-135）用相对坐标表示，并考虑到在常用三种水平荷载作用下情形，则式（4-135)可写成：

$$\frac{\mathrm{d}^2 N}{\mathrm{d}\xi^2} - \lambda_2^2 N = -\begin{cases} \frac{1}{2}\varepsilon_1\xi^2\left(1-\frac{1}{3}\xi\right) & \text{(倒三角形荷载)} \\ \frac{1}{2}\varepsilon_2\xi^2 & \text{(均布荷载)} \\ \varepsilon_3\xi & \text{(顶部集中荷载)} \end{cases} \tag{4-136}$$

式中

$$\lambda_2 = H\sqrt{\frac{12I_{b0}I_0}{hl_0^3 A_1 \Sigma I_j}} \tag{4-137}$$

比较式（4-136）与双肢墙微分方程（4-86），我们发现，两者的差别，仅整体参数值不同。对于对称三肢墙，若以 λ_2 代替前面相应公式中的 λ_1，同时注意到，I_0 和 ΣI_j 分别为三肢墙对组合截面形心的惯性矩和各墙肢惯性矩之和，那么，前面所得到的双肢墙内力计算公式、表格，在这里全部适用。

（二）对称三肢墙顶点侧移及等效刚度

可以证明，对称三肢墙顶点侧移及等效刚度与双肢墙的区别也仅在于 λ_2 值，因此，前面所得到的双肢墙顶点位移和等效刚度计算公式、表格在这里也全部适用。

六、多肢抗震墙

（一）多肢墙微分方程组的建立

为了叙述方便起见，现讨论图 4-47（a）具有 m 列墙肢的多肢墙情形。图4-47（b）为其计算简图（连梁连续化形成杆件）。

1. 杆件内分布剪力表达式

设从计算简图第 j 列杆件中央截面以左沿竖直方向截取 $\mathrm{d}x$ 微分体（图 4-47b、c），并设第 j 列杆件中央截面分布剪力为 $\tau_j(x)$。现讨论其平衡：

$$\Sigma X = 0, \qquad \sum_{k=1}^{j}(N_k+\mathrm{d}N_k) - \sum_{k=1}^{j}N_k - \tau_j(x)\mathrm{d}x = 0 \text{❶}$$

经整理后，得

$$\tau_j(x) = \sum_{k=1}^{j}N'_k \tag{4-138}$$

式中　N_k——第 k 列墙肢轴力。

由式（4-138）可见，第 j 列杆件中央截面的分布剪力 $\tau_j(x)$ 等于该截面以左（或以右）各墙肢横截面上的轴力对 x 的一阶导数的代数和。

2. 剪力墙的转角

现考察第 j 和第 $j+1$ 墙肢的变形情况

（1）墙肢轴向变形引起的转角

由材料力学可知，第 j 和第 $j+1$ 墙肢的轴向变形分别为：

$$\Delta_j = \frac{1}{EA_j}\int_x^H N_j \mathrm{d}x \tag{4-139}$$

和

$$\Delta_{j+1} = \frac{1}{EA_{j+1}}\int_x^H N_{j+1} \mathrm{d}x \tag{4-140}$$

---

❶　在一般情况下,轴力的方向预先是不知道的,本书在推导公式时假定各墙肢轴力均为拉力,墙肢轴力的实际方向应按解方程组后的正负号确定。

图 4-47　多肢墙计算简图

由此而引起的第 j 墙肢的转角为（图 4-48）：

$$\alpha_{1j} = \frac{\Delta_j - \Delta_{j+1}}{L_j}$$

将式（4-139）、式（4-140）代入上式，并令

$$k_j^l = \frac{1}{EA_j L_j}, \qquad k_j^r = \frac{1}{EA_{j+1} L_j} \tag{4-141}$$

则得

$$\alpha_{1j} = k_j^l \int_x^H N_j \, \mathrm{d}x - k_j^r \int_x^H N_{j+1} \, \mathrm{d}x \tag{4-142}$$

（2）墙肢弯曲变形引起的转角

由结构力学可知，当第 j 和第 $j+1$ 墙肢发生弯曲变形时，在连梁左、右端将产生相

227

对位移 δ_j，并使连梁左、右端截面内产生剪力：

$$V_j = \frac{12EI_{b0j}}{l_{0j}^3}\delta_j \qquad (4\text{-}143)$$

式中 V_j——第 j 列连梁端部截面剪力；

EI_{b0j}——第 j 列连梁抗弯刚度；

l_{0j}——第 j 列连梁计算跨度，取洞口宽度与 1/2 连梁高度之和；

δ_j——第 j 列连梁两端相对位移。

因为假定连梁沿墙高连续分布，所以当层高为 h 时，剪力在 dx 区段上的增量：

$$dV_j(x) = \frac{12EI_{b0j}}{hl_{0j}^3}\delta_j(x)dx \qquad (4\text{-}144)$$

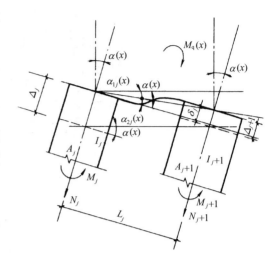

图 4-48　第 j 墙肢的转角

由图 4-48 可见，$\delta_j(x) = L_j\alpha_{2j}(x)$，把它代入式（4-144），经过简单变换后，就可建立起连梁剪力变化率（即杆件的分布剪力）与转角 $\alpha_{2j}(x)$ 之间的关系式：

$$\tau_j(x) = \frac{dV_j}{dx} = \frac{12L_jEI_{b0j}}{hl_{0j}^3}\alpha_{2j}(x) \qquad (4\text{-}145)$$

式中 α_{2j}——墙肢弯曲变形引起的转角。

将式（4-138）代入式（4-145），并经整理后，得

$$\alpha_{2j}(x) = \frac{hl_{0j}^3}{12L_jEI_{bj}}\sum_{k=1}^{j}N'_k = S_j\sum_{k=1}^{j}N'_k \qquad (4\text{-}146)$$

其中

$$S_j = \frac{hl_{0j}^3}{12L_jEI_{bj}} \qquad (4\text{-}147)$$

S_j 称为连梁柔度系数。

由图可见：

$$\alpha_j(x) = \alpha_{1j}(x) + \alpha_{2j}(x) \qquad (4\text{-}148)$$

将式（4-142）和式（4-146）代入式（4-148），并考虑到转角 $\alpha_j(x) = \alpha(x)$，则得剪力墙转角表达式

$$\alpha(x) = S_j\sum_{k=1}^{j}N'_k + k_j^l\int_x^H N_j dx - k_j^r\int_x^H N_{j+1}dx \qquad (4\text{-}149)$$

3. 多肢墙微分方程组通式

现考察图 4-49，作用在隔离体上的内外力对第 m 墙肢截面形心取矩，则得整个结构平衡方程式：

$$M_q = \sum_{j=1}^{m}M_j + \sum_{j=1}^{m-1}\left(N_j\sum_{k=j}^{m-1}L_k\right) \qquad (4\text{-}150)$$

式中 M_q——外部水平荷载在剪力墙横截面 x 内产生的总弯矩；

$\displaystyle\sum_{j=1}^{m}M_j$——各墙肢弯矩之和；

L_k——第 k 列杆件两侧墙肢形心之间的距离。

228

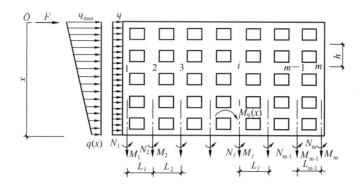

图 4-49 对第 m 墙肢截面形心取矩

由材料力学得知:

$$\sum_{j=1}^{m} M_j = -\alpha' \sum_{j=1}^{m} EI_j = -\alpha' \Sigma B \qquad (4\text{-}151)$$

其中 $\sum\limits_{j=1}^{m} EI_j = \Sigma B$ 为各墙肢抗弯刚度之和。

将式（4-149）对 x 微分一次，并代入式（4-151），再代入式（4-150），经整理后得:

$$S_j \sum_{k=1}^{j} N''_k - k_j^l N_j + k_j^r N_{j+1} = \frac{1}{\Sigma B} \Big[\sum_{j=1}^{m-1} \Big(N_j \sum_{k=j}^{m-1} L_k \Big) - M_q \Big] \qquad (4\text{-}152a)$$
$$(j = 1, 2, \cdots, m-1)$$

将式（4-152a）中第 j 和第 $j-1$ 个方程各项分别除以 S_j 和 S_{j-1}，并令两式相减，再经整理后便得到微分方程组的一般形式:

$$N''_j + \frac{k_{j-1}^l}{S_{j-1}} N_{j-1} - \Big(\frac{k_{j-1}^r}{S_{j-1}} + \frac{k_j^l}{S_j} \Big) N_j + \frac{k_j^r}{S_j} N_{j+1} = \frac{1}{\Sigma B} \Big[\sum_{j=1}^{m-1} \Big(N_j \sum_{k=j}^{m-1} L_k \Big) - M_q \Big] \Big(\frac{1}{S_j} - \frac{1}{S_{j-1}} \Big)$$
$$(j = 1, 2, \cdots, m-1) \qquad (4\text{-}152b)$$

（二）多肢墙微分方程组的解

微分方程组（4-152b）包含 $m-1$ 个方程，但未知数有 m 个。由平衡方程 $\Sigma N = 0$，可得到不足的方程。

为了叙述简明扼要，又不失一般性，现以非对称三肢墙为例，具体说明多肢墙微分方程组的建立及其理论解答。

1. 三肢墙微分方程组

当为三肢墙时，由式（4-152b）（这时 $j=1$，2），并注意到补充方程

$$N_1 + N_2 + N_3 = 0$$

经简单变换后可得:

$$N''_1 - \Big(\frac{k_1^l}{S_1} + \frac{L_1 + L_2}{S_1 \Sigma B} \Big) N_1 + \Big(\frac{k_1^r}{S_1} - \frac{L_2}{S_1 \Sigma B} \Big) N_2 = -\frac{1}{S_1 \Sigma B} M_q$$

$$N''_2 + \Big[\frac{k_1^l}{S_1} - \frac{k_2^l}{S_2} - \frac{L_1 + L_2}{\Sigma B} \Big(\frac{1}{S_2} - \frac{1}{S_1} \Big) \Big] N_1 - \Big[\frac{k_1^r}{S_1} + \frac{k_2^l}{S_2} + \frac{k_2^r}{S_2} + \frac{L_2}{\Sigma B} \Big(\frac{1}{S_2} - \frac{1}{S_1} \Big) \Big] N_2$$

$$= -\frac{1}{\Sigma B} \Big(\frac{1}{S_2} - \frac{1}{S_1} \Big) M_q$$

$$(4\text{-}153)$$

将式（4-153）写成：

$$\left.\begin{array}{l} N''_1 + a_{11}N_1 + a_{12}N_2 = b_{01}M_q \\ N''_2 + a_{21}N_1 + a_{22}N_2 = b_{02}M_q \end{array}\right\} \tag{4-154}$$

其中：

$$a_{11} = -\left(\frac{k_1^l}{S_1} + \frac{L_1 + L_2}{S_1 \Sigma B}\right) \tag{4-155}$$

$$a_{12} = \frac{k_1^r}{S_1} - \frac{L_2}{S_1 \Sigma B} \tag{4-156}$$

$$b_{01} = -\frac{1}{S_1 \Sigma B} \tag{4-157}$$

$$a_{21} = \left[\frac{k_1^l}{S_1} - \frac{k_2^r}{S_2} - \frac{L_1 + L_2}{\Sigma B}\left(\frac{1}{S_2} - \frac{1}{S_1}\right)\right] \tag{4-158}$$

$$a_{22} = -\left[\frac{k_1^r}{S_1} + \frac{k_2^l}{S_2} + \frac{k_2^r}{S_2} + \frac{L_2}{\Sigma B}\left(\frac{1}{S_2} - \frac{1}{S_1}\right)\right] \tag{4-159}$$

$$b_{02} = -\frac{1}{\Sigma B}\left(\frac{1}{S_2} - \frac{1}{S_1}\right) \tag{4-160}$$

将式（4-154）写成矩阵形式：

$$\{N''\} + [A]\{N\} = \{b_0\}M_q \tag{4-161}$$

其中：

$$\{N''\} = \left\{\begin{array}{c} N''_1 \\ N''_2 \end{array}\right\}, \quad [A] = \begin{bmatrix} a_{11} & a_{12} \\ a_{21} & a_{22} \end{bmatrix}$$

$$\{N\} = \left\{\begin{array}{c} N_1 \\ N_2 \end{array}\right\}, \quad \{b_0\} = \left\{\begin{array}{c} b_{01} \\ b_{02} \end{array}\right\}$$

在式（4-161）中总弯矩 $M_q(x)$，对于常用的三种荷载，它们的表达式可分别写成：

$$M_q(x) = \begin{cases} -\dfrac{1}{6H}q_{max}x^3 + \dfrac{1}{2}q_{max}x^2 & \text{（倒三角形分布荷载）} \\ \dfrac{1}{2}qx^2 & \text{（均布荷载）} \\ Fx & \text{（顶部集中荷载）} \end{cases} \tag{4-162}$$

2. 微分方程组的解

（1）微分方程组的齐次解

设齐次微分方程组

$$\left.\begin{array}{l} N''_1 + a_{11}N_1 + a_{12}N_2 = 0 \\ N''_2 + a_{21}N_1 + a_{22}N_2 = 0 \end{array}\right\} \tag{4-163}$$

的解为：

$$N_{0j}(x) = f_{jk}e^{\pm\lambda_k x} \qquad (j = 1,2) \tag{4-164}$$

将式（4-164）及其对 x 的二阶导数代入方程组（4-163），经整理后得：

$$\left.\begin{array}{l} (\lambda_k^2 + a_{11})f_{1k} + a_{12}f_{2k} = 0 \\ a_{21}f_{1k} + (\lambda_k^2 + a_{22})f_{2k} = 0 \end{array}\right\} \tag{4-165}$$

将式（4-165）写成矩阵形式：

$$(\lambda^2[I]+[A])\{f\}=\{0\} \tag{4-166}$$

方程组（4-165）是齐次线性方程组，它有非零解的充分和必要条件是对应矩阵（λ^2[I] + [A]）的行列式等于零：

$$D=\begin{vmatrix}(\lambda_k^2+a_{11}) & a_{12}\\ a_{21} & (\lambda_k^2+a_{22})\end{vmatrix}=0 \tag{4-167}$$

式（4-167）称为方阵[A]的特征方程，满足式（4-167）的 λ_k（$k=1$，2）称为方阵[A]的特征根。将 λ_k 代入式（4-165）解出的 f_{jk}（$j=1$，2；$k=1$，2）称为方阵[A]与 λ_k 对应的特征向量。

因为式（4-165）为齐次线性方程组，且 $D=0$，故式（4-165）两个方程不是独立的。为了确定特征向量 f_{jk}，现令 $f_{1k}=1$（$k=1$，2），则由式（4-165）第1式得：

$$f_{2k}=-\frac{\lambda_k^2+a_{11}}{a_{12}}f_{1k}(k=1,2) \tag{4-168}$$

这样，齐次微分方程组的解可写成：

$$\begin{Bmatrix}N_{01}(x)\\ N_{02}(x)\end{Bmatrix}=\begin{bmatrix}f_{11} & f_{12}\\ f_{21} & f_{22}\end{bmatrix}\begin{bmatrix}\begin{Bmatrix}C_1\,\mathrm{ch}\lambda_1 x\\ C_2\,\mathrm{ch}\lambda_2 x\end{Bmatrix}+\begin{Bmatrix}D_1\,\mathrm{sh}\lambda_1 x\\ D_2\,\mathrm{sh}\lambda_2 x\end{Bmatrix}\end{bmatrix} \tag{4-169}$$

或写作：

$$\{N_0\}=[F](\{C_x\}+\{D_x\}) \tag{4-170}$$

（2）微分方程组的特解

对于常用的三种荷载，非齐次微分方程组的特解可分别写成：

$$\{N_p\}=\begin{cases}\{A_1\}x^3+\{A_2\}x^2+\{A_3\}x+\{A_4\} & \text{（倒三角形荷载）}\\ \{B_1\}x^2+\{B_2\}x+\{B_3\} & \text{（均布荷载）}\\ \{C_1\}x+\{C_2\} & \text{（顶部集中荷载）}\end{cases} \tag{4-171}$$

为了确定上式的各项系数矩阵，将式（4-171）及其对 x 的二阶导数代入式(4-161)，比较等号两边同类项系数矩阵，则得这些系数矩阵的表达式。最后将这些系数矩阵代入非齐次微分方程组，便得到三种荷载的特解：

$$\{N_p\}=\begin{cases}\{t_0\}M_q(x)-\{v_0\}_1\left(\dfrac{x}{H}-1\right)\\ \{t_0\}M_q(x)+\{v_0\}_2\\ \{t_0\}M_q(x)\end{cases} \tag{4-172}$$

式中

$$\{t_0\}=\{A\}^{-1}\{b_0\} \tag{4-173}$$

$$\{v_0\}_1=-[A]^{-1}\{t_0\}q_{max}=-[A]^{-1}[A]^{-1}\{b_0\}q_{max} \tag{4-174a}$$

$$\{v_0\}_2=-[A]^{-1}[A]^{-1}\{b_0\}q \tag{4-174b}$$

（3）非齐次微分方程组的通解

根据微分方程组理论可知，非齐次微分方程组的通解等于相应方程组的齐次解和特解之和：

$$\{N\} = [F](\{C_x\} + \{D_x\}) + \begin{cases} \{t_0\}M_q(x) - \{v_0\}_1\left(\dfrac{x}{H} - 1\right) \\ \{t_0\}M_q(x) + \{v_0\}_2 \\ \{t_0\}M_q(x) \end{cases} \tag{4-175}$$

（4）确定微分方程组齐次解的待定常数

现根据边界条件确定式（4-175）中的待定常数所形成的列阵 $\{C\}$、$\{D\}$。

第一组边界条件：在墙的顶端（$x=0$），各墙肢的轴力等于零，即 $N_j(0)=0$，将这些条件代入式（4-175），得：

$$\{0\} = [F]\{C\} + \begin{cases} \{v_0\}_1 \\ \{v_0\}_2 \\ \{0\} \end{cases} \tag{4-176}$$

解得：

$$\{C\} = -\begin{cases} \{F\}^{-1}\{v_0\}_1 \\ \{F\}^{-1}\{v_0\}_2 \\ \{0\} \end{cases} \tag{4-177}$$

第二组边界条件：在墙的固定端（$x=H$）处，杆件分布剪力为零，即 $N'_j(H)=0$。将式（4-175）对 x 微分一次，并令 $x=H$，得：

$$\{0\} = [F]([\lambda_{SH}]\{C\} + [\lambda_{CH}]\{D\}) + \begin{cases} \{t_0\}V_q(H) - \{v_0\}_1\dfrac{1}{H} \\ \{t_0\}V_q(H) \\ \{t_0\}V_q(H) \end{cases} \tag{4-178}$$

由此，

$$\{D\} = -[\lambda_{CH}]^{-1}\begin{cases} \left[\{F\}^{-1}\left(\{t_0\}V_q(H) - \dfrac{\{v_0\}}{H}\right) + [\lambda_{SH}]\{C\}\right] \\ \left[\{F\}^{-1}\{t_0\}V_q(H) + [\lambda_{SH}]\{C\}\right] \\ [F]^{-1}\{t_0\}V_q(H) \end{cases} \tag{4-179}$$

式（4-178）和式（4-179）中 $[\lambda_{CH}] = \begin{bmatrix} \lambda_1\,\mathrm{ch}\lambda_1 H & 0 \\ 0 & \lambda_2\,\mathrm{ch}\lambda_2 H \end{bmatrix} \tag{4-180}$

$$[\lambda_{SH}] = \begin{bmatrix} \lambda_1\,\mathrm{sh}\lambda_1 H & 0 \\ 0 & \lambda_2\,\mathrm{sh}\lambda_2 H \end{bmatrix} \tag{4-181}$$

$$[\lambda_{CH}]^{-1} = \begin{bmatrix} \dfrac{1}{\lambda_1\,\mathrm{ch}\lambda_1 H} & 0 \\ 0 & \dfrac{1}{\lambda_2\,\mathrm{ch}\lambda_2 H} \end{bmatrix} \tag{4-182}$$

$V_q(H)$ 为外部荷载在剪力墙底部截面内产生的总剪力。

这样，各常数所形成的列阵全部求得，也就是说，微分方程组（4-154）的通解（4-175）完全确定了。

解微分方程组（4-154）求得墙肢轴力 $N_j(x)$ 后，就可按下式确定多肢墙其余内力：

连梁剪力

$$V_{bj}(x) = h\tau_j(x) = h\sum_{k=1}^{j} N'_k(x) \tag{4-183}$$

连梁固端弯矩

$$M_{bj}(x) = \frac{1}{2}V_{bj}(x)l_n \tag{4-184}$$

墙肢弯矩

$$M_j(x) = \frac{EI_i}{\Sigma EI_i}\Sigma M_j(x) = \frac{EI_j}{\Sigma EI_j}\Big[M_q(x) - \sum_{j=1}^{m-1}N_i(x)\sum_{k=j}^{m-1}L_k\Big] \tag{4-185}$$

墙肢剪力

$$V_j(x) = M_j'(x) + \frac{1}{h}\big[V_{b,j-1}(x)v_{j-1} + V_{bj}(x)u_j\big] \tag{4-186}$$

（三）多肢墙侧移的计算

多肢墙的顶点侧移可按精确法或近似法计算，兹分述如下：

1. 精确法

对式（4-149）积分并考虑墙肢剪切变形的影响，便可得到多肢墙的顶点侧移：

$$\Delta = S_j\int_0^H\sum_{k=1}^j N_k'\mathrm{d}x + \int_0^H\Big(k_j^l\int_x^H N_j\mathrm{d}x - k_j^r\int_x^H N_{j+1}\mathrm{d}x\Big)\mathrm{d}x + \int_0^H\frac{\mu V_q}{G\Sigma A_j}\mathrm{d}x \tag{4-187}$$

式中符号意义同前。

2. 近似法

多肢墙的顶点侧移仍可按双肢墙公式（4-128b）计算，但这时墙的等效刚度应按下列近似公式确定：

$$EI_{we} = \begin{cases} \dfrac{\sum\limits_{j=1}^m EI_j}{1-T+3.64\gamma_1+A_0T} & \text{（倒三角形分布荷载）} \\[4mm] \dfrac{\sum\limits_{j=1}^m EI_j}{1-T+4\gamma_1+A_0T} & \text{（均布荷载）} \\[4mm] \dfrac{\sum\limits_{j=1}^m EI_j}{1-T+3\gamma_1+A_0T} & \text{（顶部集中荷载）} \end{cases} \tag{4-188}$$

式中　T——系数。墙肢数目 $m=3\sim4$ 时，$T=0.80$；$m=5\sim7$ 时，$T=0.85$；8 以上时，$T=0.90$。

$$\gamma_1 = \frac{\mu E\Sigma I_j}{H^2G\Sigma A_j} \tag{4-189}$$

其余符号与前相同。

【例题 4-7】某 10 层对称三肢剪力墙，各层层高均为 3m，房屋总高 $H=30$m，墙肢轴线间的距离 $L_1=L_2=6.65$m，承受水平均布荷载 $q=1$kN/m（图 4-50）。剪力墙混凝土弹性模量 $E=25.5\times10^6$ kN/m²，墙肢横截面面积 $A_1=A_3=0.66$m²，$A_2=1.20$m²，墙肢截面惯性矩 $I_1=I_3=0.599$m⁴，$I_2=3.60$m⁴。连梁截面等效惯性矩 $I_{b01}=I_{b02}=0.003$m⁴，连梁计算跨度 $l_{01}=l_{02}=2.30$m。

试利用结构对称性计算剪力墙边墙肢的轴力。

图 4-50　例题 4-7 附图

【解】 （1）计算剪力墙特征刚度

剪力墙组合截面惯性矩

$$I_0 = \Sigma I_j + A_1 L_1^2 \times 2 = 0.599 \times 2 + 3.60 + 0.66 \times 6.65^2 \times 2 = 63.17 \text{m}^4$$

各墙肢截面惯性矩之和

$$\Sigma I_j = 0.599 \times 2 + 3.60 = 4.80 \text{m}^4$$

按式（4-137）计算

$$\lambda_2 = H \sqrt{\frac{12 I_{b0} I_0}{h l_0^3 A_1 \Sigma I_j}} = 30 \sqrt{\frac{12 \times 0.003 \times 63.17}{3 \times 2.30^3 \times 0.66 \times 4.80}} = 30 \times 0.1402 = 4.21$$

（2）计算系数

$$S = \frac{h l_0^3}{12 L_1 E I_{b0}} = \frac{3 \times 2.30^3}{12 \times 6.65 \times 25.5 \times 10^6 \times 0.003} = 5.979 \times 10^{-6}$$

按式（4-91）计算

$$\varepsilon_2 = \frac{qH^4}{S \Sigma E I_j} = \frac{1 \times 30^4}{5.979 \times 10^{-6} \times 25.5 \times 10^6 \times 4.80} = 1107.28$$

（3）按式（4-98）计算边墙肢 1 楼板标高处的轴力

计算结果见表 4-41（$N_3 = -N_1$，$N_2 = 0$）。

利用对称性按双肢墙计算墙肢轴力 表 4-41

截面 ξ	0.00	0.10	0.20	0.30	0.40	0.50	0.60	0.70	0.80	0.90	1.00
$(N/\varepsilon_2) \times 10^{-2}$	0.00	0.121	0.258	0.419	0.610	0.827	1.065	1.310	1.540	1.721	1.797
N（kN）	0.00	1.339	2.857	4.639	6.754	9.157	11.793	14.505	17.052	19.056	19.898

【例题 4-8】 已知条件与例题 4-7 相同，试用一般解法求多肢墙墙肢轴力。

【解】 1. 计算矩阵 $[A]$ 和 $\{b_0\}$ 元素

$$k_1^l = \frac{1}{L_1 EA_1} = \frac{1}{6.65 \times 25.5 \times 10^6 \times 0.66} = 8.935 \times 10^{-9} \, 1/\text{kN} \cdot \text{m}$$

$$k_1^r = \frac{1}{L_1 EA_2} = \frac{1}{6.65 \times 25.5 \times 10^6 \times 1.20} = 4.914 \times 10^{-9} \, 1/\text{kN} \cdot \text{m}$$

$$k_2^l = k_1^r = 4.914 \times 10^{-9} \, 1/\text{kN} \cdot \text{m}$$

$$k_2^r = k_1^l = 8.935 \times 10^{-9} \, 1/\text{kN} \cdot \text{m}$$

$$\Sigma B = 25.5 \times 10^6 \times 4.80 = 122.349 \times 10^6 \, \text{kN/m}^2, \quad S_1 = S_2 = 5.979 \times 10^{-6}$$

$$b_{01} = -\frac{1}{S_1 \Sigma B} = -\frac{1}{5.979 \times 10^6 \times 122.349 \times 10^6} = -1.367 \times 10^{-3} \text{m}, b_{02} = 0$$

$$a_{11} = -\left(\frac{k_1^l}{S_1} + \frac{L_1 + L_2}{S_1 \Sigma B} \right) = -\left(\frac{8.935 \times 10^{-9}}{5.979 \times 10^{-6}} + 6.65 \times 2 \times 1.367 \times 10^{-3} \right) = -0.01968$$

$$a_{12} = \left(\frac{k_1^r}{S_1} - \frac{L_2}{S_1 \Sigma B} \right) = \left(\frac{4.914 \times 10^{-9}}{5.979 \times 10^{-6}} - 6.65 \times 1.367 \times 10^{-3} \right) = -0.008269$$

$$a_{21} = \frac{k_1^l}{S_1} - \frac{k_2^r}{S_2} = \frac{8.935 \times 10^{-9}}{5.979 \times 10^{-6}} - \frac{8.935 \times 10^{-9}}{5.979 \times 10^6} = 0$$

$$a_{22} = -\left(\frac{k_1^r}{S_1} + \frac{k_2^l}{S_2} + \frac{k_2^r}{S_2} \right) = -\left(\frac{4.914 \times 10^{-9}}{5.979 \times 10^{-6}} + \frac{4.914 \times 10^{-9}}{5.979 \times 10^{-6}} + \frac{8.935 \times 10^{-9}}{5.979 \times 10^{-6}} \right)$$

$$= -3.138 \times 10^{-5}$$

2. 形成矩阵 $[A]$

$$[A] = \begin{bmatrix} a_{11} & a_{12} \\ a_{21} & a_{22} \end{bmatrix} = \begin{bmatrix} -0.01968 & -0.008269 \\ 0 & -0.003138 \end{bmatrix}$$

3. 求特征根

$$\begin{vmatrix} (\lambda_k^2 + a_{11}) & a_{12} \\ a_{21} & (\lambda_k^2 + a_{22}) \end{vmatrix} = \begin{vmatrix} (\lambda_k^2 - 0.01968) & -0.008269 \\ 0 & (\lambda_k^2 - 0.003138) \end{vmatrix}$$

$$= (\lambda_k^2 - 0.01968)(\lambda_k^2 - 0.003138) = 0$$

解上式得：

$$\lambda_1^2 = 0.01968, \qquad \lambda_1 = \pm 0.1402$$

$$\lambda_2^2 = 0.003138, \qquad \lambda_2 = \pm 0.0560$$

4. 求特征向量

对每对特征根，可求得对应的特征向量。

对应 $\lambda_1 = \pm 0.1402$ 的特征向量为：

$f_{11} = 1.000$，f_{21} 按式 (4-168) 计算：

$$f_{21} = -\frac{\lambda_k^2 + a_{11}}{a_{12}} f_{11} = -\frac{0.01968 - 0.01968}{-0.008269} \times 1.000 = 0$$

对应 $\lambda_2 = \pm 0.0560$ 的特征向量为：

$f_{12} = 1.000$，f_{22} 按式 (4-168) 计算：

$$f_{22} = -\frac{\lambda_k^2 + a_{11}}{a_{12}} f_{12} = -\frac{0.003138 - 0.01968}{-0.008269} \times 1.000 = -2.000$$

5. 求方程组特解

微分方程组特解按式（4-172）确定：

$$\{N_P\} = \{t_0\}M_q(x) + \{v_0\}_2$$

（1）求系数列阵 $\{t_0\}$ 和 $\{v_0\}_2$

$$|A| = \begin{vmatrix} -0.01968 & -0.008269 \\ 0 & -0.003138 \end{vmatrix} = 6.1756 \times 10^{-5}$$

$$\text{adj}[A] = \begin{bmatrix} -0.003138 & 0.008269 \\ 0 & -0.01968 \end{bmatrix}$$

$$[A]^{-1} = \frac{1}{|A|}\text{adj}[A] = \frac{1}{6.1756 \times 10^{-5}}\begin{bmatrix} -0.003138 & 0.008269 \\ 0 & -0.01968 \end{bmatrix}$$

$$= \begin{bmatrix} -50.8128 & 133.898 \\ 0 & -318.674 \end{bmatrix}$$

按式（4-173）计算：

$$\{t_0\} = [A]^{-1}\{b_0\} = \begin{bmatrix} -50.8128 & 133.898 \\ 0 & -318.674 \end{bmatrix}\begin{Bmatrix} -0.001367 \\ 0 \end{Bmatrix}$$

$$= \begin{Bmatrix} 0.06946 \\ 0 \end{Bmatrix}$$

按式（4-174b）计算：

$$\{v_0\}_2 = -[A]^{-1}[A]^{-1}\{b_0\}q$$

$$= -\begin{bmatrix} -50.8128 & 133.898 \\ 0 & -318.674 \end{bmatrix}\begin{bmatrix} -50.8128 & 133.898 \\ 0 & -318.674 \end{bmatrix}\begin{Bmatrix} -0.001367 \\ 0 \end{Bmatrix} \times 1$$

$$= \begin{Bmatrix} 3.5295 \\ 0 \end{Bmatrix}$$

（2）求微分方程特解

$$\{N_P\} = \begin{Bmatrix} N_{P1} \\ N_{P2} \end{Bmatrix} = \begin{Bmatrix} t_{01} \\ t_{02} \end{Bmatrix}M_q(x) + \begin{Bmatrix} v_{01} \\ v_{02} \end{Bmatrix} = \begin{Bmatrix} 0.06946 \\ 0 \end{Bmatrix}\frac{1}{2} \times 1x^2 + \begin{Bmatrix} 3.5295 \\ 0 \end{Bmatrix}$$

6. 求微分方程齐次解

按式（4-169）确定方程齐次解：

$$\begin{Bmatrix} N_{01}(x) \\ N_{02}(x) \end{Bmatrix} = \begin{bmatrix} f_{11} f_{12} \\ f_{21} f_{22} \end{bmatrix}\left(\begin{Bmatrix} C_1\text{ch}\lambda_1 x \\ C_2\text{ch}\lambda_2 x \end{Bmatrix} + \begin{Bmatrix} D_1\text{sh}\lambda_1 x \\ D_2\text{sh}\lambda_2 x \end{Bmatrix}\right)$$

（1）求系数列阵 $\{C\}$ 和 $\{D\}$

$$[F] = \begin{bmatrix} 1 & 1 \\ 0 & -2 \end{bmatrix}, \quad |F| = \begin{vmatrix} 1 & 1 \\ 0 & -2 \end{vmatrix} = -2, \quad \text{adj}[F] = \begin{bmatrix} -2 & -1 \\ 0 & 1 \end{bmatrix}$$

$$[F]^{-1} = \frac{1}{|F|}\text{adj}[F] = \frac{1}{-2}\begin{bmatrix} -2 & -1 \\ 0 & 1 \end{bmatrix} = \begin{bmatrix} 1 & 0.5 \\ 0 & -0.5 \end{bmatrix}$$

按式（4-177）计算：

$$\{C\} = -[F]^{-1}\{v_0\}_2 = -\begin{bmatrix} 1 & 0.5 \\ 0 & -0.5 \end{bmatrix}\begin{Bmatrix} 3.5295 \\ 0 \end{Bmatrix} = \begin{Bmatrix} -3.5295 \\ 0 \end{Bmatrix}$$

（2）求系数矩阵 $[\lambda_{CH}]^{-1}$ 和 $[\lambda_{SH}]$

$$[\lambda_{CH}]^{-1} = \begin{bmatrix} \dfrac{1}{\lambda_1 ch\lambda_1 H} & 0 \\ 0 & \dfrac{1}{\lambda_2 ch\lambda_2 H} \end{bmatrix} = \begin{bmatrix} \dfrac{1}{0.1402ch(0.1402\times30)} & 0 \\ 0 & \dfrac{1}{0.0560ch(0.0560\times30)} \end{bmatrix}$$

$$= \begin{bmatrix} 0.2126 & 0 \\ 0 & 6.433 \end{bmatrix}$$

$$[\lambda_{SH}] = \begin{bmatrix} \lambda_1 sh\lambda_1 H & 0 \\ 0 & \lambda_2 sh\lambda_2 H \end{bmatrix} = \begin{bmatrix} 0.1402\times sh(0.1402\times30) & 0 \\ 0 & 0.0560sh(0.0560\times30) \end{bmatrix}$$

$$= \begin{bmatrix} 4.702 & 0 \\ 0 & 0.1450 \end{bmatrix}$$

按式（4-179）计算：

$$\{D\} = -[\lambda_{CH}]^{-1}[[F]^{-1}\{t_0\}V_q(H) + [\lambda_{SH}]\{C\}]$$

$$= -\begin{bmatrix} 0.2126 & 0 \\ 0 & 6.433 \end{bmatrix}\left[\begin{bmatrix} 1 & 0.5 \\ 0 & -0.5 \end{bmatrix}\begin{Bmatrix} 6.946 \\ 0 \end{Bmatrix}10^{-2}\times1\times30 + \begin{bmatrix} 4.702 & 0 \\ 0 & 0.1450 \end{bmatrix}\begin{Bmatrix} -3.5295 \\ 0 \end{Bmatrix}\right]$$

$$= \begin{Bmatrix} 3.0842 \\ 0 \end{Bmatrix}$$

（3）微分方程齐次解

$$\begin{Bmatrix} N_{01} \\ N_{02} \end{Bmatrix} = \begin{bmatrix} 1 & 1 \\ 0 & -2 \end{bmatrix}\left(\begin{Bmatrix} -3.5295ch(0.1402x) \\ 0 \end{Bmatrix} + \begin{Bmatrix} 3.0842sh(0.1402x) \\ 0 \end{Bmatrix}\right)$$

$$= \begin{Bmatrix} -3.5295ch(0.1402x) \\ 0 \end{Bmatrix} + \begin{Bmatrix} 3.0842sh(0.1402x) \\ 0 \end{Bmatrix}$$

7. 微分方程的通解

将上面所求得的齐次解与特解相加，即得微分方程的通解：

$$\begin{Bmatrix} N_1(x) \\ N_2(x) \end{Bmatrix} = \begin{Bmatrix} -3.5295ch(0.1402x) \\ 0 \end{Bmatrix} + \begin{Bmatrix} 3.0842sh(0.1402x) \\ 0 \end{Bmatrix}$$

$$+ \begin{Bmatrix} 0.06946 \\ 0 \end{Bmatrix}\frac{1}{2}\times1x^2 + \begin{Bmatrix} 3.5295 \\ 0 \end{Bmatrix}$$

由上式可见，墙肢 1 的轴力计算公式为：

$N_1(x) = -3.5295ch(0.1402x) + 3.0842sh(0.1402x) + 0.03473x^2 + 3.5295$

墙肢 2 轴力 $N_2(x) = 0$，而墙肢 3 轴力 $N_3(x) = -N_1(x)$。

表 4-42 为墙肢 1 各楼层标高各截面按上面轴力计算公式计算结果。由表中可见，计算结果与例题 4-7 十分接近，可谓殊途同归。

按三肢墙计算公式计算墙肢 1 的轴力　　　　　　　　　表 4-42

截面 ξ	0.00	0.10	0.20	0.30	0.40	0.50	0.60	0.70	0.80	0.90	1.00
N（kN）	0.00	1.332	2.837	4.620	6.718	9.115	11.740	14.442	16.983	18.964	19.779

【例题 4-9】 抗震墙结构顶点侧移的计算。

已知条件与 ［例题 4-7］ 相同。试分别利用结构的对称性和按精确解法确定结构顶点侧移。

【解】 1. 利用三肢墙结构的对称性计算

已知：$\lambda_1 = 4.21$，$I_0 = 63.17\text{m}^4$，$\Sigma I_j = 4.80\text{m}^4$，$I_n = 58.37\text{m}^4$，$\Sigma A_j = 2.52\text{m}^2$。

（1）计算系数 A_0

根据 $\lambda_1 = 4.21$，由表 4-39 查得 $A_0 = 0.1438$。

（2）计算系数 γ

按式 （4-131） 计算：

$$\gamma = \frac{\mu B_0}{H^2 G \Sigma A_j} = \frac{\mu I_0}{0.42 H^2 \Sigma A_j} = \frac{1.2 \times 63.17}{0.42 \times 30^2 \times 2.52} = 0.0796$$

（3）计算抗震墙等效刚度

将上述已知条件代入式 （4-129），经计算得：

$$EI_{we} = \frac{EI_0}{1 + \frac{I_n}{\Sigma I_j} A_0 + 4\gamma} = \frac{25.5 \times 10^6 \times 63.17}{1 + \frac{58.37}{4.80} \times 0.1438 + 4 \times 0.0796} = 525.2 \times 10^6 \text{kN} \cdot \text{m}^2$$

（4）计算抗震墙顶点侧移

按式 （4-128b） 计算，得：

$$\Delta = \frac{qH^4}{8EI_{we}} = \frac{1 \times 30^4}{8 \times 525.2 \times 10^6} = 192.78 \times 10^{-6} \text{m}$$

2. 按多肢墙精确法计算

已知：$S_1 = 5.979 \times 10^{-6}$，$k_1^l = 8.935 \times 10^{-9}$ 和

$$N_1(x) = -3.5295\text{ch}(0.1402x) + 3.0842\text{sh}(0.1402x) + 0.03473x^2 + 3.5295$$

而　　$N_1'(x) = -0.4948\text{sh}(0.1402x) + 0.4324\text{ch}(0.1402x) + 0.06946x$

将以上两式及有关已知条件，并注意到 $N_2(x) = 0$，代入式 （4-187）。经计算得：

$$\Delta = S_1 \int_0^H N_1'(x)\mathrm{d}x + k_1^l \int_0^H\int_x^H N_1(x)\mathrm{d}x\mathrm{d}x + \int_0^H \frac{\mu V_q(x)}{G \Sigma A_j}\mathrm{d}x$$

$$= 5.979 \times 10^{-6} \int_0^{30} [-0.4948\text{sh}(0.1402x) + 0.4324\text{ch}(0.1402x) + 0.06946x]\mathrm{d}x$$

$$+ 8.935 \times 10^{-9} \int_0^{30}\int_x^{30} [-3.5295\text{ch}(0.1402x) + 3.0842\text{sh}(0.1402x)$$

$$+ 0.03473x^2 + 3.5295]\mathrm{d}x\mathrm{d}x + \frac{1.2}{0.42 \times 25.5 \times 10^6 \times 2.52} \int_0^{30} 1 \cdot x\mathrm{d}x = 192.76 \times 10^{-6} \text{m}$$

计算表明，两种计算方法结果十分接近。

七、壁式框架内力和侧移的计算

当抗震墙的洞口较大，而连梁的刚度接近甚至大于墙肢的刚度时，则这种抗震墙的侧移将不再是以弯曲变形为主，而变成以剪切变形为主了。而且，每层墙肢几乎都有反弯

点，其受力特点已与框架接近。因此，将这种抗震墙视为在墙肢与连梁节点区形成刚域的框架，即壁式框架（图 4-51a）。

（一）判别条件

《高层规程》规定，当抗震墙符合下列条件时，应按壁式框架进行内力和侧移分析：

$$\lambda_1 \geqslant 10 \tag{4-190a}$$

$$\frac{I_n}{I_0} > Z \tag{4-190b}$$

（二）计算简图

壁式框架的梁柱轴线由抗震墙连梁和墙肢的形心轴线决定，梁柱相交的节点区其抗弯刚度为无限大而形成刚域（图 4-51b），《高层规程》规定，刚域长度可按下式计算（图 4-51c）：

$$\begin{aligned} I_{b1} &= a_1 - 0.25h_b \\ I_{b2} &= a_2 - 0.25h_b \\ I_{c1} &= c_1 - 0.25b_c \\ I_{c2} &= c_2 - 0.25b_c \end{aligned} \tag{4-191}$$

当按式（4-191）计算的域为负值时，应取为零，即不考虑刚域的影响。

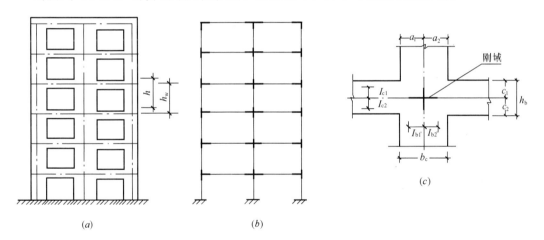

图 4-51　壁式框架

（a）壁式框架立面的计算；（b）计算简图；（c）刚域长度

据此，可绘出壁式框架计算简图，如图 4-51（b）所示。

（三）内力和侧移的计算——D 值法

在水平荷载作用下，壁式框架的内力和位移的计算，常采用 D 值法进行分析，壁式框架与普通框架相比，前者梁、柱截面高度均较大，因此，在计算时要考虑杆件的剪切变形的影响。此外，由于壁式框架刚域的存在，杆件的刚度和柱的反弯点高度都和普通框架有所不同，计算时应加以修正。

1. 等效刚度

《高层规程》规定，为了简化计算，在分析壁式框架的内力和侧移时可将带刚域的梁、柱刚度折算成等截面杆件的等效刚度，其值可按下式计算：

$$EI = EI_0 \eta_v \left(\frac{l}{l_0}\right)^3 \qquad (4\text{-}192)$$

式中　EI_0——杆件中段截面的抗弯刚度（图 4-52）；

　　　　η_v——考虑剪切变形刚度折减系数，按表 4-43
　　　　　　采用；

　　　　l_0——杆件中段的长度；

　　　　h_0——杆件中段截面高度。

图 4-52　带刚域杆件

η_v 值表
　　　　　　　　　　　　　　　　　　　　　　表 4-43

h_0/l_0	0.0	0.05	0.10	0.15	0.20	0.25	0.3	0.35	0.40	0.45	0.50
η_v	1.00	0.99	0.97	0.94	0.89	0.84	0.79	0.73	0.68	0.62	0.57
h_0/l_0	0.55	0.60	0.65	0.70	0.75	0.80	0.85	0.90	0.95	1.00	—
η_v	0.52	0.48	0.44	0.41	0.37	0.34	0.32	0.29	0.27	0.25	—

现将式（4-192）推证如下：

图 4-53 为带有刚域的杆件。设杆件 A、B 两
端分别产生转角 θ_A 和 θ_B。且令 $\theta_A = \theta_B = \theta = 1$。这
时，除在刚域端部 A' 和 B' 处产生转角 $\theta = 1$ 外，
还在该处产生相对线位移 $\Delta = (a+b)l$，于是，弦
转角 $\psi = \dfrac{\Delta}{l_0} = \dfrac{(a+b)\,l}{l_0}$，根据等截面杆件转角位
移方程，并考虑杆件剪切变形的影响，可得 A' 和
B' 截面弯矩：

$$m_{A'B'} = m_{B'A'} = \frac{6EI_0}{l_0(1+\beta)} + \frac{6EI_0}{1+\beta} \times \frac{(a+b)\,l}{l_0^2}$$
$$(4\text{-}193)$$

式中　β——考虑杆件剪切变形的影响系数

$$\beta = \frac{12\mu EI_0}{GAl_0^2} \qquad (4\text{-}194)$$

图 4-53　等效刚度推导附图

　　　　G——杆件剪切模量，$G = 0.42E$；

　　　　A——杆件截面面积；

　　　　μ——杆件剪应力不均匀系数，矩形截面 $\mu = 1.2$；

　　　　l_0——杆件中段长度。

　　　　因为　　　　　　　　　　　$l_0 = (1-a-b)\,l$

将上式代入式（4-193），经整理后得：

$$m_{A'B'} = m_{B'A'} = \frac{6EI_0}{l(1+\beta)} \frac{1}{(1-a-b)^2} \qquad (4\text{-}195)$$

而相应该截面的剪力为：

$$V_{A'B'} = V_{B'A'} = \frac{m_{A'B'} + m_{B'A'}}{l_0} = \frac{12EI_0}{(1+\beta)l^2} \times \frac{1}{(1-a-b)^3} \qquad (4\text{-}196)$$

由刚域段的平衡条件，AB 杆的杆端弯矩为：

$$m_{AB} = m_{A'B'} + V_{A'B'}al = \frac{6EI_0}{l(1+\beta)} \times \frac{1+a-b}{(1-a-b)^3} \qquad (4\text{-}197)$$

同理，可得 BA 杆的杆端弯矩为：

$$m_{BA} = m_{B'A'} + V_{B'A'}bl = \frac{6EI_0}{l(1+\beta)} \times \frac{1-a+b}{(1-a-b)^3} \qquad (4\text{-}198)$$

式（4-197）和式（4-198）中的 m_{AB} 和 m_{BA} 为带刚域的杆件两端同时产生单位转角 $\theta_A = \theta_B = 1$ 时，在 A、B 两端所施加的力矩。它们的和是反映带刚域杆件转动刚度大小的物理量，它的数值愈大，杆件转动刚度愈大，一般称它为杆件刚度系数。

$$S = m_{AB} + m_{BA} = \frac{12EI_0}{l(1+\beta)} \times \frac{1}{(1-a-b)^3} \qquad (4\text{-}199)$$

为了简化计算，可将带刚域的杆件用一根与其长度 l 相同的等截面受弯杆件代替，并令两者刚度系数相等，于是

$$\frac{12EI}{l} = \frac{12EI_0}{l(1+\beta)} \times \frac{1}{(1-a-b)^3} \qquad (4\text{-}200)$$

令

$$\eta_V = \frac{1}{1+\beta} \qquad (4\text{-}201)$$

经化简后，即得带刚域的杆件的等效刚度式（4-192）。

2. 侧移刚度的计算

壁式框架带刚域的杆件折算成等效等截面杆件后，即可采用 D 值法进行内力和侧移的计算了。柱的侧移刚度可按下式计算：

$$D = \alpha K_c \frac{12}{h^2} \qquad (4\text{-}202)$$

式中　K_c——考虑刚域和剪切变形影响柱的线刚度，$K_c = \dfrac{EI}{h}$；

　　　EI——带刚域柱的等效刚度，按式（4-192）计算；

　　　h——层高；

　　　α——柱的侧移刚度影响系数，由梁柱线刚度比按表 4-7 公式计算。计算时梁取其等效刚度，即表 4-7 中的 k_{b1}、k_{b2}、k_{b3} 和 k_{b4} 以 K_1、K_2、K_3 和 K_4 代替，其中 K_1、K_2、K_3 和 K_4 分别为上下层带刚域梁按等效刚度计算的线刚度。

3. 柱反弯点高度的确定

带刚域框架柱的反弯点高度可按下式计算：

$$yh = \left(a + \frac{h_0}{h}y_0 + y_1 + y_2 + y_3\right)h \qquad (4\text{-}203)$$

式中　a——柱下端刚域长度与柱高之比；

　　　h_0——柱中段的长度；

　　　h——柱高；

　　　y_0——标准反弯点高度比，可按表 4-9 查得，查表时梁柱线刚度比按下式计算：

$$\overline{K} = \frac{K_1 + K_2 + K_3 + K_4}{2k_c}\left(\frac{h_0}{h}\right)^2 \qquad (4\text{-}204)$$

k_c——不考虑刚域和剪切变形影响时柱的线刚度，$k_c = \dfrac{EI_0}{h}$；

y_1——上下层梁的刚度变化时，反弯点高度比修正值，根据 $\overline{K}$ 和 $\alpha_1 = \dfrac{K_1 + K_2}{K_3 + K_4}$ 或

$\dfrac{K_3 + K_4}{K_1 + K_2}$ 由表 4-10 查得；

y_2、y_3——上下层高度变化时，反弯点高度比修正值，根据 $\overline{K}$ 和 $\alpha_2 = \dfrac{h_\perp}{h}$ 或 $\alpha_3 = \dfrac{h_\perp}{h}$ 由表 4-11 查得。

图 4-54 抗震墙某层连梁的转动刚度

4. 内力和侧移的计算

求得反弯点高度后就可按计算一般框架的计算方法求出在水平荷载作用下壁式框架的内力和侧移。

八、抗震墙结构类型判别式的补充说明

如前所述，抗震墙类型是以整体参数 λ_1 和墙肢惯性矩的比值 $\dfrac{I_n}{I_0}$ 来划分的。现进一步说明它们的物理意义。

（一）整体参数 λ_1

为了说明 λ_1 的物理意义，首先在抗震墙结构中取出某层连梁来进行分析（图 4-54）。分析时应考虑连梁刚域和剪切变形的影响，由式

（4-199）可知：

$$S_b = m_{AB} + m_{BA} = \frac{12EI_0}{(1-a-b)^3 l (1+\beta)}$$

注意到 $l = L$，$(1-a-b)\, l = l_0$ 和 $I_{b0} = \dfrac{I_0}{1+\beta}$，于是

$$S_b = \frac{12EI_{b0}L^2}{l_0^3} \tag{4-205}$$

式（4-205）中 S_b 为连梁刚度系数，即连梁两端各转动单位转角 $\theta = 1$ 时，两端需要施加的力矩之和，它是反映连梁转动刚度大小的物理量。设抗震墙有 $m-1$ 列洞口，房屋层高和总高度分别为 h 和 H，则抗震墙所有连梁刚度系数总和为：

$$\sum_{j=1}^{m-1} S_{bj} \frac{H}{h} = \frac{12EH}{h} \sum_{j=1}^{m-1} \frac{I_{b0j} L_j^2}{l_{0j}^3} \tag{4-206}$$

设第 j 墙肢截面惯性矩为 I_j，若使墙肢顶端转动单位转角 $\theta = 1$，则在该墙肢顶端施加的力矩，即墙肢的刚度系数，可由图乘法得（图 4-55）：

$$S_{cj} = \frac{EI_j}{H} \tag{4-207}$$

式中 S_{cj} 为第 j 墙肢的刚度系数。

设抗震墙有 $m-1$ 列洞口，则有 m 列墙肢，并考虑墙肢轴向变形的影响，则全部墙肢刚度系数总和为：

$$\sum_{j=1}^{m} S_{cj} T = \sum_{j=1}^{m} \frac{EI_j T}{H} \qquad (4\text{-}208)$$

式中 T 为墙肢轴向变形影响系数，对于双肢墙，$T = \dfrac{I_n}{I_0}$；对于多肢墙，可近似取：当墙肢数 $m = 2 \sim 4$ 时，$T = 0.8$；当墙肢数 $m = 5 \sim 7$ 时，$T = 0.85$；8 以上时，$T = 0.9$。

设 λ_1^2 为连梁的总转动刚度与墙肢总转动刚度之比，即

$$\lambda_1^2 = \frac{\dfrac{12EH}{h} \sum_{j=1}^{m-1} I_{b0j} \dfrac{L_j^2}{l_{0j}^3}}{\dfrac{ET}{H} \sum_{j=1}^{m} I_j} \qquad (4\text{-}209)$$

经整理后得多肢墙整体参数

$$\lambda_1 = H \sqrt{\frac{12}{Th \sum_{j=1}^{m} I_j} \cdot \sum_{j=1}^{m-1} \frac{I_{b0j} L_j^2}{l_{0j}^3}} \qquad (4\text{-}210)$$

对于双肢墙

$$\lambda_1 = H \sqrt{\frac{12 I_{b0} L^2}{h(I_1 + I_2) l_0^3} \frac{I_0}{I_n}} \qquad (4\text{-}211)$$

式（4-210）就是式（4-56），而式（4-211）就是式（4-55）。因此，式（4-55）和式（4-56）中 λ_1 的平方乃是连梁转动刚度与墙肢转动刚度之比，它反映了抗震墙的整体性，故称 λ_1 为整体参数。

当洞口很大，连梁转动刚度很小，而墙肢转动刚度又相对较大，即 λ_1 很小。如 $\lambda_1 < 1$，则可认为各墙肢的连系很弱，整体性很差。在水平荷载作用下，各墙肢可看作是由铰接连杆连系的悬臂墙，这时墙肢轴力等于零，由水平荷载产生的总弯矩由各墙肢承受。

当洞口很小，连梁转动刚度很大，而墙肢转动刚度又相对较小，即 λ_1 很大。如 $\lambda_1 \geqslant 10$，则各墙肢连系很强，墙的整体性很好。在水平荷载作用下，可认为抗震墙为整体小开口墙，这时，墙肢所承受的轴力而形成的力矩抵抗大部分墙体弯矩，而墙肢弯矩很小。

当连梁和墙肢的转动刚度介于上述两种情况之间，如 $1 \leqslant \lambda_1 < 10$ 时，这就是一般的联肢墙（双肢墙或多肢墙）情形。

（二）墙肢惯性矩之比 $\dfrac{I_n}{I_0}$

当 $\lambda_1 \geqslant 10$ 时，还有另外一种情形，即当洞口很大，连梁转动刚度也很大，而墙肢转动刚度相对较小（墙肢宽度较窄），这时，墙体受力特征已接近框架（壁式框架），墙体变形以剪切变形为主。因此，当 $\lambda_1 \geqslant 10$ 时，尚需另外寻找整体小开口墙和壁式框架判别条件。分析表明，整体小开口墙的墙肢的弯矩图在层间几乎没有反弯点，而壁式框架在层间几乎都有反弯点，这是两者的主要区别。分析还表明，在层间是否出现反弯点，与墙肢惯性矩之比 $\dfrac{I_n}{I_0}$、整体系数 λ_1、层数 n 等因素有关。《高层规程》给出了 $\dfrac{I_n}{I_0}$ 和 $Z(\lambda_1, n)$ 的限值，作为划分整体小开口墙和壁式框架判别条件。

图 4-55　第 j 层墙肢的转动刚度

综上所述，根据整体参数 λ_1 和墙肢惯性矩之比 $\dfrac{I_n}{I_0}$，抗震墙类型划分为：

（1）当 $\lambda_1<1$ 时，可不考虑连梁的约束作用，各墙肢分别按独立悬臂墙进行计算。

（2）当 $1\leqslant\lambda_1<10$ 时，应按双肢墙或多肢墙进行计算。

（3）当 $\lambda_1\geqslant10$，且 $\dfrac{I_n}{I_0}\leqslant Z$ 时，按整体小开口墙进行计算。

（4）当 $\lambda_1\geqslant10$，且 $\dfrac{I_n}{I_0}>Z$ 时，按壁式框架进行计算。

§4-7 框架-抗震墙结构内力和侧移的计算

一、基本假设和计算简图

框架-抗震墙结构在水平地震作用下的内力和侧移的分析，是个复杂的空间超静定问题，要精确计算是十分困难的，为了简化计算，通常把它简化成平面结构来解，计算时一般采用下面一些假定：

（1）楼板在自身平面内的刚度为无穷大；

（2）结构的刚度中心与质量中心重合，结构在水平地震作用下不发生扭转；

图 4-56 框架-抗震墙结构
（a）框架-抗震墙平面图；
（b）框架-抗震墙结构计算简图

（3）在计算框架-抗震墙协同工作时，不考虑框架柱的轴向变形，但计算具有洞口的抗震墙时，考虑墙肢轴向变形的影响。

根据上面的假定，可将房屋或变形缝区段内所有与地震方向平行的抗震墙（包括有洞口的墙）合并在一起，组成"综合抗震墙"，将所有这个方向的框架合并在一起，组成"综合框架"。综合抗震墙和综合框架之间，在楼板标高处用铰接连杆连接，以代替楼板和连系梁❶的作用。于是，图4-56（a）所示框架-抗震墙结构在横向，可简化成如图 4-56（b）所示的计算简图。

这样，就把一个十分复杂的高次超静定空间结构简化成平面结构了。计算这种结构可采用力法或微分方程法。当房屋层数较少时，采用力法较为方便，而当层数较多时，宜采用微分方程法。

二、按微分方程法求解框架-抗震墙结构的内力和位移

（一）微分方程的建立

将综合抗震墙从计算简图 4-56（b）中隔离出来。为了建立微分方程，将作用在抗震墙楼板标高处的地震作用 F_i（$i=1$，2，…，n），以连续分布的等效倒三角形荷载 $q(x)$ 代替（图 4-57a）。设作用在墙顶的等效荷载集度为 q_{max}，其值可根据代替前后两者在结构

---

❶ 这里所说的连系梁是指抗震墙与框架之间的梁，而不包括抗震墙之间的梁。

底部产生的弯矩相等的原则确定，即

$$q_{max} = \frac{3M_0}{H^2} \qquad (4\text{-}212)$$

其中 M_0 为地震作用 F_i（$i=1$，2，…，n）在结构底部产生的弯矩 $M_0 = \sum_{i=1}^{n} F_i H_i$，同样，将作用在墙上的连杆未知力 X_i（$i=1$，2，…，n）也以连续分布的未知力 $p(x)$ 代替。

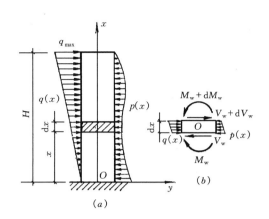

图 4-57 抗震墙受力图

显然，以连续分布的等效荷载 $q(x)$ 和连续分布未知力 $p(x)$ 分别代替地震作用 F_i 和连杆未知力 X_i，对抗震墙的内力和位移所引起的误差，将随房屋层数的增加而减小。计算表明，当房屋层数 $n \geqslant 5$ 时，其计算精度完全能满足工程设计的要求。因此，当 $n \geqslant 5$ 时，即可按微分方程法分析框架-抗震墙结构的内力和位移。

现从抗震墙上取出微分体（图 4-57b），根据平衡条件 $\Sigma M_0 = 0$，得：

$$M_w - (M_w + dM_w) + V_w dx + p(x)\frac{dx^2}{2} - q(x)\frac{dx^2}{2} = 0$$

忽略上式高阶无穷小量，并经整理后得：

$$\frac{dM_w}{dx} = V_w \qquad (a)$$

由材料力学知道，式（a）可写成：

$$\frac{dM_w}{dx} = V_w = -\Sigma EI_{we}\frac{d^2\varphi}{dx^2} \qquad (b)$$

式中　ΣEI_{we}——综合抗震墙的等效刚度；

　　　φ——墙在 x 处的转角。

将式（b）改写成：

$$\frac{d^2\varphi}{dx^2} = -\frac{V_w}{\Sigma EI_{we}} \qquad (c)$$

其中　　　　　　　$V_w = V_i - V_f \qquad (d)$

式中　V_i——框架-抗震墙结构在高度 x 处所承受的地震剪力；

　　　V_f——框架在高度 x 处所承受的地震剪力，其值可按下式计算：

$$V_f = \delta\Sigma D \qquad (e)$$

由于假设楼板在自身平面内的刚度为无穷大，所以，在第 i 层抗震墙的层间位移与框架的层间位移相等，即两者的弦转

图 4-58 框架-抗震墙结构的侧移

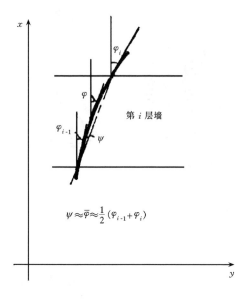

图 4-59 抗震墙转角和
弦转角的关系

角 $\psi=\dfrac{\delta}{h}$ 相等，参见图 4-58。于是，式 (e)

可写成：

$$V_f = h\,\mathrm{tg}\,\psi\Sigma D \approx h\psi\Sigma D \qquad (f)$$

设

$$\Sigma C_f = h\Sigma D = \frac{12k_c}{h}\alpha \qquad (g)$$

将式 (g) 代入式 (f)，得：

$$V_f = \psi\Sigma C_f \qquad (h)$$

由上式可见，C_f 为框架柱发生单位弦转角（即 $\psi=1$）时，在柱内产生的剪力。它称为柱的角变侧移刚度。ΣC_f 为某层框架柱的角变侧移刚度之和。

将式 (h) 代入式 (d)，再代入 (c)，得：

$$\frac{\mathrm{d}^2\varphi}{\mathrm{d}x^2}=\frac{\Sigma C_f}{\Sigma EI_{we}}\psi-\frac{V_i}{\Sigma EI_{we}}$$

或

$$\frac{\mathrm{d}^2\varphi}{\mathrm{d}x^2}-\frac{\Sigma C_f}{\Sigma EI_{we}}\psi=-\frac{V_i}{\Sigma EI_{we}} \qquad (i)$$

上面微分方程包含两个未知数 φ 和 ψ，故不能求解。为了便于微分方程求解，我们近似地假定 $\psi\approx\varphi$。实际上，抗震墙在楼层某处的转角才等于该层的弦转角（图 4-59）。在计算中，可近似地取 $\psi\approx\varphi=\dfrac{1}{2}$ $(\varphi_i+\varphi_{i+1})$。

根据以上假设，微分方程 (i) 可写成：

$$\frac{\mathrm{d}^2\varphi}{\mathrm{d}x^2}-\frac{\Sigma C_f}{\Sigma EI_{we}}\varphi=\frac{-V_i}{\Sigma EI_{we}} \qquad (4\text{-}213)$$

这就是要建立的地震作用下框架-抗震墙结构的转角微分方程式。

（二）微分方程的解

1. 倒三角形分布荷载

为了便于绘制图表，现采用相对坐标。设 $x=\xi H$，即 $\xi=\dfrac{x}{H}$，于是在结构截面 ξ 处的地震剪力可写成：

$$V(\xi)=\frac{\left(q+q\dfrac{x}{H}\right)(H-x)}{2}=F_{Ek}(1-\xi^2)$$

则式（4-213）变成

$$\frac{\mathrm{d}^2\varphi}{\mathrm{d}\xi^2}-\frac{H^2\Sigma C_f}{\Sigma EI_{we}}\varphi=-\frac{F_{Ek}H^2(1-\xi^2)}{\Sigma EI_{we}} \qquad (4\text{-}214)$$

设

$$\lambda^2 = \frac{H^2 \Sigma C_f}{\Sigma EI_{we}} \tag{4-215}$$

$$\varepsilon = \frac{H^2 F_{Ek}}{\Sigma EI_{we}} \tag{4-216}$$

于是

$$\frac{d^2\varphi}{d\xi^2} - \lambda^2 \varphi = \varepsilon \xi^2 - \varepsilon \tag{4-217}$$

上式是二阶常系数非齐次线性微分方程。其解由两部分组成：一个是方程（4-217）对应的齐次方程的通解；另一个是方程（4-217）的特解。

（1）齐次微分方程的通解

对应的齐次微分方程为：

$$\frac{d^2\varphi}{d\xi^2} - \lambda^2 \varphi = 0 \tag{4-218}$$

因为其特征方程 $r^2 - \lambda^2 = 0$，所以，$r = \pm\lambda$，因此，齐次微分方程（4-218）的通解为：

$$\varphi_1 = C_1 \text{ch}\lambda\xi + C_2 \text{sh}\lambda\xi \tag{4-219}$$

（2）微分方程的特解

因为非齐次微分方程右边的函数 $f(\xi) = \varepsilon\xi^2 - \varepsilon$ 属于 $P_m(\xi) e^{\alpha\xi}$ 类型 $[P_m(\xi) = \varepsilon\xi^2 - \varepsilon$ 是二次多项式，$\alpha = 0]$，因此设特解 $\varphi^* = \xi^k Q_2(\xi)$。因为 $\alpha = 0$ 不是式（4-218）对应特征方程的根，故 $k = 0$。又因为 $Q_2(\xi)$ 也是二次多项式，因而我们令：

$$\varphi^* = b_0 \xi^2 + b_1 \xi + b_2$$

将 φ^* 及其二阶导数代入非齐次微分方程（4-217），得：

$$2b_0 - \lambda^2 (b_0 \xi^2 + b_1 \xi + b_2) = \varepsilon\xi^2 - \varepsilon$$

比较等号两边同类项的系数得：

$$\begin{cases} -\lambda^2 b_0 = \varepsilon \\ -\lambda^2 b_1 = 0 \\ 2b_0 - \lambda^2 b_2 = -\varepsilon \end{cases}$$

由此求得 $b_0 = -\dfrac{\varepsilon}{\lambda^2}$，$b_1 = 0$，$b_2 = \dfrac{\varepsilon}{\lambda^2}\left(1 - \dfrac{2}{\lambda^2}\right)$，于是特解为：

$$\varphi^* = \frac{\varepsilon}{\lambda^2}\left(1 - \frac{2}{\lambda^2} - \xi^2\right)$$

（3）微分方程的通解

$$\varphi = \varphi_1 + \varphi^* = C_1 \text{ch}\lambda\xi + C_2 \text{sh}\lambda\xi + \frac{\varepsilon}{\lambda^2}\left(1 - \frac{2}{\lambda^2} - \xi^2\right) \tag{4-220}$$

积分常数 C_1、C_2 由边界条件确定。

当 $\xi = 0$ 时，$\varphi = 0$（固定端转角等于零），得：

$$C_1 = -\frac{\varepsilon}{\lambda^2}\left(1 - \frac{2}{\lambda^2}\right)$$

当 $\xi = 1$ 时，$M_w = 0$（墙顶弯矩为零），则 $\dfrac{d\varphi}{d\xi} = 0$，得：

$$C_2 = \left[\frac{\varepsilon}{\lambda}\left(1-\frac{2}{\lambda^2}\right)sh\lambda + \frac{2\varepsilon}{\lambda^2}\right]\frac{1}{\lambda ch\lambda}$$

将 C_1、C_2 代入式（4-220），经简化后得通解的最后形式：

$$\varphi = \frac{2\varepsilon}{\lambda^3}\left[\omega sh\lambda\xi + \beta(1-ch\lambda\xi) - \frac{\lambda\xi^2}{2}\right] \tag{4-221}$$

其中

$$\beta = \lambda\left(\frac{1}{2}-\frac{1}{\lambda^2}\right) \tag{4-222a}$$

$$\omega = \frac{1+\beta sh\lambda}{ch\lambda} \tag{4-222b}$$

（4）结构的内力和位移

1）框架的剪力

$$V_f = \varphi\Sigma C_f \tag{4-223}$$

由式（4-215）得：

$$\Sigma C_f = \frac{\lambda^2\Sigma EI_w}{H^2} \tag{4-224}$$

将上式及式（4-221）一并代入式（4-223），并注意到 $\varepsilon = \frac{F_{Ek}H^2}{\Sigma EI_w}$ 和 $F_{Ek} = \frac{q_{max}H}{2}$，则得：

$$V_f = \frac{q_{max}H}{\lambda}\left[\omega sh\lambda\xi + \beta(1-ch\lambda\xi) - \frac{\lambda\xi^2}{2}\right] \tag{4-225}$$

2）抗震墙的弯矩

$$M_w = -\Sigma EI_{we}\frac{d\varphi}{d\xi}\cdot\frac{1}{H}$$

对式（4-221）进行一次微分，并代入上式，得：

$$M_w = \frac{q_{max}H^2}{\lambda^2}\left[\beta sh\lambda\xi - \omega ch\lambda\xi + \xi\right] \tag{4-226}$$

3）抗震墙的剪力

$$V_w = \frac{1}{H}\cdot\frac{dM_w}{d\xi}$$

对式（4-226）进行一次微分，得

$$V_w = \frac{q_{max}H}{\lambda}\left[\beta ch\lambda\xi - \omega sh\lambda\xi + \frac{1}{\lambda}\right] \tag{4-227}$$

4）抗震墙的水平位移

$$y = H\int_0^\xi \varphi d\xi$$

对式（4-221）积分可得：

$$y = \frac{q_{max}H^4}{\lambda^2\Sigma EI_{we}}\left[\frac{\omega}{\lambda^2}(ch\lambda\xi-1) + \beta\left(\frac{\xi}{\lambda}-\frac{sh\lambda\xi}{\lambda^2}\right) - \frac{\xi^3}{6}\right] \tag{4-228}$$

图 4-60 顶部集中荷载

2. 顶部集中荷载（图 4-60）

在这种情况下，在结构截面 ξ 处的地震剪力为：

$$V\ (\xi)\ =\Delta F_n \tag{4-229}$$

将上式代入式（4-213），经整理后得：

$$\frac{\mathrm{d}^2\varphi}{\mathrm{d}\xi^2}-\lambda^2\varphi=-\frac{H^2\Delta F_n}{\Sigma EI_{we}} \tag{4-230}$$

令

$$\varepsilon=\frac{H^2\Delta F_n}{\Sigma EI_{we}} \tag{4-231}$$

则

$$\frac{\mathrm{d}\varphi}{\mathrm{d}\xi^2}-\lambda^2\varphi=-\varepsilon \tag{4-232}$$

其余符号意义同前。

上式也是二阶常系数非齐次线性微分方程。它的解包括：

（1）齐次微分方程的通解

通解的表达形式为：

$$\varphi_1=C_1\mathrm{ch}\lambda\xi+C_2\mathrm{sh}\lambda\xi \tag{4-233}$$

（2）微分方程的特解

因为非齐次方程右边的函数 $f\ (\xi)\ =-\varepsilon$ 属于 $P_m\ (\xi)\ e^{\alpha\xi}$ 类型［$P_m(\xi)=-\varepsilon$ 是零次多项式，$\alpha=0$］，因此设 $\varphi^*=\xi^k Q_0\ (\xi)$。因为 $\alpha=0$ 不是特征方程的根，故 $k=0$。又因为 $Q_0\ (\xi)$ 是零次多项式，因而我们令

$$\varphi^*=b_0$$

将 φ^* 代入式（4-232），得：

$$0-\lambda^2 b_0=-\varepsilon$$

即

$$b_0=\frac{\varepsilon}{\lambda^2}$$

则微分方程的特解为：

$$\varphi^*=\frac{\varepsilon}{\lambda^2}$$

（3）微分方程的通解

$$\varphi=\varphi_1+\varphi^*=C_1\mathrm{ch}\lambda\xi+C_2\mathrm{sh}\lambda\xi+\frac{\varepsilon}{\lambda^2} \tag{4-234}$$

现根据边界条件求上式积分常数 C_1、C_2：

当 $\xi=0$ 时，$\varphi=0$（固定端转角等于零），得：

$$C_1=-\frac{\varepsilon}{\lambda^2}$$

当 $\xi=1$ 时，$M_w=0$（墙顶弯矩为零），则 $\frac{\mathrm{d}\varphi}{\mathrm{d}\xi}=0$，得：

$$C_2=\frac{\varepsilon}{\lambda^2}\mathrm{th}\lambda$$

将 C_1、C_2 代入式（4-234），经简化后得：

$$\varphi = \frac{\varepsilon}{\lambda^2} \ (1 - \mathrm{ch}\lambda\xi + \mathrm{th}\lambda \cdot \mathrm{sh}\lambda\xi) \tag{4-235}$$

（4）结构的内力和位移

1）框架的剪力

$$V_{\mathrm{f}} = \varphi \Sigma C_{\mathrm{f}} \tag{4-236}$$

$$\Sigma C_{\mathrm{f}} = \frac{\lambda^2 \Sigma EI_{\mathrm{we}}}{H^2}$$

将式（4-224）及式（4-235）一并代入式（4-236），并注意到 $\varepsilon = \dfrac{H^2 \Delta F_{\mathrm{n}}}{\Sigma EI_{\mathrm{w}}}$，则得：

$$V_{\mathrm{f}} = \Delta F_{\mathrm{n}} \ (1 - \mathrm{ch}\lambda\xi + \mathrm{th}\lambda \cdot \mathrm{sh}\lambda\xi) \tag{4-237}$$

2）抗震墙的弯矩

$$M_{\mathrm{w}} = -\Sigma EI_{\mathrm{w}} \frac{\mathrm{d}\varphi}{\mathrm{d}\xi} \cdot \frac{1}{H}$$

对式（4-235）进行一次微分，并代入上式得：

$$M_{\mathrm{w}} = \frac{\Delta F_{\mathrm{n}} H}{\lambda} \ (\mathrm{sh}\lambda\xi - \mathrm{th}\lambda \cdot \mathrm{ch}\lambda\xi) \tag{4-238}$$

3）抗震墙的剪力

$$V_{\mathrm{w}} = \frac{1}{H} \cdot \frac{\mathrm{d}M_{\mathrm{w}}}{\mathrm{d}\xi}$$

对式（4-238）进行一次微分，并代入上式，得：

$$V_{\mathrm{w}} = \Delta F_{\mathrm{n}} \ (\mathrm{ch}\lambda\xi - \mathrm{th}\lambda \cdot \mathrm{sh}\lambda\xi) \tag{4-239}$$

4）抗震墙的水平位移

$$y = H \int_0^\xi \varphi \mathrm{d}\xi$$

对式（4-235）积分可得：

$$y = \frac{\Delta F_{\mathrm{n}} H^3}{\lambda^3 \Sigma EI_{\mathrm{w}}} \left[\mathrm{th}\lambda \ (\mathrm{ch}\lambda\xi - 1) \ - \mathrm{sh}\lambda\xi + \lambda\xi \right] \tag{4-240}$$

（三）用图表计算结构的内力和侧移

直接按式（4-225）～式（4-228）和式（4-237）～式（4-240）计算框架-抗震墙结构的内力和侧移是十分麻烦的。工程上常采用表格并结合力的平衡条件来计算。这不仅计算简便，而且还可以减小按微分方程法计算结构内力和侧移而引起的误差。

1. 查表计算法之一

将式（4-221）和式（4-235）分别写成下面形式：

$$\frac{\varphi}{\varepsilon} = \frac{2}{\lambda^2} \left[\omega \mathrm{sh}\lambda\xi + \beta \ (1 - \mathrm{ch}\lambda\xi) \ - \frac{\lambda\xi^2}{2} \right] \quad （倒三角形分布荷载） \tag{4-241a}$$

和

$$\frac{\varphi}{\varepsilon}=\frac{1}{\lambda^2}\left(1-\mathrm{ch}\lambda\xi+\mathrm{th}\lambda\cdot\mathrm{sh}\lambda\xi\right) \qquad （顶部水平集中荷载） \qquad （4-241b）$$

由上面二式可见，在 λ 值一定情况下，依次地给出不同的 ξ 值，即可算出它们的 φ/ε 值，参见表 4-44 和表 4-45。

连续分布倒三角形荷载（φ/ε）值表 表 4-44

ξ \ λ	1.00	1.05	1.10	1.15	1.20	1.25	1.30	1.35	1.40	1.45	1.50
1.00	0.171	0.166	0.160	0.155	0.150	0.144	0.139	0.134	0.130	0.125	0.120
0.98	0.171	0.166	0.160	0.155	0.150	0.144	0.139	0.134	0.130	0.125	0.120
0.96	0.171	0.166	0.160	0.155	0.150	0.144	0.139	0.135	0.130	0.125	0.121
0.94	0.171	0.166	0.160	0.155	0.150	0.145	0.140	0.135	0.130	0.125	0.121
0.92	0.172	0.166	0.161	0.155	0.150	0.145	0.140	0.135	0.130	0.126	0.121
0.90	0.172	0.166	0.161	0.156	0.150	0.145	0.140	0.135	0.130	0.126	0.121
0.88	0.172	0.166	0.161	0.156	0.151	0.145	0.140	0.136	0.131	0.126	0.122
0.86	0.172	0.167	0.161	0.156	0.151	0.146	0.141	0.136	0.131	0.127	0.122
0.84	0.172	0.167	0.161	0.156	0.151	0.146	0.141	0.136	0.131	0.127	0.122
0.82	0.172	0.167	0.162	0.156	0.151	0.146	0.141	0.136	0.132	0.127	0.123
0.80	0.172	0.167	0.162	0.156	0.151	0.146	0.141	0.137	0.132	0.128	0.123
0.78	0.172	0.167	0.162	0.156	0.151	0.146	0.142	0.137	0.132	0.128	0.124
0.76	0.172	0.167	0.161	0.156	0.151	0.147	0.142	0.137	0.133	0.128	0.124
0.74	0.172	0.166	0.161	0.156	0.151	0.147	0.142	0.137	0.133	0.128	0.124
0.72	0.171	0.166	0.161	0.156	0.151	0.146	0.142	0.137	0.133	0.128	0.124
0.70	0.171	0.166	0.161	0.156	0.151	0.146	0.142	0.137	0.133	0.128	0.124
0.68	0.170	0.165	0.160	0.155	0.151	0.146	0.141	0.137	0.133	0.128	0.124
0.66	0.169	0.164	0.159	0.155	0.150	0.145	0.141	0.137	0.132	0.128	0.124
0.64	0.168	0.163	0.159	0.154	0.149	0.145	0.140	0.136	0.132	0.128	0.124
0.62	0.167	0.162	0.158	0.153	0.149	0.144	0.140	0.136	0.131	0.127	0.124
0.60	0.166	0.161	0.157	0.152	0.148	0.143	0.139	0.135	0.131	0.127	0.123
0.58	0.164	0.160	0.155	0.151	0.147	0.142	0.138	0.134	0.130	0.126	0.122
0.56	0.163	0.158	0.154	0.149	0.145	0.141	0.137	0.133	0.129	0.125	0.122
0.54	0.161	0.156	0.152	0.148	0.144	0.140	0.136	0.132	0.128	0.124	0.121
0.52	0.159	0.154	0.150	0.146	0.142	0.138	0.134	0.130	0.127	0.123	0.120
0.50	0.156	0.152	0.148	0.144	0.140	0.136	0.132	0.129	0.125	0.122	0.118
0.48	0.154	0.150	0.146	0.142	0.138	0.134	0.131	0.127	0.123	0.120	0.117
0.46	0.151	0.147	0.143	0.139	0.136	0.132	0.128	0.125	0.122	0.118	0.115
0.44	0.148	0.144	0.140	0.137	0.133	0.130	0.126	0.123	0.119	0.116	0.113
0.42	0.144	0.141	0.137	0.134	0.130	0.127	0.123	0.120	0.117	0.114	0.111
0.40	0.141	0.137	0.134	0.130	0.127	0.124	0.121	0.117	0.114	0.111	0.109
0.38	0.137	0.133	0.130	0.127	0.124	0.121	0.118	0.115	0.112	0.109	0.106
0.36	0.133	0.129	0.126	0.123	0.120	0.117	0.114	0.111	0.108	0.106	0.103
0.34	0.128	0.125	0.122	0.119	0.116	0.113	0.111	0.108	0.105	0.103	0.100
0.32	0.123	0.120	0.118	0.115	0.112	0.109	0.107	0.104	0.101	0.099	0.097
0.30	0.118	0.115	0.113	0.110	0.108	0.105	0.102	0.100	0.098	0.095	0.093
0.28	0.113	0.110	0.108	0.105	0.103	0.100	0.098	0.096	0.093	0.091	0.089
0.26	0.107	0.105	0.102	0.100	0.098	0.095	0.093	0.091	0.089	0.087	0.085
0.24	0.101	0.099	0.096	0.094	0.092	0.090	0.088	0.086	0.084	0.082	0.080
0.22	0.094	0.092	0.090	0.088	0.086	0.085	0.083	0.081	0.079	0.077	0.075
0.20	0.088	0.086	0.084	0.082	0.080	0.079	0.077	0.075	0.074	0.072	0.070
0.18	0.081	0.079	0.077	0.076	0.074	0.072	0.071	0.069	0.068	0.066	0.065
0.16	0.073	0.072	0.070	0.069	0.067	0.066	0.064	0.063	0.062	0.060	0.059
0.14	0.065	0.064	0.063	0.061	0.060	0.059	0.058	0.056	0.055	0.054	0.053
0.12	0.057	0.056	0.055	0.054	0.053	0.052	0.050	0.049	0.048	0.047	0.046
0.10	0.049	0.048	0.047	0.046	0.045	0.044	0.043	0.042	0.041	0.040	0.040
0.08	0.040	0.039	0.038	0.037	0.037	0.036	0.035	0.034	0.034	0.033	0.032
0.06	0.030	0.030	0.029	0.029	0.028	0.027	0.027	0.026	0.026	0.025	0.025
0.04	0.021	0.020	0.020	0.019	0.019	0.019	0.018	0.018	0.018	0.017	0.017
0.02	0.010	0.010	0.010	0.010	0.010	0.010	0.009	0.009	0.009	0.009	0.009
0.00	0.000	0.000	0.000	0.000	0.000	0.000	0.000	0.000	0.000	0.000	0.000

ξ \ λ	1.55	1.60	1.65	1.70	1.75	1.80	1.85	1.90	1.95	2.00	2.05
1.00	0.116	0.112	0.108	0.104	0.100	0.096	0.093	0.089	0.086	0.083	0.080
0.98	0.116	0.112	0.108	0.104	0.100	0.096	0.093	0.089	0.086	0.083	0.080
0.96	0.116	0.112	0.108	0.104	0.100	0.096	0.093	0.089	0.086	0.083	0.080
0.94	0.116	0.112	0.108	0.104	0.100	0.097	0.093	0.090	0.086	0.083	0.080
0.92	0.117	0.112	0.108	0.104	0.101	0.097	0.093	0.090	0.087	0.084	0.081
0.90	0.117	0.113	0.109	0.105	0.101	0.097	0.094	0.091	0.087	0.084	0.081
0.88	0.117	0.113	0.109	0.105	0.101	0.098	0.094	0.091	0.088	0.085	0.082
0.86	0.118	0.114	0.110	0.106	0.102	0.098	0.095	0.092	0.088	0.085	0.082
0.84	0.118	0.114	0.110	0.106	0.102	0.099	0.095	0.092	0.089	0.086	0.083
0.82	0.119	0.115	0.111	0.107	0.103	0.099	0.096	0.093	0.089	0.086	0.083
0.80	0.119	0.115	0.111	0.107	0.103	0.100	0.096	0.093	0.090	0.087	0.084
0.78	0.119	0.115	0.111	0.108	0.104	0.100	0.097	0.094	0.091	0.088	0.085
0.76	0.120	0.116	0.112	0.108	0.104	0.101	0.098	0.094	0.091	0.088	0.085
0.74	0.120	0.116	0.112	0.108	0.105	0.101	0.098	0.095	0.092	0.089	0.086
0.72	0.120	0.116	0.112	0.109	0.105	0.102	0.098	0.095	0.092	0.089	0.086
0.70	0.120	0.116	0.113	0.109	0.105	0.102	0.099	0.096	0.093	0.090	0.087
0.68	0.120	0.116	0.113	0.109	0.106	0.102	0.099	0.096	0.093	0.090	0.087
0.66	0.120	0.116	0.113	0.109	0.106	0.103	0.099	0.096	0.093	0.090	0.088
0.64	0.120	0.116	0.113	0.109	0.106	0.103	0.099	0.096	0.093	0.091	0.088
0.62	0.120	0.116	0.113	0.109	0.106	0.103	0.099	0.096	0.094	0.091	0.088
0.60	0.119	0.116	0.112	0.109	0.106	0.102	0.099	0.096	0.094	0.091	0.088
0.58	0.119	0.115	0.112	0.109	0.105	0.102	0.099	0.096	0.094	0.091	0.088
0.56	0.118	0.115	0.111	0.108	0.105	0.102	0.099	0.096	0.093	0.091	0.088
0.54	0.117	0.114	0.111	0.107	0.104	0.101	0.098	0.096	0.093	0.090	0.088
0.52	0.116	0.113	0.110	0.107	0.104	0.101	0.098	0.095	0.092	0.090	0.087
0.50	0.115	0.112	0.109	0.106	0.103	0.100	0.097	0.094	0.092	0.089	0.087
0.48	0.114	0.110	0.107	0.104	0.102	0.099	0.096	0.093	0.091	0.089	0.086
0.46	0.112	0.109	0.106	0.103	0.100	0.098	0.095	0.092	0.090	0.088	0.085
0.44	0.110	0.107	0.104	0.101	0.099	0.096	0.094	0.091	0.089	0.087	0.084
0.42	0.108	0.105	0.102	0.100	0.097	0.095	0.092	0.090	0.088	0.085	0.083
0.40	0.106	0.103	0.100	0.098	0.095	0.093	0.090	0.088	0.086	0.084	0.082
0.38	0.103	0.101	0.098	0.096	0.093	0.091	0.089	0.086	0.084	0.082	0.080
0.36	0.100	0.098	0.096	0.093	0.091	0.089	0.086	0.084	0.082	0.080	0.078
0.34	0.097	0.095	0.093	0.090	0.088	0.086	0.084	0.082	0.080	0.078	0.076
0.32	0.094	0.092	0.090	0.088	0.085	0.083	0.081	0.080	0.078	0.076	0.074
0.30	0.091	0.089	0.086	0.084	0.082	0.080	0.079	0.077	0.075	0.073	0.072
0.28	0.087	0.085	0.083	0.081	0.079	0.077	0.076	0.074	0.072	0.071	0.069
0.26	0.083	0.081	0.079	0.077	0.075	0.074	0.072	0.071	0.069	0.067	0.066
0.24	0.078	0.077	0.075	0.073	0.072	0.070	0.068	0.067	0.066	0.064	0.063
0.22	0.074	0.072	0.071	0.069	0.067	0.066	0.065	0.063	0.062	0.061	0.059
0.20	0.069	0.067	0.066	0.064	0.063	0.062	0.060	0.059	0.058	0.057	0.056
0.18	0.063	0.062	0.061	0.059	0.058	0.057	0.056	0.055	0.054	0.052	0.051
0.16	0.058	0.057	0.055	0.054	0.053	0.052	0.051	0.050	0.049	0.048	0.047
0.14	0.052	0.051	0.050	0.049	0.048	0.047	0.046	0.045	0.044	0.043	0.042
0.12	0.046	0.045	0.044	0.043	0.042	0.041	0.040	0.040	0.039	0.038	0.037
0.10	0.039	0.038	0.037	0.037	0.036	0.035	0.035	0.034	0.033	0.033	0.032
0.08	0.032	0.031	0.031	0.030	0.029	0.029	0.028	0.028	0.027	0.027	0.026
0.06	0.024	0.024	0.024	0.023	0.023	0.022	0.022	0.021	0.021	0.021	0.020
0.04	0.017	0.016	0.016	0.016	0.015	0.015	0.015	0.015	0.014	0.014	0.014
0.02	0.009	0.008	0.008	0.008	0.008	0.008	0.008	0.008	0.007	0.007	0.007
0.00	0.000	0.000	0.000	0.000	0.000	0.000	0.000	0.000	0.000	0.000	0.000

ξ \ λ	2.10	2.15	2.20	2.25	2.30	2.35	2.40	2.45	2.50	2.55	2.60
1.00	0.077	0.074	0.071	0.069	0.066	0.064	0.062	0.059	0.057	0.055	0.053
0.98	0.077	0.074	0.071	0.069	0.066	0.064	0.062	0.060	0.057	0.055	0.053
0.96	0.077	0.074	0.072	0.069	0.067	0.064	0.062	0.060	0.058	0.056	0.054
0.94	0.077	0.075	0.072	0.069	0.067	0.064	0.062	0.060	0.058	0.056	0.054
0.92	0.078	0.075	0.072	0.070	0.067	0.065	0.063	0.060	0.058	0.056	0.054
0.90	0.078	0.075	0.073	0.070	0.068	0.065	0.063	0.061	0.059	0.057	0.055
0.88	0.079	0.076	0.073	0.071	0.068	0.066	0.064	0.061	0.059	0.057	0.055
0.86	0.079	0.077	0.074	0.071	0.069	0.067	0.064	0.062	0.060	0.058	0.056
0.84	0.080	0.077	0.075	0.072	0.070	0.067	0.065	0.063	0.061	0.059	0.057
0.82	0.081	0.078	0.075	0.073	0.070	0.068	0.066	0.063	0.061	0.059	0.057
0.80	0.081	0.078	0.076	0.073	0.071	0.069	0.066	0.064	0.062	0.060	0.058
0.78	0.082	0.079	0.076	0.074	0.072	0.069	0.067	0.065	0.063	0.061	0.059
0.76	0.082	0.080	0.077	0.075	0.072	0.070	0.068	0.066	0.064	0.062	0.060
0.74	0.083	0.080	0.078	0.075	0.073	0.071	0.068	0.066	0.064	0.062	0.060
0.72	0.084	0.081	0.078	0.076	0.074	0.071	0.069	0.067	0.065	0.063	0.061
0.70	0.084	0.081	0.079	0.077	0.074	0.072	0.070	0.068	0.066	0.064	0.062
0.68	0.085	0.082	0.079	0.077	0.075	0.073	0.070	0.068	0.066	0.064	0.063
0.66	0.085	0.082	0.080	0.078	0.075	0.073	0.071	0.069	0.067	0.065	0.063
0.64	0.085	0.083	0.080	0.078	0.076	0.074	0.071	0.069	0.067	0.066	0.064
0.62	0.086	0.083	0.081	0.078	0.076	0.074	0.072	0.070	0.068	0.066	0.064
0.60	0.086	0.083	0.081	0.079	0.076	0.074	0.072	0.070	0.068	0.066	0.065
0.58	0.086	0.083	0.081	0.079	0.077	0.074	0.072	0.070	0.069	0.067	0.065
0.56	0.086	0.083	0.081	0.079	0.077	0.075	0.073	0.071	0.069	0.067	0.065
0.54	0.085	0.083	0.081	0.079	0.077	0.075	0.073	0.071	0.069	0.067	0.065
0.52	0.085	0.083	0.081	0.078	0.076	0.074	0.073	0.071	0.069	0.067	0.065
0.50	0.085	0.082	0.080	0.078	0.076	0.074	0.072	0.070	0.069	0.067	0.065
0.48	0.084	0.082	0.080	0.078	0.076	0.074	0.072	0.070	0.068	0.067	0.065
0.46	0.083	0.081	0.079	0.077	0.075	0.073	0.071	0.070	0.068	0.066	0.065
0.44	0.082	0.080	0.078	0.076	0.074	0.073	0.071	0.069	0.068	0.066	0.064
0.42	0.081	0.079	0.077	0.075	0.074	0.072	0.070	0.068	0.067	0.065	0.064
0.40	0.080	0.078	0.076	0.074	0.072	0.071	0.069	0.068	0.066	0.065	0.063
0.38	0.078	0.076	0.075	0.073	0.071	0.070	0.068	0.066	0.065	0.064	0.062
0.36	0.077	0.075	0.073	0.071	0.070	0.068	0.067	0.065	0.064	0.062	0.061
0.34	0.075	0.073	0.071	0.070	0.068	0.067	0.065	0.064	0.062	0.061	0.060
0.32	0.072	0.071	0.069	0.068	0.066	0.065	0.063	0.062	0.061	0.060	0.058
0.30	0.070	0.069	0.067	0.066	0.064	0.063	0.061	0.060	0.059	0.058	0.057
0.28	0.067	0.066	0.065	0.063	0.062	0.061	0.059	0.058	0.057	0.056	0.055
0.26	0.065	0.063	0.062	0.061	0.059	0.058	0.057	0.056	0.055	0.054	0.053
0.24	0.061	0.060	0.059	0.058	0.057	0.055	0.054	0.053	0.052	0.051	0.050
0.22	0.058	0.057	0.056	0.055	0.054	0.052	0.051	0.050	0.050	0.049	0.048
0.20	0.054	0.053	0.052	0.051	0.050	0.049	0.048	0.047	0.047	0.046	0.045
0.18	0.050	0.049	0.048	0.048	0.047	0.046	0.045	0.044	0.043	0.042	0.042
0.16	0.046	0.045	0.044	0.044	0.043	0.042	0.041	0.040	0.040	0.039	0.038
0.14	0.042	0.041	0.040	0.039	0.039	0.038	0.037	0.037	0.036	0.035	0.035
0.12	0.037	0.036	0.035	0.035	0.034	0.034	0.033	0.032	0.032	0.031	0.031
0.10	0.031	0.031	0.030	0.030	0.029	0.029	0.028	0.028	0.027	0.027	0.026
0.08	0.026	0.025	0.025	0.025	0.024	0.024	0.023	0.023	0.023	0.022	0.022
0.06	0.020	0.020	0.019	0.019	0.019	0.018	0.018	0.018	0.018	0.017	0.017
0.04	0.014	0.013	0.013	0.013	0.013	0.013	0.012	0.012	0.012	0.012	0.012
0.02	0.007	0.007	0.007	0.007	0.007	0.007	0.006	0.006	0.006	0.006	0.006
0.00	0.000	0.000	0.000	0.000	0.000	0.000	0.000	0.000	0.000	0.000	0.000

顶部集中荷载 (φ/ε) 值表

表 4-45

ξ \ λ	1.00	1.05	1.10	1.15	1.20	1.25	1.30	1.35	1.40	1.45	1.50
1.00	0.352	0.341	0.331	0.321	0.311	0.301	0.291	0.282	0.273	0.264	0.256
0.98	0.352	0.341	0.331	0.321	0.311	0.301	0.291	0.282	0.273	0.264	0.255
0.96	0.351	0.341	0.331	0.320	0.310	0.301	0.291	0.282	0.273	0.264	0.255
0.94	0.351	0.340	0.330	0.320	0.310	0.300	0.291	0.281	0.272	0.263	0.255
0.92	0.350	0.339	0.329	0.319	0.309	0.299	0.290	0.281	0.272	0.263	0.254
0.90	0.349	0.338	0.328	0.318	0.308	0.298	0.289	0.280	0.271	0.262	0.253
0.88	0.347	0.337	0.327	0.317	0.307	0.297	0.288	0.279	0.270	0.261	0.252
0.86	0.346	0.335	0.325	0.315	0.305	0.296	0.287	0.277	0.268	0.260	0.251
0.84	0.344	0.333	0.323	0.314	0.304	0.294	0.285	0.276	0.267	0.258	0.250
0.82	0.341	0.331	0.321	0.312	0.302	0.292	0.283	0.274	0.265	0.257	0.249
0.80	0.339	0.329	0.319	0.309	0.300	0.290	0.281	0.272	0.264	0.255	0.247
0.78	0.336	0.326	0.317	0.307	0.297	0.288	0.279	0.270	0.262	0.253	0.245
0.76	0.333	0.323	0.314	0.304	0.295	0.286	0.277	0.268	0.259	0.251	0.243
0.74	0.330	0.320	0.311	0.301	0.292	0.283	0.274	0.266	0.257	0.249	0.241
0.72	0.326	0.317	0.307	0.298	0.289	0.280	0.271	0.263	0.255	0.246	0.239
0.70	0.323	0.313	0.304	0.295	0.286	0.277	0.268	0.260	0.252	0.244	0.236
0.68	0.318	0.309	0.300	0.291	0.282	0.274	0.265	0.257	0.249	0.241	0.233
0.66	0.314	0.305	0.296	0.287	0.279	0.270	0.262	0.254	0.246	0.238	0.230
0.64	0.309	0.301	0.292	0.283	0.275	0.266	0.258	0.250	0.242	0.235	0.227
0.62	0.305	0.296	0.287	0.279	0.270	0.262	0.254	0.246	0.239	0.231	0.224
0.60	0.299	0.291	0.282	0.274	0.266	0.258	0.250	0.242	0.235	0.228	0.220
0.58	0.294	0.286	0.277	0.269	0.261	0.253	0.246	0.238	0.231	0.224	0.217
0.56	0.288	0.280	0.272	0.264	0.256	0.249	0.241	0.234	0.227	0.220	0.213
0.54	0.282	0.274	0.266	0.259	0.251	0.244	0.236	0.229	0.222	0.215	0.209
0.52	0.276	0.268	0.260	0.253	0.246	0.238	0.231	0.224	0.217	0.211	0.204
0.50	0.269	0.262	0.254	0.247	0.240	0.233	0.226	0.219	0.212	0.206	0.200
0.48	0.262	0.255	0.248	0.241	0.234	0.227	0.220	0.214	0.207	0.201	0.195
0.46	0.255	0.248	0.241	0.234	0.228	0.221	0.214	0.208	0.202	0.196	0.190
0.44	0.248	0.241	0.234	0.228	0.221	0.215	0.208	0.202	0.196	0.190	0.185
0.42	0.240	0.233	0.227	0.220	0.214	0.208	0.202	0.196	0.190	0.185	0.179
0.40	0.232	0.225	0.219	0.213	0.207	0.201	0.195	0.190	0.184	0.179	0.174
0.38	0.223	0.217	0.211	0.206	0.200	0.194	0.189	0.183	0.178	0.173	0.168
0.36	0.215	0.209	0.203	0.198	0.192	0.187	0.181	0.176	0.171	0.166	0.162
0.34	0.206	0.200	0.195	0.189	0.184	0.179	0.174	0.169	0.164	0.160	0.155
0.32	0.196	0.191	0.186	0.181	0.176	0.171	0.166	0.162	0.157	0.153	0.148
0.30	0.187	0.182	0.177	0.172	0.167	0.163	0.158	0.154	0.150	0.146	0.141
0.28	0.177	0.172	0.167	0.163	0.159	0.154	0.150	0.146	0.142	0.138	0.134
0.26	0.166	0.162	0.158	0.154	0.149	0.145	0.142	0.138	0.134	0.130	0.127
0.24	0.156	0.152	0.148	0.144	0.140	0.136	0.133	0.129	0.126	0.122	0.119
0.22	0.145	0.141	0.137	0.134	0.130	0.127	0.123	0.120	0.117	0.114	0.111
0.20	0.133	0.130	0.127	0.123	0.120	0.117	0.114	0.111	0.108	0.105	0.102
0.18	0.122	0.119	0.116	0.113	0.110	0.107	0.104	0.101	0.099	0.096	0.094
0.16	0.110	0.107	0.104	0.102	0.099	0.096	0.094	0.092	0.089	0.087	0.085
0.14	0.097	0.095	0.092	0.090	0.088	0.086	0.083	0.081	0.079	0.077	0.075
0.12	0.084	0.082	0.080	0.078	0.076	0.075	0.073	0.071	0.069	0.067	0.066
0.10	0.071	0.070	0.068	0.066	0.065	0.063	0.061	0.060	0.058	0.057	0.056
0.08	0.058	0.056	0.055	0.054	0.052	0.051	0.050	0.049	0.047	0.046	0.045
0.06	0.044	0.043	0.042	0.041	0.040	0.039	0.038	0.037	0.036	0.035	0.034
0.04	0.030	0.029	0.028	0.028	0.027	0.026	0.026	0.025	0.025	0.024	0.023
0.02	0.015	0.015	0.014	0.014	0.014	0.013	0.013	0.013	0.012	0.012	0.012
0.00	0.000	0.000	0.000	0.000	0.000	0.000	0.000	0.000	0.000	0.000	0.000

λ ξ	1.55	1.60	1.65	1.70	1.75	1.80	1.85	1.90	1.95	2.00	2.05
1.00	0.247	0.239	0.231	0.224	0.216	0.209	0.203	0.196	0.190	0.184	0.178
0.98	0.247	0.239	0.231	0.224	0.216	0.209	0.202	0.196	0.190	0.183	0.178
0.96	0.247	0.239	0.231	0.223	0.216	0.209	0.202	0.196	0.189	0.183	0.177
0.94	0.246	0.238	0.231	0.223	0.216	0.209	0.202	0.195	0.189	0.183	0.177
0.92	0.246	0.238	0.230	0.223	0.215	0.208	0.202	0.195	0.189	0.183	0.177
0.90	0.245	0.237	0.229	0.222	0.215	0.208	0.201	0.194	0.188	0.182	0.176
0.88	0.244	0.236	0.229	0.221	0.214	0.207	0.200	0.194	0.188	0.182	0.176
0.86	0.243	0.235	0.228	0.220	0.213	0.206	0.199	0.193	0.187	0.181	0.175
0.84	0.242	0.234	0.226	0.219	0.212	0.205	0.199	0.192	0.186	0.180	0.174
0.82	0.241	0.233	0.225	0.218	0.211	0.204	0.197	0.191	0.185	0.179	0.174
0.80	0.239	0.231	0.224	0.217	0.210	0.203	0.196	0.190	0.184	0.178	0.173
0.78	0.237	0.230	0.222	0.215	0.208	0.201	0.195	0.189	0.183	0.177	0.171
0.76	0.235	0.228	0.220	0.213	0.207	0.200	0.194	0.187	0.181	0.176	0.170
0.74	0.233	0.226	0.219	0.212	0.205	0.198	0.192	0.186	0.180	0.174	0.169
0.72	0.231	0.224	0.216	0.210	0.203	0.196	0.190	0.184	0.178	0.173	0.167
0.70	0.229	0.221	0.214	0.207	0.201	0.194	0.188	0.182	0.177	0.171	0.166
0.68	0.226	0.219	0.212	0.205	0.199	0.192	0.186	0.181	0.175	0.169	0.164
0.66	0.223	0.216	0.209	0.203	0.196	0.190	0.184	0.178	0.173	0.168	0.162
0.64	0.220	0.213	0.207	0.200	0.194	0.188	0.182	0.176	0.171	0.166	0.161
0.62	0.217	0.210	0.204	0.197	0.191	0.185	0.179	0.174	0.169	0.163	0.158
0.60	0.214	0.207	0.201	0.194	0.188	0.182	0.177	0.171	0.166	0.161	0.156
0.58	0.210	0.204	0.197	0.191	0.185	0.180	0.174	0.169	0.164	0.159	0.154
0.56	0.206	0.200	0.194	0.188	0.182	0.177	0.171	0.166	0.161	0.156	0.151
0.54	0.202	0.196	0.190	0.184	0.179	0.173	0.168	0.163	0.158	0.153	0.149
0.52	0.198	0.192	0.186	0.181	0.175	0.170	0.165	0.160	0.155	0.151	0.146
0.50	0.194	0.188	0.182	0.177	0.171	0.166	0.161	0.157	0.152	0.147	0.143
0.48	0.189	0.184	0.178	0.173	0.168	0.163	0.158	0.153	0.149	0.144	0.140
0.46	0.184	0.179	0.174	0.168	0.163	0.159	0.154	0.149	0.145	0.141	0.137
0.44	0.179	0.174	0.169	0.164	0.159	0.154	0.150	0.146	0.141	0.137	0.133
0.42	0.174	0.169	0.164	0.159	0.155	0.150	0.146	0.142	0.138	0.134	0.130
0.40	0.169	0.164	0.159	0.154	0.150	0.146	0.141	0.137	0.133	0.130	0.126
0.38	0.163	0.158	0.154	0.149	0.145	0.141	0.137	0.133	0.129	0.126	0.122
0.36	0.157	0.152	0.148	0.144	0.140	0.136	0.132	0.128	0.125	0.121	0.118
0.34	0.151	0.146	0.142	0.138	0.134	0.131	0.127	0.123	0.120	0.117	0.114
0.32	0.144	0.140	0.136	0.132	0.129	0.125	0.122	0.118	0.115	0.112	0.109
0.30	0.137	0.134	0.130	0.126	0.123	0.119	0.116	0.113	0.110	0.107	0.104
0.28	0.130	0.127	0.123	0.120	0.117	0.114	0.110	0.108	0.105	0.102	0.099
0.26	0.123	0.120	0.117	0.113	0.110	0.107	0.105	0.102	0.099	0.096	0.094
0.24	0.116	0.113	0.109	0.107	0.104	0.101	0.098	0.096	0.093	0.091	0.088
0.22	0.108	0.105	0.102	0.099	0.097	0.094	0.092	0.089	0.087	0.085	0.083
0.20	0.100	0.097	0.094	0.092	0.090	0.087	0.085	0.083	0.081	0.079	0.077
0.18	0.091	0.089	0.087	0.084	0.082	0.080	0.078	0.076	0.074	0.072	0.070
0.16	0.082	0.080	0.078	0.076	0.074	0.072	0.071	0.069	0.067	0.066	0.064
0.14	0.073	0.071	0.070	0.068	0.066	0.065	0.063	0.061	0.060	0.059	0.057
0.12	0.064	0.062	0.061	0.059	0.058	0.056	0.055	0.054	0.052	0.051	0.050
0.10	0.054	0.053	0.052	0.050	0.049	0.048	0.047	0.046	0.045	0.044	0.043
0.08	0.044	0.043	0.042	0.041	0.040	0.039	0.038	0.037	0.036	0.036	0.035
0.06	0.034	0.033	0.032	0.031	0.031	0.030	0.029	0.028	0.028	0.027	0.027
0.04	0.023	0.022	0.022	0.021	0.021	0.020	0.020	0.019	0.019	0.019	0.018
0.02	0.012	0.011	0.011	0.011	0.011	0.010	0.010	0.010	0.010	0.009	0.009
0.00	0.000	0.000	0.000	0.000	0.000	0.000	0.000	0.000	0.000	0.000	0.000

ξ \ λ	2.10	2.15	2.20	2.25	2.30	2.35	2.40	2.45	2.50	2.55	2.60
1.00	0.172	0.167	0.161	0.156	0.152	0.147	0.142	0.138	0.134	0.130	0.126
0.98	0.172	0.167	0.161	0.156	0.151	0.147	0.142	0.138	0.134	0.130	0.126
0.96	0.172	0.166	0.161	0.156	0.151	0.147	0.142	0.138	0.134	0.130	0.126
0.94	0.172	0.166	0.161	0.156	0.151	0.147	0.142	0.138	0.134	0.130	0.126
0.92	0.171	0.166	0.161	0.156	0.151	0.146	0.142	0.138	0.133	0.129	0.126
0.90	0.171	0.165	0.160	0.155	0.151	0.146	0.141	0.137	0.133	0.129	0.125
0.88	0.170	0.165	0.160	0.155	0.150	0.145	0.141	0.137	0.133	0.129	0.125
0.86	0.170	0.164	0.159	0.154	0.150	0.145	0.141	0.136	0.132	0.128	0.125
0.84	0.169	0.164	0.159	0.154	0.149	0.144	0.140	0.136	0.132	0.128	0.124
0.82	0.168	0.163	0.158	0.153	0.148	0.144	0.139	0.135	0.131	0.127	0.124
0.80	0.167	0.162	0.157	0.152	0.147	0.143	0.139	0.135	0.131	0.127	0.123
0.78	0.166	0.161	0.156	0.151	0.147	0.142	0.138	0.134	0.130	0.126	0.122
0.76	0.165	0.160	0.155	0.150	0.146	0.141	0.137	0.133	0.129	0.125	0.122
0.74	0.164	0.159	0.154	0.149	0.145	0.140	0.136	0.132	0.128	0.124	0.121
0.72	0.162	0.157	0.153	0.148	0.143	0.139	0.135	0.131	0.127	0.124	0.120
0.70	0.161	0.156	0.151	0.147	0.142	0.138	0.134	0.130	0.126	0.123	0.119
0.68	0.159	0.154	0.150	0.145	0.141	0.137	0.133	0.129	0.125	0.122	0.118
0.66	0.157	0.153	0.148	0.144	0.139	0.135	0.131	0.128	0.124	0.120	0.117
0.64	0.156	0.151	0.146	0.142	0.138	0.134	0.130	0.126	0.123	0.119	0.116
0.62	0.154	0.149	0.145	0.140	0.136	0.132	0.128	0.125	0.121	0.118	0.115
0.60	0.152	0.147	0.143	0.139	0.134	0.131	0.127	0.123	0.120	0.116	0.113
0.58	0.149	0.145	0.141	0.137	0.133	0.129	0.125	0.122	0.118	0.115	0.112
0.56	0.147	0.143	0.138	0.134	0.131	0.127	0.123	0.120	0.116	0.113	0.110
0.54	0.144	0.140	0.136	0.132	0.128	0.125	0.121	0.118	0.115	0.112	0.108
0.52	0.142	0.138	0.134	0.130	0.126	0.123	0.119	0.116	0.113	0.110	0.107
0.50	0.139	0.135	0.131	0.127	0.124	0.120	0.117	0.114	0.111	0.108	0.105
0.48	0.136	0.132	0.128	0.125	0.121	0.118	0.115	0.112	0.109	0.106	0.103
0.46	0.133	0.129	0.126	0.122	0.119	0.115	0.112	0.109	0.106	0.103	0.101
0.44	0.130	0.126	0.122	0.119	0.116	0.113	0.110	0.107	0.104	0.101	0.099
0.42	0.126	0.123	0.119	0.116	0.113	0.110	0.107	0.104	0.101	0.099	0.096
0.40	0.123	0.119	0.116	0.113	0.110	0.107	0.104	0.101	0.099	0.096	0.094
0.38	0.119	0.115	0.112	0.109	0.106	0.104	0.101	0.098	0.096	0.093	0.091
0.36	0.115	0.112	0.109	0.106	0.103	0.100	0.098	0.095	0.093	0.090	0.088
0.34	0.111	0.108	0.105	0.102	0.099	0.097	0.094	0.092	0.090	0.087	0.085
0.32	0.106	0.103	0.101	0.098	0.095	0.093	0.091	0.088	0.086	0.084	0.082
0.30	0.101	0.099	0.096	0.094	0.091	0.089	0.087	0.085	0.083	0.081	0.079
0.28	0.097	0.094	0.092	0.089	0.087	0.085	0.083	0.081	0.079	0.077	0.075
0.26	0.092	0.089	0.087	0.085	0.083	0.081	0.079	0.077	0.075	0.073	0.072
0.24	0.086	0.084	0.082	0.080	0.078	0.076	0.074	0.073	0.071	0.069	0.068
0.22	0.081	0.079	0.077	0.075	0.073	0.071	0.070	0.068	0.066	0.065	0.063
0.20	0.075	0.073	0.071	0.070	0.068	0.066	0.065	0.063	0.062	0.060	0.059
0.18	0.069	0.067	0.066	0.064	0.062	0.061	0.060	0.058	0.057	0.056	0.055
0.16	0.062	0.061	0.060	0.058	0.057	0.055	0.054	0.053	0.052	0.051	0.050
0.14	0.056	0.054	0.053	0.052	0.051	0.050	0.049	0.048	0.046	0.045	0.045
0.12	0.049	0.048	0.047	0.046	0.045	0.044	0.043	0.042	0.041	0.040	0.039
0.10	0.042	0.041	0.040	0.039	0.038	0.037	0.036	0.036	0.035	0.034	0.033
0.08	0.034	0.033	0.032	0.032	0.031	0.030	0.030	0.029	0.029	0.028	0.027
0.06	0.026	0.025	0.025	0.024	0.024	0.023	0.023	0.022	0.022	0.022	0.021
0.04	0.018	0.017	0.017	0.017	0.016	0.016	0.016	0.015	0.015	0.015	0.014
0.02	0.009	0.009	0.009	0.008	0.008	0.008	0.008	0.008	0.008	0.008	0.007
0.00	0.000	0.000	0.000	0.000	0.000	0.000	0.000	0.000	0.000	0.000	0.000

现将按表格法确定结构内力和侧移的步骤叙述如下：

（1）计算框架柱角变侧移的刚度

按下式计算框架每层柱的角变侧移刚度

$$\Sigma C_f = \Sigma D \cdot h = \frac{12k_c}{h}\alpha \qquad (4\text{-}242a)$$

应当指出，在计算框架每层柱的根数时，不包括与地震作用方向平行的抗震墙两端的柱。该柱应视为墙的一部分。

当沿房屋高度每层框架柱的角变侧移刚度不同时，式（4-215）中的 ΣC_f，应按层高加权平均值采用，即

$$\Sigma C_f = \frac{\Sigma C_{f1}h_1 + \Sigma C_{f_2}h_2 + \cdots + \Sigma C_{fn}h_n}{h_1 + h_2 + \cdots + h_n} \qquad (4\text{-}242b)$$

（2）计算每层抗震墙的等效抗弯刚度（以下简称等效刚度）

计算抗震墙等效刚度时，应考虑相连纵横抗震墙的共同工作。抗震墙的翼墙有效长度，每侧由墙面算起可取相邻抗震墙净距的一半，或至门窗洞口的墙长度或抗震墙总高度的 15%（或 7.5%）三者的较小值表（4-28）。

抗震墙等效刚度计算方法参见式（4-129）。

（3）确定各层 $(\varphi/\varepsilon)_i$

分别按式（4-215）、式（4-216）计算 λ 和 ε 值，并根据各楼层高度算出它们的相对高度 $\xi = \dfrac{x}{H}$，然后再根据 λ 和 ξ 值由表 4-44 或表 4-45 查出各层的 $(\varphi/\varepsilon)_i$ 值。

（4）计算各层内力和位移

各层转角

$$\varphi_i = \left(\frac{\varphi}{\varepsilon}\right)_i \varepsilon \qquad (4\text{-}243)$$

框架层间剪力

$$V_{fi} = \varphi_i \Sigma C_{fi} \qquad (4\text{-}244)$$

抗震墙剪力

$$V_{wi} = V_i - V_{fi} \qquad (4\text{-}245)$$

抗震墙弯矩

$$M_{wi} = \sum_i^n V_{wi}h_i \qquad (4\text{-}246)$$

结构层间位移

$$\Delta u_i = \varphi_i h_i \qquad (4\text{-}247)$$

应当指出，式（4-244）中的 ΣC_{fi} 应按每层分别取值，这样，按微分方程法计算框架-抗震墙所作的连续化假设得以还原，以减小计算误差。

按以上公式算得的地震剪力沿房屋高度分布图形如图 4-61（a）所示。

如按建立微分方程时所作的连续化假设，将地震作用折算成连续分布的倒三角形等效荷载，框架和抗震墙的刚度按常数考虑，而结构地震剪力按式（4-225）和式（4-227）计算，则其沿房屋高度的分布图形如图 4-61（b）所示。

V_i 图 　　V_f 图 　 V_w 图 　　　　　　　 V_i 图 　 V_f 图 　 V_w 图

(a)　　　　　　　　　　　　　　　　　　(b)

图 4-61　地震剪力沿房屋高度分布图形

2. 查表计算方法之二

按这种查表计算的特点是，不必先计算抗震墙的转角 φ，而直接就可求出结构的内力。

对倒三角形分布荷载，$F_{Ek}=\dfrac{q_{max}H}{2}$，则式（4-225）可写成：

$$\frac{V_f}{F_{Ek}}=\frac{2}{\lambda}\left[\omega sh\lambda\xi+\beta\left(1-ch\lambda\xi\right)-\frac{\lambda\xi}{2}\right] \tag{4-248a}$$

而对顶部集中荷载，$F_{Ek}=\Delta F_n$，则式（4-237）可写成：

$$\frac{V_f}{F_{Ek}}=\left(1-ch\lambda\xi+th\lambda\cdot sh\lambda\xi\right) \tag{4-248b}$$

依次给定 ξ 和 λ 值，便可分别算出倒三角形荷载和水平集中荷载的框架剪力 V_f 与结构底部剪力 F_{Ek} 的比值 V_f/F_{Ek}，见表 4-46 和表 4-47。

按 V_f/F_{Ek} 表格计算结构内力的步骤如下：

（1）计算 ΣC_f 和 ΣEI_{we}。

（2）计算 λ 值：

由式（4-215）得：

$$\lambda=H\sqrt{\frac{\Sigma C_f}{\Sigma EI_{we}}} \tag{4-249}$$

由上式可见，当 λ 愈大时，表示框架侧移刚度愈大，而抗震墙刚度愈小。因此，λ 称为房屋刚度特征值。

（3）根据 λ 和 ξ 值，由表 4-46 或表 4-47 查得 $(V_f/F_{Ek})_i$。

（4）计算各层内力和位移：

$$V_{fi}=(V_f/F_{Ek})_iF_{Ek} \tag{4-250}$$

$$V_{wi}=V_i-V_{fi} \tag{4-251}$$

$$M_{wi} = \sum_{i}^{n} V_{wi} h_i \qquad\qquad (4\text{-}252)$$

$$\Delta u_i = \frac{V_{fi}}{\Sigma C_f} h_i \qquad\qquad (4\text{-}253)$$

按照框架-抗震墙结构多道防线的概念设计要求,抗震墙是主要抗侧力构件,是抗震的第一道防线。在罕遇地震作用下它先于框架破坏,由于塑性内力重分布,框架分配的剪力必然加大。因此,《抗震规范》规定,对于侧向刚度沿竖向分布基本均匀的框架-抗震墙结构,任一层框架部分按侧向刚度分配的剪力值不应小于结构底部总地震剪力的 20% 和按框架-抗震墙结构侧向刚度分配的框架部分各楼层地震剪力中最大值 1.5 倍二者的较小值:

1) $V_f \geqslant 0.2F_{Ek}$ 的楼层,该层地震剪力取 V_f;

2) $V_f < 0.2F_{Ek}$ 的楼层,该层地震剪力取下式中较小者。

$$\left.\begin{array}{l} 1.5V_{f,max} \\[2mm] 0.2F_{Ek} \end{array}\right\} \qquad\qquad (4\text{-}254)$$

式中 $V_{f,max}$——框架层间剪力最大值;

$\quad\quad F_{Ek}$——结构底部剪力。

三、框架柱和各片抗震墙所承受的地震内力的计算

(一)框架柱地震内力的计算

经过综合框架和综合抗震墙协同工作分析后,综合框架各层所承受的地震剪力应按柱的侧移刚度比例分配给各柱:

$$V_{fik} = \frac{D_{ik}}{\Sigma D} V_{fi} \qquad\qquad (4\text{-}255)$$

式中 V_{fik}——第 i 层第 k 根柱地震剪力;

$\quad\quad D_{ik}$——第 i 层第 k 根柱侧移刚度;

$\quad\quad V_{fi}$——综合框架第 i 层的地震剪力。

按式(4-255)求得第 i 层第 k 根柱地震剪力后,再按 D 值法计算柱和梁的端部弯矩。

(二)各片抗震墙地震内力的计算

综合抗震墙所承受的地震剪力和弯矩按墙的等效刚度比例分配给各抗震墙:

$$V_{wij} = \frac{EI_{wej}}{\Sigma EI_{wej}} V_{wi} \qquad\qquad (4\text{-}256a)$$

$$M_{wij} = \frac{EI_{wej}}{\Sigma EI_{wej}} M_{wi} \qquad\qquad (4\text{-}256b)$$

式中 V_{wij}、M_{wij}——第 i 层第 j 片抗震墙地震剪力和弯矩;

$\quad\quad EI_{wej}$——第 j 片抗震墙等效侧移刚度;

$\quad\quad V_{wi}$、M_{wi}——综合抗震墙第 i 层地震剪力和弯矩。

ξ＼λ	1.00	1.05	1.10	1.15	1.20	1.25	1.30	1.35	1.40	1.45	1.50
1.00	0.171	0.183	0.194	0.205	0.215	0.226	0.235	0.245	0.254	0.263	0.271
0.98	0.171	0.183	0.194	0.205	0.215	0.226	0.235	0.245	0.254	0.263	0.271
0.96	0.171	0.183	0.194	0.205	0.216	0.226	0.236	0.245	0.254	0.263	0.271
0.94	0.171	0.183	0.194	0.205	0.216	0.226	0.236	0.245	0.255	0.263	0.272
0.92	0.172	0.183	0.194	0.205	0.216	0.226	0.236	0.246	0.255	0.264	0.272
0.90	0.172	0.183	0.195	0.206	0.216	0.227	0.237	0.246	0.256	0.265	0.273
0.88	0.172	0.184	0.195	0.206	0.217	0.227	0.237	0.247	0.256	0.265	0.274
0.86	0.172	0.184	0.195	0.206	0.217	0.228	0.238	0.248	0.257	0.266	0.275
0.84	0.172	0.184	0.195	0.206	0.217	0.228	0.238	0.248	0.258	0.267	0.276
0.82	0.172	0.184	0.195	0.207	0.218	0.228	0.239	0.249	0.258	0.268	0.276
0.80	0.172	0.184	0.195	0.207	0.218	0.229	0.239	0.249	0.259	0.268	0.277
0.78	0.172	0.184	0.195	0.207	0.218	0.229	0.239	0.250	0.259	0.269	0.278
0.76	0.172	0.184	0.195	0.207	0.218	0.229	0.240	0.250	0.260	0.269	0.279
0.74	0.172	0.183	0.195	0.207	0.218	0.229	0.240	0.250	0.260	0.270	0.279
0.72	0.171	0.183	0.195	0.206	0.218	0.229	0.240	0.250	0.260	0.270	0.280
0.70	0.171	0.183	0.194	0.206	0.217	0.228	0.239	0.250	0.260	0.270	0.280
0.68	0.170	0.182	0.194	0.205	0.217	0.228	0.239	0.250	0.260	0.270	0.280
0.66	0.169	0.181	0.193	0.205	0.216	0.227	0.238	0.249	0.259	0.270	0.279
0.64	0.168	0.180	0.192	0.204	0.215	0.226	0.237	0.248	0.259	0.269	0.279
0.62	0.167	0.179	0.191	0.203	0.214	0.225	0.236	0.247	0.258	0.268	0.278
0.60	0.166	0.178	0.189	0.201	0.213	0.224	0.235	0.246	0.256	0.267	0.277
0.58	0.164	0.176	0.188	0.200	0.211	0.222	0.233	0.244	0.255	0.265	0.276
0.56	0.163	0.174	0.186	0.198	0.209	0.220	0.231	0.242	0.253	0.264	0.274
0.54	0.161	0.172	0.184	0.196	0.207	0.218	0.229	0.240	0.251	0.261	0.272
0.52	0.159	0.170	0.182	0.193	0.204	0.216	0.227	0.238	0.248	0.259	0.269
0.50	0.156	0.168	0.179	0.190	0.202	0.213	0.224	0.235	0.245	0.256	0.266
0.48	0.154	0.165	0.176	0.188	0.199	0.210	0.221	0.231	0.242	0.252	0.263
0.46	0.151	0.162	0.173	0.184	0.195	0.206	0.217	0.228	0.238	0.249	0.259
0.44	0.148	0.159	0.170	0.181	0.192	0.202	0.213	0.224	0.234	0.244	0.254
0.42	0.144	0.155	0.166	0.177	0.187	0.198	0.209	0.219	0.229	0.240	0.250
0.40	0.141	0.151	0.162	0.172	0.183	0.193	0.204	0.214	0.224	0.234	0.244
0.38	0.137	0.147	0.157	0.168	0.178	0.188	0.199	0.209	0.219	0.229	0.238
0.36	0.133	0.143	0.153	0.163	0.173	0.183	0.193	0.203	0.213	0.222	0.232
0.34	0.128	0.138	0.148	0.157	0.167	0.177	0.187	0.196	0.206	0.216	0.225
0.32	0.123	0.133	0.142	0.152	0.161	0.171	0.180	0.190	0.199	0.208	0.217
0.30	0.118	0.127	0.136	0.146	0.155	0.164	0.173	0.182	0.191	0.200	0.209
0.28	0.113	0.121	0.130	0.139	0.148	0.157	0.166	0.174	0.183	0.192	0.200
0.26	0.107	0.115	0.124	0.132	0.141	0.149	0.157	0.166	0.174	0.182	0.191
0.24	0.101	0.109	0.117	0.125	0.133	0.141	0.149	0.157	0.165	0.173	0.181
0.22	0.094	0.102	0.109	0.117	0.124	0.132	0.140	0.147	0.155	0.162	0.170
0.20	0.088	0.095	0.102	0.109	0.116	0.123	0.130	0.137	0.144	0.151	0.158
0.18	0.081	0.087	0.093	0.100	0.107	0.113	0.120	0.126	0.133	0.139	0.146
0.16	0.073	0.079	0.085	0.091	0.097	0.103	0.109	0.115	0.121	0.127	0.133
0.14	0.065	0.071	0.076	0.081	0.087	0.092	0.097	0.103	0.108	0.114	0.119
0.12	0.057	0.062	0.066	0.071	0.076	0.081	0.085	0.090	0.095	0.100	0.105
0.10	0.049	0.052	0.056	0.060	0.065	0.069	0.073	0.077	0.081	0.085	0.089
0.08	0.040	0.043	0.046	0.049	0.053	0.056	0.059	0.063	0.066	0.070	0.073
0.06	0.030	0.033	0.035	0.038	0.040	0.043	0.046	0.048	0.051	0.053	0.056
0.04	0.021	0.022	0.024	0.026	0.027	0.029	0.031	0.033	0.035	0.036	0.038
0.02	0.010	0.011	0.012	0.013	0.014	0.015	0.016	0.017	0.018	0.019	0.020
0.00	0.000	0.000	0.000	0.000	0.000	0.000	0.000	0.000	0.000	0.000	0.000

ξ \ λ	1.55	1.60	1.65	1.70	1.75	1.80	1.85	1.90	1.95	2.00	2.05
1.00	0.317	0.322	0.327	0.331	0.335	0.279	0.286	0.293	0.300	0.306	0.312
0.98	0.317	0.322	0.327	0.331	0.335	0.279	0.286	0.293	0.300	0.306	0.312
0.96	0.318	0.323	0.328	0.332	0.336	0.279	0.286	0.294	0.300	0.306	0.312
0.94	0.319	0.324	0.329	0.333	0.337	0.280	0.287	0.294	0.301	0.307	0.313
0.92	0.320	0.325	0.330	0.335	0.339	0.280	0.288	0.295	0.302	0.308	0.314
0.90	0.321	0.327	0.332	0.336	0.341	0.281	0.289	0.296	0.303	0.309	0.316
0.88	0.323	0.328	0.334	0.338	0.343	0.282	0.290	0.297	0.304	0.311	0.317
0.86	0.325	0.330	0.336	0.341	0.345	0.283	0.291	0.298	0.306	0.312	0.319
0.84	0.326	0.332	0.338	0.343	0.348	0.284	0.292	0.300	0.307	0.314	0.320
0.82	0.328	0.334	0.340	0.345	0.350	0.285	0.293	0.301	0.308	0.315	0.322
0.80	0.330	0.336	0.342	0.348	0.353	0.286	0.294	0.302	0.310	0.317	0.324
0.78	0.332	0.338	0.344	0.350	0.356	0.287	0.295	0.303	0.311	0.318	0.325
0.76	0.334	0.340	0.347	0.352	0.358	0.288	0.296	0.304	0.312	0.320	0.327
0.74	0.335	0.342	0.349	0.355	0.361	0.288	0.297	0.305	0.313	0.321	0.328
0.72	0.337	0.344	0.350	0.357	0.363	0.289	0.298	0.306	0.314	0.322	0.330
0.70	0.338	0.345	0.352	0.359	0.365	0.289	0.298	0.307	0.315	0.323	0.331
0.68	0.339	0.346	0.353	0.360	0.367	0.289	0.298	0.307	0.315	0.324	0.332
0.66	0.340	0.347	0.355	0.362	0.368	0.289	0.298	0.307	0.316	0.324	0.332
0.64	0.340	0.348	0.355	0.363	0.369	0.289	0.298	0.307	0.316	0.324	0.332
0.62	0.340	0.348	0.356	0.363	0.370	0.288	0.297	0.306	0.315	0.324	0.332
0.60	0.340	0.348	0.356	0.363	0.371	0.287	0.296	0.306	0.315	0.323	0.332
0.58	0.340	0.348	0.356	0.363	0.371	0.285	0.295	0.304	0.314	0.323	0.331
0.56	0.338	0.347	0.355	0.363	0.370	0.284	0.293	0.303	0.312	0.321	0.330
0.54	0.337	0.345	0.353	0.361	0.369	0.282	0.291	0.301	0.310	0.319	0.328
0.52	0.335	0.343	0.352	0.360	0.368	0.279	0.289	0.298	0.308	0.317	0.326
0.50	0.332	0.341	0.349	0.357	0.365	0.276	0.286	0.296	0.305	0.314	0.323
0.48	0.329	0.338	0.346	0.354	0.362	0.273	0.283	0.292	0.302	0.311	0.320
0.46	0.325	0.334	0.342	0.351	0.359	0.269	0.279	0.288	0.298	0.307	0.316
0.44	0.321	0.329	0.338	0.346	0.355	0.264	0.274	0.284	0.293	0.303	0.312
0.42	0.315	0.324	0.333	0.341	0.350	0.260	0.269	0.279	0.288	0.297	0.307
0.40	0.310	0.318	0.327	0.335	0.344	0.254	0.264	0.273	0.283	0.292	0.301
0.38	0.303	0.312	0.320	0.329	0.337	0.248	0.258	0.267	0.276	0.285	0.294
0.36	0.296	0.304	0.313	0.321	0.330	0.241	0.251	0.260	0.269	0.278	0.287
0.34	0.288	0.296	0.305	0.313	0.321	0.234	0.243	0.253	0.261	0.270	0.279
0.32	0.279	0.287	0.295	0.304	0.312	0.226	0.235	0.244	0.253	0.262	0.270
0.30	0.269	0.277	0.285	0.293	0.301	0.218	0.227	0.235	0.244	0.252	0.261
0.28	0.258	0.266	0.274	0.282	0.290	0.209	0.217	0.226	0.234	0.242	0.250
0.26	0.247	0.255	0.262	0.270	0.277	0.199	0.207	0.215	0.223	0.231	0.239
0.24	0.234	0.242	0.249	0.257	0.264	0.188	0.196	0.204	0.212	0.219	0.227
0.22	0.221	0.228	0.235	0.242	0.249	0.177	0.185	0.192	0.199	0.207	0.214
0.20	0.207	0.213	0.220	0.227	0.233	0.165	0.172	0.179	0.186	0.193	0.200
0.18	0.191	0.197	0.204	0.210	0.216	0.152	0.159	0.165	0.172	0.178	0.185
0.16	0.175	0.180	0.186	0.192	0.198	0.139	0.145	0.151	0.157	0.163	0.169
0.14	0.157	0.162	0.168	0.173	0.178	0.125	0.130	0.135	0.141	0.146	0.152
0.12	0.138	0.143	0.148	0.152	0.157	0.109	0.114	0.119	0.124	0.129	0.133
0.10	0.118	0.122	0.126	0.131	0.135	0.093	0.098	0.102	0.106	0.110	0.114
0.08	0.097	0.101	0.104	0.107	0.111	0.077	0.080	0.083	0.087	0.090	0.094
0.06	0.075	0.077	0.080	0.083	0.085	0.059	0.061	0.064	0.067	0.069	0.072
0.04	0.051	0.053	0.055	0.057	0.059	0.040	0.042	0.044	0.046	0.047	0.049
0.02	0.026	0.027	0.028	0.029	0.030	0.021	0.021	0.022	0.023	0.024	0.025
0.00	0.000	0.000	0.000	0.000	0.000	0.000	0.000	0.000	0.000	0.000	0.000

ξ \ λ	2.10	2.15	2.20	2.25	2.30	2.35	2.40	2.45	2.50	2.55	2.60
1.00	0.339	0.342	0.345	0.348	0.351	0.353	0.355	0.357	0.358	0.360	0.361
0.98	0.339	0.343	0.346	0.349	0.351	0.353	0.355	0.357	0.359	0.360	0.361
0.96	0.340	0.343	0.347	0.349	0.352	0.354	0.357	0.358	0.360	0.361	0.363
0.94	0.341	0.345	0.348	0.351	0.354	0.356	0.358	0.360	0.362	0.364	0.365
0.92	0.343	0.347	0.350	0.353	0.356	0.358	0.361	0.363	0.365	0.366	0.368
0.90	0.345	0.349	0.352	0.355	0.358	0.361	0.363	0.366	0.368	0.369	0.371
0.88	0.347	0.351	0.355	0.358	0.361	0.364	0.367	0.369	0.371	0.373	0.375
0.86	0.350	0.354	0.358	0.361	0.364	0.367	0.370	0.373	0.375	0.377	0.379
0.84	0.352	0.357	0.361	0.364	0.368	0.371	0.374	0.377	0.379	0.382	0.384
0.82	0.355	0.360	0.364	0.368	0.371	0.375	0.378	0.381	0.384	0.386	0.388
0.80	0.358	0.363	0.367	0.371	0.375	0.379	0.382	0.385	0.388	0.391	0.393
0.78	0.361	0.366	0.370	0.375	0.379	0.382	0.386	0.390	0.393	0.396	0.399
0.76	0.363	0.369	0.373	0.378	0.382	0.386	0.390	0.394	0.397	0.401	0.404
0.74	0.366	0.371	0.376	0.381	0.386	0.390	0.394	0.398	0.402	0.405	0.409
0.72	0.369	0.374	0.379	0.384	0.389	0.394	0.398	0.402	0.406	0.410	0.414
0.70	0.371	0.377	0.382	0.387	0.392	0.397	0.402	0.406	0.410	0.414	0.418
0.68	0.373	0.379	0.385	0.390	0.395	0.400	0.405	0.410	0.414	0.419	0.423
0.66	0.375	0.381	0.387	0.393	0.398	0.403	0.408	0.413	0.418	0.423	0.427
0.64	0.376	0.383	0.389	0.395	0.400	0.406	0.411	0.416	0.421	0.426	0.431
0.62	0.377	0.384	0.390	0.396	0.402	0.408	0.414	0.419	0.424	0.429	0.434
0.60	0.378	0.385	0.391	0.398	0.404	0.410	0.416	0.421	0.427	0.432	0.437
0.58	0.378	0.385	0.392	0.398	0.405	0.411	0.417	0.423	0.429	0.434	0.439
0.56	0.378	0.385	0.392	0.399	0.405	0.412	0.418	0.424	0.430	0.436	0.441
0.54	0.377	0.384	0.391	0.398	0.405	0.412	0.418	0.424	0.430	0.436	0.442
0.52	0.375	0.383	0.390	0.397	0.404	0.411	0.418	0.424	0.430	0.437	0.443
0.50	0.373	0.381	0.388	0.396	0.403	0.410	0.416	0.423	0.430	0.436	0.442
0.48	0.370	0.378	0.386	0.393	0.400	0.408	0.415	0.421	0.428	0.434	0.441
0.46	0.367	0.375	0.382	0.390	0.397	0.405	0.412	0.419	0.426	0.432	0.439
0.44	0.363	0.371	0.378	0.386	0.394	0.401	0.408	0.415	0.422	0.429	0.436
0.42	0.358	0.366	0.374	0.381	0.389	0.396	0.404	0.411	0.418	0.425	0.432
0.40	0.352	0.360	0.368	0.376	0.383	0.391	0.398	0.405	0.412	0.419	0.426
0.38	0.345	0.353	0.361	0.369	0.377	0.384	0.392	0.399	0.406	0.413	0.420
0.36	0.338	0.346	0.354	0.361	0.369	0.377	0.384	0.391	0.399	0.406	0.413
0.34	0.329	0.337	0.345	0.353	0.360	0.368	0.375	0.383	0.390	0.397	0.404
0.32	0.320	0.327	0.335	0.343	0.350	0.358	0.365	0.373	0.380	0.387	0.394
0.30	0.309	0.317	0.325	0.332	0.340	0.347	0.354	0.361	0.369	0.376	0.383
0.28	0.298	0.305	0.313	0.320	0.327	0.335	0.342	0.349	0.356	0.363	0.370
0.26	0.285	0.292	0.300	0.307	0.314	0.321	0.328	0.335	0.342	0.349	0.356
0.24	0.271	0.278	0.285	0.292	0.299	0.306	0.313	0.320	0.326	0.333	0.340
0.22	0.256	0.263	0.270	0.276	0.283	0.290	0.296	0.303	0.309	0.316	0.322
0.20	0.240	0.246	0.253	0.259	0.266	0.272	0.278	0.285	0.291	0.297	0.303
0.18	0.222	0.228	0.235	0.241	0.247	0.253	0.259	0.265	0.270	0.276	0.282
0.16	0.204	0.209	0.215	0.221	0.226	0.232	0.237	0.243	0.248	0.254	0.259
0.14	0.183	0.189	0.194	0.199	0.204	0.209	0.214	0.219	0.225	0.230	0.235
0.12	0.162	0.166	0.171	0.176	0.180	0.185	0.190	0.194	0.199	0.203	0.208
0.10	0.139	0.143	0.147	0.151	0.155	0.159	0.163	0.167	0.171	0.175	0.179
0.08	0.114	0.118	0.121	0.124	0.128	0.131	0.135	0.138	0.141	0.145	0.148
0.06	0.088	0.091	0.093	0.096	0.099	0.101	0.104	0.107	0.109	0.112	0.115
0.04	0.060	0.062	0.064	0.066	0.068	0.070	0.072	0.073	0.075	0.077	0.079
0.02	0.031	0.032	0.033	0.034	0.035	0.036	0.037	0.038	0.039	0.040	0.041
0.00	0.000	0.000	0.000	0.000	0.000	0.000	0.000	0.000	0.000	0.000	0.000

ξ \ λ	1.00	1.05	1.10	1.15	1.20	1.25	1.30	1.35	1.40	1.45	1.50
1.00	0.352	0.376	0.401	0.424	0.448	0.470	0.493	0.514	0.535	0.555	0.575
0.98	0.352	0.376	0.401	0.424	0.448	0.470	0.492	0.514	0.535	0.555	0.575
0.96	0.351	0.376	0.400	0.424	0.447	0.470	0.492	0.513	0.534	0.555	0.574
0.94	0.351	0.375	0.399	0.423	0.446	0.469	0.491	0.513	0.533	0.554	0.573
0.92	0.350	0.374	0.398	0.422	0.445	0.468	0.490	0.511	0.532	0.552	0.572
0.90	0.349	0.373	0.397	0.421	0.444	0.466	0.488	0.510	0.531	0.551	0.570
0.88	0.347	0.372	0.395	0.419	0.442	0.464	0.486	0.508	0.529	0.549	0.568
0.86	0.346	0.370	0.394	0.417	0.440	0.462	0.484	0.505	0.526	0.546	0.565
0.84	0.344	0.368	0.391	0.415	0.438	0.460	0.482	0.503	0.523	0.543	0.563
0.82	0.341	0.365	0.389	0.412	0.435	0.457	0.479	0.500	0.520	0.540	0.559
0.80	0.339	0.363	0.386	0.409	0.432	0.454	0.475	0.496	0.517	0.536	0.556
0.78	0.336	0.360	0.383	0.406	0.428	0.450	0.472	0.493	0.513	0.533	0.552
0.76	0.333	0.357	0.380	0.402	0.425	0.446	0.468	0.488	0.509	0.528	0.547
0.74	0.330	0.353	0.376	0.399	0.421	0.442	0.463	0.484	0.504	0.523	0.542
0.72	0.326	0.349	0.372	0.394	0.416	0.438	0.459	0.479	0.499	0.518	0.537
0.70	0.323	0.345	0.368	0.390	0.412	0.433	0.454	0.474	0.439	0.513	0.531
0.68	0.318	0.341	0.363	0.385	0.406	0.428	0.448	0.468	0.488	0.507	0.525
0.66	0.314	0.336	0.358	0.380	0.401	0.422	0.442	0.462	0.481	0.500	0.518
0.64	0.309	0.331	0.353	0.374	0.395	0.416	0.436	0.456	0.475	0.493	0.511
0.62	0.305	0.326	0.348	0.369	0.389	0.410	0.429	0.449	0.468	0.486	0.504
0.60	0.299	0.321	0.342	0.362	0.383	0.403	0.422	0.442	0.460	0.478	0.496
0.58	0.294	0.315	0.336	0.356	0.376	0.396	0.415	0.434	0.452	0.470	0.488
0.56	0.288	0.309	0.329	0.349	0.369	0.388	0.407	0.426	0.444	0.462	0.479
0.54	0.282	0.302	0.322	0.342	0.361	0.380	0.399	0.417	0.435	0.453	0.470
0.52	0.276	0.296	0.315	0.334	0.354	0.372	0.391	0.409	0.426	0.443	0.460
0.50	0.269	0.289	0.308	0.327	0.345	0.364	0.382	0.399	0.416	0.433	0.450
0.48	0.262	0.281	0.300	0.318	0.337	0.355	0.372	0.389	0.406	0.423	0.439
0.46	0.255	0.274	0.292	0.310	0.328	0.345	0.362	0.379	0.396	0.412	0.428
0.44	0.248	0.266	0.283	0.301	0.318	0.335	0.352	0.369	0.385	0.400	0.416
0.42	0.240	0.257	0.274	0.292	0.308	0.325	0.341	0.357	0.373	0.389	0.404
0.40	0.232	0.249	0.265	0.282	0.298	0.314	0.330	0.346	0.361	0.376	0.391
0.38	0.223	0.240	0.256	0.272	0.288	0.303	0.319	0.334	0.349	0.363	0.377
0.36	0.215	0.230	0.246	0.261	0.277	0.292	0.307	0.321	0.336	0.350	0.364
0.34	0.206	0.221	0.236	0.251	0.265	0.280	0.294	0.308	0.322	0.336	0.349
0.32	0.196	0.211	0.225	0.239	0.253	0.267	0.281	0.295	0.308	0.321	0.334
0.30	0.187	0.200	0.214	0.228	0.241	0.254	0.268	0.281	0.293	0.306	0.318
0.28	0.177	0.190	0.203	0.216	0.228	0.241	0.254	0.266	0.278	0.290	0.302
0.26	0.166	0.179	0.191	0.203	0.215	0.227	0.239	0.251	0.262	0.274	0.285
0.24	0.156	0.167	0.179	0.190	0.202	0.213	0.224	0.235	0.246	0.257	0.267
0.22	0.145	0.155	0.166	0.177	0.188	0.198	0.209	0.219	0.229	0.239	0.249
0.20	0.133	0.143	0.153	0.163	0.173	0.183	0.193	0.202	0.212	0.221	0.230
0.18	0.122	0.131	0.140	0.149	0.158	0.167	0.176	0.185	0.194	0.202	0.211
0.16	0.110	0.118	0.126	0.134	0.143	0.151	0.159	0.167	0.175	0.183	0.190
0.14	0.097	0.105	0.112	0.119	0.127	0.134	0.141	0.148	0.155	0.162	0.169
0.12	0.084	0.091	0.097	0.104	0.110	0.116	0.123	0.129	0.135	0.141	0.148
0.10	0.071	0.077	0.082	0.088	0.093	0.098	0.104	0.109	0.115	0.120	0.125
0.08	0.058	0.062	0.067	0.071	0.076	0.080	0.084	0.089	0.093	0.097	0.102
0.06	0.044	0.047	0.051	0.054	0.057	0.061	0.064	0.068	0.071	0.074	0.078
0.04	0.030	0.032	0.034	0.037	0.039	0.041	0.043	0.046	0.048	0.050	0.053
0.02	0.015	0.016	0.017	0.019	0.020	0.021	0.022	0.023	0.024	0.026	0.027
0.00	0.000	0.000	0.000	0.000	0.000	0.000	0.000	0.000	0.000	0.000	0.000

ξ \ λ	1.55	1.60	1.65	1.70	1.75	1.80	1.85	1.90	1.95	2.00	2.05
1.00	0.594	0.612	0.630	0.646	0.663	0.678	0.693	0.707	0.721	0.734	0.747
0.98	0.594	0.612	0.629	0.646	0.662	0.678	0.693	0.707	0.721	0.734	0.747
0.96	0.593	0.611	0.629	0.646	0.662	0.677	0.692	0.707	0.720	0.733	0.746
0.94	0.592	0.610	0.628	0.645	0.661	0.676	0.691	0.706	0.719	0.732	0.745
0.92	0.591	0.609	0.626	0.643	0.659	0.675	0.690	0.704	0.718	0.731	0.743
0.90	0.589	0.607	0.625	0.641	0.657	0.673	0.688	0.702	0.716	0.729	0.741
0.88	0.587	0.605	0.622	0.639	0.655	0.671	0.686	0.700	0.713	0.727	0.739
0.86	0.584	0.602	0.620	0.636	0.652	0.668	0.683	0.697	0.711	0.724	0.736
0.84	0.581	0.599	0.617	0.633	0.649	0.665	0.680	0.694	0.707	0.720	0.733
0.82	0.578	0.596	0.613	0.630	0.646	0.661	0.676	0.690	0.704	0.717	0.729
0.80	0.574	0.592	0.609	0.626	0.642	0.657	0.672	0.686	0.700	0.713	0.725
0.78	0.570	0.588	0.605	0.621	0.637	0.653	0.667	0.681	0.695	0.708	0.721
0.76	0.565	0.583	0.600	0.617	0.632	0.648	0.662	0.676	0.690	0.703	0.715
0.74	0.560	0.578	0.595	0.611	0.627	0.642	0.657	0.671	0.684	0.697	0.710
0.72	0.555	0.572	0.589	0.606	0.621	0.636	0.651	0.665	0.678	0.691	0.704
0.70	0.549	0.566	0.583	0.599	0.615	0.630	0.645	0.659	0.672	0.685	0.697
0.68	0.543	0.560	0.577	0.593	0.608	0.623	0.638	0.652	0.665	0.678	0.690
0.66	0.536	0.553	0.570	0.586	0.601	0.616	0.630	0.644	0.658	0.670	0.683
0.64	0.529	0.546	0.562	0.578	0.593	0.608	0.622	0.636	0.650	0.662	0.675
0.62	0.521	0.538	0.554	0.570	0.585	0.600	0.614	0.628	0.641	0.654	0.666
0.60	0.513	0.530	0.546	0.561	0.577	0.591	0.605	0.619	0.632	0.645	0.657
0.58	0.505	0.521	0.537	0.552	0.567	0.582	0.596	0.609	0.622	0.635	0.647
0.56	0.496	0.512	0.528	0.543	0.558	0.572	0.586	0.599	0.612	0.624	0.637
0.54	0.486	0.502	0.518	0.533	0.547	0.561	0.575	0.588	0.601	0.614	0.626
0.52	0.476	0.492	0.507	0.522	0.536	0.550	0.564	0.577	0.590	0.602	0.614
0.50	0.466	0.481	0.496	0.511	0.525	0.539	0.552	0.565	0.578	0.590	0.602
0.48	0.455	0.470	0.485	0.499	0.513	0.527	0.540	0.553	0.565	0.577	0.589
0.46	0.443	0.458	0.473	0.487	0.500	0.514	0.527	0.539	0.552	0.564	0.575
0.44	0.431	0.446	0.460	0.474	0.487	0.500	0.513	0.526	0.538	0.549	0.561
0.42	0.418	0.433	0.447	0.460	0.473	0.486	0.499	0.511	0.523	0.534	0.546
0.40	0.405	0.419	0.433	0.446	0.459	0.472	0.484	0.496	0.507	0.519	0.530
0.38	0.391	0.405	0.418	0.431	0.444	0.456	0.468	0.480	0.491	0.502	0.513
0.36	0.377	0.390	0.403	0.416	0.428	0.440	0.452	0.463	0.474	0.485	0.496
0.34	0.362	0.375	0.387	0.400	0.411	0.423	0.434	0.446	0.456	0.467	0.477
0.32	0.347	0.359	0.371	0.383	0.394	0.405	0.417	0.427	0.438	0.448	0.458
0.30	0.330	0.342	0.354	0.365	0.376	0.387	0.398	0.408	0.418	0.428	0.438
0.28	0.313	0.325	0.336	0.347	0.357	0.368	0.378	0.388	0.398	0.408	0.417
0.26	0.296	0.307	0.317	0.328	0.338	0.348	0.358	0.367	0.377	0.386	0.395
0.24	0.278	0.288	0.298	0.308	0.318	0.327	0.336	0.346	0.354	0.363	0.372
0.22	0.259	0.269	0.278	0.287	0.296	0.305	0.314	0.323	0.331	0.340	0.348
0.20	0.239	0.248	0.257	0.266	0.274	0.283	0.291	0.299	0.307	0.315	0.323
0.18	0.219	0.227	0.236	0.244	0.251	0.259	0.267	0.274	0.282	0.289	0.296
0.16	0.198	0.206	0.213	0.220	0.228	0.235	0.242	0.249	0.255	0.262	0.269
0.14	0.176	0.183	0.190	0.196	0.203	0.209	0.216	0.222	0.228	0.234	0.240
0.12	0.154	0.160	0.165	0.171	0.177	0.183	0.188	0.194	0.199	0.205	0.210
0.10	0.130	0.135	0.140	0.145	0.150	0.155	0.160	0.165	0.169	0.174	0.179
0.08	0.106	0.110	0.114	0.118	0.122	0.126	0.130	0.134	0.138	0.142	0.146
0.06	0.081	0.084	0.087	0.090	0.094	0.097	0.100	0.103	0.106	0.109	0.112
0.04	0.055	0.057	0.059	0.061	0.063	0.066	0.068	0.070	0.072	0.074	0.076
0.02	0.028	0.029	0.030	0.031	0.032	0.033	0.035	0.036	0.037	0.038	0.039
0.00	0.000	0.000	0.000	0.000	0.000	0.000	0.000	0.000	0.000	0.000	0.000

ξ \ λ	2.10	2.15	2.20	2.25	2.30	2.35	2.40	2.45	2.50	2.55	2.60
1.00	0.759	0.770	0.781	0.792	0.801	0.811	0.820	0.829	0.837	0.845	0.852
0.98	0.758	0.770	0.781	0.791	0.801	0.811	0.820	0.828	0.837	0.845	0.852
0.96	0.758	0.769	0.780	0.791	0.801	0.810	0.819	0.828	0.836	0.844	0.851
0.94	0.757	0.768	0.779	0.790	0.800	0.809	0.818	0.827	0.835	0.843	0.850
0.92	0.755	0.767	0.778	0.788	0.798	0.808	0.817	0.825	0.834	0.842	0.849
0.90	0.753	0.765	0.776	0.786	0.796	0.806	0.815	0.824	0.832	0.840	0.847
0.88	0.751	0.762	0.773	0.784	0.794	0.803	0.813	0.821	0.830	0.837	0.845
0.86	0.748	0.760	0.771	0.781	0.791	0.801	0.810	0.819	0.827	0.835	0.842
0.84	0.745	0.756	0.767	0.778	0.788	0.797	0.807	0.815	0.824	0.832	0.839
0.82	0.741	0.753	0.764	0.774	0.784	0.794	0.803	0.812	0.820	0.828	0.836
0.80	0.737	0.749	0.760	0.770	0.780	0.790	0.799	0.808	0.816	0.824	0.832
0.78	0.732	0.744	0.755	0.765	0.776	0.785	0.794	0.803	0.812	0.820	0.827
0.76	0.727	0.739	0.750	0.760	0.770	0.780	0.789	0.798	0.807	0.815	0.823
0.74	0.722	0.733	0.744	0.755	0.765	0.775	0.784	0.793	0.801	0.809	0.817
0.72	0.716	0.727	0.738	0.749	0.759	0.769	0.778	0.787	0.795	0.804	0.811
0.70	0.709	0.721	0.732	0.742	0.752	0.762	0.771	0.780	0.789	0.797	0.805
0.68	0.702	0.714	0.725	0.735	0.745	0.755	0.764	0.773	0.782	0.790	0.798
0.66	0.695	0.706	0.717	0.727	0.738	0.747	0.757	0.766	0.774	0.783	0.791
0.64	0.686	0.698	0.709	0.719	0.729	0.739	0.749	0.758	0.766	0.775	0.783
0.62	0.678	0.680	0.700	0.711	0.721	0.730	0.710	0.710	0.758	0.766	0.771
0.60	0.668	0.680	0.691	0.701	0.711	0.721	0.731	0.740	0.748	0.757	0.765
0.58	0.659	0.670	0.681	0.691	0.701	0.711	0.721	0.730	0.738	0.747	0.755
0.56	0.648	0.659	0.670	0.681	0.691	0.701	0.710	0.719	0.728	0.736	0.745
0.54	0.637	0.648	0.659	0.670	0.680	0.689	0.699	0.708	0.717	0.725	0.733
0.52	0.625	0.636	0.647	0.658	0.668	0.677	0.687	0.696	0.705	0.713	0.721
0.50	0.613	0.624	0.635	0.645	0.655	0.665	0.674	0.683	0.692	0.701	0.709
0.48	0.600	0.611	0.622	0.632	0.642	0.651	0.661	0.670	0.679	0.687	0.695
0.46	0.586	0.597	0.608	0.618	0.628	0.637	0.647	0.656	0.664	0.673	0.681
0.44	0.572	0.582	0.593	0.603	0.613	0.622	0.632	0.641	0.649	0.658	0.666
0.42	0.556	0.567	0.577	0.587	0.597	0.606	0.616	0.625	0.633	0.642	0.650
0.40	0.540	0.551	0.561	0.571	0.580	0.590	0.599	0.608	0.616	0.625	0.633
0.38	0.524	0.534	0.544	0.554	0.563	0.572	0.581	0.590	0.599	0.607	0.615
0.36	0.506	0.516	0.526	0.535	0.545	0.554	0.563	0.571	0.580	0.588	0.596
0.34	0.487	0.497	0.507	0.516	0.525	0.534	0.543	0.551	0.560	0.568	0.576
0.32	0.468	0.478	0.487	0.496	0.505	0.514	0.522	0.531	0.539	0.547	0.555
0.30	0.448	0.457	0.466	0.475	0.484	0.492	0.500	0.509	0.517	0.524	0.532
0.28	0.426	0.435	0.444	0.453	0.461	0.469	0.477	0.485	0.493	0.501	0.508
0.26	0.404	0.412	0.421	0.429	0.437	0.445	0.453	0.461	0.469	0.476	0.483
0.24	0.380	0.389	0.397	0.405	0.413	0.420	0.428	0.435	0.443	0.450	0.457
0.22	0.356	0.364	0.371	0.379	0.387	0.394	0.401	0.408	0.415	0.422	0.429
0.20	0.330	0.338	0.345	0.352	0.359	0.366	0.373	0.380	0.386	0.393	0.400
0.18	0.303	0.310	0.317	0.324	0.331	0.337	0.344	0.350	0.356	0.362	0.368
0.16	0.275	0.282	0.288	0.294	0.300	0.306	0.312	0.318	0.324	0.330	0.336
0.14	0.246	0.252	0.257	0.263	0.269	0.274	0.280	0.285	0.291	0.296	0.301
0.12	0.215	0.220	0.226	0.231	0.236	0.241	0.245	0.250	0.255	0.260	0.265

ξ ╲ λ	2.10	2.15	2.20	2.25	2.30	2.35	2.40	2.45	2.50	2.55	2.60
0.10	0.183	0.188	0.192	0.196	0.201	0.205	0.209	0.214	0.218	0.222	0.226
0.08	0.150	0.153	0.157	0.161	0.164	0.168	0.172	0.175	0.179	0.182	0.185
0.06	0.115	0.118	0.120	0.123	0.126	0.129	0.132	0.135	0.137	0.140	0.143
0.04	0.078	0.080	0.082	0.084	0.086	0.088	0.090	0.092	0.094	0.096	0.098
0.02	0.040	0.041	0.042	0.043	0.044	0.405	0.046	0.047	0.048	0.049	0.050
0.00	0.000	0.000	0.000	0.000	0.000	0.000	0.000	0.000	0.000	0.000	0.000

抗震墙等效刚度是指以弯曲变形形式表达的，而考虑弯曲、剪切变形和轴向变形[1]影响的抗震墙刚度。

对于无洞口的单肢墙，等效刚度可按下式计算：

$$EI_{wej} = \frac{EI_{wj}}{1 + \dfrac{4\mu EI_{wj}}{H^2 GA_{wj}}}$$

式中　EI_{wj}——第 j 片抗震墙的抗弯刚度；

　　　G——抗震墙混凝土剪切模量；

　　　H——房屋高度；

　　　μ——剪应力不均匀系数，矩形截面取 1.2。

对于双肢墙和对称三肢墙，等效刚度按式（4-129）计算。求得各片双肢墙或对称三肢墙地震剪力和弯矩后，尚应计算该墙各墙肢和连梁的内力。

四、抗震墙的等效荷载

为了充分发挥抗震墙的抗震作用，抗震墙一般不设洞口（实体墙），或仅设一排洞口而形成双肢抗震墙（简称双肢墙），或为了提高框架-抗震墙房屋中纵向抗震墙的抗弯能力，在布置纵向抗震墙时，常将相邻两个柱距间均布置成抗震墙，并在每个柱间适当位置设置门洞，使之形成对称三肢抗震墙（图 4-62）。

框架-抗震墙经协同工作分析后，实体墙求得地震内力后，就可计算其截面承载力。而对双肢墙和对称三肢墙一般则需首先求出作用在它上面的等效荷载，然后才能计算其内力。

为了确定作用在双肢墙和三肢墙上面的等效荷载，我们来分析它们的剪力图，参见图 4-62（b）。它是由式（4-256a）按墙的等效刚度分配得到的，该图与综合抗震墙剪力图相似。由图 4-62（b）可见，它可近似地看作是由两个对顶三角形组成的（虚线），并令在墙顶和墙底处的剪力值分别为 V_2 和 V_1。而这两个对顶三角形又可看作是由一个矩形和一个三角形的剪力图叠加而成（图形符号相反）（图 4-62c、d）。因此，它们的等效荷载分别等于作用在墙顶部的水平集中荷载：

$$F = V_2 \tag{4-257}$$

---

❶ 计算双肢墙和三肢墙等效刚度时除考虑弯曲、剪切变形外，还要考虑轴向变形的影响。

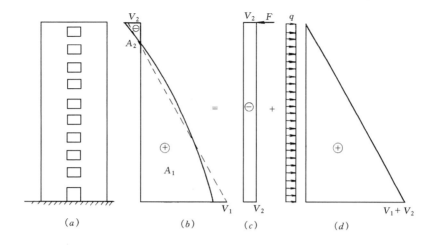

图 4-62　抗震墙上的等效荷载的计算

(a) 单片抗震墙；(b) 单片抗震墙的剪力图；(c) 矩形剪力图及其等效荷载；

(d) 三角形剪力图及其等效荷载

和作用在抗震墙全高上的水平均布荷载（两者方向相反）：

$$q = \frac{V_1 + V_2}{H} \qquad (4\text{-}258)$$

根据上、下对顶两个三角形面积分别等于原来剪力图相应面积 A_2、A_1 的条件，可以列出：

$$V_1 = \frac{2A_1}{H - x} \qquad (a)$$

$$V_2 = \frac{2A_2}{x} \qquad (b)$$

$$x = \frac{V_2}{V_1 + V_2} H \qquad (c)$$

式中　V_1、V_2——分别为双肢墙底部和顶部截面的剪力（图 4-62）；

A_1、A_2——分别为双肢墙下部和上部原剪力图的面积（符号相反）；

x——墙顶至剪力图零点的距离。

由式 (a)、(b) 和 (c) 得：

$$V_2 = \frac{2\left(A_2 + \sqrt{A_1 A_2}\right)}{H} \qquad (4\text{-}259)$$

$$x = \frac{2A_2}{V_2} \qquad (4\text{-}260)$$

$$V_1 = \frac{2A_1}{H - x} \qquad (4\text{-}261)$$

【例题 4-10】某 10 层现浇钢筋混凝土框架-抗震墙结构，平面、剖面示意图和重力荷载代表值简图如图 4-63 所示。框架梁截面尺寸为 $0.25m \times 0.60m$，框架柱截面尺寸：1、2 层为 $0.55m \times 0.55m$；3、4 层为 $0.50m \times 0.50m$；5～10 层为 $0.45m \times 0.45m$，抗震墙厚度为 $0.22m$，框架梁、柱和抗震墙混凝土强度等级：1～6 层为 C35；7～10 层为 C30，结构阻尼比为 0.05，设防烈度为 7 度，设计基本地震加速度为 $0.15g$，Ⅰ类场地，设计地震分组为第二组。

试确定在横向水平多遇地震作用下框架和抗震墙地震内力，并验算结构的侧移。

【解】1. 楼层重力荷载代表值 G_i

$$G_1 = 12400kN \qquad G_2 \sim G_9 = 10640kN \qquad G_{10} = 7800kN$$

2. 框架梁的线刚度

框架梁的线刚度计算过程见表 4-48。

框架梁的线刚度计算

表 4-48

层位	梁位	跨度 l (m)	截面 $b_b h_b$ (m²)	弹性模量 E_c (kN/m²)	惯性矩 $I_0 = b_b h_b^3/12$ (m⁴)	边框梁 $I_b = 1.5I_0$ (m⁴)	边框梁 $k_b = E_c I_b/l$ (kN·m)	中框梁 $I_b = 2I_0$ (m⁴)	中框梁 $k_b = E_c I_b/l$ (kN·m)
7～10	边	6.0		3.0×10^7			3.38×10^4		4.5×10^4
	中	2.4	0.25×0.60		4.5×10^{-3}	6.75×10^{-3}	8.44×10^4	9×10^{-3}	11.25×10^4
1～6	边	6.0		3.15×10^7			3.49×10^4		4.65×10^4
	中	2.4					8.72×10^4		11.63×10^4

3. 验算柱的轴压比

（1）各层单位面荷载代表值的计算

各层单位面荷载代表值见表 4-49。

各层单位面荷载代表值计算

表 4-49

层 位	楼层荷载代表值（kN）	楼层面积（m²）	楼层单位面积荷载代表值（kN/m²）
10	7800	760.2	10.26
2～9	10640	760.2	14.00
1	12400	760.2	16.30

（2）柱的轴压比验算

由表 4-2a 查得，当设防烈度为 7 度，房屋高度 $H = 36.6m < 60m$ 时，框架等级为三级，抗震墙为二级，柱的剪跨比 $\lambda = H_n/2h = 3.00/(2 \times 0.55) = 2.73 > 2$，故柱的轴压比限值 $\lambda_N = 0.95$（表 4-64）。

验算柱的轴压比时，柱的轴力应为重力荷载代表值与水平地震作用组合下轴力设计值，为简化计算，对于中柱其值可近似取重力荷载代表值作用下的轴力乘以分项系数 1.2，对于边柱再乘以 1.25 的增大系数，以考虑地震作用对轴力的影响。

轴压比的计算过程，见表 4-50。其中，混凝土强度等级 C30 和 C35 的轴心抗压强度设计值 f_c 分别为 $14.3 \times 10^3 kN/m^2$ 和 $16.7 \times 10^3 kN/m^2$。

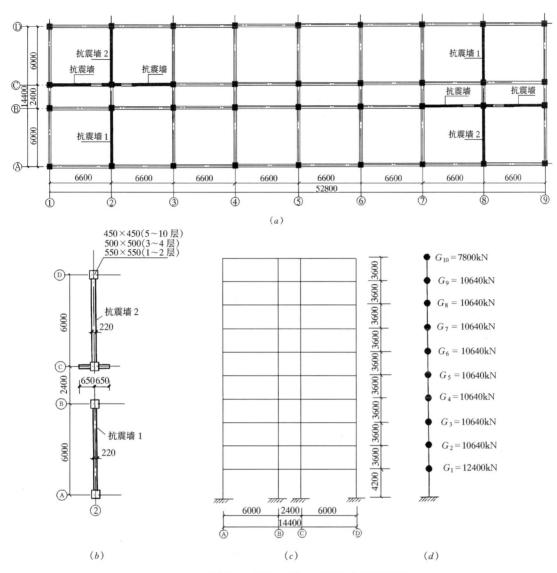

图 4-63　建筑平面、剖面和重力荷载代表值示意图

柱的轴压比计算　　　　　　　　　　　　　　　　　　表 4-50

层位	中柱					边柱				
	N_i (kN)	ΣN_i (kN)	$A_c=b_c h_c$ (m²)	混凝土强度等级	$\lambda_N = 1.2 \times$ $\Sigma N_i/A_c f_c$	N_i (kN)	ΣN_i (kN)	$A_c=b_c h_c$ (m²)	混凝土强度等级	$\lambda_N = 1.5 \times$ $\Sigma N_i/A_c f_c$
10	284.4	284.4			0.12	203.2	203.2			0.11
9	388.1	672.5		C30	0.28	277.2	480.4		C30	0.25
8	388.1	1060.6	0.45×0.45		0.44	277.2	757.6	0.45× 0.45		0.39
7	388.1	1448.7			0.60	277.2	1034.8			0.54
6	388.1	1836.8			0.65	277.2	1312			0.58
5	388.1	2224.9			0.79	277.2	1589.2			0.70
4	388.1	2613.0	0.50×0.50	C35	0.75	277.2	1866.4	0.50× 0.50	C35	0.67
3	388.1	3001.1			0.86	277.2	2143.6			0.77
2	388.1	3389.2	0.55×0.55		0.81	277.2	2420.8	0.55× 0.55		0.72
1	451.8	3841			0.90	322.7	2743.5			0.81

由表中可见，各柱轴压比均不超过极限值。

4. 框架柱线刚度的计算

框架柱线刚度的计算过程见表4-51。

框架柱的线刚度的计算   表4-51

层　位	柱截面 $A_c=b_c h_c$ (m²)	层高 (m)	混凝土强度等级和弹性模量 E_c (kN/m²)	截面惯性矩 $I_c=\dfrac{b_c h_c^3}{12}$ (m³)	线刚度 $k_c=\dfrac{E_c I_c}{h_c}$ (kN·m)
7～10	0.45×0.45		C30 (3.00×10⁷)	3.42×10⁻³	2.85×10⁴
5～6	0.45×0.45	3.60		3.42×10⁻³	2.99×10⁴
3～4	0.50×0.50		C35 (3.15×10⁷)	5.21×10⁻³	4.57×10⁴
2	0.55×0.55			7.63×10⁻³	6.68×10⁴
1	0.55×0.55	4.20		7.63×10⁻³	5.72×10⁴

5. 综合框架侧向刚度的计算

综合框架侧向刚度的计算过程见表4-52a和表4-52b。

首层柱的侧向刚度的计算   表4-52a

层位	层高 h (m)	柱位置	与柱相连梁线刚度 k_b (kN·m)	柱的线刚度 k_c (kN·m)	$\bar{k}=\dfrac{\sum k_b}{k_c}$	$\alpha=\dfrac{0.5+\bar{k}}{2+\bar{k}}$	$D_k=\alpha k_c\dfrac{12}{h^2}$ (kN/m)	柱的根数 n	nD_k	第i层柱的侧移刚度 D_i(kN/m)	$C_{fi}=h\sum D_k$ (kN)
1	4.20	中框边柱	4.65×10⁴	5.72×10⁴	$\dfrac{4.65\times10^4}{5.72\times10^4}=0.813$	$\dfrac{0.5+0.813}{2+0.813}=0.467$	$0.467\times5.72\times10^4\times\dfrac{12}{4.2^2}=1.817\times10^4$	10	18.17×10⁴	61.59×10⁴	258.67×10⁴
		中框中柱	4.65×10⁴ 11.63×10⁴		$\dfrac{(4.65+11.63)\times10^4}{5.72\times10^4}=2.846$	$\dfrac{0.5+2.846}{2+2.846}=0.691$	$0.691\times5.72\times10^4\times\dfrac{12}{4.2^2}=2.689\times10^4$	10	26.89×10⁴		
		边框边柱	3.49×10⁴		$\dfrac{3.49\times10^4}{5.72\times10^4}=0.610$	$\dfrac{0.5+0.610}{2+0.610}=0.425$	$0.425\times5.72\times10^4\times\dfrac{12}{4.2^2}=1.654\times10^4$	4	6.616×10⁴		
		边框中柱	3.49×10⁴ 8.72×10⁴		$\dfrac{(3.49+8.72)\times10^4}{5.72\times10^4}=2.135$	$\dfrac{0.5+2.135}{2+2.135}=0.637$	$0.637\times5.72\times10^4\times\dfrac{12}{4.2^2}=2.479\times10^4$	4	9.914×10⁴		

层位	层高 h (m)	柱位置	与柱相连梁线刚度 k_b (kN·m)	柱的线刚度 k_c (kN·m)	$\bar{k}=\dfrac{\Sigma k_b}{k_c}$	$\alpha=\dfrac{\bar{k}}{2+\bar{k}}$	$D_k=\alpha k_c\dfrac{12}{h^2}$ (kN/m)	柱的根数 n	nD_k (kN/m)	第 i 层柱的侧移刚度 D_i (kN/m)	$C_{fi}=h\Sigma D_k$ (kN)
7～10	3.60	中框边柱	4.5×10^4	2.84×10^4	$\dfrac{2\times4.5\times10^4}{2\times2.84\times10^4}=1.66$	$\dfrac{1.61}{2+1.61}=0.446$	$0.446\times2.84\times10^4\times\dfrac{12}{3.6^2}=1.173\times10^4$	10	11.73×10^4	42.08×10^4	151.49×10^4
		中框中柱	4.5×10^4 11.25×10^4		$\dfrac{2(4.5+11.25)\times10^4}{2\times2.84\times10^4}=5.55$	$\dfrac{5.55}{2+5.55}=0.375$	$0.375\times2.84\times10^4\times\dfrac{12}{3.6^2}=1.932\times10^4$	10	19.33×10^4		
		边框边柱	3.38×10^4		$\dfrac{2\times3.38\times10^4}{2\times2.84\times10^4}=1.19$	$\dfrac{1.19}{2+1.19}=0.373$	$0.373\times2.84\times10^4\times\dfrac{12}{3.6^2}=0.981\times10^4$	4	3.92		
		边框中柱	3.38×10^4 8.44×10^4		$\dfrac{2(3.38+8.44)\times10^4}{2\times2.84\times10^4}=4.16$	$\dfrac{4.16}{2+4.16}=0.675$	$0.675\times2.84\times10^4\times\dfrac{12}{3.6^2}=1.775\times10^4$	4	7.10		
5～6	3.60	中框边柱	4.65×10^4	2.99×10^4	$\dfrac{2\times4.65\times10^4}{2\times2.99\times10^4}=1.56$	$\dfrac{1.56}{2+1.56}=0.438$	$0.438\times2.99\times10^4\times\dfrac{12}{3.6^2}=1.213\times10^4$	10	12.13×10^4	43.89×10^4	158.0×10^4
		中框中柱	4.65×10^4 11.63×10^4		$\dfrac{2(4.65+11.63)\times10^4}{2\times2.99\times10^4}=5.44$	$\dfrac{5.44}{2+5.44}=0.731$	$0.731\times2.99\times10^4\times\dfrac{12}{3.6^2}=2.024\times10^4$	10	20.24×10^4		
		边框边柱	3.49×10^4		$\dfrac{2\times3.49\times10^4}{2\times2.99\times10^4}=1.17$	$\dfrac{1.17}{2+1.17}=0.369$	$0.369\times2.99\times10^4\times\dfrac{12}{3.6^2}=1.022\times10^4$	4	4.087		
		边框中柱	3.49×10^4 8.72×10^4		$\dfrac{2(3.49+8.72)\times10^4}{2\times2.99\times10^4}=4.08$	$\dfrac{4.08}{2+4.08}=0.671$	$0.671\times2.99\times10^4\times\dfrac{12}{3.6^2}=1.858\times10^4$	4	7.432		
3～4	3.60	中框边柱	4.65×10^4	4.57×10^4	$\dfrac{2\times4.65\times10^4}{2\times4.57\times10^4}=1.02$	$\dfrac{1.02}{2+1.02}=0.338$	$0.338\times4.57\times10^4\times\dfrac{12}{3.6^2}=1.430\times10^4$	10	14.30×10^4	55.74×10^4	200.67×10^4
		中框中柱	4.65×10^4 11.63×10^4		$\dfrac{2(4.65+11.63)\times10^4}{2\times4.57\times10^4}=3.56$	$\dfrac{3.56}{2+3.56}=0.640$	$0.640\times4.57\times10^4\times\dfrac{12}{3.6^2}=2.709\times10^4$	10	27.09×10^4		
		边框边柱	3.49×10^4		$\dfrac{2\times3.49\times10^4}{2\times4.57\times10^4}=0.764$	$\dfrac{0.764}{2+0.764}=0.276$	$0.276\times4.57\times10^4\times\dfrac{12}{3.6^2}=1.168\times10^4$	4	4.672		
		边框中柱	3.49×10^4 8.72×10^4		$\dfrac{2(3.49+8.72)\times10^4}{2\times4.57\times10^4}=2.672$	$\dfrac{2.672}{2+2.672}=0.572$	$0.572\times4.57\times10^4\times\dfrac{12}{3.6^2}=2.420\times10^4$	4	9.68		

层位	层高 h (m)	柱位置	与柱相连梁线刚度 k_b (kN·m)	柱的线刚度 k_c (kN·m)	$\bar{k}=\dfrac{\Sigma k_b}{k_c}$	$\alpha=\dfrac{\bar{k}}{2+\bar{k}}$	$D_k=\alpha k_c\dfrac{12}{h^2}$ (kN/m)	柱的根数 n	nD_k (kN/m)	第 i 层柱的侧移刚度 D_i (kN/m)	$C_{fi}=h\Sigma D_k$ (kN)
2	3.60	中框边柱	4.65×10^4	6.68×10^4	$\dfrac{2\times4.65\times10^4}{2\times6.68\times10^4}=0.696$	$\dfrac{0.696}{2+0.696}=0.258$	$0.258\times6.68\times10^4\times\dfrac{12}{3.6^2}=1.596\times10^4$	10	15.96×10^4	66.87×10^4	240.73×10^4
		中框中柱	4.65×10^4 11.63×10^4		$\dfrac{2(4.65+11.63)\times10^4}{2\times6.68\times10^4}=2.437$	$\dfrac{2.437}{2+2.437}=0.549$	$0.549\times6.68\times10^4\times\dfrac{12}{3.6^2}=3.396\times10^4$	10	33.96×10^4		
		边框边柱	3.49×10^4		$\dfrac{2\times3.49\times10^4}{2\times6.68\times10^4}=0.522$	$\dfrac{0.522}{2+0.522}=0.207$	$0.207\times6.68\times10^4\times\dfrac{12}{3.6^2}=1.280\times10^4$	4	5.12×10^4		
		边框中柱	3.49×10^4 8.72×10^4		$\dfrac{2(3.49+8.72)\times10^4}{2\times6.68\times10^4}=1.828$	$\dfrac{1.828}{2+1.828}=0.478$	$0.478\times6.68\times10^4\times\dfrac{12}{3.6^2}=2.957\times10^4$	4	11.83×10^4		

综合框架平均线位移侧移刚度和角位移侧移刚度分别为：

$$\Sigma D=\frac{1}{H}\Sigma D_i h_i=\frac{1}{36.6}\left[61.59\times4.2+(66.87+55.74\times2+43.89\times2+42.08\times4)3.6\right]\times10^4$$

$$=49.80\times10^4\,\text{kN/m}$$

$$\Sigma C_f=\frac{1}{H}\Sigma C_{fi}h_i=\frac{1}{36.6}\left[258.67\times4.2+(240.73+200.67\times2+158.0\times2+151.49\times4)3.6\right]\times10^4$$

$$=179.28\times10^4\,\text{kN}$$

6. 抗震墙等效刚度的计算

抗震墙平面见图 4-63（b）。墙 2 应考虑翼墙参加工作，根据《抗震规范》规定，抗震墙翼墙有效长度，每侧由墙面算起可取相邻抗震墙净距的一半，或至门窗洞口的墙长或抗震墙总高度的 15% 三者的较小值（见表 4-28）。对墙 2 来说，由第二个条件所确定的值为最小，故翼墙有效长度为 $2\times0.65=1.30\text{m}$。

（1）抗震墙惯性矩 I_1 及 I_2 的计算（见表 4-53）

墙的惯性矩 I_1、I_2 和 ΣI_i 的计算　　　　　　表 4-53

层位	柱截面 A_c (m²)	墙1截面 A_1 (m²)	墙2截面 A_2 (m²)	$\Sigma A_j=A_1+A_2$ (m²)	墙1惯性矩 I_1 (m⁴)	墙2惯性矩 I_2 (m⁴)	$\Sigma I_j=I_1+I_2$ (m⁴)
5～10	0.45×0.45	1.626	1.813	3.439	5.362	8.298	13.660
3、4	0.50×0.50	1.710	1.886	3.596	6.867	8.998	15.865
1、2	0.55×0.55	1.804	1.969	3.773	8.428	9.789	18.217

（2）抗震墙组合截面惯性矩 I_0 和 $\frac{I_n}{\Sigma I_j}$ 的计算（见表 4-54）❶

双肢墙组合截面惯性矩 I_0 和 $\frac{I_n}{\Sigma I_j}$ 的计算 表 4-54

层　位	墙1形心与墙组合截面形心间的距离 a_1(m)	墙2形心与墙组合截面形心间的距离 a_2(m)	墙1 $A_1a_1^2$(m⁴)	墙2 $A_2a_2^2$(m⁴)	$I_n = A_1a_1^2 + A_2a_2^2$ (m⁴)	墙组合截面惯性矩 $I_0 = \Sigma I_j + I_n$(m⁴)	$\frac{I_n}{\Sigma I_j}$
5～10	4.283	3.842	29.827	26.762	56.589	70.249	4.143
3、4	4.267	3.869	31.135	28.232	59.367	75.231	3.742
1、2	4.253	3.896	32.631	29.887	62.518	80.735	3.432

（3）抗震墙组合截面的抗弯刚度 EI_0 及系数 λ 和 γ 的计算（见表 4-55）

双肢墙组合截面抗弯刚度 EI_0、系数 λ 和 γ 的计算 表 4-55

层　位	混凝土强度等级	混凝土弹性模量 E_c (kN/m²)	EI_0 (kN·m²)	层高 h (m)	墙1与墙2形心间的距离 L (m)	$\lambda = \sqrt{\frac{12L^2 I_{b0} I_0}{h l_0^3 I_n \Sigma I_j}}$	$\gamma = \frac{2.38\mu I_0}{H^2 \Sigma A_j}$
7～10	C30	3.00×10^7	210.747×10^7	3.6	8.125	7.740×10^{-2}	0.0435
5、6	C35	3.15×10^7	221.284×10^7	3.6	8.125	7.740×10^{-2}	0.0435
3、4	C35	3.15×10^7	236.978×10^7	3.6	8.136	7.280×10^{-2}	0.0445
2	C35	3.15×10^7	254.315×10^7	3.6	8.149	6.860×10^{-2}	0.0458
1	C35	3.15×10^7	254.315×10^7	4.2	8.149	6.355×10^{-2}	0.0458
加权平均值		3.09×10^7	227.265×10^7	3.66	8	7.404×10^{-2}	0.0442

表中 λ 为抗震墙楼层刚度特征值，其中 l_0 为连梁计算跨度，本例 $l=2.4$m，连梁截面 $b_b h_b = 0.25\times0.60$m，I_{b0} 为考虑剪切变形影响的连梁惯性矩，其值按式（4-70）计算。其中：

$$I_b = \frac{1}{12}b_b h_b^3 \beta = \frac{1}{12}\times0.25\times0.60^3\times2\times0.55 = 4.95\times10^{-3}\text{m}^4$$

其中数字 2 为考虑楼板参加工作的增大系数。

$$I_{b0} = \frac{I_b}{1+\frac{28\mu I_b}{A_b l_0^2}} = \frac{4.95\times10^{-3}}{1+\frac{28\times1.2\times4.95\times10^{-3}}{0.25\times0.6\times2.40^2}} = 4.151\times10^{-3}\text{m}^4$$

表中 γ 为抗震墙考虑剪切变形的影响系数，μ 为截面剪应力不均匀系数，为简化计算，取 $\mu=1.2$，这对计算抗震墙的等效刚度不会引起较大误差。

（4）一片双肢墙等效刚度的计算

一片双肢墙的等效刚度按式（4-129）计算：

$$EI_0 = 227.265\times10^7\text{kN·m}^2$$

---

❶ 在轴②和轴⑧上的抗震墙 1、2 分别看作是带有洞口的组合截面的抗震墙，即双肢抗震墙。

$$\frac{I_n}{\Sigma I_j} = \frac{3.423 \times 4.2 + (3.432 \times 1 + 3.742 \times 2 + 4.143 \times 6)3.6}{36.6} = 3.913$$

$$\lambda_1 = \lambda H = 7.404 \times 10^{-2} \times 36.6 = 2.71$$

根据 $\lambda_1 = 2.71$ 由表 4-38 查得 $A_0 = 0.274$，

将已知数据代入式（4-129）第 2 式，得：

$$EI_{we} = \frac{EI_0}{1 + \dfrac{I_n}{\Sigma I_j} A_0 + 4\gamma} = \frac{227.265 \times 10^7}{1 + 3.913 \times 0.274 + 4 \times 0.0442} = 101.044 \times 10^7 \text{kN} \cdot \text{m}^2$$

综合抗震墙（2 片）的等效刚度：$\Sigma EI_{we} = 2 \times 101.044 \times 10^7 = 202.088 \times 10^7 \text{kN} \cdot \text{m}^2$。

7. 结构刚度特征值的计算

结构刚度特征值按式（4-249）计算：

$$\lambda = H\sqrt{\frac{\Sigma C_f}{\Sigma EI_{we}}} = 36.6\sqrt{\frac{179.28 \times 10^4}{202.08 \times 10^7}} = 1.09 \approx 1.10$$

8. 结构基本周期

（1）按《建筑结构荷载规范》公式（4-5a）计算

$$T_1 = 0.25 + 0.53 \times 10^{-3}\frac{H^2}{\sqrt[3]{B}} = 0.25 + 0.53 \times 10^{-3}\frac{36.6^2}{\sqrt[3]{14.4}} = 0.542\text{s}$$

（2）按《钢筋混凝土高层建筑结构设计与施工规程》公式（4-2b）计算

将各层荷载代表值 G_i 换算成沿房屋高度的均布荷载：

$$q = \frac{\Sigma G_i}{H} = \frac{105320}{36.6} = 2878\text{kN/m}$$

由表 4-6 查得，当 $\lambda = 1.10$ 时，$k_H = 8.57 \times 10^{-2}$。假想顶点位移为：

$$u_T = k_H\frac{qH^4}{\Sigma EI_{we}} = 8.547 \times 10^{-2}\frac{2878 \times 36.6^4}{202.08 \times 10^7} = 0.218\text{m}$$

结构基本周期为：

$$T_1 = 1.7\psi_T\sqrt{u_T} = 1.7 \times 0.75\sqrt{0.218} = 0.595\text{s}$$

本例取 $T_1 = 0.6\text{s}$。

9. 框架-抗震墙水平地震作用标准值及层间地震剪力

由表 3-4 查得，当设防烈度为 7 度，设计基本地震加速度为 $0.15g$，多遇地震时，$\alpha_{max} = 0.12$。由表 3-2 查得，Ⅰ类场地，设计地震分组为第二组，$T_g = 0.3\text{s}$。因为 $T_g = 0.3\text{s} < T_1 = 0.6\text{s} < 5T_g = 5 \times 0.3 = 1.5\text{s}$，阻尼比为 0.05，故

$$\alpha_1 = \left(\frac{T_g}{T_1}\right)^{0.9}\alpha_{max} = \left(\frac{0.3}{0.6}\right)^{0.9} \times 0.12 = 0.064$$

按式（3-77）计算结构总水平地震作用标准值：

$$F_{Ek} = \alpha_1 G_{eq} = 0.85\alpha_1 \Sigma G_i = 0.85 \times 0.064 \times 105320 = 5729\text{kN}$$

因为 $T_1 = 0.6\text{s} > 1.4T_g = 1.4 \times 0.3 = 0.42\text{s}$，故需考虑结构顶部附加水平地震作用的影响。由表 3-6 中相应公式算出结构顶部附加水平地震系数：

$$\delta_n = 0.08T_1 + 0.07 = 0.08 \times 0.6 + 0.07 = 0.058$$

由式（3-84）算出结构顶部附加水平地震作用：

$$\Delta F_n = \delta_n F_{Ek} = 0.058 \times 5729 = 332kN$$

$$(1 - \delta_n) F_{Ek} = (1 - 0.058) 5729 = 5397kN$$

第 i 层楼面处水平地震作用、楼层地震剪力和底部弯矩计算见表 4-56。

框架-抗震墙水平地震作用标准值、楼层地震剪力和底部弯矩计算　　　表 4-56

层位	H_i (m)	G_i (kN)	$G_i H_i$	$k_i = \dfrac{G_i H_i}{\Sigma G_i H_i}$	$F_i = k_i (1 - \delta_n) F_{Ek}$ (kN)	$V_i = \Sigma F_i + \Delta F_n$ (kN)	$F_i H_i$ (kN·m)
10	36.6	7800	285480	0.138	745	1077	27267
9	33.0	10640	351120	0.169	912	1989	30096
8	29.4	10640	312816	0.151	815	2804	23961
7	25.8	10640	274512	0.132	712	3516	18370
6	22.2	10640	236208	0.114	615	4131	13653
5	18.6	10640	197904	0.095	513	4644	9542
4	15.0	10640	159600	0.077	416	5060	6240
3	11.4	10640	121296	0.059	318	5378	3625
2	7.8	10640	82992	0.040	216	5594	1685
1	4.2	12400	52080	0.025	135	5729	567
Σ		105320	2074008	1.000	5397		$M_0 = 135006$

10. 框架、抗震墙地震内力和侧移的计算

(1) 框架层间地震剪力的计算

框架层间地震剪力的计算过程见表 4-57。

其中，折算等效倒三角形荷载最大值按式 (4-212) 计算：

$$q_{max} = \frac{3M_0}{H^2} = \frac{3 \times 135006}{36.6^2} = 302.35 kN/m^2$$

折算总水平地震作用标准值：

$$F_{Ek} = \frac{1}{2} q_{max} H = \frac{1}{2} \times 302.35 \times 36.6 = 5533 kN$$

$$\lambda = 1.10 \quad V_f = (V_f / F_{Ek}) F_{Ek} \quad V_f = (V_f / F_n) F_n \text{❶}$$

框架地震内力的计算　　　表 4-57

层位	h_i (m)	H_i (m)	ξ	倒三角形荷载		水平集中荷载		ΣV_{fi} (kN)
				V_f / F_{Ek}	V_f (kN)	V_f / F_n	V_f (kN)	
10	3.60	36.6	1.0	0.194	1073	0.401	133	1206
9	3.60	33.0	0.90	0.195	1079	0.397	132	1211
8	3.60	29.4	0.80	0.195	1079	0.386	128	1207
7	3.60	25.8	0.70	0.194	1073	0.368	122	1195
6	3.60	22.2	0.60	0.189	1046	0.342	114	1160

---

❶ 为书写简化起见，将 ΔF_n 写成 F_n。

层位	h_i (m)	H_i (m)	ξ	倒三角形荷载		水平集中荷载		ΣV_{fi} (kN)
				V_f/F_{Ek}	V_f (kN)	V_f/F_n	V_f (kN)	
5	3.60	18.6	0.51	0.181	1002	0.312	104	1106
4	3.60	15.0	0.41	0.164	907	0.270	87	994
3	3.60	11.4	0.31	0.139	769	0.220	73	842
2	3.60	7.80	0.21	0.106	597	0.160	53	640
1	4.20	4.20	0.12	0.066	365	0.097	32	397
0	0	0	0	0	0	0	0	0

（2）抗震墙地震剪力、弯矩和结构侧移的计算（见表 4-58）

墙的各截面剪力 $\qquad V_{wi} = V_i - V_{fi}$

墙的各截面弯矩 $\quad M_{wi} = \Sigma \Delta M_{wi}$，其中 $\Delta M_{wi} = \dfrac{V_{wi} + V_{wi-1}}{2} h_i$

框架-抗震墙的层间侧移 $\qquad \Delta u_e = \dfrac{V_f h_i}{\Sigma C_f}$

抗震墙地震内力和框架、抗震墙侧移的计算 表 4-58

层 位	$V_i = \Sigma F_i + \Delta F_n$ (kN)	V_{wi} (kN)	一片墙分配的剪力 V_{wi} (kN)	ΔM_{wi} (kN)	M_{wi} (kN·m)	ΣC_f ($\times 10^4$ kN·m)	Δu_{ei} ($\times 10^{-4}$ m)
10	1077	−129	−64.50	0	0	151.49	28.66
9	1989	778	389	584.12	584.12	151.49	28.78
8	2804	1597	798.5	2137.5	2721	151.49	28.68
7	3516	2321	1160.5	3526	6248	151.49	28.39
6	4131	2971	1485.5	4763	11011	158.00	26.43
5	4644	3538	1769	5858	16869	158.00	25.20
4	5060	4066	2033	6844	23713	200.67	17.83
3	5378	4536	2268	7742	31455	200.67	15.10
2	5594	4954	2477	8541	39996	240.73	9.57
1	5729	5332	2666	9257	49253	221.72	7.52
0	5729	5729	2864.5	11614	60867		0

抗震墙的层间侧移最大值发生在第 9 层，其弹性层间位移角为：

$$\theta = \frac{\Delta u_{max}}{H} = \frac{28.78 \times 10^{-4}}{3.60} = \frac{1}{1250} < [\theta_e] = \frac{1}{550}$$

（3）双肢墙地震内力的计算

1）双肢墙等效荷载

为了计算双肢墙的地震内力，首先求出作用在双肢墙上（一片）的等效荷载。一片双肢墙的剪力图如图 4-64 所示，该图零点距墙顶的距离为 0.512m，剪力图的面积为：

$$A_1 = \frac{1}{2} \times 389 \times 3.088 + \left(\frac{1}{2} \times 389 + 798.5 + 1160.5 + 1485.5 + 1769 + 2033 + 2268 + 2477 + \frac{1}{2} \times 2666 \right)$$

276

$$\times 3.60 + \frac{1}{2}(2666 + 2864.5) \times 4.20 = 60883$$

$$A_2 = \frac{1}{2} \times 64.5 \times 0.512 = 16.512$$

按式（4-259）计算折算成对顶三角形剪力图时的顶部剪力值：

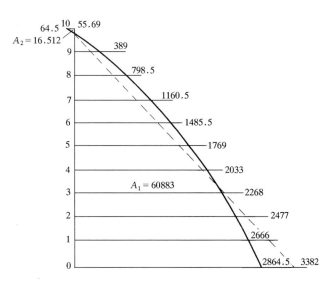

图 4-64　例题 4-10 双肢墙剪力图

$$V_2 = \frac{2(A_2 + \sqrt{A_1 A_2})}{H} = \frac{2(16.512 + \sqrt{60883 \times 16.512})}{36.6} = 55.69 \text{kN}$$

按式（4-260）计算折算成对顶三角形剪力图零点距墙顶的距离：

$$x = \frac{2A_2}{V_2} = \frac{2 \times 16.512}{55.69} = 0.593 \text{m}$$

按式（4-261）计算折算成对顶三角形剪力图底部剪力值：

$$V_1 = \frac{2A_1}{H-x} = \frac{2 \times 60883}{36.6 - 0.593} = 3382 \text{kN}$$

于是，作用在双肢墙上的等效荷载为：

均布线荷载（按式 4-258）：

$$q = \frac{V_1 + V_2}{H} = \frac{3382 + 55.69}{36.6} = 93.93 \text{kN/m}$$

集中荷载（按式 4-257）：

$$F = V_2 = 55.69 \text{kN}$$

2）双肢墙墙肢轴力的计算（表 4-59）

$$\lambda_1 = 2.71 \quad S = 0.0405 \times 10^{-4} \quad \Sigma EI_j = 46.649 \times 10^7 \text{kN} \cdot \text{m}^2$$

$$\varepsilon_2 = \frac{qH^4}{S\Sigma EI_j} = \frac{93.93 \times 36.6^4}{0.0405 \times 10^{-4} \times 46.649 \times 10^7} = 89214$$

$$\varepsilon_3 = \frac{FH^3}{S\Sigma EI_j} = \frac{55.69 \times 36.6^3}{0.0405 \times 10^{-4} \times 46.649 \times 10^7} = 1445$$

层　位	x(m)	ξ	$S_j \times 10^{-5}$	水平均布荷载		水平集中荷载		N(kN)
				$(N_q/\varepsilon_2)\times 10^{-2}$	N_q(kN)	$(N_F/\varepsilon_3)\times 10^{-2}$	N_F(kN)	
10	0	0		0	0	0	0	0
9	3.60	0.098	0.410	0.325	290.0	1.189	17.18	272.8
8	7.20	0.197		0.677	604.0	2.364	34.16	569.8
7	10.8	0.295		1.036	924.3	3.510	50.72	873.6
6	14.4	0.393		1.395	1244.5	4.612	66.64	1177.9
5	18.0	0.492	0.390	1.817	1621.0	5.648	81.61	1539.4
4	21.6	0.590		2.249	2006.4	6.504	93.98	1912.4
3	25.2	0.689		2.670	2382.0	7.341	106.08	2275.9
2	28.8	0.787		3.044	2715.7	8.023	115.93	2599.8
1	32.4	0.885	0.453	3.330	2970.8	8.497	122.78	2848.0
0	36.6	1.000		3.460	3086.8	8.770	126.73	2960.1

双肢墙墙肢的轴力图如图 4-65（a）所示。

3）双肢墙墙肢弯矩的计算（表 4-60）

双肢墙弯矩按式（4-102）计算：

$$M_j = \frac{I_j}{\Sigma I_j}(M_q - NL)$$

层位	ξ	I_1 (m⁴)	I_2 (m⁴)	$\dfrac{I_1}{\Sigma I}$	$\dfrac{I_2}{\Sigma I}$	L (m)	M_q (kN·m)	NL (kN·m)	M_1 (kN·m)	M_2 (kN·m)
10	0						0	0	0	0
9	0.098						584	2217	−641.8	−991.2
8	0.197	5.362	8.298	0.393	0.607	8.125	2721	4630	−750.2	−1158.8
7	0.295						6248	7098	−334.1	−516.0
6	0.393						11011	9570	566.3	874.7
5	0.492						16809	12508	1690.3	2610.7
4	0.590	6.867	8.998	0.433	0.567	8.136	23713	15559	3530.7	4623.3
3	0.689						31455	18517	5602.1	7335.8
2	0.787						39996	21186	8709.0	10101.0
1	0.885	8.428	9.789	0.463	0.537	8.149	49253	23208	12058.0	13986.2
0	1.000						60867	24122	17012.9	19732.1

注：表中 M_q 为地震作用在一片墙内产生的弯矩，摘自表 4-58 中的 M_{wi}。

双肢墙墙肢 2 的弯矩图如图 4-65（b）所示。

4）双肢墙连梁剪力和固端弯矩的计算（表 4-61）

$q = 93.93\text{kN/m}$　$F = 55.69\text{kN}$　$h = 3.66\text{m}$　$\Sigma EI = 46.649 \times 10^7 \text{kN} \cdot \text{m}^2$

$$\varepsilon_5 = \frac{qH^3h}{S\Sigma EI_j} = \frac{93.93 \times 36.6^3 \times 3.66}{0.0405 \times 10^{-4} \times 46.649 \times 10^7} = 8921.4$$

$$\varepsilon_6 = \frac{FH^2h}{S\Sigma EI_j} = \frac{55.69 \times 36.6^2 \times 3.66}{0.0405 \times 10^{-4} \times 46.649 \times 10^7} = 144.5 \quad M_b = \frac{1}{2}V_b l_n$$

双肢墙连梁剪力和固端弯矩的计算❶ 表 4-61

层位	x (m)	ξ	水平均布荷载		水平集中荷载		V_b (kN)	M_b (kN·m)
			$(V_b/\varepsilon_5) \times 10^{-2}$	V_b (kN)	$(V_b/\varepsilon_6) \times 10^{-2}$	V_b (kN)		
10	0	0	3.209	286.29	11.909	17.21	269.09	262.36
9	3.60	0.098	3.310	295.30	11.841	17.11	278.19	271.24
8	7.20	0.197	3.552	316.89	11.633	16.81	300.08	292.58
7	10.8	0.295	3.851	343.56	11.270	16.29	327.27	319.02
6	14.4	0.393	4.106	366.31	10.787	15.59	350.71	341.94
5	18.0	0.492	4.299	383.53	10.045	14.52	369.01	359.78
4	21.6	0.590	4.313	384.78	9.031	13.05	371.73	353.14
3	25.2	0.689	4.050	361.32	7.672	11.09	350.23	332.17
2	28.8	0.787	3.389	302.35	5.869	8.48	293.87	271.83
1	32.4	0.885	2.182	194.67	3.488	5.04	189.63	175.41
0	36.6	1.000	0	0	0	0	0	0

双肢墙连梁剪力图如图 4-65（c）所示。

5）双肢墙墙肢剪力的计算（表 4-62）

双肢墙墙肢剪力按下式计算：$V_i = \frac{I_j}{\Sigma I_j}V_q + \frac{V_b}{h}\left(u - \frac{I_j L}{\Sigma I_j}\right)$，其中 $u=4.2$m，$h=3.66$m

双肢墙墙肢剪力的计算 表 4-62

层位	ξ	V_b (kN)	$\frac{I_1}{\Sigma I}$	V_q (kN)	$\frac{I_1}{\Sigma I}V_q$	L (m)	$\frac{I_1 L}{\Sigma I}$	V_b/h	V_1 (kN)	V_2 (kN)
10	0	269.09		−64.5	25.34			73.52	48.69	−113.19
9	0.098	278.19		389	153			76.00	229.53	159.47
8	0.107	300.08	0.393	798.5	314	8.125	3.193	81.99	396.56	401.94
7	0.295	327.27		1160.5	456			89.42	546.05	614.45
6	0.393	350.71		1485.5	584			95.82	680.49	805.01
5	0.492	369.01		1769.0	695			100.82	796.53	972.47
4	0.590	371.73	0.433	2033.0	880	8.136	3.523	101.57	949.06	1083.94
3	0.689	350.23		2268.0	982			95.69	1046.78	1221.22
2	0.787	293.87		2477.0	1147			80.29	1181.28	1295.72
1	0.885	189.63	0.463	2666.0	1234	8.149	3.773	51.81	1251.12	1414.88
0	1.000	0		2864.5	1326			0	1326.00	1538.50

注：表中 V_q 为地震作用在一片墙内所产的剪力，摘自表 4-58 中的 V_{wi}。

双肢墙墙肢 2 剪力图如图 4-65（d）所示。

---

❶ 表中顶层（$\xi=0$）的连梁剪力 V_b 是近似值，但偏于安全。

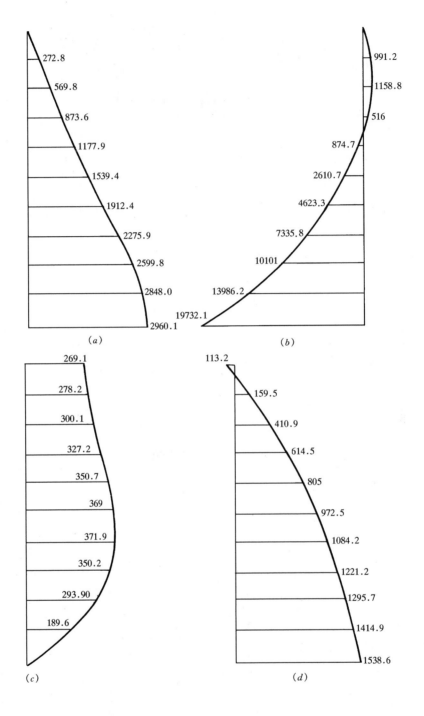

(a)　　　　　　　　　　　　(b)

(c)　　　　　　　　　　　　(d)

图 4-65　例题 4-10 附图

(a) 双肢墙墙肢轴力图；(b) 双肢墙墙肢 2 弯矩图；
(c) 双肢墙连梁剪力图；(d) 双肢墙墙肢 2 剪力图

§4-8 框架梁、柱与节点的抗震设计

一、一般设计原则

为了防止钢筋混凝土房屋当遭受高于本地区设防烈度的罕遇地震影响时，不致倒塌或发生危及生命的严重破坏，结构应具有足够大的延性。结构的延性一般用结构顶点的延性系数表示：

$$\mu = \frac{\Delta u_{\text{p}}}{\Delta u_{\text{y}}}$$

式中　μ——结构顶点延性系数；

Δu_{y}——结构顶点屈服位移；

Δu_{p}——结构顶点弹塑性位移限值。

一般认为，在抗震结构中结构顶点延性系数 μ 应不小于 3～4。

框架和框架-抗震墙结构顶点位移 Δ 是由楼层的层间位移 Δu_{c} 累积产生的（参见图 4-66），而层间位移又是由结构构件的变形形成的，因此，要求结构具有一定的延性就必须保证框架梁、柱有足够大的延性，而梁、柱的延性是以其截面塑性铰的转动能力来度量的。因此，在进行结构抗震设计时，应注意梁、柱塑性铰的设计，使框架和框架-抗震墙结构成为具有较大延性的"延性结构"。

图 4-66　框架-抗震墙
结构的侧移

图 4-67　框架结构的塑性铰
(a) 框架梁产生塑性铰；(b) 框架柱产生塑性铰

根据震害分析，以及近年来国内外试验研究资料，关于梁、柱塑性铰设计，应遵循下述一些原则：

（1）强柱弱梁　要控制梁、柱的相对强度，使塑性铰首先在梁中出现（图 4-67a），尽量避免或减少在柱中出现。因为塑性铰在柱中出现，很容易形成几何可变体系而倒塌（图 4-67b）。

（2）强剪弱弯　对于梁、柱构件而言，要保证构件出现塑性铰，而不过早地发生剪切破坏，这就要求构件的抗剪承载力大于塑性铰的抗弯承载力，为此，要提高构件的抗剪强度，形成"强剪弱弯"。

（3）强节点、强锚固　为了保证延性结构的要求，在梁的塑性铰充分发挥作用前，框架节点、钢筋的锚固不应过早地破坏。

二、框架梁的设计

（一）梁的截面尺寸

梁的截面尺寸，宜符合下列要求：

（1）梁的截面宽度不宜小于 200mm。

（2）梁截面的高宽比不宜大于 4。

（3）梁净跨与截面高度之比不宜小于 4。

通常，框架梁的高度取 $h=(1/8\sim1/12)l$，其中 l 为梁的跨度。在设计框架结构时，为了增大结构的横向刚度，一般多采用横向框架承重。所以，横向框架梁的高度要设计得大一些，一般多采用 $h\geqslant\dfrac{1}{10}l$。采用横向框架承重设计方案时，纵向框架虽不直接承受楼板上的重力荷载，但它要承受外纵墙或内纵墙的重量，以及纵向地震作用。因此，在高烈度区，纵向框架梁的高度也不宜太小，一般取 $h\geqslant\dfrac{l}{12}$，且不宜小于 500mm，否则配筋太多，甚至有可能发生超筋现象。为了避免在框架节点处纵、横钢筋相互干扰，通常，取纵梁底部比横梁底部高出 50mm 以上（图 4-68）。

图 4-68 框架结构梁的尺寸

图 4-69 框架结构花篮梁

框架梁的宽度，一般取 $b=(1/3\sim1/2)h$，从采用定型模板考虑，多取 $b=250\text{mm}$，当梁的负荷较重或跨度较大时，也常采用 $b\geqslant300\text{mm}$。

框架横梁上多设挑檐，主要用作搁置预制楼板。挑檐宽度一般为 $100\sim150\text{mm}$，并保证预制板搁置长度不小于 80mm。挑檐厚度应由抗剪强度条件确定，当其厚度不小于 100mm 时，可不验算。挑檐内的配筋按构造要求确定，参见图 4-69。

采用扁梁时，楼板应现浇，梁中线宜与柱中线重合；当梁宽大于柱宽时，扁梁应双向布置；扁梁的截面尺寸应符合下列要求，并应满足挠度和裂缝宽度的规定：

$$b_b\leqslant2b_c \tag{4-262a}$$

$$b_b\leqslant b_c+h_b \tag{4-262b}$$

$$h_b\leqslant16d \tag{4-262c}$$

式中　b_c——柱截面宽度，圆形截面取柱直径的 0.8 倍；

　　b_b、h_b——分别为梁截面宽度和高度；

　　　　d——柱纵筋直径。

扁梁不宜用于一级框架结构。

（二）梁的混凝土和钢筋的强度等级

1. 框架梁当按一级抗震等级设计时，其混凝土强度等级不应低于 C30；当按二、三级抗震等级设计时，其混凝土强度等级不应低于 C20。梁的纵向受力钢筋，宜选用 HRB400

级、HRB335 级热轧钢筋；箍筋宜选用 HRB335、HRB400 和 HPB300 级热轧钢筋。

2. 按一、二、三级抗震等级设计框架结构，其纵向受力钢筋采用普通钢筋时，其检验所得的强度实测值，应符合下列要求：

钢筋抗拉强度实测值与屈服强度实测值的比值，不应小于 1.25；钢筋屈服强度实测值与钢筋强度标准值的比值，不应大于 1.30。

（三）梁的正截面受弯承载力计算

按式（4-38）、式（4-39）和式（4-41）求出梁的控制截面组合弯矩后，即可按一般钢筋混凝土结构构件的计算方法进行配筋计算。

梁的纵向钢筋配置，应符合下列各项要求：

1. 梁端截面的底面和顶面配筋量的比值，除按计算确定外，一级不应小于 0.5；二、三级不应小于 0.3。

2. 沿梁全长顶面和底面的配筋，一、二级不应少于 $2\phi14$，且分别不应少于梁两端顶面和底面纵向配筋中较大截面面积的 1/4，三、四级不应少于 $2\phi12$。

3. 一、二、三级框架梁内贯通中柱的每根纵向钢筋直径，对矩形截面柱，不应大于柱在该方向截面尺寸的 1/20；对圆形截面柱，不宜大于纵向钢筋所在位置柱截面弦长的 1/20。❶

4. 梁端纵向受拉钢筋的配筋率不宜大于 2.5%，且计入受压钢筋的梁端，混凝土受压区高度和有效高度之比，一级不应大于 0.25，二、三级不应大于 0.35。

5. 纵向受拉钢筋的配筋率，不应小于表 4-63 规定的数值。

梁内纵向受拉钢筋最小配筋率（%）　　　　表 4-63

抗震等级	梁中位置	
	支座（取较大值）	跨中（取较大值）
一级	$0.4，80f_t/f_y$	$0.3，65f_t/f_y$
二级	$0.3，65f_t/f_y$	$0.25，55f_t/f_y$
三、四级	$0.25，55f_t/f_y$	$0.2，45f_t/f_y$

（四）梁的斜截面受剪承载力计算

1. 剪压比的限制

梁内平均剪应力与混凝土抗压强度设计值之比，称为梁的剪压比。梁的截面出现斜裂缝之前，构件剪力基本上由混凝土抗剪强度来承受，箍筋因抗剪而引起的拉应力很低。如果构件截面的剪压比过大，混凝土就会过早地发生斜压破坏。

因此，必须对剪压比加以限制。实际上，对梁的剪压比的限制，也就是对梁的最小截面的限制。

框架梁的截面组合剪力设计值应符合下列要求：

跨高比大于 2.5 时：

$$V_b \leqslant \frac{1}{\gamma_{RE}}(0.2f_c bh_0) \tag{4-263a}$$

跨高比等于或小于 2.5 时：

$$V_b \leqslant \frac{1}{\gamma_{RE}}(0.15f_c bh_0) \tag{4-263b}$$

式中　V_b——梁的端部截面组合的剪力设计值，应按式（4-264）或式（4-265）计算；

　　　f_c——混凝土轴心抗压强度设计值；

---

❶　这一条件是为了保证中柱两侧框架梁出现塑性铰后，钢筋仍具有 $\geqslant 20d$ 的锚固长度。

b——梁的截面宽度；

h_0——梁的截面有效高度；

γ_{RE}——承载力抗震调整系数。

2. 按"强剪弱弯"的原则调整梁的截面剪力

为了避免梁在弯曲破坏前发生剪切破坏，应按"强剪弱弯"的原则调整框架梁端部截面组合的剪力设计值：

一、二、三级框架梁：

$$V_{b} = \eta_{vb} \frac{M_{b}^{l} + M_{b}^{r}}{l_{n}} + V_{Gb} \tag{4-264}$$

一级框架结构和9度的一级框架梁：

$$V_{b} = 1.1 \frac{M_{bua}^{l} + M_{bua}^{r}}{l_{n}} + V_{Gb} \tag{4-265}$$

式中　l_n——梁的净跨；

V_{Gb}——梁在重力荷载代表值（9度时高层建筑还应包括竖向地震作用标准值）作用下，按简支梁分析的梁端截面剪力设计值；

M_b^l、M_b^r——分别为梁左、右端反时针或顺时针方向正截面组合的弯矩设计值，一级框架两端弯矩均为负弯矩时，绝对值较小一端的弯矩取零；

M_{bua}^l、M_{bua}^r——分别为梁左、右端反时针或顺时针方向根据实配钢筋面积（考虑受压钢筋和相关楼板钢筋）和材料强度标准值计算的受弯承载力所对应的弯矩值；

η_{vb}——梁的剪力增大系数，一级为1.3，二级为1.2，三级为1.1。

3. 斜截面受剪承载力的验算

矩形、T形和工字形截面一般框架梁，其斜截面抗震承载力仍采用非地震时梁的斜截面受剪承载力公式形式进行验算，但除应除以承载力抗震调整系数外，尚应考虑在反复荷载作用下，钢筋混凝土斜截面强度有所降低，于是，框架梁受剪承载力抗震验算公式为：

$$V_{b} \leqslant \frac{1}{\gamma_{RE}} \left[0.42 f_{t} b h_{0} + f_{yv} \frac{A_{sv}}{s} h_{0} \right] \tag{4-266}$$

对集中荷载作用下的框架梁（包括有多种荷载，且其中集中荷载对节点边缘产生的剪力值占总剪力值的75%以上的情况），其斜截面受剪承载力应按下面公式验算：

$$V_{b} \leqslant \frac{1}{\gamma_{RE}} \left[\frac{1.05}{\lambda + 1} f_{t} b h_{0} + f_{yv} \frac{A_{sv}}{s} h_{0} \right] \tag{4-267}$$

式中　λ——计算截面剪跨比，当$\lambda < 1.5$时，取$\lambda = 1.5$，当$\lambda > 3$时，取$\lambda = 3$；

f_{yv}——箍筋抗拉强度设计值；

A_{sv}——配置在同一截面内箍筋各肢的全部截面积；

s——沿构件长度方向上箍筋的间距。

三、框架柱的设计

（一）柱的截面尺寸宜符合下列各项要求：

（1）截面的宽度和高度，四级或层数不超过2层时，不宜小于300mm；一、二、三级且层数超过2层时，不宜小于400mm；圆柱的直径，四级或层数不超过2层时，不宜小于350mm；一、二、三级且层数超过2层不宜小于450mm。

（2）截面的长边与短边的边长比不宜大于3。

（3）剪跨比宜大于 2，其值按下式计算：

$$\lambda = \frac{M^c}{V^c h_0} \qquad (4\text{-}268)$$

式中　λ——剪跨比，取柱上下端计算结果的较大值；

　　　　M^c——柱端截面组合弯矩计算值；

　　　　V^c——柱端截面组合剪力计算值；

　　　　h_0——截面有效高度。

按式（4-268）计算剪跨比 λ 时，应取柱上下端计算结果的较大值；反弯点位于柱高中部的框架柱，可按柱净高与 2 倍柱截面高度之比计算。

（二）柱的材料强度等级

柱的混凝土强度等级和钢筋强度等级的要求与梁相同。

（三）柱的正截面承载力的计算

按式（4-44）～式（4-46）确定柱的内力不利组合后，即可按一般钢筋混凝土偏心受压构件计算方法进行配筋计算。

为了提高柱的延性，增强结构的抗震能力，在柱的正截面计算中，应注意以下一些问题：

1. 轴压比的限值

轴压比是指柱组合的轴压力设计值与柱的全截面面积和混凝土抗压强度设计值乘积之比，即 $\frac{N}{bhf_c}$，其中 N 为柱组合轴压力设计值；b、h 为柱的短边、长边；f_c 为混凝土抗压强度设计值。

轴压比是影响柱的延性重要因素之一。试验研究表明，柱的延性随轴压比的增大急剧下降，尤其在高轴压比条件下，箍筋对柱的变形能力的影响很小。因此，在框架抗震设计中，必须限制轴压比，以保证柱具有一定的延性。

《抗震规范》规定，柱轴压比不宜超过表 4-64 的规定，但Ⅳ类场地上较高的高层建筑，柱轴压比限值应适当减小。

柱 轴 压 比 限 值　　　　　　　　表 4-64

结构类型	抗 震 等 级			
	一	二	三	四
框架结构	0.65	0.75	0.85	0.90
框架-抗震墙	0.75	0.85	0.90	0.95
部分框支抗震墙	0.60	0.70	—	—

注：1. 轴压比指柱组合的轴压力设计值与柱的全截面面积和混凝土轴心抗压强度设计值乘积之比值；可不进行地震作用计算的结构，取无地震作用组合的轴力设计值。

　　2. 表内限值适用于剪跨比大于 2、混凝土强度等级不高于 C60 的柱；剪跨比不大于 2 的柱轴压比限值应降低 0.05；剪跨比小于 1.5 的柱，轴压比限值应专门研究并采取特殊构造措施。

　　3. 沿柱全高采用井字复合箍且箍筋肢距不大于 200mm、间距不大于 100mm、直径不小于 ϕ12，或沿柱全高采用复合螺旋箍、螺距不大于 100mm、箍筋肢距不大于 200mm、直径不小于 ϕ12，或沿柱全高采用连续复合矩形螺旋箍、螺旋净距不大于 80mm、箍筋肢距不大于 200mm、直径不小于 ϕ10，轴压比限值均可增加 0.10；上述三种箍筋的最小配箍特征值均应按增大的轴压比由表 4-68 确定。

　　4. 在柱的截面中部附加芯柱，其中另加的纵向钢筋的总面积不少于柱截面面积的 0.8%，轴压比限值可增加 0.05；此项措施与注 3 的措施共同采用时，轴压比限值可增加 0.15，但箍筋的体积配箍率仍可按轴压比增加 0.10 的要求确定。

　　5. 柱轴压比不应大于 1.05。

2. 按"强柱弱梁"原则调整柱端弯矩设计值

为了使框架结构在地震作用下塑性铰首先在梁中出现,这就必须做到在同一节点柱的抗弯能力大于梁的抗弯能力,即满足"强柱弱梁"的要求。为此,《抗震规范》规定,一、二、三、四级框架的梁、柱节点处,除顶层和柱轴压比小于0.15者外,柱端组合弯矩设计值应符合下列公式要求:

$$\sum M_c = \eta_c \sum M_b \tag{4-269}$$

一级框架结构和9度的一级框架:

$$\sum M_c = 1.2 \sum M_{bua} \tag{4-270}$$

式中　$\sum M_c$——节点上下柱端截面顺时针或反时针方向组合的弯矩设计值之和,上下柱端的弯矩设计值,一般情况可按弹性分析分配;

$\sum M_b$——节点左右梁端截面反时针或顺时针方向组合弯矩设计值之和,一级框架节点左右梁端均为负弯矩时,绝对值较小的弯矩应取零;

$\sum M_{bua}$——节点左右梁端截面反时针或顺时针方向根据实配钢筋面积(考虑受压筋和相关楼板钢筋)和材料强度标准值计算的抗震受弯承载力所对应的弯矩值之和;

η_c——柱端弯矩增大系数,对框架结构,一、二、三、四级可分别取1.7、1.5、1.3、1.2;其他结构类型中的框架,一级可取1.4,二级可取1.2,三、四级可取1.1。

当反弯点不在柱的层高范围内时,柱端截面组合弯矩设计值可乘以上述柱端弯矩增大系数。

应当指出,上述"框架结构"和"框架"的含义是不同的,前者仅指由梁、柱组成的"纯"框架结构中的框架;而后者既指框架结构中的框架,又指其他结构中的框架,如框架-抗震墙结构、部分框支抗震墙结构、框架-核心筒结构和板柱-抗震墙结构中的框架。因为"框架"在其他结构中属于次要抗侧力体系,故它的重要性比"框架结构"的框架次要。因此,采取抗震措施的标准就有所不同。由表4-2a中可见,例如,8度,房屋高度≤24m时,"框架结构"的框架的抗震等级为二级,而框架-抗震墙结构中的"框架"则为三级。故抗震设计中须将"框架结构"的框架和其他结构的"框架"区别开来。

由于框架结构底层柱柱底过早出现塑性铰将影响整个框架的变形能力,从而对框架造成不利影响。同时,随着框架梁塑性铰的出现,由于内力塑性重分布,使底层框架柱的反弯点位置具有较大的不确定性。因此,《抗震规范》规定,一、二、三、四级框架底层柱底截面组合的弯矩设计值,应分别乘以增大系数1.7、1.5、1.3和1.2。

3. 柱的纵向钢筋的配置

柱的纵向钢筋配置,应符合下列各项要求:

(1) 柱的纵向钢筋宜对称配置。

(2) 截面尺寸大于400mm的柱,纵向钢筋间距不宜大于200mm。

(3) 柱纵向钢筋的最小总配筋率应按表4-65采用,同时应满足每一侧配筋率不小于0.2%,对Ⅳ类场地上较高的高层建筑,表中的数值应增加0.1。

(4) 柱总配筋率不应大于5%。

(5) 一级且剪跨比不大于2的柱,每侧纵向钢筋配筋率不宜大于1.2%。

（6）边柱、角柱及抗震墙端柱在地震作用组合产生小偏心受拉时，柱内纵筋总截面面积应比计算值增加 25%。

（7）柱纵向钢筋的绑扎接头应避开柱端的箍筋加密区。

柱纵向钢筋的最小总配筋率（%）　　　　　　　　　表 4-65

类　　别	抗　震　等　级			
	一	二	三	四
中柱、边柱	0.9 (1.0)	0.7 (0.8)	0.6 (0.7)	0.5 (0.6)
角柱、框支柱	1.1	0.9	0.8	0.7

注：1. 表中括号内数值适用于框架结构的柱；
　　2. 钢筋强度标准值小于 400kN/mm² 时，表中数值应增加 0.1；钢筋强度标准值为 400kN/mm² 时，表中数值应增加 0.05；
　　3. 混凝土强度高于 C60 时，上述数值应相应增加 0.1。

（四）柱的斜截面承载力的计算

1. 剪压比的限制

柱内平均剪应力与混凝土轴心抗压强度设计值之比，称为柱的剪压比。与梁一样，为了防止构件截面的剪压比过大，在箍筋屈服前，混凝土过早地发生剪切破坏，必须限制柱的剪压比，亦即限制柱的截面最小尺寸。《抗震规范》规定，框架柱端截面组合的剪力设计值应符合下列要求：

剪跨比大于 2 时：

$$V_c \leqslant \frac{1}{\gamma_{RE}}(0.20 f_c b h_0) \tag{4-271}$$

剪跨比不大于 2 时：

$$V_c \leqslant \frac{1}{\gamma_{RE}}(0.15 f_c b h_0) \tag{4-272}$$

式中　V_c——柱端部截面组合的剪力设计值，按式（4-273）或式（4-274）计算；

　　　f_c——混凝土轴心抗压强度设计值；

　　　b——柱截面宽度；

　　　h_0——柱截面有效高度。

2. 按"强剪弱弯"的原则调整柱的截面剪力

为了防止柱在压弯破坏前发生剪切破坏，应按"强剪弱弯"的原则，对柱的端部截面组合的剪力设计值予以调整：

一、二、三、四级框架柱

$$V_c = \eta_{vc} \frac{M_c^t + M_c^b}{H_n} \tag{4-273}$$

一级框架结构和 9 度的一级框架

$$V_c = 1.2 \frac{M_{cua}^t + M_{cua}^b}{H_n} \tag{4-274}$$

式中　H_n——柱的净高；

　　　M_c^t、M_c^b——分别为柱的上、下端顺时针或反时针方向截面组合的弯矩设计值，其取值应符合式（4-269）、式（4-270）的要求，同时对于一、二、三、四级框架

287

结构的底层柱下端截面的弯矩设计值尚应乘以相应增大系数；

M_{cua}^t、M_{cua}^b——分别为柱的上下端顺时针或反时针方向根据实际配筋面积、材料强度标准值和轴向压力等计算的受压承载力所对应的弯矩值；

η_{vc}——柱剪力增大系数，对框架结构，一、二、三、四级可分别取 1.5、1.3、1.2、1.1；对其他结构类型的框架，一级可取 1.4，二级可取 1.2，三级、四级可取 1.1。

应当指出，按两个主轴方向分别考虑地震作用时，由于角柱扭转作用明显，因此，《抗震规范》规定，一、二、三、四级框架的角柱按调整后的弯矩、剪力设计值尚应乘以不小于 1.10 的增大系数。

3. 斜截面承载力验算

在进行框架柱斜截面抗震承载力验算时，仍采用非地震时承载力的验算公式形式，但应除以承载力抗震调整系数，同时考虑地震作用对钢筋混凝土框架柱承载力降低的不利影响，即可得出框架柱斜截面抗震承载力验算公式：

$$V_c \leqslant \frac{1}{\gamma_{RE}}\left(\frac{1.05}{\lambda+1}f_t b h_0 + f_{yv}\frac{A_{sv}}{s}h_0 + 0.056N\right) \qquad (4\text{-}275)$$

式中　λ——剪跨比，反弯点位于柱高中部的框架柱，取 $\lambda = \frac{H_n}{2h_0}$。当 $\lambda < 1$ 时，取 $\lambda = 1$，

当 $\lambda > 3$ 时，取 $\lambda = 3$；

f_{yv}——箍筋抗拉强度设计值；

A_{sv}——配置在柱的同一截面内箍筋各肢的全部截面面积；

s——沿柱高方向上箍筋的间距；

N——考虑地震作用组合下框架柱的轴向压力设计值，当 $N > 0.3f_c A$ 时，取 $N = 0.3f_c A$；

A——柱的横截面面积。

其余符号意义与式（4-271）相同。

当框架柱出现拉力时，其斜截面受剪承载力应按下列公式计算：

$$V_c \leqslant \frac{1}{\gamma_{RE}}\left(\frac{1.05}{\lambda+1}f_t b h_0 + f_{yv}\frac{A_{sv}}{s}h_0 - 0.2N\right) \qquad (4\text{-}276)$$

式中　N——考虑地震作用组合下框架顶层柱的轴向拉力设计值。

应当指出，当式（4-276）右边的计算值小于 $f_{yv}\frac{A_{sv}}{s}h_0$ 时，取等于 $f_{yv}\frac{A_{sv}}{s}h_0$，且 $f_{yv}\frac{A_{sv}}{s}h_0$ 值不应小于 $0.36f_t b h_0$。

四、框架节点设计

在进行框架结构抗震设计时，除了保证框架梁、柱具有足够的强度和延性外，还必须保证框架节点的强度。震害调查表明，框架节点破坏主要是由于节点核芯区箍筋数量不足，在剪力和压力共同作用下节点核芯区混凝土出现斜裂缝，箍筋屈服甚至被拉断，柱的纵向钢筋被压曲引起的。因此，为了防止节点核心区发生剪切破坏，必须保证节点核芯区混凝土的强度和配置足够数量的箍筋。

《抗震规范》规定，一、二、三级框架的节点核心区应进行抗震验算。四级框架节点核心区可不进行抗震验算，但应符合抗震构造措施的要求。

（一）节点剪压比的控制

为了使节点核芯区的剪应力不致过高，避免过早地出现斜裂缝，《抗震规范》规定，节点核芯区组合的剪力设计值应符合下列条件

$$V_j \leqslant \frac{1}{\gamma_{RE}}(0.30\eta_j f_c b_j h_j) \qquad (4\text{-}277)$$

式中　V_j——节点核芯区组合的剪力设计值，按式（4-280）计算；

　　　γ_{RE}——承载力抗震调整系数，取 $\gamma_{RE}=0.85$；

　　　η_j——正交梁的约束影响系数，楼板现浇，梁柱中线重合，四侧各梁截面宽度不小于该侧柱截面宽度的 1/2，且正交方向梁的高度不小于框架梁高度的 3/4 时（图 4-70），可采用 1.5，9 度时宜采用 1.25，其他情况采用 1.0；

图 4-70　节点核心区强度验算

　　　h_j——节点核芯区的截面高度，可采用验算方向的柱截面高度；

　　　b_j——节点核芯区截面有效验算宽度，当验算方向的梁截面宽度不小于该侧柱截面宽度的 1/2 时，可采用该侧柱截面宽度，当小于时可采用下列二者的较小值：

$$\left. \begin{array}{l} b_j = b_b + 0.5h_c \\ b_j = b_c \end{array} \right\} \qquad (4\text{-}278a)$$

　　　b_b、b_c——分别为验算方向梁的宽度和柱的宽度；

　　　h_c——验算方向的柱截面高度。

当梁、柱中线不重合时且偏心距不大于柱宽的 1/4 时，核芯区的截面有效验算宽度可采用式（4-278a）和下式计算结果的较小值，柱箍筋宜沿柱全高加密。

$$b_j = 0.5(b_b + b_c) + 0.25h_c - e \qquad (4\text{-}278b)$$

式中　e——梁与柱中心线偏心距。

（二）框架节点核芯区截面受剪承载力的验算

节点核芯区截面抗震验算，应符合下式要求：

一、二、三级框架

$$V_j \leqslant \frac{1}{\gamma_{RE}}\left(1.1\eta_j f_t b_j h_j + 0.05\eta_j N \frac{b_j}{b_c} + f_{yv}A_{svj}\frac{h_{b0}-a_s'}{s}\right) \qquad (4\text{-}279a)$$

9 度的一级

$$V_j \leqslant \frac{1}{\gamma_{RE}}\left(0.9\eta_j f_t b_j h_j + f_{yv}A_{svj}\frac{h_{b0}-a_s'}{s}\right) \qquad (4\text{-}279b)$$

式中　f_t——混凝土抗拉强度设计值；

　　　N——对应于组合剪力设计值的上柱组合轴向压力较小值，其取值不应大于柱的截面面积和混凝土轴心抗压强度设计值的乘积的 50%；当 N 为拉力，取 $N=0$；

　　　f_{yv}——箍筋抗拉强度设计值；

　　　A_{svj}——核芯区有效验算宽度范围内同一截面验算方向箍筋的总截面面积；

　　　s——箍筋间距；

$h_{b0} - a'_s$——梁上部钢筋合力点至下部钢筋合力点的距离；

γ_{RE}——承载力抗震调整系数，可采用0.85。

（三）节点核芯区组合的剪力设计值V_j

图4-71（a）为中柱节点受力简图。现取节点上半部为隔离体，由$\Sigma X=0$，得：

$$-V_c - V_j + \frac{\Sigma M_b}{h_0 - a'_s} = 0 \qquad (a)$$

或

$$V_j = \frac{\Sigma M_b}{h_0 - a'_s} - V_c \qquad (b)$$

式中　V_j——节点核芯区组合的剪力设计值；

ΣM_b——梁的左右端顺时针或反时针方向截面组合的弯矩设计值之和，即$\Sigma M_b = M_b^l + M_b^r$，一级框架节点左右梁端均为负弯矩时，绝对值较小的弯矩应取零；

V_c——节点上柱截面组合的剪力设计值，可按下式确定：

$$V_c = \frac{\Sigma M_c}{H_c - h_b} = \frac{\Sigma M_b}{H_c - h_b} \qquad (c)$$

ΣM_c——节点上下柱反时针或顺时针方向截面组合的弯矩设计值之和，$\Sigma M_c = M_c^u + M_c^l = \Sigma M_b = M_b^l + M_b^r$（图4-71b）；

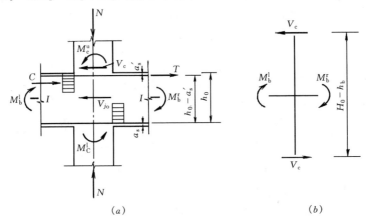

图4-71　节点核心区剪力计算

H_c——柱的计算高度，可采用节点上、下柱反弯点之间的距离；

h_b——梁的截面高度，节点两侧梁截面高度不等时可采用平均值。

其余符号意义与前相同。

将式（c）代入式（b），经整理后，得

$$V_j = \frac{\Sigma M_b}{h_0 - a'_s}\left(1 - \frac{h_0 - a'_s}{H_c - h_b}\right) \qquad (d)$$

考虑到梁端出现塑性铰后，塑性变形增大，钢筋应力超过屈服点而进入强化阶段。因此，梁端截面组合弯矩应予调整。于是，式（d）改写成：

一、二、三级框架

$$V_j = \frac{\eta_{jb}\Sigma M_b}{h_0 - a'_s}\left(1 - \frac{h_0 - a'_s}{H_c - h_b}\right) \qquad (4\text{-}280)$$

式中　η_{jb}——强节点系数，对于框架结构，一级宜取1.5，二级宜取1.35，三级宜取

1.2；对于其他结构中的框架，一级宜取 1.35，二级宜取 1.2，三级宜取 1.1。

一级框架结构、9 度一级框架

$$V_j = \frac{1.15\Sigma M_{bua}}{h_0 - a'_s}\left(1 - \frac{h_0 - a'_s}{H_c - h_b}\right) \tag{4-281}$$

式中　M_{bua}——节点左右梁端反时针或顺时针方向实配的正截面抗震受弯承载力所对应的弯矩值之和，可根据实配钢筋面积（计入受压钢筋）和材料强度标准值确定。

§4-9　抗震墙截面设计

抗震墙截面设计一般包括墙肢和连梁设计。

一、墙肢截面设计

（一）抗震墙墙板厚度

抗震墙的厚度，一、二级不应小于 160mm 且不宜小于层高或无支长度的 1/20，三、四级不应小于 140mm 且不宜小于层高或无支长度的 1/25；无端柱或翼墙时，一、二级不宜不小于层高或无支长度的 1/16，三、四级不宜小于层高或无支长度的 1/20。

底部加强部位的墙厚，一、二级不应小于 200mm 且不宜小于层高或无支长度的 1/16，三、四级不应小于 160mm 且不宜小于层高或无支长度的 1/20；无端柱或翼墙时，一、二级不宜小于层高或无支长度的 1/12，三、四级不宜小于层高或无支长 1/16。

抗震墙墙板厚度除满足上述条件外，其墙肢截面尚应符合下式要求：

$$\lambda > 2 \quad V_w \leqslant \frac{1}{\gamma_{RE}}(0.20 f_c b_w h_w) \tag{4-282a}$$

$$\lambda \leqslant 2 \quad V_w \leqslant \frac{1}{\gamma_{RE}}(0.15 f_c b_w h_w) \tag{4-282b}$$

式中　λ——抗震墙剪跨比 $\lambda = \dfrac{M^c}{V^c h_0}$；

M^c、V^c——分别为抗震墙端部截面组合的弯矩和剪力计算值；

h_0——抗震墙有效高度，可取的墙肢长度；

V_w——墙端截面组合的剪力设计值；

b_w——矩形截面墙肢的宽度或 I 形截面、T 形截面墙肢的腹板宽度；

h_w——墙肢截面的高度；

f_c——混凝土轴心抗压强度设计值；

γ_{RE}——承载力抗震力调整系数，取 $\gamma_{RE} = 0.85$。

（二）墙肢正截面承载力计算

墙肢在轴力、弯矩和剪力共同作用下为复合受力构件，其正截面承载力计算方法与偏心受压或偏心受拉构件相同。

1. 偏心受压

（1）墙肢大小偏心受压的判别

当 $\xi \leqslant \xi_b$ 时　为大偏心受压；

当 $\xi > \xi_b$ 时　为小偏心受压。

式中　ξ——墙肢相对受压区高度；

　　　ξ_b——墙肢相对界限受压区高度，为：

$$\xi_b = \frac{\beta_1}{1 + \dfrac{f_y}{E_s \varepsilon_{cu}}} \tag{4-283}$$

　　　β_1——系数；

　　　f_y——钢筋抗拉强度设计值；

　　　E_s——钢筋弹性模量；

　　　ε_{cu}——非均匀受压时混凝土极限压应变。

图 4-72　I 形截面大偏心受压墙肢
应力分布图

（2）大偏心受压（对称配筋）

图 4-72 为 I 形截面大偏心受压墙肢。为了充分发挥墙肢内钢筋的作用，除墙肢内横截面配置必要的构造钢筋（配筋率 $\rho_w \geqslant 0.15\%$）外，主要受力钢筋应配置在墙肢的端部。由于墙肢内分布钢筋直径都比较小，为了简化计算，在计算时只考虑受拉区屈服钢筋的作用，而忽略受压区分布钢筋和靠近中性轴附近受拉区分布钢筋的作用。

根据上面的分析，我们假设，离受压区边缘 $1.5x$ 以外受拉区的分布钢筋参加工作。因此，大偏心受压墙肢达到极限状态时截面上的应力分布如图 4-73 所示。其承载力基本公式为：

$$N \leqslant \frac{1}{\gamma_{RE}} \left[N_c - (h_{w0} - 1.5x) b_w f_{yw} \rho_w \right] \tag{4-284}$$

$$Ne \leqslant \frac{1}{\gamma_{RE}} \left[A'_s f'_y (h_{w0} - a'_s) + M_c - \frac{1}{2} (h_{w0} - 1.5x)^2 b_w f_{yw} \rho_w \right] \tag{4-285}$$

$$e = e_0 + \frac{h_w}{2} - a_s$$

当 $x > h_f$ 时

$$N_c = \alpha_1 f_c b_w x + \alpha_1 f_c (b_f - b_w) h_f \tag{4-286}$$

$$M_c = \alpha_1 f_c b_w x \left(h_{w0} - \frac{x}{2} \right) + \alpha_1 f_c (b_f - b_w) h_f \left(h_{w0} - \frac{h_f}{2} \right) \tag{4-287}$$

当 $x \leqslant h_f$ 时

$$N_c = \alpha_1 f_c b_f x \tag{4-288}$$

$$M_c = \alpha_1 f_c b_f x \left(h_{w0} - \frac{x}{2} \right) \tag{4-289}$$

图 4-72 和上式中　f_y、f'_y、f_{yw}——分别为墙肢端部受拉、受压钢筋和墙体竖向分布钢筋
强度设计值；

　　　　　　　　f_c——混凝土轴心抗压强度设计值；

　　　　　　　　α_1——系数，当 $f_{cu,k} \leqslant 50 \text{N/mm}^2$ 时，$\alpha_1 = 1$；当 $f_{cu,k} = 80 \text{N/mm}^2$ 时，$\alpha_1 = 0.8$，其间按内插法取用；

　　　　　　　　e_0——偏心距，$e_0 = M/N$；

　　　　　　　　h_{w0}——墙肢截面有效高度，$h_{w0} = h_w - a_s$；

$$a'_s \text{——墙肢受压区端部钢筋合力点到受压区边缘的距离，一般取} a'_s = b_w;$$

$$A'_s、A_s \text{——分别为墙肢端部受压和受拉钢筋面积;}$$

$$\rho_w \text{——墙体竖向分布钢筋配筋率,} \rho_w = \frac{A_{sw}}{b_w h_{w0}} 100\%;$$

$$A_{sw} \text{——为墙肢竖向分布钢筋面积。}$$

（3）小偏心受压（当 $x > \xi_b h_{w0}$ 时）

墙肢小偏心受压破坏时，横截面大部分受压或全部受压，在压应力较大的一侧混凝土达到极限抗压强度，该侧的端部钢筋及分布钢筋也达到屈服强度；而距轴向力较远的一侧，端部钢筋及分布钢筋受拉或受压，但均未达到屈服强度，因此，小偏心受压时墙肢的分布钢筋均不予考虑。这样，小偏心受压墙肢达到极限状态时截面上的应力分布如图 4-73 所示，其承载力基本公式为：

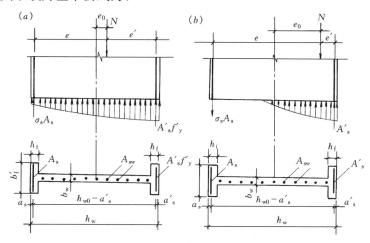

图 4-73 Ⅰ形截面小偏心受压墙肢应力分布图

$$N \leqslant \frac{1}{\gamma_{RE}} (A'_s f'_y - A_s \sigma_s + N_c) \tag{4-290}$$

$$Ne \leqslant \frac{1}{\gamma_{RE}} [A'_s f'_y (h_{w0} - a_s) + M_c] \tag{4-291}$$

$$e = e_0 + \frac{h_w}{2} - a_s$$

$$\sigma_s = \frac{f_y}{\xi_b - 0.8} \left(\frac{x}{h_{w0}} - 0.8\right)$$

$$N_c = \alpha_1 f_c b_w x + \alpha_1 f_c (b_f - b_w) h_f \tag{4-292}$$

$$M_c = a_1 f_c b_w x \left(h_{w0} - \frac{x}{2}\right) + \alpha_1 f_c (b_f - b_w) h_f \left(h_{w0} - \frac{h_f}{2}\right) \tag{4-293}$$

（4）平面外承载力验算

当为矩形截面小偏心受压墙肢时，尚需验算墙肢平面外承载力。这时不考虑墙体竖向分布钢筋的作用，而只考虑端部钢筋的作用，其承载力计算公式为：

$$N \leqslant \frac{1}{\gamma_{RE}} \varphi (f_y b_w h_w + f'_y A'_s) \tag{4-294}$$

式中 φ——墙肢平面外受压稳定系数；

A'_s——墙肢端部钢筋面积。

其余符号意义同前。

2. 偏心受拉

矩形截面偏心受拉墙肢正截面承载力可按下列近似公式计算：

$$N \leqslant \frac{1}{\gamma_{RE}}\left[\frac{1}{\dfrac{1}{N_{0u}} + \dfrac{e_0}{M_{wu}}}\right] \tag{4-295}$$

其中

$$N_{0u} = 2A_s f_y + A_{sw} f_{yw} \tag{4-296}$$

$$M_{wu} = A_S f_y(h_{w0} - a'_s) + A_{sw} f_{yw}\frac{h_{w0} - a'_s}{2} \tag{4-297}$$

式中 A_{sw}——墙肢腹板竖向分布钢筋全部截面面积。

（三）墙肢斜截面承载力计算

1. 偏心受压

偏心受压剪力墙其斜截面受剪承载力按下式计算：

$$V_w \leqslant \frac{1}{\gamma_{RE}}\left[\frac{1}{\lambda - 0.5}\left(0.4f_t b_w h_{w0} + 0.1N\frac{A_w}{A}\right) + 0.8f_{yh}\frac{A_{sh}}{s}h_{w0}\right] \tag{4-298}$$

式中 N——剪力墙轴向压力设计值，当 $N > 0.2f_c b_w h_w$ 时，取 $N = 0.2f_c b_w h_w$；

A——剪力墙截面面积；

A_w——T 形或 I 形截面面剪力墙腹板的面积，矩形截面时取 A_w 等于 A；

λ——计算截面处的剪跨比，$\lambda = M/Vh_{w0}$，$\lambda < 1.5$ 时，取 $\lambda = 1.5$，$\lambda > 2.2$ 时，取 $\lambda = 2.2$；此处 M 为与 V 相应的弯矩值；当计算截面与墙底之间的距离小于 $h_{w0}/2$ 时，λ 应按距墙底 $h_{w0}/2$ 处的弯矩与剪力取值；

s——剪力墙水平分布钢筋的间距；

f_{yh}——墙体水平分布钢筋抗拉强度设计值；

A_{sh}——墙体水平分布钢筋面积。

2. 偏心受拉

偏心受拉剪力墙其斜截面受剪承载力按下式计算：

$$V_w \leqslant \frac{1}{\gamma_{RE}}\left[\frac{1}{\lambda - 0.5}\left(0.4f_t b_w h_{w0} - 0.1N\frac{A_w}{A}\right) + 0.8f_{yh}\frac{A_{sh}}{s}h_{w0}\right] \tag{4-299}$$

当上式右边计算值小于 $\dfrac{1}{\gamma_{RE}}\left(0.8f_{yh}\dfrac{A_{sh}}{s}h_{w0}\right)$ 时，取等于 $\dfrac{1}{\gamma_{RE}}\left(0.8f_{yh}\dfrac{A_{sh}}{s}h_{w0}\right)$。

（四）抗震墙组合截面内力的调整

（1）一级抗震墙除底部加强部位外，其他部位墙肢截面组合弯矩设计值应乘以增大系数 1.2。

（2）一、二、三级的抗震墙底部加强部位，其截面组合的剪力设计值应按下式调整：

$$V = \eta_{vw}V_w \tag{4-300}$$

9 度时一级

$$V = 1.1\frac{M_{wua}}{M_w}V_w \tag{4-301}$$

式中 V——抗震墙底部加强部位截面组合剪力设计值；

V_w——抗震墙底部加强部位截面组合剪力计算值；

M_{wua}——抗震墙底部截面按实配纵向钢筋面积、材料强度标准值和轴力等计算的受弯承载力所对应的弯矩值；有翼墙时应计入墙两侧各一倍翼墙厚度范围内的纵向钢筋；

M_w——抗震墙底部截面组合弯矩设计值；

η_{vw}——抗震墙剪力增大系数，一级为 1.6，二级为 1.4，三级为 1.2。

二、连梁承载力的计算

（一）连梁正截面承载力的计算

抗震墙洞口处的连梁其承载力应按下列规定计算：

（1）当连梁的跨高比 $l_0/h>5$ 时，其正截面受弯承载力按一般受弯构件计算；

（2）当 $l_0/h \leqslant 5$ 时，其正截面受弯承载力按深梁计算，其公式右端应除以相应的承载力抗震调整系数。

（二）连梁斜截面承载力的计算

1. 连梁截面尺寸条件

当 $l_0/h>2.5$ 时，
$$V_b \leqslant \frac{1}{\gamma_{RE}}(0.20 b_c f_c h_0) \tag{4-302}$$

当 $l_0/h \leqslant 2.5$ 时，
$$V_b \leqslant \frac{1}{\gamma_{RE}}(0.15 b_c f_c h_0) \tag{4-303}$$

式中 V_b——连梁的剪力设计值。

2. 连梁剪力的调整

跨高比 $\dfrac{l_0}{h}>2.5$ 的连梁，其梁端剪力设计值，一、二、三级抗震墙的连梁应按下式调整：
$$V_b = \eta_{vb}(M_b^l + M_b^r)\frac{1}{l_n} + V_{Gb} \tag{4-304a}$$

9 度和一级抗震墙的连梁
$$V_b = 1.1(M_{lua}^l + M_{lua}^r)\frac{1}{l_n} + V_{Gb} \tag{4-304b}$$

式中 η_{vb}——连梁剪力增大系数，一级取 1.3，二级取 1.2，三级取 1.1。

3. 连梁斜截面承载力计算

当 $l_0/h>2.5$ 时
$$V_b \leqslant \frac{1}{\gamma_{RE}}\left(0.42 f_t b h_0 + f_{yv}\frac{A_{sv}}{S} h_0\right) \tag{4-305a}$$

当 $l_0/h \leqslant 2.5$ 时
$$V_b \leqslant \frac{1}{\gamma_{re}}\left(0.38 f_t b h_0 + 0.9 f_{yv}\frac{A_{sv}}{s} h_0\right) \tag{4-305b}$$

§4-10　抗　震　构　造　措　施

一、框架结构抗震构造措施

（一）梁柱及节点核心区箍筋的配置（图 4-74）

震害调查和理论分析表明，在地震作用下，梁柱端部剪力最大，该处极易产生剪切破坏。因此《抗震规范》规定，在梁柱端部一定长度范围内，箍筋间距应适当加密。一般称梁柱端部这一范围为箍筋加密区。

1. 梁端加密区的箍筋配置

（1）加密区的长度、箍筋最大间距和最小直径应按表 4-66 采用。当梁端纵向受拉钢筋配筋率大于 2% 时，表中箍筋最小直径数值应增大 2mm。

梁端箍筋加密区的长度、箍筋最大间距和最小直径　　　　表 4-66

抗 震 等 级	加密区长（采用较大值） (mm)	箍筋最大间距（采用较小值） (mm)	箍筋最小直径
一	$2h_b$，500	$h_b/4$，$6d$，100	$\phi10$
二	$1.5h_b$，500	$h_b/4$，$8d$，100	$\phi8$
三	$1.5h_b$，500	$h_b/4$，$8d$，150	$\phi8$
四	$1.5h_b$，500	$h_b/4$，$8d$，150	$\phi6$

注：1. d 为纵向钢筋直径，h_b 为梁截面高度；

　　2. 箍筋直径大于 12mm，数量不少于 4 肢且肢距不大于 150mm 时，一、二级的最大间距应允许适当放宽，但不得大于 150mm。

图 4-74　梁柱端部及节点核芯区箍筋配置

（2）梁端加密区箍筋肢距，一级不宜大于 200mm 和 20 倍箍筋直径的较大值，二、三级不宜大于 250mm 和 20 倍箍筋直径的较大值，四级不宜大于 300mm。

2. 柱的箍筋加密范围

（1）柱端，取截面高度（圆柱直径），柱净高的 1/6 和 500mm 三者的较大值。

（2）底层柱，柱根不小于柱净高的 1/3；当有刚性地面时，除柱端外尚应取刚性地面上下各 500mm。

（3）剪跨比大于 2 的柱和因填充墙等形成的柱净高与柱截面高度之比不大于 4 的柱，取全高。

（4）一级、二级的框架角柱，取全高。

3. 柱箍筋加密区的箍筋间距和直径

应符合下列要求：

（1）一般情况下，箍筋的最大间距和最小直径，应按表 4-67 采用：

柱箍筋加密区的箍筋最大间距和最小直径 表 4-67

抗震等级	箍筋最大间距（采用较小值）（mm）	箍筋最小直径（mm）	抗震等级	箍筋最大间距（采用较小值）（mm）	箍筋最小直径（mm）
一	$6d$, 100	$\phi 10$	三	$8d$, 150（柱根 100）	$\phi 8$
二	$8d$, 100	$\phi 8$	四	$8d$, 150（柱根 100）	$\phi 6$（柱根 $\phi 8$）

注：1. d 为柱纵筋最小直径；

2. 柱根指框架底层柱下端箍筋加密区。

（2）一级框架柱的箍筋直径大于 $\phi 12$ 且箍筋肢距不大于 150mm 及二级框架柱的箍筋直径不小于 $\phi 10$ 且箍筋肢距不大于 200mm 时，除柱根外最大间距允许采用 150mm；三级框架柱的截面尺寸不大于 400mm 时，箍筋最小直径可采用 $\phi 6$；四级框架柱剪跨比不大于 2 时，箍筋直径不应小于 $\phi 8$。

（3）剪跨比大于 2 的柱，箍筋间距不应大于 100mm。

4. 柱箍筋加密区箍筋肢距

一级不宜大于 200mm，二、三级不宜大于 250mm，四级不宜大于 300mm。至少每隔一根纵向钢筋宜在两个方向有箍筋或拉筋约束；采用拉筋复合箍时，拉筋宜紧靠纵向钢筋并勾住箍筋。

5. 柱箍筋加密区的体积配箍率

应符合下列要求：

$$\rho_v \geqslant \frac{\lambda_v f_c}{f_{yv}} \tag{4-306}$$

式中 ρ_v——柱箍筋加密区的体积配箍率，一、二、三、四级分别不应小于 0.8%、0.6%、0.4% 和 0.4%；

f_c——混凝土轴心抗压强度设计值，强度等级低于 C35 时，应按 C35 计算；

f_{yv}——箍筋抗拉强度设计值；

λ_v——最小配箍特征值，按表 4-68 采用。

6. 柱箍筋非加密区的体积配箍率

不宜小于加密区的 50%；箍筋间距，一、二级框架柱不应大于 10 倍纵向钢筋直径，三、四级框架柱不应大于 15 倍纵向钢筋直径。

7. 框架节点核芯区箍筋的最大间距和最小直径

宜按柱箍筋加密区的要求采用。一、二、三级框架节点核芯区配箍特征值分别不宜小于 0.12、0.10、0.08，且体积配箍率分别不宜小于 0.6%、0.5% 和 0.4%。柱剪跨比不大于 2 的框架节点核芯区，体积配箍率不宜小于核芯区上、下柱端的较大体积配箍率。

抗震等级	箍筋形式	柱轴压比								
		≤0.3	0.4	0.5	0.6	0.7	0.8	0.9	1.0	1.05
一	普通箍、复合箍	0.10	0.11	0.13	0.15	0.17	0.20	0.23	—	—
	螺旋箍、复合或连续复合矩形螺旋箍	0.08	0.09	0.11	0.13	0.15	0.18	0.21	—	—
二	普通箍、复合箍	0.08	0.09	0.11	0.13	0.15	0.17	0.19	0.22	0.24
	螺旋箍、复合或连续复合矩形螺旋箍	0.06	0.07	0.09	0.11	0.13	0.15	0.17	0.20	0.22
三、四	普通箍、复合箍	0.06	0.07	0.09	0.11	0.13	0.15	0.17	0.20	0.22
	螺旋箍、复合或连续复合矩形螺旋箍	0.05	0.06	0.07	0.09	0.11	0.13	0.15	0.18	0.20

注：1. 普通箍指单个矩形箍和单个圆形箍；复合箍指由矩形、多边形、圆形箍或拉筋组成的箍筋；复合螺旋箍指由螺旋箍与矩形、多边形、圆形箍或拉筋组成的箍筋；连续复合矩形螺旋箍指全部螺旋箍为同一根钢筋加工而成的箍。

2. 剪跨比不大于 2 的柱宜采用复合螺旋箍或井字复合箍，其体积配箍率不应小于 1.2%；9 度时不应小于是 1.5%。

3. 计算复合螺旋箍体积配箍率时，其非螺旋箍的箍筋体积应乘以换算系数 0.8。

（二）钢筋锚固与接头

为了保证纵向钢筋和箍筋可靠的工作，钢筋锚固与接头除应符合现行国家标准《钢筋混凝土工程施工及验收规范》的要求外，尚应符合下列要求：

1. 纵向钢筋的最小锚固长度应按下列公式计算：

一、二级 $\qquad\qquad I_{aE}=1.15I_a$ $\qquad\qquad$ (4-307a)

三级 $\qquad\qquad I_{aE}=1.05I_a$ $\qquad\qquad$ (4-307b)

四级 $\qquad\qquad I_{aE}=1.0I_a$ $\qquad\qquad$ (4-307c)

式中 I_a——纵向钢筋的锚固长度，按《混凝土结构设计规范》确定。

2. 钢筋接头位置，宜避开梁端、柱端箍筋加密区，但如有可靠依据及措施时，也可将接头布置在加密区。

3. 当采用搭接接头时，其搭接接头长度不应小于 ζI_{aE}，ζ 为纵向受拉钢筋搭接长度修正系数，其值按表 4-69 采用：

纵向钢筋搭接接头面积百分率（%）	≤25	50	100
ζ	1.2	1.4	1.6

注：纵向钢筋搭接接头面积百分率按《混凝土结构设计规范》第 9.4.3 条的规定取为在同一连接范围内有搭接接头的受力钢筋与全部受力钢筋面积之比。

4. 对于钢筋混凝土框架结构梁、柱的纵向受力钢筋接头方法应遵守以下规定：

（1）框架梁：一级抗震等级，宜选用机械接头；二、三、四级抗震等级，可采用搭接接头或焊接接头。

（2）框架柱：一级抗震等级，宜选用机械接头；二、三、四级抗震等级，宜选用机械接头，也可采用搭接接头或焊接接头。

5. 框架梁、柱纵向钢筋在框架节点核芯区锚固和搭接：

框架梁、柱的纵向钢筋在框架节点区的锚固和搭接，应符合下列要求（图 4-75）：

图 4-75　抗震设计时框架梁、柱纵向钢筋在节点区的锚固要求

1—柱外侧纵向钢筋，截面面积 A_{cs}；2—梁上部纵向钢筋；3—伸入梁内的柱外侧纵
向钢筋截面面积不小于 $0.65A_{cs}$；4—不能伸入梁内的柱外侧纵向钢筋可伸入板内

（1）顶层中节点柱纵向钢筋和边节点柱内侧纵向钢筋应伸至柱顶。当从梁底边计算的直线锚固长度不小于 l_{aE} 时，可不必水平弯折，否则应向柱内或梁内、板内水平弯折，锚固段弯折前的竖直投影长度不应小于 $0.5l_{aE}$，弯折后的水平投影长度不宜小于 12 倍的柱纵向钢筋直径。此处，l_{aE} 为抗震时钢筋的锚固长度，一、二级取 $1.15l_a$，三、四级分别取 $1.05l_a$ 和 l_a。

（2）顶层端节点处，柱外侧纵向钢筋可与梁上部纵向钢筋搭接，搭接长度不应小于 $1.5l_{aE}$，且伸入梁内的柱外侧纵向钢筋截面面积不宜小于柱外侧全部纵向钢筋截面面积的 65%；在梁宽范围以外的柱外侧纵向钢筋可伸入现浇板内，其伸入长度与伸入梁内的相同。当柱外侧纵向钢筋的配筋率大于 1.2% 时，伸入梁内的柱纵向钢筋宜分两批截断，其截断点之间的距离不宜小于 20 倍的柱纵向钢筋直径。

（3）梁上部纵向钢筋伸入端节点的锚固长度，直线锚固时不应小于 l_{aE}，且伸过柱中心线的长度不应小于 5 倍的梁纵向钢筋直径；当柱截面尺寸不足时，梁上部纵向钢筋应伸至节点对边并向下弯折，锚固段弯折前的水平投影长度不应小于 $0.4l_{aE}$，弯折后的竖直投影长度应取 15 倍的梁纵向钢筋直径。

（4）梁下部纵向钢筋的锚固与梁上部纵向钢筋相同，但采用 90°弯折方式锚固时，竖直段应向上弯入节点内。

6. 箍筋的弯钩

箍筋的末端应做成 135°弯钩，弯钩端头平直段长度不应小于 10d（d 为箍筋直径）（图 4-76）。

二、抗震墙结构抗震构造措施

1. 一、二、三级抗震墙，在重力荷载代表值作用下墙肢的

图 4-76　箍筋
的弯钩

轴压比不宜超过表 4-70 限值：

抗震墙墙肢轴压比限值表 表 4-70

抗震等级	一级（9 度）	一级（7、8 度）	二、三级
轴压比	0.4	0.5	0.6

注：墙肢的轴压比指墙的轴压力设计值与墙的全截面面积和混凝土轴心抗压强度设计值乘积之比。

2. 抗震墙竖向、横向分布钢筋的配筋，应符合下列要求：

（1）一、二、三级抗震墙的竖向、横向分布钢筋最小配筋率均不应小于 0.25%；四级抗震墙分布钢筋最小配筋率不应小于 0.20%。

高度小于 24m 且剪压比很小的四级抗震墙，其竖向分布钢筋的最小配筋率应允许按 0.15% 采用。

（2）部分框支抗震墙结构的落地抗震墙底部加强部位，竖向和横向分布钢筋配筋率均不应小于 0.3%。

3. 抗震墙竖向和横向分布钢筋的配置，尚应符合下列规定：

（1）抗震墙的竖向和横向分布钢筋的间距不宜大于 300mm，部分框支抗震墙结构的落地抗震墙底部加强部位，竖向和横向分布钢筋的间距不宜大于 200mm。

（2）抗震墙厚度大于 140mm 时，其竖向和横向分布钢筋应双排布置，双排分布钢筋间拉筋的间距不应大于 600mm，直径不应小于 6mm。

（3）抗震墙竖向和横向分布钢筋的直径均不宜大于墙厚的 1/10 且不应小于 8mm；竖向钢筋直径不宜小于 10mm。

4. 抗震墙两端和洞口两侧应设置边缘构件，边缘构件包括暗柱、端柱、翼墙，并应符合下列要求：

（1）对于抗震墙结构，底层墙肢底截面的轴压比不大于表 4-71 规定的一、二、三级抗震墙及四级抗震墙，墙肢两端可设置构造边缘构件，构造边缘构件的范围可按图 4-77 采用，构造边缘构件的配筋除应满足受弯承载力要求外，并宜符合表 4-72 的要求。

抗震墙设置构造边缘构件的最大轴压比 表 4-71

抗震等级或烈度	一级（9 度）	一级（7、8 度）	二、三级
轴压比	0.1	0.2	0.3

构造边缘构件的最小配筋要求 表 4-72

抗震等级	底部加强部位			其他部位		
	竖向钢筋最小量（取较大值）	箍筋		竖向钢筋最小量（取较大值）	箍筋	
		最小直径（mm）	沿竖向最大间距（mm）		最小直径（mm）	沿竖向最大间距（mm）
一	$0.010A_c$，$6\phi16$	8	100	$0.008A_c$，$6\phi14$	8	100
二	$0.008A_c$，$6\phi14$	8	150	$0.006A_c$，$6\phi12$	8	200
三	$0.006A_c$，$6\phi12$	6	150	$0.005A_c$，$6\phi12$	6	200
四	$0.005A_c$，$6\phi12$	6	200	$0.004A_c$，$6\phi12$	6	250

注：1. A_c 为边缘构件的截面面积，即图 4-77 抗震墙截面的阴影部分；符号 ϕ 表示钢筋直径；

2. 其他部位的拉筋，水平间距不应大于间距的 2 倍，转角处宜采用箍筋；

3. 当端柱承受荷载时，其纵向钢筋、箍筋直径和间距应满足柱的相应要求。

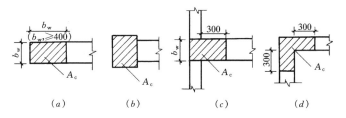

图 4-77 剪力墙的构造边缘构件

(a) 暗柱；(b) 端柱；(c) 翼墙；(d) 转角墙

注：图中尺寸单位为 mm。

（2）底层墙肢底截面的轴压比大于表 4-71 规定的一、二、三级抗震墙，以及部分框支抗震墙结构的抗震墙，应在底部加强部位及相邻的上一层设置约束边缘构件，在以上的其他部位可设置构造边缘构件。约束边缘构件沿墙肢的长度、配筋特征值、箍筋和纵向钢筋宜符合表 4-73 的要求（图 4-78）。

图 4-78 抗震墙的约束边缘构件

(a) 暗柱；(b) 有翼墙；(c) 有端柱；(d) 转角墙（L 形墙）

约束边缘构件沿墙肢的长度 l_c 及其配筋要求 表 4-73

项 目	一级（9 度）		一级（7、8 度）		二、三级	
	$\lambda \leqslant 0.2$	$\lambda > 0.2$	$\lambda \leqslant 0.3$	$\lambda > 0.3$	$\lambda \leqslant 0.4$	$\lambda > 0.4$
l_c（暗柱）	$0.20h_w$	$0.25h_w$	$0.15h_w$	$0.20h_w$	$0.15h_w$	$0.20h_w$
l_c（端柱或翼墙）	$0.15h_w$	$0.20h_w$	$0.10h_w$	$0.15h_w$	$0.10h_w$	$0.15h_w$
λ_v	0.12	0.20	0.12	0.20	0.12	0.20

项 目	一级（9度）		一级（7、8度）		二、三级	
	$\lambda\leqslant0.2$	$\lambda>0.2$	$\lambda\leqslant0.3$	$\lambda>0.3$	$\lambda\leqslant0.4$	$\lambda>0.4$
纵向钢筋（取较大值）	$0.012A_c$ 8ϕ16		$0.012A_c$ 8ϕ16		$0.010A_c$ 8ϕ16（三级 6ϕ14）	
箍筋或拉筋沿竖向间距	100mm		100mm		150mm	

注：1. 抗震墙的翼墙长度小于其 3 倍厚度或端柱截面边长小于 2 倍墙厚时，按无翼墙、无端柱查表。端柱有集中荷载时，配筋构造尚应满足与墙相同抗震等级框架柱的要求；

2. l_c 为约束边缘构件沿墙肢的长度，且不小于墙厚和 400mm；有翼墙或端柱时不应小于翼墙厚度或端柱沿墙肢方向截面高度加 300mm；

3. λ_v 为约束边缘构件配筋特征值，体积配筋率可按式（4-306）计算，并可适当计入满足构造要求且在墙端有可靠锚固水平分布钢筋的截面面积；

4. h_w 为抗震墙墙肢的长度；

5. λ 墙肢在重力荷载代表值作用下的轴压比；

6. A_c 为图 4-78 中约束边缘构件阴影部分的截面面积。

5. 抗震墙的墙肢长度不大于墙厚的 3 倍时，应按柱的有关要求进行设计；矩形墙肢的厚度不大于 300mm 时，尚宜全高加密箍筋。

6. 跨高比较小的连梁，可设水平缝形成双连梁、多连梁或采取其他加强受剪承载力构造。顶层连梁的纵向钢筋伸入墙体的锚固长度范围内，应设置箍筋。

三、框架-抗震墙结构抗震构造措施

1. 框架-抗震墙结构的抗震墙厚度和边框设置，应符合下列要求：

（1）抗震墙的厚度不应小于 160mm 且不宜小于层高或无支长度的 1/20，底部加强部位的抗震墙厚度不应小于 200mm 且不宜小于层高或无支长度的 1/16。

（2）有端柱时，墙体在楼盖处宜设置暗梁，暗梁的截面高度不宜小于墙厚和 400mm 的较大值；端柱截面宜与同层框架柱相同，并应满足本章对框架柱的要求；抗震墙底部加强部位的端柱和紧靠抗震墙洞口的端柱宜按柱箍筋加密区的要求沿全高加密箍筋。

2. 抗震墙的竖向和横向分布钢筋，配筋率均不应小于 0.25%，钢筋直径不宜小于 10mm，间距不宜大于 300mm，并应双排布置，双排分布钢筋间应设置拉筋。

3. 楼面梁与抗震墙平面外连接时，不宜支承在洞口连梁上；沿梁轴线方向宜设置与梁连接的抗震墙，梁的纵筋应锚固在墙内；也可在支承梁的位置设置扶壁柱或暗柱，并应按计算确定其截面尺寸和配筋。

4. 框架-抗震墙结构的其他抗震构造措施应符合本章的有关要求。

思 考 题

4-1 框架、框架-抗震墙结构的抗震等级是根据什么原则划分的？划分结构的抗震等级的意义是什么？

4-2 规则结构应符合哪些要求？

4-3 框架-抗震墙结构中的抗震墙设置应符合哪些要求？

4-4 简述反弯点法和 D 值法的区别，并说明它们的应用范围。

4-5 什么是力矩二次分配法？简述它的计算方法和步骤。

4-6 怎样进行框架结构的内力组合？

4-7 在钢筋混凝土框架内力分析中为什么要对梁进行调幅？

4-8 抗震墙分为哪几种类型？

4-9 怎样计算整体小开口墙、双肢墙的内力和侧移？

4-10 怎样计算壁式框架的内力和侧移？

4-11 怎样分析框架-抗震墙结构的内力和水平位移？

4-12 什么是"强柱弱梁"的设计原则？在抗震设计中如何保证这一原则实施？

4-13 什么是"强剪弱弯"的设计原则？在设计中怎样体现？

4-14 简述框架节点设计方法和步骤。

4-15 框架结构、抗震墙结构和框架-抗震墙结构构造措施有哪些方面的要求？

计 算 题

【习题4-1】某三层钢筋混凝土框架结构，各梁、柱的相对线刚度及楼层侧向荷载标准值如图4-79所示。假设：该框架满足用反弯点计算内力的条件，首层柱反弯点距本层柱底2/3柱高处，二、三层柱反弯点距本层柱底1/2柱高处。试问，一层顶梁L1的右端的弯矩标准值M_k（kN·m）与下列何项数值最为接近？

(A) 29　　　　　(B) 34　　　　　(C) 42　　　　　(D) 50

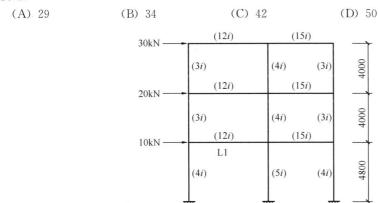

图 4-79 习题 4-1 附图

【习题4-2】设防烈度7度区，设防类别为标准设防类的某多层钢筋混凝土建筑，设计地震分组为第二组，设计基本地震加速度为$0.1g$，场地类别为Ⅱ类。试问，罕遇地震下弹塑性位移验算时的水平地震影响系数最大值α_{max}及特征周期T_g（s）应分别采用下列何项数值？

(A) 0.08，0.35　　　　　　　　　(B) 0.12，0.40

(C) 0.50，0.40　　　　　　　　　(D) 0.50，0.45

【习题4-3】已知条件同上。设该建筑结构的基本自振周期为0.5s，周期的折减系数为0.8。试问，多遇地震作用下的水平地震影响系数与下列何项数值最为接近？

(A) 0.08　　　　　(B) 0.09　　　　　(C) 0.10　　　　　(D) 0.12

【习题4-4】某四层钢筋混凝土框架结构，各层计算高度均为6m，平面布置如图4-80所示。抗震设防烈度为7度，设计基本地震加速度为0.15g，设计地震分组为第二组，建筑场地类别为Ⅱ类，抗震设防类别为重点设防类。

假定，考虑非承重墙影响的结构基本周期$T_1=1.08$s，各层重力荷载代表值均为12.5kN/m²（按建筑面积37.5m×37.5m计算）。试问，按底部剪力法确定多遇地震下的结构总水平地震作用值F_{Ek}（kN）与下列何项数值最为接近？

(A) 2000　　　　　(B) 2700　　　　　(C) 2900　　　　　(D) 3400

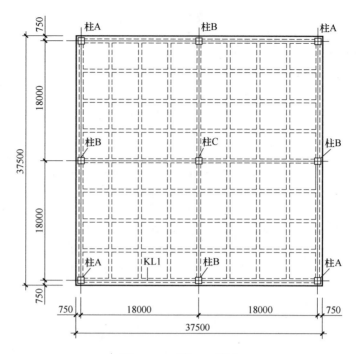

图 4-80 习题 4-4 附图

【习题 4-5】已知条件同上。设多遇地震作用下按底部剪力法确定的结构水平地震作用标准值 $F_{Ek} = 3600kN$，顶部附加地震作用系数 $\delta_n = 0.118$，试问，当各层重力荷载代表值相同时，多遇地震下结构总地震倾覆力矩标准值 $M(kN \cdot m)$ 与下列何项数值最为接近？

(A) 64000 (B) 67000

(C) 75000 (D) 85000

【习题 4-6】某 10 层对称抗震墙结构，各层层高均为 $h = 3.00m$，房屋总高度 $H = 30m$。抗震墙厚度 0.20m，墙肢轴线间的距离 $L_1 = L_2 = 6.65m$，墙肢横截面面积 $A_1 = A_3 = 0.66m^2$，$A_2 = 1.20m^2$，墙肢截面惯性矩 $I_1 = I_3 = 0.599m^4$，$I_2 = 3.60m^4$。连梁计算跨度 2.30m，连梁截面折算惯性矩 $I_{b01} = I_{b02} = 0.003m^4$，承受水平荷载 $q = 1kN/m$（图 4-81）。抗震墙混凝土的弹性模量 $E = 28.0 \times 10^6 kN/m^2$。

试利用结构的对称性计算抗震墙相对高 $\xi = 0.3$、0.5 和 9.8 处的轴力。

图 4-81 习题 4-6 附图

第 5 章　多 层 砌 体 房 屋

§5-1　概　　述

砌体房屋是指由烧结普通黏土砖、烧结多孔黏土砖、蒸压砖、混凝土砖或混凝土小型空心砌块等块材❶，通过砂浆砌筑而成的房屋。砌体结构在我国建筑工程中，特别是在住宅、办公、学校、医院、商店等建筑中，获得了广泛应用。据统计，砌体结构在整个建筑工程中，占 80％以上。由于砌体结构材料的脆性性质，其抗剪、抗拉和抗弯强度很低，所以砌体房屋的抗震能力较差。在国内外历次强烈地震中，砌体结构破坏率都是相当高的。1906 年美国旧金山地震，砖石房屋破坏十分严重，如典型砖结构的市府大楼，全部倒塌，震后一片废墟。1923 年日本关东大地震，东京约有 7000 幢砖石房屋，大部分遭到严重破坏，其中仅有 1000 余幢平房可修复使用。又如，1948 年苏联阿什哈巴地震，砖石房屋破坏率达 70％～80％。我国近年来发生的一些破坏性地震，特别是 1976 年的唐山大地震，砖石结构的破坏率也是相当高的。据对唐山烈度为 10 度及 11 度区 123 幢 2～8 层的砖混结构房屋的调查，倒塌率为 63.2％；严重破坏的为23.6％，尚可修复使用的为 4.2％，实际破坏率，高达 91.0％。另外根据调查，该次唐山地震 9 度区的汉沽和宁河，住宅的破坏率分别为 93.8％和 83.5％；8 度区的天津市区及塘沽区，仅市房管局管理的住宅中，受到不同程度损坏占 62.5％；6～7 度区的北京，砖混结构也遭到不同程度的损坏。

震害调查表明，不仅在 7、8 度区，甚至在 9 度区，砖混结构房屋受到轻微损坏，或者基本完好的例子也是不少的。通过对这些房屋的调查分析，其经验表明，只要经过合理的抗震设防，构造得当，保证施工质量，则在中、强地震区，砖混结构房屋是具有一定抗震能力的。

从我国国情出发，在今后一定时间内，砌体结构仍将是城乡建筑中的主要结构形式之一。因此，如何提高砌体结构房屋的抗震能力，将是建筑抗震设计中一个重要课题。

§5-2　震 害 及 其 分 析

在强烈地震作用下，多层砌体房屋的破坏部位，主要是墙身和构件间的连接处，楼盖、屋盖结构本身的破坏较少。

下面根据历次地震宏观调查结果，对多层砖房的破坏规律及其原因作一简要说明。

---

❶ 烧结普通黏土砖、蒸压砖、混凝土砖、烧结多孔黏土砖和混凝土小型空心砌块，本章分别简称为普通砖、多孔砖和小砌块。

一、墙体的破坏

在砌体房屋中，与水平地震作用方向平行的墙体是主要承担地震作用的构件。这类墙体往往因为主拉应力强度不足而引起斜裂缝破坏。由于水平地震反复作用，两个方向的斜裂缝组成交叉型裂缝。这种裂缝在多层砌体房屋中一般规律是下重上轻。这是因多层房屋墙体下部地震剪力大的缘故，参见图5-1。

二、墙体转角处的破坏

由于墙角位于房屋尽端，房屋对它的约束作用减弱，使该处抗震能力相对降低，因此较易破坏。此外，在地震过程中当房屋发生扭转时，墙角处位移反应较房屋其他部位大，这也是造成墙角破坏的一个原因（图5-2）。

图5-1　墙体的震害　　　　　　　　　　　　　图5-2　墙体转角处的震害

三、楼梯间墙体的破坏

楼梯间除顶层外，一般层墙体计算高度较房屋其他部位墙体小，其刚度较大，因而该处分配的地震剪力大，故容易造成震害。而顶层墙体的计算高度又较其他部位的大，其稳定性差，所以也易发生破坏。

四、内外墙连接处的破坏

内外墙连接处是房屋的薄弱部位，特别是有些建筑内外墙分别砌筑，以直槎或马牙槎连接，这些部位在地震中极易拉开。造成外纵墙和山墙外闪、倒塌等现象，参见图5-3。

五、屋盖的破坏

在强烈地震作用下，坡屋顶的木屋盖常因屋盖支撑系统不完善，或采用硬山搁檩而山尖未采取抗震措施，造成屋盖丧失稳定性（图5-4）。

六、突出屋面的屋顶间等附属结构的破坏

在房屋中，突出屋面的屋顶间（电梯机房、水箱间等）、烟囱、女儿墙等附属结构，由于地震"鞭端效应"的影响，所以一般较下部主体结构破坏严重，几乎在6度区就发现

图 5-3　内外墙连接处震害

图 5-4　屋盖震害

有所破坏。特别是较高的女儿墙、出屋面的烟囱，在 7 度区普遍破坏，8～9 度区几乎全部损坏或倒塌，图 5-5 为突出屋面屋顶间的破坏情形。

图 5-5　突出屋面屋顶间破坏

§5-3 抗 震 设 计 一 般 规 定

一、多层砌体房屋的层数和高度

国内历次地震表明，在一般场地情况下，砌体房屋层数愈多，高度愈高，它的震害程度愈严重，破坏率也就愈高。因此，国内外抗震设计规范都对砌体房屋的层数和总高度加以限制。实践证明，限制砌体房屋层数和总高度是一项既经济又有效的抗震措施。

多层砌体房屋的层数和总高度应符合下列要求：

1. 一般情况下，房屋的层数和总高度不应超过表 5-1 的规定。

房屋的层数和总高度限值（m）　　　　　　　　　　表 5-1

墙体类别	最小墙厚（mm）	烈度（设计基本地震加速度）											
		6		7				8				9	
		0.05g		0.10g		0.15g		0.20g		0.30g		0.40g	
		高度	层数	高度	层数	高度	层数	高度	层数	高度	层数	高度	层数
普通砖	240	21	7	21	7	21	7	18	6	15	5	12	4
多孔砖	240	21	7	21	7	18	6	18	6	15	5	9	3
多孔砖	190	21	7	18	6	15	5	15	5	12	4	—	—
小砌块	190	21	7	21	7	18	6	18	6	15	5	9	3

注：1. 房屋的总高度指室外地面到主要屋面板板顶或檐口的高度，半地下室可从地下室室内地面算起，全地下室和嵌固条件好的半地下室应允许从室外地面算起；对带阁楼的坡屋面应算到山尖墙的 1/2 高度处；

2. 室内外高差大于 0.6m 时，房屋总高度应允许比表中数据适当增加，但不应大于 1m；

3. 乙类的多层砌体房屋按本地区设防烈度查表时，其层数应减少一层且总高度应降低 3m；

4. 本表小砌块砌体房屋不包括配筋混凝土小型空心砌块砌体房屋。

2. 横墙较少❶的多层砌体房屋，总高度应比表 5-1 的规定降低 3m，层数相应减少一层；各层横墙很少的多层砌体房屋，还应再减少一层。

3. 6、7 度时，横墙较少的丙类多层砌体房屋，当按本章 §5-5 抗震构造措施第（十）款规定采取加强措施并满足抗震承载力要求时，其高度和层数应允许仍按表 5-1 的规定采用。

4. 采用蒸压灰砂砖和蒸压粉煤灰砖砌体的房屋，当砌体的抗剪强度仅达到普通黏土砖砌体的 70% 时，房屋的层数应比普通砖房减少一层，总高度应减少 3m。当砌体的抗剪强度达到普通黏土砖砌体的取值时，房屋的层数和总高度的要求同普通砖房屋。

5. 多层砌体承重房屋的层高，不应超过 3.6m。当使用功能确有需要时，采用约束砌体等加强措施的普通砖房屋，层高不应超过 3.9m。

二、房屋最大高宽比的限制

为了保证砌体房屋整体受弯曲承载力，房屋总高度与总宽度的最大比值，应符合表 5-2 的要求：

---

❶ 横墙较少指同一层内开间大于 4.20m 的房间占该层总面积的 40% 以上；其中，开间不大于 4.20m 的房间占该层总面积不到 20% 且开间大于 4.8m 的房间占该层总面积的 50% 以上为横墙很少。

房屋最大高宽比

表5-2

烈度	6	7	8	9
最大高宽比	2.5	2.5	2.0	1.5

注：1. 单面走廊房屋的总宽度不包括走廊宽度；

2. 建筑平面接近正方形时，其高宽比宜适当减小。

三、抗震横墙间距的限制

多层砌体房屋的横向水平地震作用主要由横墙承担。横墙不仅须有足够的承载力，而且楼、屋盖须有传递水平地震作用给横墙的水平刚度。为了满足楼、屋盖对传递水平地震作用所需的水平刚度，《抗震规范》规定，多层砌体房屋抗震横墙的间距，不应超过表5-3的要求：

房屋抗震横墙最大间距（m）

表5-3

房屋类型	烈　　度			
	6	7	8	9
现浇或装配整体式钢筋混凝土楼、屋盖	15	15	11	7
装配式钢筋混凝土楼、屋盖	11	11	9	4
木屋盖	9	9	4	—

注：1. 多层砌体房屋的顶层，除木屋盖外的最大横墙间距允许适当放宽，但应采取相应加强措施；

2. 多孔砖抗震横墙厚度为190mm时，最大横墙间距应比表中数值减少3m。

四、房屋局部尺寸的限制

在强烈地震作用下，多层砌体房屋在薄弱部位破坏。这些薄弱部位一般是，窗间墙、尽端墙段、突出屋顶的女儿墙等。因此，对窗间墙、尽端墙段、女儿墙等的尺寸应加以限制。《抗震规范》规定，多层砌体房屋中砌体墙段的局部尺寸限值，宜符合表5-4的要求：

房屋局部尺寸限值（m）

表5-4

部　　位	烈　　度			
	6	7	8	9
承重窗间墙最小宽度	1.0	1.0	1.2	1.5
承重外墙尽端至门窗洞边的最小距离	1.0	1.0	1.2	1.5
非承重外墙尽端至门窗洞边的最小距离	1.0	1.0	1.0	1.0
内墙阳角至门窗洞边的最小距离	1.0	1.0	1.5	2.0
无锚固女儿墙（非出入口处）的最大高度	0.5	0.5	0.5	0

注：1. 个别或少数墙段的局部尺寸不足时，应采取局部加强措施弥补，且最小宽度不宜小于1/4层高或表列数据的80%；

2. 出入口处的女儿墙应有锚固。

五、多层砌体房屋的建筑布置和结构体系

多层砌体房屋的建筑布置和结构体系，应符合下列要求：

1. 应优先采用横墙承重或纵、横墙共同承重的结构体系。不应采用砌体墙和混凝土

墙混合承重的结构体系。

2. 纵、横向砌体抗震墙的布置应符合下列要求：

（1）宜均匀对称，沿平面内宜对齐，沿竖向应上下连续；且纵、横向墙体的数量不宜相差过大；

（2）平面轮廓凹凸尺寸，不应超过典型尺寸的 50％；当超过典型尺寸的 25％时，房屋转角处应采取加强措施；

（3）楼板局部大洞口的尺寸不宜超过楼板宽度的 30％，且不应在墙体两侧同时开洞；

（4）房屋错层的楼板高差超过 500mm 时，应按两层计算；错层部位的墙体应采取加强措施；

（5）同一轴线上的窗间墙宽度宜均匀；在满足表 5-4 要求的前提下，墙面洞口的立面面积，6、7 度时不宜大于墙面总面积的 55％，8、9 度时不宜大于 50％；

（6）在房屋宽度方向的中部应设置内纵墙，其累计长度不宜小于房屋总长的 60％（高宽比大于 4 的墙段不计入）。

3. 房屋有下列情况之一时宜设置防震缝，缝两侧均应设置墙体，缝宽应根据烈度和房屋高度确定，可采用 70～100mm：

（1）房屋立面高差在 6m 以上；

（2）房屋有错层，且楼板高差大于层高的 1/4；

（3）各部分结构刚度、质量截然不同。

4. 楼梯间不宜设置在房屋的尽端和转角处。

5. 不应在房屋转角处设置转角窗。

6. 横墙较少、跨度较大的房屋，宜采用现浇钢筋混凝土楼、屋盖。

§5-4 多层砌体房屋抗震验算

一、水平地震作用的计算

多层砌体房屋的水平地震作用可按底部剪力法公式（3-77）和式（3-83）计算。由于这种房屋刚度较大，基本周期较短，$T_1 = 0.2 \sim 0.3s$，故式（3-77）中 $\alpha_1 = \alpha_{max}$；同时，《抗震规范》规定，对多层砌体房屋，式（3-83）中 $\delta_n = 0$，于是，砌体房屋总水平地震作用标准值为：

$$F_{Ek} = \alpha_{max} G_{eq} \tag{5-1}$$

而第 i 点的水平地震作用标准值：

$$F_i = \frac{G_i H_i}{\sum_{j=1}^{n} G_j H_j} F_{Ek} \tag{5-2}$$

二、楼层地震剪力及其在各墙体上的分配

（一）楼层地震剪力

作用在第 j 楼层（自底层算起）平行于地震作用方向的层间地震剪力，等于该楼层以上各楼层质点的水平地震作用之和（图 5-6）：

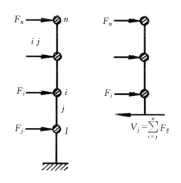

图 5-6　楼层地震剪力

$$V_j = \sum_{i=j}^{n} F_i \qquad (5\text{-}3)$$

式中　V_j——第 j 楼层的层间地震剪力；

$\quad\quad\quad F_i$——作用在质点 i 的地震作用，按式(5-2)计算；

$\quad\quad\quad n$——质点数目。

（二）楼层地震剪力在各墙体上的分配

1. 横向地震剪力的分配

沿房屋短的方向的水平地震作用称为横向地震作用，由其而引起的地震剪力就是横向地震剪力。由于多层砌体房屋横墙在其平面内的刚度，较纵墙在平面外的刚度大得多，所以《抗震规定》规定，在符合表 5-3 所规定的横墙间距限值条件下，多层砌体房屋的横向地震剪力，全部由横墙承受❶。至于层间地震剪力在各墙体之间的分配原则，应视楼盖的刚度而定。

（1）刚性楼盖

刚性楼盖是指现浇、装配整体式钢筋混凝土等楼盖。当横墙间距符合表 5-3 的规定时，则刚性楼盖在其平面内可视作支承在弹性支座（即各横墙）上的刚性连续梁，并假定房屋的刚度中心与质量中心重合，而不发生扭转。于是，各横墙的水平位移 Δ_j 相等。参见图 5-7。

图 5-7　刚性楼盖墙体变形

显然，第 j 楼层各横墙所分配的地震剪力之和应等于该层的总地震剪力，即

$$\sum_{m=1}^{n} V_{jm} = V_j \qquad (5\text{-}4a)$$

$$V_{jm} = \Delta_j k_{jm} \qquad (5\text{-}4b)$$

---

❶　指能承担地震剪力的横墙，其厚度，普通砖墙大于 240mm；混凝土小砌块墙应大于 190mm。

式中　V_{jm}——第 j 层第 m 道墙所分配的地震剪力；

　　　Δ_j——第 j 层各横墙顶部的侧移；

　　　k_{jm}——第 j 层第 m 道墙的侧移刚度，即墙顶发生单位侧移时，在墙顶所施加的力。

将式（5-4b）代入式（5-4a），得：

$$\sum_{m=1}^{n} \Delta_j k_{jm} = V_j$$

或

$$\Delta_j = \frac{1}{\sum\limits_{m=1}^{n} k_{jm}} V_j \qquad (5\text{-}4c)$$

将式（5-4c）代入式（5-4b），便得到各横墙所分配的地震剪力表达式：

$$V_{jm} = \frac{k_{jm}}{\sum\limits_{m=1}^{n} k_{jm}} V_j \qquad (5\text{-}5)$$

由上式可见，要确定刚性楼盖条件下横墙所分配的地震剪力，必须求出各横墙的侧移刚度。实验和理论分析表明，当墙体的高宽比 $h/b<1$ 时，则墙体以剪切变形为主，弯曲变形影响很小，可忽略不计；当 $1 \leqslant h/b \leqslant 4$ 时，弯曲变形已占相当比例，应同时考虑剪切变形和弯曲变形；当 $h/b>4$ 时，剪切变形影响很小，可忽略不计，只需计算弯曲变形。但由于 $h/b>4$ 的墙体的侧移刚度比 $h/b \leqslant 4$ 的墙体小得多，故在分配地震剪力时，可不考虑其分配地震剪力。

下面讨论墙体侧移刚度的计算方法。

1）无洞墙体

当 $h/b<1$ 时（图 5-8a）

如上所述，这时仅需考虑剪切变形的影响。由材料力学可知，在墙顶作用一单位力 $F=1$ 时，在该处产生的侧移，即柔度：

$$\delta = \gamma h = \frac{\tau}{G} h = \frac{\xi h}{GA} \qquad (5\text{-}6)$$

式中　　γ——剪应变；

　　　　τ——剪应力；

　　　　G——砌体剪切模量，$G=0.4E$；

　　　　E——砌体弹性模量；

　　　　ξ——剪应力不均匀系数，矩形截面 $\xi=1.2$；

　　　　A——墙体横截面面积，$A=bt$；

　　b、t——分别为墙宽和墙厚。

将上列关系代入式（5-6），并令 $\rho = \dfrac{h}{b}$，得：

$$\delta = \frac{3\rho}{Et} \tag{5-7}$$

于是，墙的侧移刚度

$$k = \frac{Et}{3\rho} \tag{5-8}$$

当 $1 \leqslant h/b \leqslant 4$ 时（图 5-8b）

$$(a) \qquad\qquad (b)$$

图 5-8 无洞墙体

这时，需同时考虑剪切变形和弯曲变形的影响，由材料力学可知，在墙顶作用 $F=1$ 时，在该处的侧移

$$\delta = \frac{\xi h}{GA} + \frac{h^3}{12EI} \tag{5-9}$$

式中 I——墙的惯性矩，$I = \frac{1}{12}b^3 t$。

将式（5-9）经过简单变换后，得：

$$\delta = (3\rho + \rho^3)\frac{1}{Et} \tag{5-10}$$

于是，墙的侧移刚度

$$k = \frac{Et}{3\rho + \rho^3} \tag{5-11}$$

2）有洞墙体

当一片墙上开有规则洞口时（图 5-9a），墙顶在 $F=1$ 作用下，该处的侧移，等于沿墙高各墙段的侧移之和，即

$$\delta = \sum_{i=1}^{n} \delta_i \tag{5-12a}$$

其中

$$\delta_i = \frac{1}{k_i} \tag{5-12b}$$

而其侧移刚度

$$k = \frac{1}{\sum_{i=1}^{n} \delta_i} \tag{5-13}$$

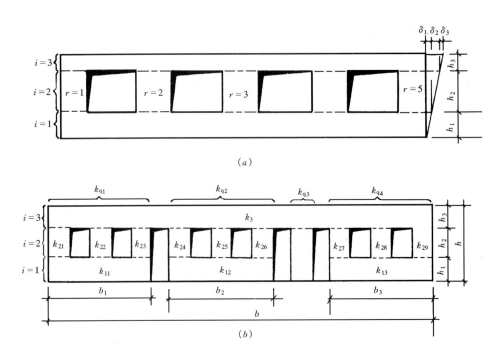

图 5-9 有洞墙体

(a) 开有规则洞口时；(b) 开有不规则洞口时

由于窗洞上、下的水平墙带高宽比 $h/b<1$，故应按式（5-8）计算其侧移刚度；而窗间墙可视为上、下嵌固的墙肢，应根据其高宽比数值，按式（5-8）或式（5-11）计算其侧移刚度，即：

对水平实心墙带

$$k_i = \frac{Et}{3\rho_i} \quad (i = 1、3) \tag{5-14}$$

对窗间墙

$$k_i = \sum_{r=1}^{s} k_{ir} \quad (i = 2) \tag{5-15}$$

其中，当 $\rho_{ir} = \dfrac{k_{ir}}{b_{ir}} < 1$ 时，$k_{ir} = \dfrac{Et}{3\rho_{ir}}$

当 $1 \leqslant \rho_{ir} \leqslant 4$ 时，$k_{ir} = \dfrac{Et}{3\rho_{ir} + \rho_{ir}^3}$

对于具有多道水平实心墙带的墙，由于其高宽比 $\rho<1$，不考虑弯曲变形的影响，故可将各水平实心墙带的高度加在一起，一次算出它们的侧移刚度及其侧移数值，例如，对图 5-9（a）所示墙体，

$$\Sigma h = h_1 + h_3, \qquad \rho = \frac{\Sigma h}{b}$$

代入式（5-14），即可求出两段墙带的总侧移刚度。

按式（5-12a）求得沿墙高各墙段的总侧移后，即可算出具有洞口墙的侧移刚度。

对于图 5-9（b）所示开有不规则洞口的墙片，其侧移刚度可按下式计算：

$$k = \cfrac{1}{\cfrac{1}{k_{q1} + k_{q2} + k_{q3} + k_{q4}} + \cfrac{1}{k_3}} \tag{5-16}$$

式中　k_{qj}——第 j 个规则墙片单元的侧移刚度；

$$k_{q1} = \cfrac{1}{\cfrac{1}{k_{11}} + \cfrac{1}{k_{21} + k_{22} + k_{23}}} \tag{5-17a}$$

$$k_{q2} = \cfrac{1}{\cfrac{1}{k_{12}} + \cfrac{1}{k_{24} + k_{25} + k_{26}}} \tag{5-17b}$$

$$k_{q4} = \cfrac{1}{\cfrac{1}{k_{13}} + \cfrac{1}{k_{27} + k_{28} + k_{29}}} \tag{5-17c}$$

k_{1j}——第 j 个规则墙片单元下段的侧移刚度；

k_{2r}——墙片中段第 r 个墙肢的侧移刚度；

k_{q3}——无洞墙肢的侧移刚度；

k_3——墙片上段的侧移刚度。

对于设置构造柱的开洞率不大于 0.30 的小开口墙段，其侧移刚度可按墙段毛面积计算，但须乘以洞口影响系数（表 5-5）。

墙段洞口影响系数 表 5-5

开 洞 率	0.10	0.20	0.30
影 响 系 数	0.98	0.94	0.88

注：1. 开洞率为洞口水平截面积与墙段水平毛截面积之比，相邻洞口之间净宽小于 300mm 的墙段视为洞口；

　　2. 洞口中线偏离墙段中线大于墙段长度的 1/4 时，表中影响系数值折减 0.9；门洞的洞顶高度大于层高的 80%时，表中数据不适用；窗洞高度大于 50%层高时，按门洞对待。

（2）柔性楼盖

对于木结构等柔性楼盖房屋，由于它刚度小，在进行楼层地震剪力分配时，可将楼盖视作支承在横墙上的简支梁（图 5-10）。这样，第 m 道横墙所分配的地震剪力，可按第 m 道横墙从属面积上重力荷载代表值的比例分配，即按式（5-18）来确定：

$$V_{jm} = \frac{G_{jm}}{G_j} V_j \tag{5-18}$$

图 5-10　柔性楼盖墙体变形

式中 G_{jm}——第 j 楼层第 m 道横墙从属面积上重力荷载代表值；

$\quad\quad G_j$——第 j 楼层结构总重力荷载代表值。

当楼层单位面积上的重力荷载代表值相等时，式（5-18）可进一步写成：

$$V_{jm} = \frac{F_{jm}}{F_j} V_j \qquad (5-19)$$

式中 F_{jm}——第 j 楼层第 m 道横墙所应分配地震作用的建筑面积,参见图 5-11 中阴影面积；

$\quad\quad F_j$——第 j 楼层的建筑面积。

（3）中等刚度楼盖

对于装配式钢筋混凝土等中等刚度楼盖房屋，它的横墙所分配的地震剪力，可近似地按刚性楼盖和柔性楼盖房屋分配结果的平均值采用：

$$V_{jm} = \frac{1}{2} \left(\frac{k_{jm}}{\sum\limits_{m=1}^{n} k_{jm}} + \frac{F_{jm}}{F_j} \right) V_j \qquad (5\text{-}20a)$$

或

$$V_{jm} = \frac{1}{2} \left(\frac{k_{jm}}{K_j} + \frac{F_{jm}}{F_j} \right) V_j \qquad (5\text{-}20b)$$

式中 K_j——第 j 楼层各横墙侧移刚度之和,$K_j = \sum\limits_{m=1}^{n} k_{jm}$。

图 5-11 横墙的从属建筑面积

2. 纵向地震剪力的分配

由于房屋纵向楼盖的水平刚度比横向大得多，因此，纵向地震剪力在各纵墙上的分配，可按纵墙的侧移刚度比例来确定。也就是无论柔性的木楼盖或中等刚度的装配式钢筋混凝土楼盖，均按刚性楼盖公式（5-5）计算。

（三）同一道墙各墙段间地震剪力的分配

求得某一道墙的地震剪力后，对于具有开洞的墙片，还要把地震剪力分配给该墙片洞口间和墙端的墙段，以便进一步验算各墙段截面的抗震承载力。

各墙段所分配的地震剪力数值，视各墙段间侧移刚度比例而定。第 m 道墙第 r 墙段所分配的地震剪力为：

$$V_{mr} = \frac{k_{mr}}{\sum\limits_{r=1}^{s} k_{mr}} V_{jm} \qquad (5\text{-}21)$$

式中 V_{mr}——第 m 道墙第 r 墙段所分配的地震剪力；

$\quad\quad V_{jm}$——第 j 层第 m 道墙所分配的地震剪力；

$\quad\quad k_{mr}$——第 m 道墙第 r 墙段侧移刚度，其值按下式计算：

当 r 墙段高宽比 $\rho_r=\dfrac{h_r}{b_r}<1$ 时

$$k_{mr}=\frac{Et}{3\rho_r} \tag{5-22}$$

当 $1\leqslant\rho_r\leqslant4$ 时

$$k_{mr}=\frac{Et}{3\rho_r+\rho_r^3} \tag{5-23}$$

其中 h_r 为洞口间墙段（如窗间墙）或墙端墙段高度（图 5-12）；b_r 为墙段宽度，其余符号意义与前相同。

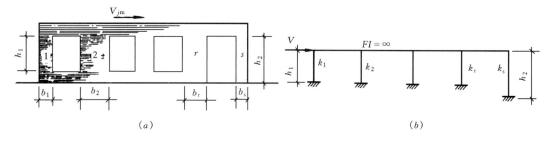

图 5-12　墙段地震剪力分配

三、墙体截面抗震承载力验算

多年来，国内外不少学者对砌体抗震性能进行了大量试验研究，由于对墙体在地震作用下的破坏机理存在着不同的看法，因而提出了各种不同的截面抗震计算公式。归纳起来不外乎两类：一类为主拉应力强度理论；另一类为剪切-摩擦强度理论（简称剪摩强度理论）。

我国《抗震规范》认为，对于砖砌体，宜采用主拉应力强度理论；而对混凝土小砌块墙体，宜采用剪摩强度理论。

（一）普通砖和多孔砖墙体的验算（按主拉应力强度理论）

这一理论认为，在地震中，多层房屋墙体产生交叉裂缝，是因为墙体中的主拉应力超过了砌体的主拉应力强度而引起的。

《抗震规范》根据主拉应力强度理论，将普通砖和多孔砖墙体截面抗震承载力条件写成下面形式：

$$V\leqslant\frac{f_{vE}A}{\gamma_{RE}} \tag{5-24}$$

式中　V——墙体地震剪力设计值；

　　　γ_{RE}——承载力抗震调整系数，按表 3-14 采用，对于自承重墙，取 $\gamma_{RE}=0.75$；

　　　A——墙体横截面面积，多孔砖取毛截面面积；

　　　f_{vE}——砌体沿阶梯形截面破坏的抗震抗剪强度设计值，按下式确定：

$$f_{vE}=\zeta_N f_v \tag{5-25}$$

　　　f_v——非抗震设计的砌体抗剪强度设计值，按现行国家标准《砌体结构设计规范》GB 50003 采用，参见表 5-6；

　　　ζ_N——砌体强度正应力影响系数，对于普通砖、多孔砖砌体，按下式计算，或者按表 5-7 确定。

沿砌体灰缝截面破坏时抗剪强度设计值 f_v（MPa） 表 5-6

砌 体 种 类	砂 浆 强 度 等 级			
	≥M10	M7.5	M5	M2.5
普通黏土砖、多孔黏土砖	0.17	0.14	0.11	0.08
混凝土小砌块	0.09	0.08	0.06	

$$\zeta_N = \frac{1}{1.2}\sqrt{1 + 0.42\frac{\sigma_0}{f_v}} \tag{5-26}$$

式中　σ_0——对应于重力荷载代表值在墙体 1/2 高度处的横截面上产生的平均压应力。

普通砖、多孔砖砌体强度的正应力影响系数 ζ_N 表 5-7

σ_0/f_v	0	0.20	0.40	0.60	0.80	1.00	1.20	1.40	1.60	1.80	2.00
ζ_N	0.800	0.843	0.883	0.921	0.956	0.990	1.022	1.052	1.081	1.108	1.134
σ_0/f_v	2.20	2.40	2.60	2.80	3.00	3.20	3.40	3.60	3.80	4.00	4.20
ζ_N	1.159	1.183	1.206	1.228	1.250	1.271	1.293	1.314	1.335	1.356	1.378
σ_0/f_v	4.40	4.60	4.80	500	5.20	5.40	5.60	5.80	6.00*	6.20	6.40
ζ_N	1.399	1.422	1.446	1.470	1.488	1.507	1.525	1.543	1.561	1.579	1.597
σ_0/f_v	6.60	6.80	7.00	7.20	7.40	7.60	7.80	8.00	8.20	8.40	8.60
ζ_N	1.615	1.632	1.650	1.667	1.685	1.702	1.719	1.736	1.753	1.770	1.787
σ_0/f_v	8.80	9.00	9.20	9.40	9.60	9.80	10.00	10.20	10.40	10.60	10.80
ζ_N	1.803	1.820	1.836	1.852	1.868	1.884	1.900	1.916	1.931	1.947	1.962
σ_0/f_v	11.00	11.20	11.40	11.60	11.80	12.00					
ζ_N	1.977	1.992	2.007	2.021	2.036	2.050					

注：表中数值系根据《抗震规范》表 7.2.6 普通砖、多孔砖砌体 ζ_N 值导出的插值多项式计算结果编写的：

$$\zeta_N = 0.0030(x-1)^3 - 0.023(x-1)^2 + 0.164(x-1) + 0.99 \quad (0 \leqslant x \leqslant 5) \tag{a}$$

$$\zeta_N = -0.48 \times 10^{-4}(x-7)^3 - 1.286 \times 10^{-3}(x-7)^2 + 8.162 \times 10^{-2}(x-7) + 1.65 \quad (5 \leqslant x \leqslant 12) \tag{b}$$

式中　$x = \sigma_0/f_v$。

现将式（5-26）来源说明如下：

为了使新旧规范衔接，不出现计算结果有大的差异，《抗震规范》在确定系数 ζ_N 时，采用了"校准法"。"校准法"就是通过对现存结构或构件可靠度的反演分析来确定设计时采用的结构或构件可靠指标的方法。为此，须首先将我国《工业与民用建筑抗震设计规范》TJ11—78（以下简称《TJ11—78 规范》）按主拉应力强度理论确定的墙体抗震强度验算公式作一简要介绍。

设 σ_1 表示地震剪力在墙体中产生的主拉应力（图 5-13）；R_j 表示砌体主拉应力强度。则多层砌体房屋墙体的抗震承载力验算条件，可写成：

$$\sigma_1 \leqslant R_j \tag{5-27}$$

由材料力学知

$$\sigma_1 = -\frac{\sigma_0}{2} + \sqrt{\left(-\frac{\sigma_0}{2}\right)^2 + \tau^2} \qquad (5\text{-}28)$$

式中 τ——地震剪力在墙体横截面上产生的剪应力，《TJ11—78 规范》规定，按式 (5-29)计算，其余符号意义与前相同。

$$\tau = \frac{KQ\xi}{A} \qquad (5\text{-}29)$$

式中 K——安全系数，$K=2.0$；

Q——地震剪力；

A——在墙 1/2 高度处的净截面面积；

ξ——剪应力分布不均匀系数，对于矩形截面，取 $\xi=1.2$。

将式 (5-28) 代入式 (5-27)，得：

$$-\frac{\sigma_0}{2} + \sqrt{\left(-\frac{\sigma_0}{2}\right)^2 + \tau^2} \leqslant R_j$$

移项并对两端平方得：

$$\left(\sqrt{\frac{\sigma_0^2}{4} + \tau^2}\right)^2 \leqslant \left(R_j + \frac{\sigma_0}{2}\right)^2$$

$$\tau^2 + \frac{\sigma_0^2}{4} \leqslant R_j^2 + R_j\sigma_0 + \frac{\sigma_0^2}{4}$$

于是 $\qquad \tau \leqslant R_j\sqrt{1 + \frac{\sigma_0}{R_j}}$

将式 (5-29) 代入上式，得：

$$KQ \leqslant \frac{R_\tau A}{\xi} \qquad (5\text{-}30a)$$

图 5-13 墙体在主应力下产生的斜裂缝

式中 R_τ——验算抗震强度时砖砌体抗剪强度。

$$R_\tau = R_j\sqrt{1 + \frac{\sigma_0}{R_j}} \qquad (5\text{-}30b)$$

式 (5-30a) 就是《TJ11—78 规范》墙体抗震强度验算公式。

为了推证式 (5-26)，我们令式 (5-24) 与式 (5-30a) 中的墙体横截面面积 A 相等，并注意到式 (5-24) 取 $\gamma_{RE}=1.0$，于是得：

$$\frac{KQ\xi}{R_j\sqrt{1 + \frac{\sigma_0}{R_j}}} = \frac{V}{\zeta_n f_v} \qquad (5\text{-}31)$$

由《TJ11—78 规范》可知

$$Q = C\alpha_{max}W \cdot \eta \qquad (5\text{-}32)$$

式中 Q——墙体验算截面上的地震剪力；

C——结构影响系数，对多层砖房 $C=0.45$；

α_{max}——相应于基本烈度的地震影响系数最大值；

W——产生地震荷载的建筑物总重量；

η——墙体验算截面上的地震剪力与结构底部剪力比值系数。

由《抗震规范》可知

$$V=\gamma_{Eh}\alpha'_{max}G_{eq}\eta \tag{5-33}$$

式中 γ_{Eh}——水平地震作用分项系数，取 $\gamma_{Eh}=1.3$；

α'_{max}——多遇地震时水平地震影响系数最大值；

G_{eq}——结构等效重力荷载。

将式（5-32）、式（5-33）代入式（5-31），经整理后，得：

$$\zeta_N=\frac{\gamma_{Eh}\alpha'_{max}G_{eq}}{KC\alpha_{max}W\xi}\frac{R_j}{f_v}\sqrt{1+\frac{\sigma_0}{R_j}}$$

注意到 $\alpha'_{max}/\alpha_{max}\approx0.356$，$R_j/f_v\approx2.38$，并将 $\gamma_{Eh}=1.3$，$K=2.0$，$\xi=1.2$，$G_{eq}=0.85W$ 和 $C=0.45$ 代入，于是，上式变成

$$\zeta_N=\frac{1}{1.2}\sqrt{1+0.42\frac{\sigma_0}{f_v}}$$

证明完毕。

当按式（5-24）验算不满足要求时，可计入设置在墙段中部、截面不小于 240mm×240mm 且间距不大于 4m 的构造柱对受剪承载力的提高作用，按下列简化方法验算：

$$V\leqslant\frac{1}{\gamma_{RE}}\big[\eta_c f_{vE}(A-A_c)+\zeta f_t A_c+0.08f_y A_s\big] \tag{5-34}$$

式中 A_c——中部构造柱的横截面总面积（对横墙和内纵墙，$A_c>0.15A$ 时，取 $0.15A$；对外纵墙，$A_c>0.25A$ 时，取 $0.25A$）；

f_t——中部构造柱的混凝土轴心抗拉强度设计值；

A_s——中部构造柱的纵向钢筋截面总面积（配筋率不小于 0.6%，大于 1.4% 时取 1.4%）；

f_y——钢筋抗拉强度设计值；

ζ——中部构造柱参与工作系数；居中设一根时取 0.5，多于一根时取 0.4；

η_c——墙体约束修正系数；一般情况取 1.0，构造柱间距不大于 3.0m 时取 1.1。

采用水平配筋普通砖、多孔砖墙体的截面抗震受剪承载力应按下式验算：

$$V\leqslant\frac{1}{\gamma_{RE}}(f_{vE}A+\zeta_s f_y A_{sh}) \tag{5-35}$$

式中 A——墙体横截面面积，多孔砖取毛截面面积；

f_y——钢筋抗拉强度设计值；

ρ_{vE}——层间墙体体积配筋率，应不小于 0.07% 且不大于 0.17%；

ζ_s——钢筋参与工作系数，可按表 5-8 采用。

钢筋参与工作系数　　　　表 5-8

墙体高宽比	0.4	0.6	0.8	1.0	1.2
ζ_s	0.10	0.12	0.14	0.15	0.12

（二）混凝土小砌块墙体的验算（按剪摩强度理论）

剪摩强度理论认为：砌体剪应力达到其抗剪强度时，砌体将沿剪切面发生剪切破坏，并认为砌体抗剪强度与正应力 σ_0 呈线性关系，若采用《TJ11—78 规范》强度指标，则剪

摩强度理论公式可写成：

$$R_\tau = R_j + \sigma_0 f \tag{5-36}$$

式中　R_τ——砌体抗剪强度；

　　　R_j——砌体沿通缝破坏抗剪强度；

　　　f——摩擦系数。

《抗震规范》规定，混凝土小砌块墙体采用剪摩强度理论验算砌体抗震承载力时，仍可采用式（5-24）和式（5-25）计算。其中砌体强度正应力影响系数，按下列公式计算：

$$\zeta_N = 1 + 0.23 \frac{\sigma_0}{f_v} \quad \left(1 \leqslant \frac{\sigma_0}{f_v} \leqslant 6.5\right) \tag{5-37}$$

$$\zeta_N = 1.52 + 0.15 \frac{\sigma_0}{f_v} \quad \left(6.5 \leqslant \frac{\sigma_0}{f_v} \leqslant 16\right) \tag{5-38}$$

式（5-37）和式（5-38）是根据大量试验，经数理统计后得到的。它的数值也可由表5-9查得。

混凝土小砌块砌体强度的正应力影响系数 ζ_N　　　　　　表5-9

σ_0/f_v	0	1.0	3.0	5.0	7.0	10.0	12.0	$\geqslant 16.0$
ζ_N	—	1.23	1.69	2.15	2.57	3.02	3.32	3.92

混凝土小砌块墙体的截面抗震承载力，应按下式验算：

$$V \leqslant \frac{1}{\gamma_{RE}} \left[f_{vE} A + (0.3 f_t A_c + 0.05 f_y A_s) \zeta_c \right] \tag{5-39}$$

式中　f_t——芯柱❶混凝土轴心抗拉强度设计值；

　　　A_c——芯柱截面总面积❷；

　　　A_s——芯柱钢筋截面总面积；

　　　f_y——芯柱钢筋抗拉强度设计值；

　　　ζ_c——芯柱参与工作系数，可按表5-10采用；

芯柱参与工作系数　　　　　　表5-10

填孔率 ρ	$\rho < 0.15$	$0.15 \leqslant \rho < 0.25$	$0.25 \leqslant \rho < 0.5$	$\rho \geqslant 0.5$
ζ_c	0	1.0	1.10	1.15

注：填孔率是指芯柱根数（含构造柱和填实孔洞数量）与孔洞总数之比。

　　　f_{vE}——砌体抗震强度设计值，按式（5-25）计算，其中砌体强度正应力系数，按式（5-37）或式（5-38）计算，或由表5-9查得。

在验算纵、横墙截面抗震承载力时，应选择以下不利墙段进行：

（1）承受地震作用较大的墙体。

（2）竖向正应力较小的墙段。

（3）局部截面较小的墙垛。

【例题5-1】某四层砖混结构办公楼，平面、立面图如图5-14所示。楼盖和屋盖采用

---

❶　在砌块孔洞中浇筑钢筋混凝土，这样所形成的柱就称为芯柱。

❷　当同时设置芯柱和钢筋混凝土构造柱时，构造柱截面可作为芯柱截面，构造柱钢筋可作为芯柱钢筋。

预制钢筋混凝土空心板，横墙承重。窗洞尺寸为 1.5m×1.8m，房间门洞尺寸为 1.0m× 2.5m，走道门洞尺寸为 1.5m×2.5m，墙的厚度均为 240mm。窗下墙高度 1.00m，窗上墙高度为 0.80m。楼板及地面做法厚为 0.20m，窗口上皮到板底为 0.6m，室内外高差为 0.45m。楼面恒载 3.10kN/m²，活载 1.5kN/m²；屋面恒载 5.35kN/m²，雪载 0.3kN/m²。

外纵墙与横墙交接处设钢筋混凝土构造柱，砖的强度等级为 MU10，混合砂浆强度等级：首层、二层 M7.5，三、四层为 M5。设防烈度 8 度，设计基本地震加速度为 0.20g，设计地震分组为第一组，Ⅱ类场地。结构阻尼比为 0.05。

试求在多遇地震作用下楼层地震剪力及验算首层纵、横墙不利墙段截面抗震承载力。

【解】 1. 计算集中于屋面及楼面处重力荷载代表值

按前述集中质量法（参见§3-4）及表 3-5 关于楼、屋面可变荷载组合系数的规定（即楼面活载和屋面雪荷载取 50%，恒载取 100%），算出包括楼层墙重在内的集中于屋面及楼面处的重力荷载代表值（图 5-15a）为：

四层顶　$G_4 = 2360$kN

三层顶　$G_3 = 2882$kN

二层顶　$G_2 = 2882$kN

首层顶　$G_1 = 3160$kN

房屋总重力代表值

$$\Sigma G = 11284\text{kN}$$

图 5-14　例题 5-1 附图

立面图

平面图

图 5-15　例题 5-1 附图

(a) 计算简图；(b) 地震作用分布图；(c) 地震剪力分布图

$$G_{eq} = 0.85 \Sigma G = 0.85 \times 11284 = 9591 \text{kN}$$

2. 计算各楼层水平地震作用标准值及地震剪力

按式（5-1）计算总水平地震作用（即底部剪力）标准值：

由表 3-4，查得 $\alpha_{max} = 0.16$，于是

$$F_{Ek} = \alpha_{max} G_{eq} = 0.16 \times 9591 = 1535 \text{kN}$$

各楼层水平地震作用和地震剪力标准值见表 5-11，F_i 和 V_j 见图 5-15b、c。

3. 截面抗震承载力验算

（1）首层横墙（取图 5-14②轴ⓒ—ⓓ墙片）验算

1）计算各横墙的侧移刚度及总侧移刚度

例题 5-1 附表　　　　　　　　　　　　表 5-11

分层部位	项	G_i (kN)	H_i (m)	$G_i H_i$	$\dfrac{G_i H_i}{\sum\limits_{j=1}^{n} G_j H_j}$	$F_i = \dfrac{G_i H_i}{\sum\limits_{j=1}^{n} G_j H_j} F_{Ek}$ (kN)	$V_j = \sum\limits_{j=i}^{n} F_i$ (kN)
4		2360	15.05	35518	0.340	521.9	521.9
3		2882	11.45	32999	0.316	485.1	1007.0
2		2882	7.85	22624	0.216	331.5	1338.5
1		3160	4.25	13430	0.128	196.5	1535
Σ		11284		104571	1.000	1535	

本例横墙按其是否开洞和洞口位置及大小，分为下面三种类型。现分别计算它们的侧移刚度。

（a）无洞横墙（图 5-16a）

$$\rho = \frac{h}{b} = \frac{4.15}{5.04} = 0.823 < 1$$

$$k = \frac{1}{3\rho} Et = \frac{1}{3 \times 0.823} Et = 0.405 Et$$

图 5-16　例题 5-1 横墙刚度计算

323

(*b*) 有洞横墙（图 5-16*b*）

$i=1$，3 段：

$$\rho_{(1+3)} = \frac{h_1 + h_3}{b} = \frac{0.75 + 0.9}{5.04} = 0.327 < 1$$

$$\delta_{(1+3)} = \frac{3\rho_{(1+3)}}{Et} = \frac{3 \times 0.327}{Et} = 0.981 \frac{1}{Et}$$

$i=2$ 段

$$\rho_{21} = \frac{h_{21}}{b_{21}} = \frac{2.50}{0.36} = 6.94 > 4,\ 不考虑承受地震剪力。$$

$$\rho_{22} = \frac{h_{22}}{b_{22}} = \frac{2.50}{3.68} = 0.679 < 1$$

$$\delta_{22} = \frac{3\rho_{22}}{Et} = \frac{3 \times 0.679}{Et} = 2.038 \frac{1}{Et}$$

单位力作用下总侧移

$$\delta = \Sigma\delta_i = (0.981 + 2.038) \frac{1}{Et}$$

$$= 3.019 \frac{1}{Et}$$

侧移刚度

$$k = \frac{1}{\Sigma\delta_i} = \frac{1}{3.019} Et = 0.331 Et$$

(*c*) 有洞山墙（图 5-16*c*）

$i=1$，3 段：

$$\rho_{(1+3)} = \frac{h_1 + h_3}{b} = \frac{0.75 + 0.90}{11.64} = 0.142 < 1$$

$$\delta_{(1+3)} = \frac{3\rho_{(1+3)}}{Et} = \frac{3 \times 0.142}{Et} = 0.426 \frac{1}{Et}$$

$i=2$ 段：

$$\rho_{21} = \frac{h_{21}}{b_{21}} = \frac{2.50}{5.07} = 0.493 < 1, \qquad \rho_{22} = \rho_{21}$$

$$k_{21} = k_{22} = \frac{1}{3\rho} Et = \frac{1}{3 \times 0.493} Et = 0.676 Et$$

$$\delta_2 = \frac{1}{\Sigma k_r} = \frac{1}{2 \times 0.676 Et} = 0.740 \frac{1}{Et}$$

单位力作用下总侧移

$$\delta = \Sigma\delta_i = (0.426 + 0.740) \frac{1}{Et} = 1.166 \frac{1}{Et}$$

侧移刚度

$$k = \frac{1}{\Sigma \delta_i} = \frac{1}{1.166} Et = 0.858Et$$

于是，首层横墙总侧移刚度

$$\Sigma k = (0.405 \times 7 + 0.331 \times 1 + 0.858 \times 2)Et = 4.882Et$$

2）计算首层顶板建筑面积 F_1 和所验算横墙承载面积 F_{12}

$$F_1 = 16.74 \times 11.64 = 195m^2$$

$$F_{12} = (4.8 + 0.9 + 0.12) \times 3.30 = 19.2m^2$$

3）计算②轴ⓒ—ⓓ墙片分担的地震剪力

$$V_{12} = \frac{1}{2} \left(\frac{k_{12}}{\Sigma k} + \frac{F_{12}}{F_1} \right) V_1 = \frac{1}{2} \left(\frac{0.331}{4.882} + \frac{19.2}{195} \right) 1535 = 127.61kN$$

4）计算②轴ⓒ—ⓓ墙各墙段分配的地震剪力

② 轴ⓒ—ⓓ墙片虽被门洞分割成两个墙段，但靠近走道的墙段 $\rho > 4$，故地震剪力 V_{12} 应完全由另一端墙段承受。

5）砌体截面平均压应力 σ_0 的计算

取 1m 宽墙段计算：

楼板传来重力荷载

$$\left[\left(5.35 + \frac{1}{2} \times 0.30 \right) + \left(3.10 + \frac{1}{2} \times 1.50 \right) \times 3 \right] \times 3.3 \times 1 = 56.26kN$$

墙自重$\left(算至首层 \frac{1}{2} 高度处\right)$

$$\left[(3.60 - 0.20) \times 3 + (4.25 - 0.20)\frac{1}{2} \right] \times 5.33\text{❶} \times 1 = 65.16kN$$

$\frac{1}{2}$ 首层计算高度处的平均压应力

$$\sigma_0 = \frac{56.26 + 65.16}{1 \times 0.24} = 505.9kN/m^2 = 0.51N/mm^2$$

6）验算砌体截面抗震承载力

由表 5-6 查得，当砂浆为 M7.5 和黏土砖时 $f_v = 0.14N/mm^2$；由表 3-14 查得，$\gamma_{RE} = 1.0$。

按式（5-26）计算砌体强度正应力影响系数

$$\zeta_N = \frac{1}{1.2} \sqrt{1 + 0.42 \frac{\sigma_0}{f_v}} = \frac{1}{1.2} \sqrt{1 + 0.42 \times \frac{0.51}{0.14}} = 1.33$$

按式（5-25）算出 f_{vE}：

$$f_{vE} = \zeta_N f_v = 1.33 \times 0.14 = 0.190N/mm^2$$

按式（5-24）验算截面抗震承载力

---

❶ 5.33kN/m² 为双面抹灰 240mm 厚的砖墙沿墙面每平方米的重力荷载标准值。

$$\frac{f_{vE}A}{\gamma_{RE}} = \frac{0.190 \times 3680 \times 240}{1.0} = 167808\text{N} > V$$

$$= \gamma_{Eh}S_{Ehk} = \gamma_{Eh}V_{12} = 1.3 \times 127610 = 165893\text{N}$$

符合要求。

（2）首层外纵墙窗间墙验算（取Ⓐ轴）

1）计算内、外纵墙侧移刚度

（a）外纵墙侧移刚度（一片）（图 5-17a）

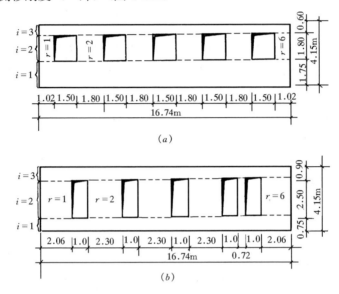

(a)

(b)

图 5-17　例题 5-1 纵墙刚度计算

$i=1$，3 段：

$$\rho_{(1+3)} = \frac{h_1 + h_3}{b} = \frac{1.75 + 0.6}{16.74} = 0.140 < 1$$

$$\delta_{(1+3)} = \frac{3\rho_{(1+3)}}{Et} = \frac{3 \times 0.140}{Et} = 0.420\frac{1}{Et}$$

$i=2$ 段，$r=1$，6 墙肢：

$$\rho_{2(1,6)} = \frac{h}{b} = \frac{1.80}{1.02} = 1.76 > 1$$

$$k_{2(1,6)} = \frac{Et}{3\rho + \rho^3} = \frac{Et}{3 \times 1.76 + 1.76^3} = 0.093Et$$

$r=2\sim5$ 墙肢：

$$\rho_{2(2\sim5)} = \frac{h}{b} = \frac{1.80}{1.80} = 1$$

$$k_{2(2\sim5)} = \frac{Et}{3 \times 1 + 1^3} = 0.25Et$$

$i=2$ 段墙肢总侧移刚度

$$\sum k_{2r} = (0.093 \times 2 + 0.25 \times 4)Et = 1.186Et$$

$i=2$ 段墙肢侧移

$$\delta_2 = \frac{1}{\Sigma k_{2r}} = \frac{1}{1.186Et} = 0.843\frac{1}{Et}$$

外纵墙侧移

$$\delta = \Sigma\delta_i = (0.420+0.843)\frac{1}{Et} = 1.263\frac{1}{Et}$$

外纵墙侧移刚度：

$$k = \frac{1}{\Sigma\delta_i} = \frac{Et}{1.263} = 0.792Et$$

(b) 内纵墙侧移刚度（一片）（图 5-17b）

$i=1$，3 段：

$$\rho_{(1+3)} = \frac{h_1+h_2}{b} = \frac{0.75+0.90}{16.74} = 0.0986 < 1$$

$$\delta_{(1+3)} = \frac{3\rho_{(1+3)}}{Et} = \frac{3\times0.0986}{Et} = 0.296\frac{1}{Et}$$

$i=2$ 段，$r=1$，6 墙肢：

$$\rho_{2(1,6)} = \frac{h}{b} = \frac{2.50}{2.06} = 1.214 > 1$$

$$k_{2(1,6)} = \frac{Et}{3\rho+\rho^3} = \frac{Et}{3\times1.214+1.214^3} = 0.184Et$$

$r=2$，3，4 墙肢：

$$\rho_{2(2,3,4)} = \frac{2.50}{2.30} = 1.087 > 1$$

$$k_{2(2,3,4)} = \frac{Et}{3\rho+\rho^3} = \frac{Et}{3\times1.087+1.087^3} = 0.220Et$$

$r=5$ 墙肢：

$$\rho_{2,5} = \frac{2.50}{0.72} = 3.472 > 1$$

$$k_{2,5} = \frac{Et}{3\rho+\rho^3} = \frac{Et}{3\times3.472+3.472^3} = 0.019Et$$

$i=2$ 段墙肢总侧移刚度：

$$\Sigma k_{2r} = (0.184\times2+0.220\times3+0.019\times1)Et = 1.047Et$$

$i=2$ 段墙肢侧移：

$$\delta_2 = \frac{1}{\Sigma k_{2r}} = \frac{1}{1.047Et} = 0.955\frac{1}{Et}$$

内纵墙总侧移：

$$\delta = \Sigma\delta_i = (0.296+0.955)\frac{1}{Et} = 1.251\frac{1}{Et}$$

内纵墙侧移刚度：

$$k = \frac{1}{\Sigma\delta_i} = \frac{Et}{1.251} = 0.799Et$$

首层纵墙总侧移刚度：

$$\Sigma k = 2(0.792 + 0.799)Et = 3.182Et$$

2）计算Ⓐ轴外纵墙片分配的地震剪力

$$V_{1A} = \frac{k_{1A}}{\Sigma k}V_1^{\text{❶}} = \frac{0.792}{3.182} \times 1535 = 382.1\text{kN}$$

3）计算外纵墙窗间墙分配的地震剪力

$$V_{2r} = \frac{k_{2r}}{\Sigma k_{2r}}V_{1A} = \frac{0.25}{1.186} \times 382.1 = 80.54\text{kN}$$

4）窗间墙截面平均压应力 σ_0 的计算

作用在首层半高截面上墙的重力荷载：

$$N = \left[(3.60 \times 3 + 0.80) \times 3.3 - (1.5 \times 1.8) \times 3 + \left(\frac{4.15}{2} - 0.60\right) \times 1.8\right] \times 5.33$$

$$= 175.01\text{kN}$$

平均压应力

$$\sigma_0 = \frac{N}{A} = \frac{175010}{1800 \times 240} = 0.405\text{N/mm}^2$$

由表 5-6 查得 $f_v = 0.14\text{N/mm}^2$。

按式（5-26）计算：

$$\zeta_N = \frac{1}{1.2}\sqrt{1 + 0.42\frac{\sigma_0}{f_v}} = \frac{1}{1.2}\sqrt{1 + 0.42\frac{0.405}{0.14}} = 1.24$$

按式（5-25）计算：

$$f_{vE} = \zeta_N f_v = 1.24 \times 0.14 = 0.174\text{N/mm}^2$$

因为外纵墙为自承重墙，且墙两端设置构造柱，故 $\gamma_{RE} = 0.75 \times 0.9 = 0.675$

按式（5-24）验算窗间墙截面抗震承载力

$$\frac{f_{vE}A}{\gamma_{RE}} = \frac{0.174 \times 1800 \times 240}{0.675} = 113600\text{N} > 1.3 \times 80540 = 104702\text{N}$$

符合要求。

§5-5 抗 震 构 造 措 施

一、多层砖砌体房屋抗震构造措施

（一）设置现浇钢筋混凝土构造柱

震害分析和试验表明，多层砖砌体房屋中在适当部位设置钢筋混凝土构造柱（以下简称构造柱）并与圈梁连接使之共同工作，可以增加房屋的延性，提高房屋的抗侧力能力。减轻房屋在大震下的破坏程度或防止发生突然倒塌，因此，设置钢筋混凝土构造柱是提高房屋抗震能力的有效措施之一。

1. 各类多层砖砌体房屋，应按下列要求设置构造柱：

---

❶ 多层砌体结构房屋因纵、横方向基本周期接近($T_1 = 0.2 \sim 0.3\text{s}$),两个方向的地震影响系数均为 $\alpha_{\max}$,故纵向地震作用标准值与横向相同。

（1）构造柱设置部位（图 5-18），一般情况下应符合表 5-12 的要求。

图 5-18　构造柱示意图

多层砖砌体房屋构造柱设置要求　表 5-12

房屋层数				设　置　部　位	
6 度	7 度	8 度	9 度		
四、五	三、四	二、三		楼、电梯间四角，楼梯斜段上下端对应的墙体处；	每隔 12m 或单元横墙与外纵墙交接处；楼梯间对应的另一侧内横墙与外纵墙交接处
六	五	四	二	外墙四角和对应转角；错层部位横墙与外纵墙交接处；	隔开间横墙（轴线）与外墙交接处；山墙与内纵墙交接处
七	≥六	≥五	≥三	大房间内外墙交接处；较大洞口两侧	内墙（轴线）与外墙交接处；内墙的局部较小墙垛处；内纵墙与横墙（轴线）交接处

注：较大洞口，内墙指宽度不小于 2.1m 的洞口；外墙在内外墙交接处已设置构造柱时允许适当放宽，但洞侧墙体应加强。

（2）外廊式和单面走廊式的多层房屋，应根据房屋增加一层后的层数，按表 5-12 要求设置构造柱，且单面走廊两侧的纵墙均应按外墙处理。

（3）横墙较少的房屋，应根据房屋增加一层后的层数，按表 5-12 的要求设置构造柱；当横墙较少的房屋为外廊式或单面走廊式时，应按第（2）款要求设置构造柱，但 6 度不超过四层、7 度不超过三层和 8 度不超过二层时，应按增加二层后的层数对待。

（4）各层横墙很少的房屋，应按增加二层的层数设置构造柱。

（5）采用蒸压灰砂砖和蒸压粉煤灰砖的砌体房屋，当砌体抗剪强度仅达到普通黏土砖的 70% 时，应按增加一层的层数按（1）～（4）款的要求设置构造柱；但 6 度不超过四层、7 度不超过三层和 8 度不超过二层时，应按增加二层后的层数对待。

2. 多层砖砌体房屋构造柱的构造应符合下列要求:

(1) 构造柱最小截面可采用 180mm×240mm (墙厚 190mm 时为 180mm×190mm),纵向钢筋宜采用 4φ12,箍筋间距不宜大于 250mm,且在柱上下端应适当加密;6、7 度时超过六层、8 度时超过五层和 9 度时,构造柱纵向钢筋宜采用 4φ14,箍筋间距不应大于 200mm;房屋四角的构造柱可适当加大截面及配筋。

(2) 构造柱与墙连接处应砌成马牙槎,沿墙高每隔 500mm 设 2φ6 水平钢筋和 φ4 分布短筋平面内点焊组成的拉结网片或 φ4 点焊钢筋网片,每边伸入墙内不宜小于 1m。6、7 度时底部 1/3 楼层,8 度时底部 1/2 楼层,9 度时全部楼层,上述拉结钢筋网片应沿墙体水平通长放置。

(3) 构造柱与圈梁连接处,构造柱的纵筋应在圈梁纵筋内侧穿过,保证构造柱纵筋上下贯通。

(4) 构造柱可不单独设置基础,但应伸入室外地面下 500mm,或与埋深小于 500mm 的基础圈梁相连 (图 5-19)。

图 5-19 构造柱与圈梁和地梁的连接

(5) 房屋高度和层数接近表 5-1 的限值时,纵、横墙内构造柱间距尚应符合下列要求:

1) 横墙内的构造柱间距不宜大于层高的二倍,下部 1/3 楼层的构造柱间距适当减小;

2) 当外纵墙的开间大于 3.9m 时,应另设加强措施。内纵墙的构造柱间距不宜大于 4.2m。

(二) 设置现浇钢筋混凝土圈梁

现浇钢筋混凝土圈梁是增加墙体的连接,提高楼盖、屋盖刚度,抵抗地基不均匀沉降,限制墙体裂缝开展,保证房屋整体性,提高房屋抗震能力的有效措施,而且是减小构造柱计算长度 (图 5-19),充分发挥构造柱抗震作用不可缺少的连接构件。因此,钢筋混凝土圈梁在砌体房屋中获得了广泛采用。

1. 多层砖砌体房屋的现浇钢筋混凝土圈梁设置应符合下列要求:

(1) 装配式钢筋混凝土楼盖、屋盖或木屋盖的砖房,应按表 5-13 的要求设置圈梁;纵墙承重时,抗震横墙上的圈梁间距应比表内要求适当加密。

多层砖砌体房屋现浇钢筋混凝土圈梁设置要求　　　　　　表 5-13

墙 类	烈 度		
	6、7	8	9
外墙和内纵墙	屋盖处及每层楼盖处	屋盖处及每层楼盖处	屋盖处及每层楼盖处
内横墙	同上; 屋盖处间距不应大于 4.5m; 楼盖处间距不应大于 7.2m; 构造柱对应部位	同上; 各层所有横墙,且间距不应大于 4.5m; 构造柱对应部位	同上; 各层所有横墙

（2）现浇或装配整体式钢筋混凝土楼盖、屋盖与墙体有可靠连接的房屋，应允许不另设圈梁，但楼板沿抗震墙体周边均应加强配筋并应与相应的构造柱钢筋可靠连接。

2. 多层砖砌体房屋的现浇钢筋混凝土圈梁的构造应符合下列要求：

（1）圈梁应闭合，遇有洞口时圈梁应上下搭接，圈梁宜与预制板设在同一标高处或紧靠板底（图5-20）。

图5-20　楼盖处圈梁的构造

（2）圈梁在表5-13要求的间距内无横墙时，应利用梁或板缝中配筋替代圈梁（图5-21）。

图5-21　预制梁上圈梁的设置

（3）圈梁的截面高度不应小于120mm，配筋应符合表5-14的要求，但在软弱黏性土、液化土、新近填土或严重不均匀土层上的砌体房屋的基础圈梁，截面高度不应小于180mm，配筋不应少于4ϕ12。

多层砖砌体房屋圈梁配筋要求　　　　　　表5-14

配　　筋	烈　　度		
	6、7	8	9
最小纵筋	4ϕ10	4ϕ12	4ϕ14
箍筋最大间距（mm）	250	200	150

（三）楼、屋盖构件应具有足够的搭接长度和可靠的连接

1. 现浇钢筋混凝土楼板或屋面板伸进纵、横墙内的长度，均不宜小于120mm。

2. 装配式钢筋混凝土楼板或屋面板，当圈梁未设在板的同一标高时，板端伸进外墙的长度不应小于120mm，伸进内墙的长度不应小于100mm，或采用硬架支模连接，在梁上不应小于80mm，或采用硬架支模连接。

3. 当板的跨度大于4.8m并与外墙平行时，靠外墙的预制板侧边应与墙或圈梁拉结（图5-22）。

图5-22　板跨大于4.8m时墙与预制板拉结

4. 房屋端部大房间的楼盖，6度时房屋的屋盖和7～9度时房屋的楼盖、屋盖，当圈梁设在板底时，钢筋混凝土预制板应相互拉结，并应与梁、墙或圈梁拉结。

5. 楼、屋盖的钢筋混凝土梁或屋架应与墙、柱（包括构造柱）或圈梁可靠连接；不得采用独立砖柱。跨度不小于6m大梁的支承构件应采用组合砌体等加强措施，并满足承载力要求。

6. 6、7度时长度大于7.2m的大房间，以及8、9度时外墙转角及内外墙交接处，应沿墙高每隔500mm配置$2\phi6$的通长钢筋和$\phi4$分布短筋平面内点焊组成的拉结网片或$\phi4$点焊钢筋网片。

（四）楼梯间应符合的要求

1. 顶层楼梯间墙体应沿墙高每隔500mm设$2\phi6$通长钢筋和$\phi4$分布短筋平面内点焊组成的钢筋网片或$\phi4$点焊网片；7～9度时其他各层楼梯间墙体应在休息平台或楼层半高处设置60mm厚、纵向钢筋不少于$2\phi10$的钢筋混凝土带或配筋砖带，配筋砖带不少于3皮，每皮的配筋不少于$2\phi6$，砂浆的强度等级不应低于M7.5且不低于同层墙体的砂浆的强度等级。

2. 楼梯间及门厅内墙阳角处的大梁支承长度不应小于500mm，并应与圈梁连接。

3. 装配式楼梯段应与平台板的梁可靠连接，8度和9度时不应采用装配式楼梯段；不应采用墙中悬挑式踏步或踏步竖肋插入墙体的楼梯，不应采用无筋砖砌栏板。

4. 突出屋顶的楼、电梯间，构造柱应伸到顶部，并与顶部圈梁连接。所有墙体沿墙高每隔500mm设$2\phi6$通长钢筋和$\phi4$分布短筋平面内点焊组成的拉结网片或$\phi4$点焊钢筋网片。

（五）坡屋顶房屋屋架的连接

坡屋顶房屋的屋架应与顶层圈梁可靠连接，檩条或屋面板应与墙或屋架可靠连接，房屋出入口的檐口瓦应与屋面构件锚固；采用硬山搁檩时，顶层内纵墙顶宜增砌支撑端山墙的踏步式墙垛，并设置构造柱。

（六）门窗洞口处的过梁

门窗洞口不应采用砖过梁。过梁支承长度，6～8 度时不应小于 240mm，9 度时不应小于 360mm。

（七）预制阳台

预制阳台 6、7 度时应与圈梁和楼板的现浇板带可靠连接（图 5-23），8、9 度时不应采用预制阳台。

图 5-23　预制阳台的锚固

（八）后砌的非承重砌体隔墙

后砌的非承重砌体隔墙应沿墙高每隔 500mm 配置 2ϕ6 钢筋与承重墙或柱拉结，并每边伸入墙内不应小于 500mm（图 5-24）；8 度和 9 度时长度大于 5.0m 的后砌非承重砌体隔墙的墙顶，尚应与楼板或梁拉结。

（九）同一结构单元的基础（或桩承台）

同一结构单元的基础（或桩承台）宜采用同一类型的基础，底面宜埋在同一标高上，否则应增设基础圈梁并应按 1∶2 的台阶逐步放坡。

（十）丙类的多层砖砌体房屋

丙类的多层砖砌体房屋当横墙较少且总高度和层数接近或达到表 5-1 规定限值时，应采取下列加强措施：

1. 房屋的最大开间尺寸不宜大于 6.60m。

2. 同一个结构单元内横墙错位数量不宜超过横墙总数的 1/3，且连续错位不宜多于两道；错位的墙

图 5-24　后砌非承重
与承重墙的拉结

体交接处均应增设构造柱，且楼、屋面板应采用现浇钢筋混凝土板。

3. 横墙和内纵墙上洞口的宽度不宜大于 1.5m；外纵墙上洞口的宽度不宜大于 2.1m 或开间尺寸的一半；且内外墙上洞口位置不应影响外纵墙与横墙的整体连接。

4. 所有纵横墙均应在楼、屋盖标高处设置加强的现浇钢筋混凝土圈梁，圈梁的截面高度不宜小于 150mm，上下纵筋各不应少于 3ϕ10，箍筋不小于 ϕ6，间距不大于 300mm。

5. 所有纵、横墙交接处及横墙的中部，均应增设满足下列要求的构造柱：在纵、横墙内的柱距不宜大于 3m，最小截面尺寸不宜小于 240mm×240mm（墙厚 190mm 时为 240mm×190mm），配筋宜符合表 5-15 的要求。

增设构造柱的纵筋和箍筋设置要求 表 5-15

位 置	纵向钢筋			箍 筋		
	最大配筋率（%）	最小配筋率（%）	最小直径	加密区范围（mm）	加密区间距（mm）	最小直径
角柱	1.8	0.8	ϕ14	全高		
边柱	1.8	0.8	ϕ14	上端 700	100	ϕ6
中柱	1.4	0.4	ϕ12	下端 500		

6. 同一结构单元的楼、屋面板应设在同一标高处。

7. 房屋的底层和顶层的窗台标高处，宜设置沿纵横墙通长的水平现浇钢筋混凝土带，其截面高度不小于 60mm，宽度不小于墙厚，纵向钢筋不少于 2ϕ10，横向分布筋不小于 ϕ6，间距不大于 200mm。

二、多层砌块房屋抗震构造措施

（一）设置钢筋混凝土芯柱

为了增加混凝土小砌块房屋的整体性和延性，提高其抗震能力，可结合空心砌块的特点，在墙体的适当部位将砌块竖孔浇筑成钢筋混凝土柱，这样形成的柱就称为芯柱。

1. 芯柱设置部位和数量

多层小砌块房屋应按表 5-16 要求设置钢筋混凝土芯柱。对外廊式和单面走廊式房屋、横墙较少的房屋、各层横墙很少的房屋，尚应分别按多层砖砌体房屋抗震构造措施（一）款中 2、3、4 条关于增加层数的对应要求，按表 5-16 要求设置芯柱。

2. 芯柱截面尺寸、混凝土强度等级和配筋

（1）混凝土小砌块房屋芯柱截面不宜小于 120mm×120mm。

（2）芯柱混凝土强度等级，不宜小于 Cb20。

（3）芯柱的竖向插筋应贯通墙身且与圈梁连接，插筋不应小于 1ϕ12，6、7 度时超过五层、8 度时超过四层和 9 度时，插筋不应小于 1ϕ14。

（4）芯柱应伸入室外地面下 500mm，或与埋深小于 500mm 的基础圈梁相连。

（5）为提高墙体抗震受剪承载力而设置的芯柱，宜在墙体内均匀布置，最大净距不宜大于 2.0m。

（6）多层小砌块房屋墙体交接处或芯柱与墙体连接处应设置拉结钢筋网片，网片可采用直径 4mm 的钢筋点焊而成，沿墙高间距不大于 600mm，并应沿墙体水平通长设置。

6、7度时底部1/3楼层，8度时底部1/2楼层，9度时全部楼层，上述拉结钢筋网片沿墙高间距不大于400mm。

混凝土小砌块房屋芯柱设置要求

表 5-16

房 屋 层 数				设 置 部 位	设 置 数 量
6度	7度	8度	9度		
四、五	三、四	二、三		外墙转角，楼、电梯间四角，楼梯斜梯段上下端对应的墙体处； 大房间内外墙交界处； 错层部位横墙与外纵墙交界处； 隔12m或单元横墙与外纵墙交界处	外墙转角，灌实3个孔； 内外墙交接处，灌实4个孔； 楼梯斜梯段上下端对应的墙体处，灌实2个孔
六	五	四		同上； 隔开间横墙（轴线）与外纵墙交界处	
七	六	五	二	同上； 各内墙（轴线）与外纵墙交接处； 内纵墙与横墙（轴线）交接处和洞口两侧	外墙转角，灌实5个孔； 内外墙交接处，灌实4个孔； 内墙交接处，灌实4～5个孔； 洞口两侧各灌实1个孔
	七	≥六	≥三	同上； 横墙内芯柱间距不宜大于2m	外墙转角，灌实7个孔； 内外墙交接处，灌实5个孔； 内墙交接处，灌实4～5个孔； 洞口两侧各灌实1个孔

注：外墙转角、内外墙交接处，楼、电梯间四角等部位，应允许采用钢筋混凝土构造柱代替部分芯柱。

3. 小砌块房屋中替代芯柱的钢筋混凝土构造柱

（1）构造柱最小截面可采用190mm×190mm，纵向钢筋宜采用4ϕ12，箍筋间距不宜大于250mm，且在柱上下端应适当加密；6、7度时超过五层、8度时超过四层和9度时，构造柱纵向钢筋宜采用4ϕ14，箍筋间距不应大于200mm；外墙转角的构造柱可适当加大截面及配筋。

（2）构造柱与砌块墙连接处应砌成马牙槎，与构造柱相邻的砌块孔洞，6度时宜填实，7度时应填实，8、9度时应填实并插筋。构造柱与砌块之间沿墙高每隔600mm设置ϕ4点焊钢筋网片，并沿墙体水平通长设置。6、7度时底部1/3楼层，8度时底部1/2楼层，9度时全部楼层，上述拉结钢筋网片沿墙高间距不大于400mm。

（3）构造柱与圈梁连接处，构造柱的纵筋应在圈梁纵筋内侧穿过，保证构造柱纵筋上下贯通。

（4）构造柱可不单独设置基础，但应伸入室外地面下500mm，或与埋深小于500mm的基础圈梁相连。

（二）设置钢筋混凝土圈梁

1. 多层小砌块房屋现浇钢筋混凝土圈梁的设置位置应按多层砖砌体房屋圈梁的要求确定。

2. 圈梁宽度不应小于190mm，混凝土强度等级不应低于C20。

3. 配筋不应小于4ϕ12，箍筋间距不应大于200mm。

335

（三）设置钢筋混凝土带

多层小砌块房屋的层数，6 度时超过五层、7 度时超过四层、8 度时超过三层和 9 度时，在底层和顶层的窗台标高处，沿纵横墙应设置通长的水平现浇钢筋混凝土带；其截面高度不小于 60mm，纵筋不少于 $2\phi10$，并应有分布拉结钢筋；其混凝土强度等级不应低于 C20。

（四）多层小砌块房屋的加强措施

丙类的多层小砌块房屋，当横墙较少且总高度和层数接近或达到表 5-1 规定限值时，应按丙类的多层砖砌体房屋的要求采取抗震加强措施。其中，墙体中部的构造柱可采用芯柱替代，芯柱的灌孔数量不应少于 2 孔，每孔插筋的直径不应小于 18mm。

（五）其他抗震构造措施

多层小砌块房屋的其他抗震构造措施，尚应符合多层砖砌体房屋（三）至（九）款有关要求。

思　考　题

5-1　为什么要限制多层砌体房屋的总高度和层数？为什么要控制房屋最大高宽比的数值？

5-2　多层砌体房屋的结构体系应符合哪些要求？

5-3　为什么要限制多层砌体房屋抗震墙的间距？

5-4　多层砌体房屋的局部尺寸有哪些限制？

5-5　怎样进行多层砌体房屋的抗震验算？

5-6　多层砖房的现浇钢筋混凝土构造柱和圈梁应符合哪些要求？

5-7　在建筑抗震设计中为什么要重视构造措施？

计　算　题

【习题 5-1】某五层砌体结构办公楼，抗震设防烈度 7 度，设计基本地震加速度为 0.15g。各层层高及计算高度均为 3.60m，采用现浇钢筋混凝土楼、屋盖。砌体施工质量控制等级为 B 级，结构安全等级为二级。采用底部剪力法对结构进行水平地震作用计算时，假设重力荷载代表值 $G_1=G_2=G_3=G_4=5000kN$，$G_5=4000kN$。若总水平地震作用标准值为 F_{Ek}，截面抗震验算仅计算水平地震作用。试问，第二层的水平地震剪力设计值 V_2（kN）与下列何项数值最为接近？

　　（A）$0.8F_{Ek}$　　　　（B）$0.9F_{Ek}$　　　　（C）$1.1F_{Ek}$　　　　（D）$1.2F_{Ek}$

第6章 底部框架-抗震墙砌体房屋

§6-1 概　述

底部框架-抗震墙砌体房屋，是指底部为钢筋混凝土框架-抗震墙或钢筋混凝土框架-砌体抗震墙结构，上部为多层砌体墙承重房屋。这种房屋多用于底部为商店，上层为住宅的建筑（图6-1）。由于底部框架-抗震墙砌体房屋抗震性能较差，所以底部宜做成一层框架-抗震墙结构，当需要时，也可做成两层，但应持慎重态度。《抗震规范》将底部为一层框架-抗震墙砌体房屋称为底层框架-抗震房砌体房屋。

图 6-1　底部框架-抗震墙砌体房屋

§6-2 震害及其分析

历次大地震，如1963年南斯拉夫地震，1972年美国圣费南多地震，1976年罗马尼亚地震以及1976年的我国唐山地震，都证明：底层框架砖房的破坏是相当严重的。破坏均发生于底层框架部位，特别是柱顶和柱底。例如，在唐山地震中，一栋底层框架砖房，由于底层框架柱的破坏，上面几层原地坐落，房屋全部倒塌。

底层框架砖房震害加重的原因是上部各层纵、横墙较密，它不仅重量大，而且侧向刚度也大；而房屋底层承重结构的框架，其侧向刚度比上层小得多，这样就形成了"底层柔、上层刚"的结构体系。这种刚度急剧变化，使严重的层间侧向变形发生于相对薄弱的底层，而其他层间侧向变形很小。如前所述，结构侧向变形的大小是破坏程度的主要标志。地震时，房屋某个部位的变形超过该部分构件的极限变形值就发生破坏，超过得愈多，破坏就愈严重，底层框架砖房由于地震位移集中于底层，因此底层破坏也就愈严重。

§6-3 抗震设计一般规定

在进行底部框架-抗震墙砌体房屋抗震设计时，应遵守下列一些规定：

一、房屋总高度和层数的限制

震害表明，房屋总高度愈高，层数愈多，震害愈重。因此，《抗震规范》规定，底部框架-抗震墙砌体房屋的总高度和层数，不宜超过表6-1的规定。

二、抗震横墙间距的限制

底部框架-抗震墙砌体房屋的抗震横墙间距不宜太大，否则地震作用将难以传给抗震横墙。因此，《抗震规范》规定，底部框架-抗震砌体房屋抗震横墙的间距不应超过表6-2的要求。

房屋的层数和总高度限值（m）　　　　　　　　　　　　表 6-1

墙体类别	最小墙厚（mm）	烈度（设计基本地震加速度）							
		6		7				8	
		0.05g		0.10g		0.15g		0.20g	
		高度	层数	高度	层数	高度	层数	高度	层数
普通砖 多孔砖	240	22	7	22	7	19	6	16	5
多孔砖	190	22	7	19	6	16	5	13	4
小砌块	190	22	7	22	7	19	6	16	5

注：1. 房屋的总高度指室外地面到主要屋面板板顶或檐口的高度，半地下室可从地下室室内地面算起，全地下室和嵌固条件好的半地下室应允许从室外地面算起；对带阁楼的坡屋面应算到山尖墙的1/2高度处；
    2. 室内外高差大于0.6m时，房屋总高度应允许比表中数据适当增加，但不应多于1m。

房屋抗震横墙的间距（m）　　　　　　　　　　　　表 6-2

房 屋 类 型	烈 度			
	6	7	8	9
上部各层	同多层砌体房屋			—
底层或底部两层	18	15	11	—

三、房屋的结构布置

1. 上部的砌体墙体与底部的框架梁或抗震墙，除楼梯间附近的个别墙段外均应对齐。

2. 房屋的底部，应沿纵横两个方向设置一定数量的抗震墙，并应均匀对称布置。6度且总层数不超过四层的底部框架-抗震砌体房屋，应允许采用嵌砌于框架之间的约束普通砖砌体或小砌块砌体的砌体抗震墙，但应计入砌体墙对框架的附加轴力和附加剪力，并进行底层的抗震验算，且同一方向不应同时采用钢筋混凝土抗震墙和约束砌体抗震墙；其他情况，8度时应采用钢筋混凝土抗震墙，6、7度时应采用钢筋混凝土抗震墙或配筋小砌块砌体抗震墙。

3. 底层框架-抗震墙砌体房屋的纵横两个方向，第二层计入构造柱影响的侧向刚度与底层侧向刚度的比值，6、7度时不应大于2.5，8度时不应大2.0，且均不应小于1.0。

4. 底部两层框架-抗震砌体房屋纵横两个方向，底层与底部第二层侧向刚度应接近，第三层计入构造柱影响的侧向刚度与底部第二层侧向刚度的比值，6、7度时不应大于2.0；8度时不应大于1.5，且均不应小于1.0。

5. 底部框架-抗震墙砌体房屋的抗震墙应设置条形基础、筏形式基础等整体性好的基础。

四、结构的抗震等级

底部框架-抗震墙砌体房屋的混凝土框架的抗震等级，6、7、8度应分别按三、二、一级采用，混凝土抗震墙的抗震等级，6、7、8度应分别按三、三、二级采用。

§6-4 房屋抗震验算

一、地震作用及层间地震剪力的计算

底部框架-抗震墙砌体房屋的地震作用可按底部剪力法计算，即

$$F_{Ek} = \alpha_{max} G_{eq} \tag{6-1}$$

$$F_i = \frac{G_i H_i}{\sum_{j=1}^{n} G_j H_j} F_{Ek} \tag{6-2}$$

房屋的层间地震剪力按下式计算

$$V_j = \sum_{i=j}^{n} F_i \tag{6-3}$$

式中　V_j——第 j 层层间地震剪力（kN）；

　　　F_i——第 i 层楼板标高处的地震作用（kN）。

二、底部框架-抗震墙结构剪力的调整

由于底部剪力法仅适用于侧向刚度沿房屋高度分布比较均匀、弹塑性位移反应大体一致的多层结构。所以对于具有薄弱底层的底部框架-抗震墙砌体房屋应考虑弹塑性变形集中的影响。因此，《抗震规范》规定，底部框架-抗震墙砌体房屋的纵、横向地震剪力设计值均应乘以增大系数。

（一）底层框架-抗震墙结构

$$V'_1 = \zeta \gamma_{Eh} F_{Ek} = \zeta \gamma_{Eh} \alpha_{max} G_{eq} \tag{6-4}$$

式中　V'_1——考虑增大系数后底层的地震剪力设计值；

　　　γ_{Eh}——水平地震作用分项系数；

　　　ζ——地震剪力增大系数，按下式计算：

$$\zeta = \sqrt{\gamma} \tag{6-5}$$

或

$$\zeta = 1 + 0.17\gamma \tag{6-6}$$

　　　γ——第二层与第一层横向或纵向侧向刚度的比，即

$$\gamma = \frac{K_2}{K_1} = \frac{\Sigma K_{bw2}}{\Sigma D + \Sigma K_{cw} + \Sigma K_{bw}} \tag{6-7}$$

式中　　　K_1、K_2——房屋一层和二层侧向刚度；

　　　　　K_{bw2}——房屋二层砌体墙侧向刚度，按第 5 章计算；

ΣD、ΣK_{cw}、ΣK_{bw}——底层框架、钢筋混凝土抗震墙和砌体抗震墙侧向刚度，一根柱、一片墙侧向刚度按下式计算：

$$D = \alpha \frac{12EI_c}{h_1^3} \tag{6-8}$$

$$K_{cw} = \frac{1}{\frac{\mu h_1}{GA_{cw}} + \frac{h_1^3}{3EI_{cw}}} \qquad \left(1 \leqslant \frac{h_1}{b_1} \leqslant 4\right)^{\text{❶}} \tag{6-9}$$

---

❶ 当抗震墙高宽比 $\frac{h_1}{b_1} \leqslant 1$ 时，式（6-9）、式（6-10）中弯曲变形项（分母第 2 项）等于零。

$$K_{bw} = \cfrac{1}{\cfrac{\mu h_1}{GA_{bw}} + \cfrac{h_1^3}{3EI_{bw}}} \qquad \left(1 \leqslant \frac{h_1}{b_1} \leqslant 4\right) \tag{6-10}$$

式中　E——混凝土弹性模量；

　　　I_c——柱的截面惯性矩；

　　　h_1——柱或抗震墙的高度；

　　　G——混凝土的剪切模量；

　　　μ——抗震墙截面系数；矩形抗震墙截面 $\mu = 1.2$，工字形截面 $\mu = A/A'$，A 为抗震墙截面面积，A' 为腹板墙截面面积；

A_{cw}、A_{bw}——分别为混凝土抗震墙和砖抗震墙的截面面积；

I_{cw}、I_{bw}——分别为混凝土抗震墙和砖抗震墙的截面惯性矩。

　　　其余符号意义同前。

　　　按式（6-5）计算，当 $\zeta < 1.2$ 时，取 $\zeta = 1.2$；当 $\zeta > 1.5$ 时，取 $\zeta = 1.5$。

　　　（二）底部两层框架-抗震墙结构

$$V_i' = \zeta_i \gamma_{Eh} V_i \qquad (i = 1, 2) \tag{6-11}$$

式中　V_i'——第 i 层考虑增大系数后底层的地震剪力设计值；

　　　γ_{Eh}——水平地震作用分项系数；

　　　ζ_i——第 i 层地震剪力增大系数，按下式计算：

　　1. 当抗震墙高宽比 $\frac{h}{b} \leqslant 1$ 时（图 6-2c）

　　这时剪力增大系数可写成：

$$\zeta_i = \sqrt{\gamma_i} \quad (i = 1, 2) \tag{6-12}$$

$$\gamma_i = \frac{K_3}{K_i} = \frac{\Sigma K_{bw3}}{\Sigma D_i + \Sigma K_{cwi} + \Sigma K_{bwi}} \quad (i = 1, 2) \tag{6-13}$$

式中　　　　K_i、K_3——房屋第 i 层（$i = 1$，2）、第三层侧向刚度；

　　　　　　ΣK_{bw3}——房屋第三层砖墙侧向刚度，按第 5 章计算；

ΣD_i、ΣK_{cwi}、ΣK_{bwi}——房屋第 i 层（$i = 1$，2）框架、钢筋混凝土抗震墙和砌体抗震墙侧向刚度，一根柱、一片墙侧向刚度按下式计算：

$$D_i = \alpha_i \frac{12EI_{ci}}{h_i^3} \tag{6-14}$$

$$K_{cwi} = \frac{GA_{cwi}}{\mu h_i} \tag{6-15}$$

$$K_{bwi} = \frac{GA_{bwi}}{\mu h_i} \tag{6-16}$$

　　2. 当抗震墙高宽比 $1 \leqslant \frac{h}{b} \leqslant 4$ 时

　　在这种情况下，不能再按各抗侧力构件侧向刚度叠加法［参见式（6-13）］计算第三层与第 i 层（$i = 1$，2）侧向刚度比，因为这时第 i 层侧向刚度不等于各抗侧力构件侧向刚度之和，而应按框架和抗震墙协同工作计算第 i 层的侧向刚度。

现采用力法分析底部两层框架-抗震墙结构的侧向刚度，为此，将地震作用方向的抗震墙合并在一起形成"总抗震墙"[❶]；将该方向的框架合并在一起形成"总框架"，计算简图如图 6-2 所示。

现建立力法典型方程式：

$$\delta_{11}X_1 + \delta_{12}X_2 + \Delta_{1P} = 0 \qquad (6\text{-}17a)$$

$$\delta_{21}X_1 + \delta_{22}X_2 + \Delta_{2P} = 0 \qquad (6\text{-}17b)$$

式中

$$\delta_{11} = \delta_{11}^{w} + \delta_{11}^{f} \qquad (6\text{-}18a)$$

$$\delta_{12} = \delta_{12}^{w} + \delta_{12}^{f} \qquad (6\text{-}18b)$$

$$\delta_{21} = \delta_{21}^{w} + \delta_{21}^{f} \qquad (6\text{-}18c)$$

$$\delta_{22} = \delta_{22}^{w} + \delta_{22}^{f} \qquad (6\text{-}18d)$$

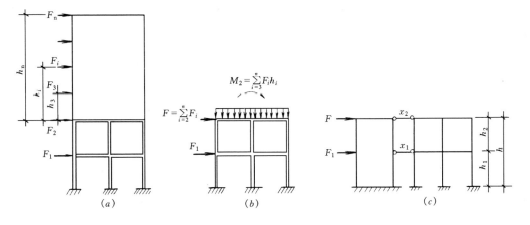

图 6-2 底部框架-抗震墙砖房计算简图

其中 δ_{11}^{w}、δ_{12}^{w}、δ_{21}^{w} 和 δ_{22}^{w} 为抗震墙柔度系数，按下式计算：

$$\delta_{11}^{w} = \frac{h_1^3}{3EI_w} + \frac{\mu h_1}{GA_w} \qquad (6\text{-}19a)$$

$$\delta_{12}^{w} = \delta_{21}^{w} = \frac{(2h + h_2)h_1^2}{6EI_w} + \frac{\mu h_1}{GA_w} \qquad (6\text{-}19b)$$

$$\delta_{22}^{w} = \frac{h^3}{3EI_w} + \frac{\mu h}{GA_w} \qquad (6\text{-}19c)$$

并注意到

$$\delta_{11}^{f} = \frac{1}{\sum D_1} \qquad (6\text{-}19d)$$

---

❶ 为了叙述方便，这里仅讨论只设置钢筋混凝土抗震墙情形。若同时设置砖抗震墙时则应将两者单个构件的侧向刚度叠加。

$$\delta_{12}^f = \delta_{21}^f = \delta_{11}^f = \frac{1}{\Sigma D_1} \qquad (6\text{-}19e)$$

$$\delta_{22}^f = \frac{1}{\Sigma D_1} + \frac{1}{\Sigma D_2} \qquad (6\text{-}19f)$$

$$\Delta_{1P} = -(F_1 \delta_{11}^w + F \delta_{12}^w) \qquad (6\text{-}19g)$$

$$\Delta_{2P} = -(F_1 \delta_{21}^w + F \delta_{22}^w) \qquad (6\text{-}19h)$$

其中　ΣD_1、ΣD_2——分别为总框架第一层和第二层侧向刚度；

　　　I_w、A_w——分别为总抗震墙截面惯性矩和横截面面积。

根据克莱姆法则，方程（6-17）的解可写成：

$$X_1 = -\frac{\begin{vmatrix} \Delta_{1P} & \delta_{12} \\ \Delta_{2P} & \delta_{22} \end{vmatrix}}{\begin{vmatrix} \delta_{11} & \delta_{12} \\ \delta_{21} & \delta_{22} \end{vmatrix}}; \qquad X_2 = -\frac{\begin{vmatrix} \delta_{11} & \Delta_{1P} \\ \delta_{21} & \Delta_{2P} \end{vmatrix}}{\begin{vmatrix} \delta_{11} & \delta_{12} \\ \delta_{21} & \delta_{22} \end{vmatrix}} \qquad (6\text{-}20)$$

第一层和第二层的层间位移分别为：

$$\Delta u_1 = \delta_{11}^f X_1 + \delta_{12}^f X_2 = \frac{X_1 + X_2}{\Sigma D_1} \qquad (6\text{-}21)$$

$$\Delta u_2 = \frac{X_2}{\Sigma D_2} - \theta_1 h_2 \qquad (6\text{-}22)$$

式中　θ_1——第一层抗震墙在首层顶板处产生的弯曲转角，其值可由抗震墙隔离体的图乘法得到：

$$\theta_1 = \frac{1}{2EI_w} h_1 [(F - X_2)(h + h_2) + (F_1 - X_1)h_1] \qquad (6\text{-}23)$$

由此可得底部框架-抗震墙房屋第 i 层的侧向刚度为：

$$K_i = \frac{V_i}{\Delta u_i} \quad (i = 1,2) \qquad (6\text{-}24)$$

式中　V_i——第 i 层地震剪力。

这样，第三层与第 i 层侧向刚度比即可求出，进而按式（6-12）求得地震剪力增大系数。

按式（6-12）计算，当 $\zeta < 1.2$ 时，取 $\zeta = 1.2$；当 $\zeta > 1.5$ 时，取 $\zeta = 1.5$。

三、底层框架-抗震墙砌体房屋抗震承载力的验算

底层框架-抗震墙砌体房屋上部砌体抗震承载力验算与第 5 章多层砌体房屋相同；底部框架结构在竖向荷载下的内力可按第 4 章的方法计算。下面介绍底部框架-抗震墙结构在水平地震作用下内力的计算，以及嵌砌于框架之间普通砖墙或小砌块墙及两端框架柱抗震承载力验算。

（一）底部框架-抗震墙结构地震剪力的分配

底部框架-抗震墙砌体房屋底层或二层纵、横方向地震剪力在各抗侧力构件之间的分配，应按地震期间其各自的最大侧向刚度确定。

1. 抗震墙地震剪力的分配

在地震期间，抗震墙开裂前的侧向刚度最大。因此，应按这一阶段进行地震承载力验

算。分析表明，由于这时抗震墙的侧向刚度比框架大得多，同方向的抗震墙所分配的层间地震剪力常占该层总层间地震剪力的 90% 以上。因此，《抗震规范》规定，底部框架-抗震墙砌体房屋，底层或底部两层纵向和横向地震剪力设计值全部由该方向的抗震墙承担，并按各抗震墙的侧向刚度比例分配。

2. 框架地震剪力的分配

我国及其他一些国家有关钢筋混凝土框架和抗震墙的试验资料表明，当楼层位移角 $\theta \leqslant 1/500$ 时，钢筋混凝土框架仍处于弹性变形阶段，其侧向刚度无明显降低。而钢筋混凝土抗震墙因出现裂缝，其侧向刚度下降到初始弹性刚度的 30% 左右。以后，随着变形的增长，框架和抗震墙的刚度进一步降低，但两者的比值保持在 1:0.3 左右。对框架分配地震剪力而言，这时比弹性阶段更为不利。因此，《抗震规范》规定，计算底部框架承担的地震剪力设计值时，各抗侧力构件应采用有效侧向刚度，有效侧向刚度的取值，框架不折减，混凝土墙可乘以折减系数 0.3，砖墙可乘以折减系数 0.2。

根据抗震墙的层数和高宽比的不同，框架承担的地震剪力设计值的计算方法也有所不同，兹分述如下：

(1) 侧向刚度叠加法

对底层框架-抗震墙和抗震墙高宽比 $\dfrac{h}{b} \leqslant 1$ 的底部框架-抗震墙结构，可按侧向刚度叠加法，即按各抗侧力构件有效侧向刚度比例确定框架分担的地震剪力。若只设置钢筋混凝土抗震墙，则一根钢筋混凝土柱所承担的横向或纵向地震剪力，可按下式确定：

$$V_{ci} = \frac{K_{ci}}{0.3 \Sigma K_{wi} + \Sigma K_{ci}} V'_i \quad (i = 1,2) \tag{6-25}$$

式中　V_{ci}——第一或第二层一根柱承担的地震剪力设计值；

　　　K_{ci}——第一或第二层一根柱的侧向刚度，按式（6-14）计算；

　　　K_{wi}——第一或第二层一片抗震墙的侧向刚度，按式（6-9）或式（6-15）计算；

　　　V'_i——第一或第二层考虑增大系数后地震剪力设计值。

(2) 框架-抗震墙协同工作计算法

对抗震墙高宽比 $1 \leqslant \dfrac{h}{b} \leqslant 4$ 的两层框架-抗震墙结构，由于框架-抗震墙协同工作时底部各层的侧向刚度不等于框架和抗震墙刚度之和，因此不能按式（6-25）计算框架承担的地震剪力。而应按框架-抗震墙协同工作计算。

由式（6-20）❶ 求得连杆内力后，便可按下式确定框架承担的地震剪力设计值：

$$V_{f1} = X_1 + X_2 \tag{6-26}$$

$$V_{f2} = X_2 \tag{6-27}$$

为了保证框架柱具有一定的抗震能力，按式（6-25）和式（6-26）、式（6-27）计算，当 $V_{ci} < \dfrac{0.2}{n} V'_i$ 时，取 $V_{ci} = \dfrac{0.2}{n} V'_i$。其中 n 为计算方向柱的根数。

---

❶　这里按式（6-20）计算 X_1 和 X_2 时，钢筋混凝土抗震墙的侧向刚度应乘以折减系数 0.3。

（二）底部框架-抗震墙结构地震倾覆力矩的分配

1. 底层框架-抗震墙房屋

底层框架-抗震墙结构一层以上的地震作用将在一层顶板处产生倾覆力矩，其值按下式计算：

$$M_1 = \sum_{i=2}^{n} F_i h_i \tag{6-28}$$

式中 F_i——第 i 层水平地震作用（图 6-3）；

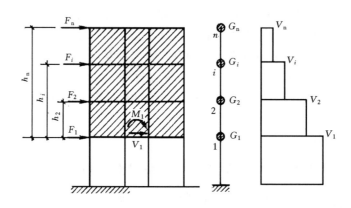

图 6-3 底层框架-抗震墙砖房抗震计算

h_i——第 i 层顶板与第一层顶板之间的距离。

各轴线上的抗震墙和框架承受的地震倾覆力矩，按底层抗震墙和框架转动刚度的比例分配确定。

一榀框架承受的倾覆力矩

$$M_f = \frac{k'_f}{\overline{k}} M_1 \tag{6-29}$$

一片抗震墙承受的倾覆力矩

$$M_w = \frac{k'_w}{\overline{k}} M_1 \tag{6-30}$$

$$\overline{k} = \Sigma k'_w + \Sigma k'_f \tag{6-31}$$

式中 M_1——作用于整个房屋底层顶板的地震倾覆力矩（图 6-4）；

k'_f——底层一榀框架沿自身平面内的转动刚度；

k'_w——一片抗震墙沿其平面内的转动刚度。

（1）框架平面内转动刚度的确定

图 6-5a 表示底层框架（设横梁抗弯刚度 $EI_b = \infty$）在弯矩 M 作用下的变形情形。框架的转角由两部分组成：

$$\varphi_f = \varphi_{f_1} + \varphi_{f_2} \tag{a}$$

式中 φ_{f_1}——框架柱变形引起的框架转角；

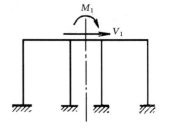

图 6-4 底层框架-抗震墙计算

344

φ_{f_2}——地基变形引起的框架转角。

1）φ_{f_1} 的确定

在弯矩 M 作用下第 i 根柱的平均压应力（图 6-4）为

$$\sigma_i = \frac{Mx_i}{I_c} \approx \frac{Mx_i}{\Sigma A_i x_i^2} \qquad (b)$$

该柱的压缩变形为：

$$\Delta h_{f_i} = \frac{\sigma_i A_i h_1}{EA_i} = \varphi_{f_1} x_i \qquad (c)$$

式中 σ_i——第 i 根柱的压应力平均值；

I_c——框架各柱对形心 y 轴（垂直纸面方向未绘出）的惯性矩；

A_i——第 i 根柱的横截面面积；

E——柱的弹性模量。

其余符号意义参见图 6-5（b）。

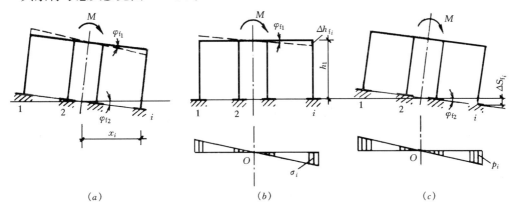

（a）　　　　　　　　　　（b）　　　　　　　　　　（c）

图 6-5　底层框架转动刚度的确定

将式（b）代入式（c），经整理后得：

$$\varphi_{f_1} = \frac{Mh_1}{E\Sigma A_i x_i^2} \qquad (d)$$

2）φ_{f_2} 的确定

在 M 作用下第 i 根柱基基底平均应力（图 6-5c）为：

$$p_i = C_z \Delta S_{f_i} = \frac{Mx_i}{I_b} = \frac{Mx_i}{\Sigma F_i x_i^2} \qquad (e)$$

该柱基的平均沉降为：

$$\Delta S_{f_i} = \varphi_{f_2} x_i \qquad (f)$$

式中 p_i——第 i 个柱基基底平均应力（kN/m^2）；

C_z——地基抗压刚度系数（kN/m^3），可按表 6-3 采用；

ΔS_{f_i}——第 i 个柱基的平均沉降量（m）；

I_b——框架各柱基对 y 轴的惯性矩；

F_i——第 i 个柱基底面面积。

地基承载力的特征值	土 的 名 称		
f_{ak}（kPa）	黏 性 土	粉 土	砂 土
300	66000	59000	520000
250	55000	49000	44000
200	45000	40000	36000
150	35000	31000	28000
100	25000	22000	18000
80	18000	16000	

注：本表摘自《动力机器基础设计规范》GB 50040—96。

将式（f）代入式（e），经整理后得：

$$\varphi_{f_2} = \frac{M}{C_z \Sigma F_i x_i^2} \tag{g}$$

将式（d）和式（g）代入式（a），经整理后得：

$$\frac{M}{\varphi_f} = \frac{1}{\dfrac{h_1}{E \cdot \Sigma A_i \cdot x_i^2} + \dfrac{1}{C_z \Sigma F_i \cdot x_i^2}} \tag{h}$$

上式表示一榀框架沿自身平面内产生单位转角所应施加的弯矩，把它定义为框架平面内的转动刚度，一般用符号 k'_f 表示。于是：

$$k'_f = \frac{1}{\dfrac{h_1}{E \Sigma A_i x_i^2} + \dfrac{1}{C_z \Sigma F_i x_i^2}} \tag{6-32}$$

（2）抗震墙平面内转动刚度的确定：

图 6-6a 表示底层抗震墙在弯矩作用下的变形情形。抗震墙的转角由两部分组成：

$$\varphi_w = \varphi_{w_1} + \varphi_{w_2} \tag{a}$$

式中　φ_{w_1}——墙体本身变形引起的抗震墙转角；

φ_{w_2}——地基变形引起的抗震墙转角。

图 6-6　底层抗震墙转动刚度的确定

1) φ_{w_1} 的确定：

在 M 的作用下，距形心轴 y（图上未绘出）为 x 处墙顶的压应力（图 6-6b）为：

$$\sigma_x = \frac{Mx}{I_w} \qquad (b)$$

该点的应变为：

$$\varepsilon = \frac{\sigma_x}{E} = \frac{\Delta h_{wx}}{h_1} = \frac{\varphi_{w_1} x}{h_1} \qquad (c)$$

由此

$$\sigma_x = \frac{E\varphi_{w_1} x}{h_1} \qquad (d)$$

比较式（b）和式（d），得：

$$\varphi_{w_1} = \frac{Mh_1}{EI_w} \qquad (e)$$

式中 I_w——抗震墙截面对形心轴的惯性矩。

2) φ_{w_2} 的确定

在 M 作用下距形心轴 y 为 x 处地基的应力（图 6-6c）为：

$$p_x = \frac{Mx}{I_\varphi} = C_\varphi \Delta S_{w_x} = C_\varphi \varphi_{w_2} x \qquad (f)$$

式中 C_φ——地基抗弯刚度系数（kN/m³），可以近似取 $C_\varphi = 2.15C_z$；

I_φ——抗震墙基底面积对形心轴 y 的惯性矩；

ΔS_{w_x}——所考虑点地基的沉降。

其余符号意义同前。

式（f）经整理后，得：

$$\varphi_{w_2} = \frac{M}{C_\varphi I_\varphi} \qquad (g)$$

将式（e）和式（g）代入式（a），经整理后得：

$$\frac{M}{\varphi_w} = \frac{1}{\dfrac{h_1}{EI_w} + \dfrac{1}{C_\varphi I_\varphi}} \qquad (h)$$

上式表示一片抗震墙沿自身平面内产生单位转角所施加的弯矩，把它定义为抗震墙平面内转动刚度，即：

$$k'_w = \frac{1}{\dfrac{h_1}{EI_w} + \dfrac{1}{C_\varphi I_\varphi}} \qquad (6\text{-}33)$$

按式（6-29）求得一榀框架承受的倾覆弯矩 M_f 后，即可按式（6-34）求得第 i 根柱由倾覆力矩所引起的附加轴力：

$$N_i = \sigma_i A_i = \frac{M_f A_i x_i}{\Sigma A_i x_i^2} \qquad (6\text{-}34)$$

若各柱横截面面积相等时，则式（6-34）可简化成：

$$N_i = \frac{M_f x_i}{\Sigma x_i^2} \qquad (6\text{-}35)$$

2. 底部两层框架-抗震墙砌体房屋

底部两层框架-抗震墙砌体房屋，一般情况下，一、二层柱的横截面相同，抗震墙的横截面也相同。因此，框架和抗震墙平面内转动刚度仍可分别按式（6-32）和式（6-33）计算。但式中的 h_1 应以两层高度 h 代入。

（三）底层框架-抗震墙砌体房屋嵌砌于框架之间的普通砖或小砌块的砌体墙抗震验算

底层框架-抗震墙砌体房屋嵌砌于框架之间的普通砖或小砌块的砌体墙，当符合§6-5四、五的抗震加强措施时，其抗震验算应符合下列要求：

1. 底层框架柱的轴向力和剪力，应计入砖墙或小砌块墙引起的附加轴力和附加剪力，其值可按下列公式确定：

$$N_f = \frac{V_w H_f}{l} \tag{6-36}$$

$$V_f = V_w \tag{6-37}$$

式中　V_w——墙体承担的剪力设计值，柱两侧有墙时可取二者的较大值；

　　　N_f——框架柱的附加轴向压力设计值；

　　　V_f——框架柱的附加剪力设计值；

　H_f、l——分别为框架的层高和跨度。

2. 嵌砌于框架之间的普通砖墙或小砌块墙及两端框架柱，其抗震受剪承载力应按下式计算：

$$V \leqslant \frac{1}{\gamma_{REc}} \Sigma (M_{yc}^u + M_{yc}^l) \frac{1}{H_0} + \frac{1}{\gamma_{REw}} \Sigma f_{yE} A_{w0} \tag{6-38}$$

式中　　V——嵌砌普通砖墙或小砌块墙及两端框架柱剪力设计值；

　　A_{w0}——砖墙或小砌块墙水平截面的计算面积，无洞口时取实际截面的 1.25 倍，有洞口时取截面的净面积，但不计入宽度小于洞口高度 1/4 的墙肢截面面积；

M_{yc}^u、M_{yc}^l——分别为底层框架柱上下端的正截面受弯承载力设计值；

　　H_0——底层框架柱的计算高度，两侧均有砌体墙时取柱净高的 2/3，其余情况取柱净高；

　γ_{REc}——底层框架柱承载力抗震调整系数，可取 0.8；

　γ_{REw}——嵌砌普通砖墙或小砌块墙承载力抗震调整系数，可取 0.9。

§6-5　房屋抗震构造措施

一、钢筋混凝土构造柱或芯柱的设置

底部框架-抗震墙砌体房屋的上部墙体应设置钢筋混凝土构造柱或芯柱，并应符合下列要求：

1. 构造柱、芯柱的设置部位，应根据房屋总层数按多层砖砌房屋或多层砌块房屋要求设置。

2. 构造柱、芯柱的构造，除符合下列要求外，尚应符合多层砖砌房屋或多层砌块房屋的规定：

（1）砖砌体墙中构造柱的截面不宜小于 240mm×240mm（墙厚 190mm 时为 240mm

×190mm）；

（2）构造柱的纵向钢筋不宜少于4ϕ14，箍筋间距不宜大于200mm；芯柱每孔插筋不宜小于1ϕ4，芯柱之间沿墙高应每隔400mm设ϕ4焊接钢筋网片。

3. 构造柱、芯柱应与每层圈梁连接，或与现浇楼板可靠拉接。

二、过渡层墙体的构造

过渡层是指底部框架-抗震墙结构上面相邻的砌体结构楼层。

1. 上部砌体墙的中心线宜与底部的框架梁、抗震墙的中心线相重合；构造柱或芯柱宜与框架柱上下贯通。

2. 过渡层应在底部框架柱、混凝土墙或约束砌体墙的构造柱所对应处设置构造柱或芯柱；墙体内的构造柱间距不宜大于层高；芯柱除按第5章表5-16设置外，最大间距不宜大于1m。

3. 过渡层构造柱的纵向钢筋，6、7度时不宜少于4ϕ16，8度时不宜少于4ϕ18。过渡层芯柱的纵向钢筋，6、7度时不宜少于1ϕ16，8度时不宜少于每孔1ϕ18。一般情况下，纵向钢筋应锚入下部的框架柱或混凝土墙内；当纵向钢筋锚固在托墙梁内时，托墙梁的相应位置应加强。

4. 过渡层的砌体墙在窗台标高处，应设置沿纵横墙通长的水平现浇钢筋混凝土带；且其截面高度不小于60mm，宽度不小于墙厚，纵向钢筋不少于2ϕ10，横向分布筋的直径不小于6mm，其间距不大于200mm。此外，砖砌体墙在相邻构造柱间的墙体，应沿墙高每隔360mm设置2ϕ6通长的水平钢筋和ϕ4分布短筋平面内点焊组成的拉结网片或ϕ4点焊钢筋网片，并锚入构造柱内；小砌块砌体墙芯柱之间沿墙高每隔400mm设置ϕ4通长水平点焊钢筋网片。

5. 过渡层的砌体墙，凡宽度不小于1.2m的门洞和2.1m的窗洞，洞口两侧宜增设截面不小于120mm×240mm（墙厚190mm时为120mm×190mm）的构造柱或单孔芯柱。

6. 当过渡层的砌体抗震墙与底部框架梁、墙体不对齐时，应在底部框架内设置托墙转换梁，并且过渡层砖墙或砌块墙应采取比第4款更高的加强措施。

三、底部框架-抗震墙砌体房屋的底部采用钢筋混凝土墙时的截面和构造要求

1. 墙体周边应设置梁（或暗梁）和边框柱（或框架柱）组成的边框；边框梁的截面宽度不宜小于墙板厚度的1.5倍；截面高度不宜小于墙板厚度的2.5倍；边框柱截面高度不宜小于墙板厚度的2倍。

2. 墙板的厚度不宜小于160mm，且不应小于墙板净高的1/20；墙体宜开设洞口形成若干墙段，各墙段的高宽比不宜小于2。

3. 墙体的竖向和横向分布钢筋配筋率均不应小于0.30%，并应采用双排布置；双排分布钢筋间拉筋的间距不应大于600mm，直径不应小于6mm。

4. 墙体的边缘构件应按§4-10抗震墙结构关于一般部位的规定设置。

四、6度设防的底部框架-抗震墙砖房屋的底部采用约束砖砌体墙时的构造要求

1. 砖墙厚度不应小于240mm，砌筑砂浆强度等级不应低于M10，应先砌墙后浇框架。

2. 沿框架柱每隔300mm配置2ϕ8水平钢筋和ϕ4分布短筋平面内点焊组成的拉结网

片，并沿砖墙水平通长设置；在墙体半高处尚应设置与框架柱相连的钢筋混凝土水平系梁。

3. 墙长大于 4m 时和洞口两侧，应在墙内增设钢筋混凝土构造柱。

五、6 度设防的底部框架-砌块抗震墙房屋的底部采用约束小砌块砌体墙时的构造要求

1. 墙厚度不应小于 190mm，砌筑砂浆强度等级不应低于 Mb10，应先砌墙后浇框架。

2. 沿框架柱每隔 400mm 配置 $2\phi8$ 水平钢筋和 $\phi4$ 分布短筋平面内点焊组成的拉结网片，并沿砌块墙水平通长设置；在墙体半高处尚应设置与框架柱相连的钢筋混凝土水平系梁。其截面不应小于 190mm×190mm，纵筋不应小于 $4\phi12$，箍筋不应小于 $\phi6$，间距不应大于 200mm。

3. 墙体在门、窗洞口两侧应设置芯柱，墙长大于 4m 时，应在墙内增设芯柱，芯柱应符合本节一款的有关规定；其余位置，宜采用钢筋混凝土构造柱替代芯柱，并应符合 §5-5 的有关规定。

六、底部框架-抗震墙砌体房屋的框架柱

1. 柱的截面不应小于 400mm×400mm，圆柱直径不应小于 450mm。

2. 柱的轴压比，6 度时不宜大于 0.85，7 度时不宜大于 0.75，8 度时不宜大于 0.65。

3. 柱的纵向钢筋最小总配筋率，当钢筋的强度标准值低于 400MPa 时，中柱在 6、7 度时不应小于 0.9%，8 度时不应小于 1.1%；边柱、角柱和混凝土抗震墙端柱在 6、7 度时不应小于 1.0%，8 度时不应小于 1.2%。

4. 柱的箍筋直径，6、7 度时不应小于 8mm，8 度时不应小于 10mm，并应全高加密箍筋，间距不大于 100mm。

5. 柱的最上端和最下端组合弯矩设计值应乘以增大系数，一、二、三级的增大系数分别按 1.5、1.25 和 1.15 采用。

七、底部框架-抗震墙砌体房屋楼盖

1. 过渡层的底板应采用现浇钢筋混凝土楼板。板厚不应小于 120mm，并应少开洞、开小洞，当洞口尺寸大于 800mm 时，洞口周边应设置边梁。

2. 其他楼板，采用装配式钢筋混凝土楼板时均应设现浇圈梁；采用现浇钢筋混凝土楼板时应允许不另设圈梁，但楼板沿抗震墙体周边均应加强配筋并应与相应的构造柱可靠连接。

八、底部框架-抗震墙砌体房屋的钢筋混凝土托墙梁的截面和构造要求

1. 梁的截面宽度不应小于 300mm，梁的截面高度不应小于跨度的 1/10。

2. 箍筋的直径不应小于 8mm，间距不应大于 200mm；梁端在 1.5 倍梁高且不小于 1/5 梁净跨范围内，以及上部墙体的洞口处和洞口两侧各 500mm 且不小于梁高的范围内，箍筋间距不应大于 100mm。

3. 沿梁高应设腰筋，数量不少于 $2\phi14$，间距不应大于 200mm。

4. 梁的纵向受力钢筋和腰筋应按受拉钢筋的要求锚固在柱内，且支座上部的纵向钢筋在柱内的锚固长度应符合钢筋混凝土框支梁的有关要求。

九、底部框架-抗震墙砌体房屋的材料强度等级的要求

1. 框架柱、混凝土墙和托墙梁的混凝土强度等级，不应低于 C30。

2. 过渡层砌体块材的强度等级不应低于 MU10，砖砌体砌筑砂浆强度等级不应低于 M10，砌块砌体砌筑砂浆强度不应低于 Mb10。

思 考 题

6-1 底层框架砖房的底层为什么沿房屋纵横方向须布置一定数量的抗震墙？

6-2 《抗震规范》对底层框架砖房的第二层与底层的侧移刚度的比值有何限制？为什么？

6-3 底层框架砖房底层地震剪力在抗震墙与柱之间是按什么原则分配的？倾覆力矩是按什么原则分配的？

6-4 怎样验算底层框架砖房二层以上砖墙的抗震承载力？

6-5 在进行底层框架砖房抗震计算时，为什么要将底层纵、横向地震剪力乘以增大系数？

计 算 题

【习题 6-1】某抗震设防烈度为 6 度的底层框架-抗震墙多层砌体房屋，其底层框架柱 KZ、砖抗震墙 ZQ、钢筋混凝土抗震墙 GQ 的布置，如图 6-7 所示。底层层高为 3.60m。各框架柱 KZ 的横向侧向刚度均为 $K_{KZ}=4\times10^4$ kN/m；砖抗震墙 ZQ（不包括端柱）的侧向刚度为 $K_{ZQ}=40\times10^4$ kN/m。地震剪力增大系数 $\eta=1.4$。

设作用于底层顶标高处的横向地震剪力标准值 $V_k=800$ kN。试问，作用于每道横向砖抗震墙上的地震剪力设计值（kN），与下列何项数值最为接近？

(A) 360 　　　　(B) 280 　　　　(C) 260 　　　　(D) 200

图 6-7　习题 6-1 附图

第7章 单层钢筋混凝土柱厂房

§7-1 震害及其分析

装配式单层钢筋混凝土柱厂房，是工业建筑中采用得比较普遍的一种建筑类型。凡经正式设计的这类厂房由于考虑了类似水平地震作用的风荷载和吊车水平制动力，所以，在7度区，除少数围护墙开裂外闪外，主体结构基本保持完好；在8、9度区，由于地震作用较大，主体结构开始有不同程度的破坏，连接较差的围护墙大面积倒塌，一些重屋盖的厂房，屋盖塌落；在10、11度地区一些厂房发生倾倒。

从震害调查结果看，单层钢筋混凝土柱厂房存在着屋盖重、连接差、支撑弱、构件强度不足等薄弱环节。下面仅就这些薄弱环节震害的主要特点分述如下：

一、屋盖系统

主要震害表现为，屋面板震落、错动以及屋架（梁）与柱连接处破坏。前者破坏的主要原因是，屋面板与屋架（梁）的焊点数量不足或焊接不牢，板间没有灌缝或灌缝质量很差。后者主要是因为构件支承长度不足，施焊不符合要求，或埋件锚固强度不足所致。图7-1为1976年唐山地震某厂房屋架塌落，造成屋面系统破坏的情况。

图 7-1 屋盖震害

天窗架刚度远小于下部主体结构，且处于厂房最高部位，由于"鞭端效应"的影响，地震作用较大，而其与屋架的连接构造又过于薄弱，支撑强度、稳定性不足，尤其是当纵向焊接质量较差时，极易发生倾斜，严重的甚至倒塌（图7-2）。

二、柱

凡经正式设计的厂房钢筋混凝土柱，从7～9度区震后调查中未发现有折断、倾倒的实例。在 10 度区也只有部分发生倾倒。这说明按现行方法以风荷载为主的水平荷载所设计的钢筋混凝土柱，一般情况下还是具有一定的抗震能力的。但是，在高烈度区它的局部震害还是普遍的，有时甚至是严重的。

钢筋混凝土柱常见的震害情况是：

（1）上柱在牛腿附近因弯曲受拉出现水平裂缝、酥裂或折断（图 7-3）；

（2）上柱柱头由于与屋架连接不牢、连接件被拔出或松动引起劈裂或酥碎；

图 7-2　天窗架震害　　　　　　　　　　　图 7-3　上柱震害

（3）下柱由于内力过大，承载力不足，在柱根附近产生水平裂缝或环裂；震害严重时可发生酥碎、错位，乃至折断；

（4）设有柱间支撑的厂房，在柱间支撑与柱的连接部位，由于支撑应力集中，多有水平裂缝出现。

三、墙体

单层钢筋混凝土柱厂房外围护砖墙、高低跨处的高跨封墙和纵、横向厂房交接处的悬墙，过去都仅视作围护结构，大都未经设防，这些墙较高，与柱及屋盖连接较差，地震时最容易外闪，连同圈梁大面积倒塌（图 7-4）。特别是高跨封墙倒塌，更易砸坏低跨屋盖，砸坏厂房设备，造成严重的次生灾害。

四、支撑

在一般情况下，屋盖支撑和柱间支撑多系按构造设置，而且有的工程支撑数量不足，形式不够合理，刚度偏弱，强度偏低等，地震时极易失稳（图 7-5）。当节点板构造单薄，在地震作用下容易扭折，或焊缝被撕开，或拉脱锚件、拉断锚筋，致使支撑失效，造成主体结构错位或倾倒。

图 7-4　墙体震害　　　　　　　　　　　　图 7-5　柱间支撑震害

§7-2　抗震设计一般规定

一、厂房结构布置

厂房的结构布置，应符合下列要求：

（1）多跨厂房宜等高和等长。历次大地震震害表明，多跨不等高厂房有高振型反应；多跨不等长厂房，有扭转效应，在大地震中都破坏严重，对抗震不利，故多跨厂房宜设计成等高和等长。

（2）厂房的贴建房屋和构筑物，不宜布置在厂房的角部和紧邻沉降缝处。地震中厂房的角部、沉降缝处地震位移都很大，贴建在厂房的角部和紧邻沉降缝处的房屋和构筑物，遭受严重碰撞，因此，不宜在该处布置毗邻建筑。

（3）厂房体形复杂或有贴建房屋和构筑物时，宜设防震缝；在厂房纵横跨交界处、大柱网厂房或不设柱间支撑的厂房，防震缝宽度可采用100～150mm，其他情况可采用50～90mm。

（4）两个主厂房之间的过渡跨至少应有一侧采用防震缝与主厂房脱开。

（5）厂房内上吊车的铁梯不应靠近防震缝设置；多跨厂房上吊车的铁梯不宜设置在同一横向轴线附近。上吊车的铁梯，晚间停放吊车时，增大厂房该处排架侧移刚度，加大地震反应，导致震害加重。

（6）厂房平台应与厂房主体结构脱开。

（7）厂房的同一结构单元内，不应采用不同的结构形式，厂房端部应设屋架，不应采用山墙承重；厂房单元内不应采用横墙和排架混合承重。

（8）厂房各柱列侧移刚度应均匀。

二、厂房天窗架的设置

（1）天窗宜采用突出屋面较小的避风型天窗，有条件或 9 度时宜采用下沉式天窗。

（2）突出屋面的天窗宜采用钢天窗架；6～8 度时，可采用矩形截面杆件的钢筋混凝土天窗架。

（3）8 度和 9 度时，天窗架宜从厂房单元端部第三柱间开始设置。

（4）天窗屋盖、端壁板和侧板，宜采用轻型板材。

三、厂房屋架的设置

（1）厂房宜采用钢屋架或重心较低的预应力混凝土、钢筋混凝土屋架。

（2）跨度不大于 15m 时可采用钢筋混凝土屋架。

（3）跨度大于 24m，或 8 度Ⅲ、Ⅳ类场地和 9 度时，宜优先采用钢屋架。

（4）跨度为 12m 时，可采用预应力混凝土托架（梁）；当采用钢屋架时，也可采用钢托架（梁）。

（5）有突出屋面的天窗架的屋盖，不宜采用预应力混凝土或钢筋混凝土空腹屋架。

四、厂房柱的设置

（1）8 度和 9 度时，宜采用矩形、工字形截面柱或斜腹杆双肢柱，不宜采用薄壁工字形柱、腹板开孔工字形柱，预制腹板的工字形柱和管柱。

（2）柱底至室内地坪以上 500mm 范围内和阶形柱的上柱宜采用矩形截面。

五、厂房围护墙和女儿墙的布置

（1）厂房的围护墙宜采用轻质墙板，或钢筋混凝土大型墙板，外侧柱距为 12m 时，应采用轻质墙板或钢筋混凝土大型墙板；不等高厂房的高跨封墙和厂房纵横向交接处的悬墙宜采用轻质墙板，8、9 度时应采用轻质墙板。

（2）厂房的砌体隔墙和围护墙应符合下列要求：

1）砌体隔墙宜与柱脱开或柔性连接，并采取措施使墙体稳定，隔墙顶部应设现浇钢筋混凝土压顶梁。

2）厂房的砌体围护墙宜采用外贴式并与柱可靠拉接；不等高厂房的高跨封墙和厂房纵横向交接处的悬墙采用砌体时，不宜直接砌在低跨屋盖上。

3）砌体围护墙在下列部位应设置现浇钢筋混凝土圈梁：

①梯形屋架端部上弦和柱顶标高处各设一道，但屋架高度大于 900 mm 时，可合并设置。

②8 度、9 度时应按上密下稀的原则每隔 4m 左右在窗顶增设一道圈梁，不等高厂房的高跨封墙和厂房纵横向交接处的悬墙，圈梁的竖向间距不应大于 3m。

③山墙沿屋面应设现浇钢筋混凝土卧梁，并应与屋架端部上弦标高处的圈梁连接。

4）圈梁的构造应符合下列要求：

①圈梁宜闭合，圈梁截面的宽度宜与墙厚相同，截面高度应不小于 180mm；圈梁的纵筋，6～8 度时，不应少于 $4\phi12$，9 度时，不应少于 $4\phi14$。

②厂房转角处柱顶圈梁在端开间范围内的纵筋，6～8 度时，不宜少于 $4\phi14$，9 度时，不宜少于 $4\phi16$，转角两侧各 1m 范围内的箍筋直径不宜小于 $\phi8$，间距不宜大于 100mm；圈梁转角处应增设不少于三根直径与纵筋相同的水平斜筋。

③圈梁应与柱或屋架牢固连接，山墙卧梁应与屋面板拉结；顶部圈梁与柱或屋架连接的锚拉钢筋，不宜少于 $4\phi12$，且锚固长度不宜少于 35 倍钢筋直径，防震缝处圈梁与柱或

层架的拉结宜加强。

5）8度Ⅲ、Ⅳ类场地和9度时，砖围护墙的预制基础梁应采用现浇接头；当另设条形基础时，在基础顶面标高处应设置连续的现浇钢筋混凝土圈梁，其配筋不应少于4ϕ12。

6）墙梁宜采用现浇，当采用预制墙梁时，梁底应与砖墙顶面牢固拉结并应与柱锚拉；厂房转角处相邻的墙梁，应相互可靠连接。

（3）单层钢结构厂房的围护墙，7、8度时宜采用轻质墙板或与柱柔性连接的钢筋混凝土墙板，9度时宜采用轻质墙板。砌体围护墙不应采用嵌砌式，8度时尚应采取措施使墙体不妨碍厂房柱列沿纵向的水平位移。

（4）砌体女儿墙在人流出入口应与主体结构锚固，防震缝处应留有足够的宽度，缝两侧的自由端应予加强。

§7-3　单层厂房抗震计算

单层钢筋混凝土柱厂房，应进行纵、横向抗震计算。《抗震规范》规定，一般情况下，应按多质点空间结构进行分析；当符合一定条件时，也可采用简化方法计算。

本节仅介绍纵、横向抗震计算简化方法。

国内大量震害调查结果表明，建造在7度Ⅰ、Ⅱ类场地、柱高不超过10m且结构单元两端有山墙的单跨及等高多跨厂房（锯齿形厂房除外）以及7度Ⅲ、Ⅳ类场地和8度Ⅰ、Ⅱ类场地的露天吊车栈桥，经受了地震的考验，除围护墙发生一定程度的轻微破坏外，主体结构基本上无明显震害。因此，《抗震规范》规定，对上述单层厂房，可不进行横向及纵向计算，但应符合§7-4抗震构造措施规定。

一、横向计算

（一）基本假定

1. 厂房按平面排架计算，但须考虑山墙对厂房空间工作、屋盖弹性变形与扭转，以及吊车桥架的影响。这些影响分别通过不同调整系数对地震作用、地震内力加以调整。

2. 厂房按平面排架进行动力计算时，将重力荷载集中于柱顶和吊车梁标高处（如有必要时）。

3. 地震作用沿厂房高度按倒三角形分布。

（二）结构计算简图及等效重力荷载代表值

根据以上假定，进行单层厂房横向计算时，取一榀排架作为计算单元。它的动力分析计算简图，可根据厂房类型的不同，取为质量集中在不同标高处的下端固定的弹性直杆。

确定单层厂房自振周期和无吊车单层厂房地震作用时，厂房质量均集中于屋盖标高处。这样，对于单跨及多跨等高厂房，可简化成单质点体系（图7-6a）；两跨不等高厂房可简化成两个质点体系（图7-6b）；三跨不对称升高中跨厂房简化为三质点体系（图7-6c）。

计算厂房自振周期和地震作用时，集中于屋盖标高处质点等效重力荷载代表值，可按下式计算：

（1）单跨及等高多跨厂房（参见图7-6a）：

$$G_1 = 1.0G_{屋盖} + 0.5G_{雪} + 0.5G_{积灰} + 0.5G_{吊车梁} + 0.25G_{柱} + 0.25G_{纵墙} + 1.0G_{檐墙}$$

(7-1)

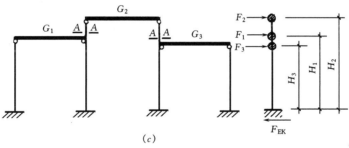

图 7-6　排架计算简图

（2）两跨不等高厂房（参见图 7-6b）：

$$G_1 = 1.0G_{低跨屋盖} + 0.5G_{低跨雪} + 0.5G_{低跨积灰} + 0.5G_{低跨吊车梁} + 0.25G_{低跨边柱} + 0.25G_{低跨纵墙}$$

$$+ 1.0G_{低跨檐墙} + 1.0G_{高跨吊车梁(中柱)} + 0.25G_{中柱下柱} + 0.5G_{中柱上柱} + 0.5G_{高跨封墙}$$

$$(7\text{-}2a)$$

$$G_2 = 1.0G_{高跨屋盖} + 0.5G_{高跨雪} + 0.5G_{高跨积灰} + 0.5G_{高跨吊车梁(边柱)} + 0.25G_{高跨边柱}$$

$$+ 0.5G_{中柱上柱} + 0.25G_{高跨外纵墙} + 1.0G_{高跨檐墙} + 0.5G_{高跨封墙} + 1.0G_{高跨封墙檐墙}$$

$$(7\text{-}2b)$$

式中　$1.0G_{屋盖}$、$0.5G_{雪}$、$0.5G_{积灰}$、$1.0G_{檐墙}$ 分别为屋盖、雪载、屋面积灰、檐墙重力荷载代表值；$0.5G_{吊车梁}$、$0.25G_{柱}$、$0.25G_{纵墙}$ 分别为乘以动能等效换算系数（0.5、0.25）的吊车梁、柱、纵墙重力荷载代表值（换算系数来源参见 §3-9）；$0.5G_{上柱}$、$0.5G_{封墙}$ 分别为上柱、封墙重力代表值假定其各 1/2 集中于低跨和高跨屋盖处。

在式（7-2a）中 $1.0G_{高跨吊车梁(中柱)}$ 为中柱高跨吊车梁重力荷载代表值集中于低跨屋盖处的数值。当集中于高跨屋盖处时，应乘以 0.5 动能等效换算系数。至于集中到低跨屋盖处还是集中到高跨屋盖处，则应以就近集中为原则。

在计算厂房横向自振周期时，一般不考虑吊车桥架重力荷载，因为它对排架自振周期影响很小。而且这样处理，对厂房抗震计算是偏于安全的。

确定厂房地震作用时，对于设有吊车的厂房、除将厂房重力荷载按照动能等效原则集中于屋盖标高处以外，还要考虑吊车桥架重力荷载（如为硬钩吊车，尚应包括最大吊重的30%），一般是把某跨吊车桥架重力荷载集中于该跨的任一柱吊车梁的顶面标高处。如两跨不等高厂房均设有吊车、则在确定厂房地震作用时应按四个集中质点考虑，参见图7-7。

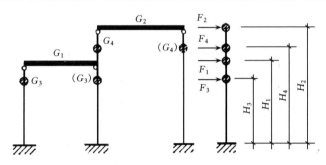

图 7-7　有吊车排架地震作用计算简图

应当指出，按动能等效所求得的换算重力荷载代表值，确定地震作用在构件内产生的内力，与原来的重力荷载代表值产生的内力并不等效。但是，考虑到影响地震作用的因素很多，为了简化计算，确定单层钢筋混凝土柱厂房排架的地震作用仍可采用动能等效换算系数计算。计算结果表明，这样处理，计算误差不大，并不影响抗震计算所要求的精确度。

为了便于应用，现将动能等效换算系数汇总于表7-1，供查阅。

动能等效换算系数 ξ　　　　　　　　　　　　　　　　　　　　表 7-1

换算集中到柱顶的各部分结构重力荷载	ξ
1. 位于柱顶以上的结构（屋盖、檐墙等）	1.0
2. 柱及与柱等高的纵墙墙体	0.25
3. 单跨和等高多跨厂房的吊车梁以及不等高厂房边柱的吊车梁	0.5
4. 不等高厂房高低跨交接处的中柱：	
（1）中柱的下柱，集中到低跨柱顶	0.25
（2）中柱的上柱，分别集中到高跨和低跨柱顶	0.5
5. 不等高厂房高低跨交接处中柱的吊车梁：	
（1）靠近低跨屋盖，集中到低跨柱顶	1.0
（2）位于高跨及低跨柱顶之间，分别集中到高跨和低跨柱顶	0.5

（三）横向基本周期的计算

1. 单跨和等高多跨厂房

如上所述，这类厂房可简化成单质点体系（图7-6a），它的横向基本周期可按下式计算：

$$T = 2\pi\sqrt{\frac{G\delta}{g}} \approx 2\sqrt{G\delta} \qquad (7-3a)$$

式中　G——质点等效重力荷载（kN）；

　　　δ——单位水平力 $F=1$kN 作用于排架顶部时，在该处引起的侧移（m/kN），参见图7-8 (a)。由图中可见：

$$\delta_{11} = (1-X_1)\delta_{11}^{\textcircled{a}} \qquad\qquad (7\text{-}3b)$$

X_1——排架横梁的内力（kN）；

$\delta_{11}^{\textcircled{a}}$——在ⓐ柱柱顶作用单位水平力时，在该处产生的侧移（m/kN）（图 7-8b）。

2. 两跨不等高厂房

计算这类厂房的横向基本周期时，一般简化为二质点体系（图 7-6b），其基本周期可按第三章所述能量法计算。对于图 7-9 所示两跨不等高厂房，式（3-98）应改写成：

$$T_1 = 2\sqrt{\dfrac{G_1\Delta_1^2 + G_2\Delta_2^2}{G_1\Delta_1 + G_2\Delta_2}} \qquad (7\text{-}4)$$

式中

$$\left.\begin{array}{l}\Delta_1 = G_1\delta_{11} + G_2\delta_{12}\\ \Delta_2 = G_1\delta_{21} + G_2\delta_{22}\end{array}\right\} \qquad (7\text{-}5)$$

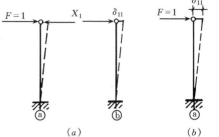

图 7-8　单跨排架横梁内力

G_1、G_2——分别为集中于屋盖①和②处的重力荷载代表值，按式(7-2a)、式(7-2b)计算；

　　δ_{11}——$F=1$ 作用于屋盖①处时，在该处所引起的侧移（图 7-9a）；

δ_{12}、δ_{21}——$F=1$ 分别作用于屋盖②和①处使屋盖①和②引起的侧移，参见图 7-9 (a)、(b)，$\delta_{12}=\delta_{21}$；

　　δ_{22}——$F=1$ 作用于屋盖②处时，在该处所引起的侧移（图 7-9b）。由图 7-9 (a)、(b) 中可见：

$$\left.\begin{array}{l}\delta_{11} = (1-X_1^{\textcircled{1}})\delta_{11}^{\textcircled{a}}\\[4pt] \delta_{21} = X_2^{\textcircled{1}}\delta_{22}^{\textcircled{c}} = \delta_{12} = X_1^{\textcircled{2}}\delta_{11}^{\textcircled{a}}\\[4pt] \delta_{22} = (1-X_2^{\textcircled{2}})\delta_{22}^{\textcircled{c}}\end{array}\right\} \qquad (7\text{-}6)$$

式中　$X_1^{\textcircled{1}}$、$X_2^{\textcircled{1}}$——分别为 $F=1$ 作用于屋盖①处在横梁①和②内引起的内力；

　　　　$X_1^{\textcircled{2}}$、$X_2^{\textcircled{2}}$——分别为 $F=1$ 作用于屋盖②处在横梁①和②内引起的内力；

　　　　$\delta_{11}^{\textcircled{a}}$、$\delta_{22}^{\textcircled{c}}$——分别为在单根柱ⓐ、ⓒ柱顶作用单位水平力 $F=1$ 时，在该处引起的侧移。

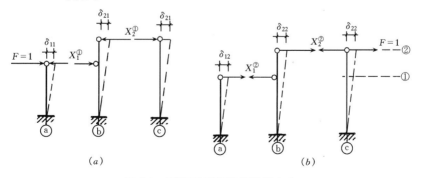

图 7-9　两跨不等高排架横梁内力

3. 三跨对称带升高中跨厂房

对于这类厂房，可取一半来计算（图 7-10）。这样，就变成了两个质点体系，于是可按式(7-4)和式（7-5）计算其基本周期。但是式中 G_2 应换成 $G_2/2$。这时排架侧移 δ_{11}、

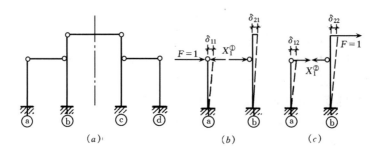

图 7-10　三跨对称升高中跨排架计算

(a) 升高中跨排架；(b)、(c) 半榀排架横梁内力

δ_{12}、δ_{21} 和 δ_{22} 也应取一半排架计算：

$$\left.\begin{array}{r}\delta_{11} = (1 - X_1^{①})\delta_{11}^{ⓐ} \\ \delta_{21} = \delta_{12} = X_1^{①}\delta_{21}^{ⓑ} \\ \delta_{22} = X_{22}^{ⓑ} - X_1^{②}\delta_{21}^{ⓑ}\end{array}\right\} \qquad (7\text{-}7)$$

式中　$\delta_{21}^{ⓑ}$——单位水平力 $F=1$，作用于单根柱ⓑ屋盖①标高处，在屋盖②标高处引起的侧移。

其余符号意义与前相同（参见图 7-10）。

4. 三跨不对称带升高中跨厂房

计算这类厂房（图 7-11）的横向基本周期时，一般简化成三个质点的体系，参见图 7-6 (c)。按能量法计算其基本周期的公式可写成：

$$T_1 = 2\sqrt{\frac{G_1\Delta_1^2 + G_2\Delta_2^2 + G_3\Delta_3^2}{G_1\Delta_1 + G_2\Delta_2 + G_3\Delta_3}} \qquad (7\text{-}8)$$

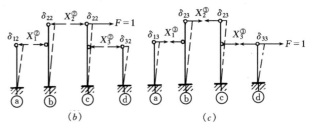

图 7-11　三跨不等高排架横梁内力

式中

$$\left.\begin{array}{l}\Delta_1 = G_1\delta_{11} + G_2\delta_{12} + G_3\delta_{13} \\ \Delta_2 = G_1\delta_{21} + G_2\delta_{22} + G_3\delta_{23} \\ \Delta_3 = G_1\delta_{31} + G_2\delta_{32} + G_3\delta_{33}\end{array}\right\} (7\text{-}9)$$

$$\left.\begin{array}{l}\delta_{11} = (1 - X_1^{①})\delta_{11}^{ⓐ} \\ \delta_{12} = X_1^{②} \cdot \delta_{21}^{ⓐ} = \delta_{21} = X_1^{①}\delta_{21}^{ⓑ} - X_2^{①}\delta_{22}^{ⓑ} \\ \delta_{22} = X_2^{②}\delta_{22}^{ⓑ} - X_1^{②}\delta_{21}^{ⓑ} \\ \delta_{23} = X_2^{③} \cdot \delta_{22}^{ⓑ} - X_1^{③}\delta_{21}^{ⓑ} = \delta_{32} = X_3^{②} \cdot \delta_{33}^{ⓓ} \\ \delta_{33} = (1 - X_3^{③})\delta_{33}^{ⓓ}\end{array}\right\} \qquad (7\text{-}10)$$

（四）横向自振周期的修正

上述各类厂房横向基本周期均按铰接排架计算简图计算的。考虑屋架与柱之间的连接的实际情况，或多或少有某些固结作用，此外，在计算中也未考虑围护墙对排架侧向变形的约束影响，因而按上述公式所算得的基本周期偏长。为此，《抗震规范》规定，由钢筋

360

混凝土屋架或钢屋架与钢筋混凝土柱组成的排架有纵墙时取周期计算值的80%，无纵墙时取90%。

（五）排架地震作用的计算

1. 厂房总水平地震作用标准值（图7-6）

厂房总水平地震作用标准值按下式计算：

$$F_{Ek} = \alpha_1 G_{eq} \tag{7-11a}$$

式中　F_{Ek}——厂房总水平地震作用标准值；

　　　　α_1——相应于基本周期T_1的地震影响系数，由图3-5确定；

　　　　G_{eq}——集中于柱顶的等效重力荷载代表值，对单质点取全部等效重力荷载代表值；多质点取全部等效重力荷载代表值的85%。

2. 质点i的水平地震作用标准值

沿厂房排架高度的质点i的水平地震作用标准值为：

$$F_i = \frac{G_i H_i}{\sum\limits_{j=1}^{n} G_j H_j} F_{Ek} \tag{7-11b}$$

式中符号意义同前。

（六）厂房空间工作和扭转影响对排架地震作用的调整

震害和理论分析表明，当厂房山墙之间的距离不是很大，且为钢筋混凝土屋盖时，作用在厂房上的地震作用将有一部分通过屋盖传给山墙，而使作用在厂房排架上的地震作用减小。这种现象就是厂房的空间作用。图7-12表示厂房无山墙和有山墙时厂房屋盖在水平力作用下的变形情形。由图可见，当无山墙时（图7-12a），厂房各排架的侧移相同，并等于平面排架的侧移Δ_0，即厂房没有空间作用。当两端有山墙时（图7-12b），由于山墙在其自身平面内的侧移刚度比排架大得多，因此可近似地认为山墙的侧移为零。而厂房各排架的侧移不等，中间排架侧移Δ_1最大，其他排架侧移由中间向两端逐渐减小。根据钢筋混凝土有檩屋盖厂房的实测，当山墙间距为78m时，厂房中间排架的侧移与按平面排架计算所求得的侧移之比为0.430；当山墙间距为48m时，两者的比值缩小为0.304；

图7-12　厂房屋盖在水平力作用下的变形

（a）当两端无山墙时；（b）当两端有山墙时

当山墙的间距为42m时，则两者的比值仅为0.216。可以预见，当为钢筋混凝土无檩屋盖时，在相同山墙间距条件下，两者的比值将会更小。

由上可见，厂房的空间工作对排架地震作用的影响，必须予以考虑。

此外，厂房扭转对排架地震作用的影响，也是不容忽视的。在抗震计算中也应予以考虑。

《抗震规范》考虑厂房空间工作和扭转影响，是通过对平面排架地震效应（弯矩、剪力）的折减来体现的。也就是按平面排架分析所求得的地震弯矩和剪力应乘以相应的调整系数 ζ_1（高低跨交接处截面内力除外），其值按表 7-2 采用。

钢筋混凝土柱考虑空间工作和扭转影响的效应调整系数 ζ_1 表 7-2

屋 盖	山 墙		山 墙 间 距 （m）											
			≤30	36	42	48	54	60	66	72	78	84	90	96
钢筋混凝土无檩屋盖	两端山墙	等高厂房			0.75	0.75	0.75	0.8	0.8	0.8	0.85	0.85	0.85	0.9
		不等高厂房			0.85	0.85	0.85	0.9	0.9	0.9	0.95	0.95	0.95	1.0
	一端山墙		1.05	1.15	1.2	1.25	1.3	1.3	1.3	1.3	1.35	1.35	1.35	1.35
钢筋混凝土有檩屋盖	两端山墙	等高厂房			0.8	0.85	0.9	0.95	0.95	1.0	1.0	1.05	1.05	1.10
		不等高厂房			0.85	0.9	0.95	1.0	1.0	1.05	1.05	1.1	1.1	1.15
	一端山墙		1.0	1.05	1.1	1.1	1.15	1.15	1.15	1.2	1.2	1.2	1.25	1.25

应当指出，表 7-2 的空间工作和扭转影响的效应调整系数 ζ_1，是在一定条件下拟定的，应用时要符合这些条件的要求：

（1）设防烈度为 7 度和 8 度。

（2）厂房单元屋盖长度与总跨度之比小于 8 或厂房总跨度大于 12m。

（3）山墙或横墙的厚度不小于 240mm，开洞所占的水平截面积不超过总面积的 50%，并与屋盖系统有良好的连接。

（4）柱顶高度不大于 15m。

屋盖长度指山墙或到柱顶横墙的间距，仅一端有山墙或到柱顶横墙时，应取所考虑排架至山墙或到柱顶横墙的距离；高低跨相差较大的不等高厂房，总跨度可不包括低跨。

（七）排架内力分析及组合

按式（7-11b）求得地震作用标准值 F_i 后，便可把它当作静载施加在排架屋盖和吊车轨顶标高处，按一般方法进行排架内力分析，然后再求出各柱的控制截面的地震内力。在确定吊车轨顶标高处的地震作用所引起的柱的内力时，可利用静力计算中吊车横向刹车力所产生的柱的内力乘以相应比值求得。

在进行排架内力分析中，除了按上述一般规定计算外，还要对构件的一些特殊部位的地震效应进行补充计算和调整，这些在《抗震规范》中作了明确的规定。它是根据震害实际经验的总结分析和近年来的科研成果得到的。兹分述如下：

1. 突出屋面的天窗架地震作用标准值的调整

突出屋面具有斜撑杆的三铰拱式钢筋混凝土和钢天窗架的横向地震作用标准值，可按底部剪力法计算，即天窗架可作为一个独立的集中于该屋盖处的质点来考虑，按式（7-11b）计算。对于跨度大于 9m 或 9 度时，作用于天窗架上的地震作用标准值应乘以增大系数 1.5。其他情况下天窗架的横向水平地震作用计算可采用振型分解反应谱法。

2. 高低跨交接处的钢筋混凝土柱内力的调整

在排架高低跨交接处的钢筋混凝土柱支承低跨屋盖牛腿以上各截面，按底部剪力法求得的地震剪力和弯矩，应乘以增大系数，其值可按下式计算：

$$\eta = \zeta_2 \left(1 + 1.7 \frac{n_h}{n_0} \frac{G_{E1}}{G_{Eh}} \right) \qquad (7\text{-}12)$$

式中　η——地震剪力和弯矩的增大系数；

ζ_2——不等高厂房高低跨交接处的空间工作影响系数，可按表 7-3 采用；

n_h——高跨的跨数；

n_0——计算跨数，仅一侧有低跨时应取总跨数，两侧均有低跨时应取总跨数与高跨跨数之和；

G_{E1}——集中于交接处一侧各低跨屋盖标高处的总重力荷载代表值；

G_{Eh}——集中于高跨柱顶标高处的总重力荷载代表值。

高低跨交接处钢筋混凝土上柱空间工作影响系数值 ζ_2 表 7-3

屋　盖	山　墙	屋　盖　长　度　(m)										
		≤36	42	48	54	60	66	72	78	84	90	96
钢筋混凝土无檩屋盖	两端山墙	0.7	0.76	0.82	0.88	0.94	1.0	1.06	1.06	1.06	1.06	
	一端山墙	1.25										
钢筋混凝土有檩屋盖	两端山墙	0.9	1.0	1.05	1.1	1.1	1.15	1.15	1.15	1.2	1.2	
	一端山墙	1.05										

3. 吊车桥架对排架柱局部地震作用效应的修正

钢筋混凝土柱单层厂房的吊车梁顶标高处的上柱截面，由吊车桥架引起的地震剪力和弯矩，应乘以表 7-4 的增大系数。

桥架引起的地震剪力和弯矩增大系数 ζ_3 表 7-4

屋盖类型	山　墙	边　柱	高低跨柱	其他中柱
钢筋混凝土无檩屋盖	两端山墙	2.0	2.5	3.0
	一端山墙	1.5	2.0	2.5
钢筋混凝土有檩屋盖	两端山墙	1.5	2.0	2.5
	一端山墙	1.5	2.0	2.0

（八）内力组合

在抗震设计中，内力组合是指地震内力（由于地震作用是往复作用的，故地震内力符号可正可负）和与其相对应的正常荷载引起的内力根据可能出现的最不利情况所进行的组合。《抗震规范》规定，进行地震内力组合时，不考虑吊车横向水平制动力引起的内力。当考虑地震内力组合（包括荷载分项系数、承载力抗震调整系数影响）小于正常荷载下的内力组合时，应取正常荷载下的内力组合。

（九）构件抗震承载力验算

单层钢筋混凝土柱厂房柱的抗震承载力验算，可按《混凝土结构设计规范》GB 50010—2010 进行。这里不再赘述。

二、纵向计算

下面介绍纵向抗震计算简化方法：

（一）柱列法

1. 适用范围

（1）纵墙对称布置的单跨厂房。

（2）轻型屋盖（由瓦楞铁、石棉瓦等材料建造）的多跨等高厂房。

2. 计算原则

由于纵墙对称布置的单跨厂房两边柱列纵向刚度相同，所以厂房在作纵向振动时，可以实现同步，即两柱列可认为独自振动，而不相互影响。对于轻屋盖的多跨等高厂房，边柱列与中柱列纵向刚度虽有差异，但屋盖水平刚度较小，协调各柱列变形的能力较弱，厂房在作纵向振动时，则以独自振动为主。至于屋盖对各柱列纵向振动的影响，则通过对柱列纵向基本周期调整加以解决。这样，就可对上述厂房，以跨度中线划界，取各自独立的柱列进行分析，这种计算方法就称为柱列法。

3. 柱列的柔度和刚度

在计算柱列的基本周期和各抗侧力构件（柱、支撑、纵墙）的地震作用时，需要知道各抗侧力构件的柔度或刚度，及柱列的柔度或刚度。因此，先来讨论它们的计算方法。

（1）柱的柔度和刚度

1）等截面柱

侧移柔度
$$\delta_c = \frac{H^3}{3E_c I_c \mu} \tag{7-13a}$$

侧移刚度
$$k_c = \mu \frac{3E_c I_c}{H^3} \tag{7-13b}$$

式中 H——柱的高度；

$\quad I_c$——柱的截面惯性矩；

$\quad E_c$——混凝土的弹性模量；

$\quad \mu$——屋盖、吊车梁等纵向构件对柱侧向刚度的影响系数，无吊车梁时，$\mu = 1.1$，有吊车梁时 $\mu = 1.5$。

图 7-13 柱间支撑的柔度

2）变截面柱

计算公式见有关设计手册[1]，但需注意考虑 μ 的影响。

（2）砖墙

关于纵墙的侧向柔度和刚度计算，参见第五章。

（3）柱间支撑

图 7-13 表示两节间的柱间支撑，根据构造要求，支撑杆件的长细比一般取 $\lambda = 40 \sim 200$，这种支撑称为半刚性支撑，在确定支撑柔度时，不计柱和水平杆的轴向变形，以利公式简化。

试验表明，这种支撑在水平力作用下，拉杆屈服前，压杆虽已达到临界状态，但它并不会丧失稳定性。这时，拉杆与压杆可以随时协调变形，使之共同工作。试验还表明，支撑屈服时的最大荷载

---

[1] 可参见《建筑结构设计手册，排架计算》. 北京：中国建筑工业出版社，1971.

接近拉杆的屈服荷载与压杆临界荷载之和。因此，可以认为，支撑屈服时支撑拉杆与压杆的轴向力的比值可取 $1/\varphi$（φ 为压杆的稳定系数）。这样，半刚性支撑在单位水平力 $F=1$ 作用下，斜杆 $\overline{51}$ 和 $\overline{42}$（图 7-13）的拉力可分别按下式计算：

$$\left.\begin{aligned} N_{51} &= \frac{1}{1+\varphi_1}\frac{l_1}{L} \\ N_{42} &= \frac{1}{1+\varphi_2}\frac{l_2}{L} \end{aligned}\right\} \tag{7-14}$$

在 $F=1$ 作用点引起的侧移，即侧移柔度为：

$$\delta_{\mathrm{b}} = \frac{1}{EL^2}\Big[\frac{l_1^3}{(1+\varphi_1)A_1} + \frac{l_2^3}{(1+\varphi_2)A_2}\Big] \tag{7-15a}$$

侧移刚度为：
$$k_{\mathrm{b}} = \frac{1}{\delta_{\mathrm{b}}} \tag{7-15b}$$

式中　l_1、A_1——支撑第 1 节间（从底部算起）斜杆的长度和截面面积；

$\quad\quad l_2$、A_2——支撑第 2 节间斜杆的长度和截面面积；

$\quad\quad\quad E$——钢材的弹性模量；

$\quad\quad\quad L$——柱间支撑的宽度；

$\quad\varphi_1$、φ_2——分别为第 1 节间和第 2 节间斜杆受压时的稳定系数，根据杆件最大长细比 λ，由《钢结构设计规范》查得。

（4）柱列的柔度和刚度

图 7-14 表示第 i 柱列抗侧力构件仅在柱顶设置水平连杆的简化力学模型，第 i 柱列柱顶标高的侧移刚度等于各抗侧力构件同一标高的侧移刚度之和：

$$k_i = \Sigma k_{\mathrm{c}} + \Sigma k_{\mathrm{b}} + \Sigma k_{\mathrm{w}} \tag{7-16a}$$

其中 k_{c}、k_{b} 和 k_{w} 分别为一根柱、一片支撑和一片墙体的顶点侧移刚度。

图 7-14　第 i 柱列刚度计算简图

为了计算简化，对于钢筋混凝土柱，一个柱列内全部柱子的总侧移刚度，可近似取该柱列所有柱间支撑侧移刚度的 10%，即

$$\Sigma k_{\mathrm{c}} = 0.1\Sigma k_{\mathrm{b}} \tag{7-16b}$$

第 i 柱列的侧移柔度为：

$$\delta_i = \frac{1}{k_i} \tag{7-17}$$

4. 等效重力荷载代表值

（1）计算柱列自振周期时

第 i 柱列换算到柱顶标高处的集中质点等效重力荷载代表值，包括柱列左右跨度各半的屋盖重力荷载代表值，以及该柱列柱、纵墙和山墙等按动能等效原则换算到柱顶处的重

力荷载代表值：

$$G_i = 1.0G_{屋盖} + 0.5G_{雪} + 0.5G_{积灰} + 0.25G_{柱} + 0.35G_{纵墙}$$
$$+ 0.25G_{山墙} + 0.5G_{吊车梁} + 0.5G_{吊车桥} \tag{7-18a}$$

（2）计算柱列地震作用时

第 i 柱列换算到柱顶标高处的集中质点等效重力荷载代表值，除包括柱列左右跨度各半屋盖的重力荷载代表值外，尚包括柱、纵墙、山墙等按内力等效原则换算到柱顶处的重力代表值：

$$\overline{G}_i = 1.0G_{屋盖} + 0.5G_{雪} + 0.5G_{积灰} + 0.5G_{柱} + 0.7G_{纵墙} + 0.5G_{山墙}$$
$$+ 0.75G_{吊车梁} + 0.75G_{吊车桥} \tag{7-18b}$$

式中 $G_{吊车桥}$——第 i 柱列左右跨所有吊车桥重力荷载代表值之和的一半，硬钩吊车尚应包括其吊重的 30%。

5. 柱列自振周期的计算

第 i 柱列沿厂房纵向作自由振动的自振周期，按下式计算：

$$T_i = 2\psi_T \sqrt{G_i \delta_i} \tag{7-19}$$

式中 ψ_T——根据厂房空间分析结果确定的周期修正系数，对于单跨厂房，$\psi_T = 1.0$；对于多跨厂房，按表 7-5 采用。

柱列自振周期修正系数 ψ_T　　　　　表 7-5

围护墙	天窗或柱撑	柱列	边柱列	中柱列
石棉瓦、挂板或无墙	有柱撑	边跨无天窗	1.3	0.9
		边跨有天窗	1.4	0.9
	无柱间支撑		1.15	0.85
砖墙	有柱撑	边跨无天窗	1.60	0.9
		边跨有天窗	1.65	0.9
	无柱间支撑		2	0.85

6. 柱列水平地震作用标准值

第 i 柱列水平地震作用标准值，按底部剪力法计算（参见图 7-14）：

$$F_i = \alpha_1 \overline{G}_i$$

式中 α_1——相应于柱列自振周期 T_1 的水平地震影响系数，按式（3-28）计算；

$\overline{G}_i$——集中于第 i 柱列质点等效重力荷载代表值，按式（7-18b）计算。

7. 构件水平地震作用标准值的分配（图 7-15）

一根柱分配的地震作用标准值：

$$F_{ci} = \frac{k_c}{k'_i} F_i \tag{7-20a}$$

一片支撑分配的地震作用标准值：

$$F_{bi} = \frac{k_b}{k'_i} F_i \qquad (7\text{-}20b)$$

一片砖墙分配的地震作用标准值：

$$F_{wi} = \frac{\psi_k k_w}{k'_i} F_i \qquad (7\text{-}20c)$$

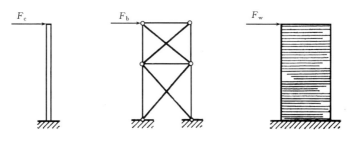

图 7-15　柱列水平地震作用

式中　k'_i——砖墙开裂后柱列的侧移刚度；

$$k'_i = \Sigma k_c + \Sigma k_b + \psi_k k_w \qquad (7\text{-}21)$$

ψ_k——贴砌的砖围护墙侧移刚度折减系数。7、8 和 9 度，分别取 0.6、0.4 和 0.2。

8. 柱间支撑地震作用效应及抗震承载力验算（$\lambda = 40 \sim 200$）

（1）受拉斜杆抗震验算时的轴向力

在进行柱间支撑抗震承载力验算时，可仅验算拉杆的抗震承载力，但应考虑压杆的卸载的影响，即应考虑压杆超过临界状态后，其承载力的降低。这时，拉杆的轴向力可按下式确定：

$$N_{ti} = \frac{l_i}{(1 + \psi_c \varphi_i) L} V_{bi} \qquad (7\text{-}22)$$

式中　N_{ti}——支撑第 i 节间斜杆抗拉验算时的轴向拉力设计值；

l_i——第 i 节间斜杆的全长；

φ_i——第 i 节间斜杆轴心受压稳定系数；

ψ_c——压杆卸载系数，压杆长细比 60、100 和 200 时，可分别采用 0.7、0.6 和 0.5；

V_{bi}——第 i 节间承受的地震剪力设计值；

L——支撑所在柱间的净距。

（2）拉杆抗震承载力的验算

第 i 节间受拉斜杆截面抗震承载力，应按下式验算：

$$\sigma_{ti} = \frac{N_{ti}}{A_n} \leqslant \frac{f}{\gamma_{RE}} \qquad (7\text{-}23)$$

式中　σ_{ti}——拉杆的应力（N/mm^2）；

N_{ti}——作用于支撑第 i 节间的斜杆拉力设计值（N）；

A_n——第 i 节间斜杆的净截面面积（mm^2）；

f——钢材抗拉强度设计值（N/mm^2）；

γ_{RE}——承载力抗震调整系数，$\gamma_{RE} = 0.75$。

应当指出，下柱柱间支撑的下节点位于基础顶面以上时，应对纵向排架柱的底部进行斜截面受剪抗震验算。

（二）修正刚度法

1. 适用范围

柱顶标高不大于 15m 且平均跨度不大于 30m 的单跨或等高多跨钢筋混凝土柱厂房。

2. 计算原则

钢筋混凝土无檩和有檩体系的弹性屋盖的水平刚度很大，厂房的空间工作明显，厂房沿纵向的振动特性接近刚性屋盖厂房。因此，可以按刚性屋盖厂房的计算原则进行计算，但为了反映屋盖变形的影响，须对厂房的纵向自振周期和柱列侧移刚度加以修正。这种方法就称为修正刚度法。

3. 厂房纵向自振周期

（1）按单质点体系确定

这种方法假定厂房整个屋盖是理想的刚性盘体，将所有柱列重力荷载代表值按动能等效原则集中到屋盖标高处，并与屋盖重力代表值加在一起。此外，将各柱列侧移刚度也加在一起。这样，就形成了如图 7-16 所示的单质点弹性体系。其自振周期按下式计算：

图 7-16 修正刚度法自振周期计算

$$T_1 = 2\psi_{\mathrm{T}}\sqrt{\frac{\Sigma G_i}{\Sigma k_i}} \qquad (7\text{-}24a)$$

式中 i——柱列序号；

G_i——第 i 柱列集中到屋盖标高处的等效重力荷载代表值，其值按式（7-18a）计算；

k_i——第 i 柱列纵向侧移刚度，按式（7-16a）计算：

$$k_i = \Sigma k_{\mathrm{c}} + \Sigma k_{\mathrm{b}} + \Sigma k_{\mathrm{w}}$$

ψ_{T}——厂房自振周期修正系数，其值按表 7-6 采用。

钢筋混凝土屋盖厂房的纵向周期修正系数 ψ_{T}　　　　　　表 7-6

屋盖 纵向围护墙	无 檩 屋 盖		有 檩 屋 盖	
	边跨无天窗	边跨有天窗	边跨无天窗	边跨有天窗
砖墙	1.45	1.50	1.60	1.65
无墙、石棉瓦、挂板	1.0	1.0	1.0	1.0

（2）按《抗震规范》方法确定

《抗震规范》根据对柱顶标高不大于 15m，且平均跨度不大于 30m 的单跨和多跨等高厂房的纵向基本周期实测结果，经过统计整理，给出了经验公式：

1）砖围护墙厂房

$$T_1 = 0.23 + 0.00025\psi_1 l\sqrt{H^3} \qquad (7\text{-}24b)$$

式中 ψ_1——屋盖类型系数，大型屋面板钢筋混凝土屋架可采用 1.0，钢屋架可采用 0.85；

l——厂房跨度（m），多跨厂房可取各跨的平均值；

H——基础顶面至柱顶的高度（m）。

2）敞开、半敞开或墙板与柱子柔性连接的厂房，可按式（7-24b）计算，但需乘以下列围护墙影响系数：

$$\psi_2 = 2.6 - 0.002l\sqrt{H^3} \qquad (7\text{-}24c)$$

式中 ψ_2——围护墙影响系数，小于 1.0 时应采用 1.0。

4. 柱列水平地震作用标准值

（1）厂房结构底部剪力

由换算到屋盖标高处的等效重力荷载代表值，产生的结构底部剪力

$$F_{EK} = \alpha_1 G_{eq} = \alpha_1 \sum \overline{G}_i \qquad (7\text{-}25)$$

式中 $\overline{G}_i$——按结构底部内力相等的原则换算到屋盖标高处的第 i 柱列重力荷载代表值，按下式计算：

无吊车厂房

$$\overline{G}_i = 1.0G_{屋盖} + 0.5G_{雪} + 0.5G_{积灰} + 0.5G_{柱} + 0.7G_{纵墙} + 0.5G_{山墙} \qquad (7\text{-}26a)$$

有吊车厂房

$$\overline{G}_i = 1.0G_{屋盖} + 0.5G_{雪} + 0.5G_{积灰} + 0.1G_{柱} + 0.7G_{纵墙} + 0.5G_{山墙} \qquad (7\text{-}26b)$$

（2）第 i 柱列地震作用标准值

1）无吊车厂房（图 7-14）

$$F_i = \frac{k_{ai}}{\sum k_{ai}} F_{EK} \qquad (7\text{-}27a)$$

$$k_{ai} = \psi_3 \psi_4 k'_i \qquad (7\text{-}27b)$$

式中 F_i——第 i 柱列柱顶标高处的纵向地震作用标准值；

k'_i——第 i 柱列纵墙开裂后柱顶的总侧移刚度，按式（7-21）计算；

k_{ai}——第 i 柱列柱顶的调整侧移刚度；

ψ_3——柱列侧移刚度的围护墙影响系数，可按表 7-7 采用。有纵向围护墙的四跨或五跨厂房，由边柱列数起的第三柱列，可按表内相应数值的 1.15 倍采用；

ψ_4——柱列侧移刚度的柱间支撑影响系数，纵向为砖围护墙时，边柱列可采用 1.0，中柱列可按表 7-8 采用。

围护墙影响系数 ψ_3　　　　　　　　　　表 7-7

围护墙类别和烈度		柱列和屋盖类别				
		边柱列	中 柱 列			
			无 檩 屋 盖		有 檩 屋 盖	
240 砖墙	370 砖墙		边跨无天窗	边跨有天窗	边跨无天窗	边跨有天窗
	7 度	0.85	1.7	1.8	1.8	1.9
7 度	8 度	0.85	1.5	1.6	1.6	1.7
8 度	9 度	0.85	1.3	1.4	1.4	1.5
9 度		0.85	1.2	1.3	1.3	1.4
无墙、石棉瓦或挂板		0.90	1.1	1.1	1.2	1.2

纵向采用砖围护墙的中柱列柱间支撑影响系数 ψ_4　　　　　表 7-8

厂房单元内设置下柱支撑的柱间数	中柱列下柱支撑斜杆的长细比					中柱列无支撑
	$\leqslant 40$	$41\sim80$	$81\sim120$	$121\sim150$	>150	
一柱间	0.9	0.95	1.0	1.1	1.25	1.4
二柱间			0.9	0.95	1.1	

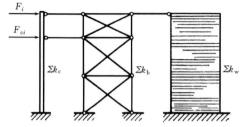

图 7-17　有吊车厂房柱列水平地震作用

2）有吊车厂房（图 7-17）[1]

第 i 柱列屋盖标高处的地震作用标准值，仍按式（7-27a）计算。

第 i 柱列吊车梁顶标高处的纵向地震作用标准值，根据地震作用沿厂房高度呈倒三角分布的假定，可按下式确定：

$$F_{ci} = \alpha_1 G_{ci} \frac{H_{ci}}{H_i} \qquad (7\text{-}28a)$$

式中　F_{ci}——第 i 柱列吊车梁顶标高处的纵向地震作用标准值；

G_{ci}——集中于第 i 柱列吊车梁标高处的等效重力荷载，按下式计算：

$$G_{ci} = 0.4G_{柱} + 1.0G_{吊车梁} + 1.0G_{吊车桥} \qquad (7\text{-}28b)$$

H_{ci}——第 i 柱列吊车梁顶高度；

H_i——第 i 柱列柱顶高度。

5.抗侧力构件水平地震作用的计算

（1）无吊车柱列

一根柱、一片支撑和一片墙在柱顶标高处的水平地震作用标准值分别按式（7-20a）、式（7-20b）和式（7-20c）计算。

（2）有吊车柱列

为了简化计算，可粗略地假定柱为剪切杆，并取整个柱列所有柱的总侧移刚度为该柱列全部柱间支撑总侧移刚度的 10%，即取 $\Sigma k_c = 0.1\Sigma k_b$。

图 7-18　柱列各抗侧力构件水平地震作用的分配

第 i 柱列一根柱、一片支撑和一片墙在柱顶标高处所分配的地震作用标准值（参见图 7-15）仍可按式（7-20a）、式（7-20b）和式（7-20c）计算。而吊车所引起的地震作用标准值，则由柱和支撑承受，一根柱、一片支撑所分配的水平地震作用标准值（图 7-18）分别为：

$$F'_c = \frac{1}{11n}F_{ci} \qquad (7\text{-}29)$$

$$F'_b = \frac{k_b}{1.1\Sigma k_b}F_{ci} \qquad (7\text{-}30)$$

式中　n——第 i 柱列柱的总根数。

其余符号意义与前相同。

（三）拟能量法

1.适用范围

这个方法仅适用于钢筋混凝土无檩及有檩屋盖的两跨不等高厂房的纵向抗震计算。

---

❶ 吊车水平地震作用，因偏离砖围护墙较远，认为仅由柱和柱间支撑承受，故计算简图中墙在吊车梁标高上不设水平连杆。

2. 基本思路

通过分析、比较发现，对于上述类型厂房，若采用经调整后的以跨度中线划分的各柱列重力荷载代表值，并采用能量法计算厂房纵向自振周期，按底部剪力法计算地震作用，则可接近厂房空间分析结果。各柱列重力荷载代表值的调整系数，可根据厂房剪扭振动空间分析结果与按能量法计算结果比较求得。这种厂房抗震计算法就称为拟能量法。

3. 柱列集中质点等效重力荷载代表值

在厂房抗震分析中，确定厂房纵向基本周期时，集中等效重力荷载代表值应按能量等效换算；而确定纵向水平地震作用标准值时，则应按构件底部内力等效换算。为了计算简化，可均采用按后者原则所确定的换算系数计算。考虑到按上述两种原则确定的换算系数的差异，在确定周期时，对其结果乘以修正系数。

（1）边柱列

1）无吊车或有较小吨位吊车时

当边柱列无吊车或有较小吨位吊车时，集中于柱顶标高处的等效重力荷载代表值，按式（7-18b）计算。

2）有较大吨位吊车时

当边柱有较大吨位吊车时，集中于柱顶标高处的等效重力荷载代表值，按式（7-26）和式（7-28b）计算。

（2）中柱列

1）无吊车荷载或有较小吨位吊车时

这时集中于低跨屋面标高处及高跨柱顶标高处的等效重力荷载代表值分别按下列公式计算：

$$\overline{G}_1 = 1.0G_{屋盖} + 0.5G_{雪} + 0.5G_{积灰} + 0.5G_{柱} + 0.5G_{山墙} + 0.7G_{纵墙} + 1.0G_{高跨吊车梁}$$
$$+ 1.0G_{高跨吊车桥} + 0.75G_{低跨吊车梁} + 0.75G_{低跨吊车桥} + 0.5G_{悬墙} \qquad (7\text{-}31a)$$

$$\overline{G}_2 = 1.0G_{屋盖} + 0.5G_{雪} + 0.5G_{积灰} + 0.5G_{山墙} + 0.5G_{悬墙} \qquad (7\text{-}31b)$$

2）有较大吨位吊车时

$$\overline{G}_1 = 1.0G_{屋盖} + 0.5G_{雪} + 0.5G_{积灰} + 0.1G_{柱} + 0.5G_{山墙}$$
$$+ 0.5G_{悬墙} + 1.0G_{高跨吊车梁} + 1.0G_{高跨吊车桥} \qquad (7\text{-}32a)$$

$$\overline{G}_2 = 1.0G_{屋盖} + 0.5G_{雪} + 0.5G_{积灰} + 0.5G_{山墙} + 0.5G_{悬墙} \qquad (7\text{-}32b)$$

$$\overline{G}_c = 0.4G_{柱} + 1.0G_{吊车梁} + 1.0G_{吊车桥} \qquad (7\text{-}32c)$$

式中　$\overline{G}_1$——集中于中柱列低跨屋盖标高处的等效重力荷载代表值；

　　　$\overline{G}_2$——集中于中柱列高跨柱顶标高处等效重力荷载代表值；

　　　$\overline{G}_c$——集中于中柱列低跨吊车梁顶标高处等效重力荷载。

4. 厂房的侧向刚度与柔度

按拟能量法确定厂房纵向基本周期时，需确定柱列的刚度矩阵，它可由柱列柔度矩阵求逆得到。第 i 柱列刚度矩阵等于该柱列各抗侧力构件（柱、支撑和砖墙）刚度矩阵之和。

（1）第 i 柱列各抗侧力构件的柔度矩阵和刚度矩阵

1）柱（图 7-19）

设第 i 柱列有 n 根柱，则其柔度矩阵

$$\left[\Delta^{\mathrm{c}}\right]=\frac{1}{n}\begin{bmatrix}\delta^{\mathrm{c}}_{11} & \delta^{\mathrm{c}}_{12} \\ \delta^{\mathrm{c}}_{21} & \delta^{\mathrm{c}}_{22}\end{bmatrix} \tag{7-33a}$$

而其刚度矩阵等于柔度矩的逆矩阵

$$\left[K^{\mathrm{c}}\right]=\begin{bmatrix}k^{\mathrm{c}}_{11} & k^{\mathrm{c}}_{12} \\ k^{\mathrm{c}}_{21} & k^{\mathrm{c}}_{22}\end{bmatrix}=\left[\Delta^{\mathrm{c}}\right]^{-1}=\frac{1}{|\bar{\delta}|}\begin{bmatrix}\delta^{\mathrm{c}}_{22} & -\delta^{\mathrm{c}}_{21} \\ -\delta^{\mathrm{c}}_{12} & \delta^{\mathrm{c}}_{11}\end{bmatrix} \tag{7-33b}$$

$$|\bar{\delta}|=\frac{1}{n}\left(\delta^{\mathrm{c}}_{11}\delta^{\mathrm{c}}_{22}-\delta^{\mathrm{c}}_{12}\delta^{\mathrm{c}}_{21}\right) \tag{7-33c}$$

式中　δ^{c}_{jk}——单根柱的柔度系数，它等于单根柱在 k 点作用单位力（$F=1$），在 j 点产生的侧移（$j,\ k=1,\ 2$）；

　　　k^{c}_{jk}——n 根柱的刚度系数。

2）支撑（图 7-20）

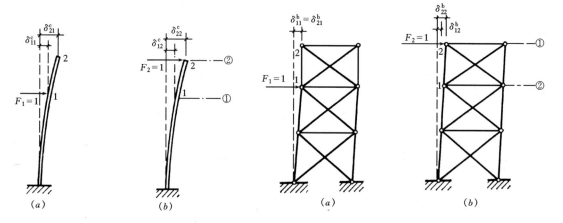

图 7-19　柱的柔度系数计算　　　　图 7-20　柱间支撑柔度系数的计算

设第 i 柱列有 m 片支撑，则其柔度矩阵

$$\left[\Delta^{\mathrm{b}}\right]=\frac{1}{m}\begin{bmatrix}\delta^{\mathrm{b}}_{11} & \delta^{\mathrm{b}}_{12} \\ \delta^{\mathrm{b}}_{21} & \delta^{\mathrm{b}}_{22}\end{bmatrix} \tag{7-34a}$$

其刚度矩阵等于柔度矩阵的逆矩阵

$$\left[K^{\mathrm{b}}\right]=\begin{bmatrix}k^{\mathrm{b}}_{11} & k^{\mathrm{b}}_{12} \\ k^{\mathrm{b}}_{21} & k^{\mathrm{b}}_{22}\end{bmatrix}=\left[\Delta^{\mathrm{b}}\right]^{-1}=\frac{1}{|\bar{\delta}|}\begin{bmatrix}\delta^{\mathrm{b}}_{22} & -\delta^{\mathrm{b}}_{21} \\ -\delta^{\mathrm{b}}_{12} & \delta^{\mathrm{b}}_{11}\end{bmatrix} \tag{7-34b}$$

$$|\bar{\delta}|=\frac{1}{m}\left(\delta^{\mathrm{b}}_{11}\delta^{\mathrm{b}}_{22}-\delta^{\mathrm{b}}_{12}\delta^{\mathrm{b}}_{21}\right) \tag{7-34c}$$

式中　δ^{b}_{jk}——单片支撑的柔度系数，它等于单片支撑在 k 点作用单位力（$F=1$），在 j 点产生的侧移，（$j,\ k=1,\ 2$），对于图 7-20（a）、（b）所示支撑，则有：

$$\delta^{\mathrm{b}}_{11}=\delta^{\mathrm{b}}_{12}=\delta^{\mathrm{b}}_{21}=\frac{1}{EL^{2}}\sum_{k=1}^{2}\frac{1}{1+\varphi_{\mathrm{k}}}\cdot\frac{l^{3}_{\mathrm{k}}}{A_{\mathrm{k}}} \tag{7-35}$$

$$\delta^{\mathrm{b}}_{22}=\frac{1}{EL^{2}}\sum_{k=1}^{3}\frac{1}{1+\varphi_{\mathrm{k}}}\frac{l^{3}_{\mathrm{k}}}{A_{\mathrm{k}}} \tag{7-36}$$

k_{jk}^{b}——m 片支撑的刚度系数。

3）砖墙

第 i 柱列砖墙的柔度矩阵

$$[\Delta^{w}] = \begin{bmatrix} \delta_{11}^{w} & \delta_{12}^{w} \\ \delta_{21}^{w} & \delta_{22}^{w} \end{bmatrix} \tag{7-37}$$

而其刚度矩阵等于柔度矩阵的逆矩阵

$$[K^{w}] = \begin{bmatrix} k_{11}^{w} & k_{12}^{w} \\ k_{21}^{w} & k_{22}^{w} \end{bmatrix} = [\Delta^{w}]^{-1} = \frac{1}{|\delta|} \begin{bmatrix} \delta_{22}^{w} & -\delta_{21}^{w} \\ -\delta_{12}^{w} & \delta_{11}^{w} \end{bmatrix} \tag{7-38}$$

$$|\delta| = \delta_{11}^{w}\delta_{22}^{w} - \delta_{12}^{w2} \tag{7-39}$$

式中　δ_{jk}^{w}——第 i 柱列砖墙的柔度系数，它等于单片墙在 k 点作用单位力（$F=1$），在 j 点产生的侧移（j，$k=1$，2）（参见图 7-21a、b）；

　　　　k_{jk}^{w}——单片墙的刚度系数。

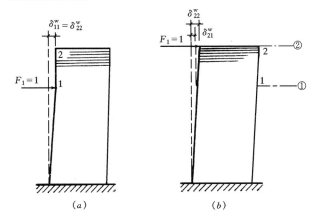

图 7-21　墙的柔度系数计算

对于中柱高低跨悬墙（图 7-22）

$$\left. \begin{array}{c} k_{11}^{w} = k_{22}^{w} = k_{w} \\ k_{12}^{w} = k_{21}^{w} = -k_{w} \end{array} \right\} \tag{7-40}$$

（2）第 i 柱列刚度矩阵和柔度矩阵

1）刚度矩阵

$$[K_{i}] = \begin{bmatrix} k_{11} & k_{12} \\ k_{21} & k_{22} \end{bmatrix} = [K^{c}] + [K^{b}] + [K^{w}] = \begin{bmatrix} k_{11}^{c} + k_{11}^{b} + k_{11}^{w} & k_{12}^{c} + k_{12}^{b} + k_{12}^{w} \\ k_{21}^{c} + k_{21}^{b} + k_{21}^{w} & k_{22}^{c} + k_{22}^{b} + k_{22}^{w} \end{bmatrix} \tag{7-41a}$$

若近似取　$k_{jk}^{c} = 0.1 k_{jk}^{b}$，则式（7-41$a$）可写成：

$$[K_{i}] = \begin{bmatrix} 1.1k_{11}^{b} + k_{11}^{w} & 1.1k_{12}^{b} + k_{12}^{w} \\ 1.1k_{21}^{b} + k_{21}^{w} & 1.1k_{22}^{b} + k_{22}^{w} \end{bmatrix} \tag{7-41b}$$

2）柔度矩阵

$$[\Delta_{i}] = \begin{bmatrix} \delta_{11} & \delta_{12} \\ \delta_{21} & \delta_{22} \end{bmatrix} = [K_{i}]^{-1} = \frac{1}{|k|} \begin{bmatrix} k_{22} & -k_{21} \\ -k_{12} & k_{11} \end{bmatrix}$$
$$\tag{7-42}$$

图 7-22　悬墙刚度的计算

式中 $$|k|=k_{11}k_{22}-k_{12}^2 \tag{7-43}$$

5. 厂房纵向基本周期

厂房纵向基本周期，按能量法公式计算：

$$T_1 = 2\psi_{\mathrm{T}}\sqrt{\frac{\Sigma G_i'\Delta_i^2}{\Sigma G_i'\Delta_i}} \tag{7-44}$$

式中　i——质点编号。

　　ψ_{T}——周期修正系数，无围护墙时，取 0.9；有围护墙时，取 0.8。

　　Δ_i——各柱列作为独立单元，在本柱列各质点等效重力荷载（代表值）作为纵向水平力的共同作用下，i 质点处产生的侧移（图 7-23a）；对于吊车梁顶面标高处有质点的柱列（图 7-23b），该处的侧移 Δ_i 也可按下式近似计算。

　　G_i'——考虑厂房空间工作进行调整后的第 i 个质点的等效重力荷载代表值，其值按下式确定：

柱列屋盖标高处质点：

$$
\left.
\begin{array}{ll}
\text{高低跨中柱列} & G_i'=k\overline{G}_i \\
\text{边柱列} & G_i'=\overline{G}_i+(1-k)\overline{G}_i \\
\text{吊车梁顶标高处} & G_i'=G_{ci}
\end{array}
\right\} \tag{7-45}
$$

式中　k——按跨度中线划分的柱列质点等效重力荷载代表值调整系数，按表 7-9 采用；

　　$\overline{G}_i$——高低跨中柱列重力荷载代表值。

中柱列质量调整系数 k　　　　　　　　表 7-9

纵向围护墙和烈度		钢筋混凝土无檩屋盖		钢筋混凝土有檩屋盖	
240 砖墙	370 砖墙	边跨无天窗	边跨有天窗	边跨无天窗	边跨有天窗
	7 度	0.50	0.55	0.60	0.65
7 度	8 度	0.60	0.65	0.70	0.75
8 度	9 度	0.70	0.75	0.80	0.85
9 度		0.75	0.80	0.85	0.90
无墙、石棉瓦、瓦楞铁或挂板		0.90	0.90	1.0	1.0

图 7-23　厂房各柱列在 G_i' 作用下纵向侧移

$$\Delta_{i\text{吊车梁顶}}=\frac{h}{H}\Delta_{i\text{柱顶}} \tag{7-46}$$

式中　$\Delta_{i\text{吊车梁顶}}$——第 i 柱列吊车梁顶点的侧移；

$\Delta_{i柱顶}$——第 i 柱列柱顶的侧移；

$\qquad h$——吊车梁顶的高度；

$\qquad H$——柱的顶面高度。

6. 柱列水平地震作用标准值

作用于第 i 柱列屋盖标高处的纵向地震作用标准值，按该柱列调整后的质点重力荷载代表值计算。

$$\text{边柱列} \qquad F_i = \alpha_1 G_i'$$

$$\left.\begin{array}{l} \text{中柱列} \qquad F_{ik} = \dfrac{G_{ik}' H_{ik}}{G_{i1}' H_{i1} + G_{i2}' H_{i2}} \alpha_1 \; (G_{i1}' + G_{i2}') \\ \qquad\qquad (k=1,\ 2) \end{array}\right\} \qquad (7\text{-}47)$$

式中 k——中柱列（高低跨柱列）不同屋盖的序号（图 7-24）。

对于有吊车的厂房，作用于第 i 柱列吊车梁顶标高处水平地震作用标准值，可近似按下式计算

$$F_{ci} = \alpha_1 G_{ci} \dfrac{H_{ci}}{H_i} \qquad (7\text{-}48)$$

式中符号意义见公式（7-28a）。

图 7-24 高低跨中柱列计算简图

7. 各抗侧力构件水平地震作用的分配

（1）一般重力荷载产生的水平地震作用标准值

1）边柱列（图 7-15）

边柱列水平地震作用标准值，可参照式（7-20a）、式（7-20b）和式（7-20c）计算。

2）高低跨中柱列（图 7-25）

图 7-25 高低跨中柱列各抗侧力构件水平地震作用的分配

为了简化计算，我们假定柱为剪切杆，并取柱的总刚度等于柱撑总刚度的 0.1。这样，可按下式计算各抗侧力构件的水平地震作用标准值：

$$\text{悬墙：} \qquad F_{i2}^{w} = \dfrac{\psi_k k_{22}^{w}}{1.1 k_{22}^{b} + \psi_k k_{22}^{w}} F_{i2} \qquad (7\text{-}49)$$

$$\text{支撑：} \qquad F_{i2}^{b} = \dfrac{k_{22}^{b}}{1.1 k_{22}^{b} + \psi_k k_{22}^{w}} F_{i2} \qquad (7\text{-}50a)$$

$$F_{i1}^{b} = \dfrac{1}{1.1} \; (F_{i1} + F_{i2}^{w}) \qquad (7\text{-}50b)$$

$$\text{柱：} \qquad F_{i2}^{c} = 0.1 F_{i2}^{b} \qquad (7\text{-}51a)$$

$$F_{i1}^{c} = 0.1 F_{i1}^{b} \qquad (7\text{-}51b)$$

式中 F_{i2}^{w}——悬墙顶点所分配的水平地震作用标准值；

$\qquad F_{i2}$——第 i 柱列顶点标高处（即 2 点）所承受的水平地震作用标准值；

$\qquad F_{i1}$——第 i 柱列低跨标高处（即 1 点）所承受的水平地震作用；

F_{i1}^{b}，F_{i2}^{b}——分别为在低跨和高跨屋盖标高处柱撑所分配的水平地震作用标准值；

$\qquad \psi_k$——地震期间砖墙开裂后刚度降低系数，悬墙当基本烈度为 7 度、8 度和 9 度

时，分别取 0.4、0.2 和 0.1；

F_{i1}^c，F_{i2}^c——分别为在低跨和高跨屋盖标高处柱所分配水平地震作用标准值。

（2）吊车桥重力荷载产生的地震作用标准值

在吊车梁顶标高处由吊车桥重力荷载产生的水平地震作用标准值，可按式（7-28a）计算。

（四）天窗的纵向抗震计算

天窗架的纵向抗震计算，可采用空间结构分析法，并应考虑屋盖平面弹性变形和纵墙的有效刚度；柱高不超过 15m 的单跨和等高多跨钢筋混凝土无檩屋盖厂房的天窗架纵向地震作用，可采用底部剪力法计算，但天窗架的地震作用效应应分别乘以下列增大系数：

单跨、边跨屋盖或有纵向内隔墙的中跨屋盖

$$\eta = 1 + 0.5n \tag{7-52}$$

其他中跨屋盖

$$\eta = 0.5n \tag{7-53}$$

式中　η——效应增大系数；

　　　n——厂房跨数，超过四跨时按四跨考虑。

【例题 7-1】试计算两跨不等高厂房排架的横向水平多遇地震作用，并按拟能量法进行纵向抗震计算。

已知两跨不等高钢筋混凝土柱厂房，结构阻尼比为 0.05。抗震设防 8 度区，Ⅰ类场地，设计基本地震加速度为 0.20g，设计地震分组为二组。

其结构布置及基本数据如图 7-26 所示：

此厂房低跨设有 5t 中级工作制吊车两台，高跨设有 10t 中级工作制吊车两台，吊车梁高 600mm；

屋盖采用钢筋混凝土大型屋面板及钢筋混凝土折线型屋架，两跨跨度均为 18m。柱距 6m，12 个开间，厂房总长 72m。厂房柱混凝土强度等级为 C20（$E_c = 25500\text{N/mm}^2$）。截面尺寸：上柱均为矩形，400mm×400mm；柱列ⓐ下柱为矩形，400mm×600mm，柱列ⓑ、ⓒ下柱为工字形，400mm×800mm；

围护结构为 240mm 厚砖墙（含高低跨悬墙），采用 MU7.5 普通砖和 M2.5 混合砂浆砌筑（$f = 1.19\text{N/mm}^2$，$E_w = 1300f = 1547\text{N/mm}^2$），纵墙窗宽 3m，上窗高 1.8m，下窗高 3.6m。柱间支撑采用 Q235 钢（$E_s = 206 \times 10^3 \text{N/mm}^2$）。

有关荷载数据如下：

屋盖重力荷载	2.6kN/m²
屋架重力荷载	54.0kN/榀
雪荷载	0.15kN/m²
吊车梁重力荷载	42.0kN/根
吊车桥重力荷载（2～5t）	164kN
（2～10t）	180kN

柱、墙重力荷载见表 7-10：

图 7-26　例题 7-1 附图

例题 7-1 附表　　　　　　　　　　　　　　　　　　　　表 7-10

分　项	柱　列	ⓐ	ⓑ	ⓒ
柱重 (kN)	上柱	13	16	14
	下柱	32	48	45
	总重	45	64	59
纵墙重（kN）		184	56（悬墙）	222

【解】（一）计算横向水平地震作用标准值

计算横向水平地震作用时，先按平面排架计算，然后再考虑空间工作的影响。

1. 计算简图

横向计算简图按图 7-27 采用。取一个柱距的单排架为计算单元，按平面排架进行分析。

2. 计算屋盖（柱顶）标高处及吊车梁顶面处各质点的等效集中重力荷载代表值 G_i

（1）低跨屋盖标高处 G_1

$$G_1 = 1.0G_{屋盖} + 0.5G_{雪} + 0.5G_{低跨吊车梁} + 1.0G_{高跨吊车梁} + 0.25G_{a柱} + 0.25G_{b下柱}$$
$$+ 0.5G_{b上柱} + 0.25G_{低跨外纵墙} + 0.5G_{高跨悬墙}$$
$$= 1.0 \times (2.6 \times 6 \times 18 + 54) + 0.5 \times (0.15 \times 6 \times 18) + 0.5 \times (2 \times 42)$$
$$+ 1.0 \times 42 + 0.25 \times 45 + 0.25 \times 48 + 0.5 \times 16 + 0.25 \times 184 + 0.5 \times 56$$
$$\approx 533\text{kN}$$

（2）高跨屋盖标高处 G_2

$$G_2 = 1.0G_{屋盖} + 0.5G_{雪} + 0.5G_{高跨吊车梁}$$
$$+ 0.5G_{b上柱} + 0.25G_{c柱} + 0.25G_{高跨外纵墙} + 0.5G_{高跨悬墙}$$
$$= 1.0 \times (2.6 \times 6 \times 18 + 54) + 0.5 \times (0.15 \times 6 \times 18)$$
$$+ 0.5 \times 42 + 0.5 \times 16 + 0.25 \times 59 + 0.25 \times 222 + 0.5 \times 56$$
$$= 471\text{kN}$$

（3）吊车梁顶面标高处（用以计算此处的水平地震作用）G_3、G_4

低跨　$G_3 = 1.0G_{吊车梁} + 1.0G_{吊车桥架} = 42 + 164 = 206\text{kN}$

高跨　$G_4 = 42 + 180 = 222\text{kN}$

3. 计算在单位水平力作用下单柱位移

单柱位移的计算简图如图 7-28 所示。

图 7-27　例题 7-1 横向排架　　　　　图 7-28　例题 7-1 单柱柔度系数

根据排架计算手册中阶形柱在单位力作用下的位移计算公式，可算得各柱的位移为：

$\delta_{11}^{ⓐ} = 1.14 \times 10^{-3}\text{m/kN}$

$\delta_{11}^{ⓑ} = 0.458 \times 10^{-3}\text{m/kN}$

$\delta_{12}^{ⓑ} = \delta_{21}^{ⓑ} = 0.703 \times 10^{-3}\text{m/kN}$

$\delta_{22}^{ⓑ} = \delta_{22}^{ⓒ} = 1.33 \times 10^{-3}\text{m/kN}$

4. 排架位移计算

排架在单位水平力作用下的位移，按图 7-29 进行计算，图中的横梁内力根据排架计算手册确定：

$\delta_{11} = (1 - X_1^{①})\delta_{11}^{ⓐ} = (1 - 0.806)$
$\times 1.14 \times 10^{-3} = 0.221 \times 10^{-3}\text{m/kN}$

图 7-29　例题 7-1 横向排架横梁内力和位移

378

$$\delta_{12}=\delta_{21}=X_2^① \delta_{22}^©=0.214\times1.33\times10^{-3}=0.285\times10^{-3}\text{m/kN}$$

$$\delta_{22}=(1-X_2^②)\ \delta_{22}^©=(1-0.564)\times1.33\times10^{-3}=0.580\times10^{-3}\text{m/kN}$$

5. 计算排架基本周期

由公式（7-4）计算排架横向基本周期。其中

$$\Delta_1=G_1\delta_{11}+G_2\delta_{12}=(533\times0.221+471\times0.285)\times10^{-3}=0.252\text{m}$$

$$\Delta_2=G_1\delta_{21}+G_2\delta_{22}=(533\times0.285+471\times0.580)\times10^{-3}=0.425\text{m}$$

$$T_1=2\sqrt{\frac{\Sigma G_i\Delta_i^2}{\Sigma G_i\Delta_i}}=2\sqrt{\frac{533\times0.252^2+471\times0.425^2}{533\times0.252+471\times0.425}}=1.19\text{s}$$

此厂房设有纵墙，取修正系数 $\psi_T=0.8$，则排架基本周期为：

$$T_1=0.8\times1.19=0.952\text{s}$$

6. 计算排架横向总水平地震作用标准值

$$\alpha_1=\left(\frac{T_g}{T_1}\right)^{0.9}\alpha_{max}=\left(\frac{0.3}{0.952}\right)^{0.9}\times0.16=0.057$$

$$G_{eq}=0.85G_E=0.85\ (G_1+G_2+0.5G_{吊车桥梁})$$
$$=0.85\times(533+471+0.5\times164+0.5\times180)=999.6\text{kN}$$
$$F_{EK}=\alpha_1 G_{eq}=0.057\times999.6=57\text{kN}$$

7. 计算排架低跨、高跨屋盖标高处及吊车梁面标高处的水平地震作用标准值

$$F_i=\frac{G_iH_iF_{EK}}{(G_1-0.5G_{低跨吊车梁}-1.0G_{高跨吊车梁})\times H_1+(G_2-0.5G_{高跨吊车梁})H_2+G_3H_3+G_4H_4}$$

$$=\frac{G_iH_i\times57}{(533-0.5\times2\times42-1.0\times42)\times8.2+(471-0.5\times42)\times11+206\times5.6+222\times8.1}$$

$$=G_iH_i\times\frac{57}{3681.8+4950+1153.6+1798.2}=G_iH_i\times0.00492$$

$$F_1=(G_1-0.5G_{低跨吊车梁}-1.0G_{高跨吊车梁})\times H_1\times0.00492=3681.8\times0.00492$$
$$=18.1\text{kN}$$

$$F_2=(G_2-0.5G_{高跨吊车梁})\times H_2\times0.00492$$
$$=4950\times0.00492=24.4\text{kN}$$

$$F_3=G_3H_3\times0.00492=1153.6\times0.00492=5.7\text{kN}$$

$$F_4=G_4H_4\times0.00492=1798.2\times0.00492=8.8\text{kN}$$

排架的横向水平地震作用如图 7-30 所示。

8. 排架的内力分析

（1）屋盖标高处地震作用引起的柱子内力标准值

1）横梁的内力

根据内力叠加原理，不难求得地震作用 F_1 和
F_2 在框架横梁内所引起的内力

$X_1=F_1X_1^①+F_2X_1^②=18.1\times(-0.806)+$
$24.4\times0.21=-8.56\text{kN}$

$X_2=F_1X_2^①+F_2X_2^②=18.1\times(-0.214)+$
$24.4\times0.564=9.89\text{kN}$

2）柱的内力调整系数的确定

图 7-30　例题 7-1 横向排架地震作用

由表 7-2 查得 $\zeta_1 = 0.9$；由表 7-3 查得 $\zeta_2 = 1.0$，于是内力增大系数

$$\eta = \zeta_2 \left(1 + 1.7 \frac{n_h}{n_0} \frac{G_{El}}{G_{Eh}}\right) = 1.0 \times \left(1 + 1.7 \times \frac{1}{2} \times \frac{533}{471}\right) = 1.96$$

3）柱的弯矩和剪力的计算

柱的弯矩 M 和剪力 V 的计算过程，见表 7-11。

例题 7-1 附表   表 7-11

柱 列		ⓐ			ⓑ			ⓒ		
截 面		上柱底	下柱底		上柱底	下柱底		上柱底	下柱底	
内力	内力分类	M (kN·m)	M (kN·m)	V (kN)	M (kN·m)	M (kN·m)	V (kN)	M (kN·m)	M (kN·m)	V (kN)
	按平面排架计算结果	30.53	78.23	9.54	27.69	178.98	19.45	42.08	159.61	14.51
	考虑空间作用计算结果	27.48	70.41	8.59	54.28*	161.08	17.51	37.87	143.65	13.06

注：$9.89 \times (11-8.2) \times 1.96 = 27.69 \times 1.96 = 54.28$ kN·m；其余第二行数字系由第一行数字乘以 $\zeta_1 = 0.9$ 得到。

（2）吊车桥地震作用引起柱的内力标准值

这时，柱的内力可由静力计算中吊车横向水平荷载（即横向刹车力 T_{max}）所引起柱的内力乘以相应比值求得。如对 5t 吊车，该比值为 $F_3/T_{2\sim5} = 5.7/4.3 = 1.33$；对 10t 吊车，比值为 $F_4/T_{2\sim10} = 8.8/7.4 = 1.19$。求得上述内力后，还要对吊车梁顶标高处的上柱截面乘以表 7-4 中的内力增大系数（计算从略）。

（二）计算纵向水平地震作用标准值

本例采用拟能量法计算。

1. 确定集中于屋盖标高处的等效重力荷载代表值

为了计算简化，将等效重力荷载代表值所代表的质点分别集中于柱与屋盖的连接点处，参见图 7-31，它们的数值为（计算过程从略）：

$$\overline{G}_ⓐ = 4400\text{kN}, \quad \overline{G}_{ⓑ1} = 4870\text{kN}, \quad \overline{G}_{ⓑ2} = 3060\text{kN}, \quad \overline{G}_ⓒ = 5280\text{kN}$$

考虑空间作用调整后的重力荷载 G'_i，查表 4-9，k 取 0.7。

$$G'_ⓐ = \overline{G}_ⓐ + (1-k)\overline{G}_{ⓑ1} = 4400 + (1-0.7) \times 4870 = 5861\text{kN}$$

$$\overline{G}_{ⓑ1} = k\overline{G}_{ⓑ1} = 0.7 \times 4870 = 3409\text{kN}$$

$$G'_{ⓑ2} = \overline{k}\overline{G}_{ⓑ2} = 0.7 \times 3060 = 2142\text{kN}$$

$$G'_ⓒ = \overline{G}_ⓒ + (1-k)\overline{G}_{ⓑ2} = 5280 + (1-0.7) \times 3060 = 6198\text{kN}$$

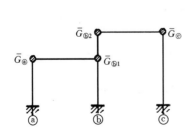

图 7-31 例题 7-1 纵向柱
列重力荷载

图 7-32 例题 7-1 柱列
ⓐ柱间支撑侧向刚度计算

2. 计算柱列侧移柔度 δ_i

（1）柱列ⓐ

1）计算柱间支撑刚度

柱间支撑计算简图如图 7-32 所示，有关数据见表 7-12。

例题 7-1 附表

表 7-12

序号	支撑位置	数量	截面	A（mm²）	i_{min}（mm）	l（mm）	l_0（mm）	λ	φ	ψ_c
2	上柱支撑	三道	2L56×5	1083	21.7	6306	3153	145.3	0.325	0.56
1	下柱支撑	一道	2[8	2048	31.5	7310	3655	116	0.458	0.58

$$\delta_{11}=\frac{1}{EL^2}\left[\frac{1}{1+\varphi_1}\cdot\frac{l_1^3}{A_1}+\frac{1}{1+\varphi_2}\cdot\frac{l_2^3}{A_2}\cdot\frac{1}{3}\right]$$

$$=\frac{1}{206\times10^3\times5600^2}\left[\frac{1}{1+0.458}\times\frac{7310^3}{2048}+\frac{1}{1+0.325}\times\frac{6306^3}{1083}\times\frac{1}{3}\right]$$

$$=2.93\times10^{-5}\,\text{mm/N}$$

于是，柱列ⓐ的支撑刚度为：

$$k_{ⓐ}^{b}=\frac{1}{\delta_{11}}=\frac{1}{2.93\times10^{-5}}=34130\text{kN/m}$$

2）计算纵墙刚度

纵墙计算简图见图 7-33，计算过程见表 7-13。

于是，柱列ⓐ的纵墙刚度为：

$$k_{ⓐ}^{w}=\frac{1}{\Sigma\delta}=\frac{1}{2.022\times10^{-6}}=494560\text{N/mm}$$

3）柱列ⓐ的总刚度

例题 7-1 附表

表 7-13

序号		h（m）	b（m）	$\rho=\dfrac{h}{b}$	$\dfrac{1}{\rho^3+3\rho}$	k_{ij}	$k_i=\Sigma\dfrac{E_t}{\rho^3+3\rho}$（N/mm）	$\delta_i=\dfrac{1}{k_i}$（mm/N）
1		1.7	72	0.0236	14.12	—	5.24×10^6	0.191×10^{-6}
2	2_1，2_{13}	3.6	1.5	2.4	0.0476	17673	$2\times17676+11\times69689$	1.247×10^{-6}
	$2_2\sim2_{12}$	3.6	3	1.2	0.1877	69689	$=801925$	
3		0.9	72	0.0125	26.67	—	9.90×10^6	0.100×10^{-6}
4	4_1，4_{13}	1.8	1.5	1.2	0.1877	69689	$2\times69689+11\times184155$	0.461×10^{-6}
	$4_2\sim4_{12}$	1.8	3	0.6	0.4960	184155	$=2165082$	
5		0.2	72	0.0028	119.05	—	44.20×10^6	0.023×10^{-6}

$$\Sigma\delta_i=2.022\times10^{-6}$$

$$k_{ⓐ}=k_{ⓐ}^{c}+k_{ⓐ}^{b}+k_{ⓐ}^{w}=1.1k_{ⓐ}^{b}+k_{ⓐ}^{w}=1.1\times34130+494560=532103\text{kN/m}$$

4）柱列ⓐ的柔度

$$\delta_{ⓐ}=\frac{1}{k_{ⓐ}}=\frac{1}{532103}=1.88\times10^{-6}\,\text{m/kN}=\delta_{ⓐ11}$$

（2）柱列ⓑ

1）计算柱间支撑刚度

柱间支撑计算简图见图 7-34，有关数据见表 7-14。

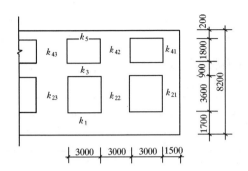

图 7-33 例题 7-1 外纵墙侧向刚度计算

图 7-34 例题 7-1 柱
列ⓑ柱间支撑侧向刚度

例题 7-1 附表

表 7-14

序号	支撑位置	数量	截面	A (mm²)	i_{min} (mm)	l (mm)	l_0 (mm)	λ	φ	ψ_c
3	上柱支撑	三道	2L56×5	1083	21.7	6133	3066	141.3	0.340	0.559
2	中柱支撑	三道	2 [8	2048	31.5	6306	3153	100.1	0.555	0.600
1	下柱支撑	一道	2 [12.5	3138	49.5	7311	3655	73.8	0.727	0.670

$$\delta_{11} = \delta_{12} = \delta_{21} = \frac{1}{EL^2}\sum_{k=1}^{2}\left[\frac{1}{1+\varphi_k}\cdot\frac{l_k^3}{A_k}\right]$$

$$= \frac{1}{206\times10^3\times5600^2}\left[\frac{1}{1+0.727}\times\frac{7311^3}{3138}+\frac{1}{1+0.555}\times\frac{6306^3}{2048}\times\frac{1}{3}\right]$$

$$= 1.52\times10^{-5}\,\mathrm{mm/N}$$

$$\delta_{22} = \frac{1}{EL^2}\sum_{k=1}^{2}\left[\frac{1}{1+\varphi_k}\cdot\frac{l_k^3}{A_k}\right]$$

$$= \frac{1}{206\times10^3\times5600^2}$$

$$\times\left[\frac{1}{1+0.727}\times\frac{7311^3}{3138}+\frac{1}{1+0.555}\times\frac{6306^3}{2048}\times\frac{1}{3}+\frac{1}{1+0.340}\times\frac{6133^3}{1083}\times\frac{1}{3}\right]$$

$$= 2.34\times10^{-5}\,\mathrm{mm/N}$$

$$|\delta| = \delta_{11}\delta_{22}-\delta_{12}^2 = (1.52\times2.34-1.52^2)\times10^{-10} = 1.246\times10^{-10}\,\mathrm{mm^2/N^2}$$

于是柱列ⓑ的支撑刚度为：

$$k_{ⓑ11}^{b} = \frac{\delta_{22}}{|\delta|} = \frac{2.34\times10^{-5}}{1.246\times10^{-10}} = 187800\mathrm{N/m}$$

$$k_{ⓑ22}^{b} = \frac{\delta_{11}}{|\delta|} = \frac{1.52\times10^{-5}}{1.246\times10^{-10}} = 122000\mathrm{N/m}$$

$$k_{ⓑ12}^{b} = k_{ⓑ21}^{b} = \frac{-\delta_{12}}{|\delta|} = \frac{-1.52\times10^{-5}}{1.246\times10^{-10}} = -122000\mathrm{N/m}$$

2）悬墙刚度（部分计算过程从略）

$$k_{ⓑ}^{w} = \frac{1}{\Sigma\delta_i} = \frac{1}{2.02\times10^{-6}} = 500000\mathrm{N/mm}$$

$$\left[k_{\text{ⓑ}}^{\text{w}}\right] = \begin{bmatrix} 500000 & -500000 \\ -500000 & 500000 \end{bmatrix}$$

3）柱列ⓑ的刚度矩阵

$$k_{\text{ⓑ}} = \begin{bmatrix} 1.1k_{11}^{\text{b}} + k_{11}^{\text{w}} & 1.1k_{12}^{\text{b}} + k_{12}^{\text{w}} \\ 1.1k_{21}^{\text{b}} + k_{21}^{\text{w}} & 1.1k_{22}^{\text{b}} + k_{22}^{\text{w}} \end{bmatrix}$$

$$= \begin{bmatrix} 1.1 \times 187800 + 500000 & -1.1 \times 122000 - 500000 \\ -1.1 \times 122000 - 500000 & 1.1 \times 122000 + 500000 \end{bmatrix}$$

$$= \begin{bmatrix} 706580 & -634200 \\ -634200 & +634200 \end{bmatrix}$$

4）柱列ⓑ的柔度

$$|k| = k_{11}k_{22} - k_{12}^2 = 4.59 \times 10^{10}$$

$$\delta_{\text{ⓑ}11} = \frac{k_{22}}{|k|} = \frac{634200}{4.59 \times 10^{10}} = 1.38 \times 10^{-5}\,\text{m/kN}$$

$$\delta_{\text{ⓑ}12} = \delta_{\text{ⓑ}21} = \frac{-k_{21}}{|k|} = \frac{634200}{4.59 \times 10^{10}} = 1.38 \times 10^{-5}\,\text{m/kN}$$

$$\delta_{\text{ⓑ}22} = \frac{k_{11}}{|k|} = \frac{706580}{4.59 \times 10^{10}} = 1.54 \times 10^{-5}\,\text{m/kN}$$

（3）柱列ⓒ的柔度（计算过程从略）

$k_{\text{ⓒ}}^{\text{b}} = 18867\text{kN/m}$，$k_{\text{ⓒ}}^{\text{w}} = 427716\text{kN/m}$，$\delta_{\text{ⓒ}} = 2.23 \times 10^{-6}\,\text{m/kN} = \delta_{\text{ⓒ}22}$

3. 计算厂房纵向基本周期

（1）计算柱列侧移 Δ_i

$$\Delta_{\text{ⓐ}} = G'_{\text{ⓐ}}\delta_{\text{ⓐ}} = 5861 \times 1.88 \times 10^{-6} = 0.0110\text{m}$$

$$\Delta_{\text{ⓑ}1} = G'_{\text{ⓑ}1}\delta_{\text{ⓑ}11} + G'_{\text{ⓑ}2}\delta_{\text{ⓑ}12} = 3409 \times 1.38 \times 10^{-5} + 2142 \times 1.38 \times 10^{-5} = 0.0766\text{m}$$

$$\Delta_{\text{ⓑ}2} = G'_{\text{ⓑ}1}\delta_{\text{ⓑ}21} + G'_{\text{ⓑ}2}\delta_{\text{ⓑ}22} = 3409 \times 1.38 \times 10^{-5} + 2142 \times 1.54 \times 10^{-5} = 0.0800\text{m}$$

$$\Delta_{\text{ⓒ}} = G'_{\text{ⓒ}}\delta_{\text{ⓒ}} = 6198 \times 2.23 \times 10^{-6} = 0.0138\text{m}$$

（2）计算厂房纵向基本周期

$$T_1 = 2\psi_{\text{T}}\sqrt{\frac{\Sigma G'_i \Delta_i^2}{\Sigma G'_i \Delta_i}}$$

$$= 2 \times 0.8\sqrt{\frac{5861 \times 0.0110^2 + 3409 \times 0.0766^2 + 2142 \times 0.0800^2 + 6198 \times 0.0138^2}{5861 \times 0.0110 + 3409 \times 0.0766 + 2142 \times 0.0800 + 6198 \times 0.138}}$$

$$= 0.395\text{s}$$

4. 计算柱列水平地震作用标准值

$$\alpha_1 = \left(\frac{T_g}{T_1}\right)^{0.9}\alpha_{\max} = \left(\frac{0.30}{0.395}\right)^{0.9} \times 0.16 = 0.129$$

$$F_{\text{ⓐ}1} = \alpha_1 G'_{\text{ⓐ}} = 0.129 \times 5861 = 756\text{kN}$$

$$F_{\text{ⓑ}1} = \alpha_1(G'_{\text{ⓑ}1} + G'_{\text{ⓑ}2}) \frac{G'_{\text{ⓑ}1}H_{\text{ⓑ}1}}{G'_{\text{ⓑ}1}H_{\text{ⓑ}1} + G'_{\text{ⓑ}2}H_{\text{ⓑ}2}}$$

$$= 0.129 \times (3409 + 2142) \times \frac{3409 \times 8.2}{3409 \times 8.2 + 2142 \times 11} = 389\text{kN}$$

$$F_{\text{ⓑ}2} = 0.129 \times (3409 + 2142) \times \frac{2142 \times 11}{3409 \times 8.2 + 2142 \times 11} = 328\text{kN}$$

$$F_{\text{ⓒ}} = 0.129 \times 6198 = 800\text{kN}$$

5. 计算构件水平地震作用标准值

(1) 柱列ⓐ

$$k'_{\text{ⓐ}} = k^c_{\text{ⓐ}} + k^b_{\text{ⓐ}} + \psi_k k^w_{\text{ⓐ}} = 1.1k^b_{\text{ⓐ}} + \psi_k k^w_{\text{ⓐ}} = 1.1 \times 34130 + 0.4 \times 494560$$

$$= 235367\text{kN/m}$$

砖墙：
$$F^w_{\text{ⓐ}} = \frac{\psi_k k^w_{\text{ⓐ}}}{k'_{\text{ⓐ}}} F_{\text{ⓐ}} = \frac{0.4 \times 494560}{235367} \times 756 = 635\text{kN}$$

柱撑：
$$F^b_{\text{ⓐ}} = \frac{k^b_{\text{ⓐ}}}{k'_{\text{ⓐ}}} F_{\text{ⓐ}} = \frac{34130}{235367} \times 756 = 110\text{kN}$$

柱：
$$F^c_{\text{ⓐ}} = \frac{0.1k^b_{\text{ⓐ}}}{nk'_{\text{ⓐ}}} F_{\text{ⓐ}} = \frac{0.1 \times 34130}{13 \times 235367} \times 756 = 0.84\text{kN}$$

(2) 柱列ⓑ

$$k'_{\text{ⓑ}2} = 1.1k^b_{\text{ⓑ}22} + \psi_k k^w_{\text{ⓑ}22} = 1.1 \times 122000 + 0.2 \times 500000$$

$$= 234200\text{kN/m}$$

悬墙：
$$F^w_{\text{ⓑ}2} = \frac{\psi_k k^w_{\text{ⓑ}22}}{k'_{\text{ⓑ}2}} F_{\text{ⓑ}2} = \frac{0.2 \times 500000}{234200} \times 328 = 140\text{kN}$$

柱撑（图 7-35）：
$$F^b_{\text{ⓑ}2} = \frac{k^b_{\text{ⓑ}22}}{k'_{\text{ⓑ}2}} F_{\text{ⓑ}2} = \frac{122000}{234200} \times 328 = 171\text{kN}$$

$$F^b_{\text{ⓑ}1} = \frac{1}{1.1}(F_{\text{ⓑ}1} + F^w_{\text{ⓑ}2}) = \frac{1}{1.1}(389 + 140) = 481\text{kN}$$

柱：
$$F^c_{\text{ⓑ}2} = \frac{1}{13} \times 0.1F^b_{\text{ⓑ}2} = \frac{1}{13} \times 0.1 \times 171 = 1.32\text{kN}$$

$$F^c_{\text{ⓑ}1} = \frac{1}{13} \times 0.1F^b_{\text{ⓑ}1} = \frac{1}{13} \times 0.1 \times 481 = 3.70\text{kN}$$

（3）柱列ⓒ

$$k'_{\text{ⓒ}} = 1.1k^b_{\text{ⓒ}} + \psi_k k^w_{\text{ⓒ}} = 1.1 \times 18867 + 0.4 \times 427716$$

$$= 191840\text{kN/m}$$

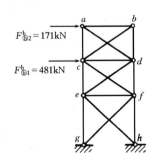

砖墙：
$$F^w_{\text{ⓒ}} = \frac{\psi_k k^w_{\text{ⓒ}}}{k'_{\text{ⓒ}}} F_{\text{ⓒ}} = \frac{0.4 \times 427716}{191840} \times 800 = 713\text{kN}$$

柱撑：
$$F^b_{\text{ⓒ}} = \frac{k^b_{\text{ⓒ}}}{k'_{\text{ⓒ}}} F_{\text{ⓒ}} = \frac{18867}{191840} \times 800 = 79\text{kN}$$

柱：
$$F^c_{\text{ⓒ}} = \frac{0.1k^b_{\text{ⓒ}}}{nk'_{\text{ⓒ}}} F_{\text{ⓒ}} = \frac{0.1 \times 18867}{13 \times 191840} \times 800 = 0.61\text{kN}$$

图 7-35 例题 7-1 柱列
ⓑ柱间支撑水平地震作用

6. 构件内力分析及承载力验算

（1）柱撑

选择ⓑ柱列进行计算，ⓐ及ⓒ柱列从略。

上柱支撑：

根据 $\lambda_3 = 141.3$ 算得 $\psi_c = 0.559$，并由《钢结构设计规范》查得 $\varphi_3 = 0.340$。水平地震作用分项系数 $\gamma_{Eh} = 1.3$。于是，由式（7-22）算出柱撑受拉斜杆的轴向力设计值：

$$N_{t3} = \frac{l_3}{(1 + \psi_c \varphi_3)L} V_{b2} = \frac{6133}{(1 + 0.559 \times 0.340) \times 5600} \times 1.3 \times 171$$

$$= 204.6 \text{kN}$$

按式（7-23）验算斜杆的截面抗震承载力

$$\sigma_{t3} = \frac{N_{t3}}{A_n} = \frac{204.6 \times 10^3}{1083 \times 3} = 62.97 \text{N/mm}^2$$

$$< \frac{f}{\gamma_{RE}} = \frac{215}{0.75} = 286.7 \text{N/mm}^2$$

中柱支撑：

$$\sigma_{t2} = \frac{l_2}{(1 + \psi_c \varphi_2)LA_n} V_{b3} = \frac{6306}{(1 + 0.6 \times 0.555) \times 5600 \times 2048 \times 3} \times 1.3$$
$$\times (481 + 171) \times 10^3 = 116.54 \text{N/mm}^2 < 286.7 \text{N/mm}^2$$

下柱支撑：

$$\sigma_{t1} = \frac{l_1}{(1 + \psi_c \varphi_1)LA_n} V_{b1} = \frac{7311}{(1 + 0.67 \times 0.727) \times 5600 \times 3138}$$
$$\times 1.3 \times (481 + 171) \times 10^3 = 237.1 \text{N/mm}^2 < 286.7 \text{N/mm}^2$$

抗震承载力满足。

（2）悬墙

验算从略。

（3）柱

验算从略。

【例题 7-2】 已知两跨等高钢筋混凝土柱厂房建在设防烈度为 8 度区，I 类场地上，设计基本地震加速度为 0.20g，设计地震分组为二组。屋盖采用钢筋混凝土大型屋面板，折线型屋架（跨度 18m），屋盖自重 3.2kN/m²，雪荷载 0.3kN/m²，每跨设有二台 10t 中级工作制吊车，柱距 6m，厂房长 60m，厂房柱的混凝土强度等级为 C20，围护结构采用 240mm 厚砖墙，结构阻尼比为 0.05，见图 7-36。试按修正刚度法计算在多遇地震作用下厂房的纵向地震作用。

【解】 1. 柱列重力荷载

图 7-36 例题 7-2 附图

385

经计算有关重力荷载值如下：

一列边柱	664kN
一列中柱	972kN
一端半跨山墙	138kN
一侧纵墙	726kN
一侧吊车梁	512kN
一台吊车桥架	204kN
半跨屋盖总重力荷载	$3.2 \times 9 \times 60 = 1728$kN
半跨雪荷载总值	$0.3 \times 9 \times 60 = 162$kN

（1）集中到各柱列柱顶标高处的等效重力荷载代表值的计算

1）确定厂房纵向基本周期时

$$G_{ⓐ} = G_{ⓒ} = 1.0G_{屋盖} + 0.5G_{雪} + 0.25G_{边柱} + 0.35G_{纵墙}$$

$$+ 0.25G_{山墙} + 0.5G_{吊车梁} + 0.5G_{吊车桥}$$

$$= 1.0 \times 1728 + 0.5 \times 162 + 0.25 \times 664 + 0.35 \times 726 + 0.25 \times 2 \times 138$$

$$+ 0.5 \times 512 + 0.5 \times 102 = 2605.1\text{kN}$$

$$G_{ⓑ} = 1.0G_{屋盖} + 0.5G_{雪} + 0.25G_{中柱} + 0.25G_{山墙} + 0.5G_{吊车梁} + 0.5G_{吊车桥}$$

$$= 1.0 \times 2 \times 1728 + 0.5 \times 2 \times 162 + 0.25 \times 972$$

$$+ 0.25 \times 2 \times 2 \times 138 + 0.5 \times 2 \times 512 + 0.5 \times 204 = 4613\text{kN}$$

$$\Sigma G_i = 2 \times 2605.1 + 4613 = 9823.2\text{kN}$$

2）确定地震作用时

$$\overline{G}_{ⓐ} = \overline{G}_{ⓒ} = 1.0G_{屋盖} + 0.5G_{雪} + 0.1G_{边柱} + 0.7G_{纵墙} + 0.5G_{山墙}$$

$$= 1.0 \times 1728 + 0.5 \times 162 + 0.1 \times 664 + 0.7 \times 726 + 0.5 \times 2 \times 138$$

$$= 2521.6\text{kN}$$

$$\overline{G}_{ⓑ} = 1.0G_{屋盖} + 0.5G_{雪} + 0.1G_{中柱} + 0.5G_{山墙} = 1.0 \times 2 \times 1728$$

$$+ 0.5 \times 2 \times 162 + 0.1 \times 972 + 0.5 \times 2 \times 2 \times 138 = 3991.2\text{kN}$$

$$\Sigma \overline{G}_i = 2 \times 2521.6 + 3991.2 = 9034.4\text{kN}$$

（2）集中到各柱列牛腿顶面标高处的等效重力荷载代表值的计算

$$G_{cⓐ} = G_{cⓒ} = 0.4G_{边柱} + 1.0G_{吊车梁} + 1.0G_{吊车桥}$$

$$= 0.4 \times 664 + 1.0 \times 512 + 1.0 \times 0.5 \times 204$$

$$= 879.6\text{kN}$$

$$G_{cⓑ} = 0.4G_{中柱} + 1.0G_{吊车梁} + 1.0G_{吊车桥}$$

$$= 0.4 \times 972 + 1.0 \times 2 \times 512 + 1.0 \times 204 = 1616.8\text{kN}$$

2．厂房纵向刚度

（1）边柱列纵向刚度 $k_{ⓐ}$、$k_{ⓒ}$

纵墙： $k_{ⓐ}^{w} = 354560\text{kN/m}$

柱撑： $\Sigma k_{ⓐ}^{b} = 18867\text{kN/m}$

柱：
$$\Sigma k_{ⓐ}^{c} = 2380 \text{kN/m}$$

$$k_{ⓐ} = k_{ⓒ} = \Sigma k_{ⓐ}^{c} + \Sigma k_{ⓐ}^{b} + k_{ⓐ}^{w} = 2380 + 18867 + 354560 = 375807 \text{kN/m}$$

（2）中柱列纵向刚度 $k_{ⓑ}$

柱撑：
$$\Sigma k_{ⓑ}^{b} = 36139 \text{kN/m}$$

柱：
$$\Sigma k_{ⓑ}^{c} = 3170 \text{kN/m}$$

$$k_{ⓑ} = \Sigma k_{ⓑ}^{c} + \Sigma k_{ⓑ}^{b} = 3170 + 36139 = 39309 \text{kN/m}$$

（3）厂房纵向刚度

$$\Sigma k_{i} = k_{ⓐ} + k_{ⓑ} + k_{ⓒ} = 2 \times 375807 + 39309 = 790923 \text{kN/m}$$

3. 厂房纵向基本周期的计算

（1）按式（7-24a）计算

$$T_{1} = 2\psi_{T}\sqrt{\frac{\Sigma G_{i}}{\Sigma k_{i}}} = 2 \times 1.45\sqrt{\frac{9823.2}{790923}} = 0.323 \text{s}$$

（2）按式（7-24b）计算

$$T_{1} = 0.23 + 0.00025\psi_{1}l\sqrt{H^{3}} = 0.23 + 0.00025 \times 1 \times 18\sqrt{11^{3}}$$
$$= 0.394 \text{s}$$

现选用 $T_{1} = 0.323 \text{s}$ 计算。

4. 柱列水平地震作用

（1）厂房底部剪力标准值

$$F_{EK} = \alpha_{1}\Sigma\overline{G}_{i} = \left(\frac{0.30}{0.323}\right)^{0.9} \times 0.16 \times 9034.4 = 1352.5 \text{kN}$$

（2）柱列柱顶标高处水平地震作用标准值

$$k'_{ⓐ} = \Sigma k_{ⓐ}^{c} + \Sigma k_{ⓐ}^{b} + \psi_{k}k_{ⓐ}^{w} = 2380 + 18867 + 0.4 \times 354560 = 163071 \text{kN/m}$$

$$k'_{ⓑ} = k_{ⓑ} = 39309 \text{kN/m}$$

$$k_{aⓐ} = k_{aⓒ} = \psi_{3}k'_{ⓐ} = 0.85 \times 163071 = 138610 \text{kN/m}$$

$$k_{aⓑ} = \psi_{3} \cdot \psi_{4}k'_{ⓑ} = 1.3 \times 0.95^{①} \times 39309 = 48547 \text{kN/m}$$
$$\Sigma k_{ai} = 2 \times 138610 + 48547 = 325767 \text{kN/m}$$

$$F_{ⓐ} = F_{ⓒ} = \frac{k_{ai}}{\Sigma k_{ai}}F_{EK} = \frac{138610}{325767} \times 1352.5 = 575.5 \text{kN}$$

$$F_{ⓑ} = \frac{48547}{325767} \times 1352.5 = 201.5 \text{kN}$$

（3）柱列吊车梁顶标高处的水平地震作用标准值

$$F_{cⓐ} = F_{cⓒ} = \alpha_{1}G_{cⓐ} = \frac{H_{cⓐ}}{H} = \left(\frac{0.30}{0.323}\right)^{0.9} \times 0.16 \times 879.6 \times \frac{7.5}{11} = 89.78 \text{kN}$$

$$F_{cⓑ} = \alpha_{1}G_{cⓑ}\frac{H_{cⓑ}}{H} = \left(\frac{0.30}{0.323}\right)^{0.9} \times 0.16 \times 1616.8 \times \frac{7.5}{11} = 165 \text{kN}$$

其余计算从略。

§7-4 抗 震 构 造 措 施

一、有檩屋盖构件的连接及支撑布置

应符合下列要求：

（1）檩条应与屋架（屋面梁）焊牢，并应有足够的支承长度。

（2）双脊檩应在跨度 1/3 处相互拉接。

（3）槽瓦、瓦楞铁、石棉瓦等应与檩条拉接。

（4）支撑布置宜符合表 7-15 的要求。

有檩屋盖的支撑布置 表 7-15

支 撑 名 称		烈	度	
		6、7	8	9
屋架支撑	上弦横向支撑	厂房单元端开间各设一道	厂房单元端开间及厂房单元长度大于66m的柱间支撑开间各设一道；天窗开洞范围的两端各增设局部的支撑一道	厂房单元端开间及厂房单元长度大于42m的柱间支撑开间各设一道；天窗开洞范围的两端各增设局部的上弦横向支撑一道
	下弦横向支撑	同非抗震设计		
	跨中竖向支撑			
	端部竖向支撑	屋架端部高度大于900mm时，厂房单元端开间及柱间支撑开间各设一道		
天窗架支撑	上弦横向支撑	厂房单元天窗端开间各设一道	厂房单元天窗端开间及每隔30m各设一道	厂房单元天窗端开间及每隔18m各设一道
	两侧竖向支撑	厂房单元天窗端开间及每隔36m各设一道		

二、无檩屋盖构件的连接

应符合下列要求：

（1）大型屋面板应与屋架（屋面梁）焊牢，靠柱列的屋面板与屋架（屋面梁）的连接焊缝长度不宜小于 80mm。

（2）6 度和 7 度时，有天窗厂房单元的端开间，或 8 度和 9 度时各开间，宜将垂直屋架方向两侧相邻的大型屋面板的顶面彼此焊牢。

（3）8 度和 9 度时，大型屋面板端头底面的预埋件宜采用角钢并与主筋焊牢。

（4）非标准屋面板宜采用装配整体式接头，或将板四角切掉后与屋架（屋面梁）焊牢。

（5）屋架（屋面梁）端部顶面预埋件的锚筋，8 度时不宜少于 $4\phi10$，9 度时不宜少于 $4\phi12$。

（6）支撑的布置宜符合表 7-16 的要求，有中间井式天窗时宜符合表 7-17 的要求；8 度和 9 度跨度不大于 15m 的屋面梁屋盖，可仅在厂房单元两端各设竖向支撑一道。

支撑名称		烈度		
		6、7	8	9
屋架支撑	上弦横向支撑	屋架跨度小于18m时同非抗震设计,跨度不小于18m时在厂房单元端开间各设一道	厂房单元端开间及柱间支撑开间各设一道,天窗开洞范围的两端各增设局部的支撑一道	
	上弦通长水平系杆	一道	沿屋架跨度不大于15m设一道,但装配整体式屋面可不设;围护墙在屋架上弦高度有现浇圈梁时,其端部处可不设	沿屋架跨度不大于12m设一道,但装配整体式屋面可不设;围护墙在屋架上弦高度有现浇圈梁时,其端部处可不另设
	下弦横向支撑	同非抗震设计	同非抗震设计	同上弦横向支撑
	跨中竖向支撑			
	两端竖向支撑 屋架端部高度≤900mm		厂房单元端开间各设一道	厂房单元端开间及每隔48m各设一道
	两端竖向支撑 屋架端部高度>900mm	厂房单元端开间各设一道	厂房单元端开间及柱间支撑开间各设一道	厂房单元端开间、柱间支撑开间及每隔30m各设一道
天窗架支撑	天窗两侧竖向支撑	厂房单元天窗端间及每隔30m设一道	厂房单元天窗端间及每隔24m设一道	厂房单元天窗端开间及每隔18m各设一道
	上弦横向支撑	同非抗震设计	天窗跨度≥9m时,厂房单元天窗端开间和柱间支撑开间各设一道	厂房单元端开间及柱间支撑开间各设一道

三、屋盖支撑

宜符合下列要求:

(1) 天窗开洞范围内,在屋架脊点处应设上弦通长水平压杆。

(2) 屋架跨中竖向支撑在跨度方向的间距,6~8度时不大于15m,9度时不大于12m;当仅在跨中设一道时,应设在跨中屋架屋脊处;当设两道时,应在跨度方向均匀布置。

(3) 屋架上、下弦通长水平系杆与竖向支撑宜配合设置。

(4) 柱距不小于12m且屋架间距6m的厂房,托架(梁)区段及其相邻开间应设下弦纵向水平支撑。

(5) 屋盖支撑杆件宜用型钢。

支撑名称		6度、7度	8度	9度
上弦横向支撑 下弦横向支撑		厂房单元端开间各设一道	厂房单元端开间及柱间支撑开间各设一道	
上弦通长水平系杆		天窗范围内屋架跨中上弦节点处设置		
下弦通长水平系杆		天窗两侧及天窗范围内屋架下弦节点处设置		
跨中竖向支撑		有上弦横向支撑开间设置,位置与下弦通长系杆相对应		
两端竖向支撑	屋架端部高度≤900mm	同非抗震设计		有上弦横向支撑开间且间跨不大于48m
	屋架端部高度>900mm	厂房单元端开间各设一道	有上弦横向支撑开间,且间距不大于48m	有上弦横向支撑开间且间距不大于30m

四、突出屋面的钢筋混凝土天窗架

两侧墙板与天窗立柱宜采用螺栓连接。

五、混凝土屋架的截面和配筋

应符合下列要求：

（1）屋架上弦第一节间和梯形屋架端竖杆的配筋，6 度和 7 度时不宜少于 4ϕ12，8 度和 9 度时不宜少于 4ϕ14。

（2）梯形屋架的端竖杆截面宽度宜与上弦宽度相同。

（3）拱形和折线形屋架上弦端部支撑屋面板的小立柱的截面不宜小于 200mm × 200mm，高度不宜大于 500mm，主筋宜采用 II 形，6 度和 7 度时不宜少于 4ϕ12，8 度和 9 度时不宜少于 4ϕ14，箍筋可采用 ϕ6，间距宜为 100mm。

六、厂房柱子的箍筋

应符合下列要求：

1. 下列范围内柱的箍筋应加密：

（1）柱头，取柱顶以下 500mm 并不小于柱截面长边尺寸；

（2）上柱，取阶形柱自牛腿面至吊车梁面以上 300mm 高度范围内；

（3）牛腿（柱肩），取全高；

（4）柱根，取下柱柱底至室内地坪以上 500mm；

（5）柱间支撑与柱连接节点和柱变位受平台等约束部位，取节点上、下各 300mm。

2. 加密区箍筋间距不应大于 100mm，箍筋肢距和最小直径应符合表 7-18 的规定。

柱加密区箍筋最大肢距和最小箍筋直径　　　　　　　表 7-18

烈度和场地类别		6 度和 7 度 I、II 场地	7 度 III、IV 类地和 8 度 I、II 类场地	8 度 III、IV 类地和 9 度
箍筋最大肢距（mm）		300	250	200
箍筋的最小直径	一般柱头和柱根	ϕ6	ϕ8	ϕ8（ϕ10）
	角柱柱头	ϕ8	ϕ10	ϕ10
	上柱牛腿和有支撑的柱根	ϕ8	ϕ8	ϕ10
	有支撑的柱头和柱变位受约束部位	ϕ8	ϕ10	ϕ10

注：括号内数值用于柱根。

七、厂房柱侧向受约束且剪跨比不大于 2 的排架柱，柱顶预埋钢板和柱箍筋加密区的构造

应符合下列要求：

（1）柱顶预埋钢板沿排架平面方向的长度，宜取柱顶的截面高度，且在任何情况下不得小于截面高度的 1/2 及 300mm。

（2）屋架的安装位置，宜减小在柱顶的偏心，其柱顶轴向力的偏心距不应大于截面高度的 1/4。

（3）柱顶轴向力沿排架平面内的偏心距，在截面高度的 1/6～1/4 范围内时，柱顶箍

筋加密区宜配置四肢箍，箍筋肢距不大于 200mm，箍筋体积配筋率：9 度不宜小于 1.2%；8 度不宜小于 1.0%；6、7 度不宜小于 0.8%。

八、山墙抗风柱的配筋

应符合下列要求：

（1）抗风柱柱顶以下 300mm 和牛腿（柱肩）面以上 300mm 范围内的箍筋，直径不宜小于 6mm，间距不应大于 100mm，肢距不宜大于 250mm。

（2）抗风柱的变截面牛腿（柱肩）处，宜设置纵向受拉钢筋。

九、大柱网厂房柱的截面和配筋构造

应符合下列要求：

（1）柱截面宜采用正方形或接近正方形的矩形，边长不宜小于柱全高的 1/18～1/16。

（2）重屋盖厂房考虑地震组合的柱轴压比，6、7 度时不宜大于 0.8，8 度时不宜大于 0.7，9 度时不应大于 0.6。

（3）纵向钢筋宜沿柱截面周边对称配置，间距不宜大于 200mm，角部宜配置直径较大的钢筋。

（4）柱头和柱根的箍筋应加密，并应符合下列要求：

1）加密范围，柱根取基础顶面至室内地坪以上 1m，且不小于柱全高的 1/6；柱头取柱顶以下 500mm，且不小于柱截面长边尺寸；

2）箍筋直径、间距和肢距，应符合本节六款的规定。

（5）箍筋末端应设 135°弯钩，且平直段的长度不应小于箍筋直径的 10 倍。

十、厂房柱间支撑的设置和构造

应符合下列要求：

1. 厂房柱间支撑的布置，应符合下列规定：

（1）一般情况下，应在厂房单元中部设置上、下柱间支撑，且下柱支撑应与上柱支撑配套设置；

（2）有吊车或 8 度和 9 度时，宜在厂房单元两端增设上柱支撑（图7-37a）；

（3）厂房单元较长或 8 度 Ⅲ、Ⅳ 类场地和 9 度时，可在厂房单元中部 1/3 区段内设置两道柱间支撑。

2. 柱间支撑应采用型钢，支撑形式宜采用交叉式，其斜杆与水平面的交角不宜大于 55°。

图 7-37　厂房柱间支撑布置

1、3—有吊车或 8 度时设置；2—任何情况下都需设置；
4—水平压杆、8 度且跨度为 18m 以上多跨厂房中柱
和 9 度时所有柱通长设置

3. 支撑杆件的长细比，不宜超过表 7-19 的规定。

4. 下柱支撑的下节点位置和构造措施，应保证将地震作用直接传给基础；当 6 度和 7 度不能直接传给基础时，应考虑支撑对柱和基础的不利影响。

5. 交叉支撑在交叉点应设置节点板，其厚度不应小于 10mm，斜杆与交叉节点板应

焊接，与端节点板宜焊接。

位置	烈 度			
	6度和7度 Ⅰ、Ⅱ类场地	7度 Ⅲ、Ⅳ类场地和8度 Ⅰ、Ⅱ类场地	8度 Ⅲ、Ⅳ类场地和9度 Ⅰ、Ⅱ类场地	9度 Ⅲ、Ⅳ类场地
上柱支撑	250	250	200	150
下柱支撑	200	200	150	150

十一、8 度时跨度不小于 18m 的多跨厂房中柱和 9 度时多跨厂房各柱

柱顶宜设置通长水平压杆（图 7-37b），此压杆可与梯形屋架支座处通长水平系杆合并设置，钢筋混凝土系杆端头与屋架间的空隙应采用混凝土填实。

十二、厂房结构构件的连接节点

应符合下列要求：

（1）屋架（屋面梁）与柱顶的连接，8 度时宜采用螺栓，9 度时宜采用钢板铰，亦可采用螺栓；屋架（屋面梁）端部支承垫板的厚度不宜小于 16mm。

（2）柱顶预埋件的锚筋，8 度时不宜少于 4ϕ14，9 度时不宜少于 4ϕ16；有柱间支撑的柱子，柱顶预埋件尚应增设抗剪钢板。

（3）山墙抗风柱的柱顶，应设置预埋板，使柱顶与端屋架的上弦（屋面梁上翼缘）可靠连接。连接部位应位于上弦横向支撑与屋架的连接点处，不符合时可在支撑中增设次腹杆或设置型钢横梁，将水平地震作用传至节点部位。

（4）支承低跨屋盖的中柱牛腿（柱肩）的预埋件，应与牛腿（柱肩）中按计算承受水平拉力部分的纵向钢筋焊接，且焊接的钢筋，6 度和 7 度时不应少于 2ϕ12，8 度时不应少于 2ϕ14，9 度时不应少于 2ϕ16。

（5）柱间支撑与柱连接节点预埋件的锚件，8 度 Ⅲ、Ⅳ类场地和 9 度时，宜采用角钢加端板，其他情况可采用 HRB335 或 HRB400 级热轧钢筋，但锚固长度不应小于 30 倍锚筋直径或增设端板。

（6）厂房中的吊车走道板、端屋架与山墙间的填充小屋面板、天沟板、天窗端壁板和天窗侧板下的填充砌体等构件应与支承结构有可靠的连接。

思 考 题

7-1 单层厂房在平面布置上有何要求？为什么？

7-2 单层厂房屋盖系统、柱和柱间支撑，以及墙和隔墙有何要求？试简述之。

7-3 单层厂房横向抗震计算有哪些基本假定？怎样进行横向抗震计算？

7-4 在计算单层厂房横向基本周期时，为什么不考虑吊车桥重力荷载？

7-5 怎样进行单层钢筋混凝土柱厂房横向抗震计算？

7-6 试说明单层厂房纵向计算的柱列法、修正刚度法和拟能量法的原理及其应用范围。

7-7 简述厂房柱间支撑和系杆的设置及构造要求。

计 算 题

【习题 7-1】已知混凝土等截面直杆高度为 $l=6$m，杆的截面尺寸为 $bh=400$mm×400mm，杆的混凝土等级为 C30，设折算质点位置选在杆的顶端，试确定直杆的折算质量。

附录 A　我国主要城镇抗震设防烈度、设计基本地震加速度和设计地震分组

本附录仅提供我国各县级及县级以上城镇地区建筑工程抗震设计所采用的抗震设防烈度（以下简称"烈度"）、设计基本地震动加速度值（以下简称"加速度"）和所属的设计地震动分组（以下简称"分组"）。

A.0.1　北京市

烈度	加速度	分组	县级及县级以上城镇
8度	0.20g	第二组	东城区、西城区、朝阳区、丰台区、石景山区、海淀区、门头沟区、房山区、通州区、顺义区、昌平区、大兴区、怀柔区、平谷区、密云区、延庆区

A.0.2　天津市

烈度	加速度	分组	县级及县级以上城镇
8度	0.20g	第二组	和平区、河东区、河西区、南开区、河北区、红桥区、东丽区、津南区、北辰区、武清区、宝坻区、滨海新新、宁河区
7度	0.15g	第二组	西青区、静海区、蓟县

A.0.3　河北省

城市	烈度	加速度	分组	县级及县级以上城镇
石家庄市	7度	0.15g	第一组	辛集市
	7度	0.10g	第一组	赵县
	7度	0.10g	第二组	长安区、桥西区、新华区、井陉矿区、裕华区、栾城区、藁城区、鹿泉区、井陉县、正定县、高邑县、深泽县、无极县、平山县、元氏县、晋州市
	7度	0.10g	第三组	灵寿县
	6度	0.05g	第三组	行唐县、赞皇县、新乐市
唐山市	8度	0.30g	第二组	路南区、丰南区
	8度	0.20g	第二组	路北区、古冶区、开平区、丰润区、滦县
	7度	0.15g	第二组	曹妃甸区（唐县）、乐亭县、玉田县
	7度	0.15g	第二组	滦南县、迁安市
	7度	0.10g	第二组	迁西县、遵化市
秦皇岛市	7度	0.15g	第二组	卢龙县
	7度	0.10g	第三组	青龙满族自治县、海港区
	7度	0.10g	第二组	抚宁区、北戴河区、昌黎县
	6度	0.05g	第三组	山海关区

城市	烈度	加速度	分组	县级及县级以上城镇
邯郸市	8度	0.20g	第二组	峰峰矿区、临漳县、磁县
	7度	0.15g	第二组	邯山区、丛台区、复兴区、邯郸县、成安县、大名县、成安县、魏县、武安市
	7度	0.15g	第一组	永年县
	7度	0.10g	第三组	邱县、馆陶县
	7度	0.10g	第二组	涉县、肥乡县、鸡泽县、广平县、曲周县
邢台市	7度	0.15g	第一组	桥东区、桥西区、邢台县①、内丘县、柏乡县、隆尧县、任县、南和县、宁晋县、巨鹿县、新河县、沙河市
	7度	0.10g	第二组	临城县、广宗县、平乡县、南宫市
	6度	0.05g	第三组	威县、清河县、临西县
保定市	7度	0.15g	第二组	涞水县、定兴县、州市、高碑店市
	7度	0.10g	第二组	竞秀区、莲池区、徐水区、高阳县、容城县、安新县、易县、蠡县、博野县、雄县
	7度	0.10g	第三组	清苑区、涞源县、安国市
	6度	0.05g	第三组	满城区、阜平县、唐县、望都县、曲阳县、顺平县、定州市
张家口市	8度	0.20g	第二组	下花园区、环来县、涿鹿县
	7度	0.15g	第二组	桥东区、桥西区、宣化区、宣化县②、蔚县、阳原县、怀安县、万全县
	7度	0.10g	第三组	赤城县
	7度	0.10g	第二组	张北县、尚义县、崇礼县
	6度	0.05g	第三组	沽源县
	6度	0.05g	第二组	康保县
承德市	7度	0.10g	第三组	鹰手营子矿区、兴隆县
	6度	0.05g	第三组	双桥区、双滦区、承德县、平泉县、滦平县、隆化县、丰宁满族自治县、宽城满族自治县
	6度	0.05g	第一组	围场满族蒙古族自治县
沧州市	7度	0.15g	第二组	表县
	7度	0.15g	第一组	肃宁县、献县、任丘市、河间市
	7度	0.10g	第三组	黄骅市
	7度	0.10g	第二组	新华区、运河区、沧县③、东光县、南皮县、吴桥县、泊头市
	6度	0.05g	第三组	海兴县、盐山县、孟村回
廊坊市	8度	0.20g	第二组	安次区、广阳区、香河县、大厂回族自治县、三河市
	7度	0.15g	第二组	固安县、永清县、文安县
	7度	0.15g	第一组	大城县
	7度	0.10g	第二组	霸州市
衡水市	7度	0.15g	第一组	饶阳县、深州市
	7度	0.10g	第二组	桃城区、武强县、冀州市
	7度	0.10g	第一组	安平县
	6度	0.05g	第三组	枣强县、武邑县、故城县、阜城县
	6度	0.05g	第二组	景县

① 邢台县政府驻邢台市桥东区；

② 宣化县政府驻张家口市宣化区；

③ 沧县政府驻沧州市新华区。

A.0.4 山西省

城市	烈度	加速度	分组	县级及县级以上城镇
太原市	8度	0.20g	第二组	小店区、迎泽区、杏花岭区、尖草坪区、万柏林区、晋源区、清徐县、阳曲县
	7度	0.15g	第二组	古交市
	7度	0.10g	第三组	娄烦县
大同市	8度	0.20g	第二组	城区、矿区、贝郊区、大同县
	7度	0.15g	第三组	浑源县
	7度	0.15g	第二组	新荣县、阳高县、天镇县、广灵县、灵丘县、左云县
阳泉市	7度	0.10g	第二组	盂县
	7度	0.10g	第三组	城区、矿区、郊区、平定县
长治市	7度	0.10g	第三组	平顺县、武乡县、沁县、沁源襄县
	7度	0.10g	第二组	城区、郊区、长治县、黎城县、壶关县、潞城县
	6度	0.05g	第三组	襄垣县、屯留县、长子县
晋城市	7度	0.10g	第三组	沁水县、陵川县
	6度	0.05g	第三组	城区、阳城县、泽州县、高平市
朔州市	8度	0.20g	第二组	山阴县、应县、怀仁县
	7度	0.15g	第二组	朔城县、平鲁区、右玉县
晋中市	0度	0.20g	第二组	榆次区、太谷县、祁县、平遥县、灵石县、介休市
	7度	0.10g	第三组	榆社县、和顺县、故地县
	7度	0.10g	第二组	昔阳县
	6度	0.05g	第三组	左权县
运城市	8度	0.20g	第三组	永济市
	7度	0.15g	第三组	临猗县、万荣县、闻喜县、稷山县、绛县
	7度	0.15g	第二组	盐湖区、新绛县、夏县、平陆县、芮城县、河津市
	7度	0.10g	第二组	垣曲县
忻州市	8度	0.20g	第二组	忻府区、定襄县、五台县、代县、原平市
	7度	0.15g	第三组	宁武县
	7度	0.15g	第二组	繁峙县
	7度	0.10g	第三组	静乐县、神池县、五寨县
	6度	0.05g	第三组	岢岚县、河曲县、保德县、偏关县
临汾市	8度	0.30g	第二组	洪洞县
	8度	0.20g	第二组	尧都区、襄汾县、古县、浮山县、汾西县、霍州市
	7度	0.15g	第二组	曲沃县、翼城县、蒲县、侯马市
	7度	0.10g	第三组	安泽县、吉县、乡宁县、隰县
	6度	0.05g	第三组	大宁县、永和县
吕梁市	8度	0.20g	第二组	文水县、交城县、孝义市、汾阳市
	7度	0.10g	第三组	离石区、岚县、中阳县、交口县
	6度	0.05g	第三组	兴县、临县、柳林县、石楼县、方山县

A.0.5 内蒙古自治区

城市	烈度	加速度	分组	县级及县级以上城镇
呼和浩特市	8度	0.20g	第二组	新城区、回民区、玉泉区、赛罕区、土默特左旗
	7度	0.15g	第二组	托克托县、和林格尔县、武川县
	7度	0.10g	第二组	清水河县
包头市	8度	0.30g	第二组	土默特右旗
	8度	0.20g	第二组	东河区、石拐区、九原区、昆都仑区
	7度	0.15g	第二组	固阳县
	6度	0.05g	第三组	白云鄂博矿区、达尔汗茂明安联合旗
乌海市	8度	0.20g	第二组	海勃湾区、海南区、乌达区
赤峰市	8度	0.20g	第一组	元宝山区、宁城县
	7度	0.15g	第一组	红山区、喀喇沁旗
	7度	0.10g	第一组	松山区、阿鲁科尔沁旗、敖汉旗
	6度	0.05g	第一组	巴林左旗、巴林右旗、林西县、克什克腾旗
通辽市	7度	0.10g	第一组	科尔沁区、开鲁县
	6度	0.05g	第一组	科尔沁左翼中旗、科尔沁左翼后旗、库伦旗、奈曼旗、扎鲁特旗、霍林郭勒旗
鄂尔多斯市	8度	0.20g	第二组	达拉特旗
	7度	0.10g	第三组	东胜区、准格尔旗
	6度	0.05g	第三组	鄂托克前旗、鄂托克旗、杭锦旗、伊金霍洛旗
	6度	0.05g	第一组	乌审旗
呼伦贝尔市	7度	0.10g	第一组	扎赉诺尔区、新巴尔虎右旗、扎兰屯市
	6度	0.05g	第一组	海拉尔区、阿荣区、莫力达瓦达斡尔族自治旗、鄂伦春自治旗、鄂温克族自治旗、陈巴尔虎旗、陈巴尔虎左旗、满洲里市、牙克石市、额尔古纳市、根河市
巴彦淖尔市	8度	0.20g	第二组	杭锦后旗
	8度	0.20g	第一组	磴口县、乌拉特前旗、乌拉特后旗
	7度	0.15g	第二组	临河区、五原县
	7度	0.10g	第二组	乌拉特中旗
乌兰察布市	7度	0.15g	第二组	凉城县、察哈尔右翼前旗、丰镇市
	7度	0.10g	第三组	察哈尔右翼中旗
	7度	0.10g	第二组	集宁区、卓资县、兴和县
	6度	0.05g	第三组	四子王旗
	6度	0.05g	第二组	化德县、商都县、察哈尔右翼后旗
兴安盟	6度	0.05g	第一组	乌兰浩特市、阿尔山市、科尔沁右翼中旗、扎赉特旗、突泉县
锡林郭勒盟	6度	0.05g	第三组	太仆寺旗
	6度	0.05g	第二组	正蓝旗
	6度	0.05g	第一组	二连浩特市、锡林浩特市、阿巴嘎旗、苏尼特左旗、苏尼特右旗、东乌珠穆沁旗、西乌珠穆沁旗、镶黄旗、正镶白旗、多伦县

城市	烈度	加速度	分组	县级及县级以上城镇
阿拉善盟	8度	0.20g	第二组	阿拉善左旗、阿拉善右旗
	6度	0.05g	第一组	额济纳旗

A.0.6 辽宁省

城市	烈度	加速度	分组	县级及县级以上城镇
沈阳市	7度	0.10g	第一组	和平区、沈河区、大东区、皇姑区、铁本区、苏家屯区、浑南区（原东陵区）、沈北新区、于洪区、辽中县
	6度	0.05g	第一组	康平县、法库县、新民市
大连市	8度	0.20g	第一组	瓦房店市、普兰店市
	7度	0.15g	第一组	金州区
	7度	0.10g	第二组	中山区、本岗区、沙河口区、甘井子区、旅顺口区
	6度	0.05g	第二组	长海县
	6度	0.05g	第一组	庄河市
鞍山市	8度	0.20g	第二组	海城市
	7度	0.10g	第二组	铁东区、铁本区、立山区、千山区、岫岩满族自治区
	7度	0.10g	第一组	台安县
抚顺市	7度	0.10g	第一组	新阜区、东洲区、望花区、顺城区、抚顺县[①]
	6度	0.05g	第一组	新宾满族自治县、清原满族自治县
本溪市	7度	0.10g	第二组	南芬区
	7度	0.10g	第一组	平山区、溪湖区、明山区
	6度	0.05g	第一组	本溪满族自治县、桓仁满族自治县
丹东市	8度	0.20g	第一组	东港市
	7度	0.15g	第一组	元宝区、振兴区、振安区
	6度	0.05g	第二组	凤城市
	6度	0.05g	第一组	宽甸满族自治县
锦州市	6度	0.05g	第二组	古塔区、凌河区、太和区、凌海市
	6度	0.05g	第一组	黑山县、义县、北镇市
营口市	8度	0.20g	第二组	老边区、盖州市、大石桥市
	7度	0.15g	第二组	站前区、西市区、鲅鱼圈区
阜新市	6度	0.05g	第一组	海州区、新邱区、太平区、清河门区、细河区、阜新蒙古族自治区、彰武县
辽阳市	7度	0.10g	第二组	弓张岭区、宏伟区、辽阳县
	7度	0.10g	第一组	白塔区、文圣区、帮子河区、灯塔市
盘锦市	7度	0.10g	第二组	双台子区、兴隆台区、大洼县、盘山县
铁岭市	7度	0.10g	第一组	银州区、清河区、铁岭县[②]、昌图县、开原市
	6度	0.05g	第一组	本丰县、调兵山市

城市	烈度	加速度	分组	县级及县级以上城镇
朝阳市	7度	0.10g	第二组	凌源市
	7度	0.10g	第一组	双塔区、龙城区、朝阳县③、建平县、北票市
	6度	0.05g	第二组	喀喇沁左翼蒙古族自治县
葫芦岛市	6度	0.05g	第二组	连山区、龙港区、南票区
	6度	0.05g	第三组	绥中县、建昌县、兴城市

① 抚顺县政府驻抚顺市顺城区新城路中段；

② 铁岭县政府驻铁岭市银州区工人街道；

③ 朝阳县政府驻朝阳市双塔前进街道。

A.0.7 吉林省

城市	烈度	加速度	分组	县级及县级以上城镇
长春市	7度	0.10g	第一组	南关区、宽城区、朝阳区、二道区、绿园区、双阳区、九台区
	6度	0.05g	第一组	农安县、榆树市、德惠市
吉林市	8度	0.20g	第一组	舒兰市
	7度	0.10g	第一组	昌邑区、龙潭区、船营区、丰满区、永吉区
	6度	0.05g	第一组	蛟河市、桦甸市、磐石市
四平市	7度	0.10g	第一组	伊通满族自治县
	6度	0.05g	第一组	铁西区、铁东区、梨树县、公主岭市、双辽市
辽源市	6度	0.05g	第一组	龙山区、西安区、东丰县、东辽县
通化市	6度	0.05g	第一组	东昌区、二道江区、通化县、辉南县、柳河县、梅河品市、集安市
白山市	6度	0.05g	第一组	浑江区、江源区、抚松县、靖宇县、长白朝鲜族自治县、临江市
松原市	8度	0.20g	第一组	宁江区、前郭尔罗斯蒙古族自治县
	7度	0.10g	第一组	乾安县
	6度	0.05g	第一组	长岭县、扶余县
白城市	7度	0.15g	第一组	大安市
	7度	0.10g	第一组	洮北区
	6度	0.05g	第一组	镇赉县、通榆县、洮南市
阜新市	6度	0.05g	第一组	海州区、新邱区、太平区、清河门区、细河区、阜新蒙古族自治区、彰武
延边朝鲜族自治州	7度	0.15g	第一组	安图县
	6度	0.05g	第一组	延吉市、图们市、敦化市、珲春市、龙井市、和龙市、汪清县

A.0.8 黑龙江省

城市	烈度	加速度	分组	县级及县级以上城镇
哈尔滨市	8度	0.20g	第一组	方正县
	7度	0.15g	第一组	依兰县、通河县、延寿县
	7度	0.10g	第一组	道里区、南岗区、道外区、松北区、香坊区、呼兰区、尚志市、五常市
	6度	0.05g	第一组	平房区、阿城区、宾县、巴彦县、木兰县、双城区

城市	烈度	加速度	分组	县级及县级以上城镇
齐齐哈尔市	7度	0.10g	第一组	昂昂溪区、富拉尔基区、泰来县
	6度	0.05g	第一组	龙沙区、建华区、铁峰区、碾子山区、梅里斯达斡尔族区、龙江县、依安县、甘南县、富裕县、克山县、克东县、拜泉县、讷河市
鸡西市	6度	0.05g	第一组	鸡冠区、恒山区、滴道区、梨树区、城子河区、麻山区、鸡东县、虎林市、密山市
鹤岗市	7度	0.10g	第一组	向阳区、工农区、南山区、兴安区、东山区、兴山区、萝北县
	6度	0.05g	第一组	绥滨县
双鸭山市	6度	0.05g	第一组	尖山区、岭东区、四方台区、宝山区、集贤县、友谊县、宝清县、饶河县
大庆市	7度	0.10g	第一组	肇源县
	6度	0.05g	第一组	萨尔图区、龙凤区、让胡路区、红岗区、大同区、肇州县、林甸县、杜尔伯特蒙古族自治县
伊春市	6度	0.05g	第一组	伊春区、南岔区、友好区、西林区、翠峦区、新青区、美溪区、金山屯区、王营区、乌马河区、汤旺河区、带岭区、乌伊岭区、红星区、上甘岭区、嘉荫县、铁力市
佳木斯市	7度	0.10g	第一组	向阳区、前进区、东风区、郊区、汤原县
	6度	0.05g	第一组	桦南县、桦川县、抚远县、同江市、富锦市
七台河市	6度	0.05g	第一组	新兴区、桃山区、茄子河区、勃力区
牡丹江市	6度	0.05g	第一组	东安区、阳明区、爱民区、西安区、东宁县、林口县、绥芬河市、海林市、宁安市、穆市
黑河市	6度	0.05g	第一组	爱辉区、嫩江县、逊克县、孙吴县、北安市、五大连池市
绥化市	7度	0.10g	第一组	北林区、庆安县
	6度	0.05g	第一组	望奎县、兰西县、青冈县、明水县、绥棱县、安达市、肇东市、海伦市
大兴安岭地区	6度	0.05g	第一组	加格达奇区、呼玛县、塔河县、漠河县

A.0.9 上海市

烈度	加速度	分组	县级及县级以上城镇
7度	0.10g	第一组	黄浦区、徐汇区、长宁区、静安区、普陀区、闸北区、虹口区、杨浦区、闵行区、宝山区、嘉定区、浦东新区、金山区、松江区、青浦区、奉贤区、崇明县

A.0.10 江苏省

城市	烈度	加速度	分组	县级及县级以上城镇
南京市	7度	0.10g	第二组	六合区
	7度	0.10g	第一组	玄武区、秦淮区、建邺区、鼓楼区、浦口区、栖霞区、雨花台区、江宁区、溧水区
	6度	0.05g	第一组	高淳区

城市	烈度	加速度	分组	县级及县级以上城镇
无锡市	7度	0.10g	第一组	崇安区、南长区、北塘区、锡山区、滨湖区、惠山区、宜兴市
	6度	0.05g	第二组	江阴市
徐州市	8度	0.20g	第二组	睢宁县、新沂市、邳州市
	7度	0.10g	第三组	鼓楼区、云龙区、贾汪区、泉山区、铜山区
	7度	0.10g	第二组	沛县
	6度	0.05g	第二组	丰县
常州市	7度	0.10g	第一组	天宁区、钟楼区、新北区、武进区、金坛区、溧阳市
苏州市	7度	0.10g	第一组	虎丘区、吴中区、相城区、姑苏区、吴江区、常熟市、昆山市、太仓市
	6度	0.05g	第二组	张家港市
南通市	7度	0.10g	第二组	崇川区、港闸区、海安县、如东县、如皋市
	6度	0.05g	第二组	通州区、启东市、海门市
连云岗市	7度	0.15g	第三组	东海县
	7度	0.10g	第三组	连云区、海州区、赣榆区、灌云县
	6度	0.05g	第三组	灌南县
淮安市	7度	0.10g	第三组	清河区、淮阴区、清浦区
	7度	0.10g	第二组	盱眙区
	6度	0.05g	第三组	淮安区、涟水县、洪泽县、金湖县
盐城市	7度	0.15g	第三组	大丰区
	7度	0.10g	第三组	盐都区
	7度	0.10g	第二组	亭湖区、射阳县、东台市
	6度	0.05g	第三组	响水县、滨海县、阜宁县、建湖县
扬州市	7度	0.15g	第二组	广陵区、江都区
	7度	0.15g	第一组	邗江区、仪征市
	7度	0.10g	第二组	高邮市
	6度	0.05g	第三组	宝应区
镇江市	7度	0.15g	第一组	京口区、润州区
	7度	0.10g	第一组	丹徒区、丹阳市、扬中市、句容市
泰州市	7度	0.10g	第二组	海陵区、高港区、姜堰区、兴化区
	6度	0.05g	第二组	靖江市
	6度	0.05g	第一组	泰兴市
宿迁市	8度	0.30g	第二组	宿城区、宿豫区
	8度	0.20g	第二组	泗洪县
	7度	0.15g	第三组	沭阳县
	7度	0.10g	第三组	泗阳县

A.0.11 浙江省

城市	烈度	加速度	分组	县级及县级以上城镇
杭州市	7度	0.10g	第一组	上城区、下城区、江干区、拱墅区、西湖区、余杭区
	6度	0.05g	第一组	滨江区、萧山区、富阳区、桐庐县、淳安县、建德市、临安市
宁波市	7度	0.10g	第一组	海曙区、江东区、江北区、北仑区、镇海区、鄞州区
	6度	0.05g	第一组	象山县、宁海县、余姚市、慈溪市、奉化市
温州市	6度	0.05g	第二组	洞头区、平阳县、苍南县、瑞安市
	6度	0.05g	第一组	鹿城区、龙湾区、瓯海区、永嘉县、文成县、泰顺县、乐清市
嘉兴市	7度	0.10g	第一组	南湖区、秀洲区、嘉善县、海宁市、平湖市、桐乡市
	6度	0.05g	第一组	海盐县
湖州市	6度	0.05g	第一组	吴兴区、南浔区、德清县、长兴县、安吉县
绍兴市	6度	0.05g	第一组	越城区、柯桥区、上虞区、新昌县、诸暨市、嵊州市
金华市	6度	0.05g	第一组	婺城区、金东区、武义县、浦江县、磐安县、兰溪市、义乌市、东阳市、永康市
衢州市	6度	0.05g	第一组	柯城区、衢江区、常山县、开化县、龙游县、江山市
舟山市	7度	0.10g	第一组	定海区、普陀区、岱山县、嵊泗县
台州市	6度	0.05g	第二组	玉环县
	6度	0.05g	第一组	椒江区、黄岩区、路桥区、三门县、天台县、仙居县、温岭市、临海市
丽水市	6度	0.05g	第二组	庆元县
	6度	0.05g	第一组	莲都区、青田县、缙云县、遂昌县、松阳县、云和县、景宁畲族自治县、龙泉市

A.0.12 安徽省

城市	烈度	加速度	分组	县级及县级以上城镇
合肥市	7度	0.10g	第一组	瑶海区、庐阳区、蜀山区、包河区、长丰区、肥东区、肥西区、庐江区、巢湖区
芜湖市	6度	0.05g	第一组	镜湖区、弋江区、鸠江区、三山区、芜湖县、繁昌县、南陵县、无为县
蚌埠市	7度	0.15g	第二组	五河县
	7度	0.10g	第二组	固镇县
	7度	0.10g	第一组	龙子湖区、蚌山区、禹会区。淮上区、怀远区
淮南市	7度	0.10g	第一组	大通区、田家庵区、谢家集区、八公山区、潘集区、凤台县
马鞍山市	6度	0.05g	第一组	花山区、雨山区、博望区、当涂县、含山县、和县
淮北市	6度	0.05g	第三组	杜集区、相山区、烈山区、濉溪县
铜陵市	7度	0.10g	第一组	铜官山区、狮子山区、郊区、铜陵县
安庆市	7度	0.10g	第一组	迎江区、大观区、宜秀区、枞阳县、桐城市
	6度	0.05g	第一组	怀宁县、潜山县、太湖县、宿松县、望江县、岳西县
黄山市	6度	0.05g	第一组	屯溪区、黄山区、徽州区、歙县、休宁县、黟县、祁门县

城市	烈度	加速度	分组	县级及县级以上城镇
滁州市	7度	0.10g	第二组	天长市、明光市
	7度	0.10g	第一组	定远县、凤阳县
	6度	0.05g	第二组	琅琊区、南谯区、来安县、全椒县
阜阳市	7度	0.10g	第一组	颍州区、颍东区、颍泉区
	6度	0.05g	第一组	临泉县、太和县、阜南县、颍上县、界首市
宿州市	7度	0.15g	第二组	泗县
	7度	0.10g	第三组	萧县
	7度	0.10g	第二组	灵璧县
	6度	0.05g	第三组	埇桥区
	6度	0.05g	第二组	砀山县
六安市	7度	0.15g	第一组	霍山县
	7度	0.10g	第一组	金安县、裕安县、寿县、舒城县
	6度	0.05g	第一组	霍邱县、金寨县
亳州市	7度	0.10g	第二组	谯城区、涡阳县
	6度	0.05g	第二组	蒙城县
	6度	0.05g	第一组	利辛县
池州市	7度	0.10g	第一组	贵池区
	6度	0.05g	第一组	东至县、石台县、青阳县
宣城市	7度	0.10g	第一组	郎溪县
	6度	0.05g	第一组	宣州区、广德县、泾县、绩溪县、旌德县、宁国市

A.0.13 福建省

城市	烈度	加速度	分组	县级及县级以上城镇
福州市	7度	0.10g	第三组	鼓楼区、台江区、仓山区、马尾区、晋安区、平潭县、福清市、长乐市
	6度	0.05g	第三组	连江县、永泰县
	6度	0.05g	第二组	闽侯县、罗源县、闽清县
厦门市	7度	0.15g	第三组	思明区、湖里区、集美区、翔安区
	7度	0.15g	第二组	海沧区
	7度	0.10g	第三组	同安区
莆田市	7度	0.10g	第三组	城厢区、涵江区、荔城区、秀屿区、仙游县
三明市	6度	0.05g	第一组	梅列区、三元区、明溪县、清流县、宁化县、大田县、尤溪县、沙县、将乐县、泰宁县、建宁县、永安市
泉州市	7度	0.15g	第三组	鲤城区、丰泽区、洛江区、石狮市、晋江市
	7度	0.10g	第三组	泉港区、惠安县、安溪县、永春县、南安市
	6度	0.05g	第三组	德化县

城市	烈度	加速度	分组	县级及县级以上城镇
漳州市	7度	0.15g	第三组	漳浦县
	7度	0.15g	第二组	芗城区、龙文区、诏安县、长泰县、东山县、南靖县、龙海市
	7度	0.10g	第三组	云霄县
	7度	0.10g	第二组	平和县、华安县
南平市	6度	0.05g	第二组	政和县
	6度	0.05g	第一组	延平区、建阳区、顺昌县、浦城县、光泽县、松溪县、邵武市、武夷山市、建瓯市
龙岩市	6度	0.05g	第二组	新罗区、永定区、漳平市
	6度	0.05g	第一组	长汀县、上杭县、武平县、连城县
宁德市	6度	0.05g	第二组	蕉城区、霞浦县、周宁县、柘荣县、福安市、福鼎市
	6度	0.05g	第一组	古田县、屏南县、寿南县

A.0.14 江西省

城市	烈度	加速度	分组	县级及县级以上城镇
南昌市	6度	0.05g	第一组	东湖区、西湖区、青云谱区、湾里区、青山湖区、新建区、南昌县、安义县、进贤县
景德镇市	6度	0.05g	第一组	昌江区、珠山区、浮梁县、乐平市
萍乡市	6度	0.05g	第一组	安源区、湘东区、莲花县、上栗县、芦溪县
九江市	6度	0.05g	第一组	庐山区、浔阳区、九江县、武宁县、修水县、记修县、德安县、星子县、都昌县、湖口县、彭泽县、瑞昌市、共青城市
新余市	6度	0.05g	第一组	渝水区、分宜县
鹰潭市	6度	0.05g	第一组	月湖区、余江县、贵溪市
赣州市	7度	0.10g	第一组	章贡区、南康区、赣县、信丰县、大余县、上犹县、崇义县、龙南县、定南县、全南县、宁都县、于都县、兴国县、石城县
吉安市	6度	0.05g	第一组	吉州区、青原区、吉安县、吉水县、峡江县、新干县、永丰县、泰和县、遂川县、万安县、安福县、永新县、井冈山市
宜春市	6度	0.05g	第一组	袁州区、奉新县、万载县、上高县、宜丰县、靖安县、铜鼓县、丰城市、樟树市、高安市
抚州市	6度	0.05g	第一组	临川区、南城县、黎川县、南丰县、崇仁县、乐安县、宜黄县、金溪县、资溪县、东乡县、广昌县
上饶市	6度	0.05g	第一组	信州区、广丰县、上饶县、玉山县、铅山县、横峰县、弋阳县、余干县、鄱阳县、万年县、婺源县、德兴市

A.0.15 山东省

城市	烈度	加速度	分组	县级及县级以上城镇
济南市	7度	0.10g	第三组	长清区
	7度	0.10g	第二组	平阴县
	6度	0.05g	第三组	历下区、市中区、槐荫区、天桥区、历城区、济阳县、商河县、章丘市
青岛市	7度	0.10g	第三组	黄岛区、平度市、胶州市、即墨市
	7度	0.10g	第二组	市南区、市北区、崂山区、李沧区、城阳区
	6度	0.05g	第三组	莱西市
淄博市	7度	0.15g	第二组	临淄区
	7度	0.10g	第三组	张店区、周村区、桓台县、高青县、沂源县
	7度	0.10g	第二组	淄川区、博山区
枣庄市	7度	0.15g	第三组	山亭区
	7度	0.15g	第二组	台儿庄区
	7度	0.10g	第三组	市中区、薛城区、峄城区
	7度	0.10g	第二组	滕州市
东营市	7度	0.10g	第三组	东营区、河口区、垦利县、广饶县
	6度	0.05g	第三组	利津县
烟台市	7度	0.15g	第三组	龙口市
	7度	0.15g	第二组	长岛县、蓬莱市
	7度	0.10g	第三组	莱州市、招远市、栖霞市
	7度	0.10g	第二组	芝罘区、福山区、莱山区
	7度	0.10g	第一组	牟平区
	6度	0.05g	第三组	莱阳市、海阳市
潍坊市	8度	0.20g	第二组	潍城区、坊子区、奎文区、安丘市
	7度	0.15g	第三组	诸城市
	7度	0.15g	第二组	寒亭区、临朐县、昌乐县、青州市、寿光市、昌邑市
	7度	0.10g	第三组	高密市
济宁市	7度	0.10g	第三组	微山县、梁山县
	7度	0.10g	第二组	兖州区、汶上县、泗水县、曲阜市、邹城市
	6度	0.05g	第三组	任城区、金乡县、嘉祥县
	6度	0.05g	第二组	鱼台县
泰安市	7度	0.10g	第三组	新泰市
	7度	0.10g	第二组	泰山区、岱岳区、宁阳县
	6度	0.05g	第三组	东平县、肥城市
威海市	7度	0.10g	第一组	环翠区、文登区、荣成市
	6度	0.05g	第二组	乳山市

城市	烈度	加速度	分组	县级及县级以上城镇
日照市	8度	0.20g	第二组	莒县
	7度	0.15g	第三组	五莲县
	7度	0.10g	第三组	东港区、岚山区
莱芜市	7度	0.10g	第三组	钢城区
	7度	0.10g	第二组	莱城区
临沂市	8度	0.20g	第二组	兰山区、罗庄区、河东区、郯城县、沂水县、莒南县、临沭县
	7度	0.15g	第二组	沂南县、兰陵县、费县
	7度	0.10g	第三组	平邑县、蒙阴县
德州市	7度	0.15g	第二组	平原县、禹城市
	7度	0.10g	第三组	临邑县、齐河县
	7度	0.10g	第二组	德城县、陵城县、夏津县
	6度	0.05g	第三组	宁津县、庆云县、武城县、乐陵县
聊城市	8度	0.20g	第二组	阳谷县、莘县
	7度	0.15g	第二组	东昌府区、茌平县、高唐县
	7度	0.10g	第三组	冠县、临清市
	7度	0.10g	第二组	东阿县
滨州市	7度	0.10g	第三组	滨城区、博兴县、邹平县
	6度	0.05g	第三组	沾化区、惠民县、阳信县、无棣县
菏泽市	8度	0.20g	第二组	鄄城县、东明县
	7度	0.15g	第二组	牡丹区、郓城县、定陶县
	7度	0.10g	第三组	巨野县
	7度	0.10g	第二组	曹县、单县、成武县

A.0.16 河南省

城市	烈度	加速度	分组	县级及县级以上城镇
郑州市	7度	0.15g	第二组	中原区、二七区、管城回族区、金水区、惠济区
	7度	0.10g	第二组	上街区、中牟县、巩义市、荥阳市、新密市、新郑市、登封市
开封市	7度	0.15g	第二组	兰考县
	7度	0.10g	第二组	龙亭区、顺河回族区、鼓楼区、禹王台区、祥符区、通许县、尉氏县
	6度	0.05g	第二组	杞县
洛阳市	7度	0.10g	第二组	老城区、瀍河回族区、涧西区、吉利区、洛龙区、孟津县、新安县、宜阳县、偃师市
	6度	0.05g	第三组	洛宁县
	6度	0.05g	第二组	嵩县、伊川县
	6度	0.05g	第一组	栾川县、汝阳县

城市	烈度	加速度	分组	县级及县级以上城镇
平顶山市	6度	0.05g	第一组	新华区、卫东区、石龙区、湛河区①、宝丰县、叶县、鲁山县、舞钢县
	6度	0.05g	第二组	郏县、汝州市
安阳市	8度	0.20g	第二组	文峰区、殷都区、龙安区、北关区、安阳县②、汤阴县
	7度	0.15g	第二组	滑县、内黄县
	7度	0.10g	第二组	林州市
鹤壁市	8度	0.20g	第二组	山城区、淇滨区、淇县
	7度	0.15g	第二组	鹤山区、浚县
新乡市	8度	0.20g	第二组	红旗区、卫滨区、凤泉区、牧野区、新乡县、获嘉县、原阳县、延津县、卫辉市、辉县市
	7度	0.15g	第二组	封丘县、长垣县
焦作市	7度	0.15g	第二组	修武县、武陟县
	7度	0.10g	第二组	解放区、中站区、马村区、山阳区、博爱县、温县、沁阳市、孟州市
濮阳市	8度	0.10g	第二组	范县
	7度	0.10g	第二组	华龙区、清丰县、南乐县、台前县、濮阳县
许昌市	7度	0.10g	第一组	魏都区、许昌县、鄢陵县、禹州市、长葛市
	6度	0.05g	第二组	襄城县
漯河市	7度	0.10g	第一组	舞阳县
	6度	0.05g	第一组	召陵区、源汇区、郾城区、临颍县
三门峡市	7度	0.15g	第二组	湖滨区、陕州区、灵宝市
	6度	0.05g	第三组	渑池县、卢氏县
	6度	0.05g	第二组	义马市
南阳市	7度	0.10g	第一组	宛城区、卧龙区、西峡县、镇平县、内乡县、唐河县
	6度	0.05g	第一组	南召县、方城县、淅川县、社旗县、新野县、桐柏县、邓州市
商丘市	7度	0.10g	第二组	梁园区、睢阳区、民权县、虞城县
	6度	0.05g	第三组	睢县、永城市
	6度	0.05g	第二组	宁陵县、柘城县、夏邑县
信阳市	7度	0.10g	第一组	罗山县、潢川县、息县
	6度	0.05g	第一组	浉河区、平桥区、光山县、新县、商城县、固始县、淮滨县
周口市	7度	0.10g	第一组	扶沟县、太康县
	6度	0.05g	第一组	川汇县、西华县、商水县、沈丘县、郸城县、淮阳县、鹿邑县、项城市
驻马店市	7度	0.10g	第一组	西平县
	6度	0.05g	第一组	驿城区、上蔡县、平舆县、正阳县、确山县、泌阳县、汝南县、遂平县、新蔡县
省直辖县级行政单位	7度	0.10g	第二组	济源市

① 湛河区政府驻平顶山市新华区曙光街道；

② 安阳县政府驻安阳市北关区灯塔路②街道。

A.0.17 湖北省

城市	烈度	加速度	分组	县级及县级以上城镇
武汉市	7度	0.10g	第一组	新洲区
	6度	0.05g	第一组	江岸区、江汉区、硚口、汉阳区、武昌区、青山区、洪山区、东西湖区、汉南区、蔡甸区、江夏区、黄陂区
黄石市	6度	0.05g	第一组	黄石港区、西塞山区、下陆区、铁山区、阳新区、大冶区
十堰市	7度	0.15g	第一组	竹山县、竹溪县
	7度	0.10g	第一组	郧阳县、房县
	6度	0.05g	第一组	茅箭区、张湾区、郧西区、丹江口市
宜昌市	6度	0.05g	第一组	西陵区、伍家岗区、点军区、猇亭区、夷陵区、远安县、兴山县、秭归县、长阳土家族自治县、五峰土家族自治县、宜都市、当阳市、枝江市
襄阳市	6度	0.05g	第一组	襄城区、樊城区、襄州区、南漳县、谷城县、保康县、老河口市、枣阳市、宜城市
鄂州市	6度	0.05g	第一组	梁子湖区、华容区、鄂城区
荆门市	6度	0.05g	第一组	东宝区、掇刀区、京山县、沙洋县、钟祥市
孝感市	6度	0.05g	第一组	孝南区、孝昌县、大悟县、云梦县、应城市、安陆市、汉川市
荆州市	6度	0.05g	第一组	沙市区、荆州区、公安县、监利县、江陵县、石首市、洪湖市、松滋市
黄冈市	7度	0.10g	第一组	团风县、罗田县、英山县、麻城市
	6度	0.05g	第一组	黄州区、红安县、浠水县、蕲春县、黄梅县、武穴市
咸宁市	6度	0.05g	第一组	咸安区、嘉鱼县、通城县、崇阳县、通山县、赤壁市
随州市	6度	0.05g	第一组	曾都区、随县、广水市
恩施土家族苗族自治州	6度	0.05g	第一组	恩施市、利川市、建始县、巴东县、宣恩县、咸丰县、来凤县、鹤峰县
省直辖县级行政单位	6度	0.05g	第一组	仙桃市、潜江市、天门市、神农架林区

A.0.18 湖南省

城市	烈度	加速度	分组	县级及县级以上城镇
长沙市	6度	0.05g	第一组	芙蓉区、天心区、岳麓区、开福区、雨花区、望城区、长沙县、宁乡县、浏阳市
株洲市	6度	0.05g	第一组	荷塘区、芦淞区、石峰区、天元区、株洲县、攸县、茶陵县、炎陵县、醴陵市
湘潭市	6度	0.05g	第一组	雨湖区、岳塘区、湘潭县、湘乡市、韶山市
衡阳市	6度	0.05g	第一组	珠晖区、雁峰区、石鼓区、蒸湘区、南岳区、衡阳县、衡南县、衡山县、衡东县、祁东县、耒阳市、常宁市
邵阳市	6度	0.05g	第一组	双清区、大祥区、北塔区、邵东县、新邵县、邵阳县、隆回县、洞口县、绥宁县、新宁县、城步苗族自治县、武冈市
岳阳市	7度	0.10g	第二组	湘阴县、汨罗市
	7度	0.10g	第一组	岳阳楼区、岳阳县
	6度	0.05g	第一组	云溪区、君山区、华容县、平江县、临湘市

城市	烈度	加速度	分组	县级及县级以上城镇
常德市	7度	0.15g	第一组	武陵区、鼎城区
	7度	0.10g	第一组	安乡区、汉寿区、澧县、临澧县、桃源县、津市市
	6度	0.05g	第一组	石门县
张家界市	6度	0.05g	第一组	永定区、武陵源区、慈利县、桑植县
益阳市	6度	0.05g	第一组	资阳区、赫山区、南县、桃江县、安化县、沅江市
郴州市	6度	0.05g	第一组	北湖区、苏仙区、桂阳县、宜章县、永兴县、嘉禾县、临武县、汝城县、桂东县、安仁县、资兴市
永州市	6度	0.05g	第一组	零陵区、冷水滩区、祁阳县、东安县、双牌县、道县、江永县、宁远县、蓝山县、新田县、江华瑶族自治县
怀化市	6度	0.05g	第一组	鹤城区、中方县、沅陵县、辰溪县、溆浦县、会同县、麻阳苗族自治县、新晃侗族自治县、芷江侗族自治县、靖州苗族侗族自治县、通道侗族自治县、洪江市
娄底市	6度	0.05g	第一组	娄星区、双峰县、新化县、冷水江市、涟源市
湘西土家族苗族自治州	6度	0.05g	第一组	吉首市、泸溪县、凤凰县、花垣县、保靖县、古丈县、永顺县、龙山县

A.0.19 广东省

城市	烈度	加速度	分组	县级及县级以上城镇
广州市	7度	0.10g	第一组	荔湾区、越秀区、海珠区、天河区、白云区、黄埔区、番禺区、南沙区
	6度	0.05g	第一组	花都区、增城区、从化区
韶关市	6度	0.05g	第一组	武江区、浈江区、曲江区、始兴县、仁化县、翁源县、乳源瑶族自治县、新丰县、乐昌市、南雄市
深圳市	7度	0.10g	第一组	罗湖区、福田区、南山区、宝安区、龙岗区、盐田区
珠海市	7度	0.10g	第二组	香洲区、金湾区
	7度	0.10g	第一组	斗门区
汕头市	8度	0.20g	第二组	龙湖区、金平区、濠江区、潮阳区、澄海区、南澳县
	7度	0.15g	第二组	潮南区
佛山市	7度	0.10g	第一组	禅城区、南海区、顺德区、三水区、高明区
江门市	7度	0.10g	第一组	蓬江区、江海区、新会区、鹤山区
	6度	0.05g	第一组	台山市、开平市、恩平市
湛江市	8度	0.20g	第二组	徐闻县
	7度	0.10g	第一组	赤坎区、霞山区、坡头区、麻章区、遂溪县、廉江市、雷州市、吴川市

城市	烈度	加速度	分组	县级及县级以上城镇
茂名市	7度	0.10g	第一组	茂南区、电白区、化州市
	6度	0.05g	第一组	高州市、信宜市
肇庆市	7度	0.10g	第一组	端州区、鼎湖区、高要区
	6度	0.05g	第一组	广宁县、怀集县、封开县、德庆县、四会市
惠州市	6度	0.05g	第一组	惠城市、惠阳区、博罗县、惠东县、龙门县
梅州市	7度	0.10g	第二组	大埔县
	7度	0.10g	第一组	梅江区、梅县区、丰顺县
	6度	0.05g	第一组	五华县、平远县、蕉岭县、兴宁县
汕尾市	7度	0.10g	第一组	城区、海丰县、陆丰市
	6度	0.05g	第一组	陆河县
河源市	7度	0.10g	第一组	源城区、东源县
	6度	0.05g	第一组	紫金县、龙川县、连平县、和平县
阳江市	7度	0.15g	第一组	江城区
	7度	0.10g	第一组	阳东区、阳西县
	6度	0.05g	第一组	阳春市
清远市	6度	0.05g	第 组	清城区、清新区、佛冈县、阳山县、连山壮族瑶族自治县、连山瑶族自治县、英德市、连州市
东莞市	6度	0.05g	第一组	东莞市
中山市	7度	0.10g	第一组	中山市
潮州市	8度	0.20g	第二组	湘桥区、潮安区
	7度	0.15g	第二组	饶平县
揭阳市	7度	0.15g	第二组	榕城区、揭东区
	7度	0.10g	第二组	惠来县、普宁市
	6度	0.05g	第一组	揭西县
云浮市	6度	0.05g	第一组	云城区、云安区、新兴县、郁南县、罗定市

A.0.20 广西壮族自治区

城市	烈度	加速度	分组	县级及县级以上城镇
南宁市	7度	0.15g	第一组	龙安县
	7度	0.10g	第一组	兴宁区、青秀区、江南区、西乡塘区、良庆区、邕宁区、横县
	6度	0.05g	第一组	武鸣区、马山县、上林县、宾阳县
柳州市	6度	0.05g	第一组	城中区、鱼峰区、柳南区、柳北区、柳江县、柳城县、鹿寨县、融安县、融水苗族自治县、三江侗族自治县
桂林市	6度	0.05g	第一组	秀峰区、叠彩区、象山区、七星区、雁山区、临桂区、阳朔县、灵川县、全州县、兴安县、永福县、灌阳县、龙胜各族自治县、资源县、平乐县、荔浦县

城市	烈度	加速度	分组	县级及县级以上城镇
梧州市	6度	0.05g	第一组	万秀区、长洲区、龙圩区、苍梧县、藤县、蒙山县、岑溪市
北海市	7度	0.10g	第一组	合浦县
	6度	0.05g	第一组	海城区、银海县、铁山港区
防城港市	6度	0.05g	第一组	港口区、防城区、上思县、东兴区
钦州市	7度	0.15g	第一组	灵山县
	7度	0.10g	第一组	钦南县、钦北县、浦北县
贵港市	6度	0.05g	第一组	港北区、港南区、覃塘区、平南县、桂平市
玉林市	7度	0.10g	第一组	玉州区、福绵区、陆川县、博白县、兴业县、北流市
	6度	0.05g	第一组	容县
百色市	7度	0.15g	第一组	田东县、平果县、乐业县
	7度	0.10g	第一组	右江区、田阳县、田林县
	6度	0.05g	第二组	西林县、隆林各族自治县
	6度	0.05g	第一组	德保县、那坡县、凌云县
贺州市	6度	0.05g	第一组	八步区、昭平县、钟山县、富川瑶族自治县
河池市	6度	0.05g	第一组	金城江区、南丹县、天峨县、凤山县、东兰县、罗城仫佬族自治县、环江毛南族自治县、巴马瑶族自治县、都安瑶族自治县、大化瑶族自治县、宜州市
来宾市	6度	0.05g	第一组	兴宾区、忻城县、象州县、武宣县、金秀瑶族自治县、合山市
崇左市	7度	0.10g	第一组	扶绥县
	6度	0.05g	第一组	江州区、宁明县、龙州县、大新县、天等县、凭祥市
自治区直辖县级行政单位	6度	0.05g	第一组	靖西市

A.0.21 海南省

城市	烈度	加速度	分组	县级及县级以上城镇
海口市	8度	0.30g	第二组	秀英区、龙华区、琼山区、美兰区
三亚市	6度	0.05g	第一组	海棠区、吉阳区、天涯区、崖州区
三沙市	7度	0.10g	第一组	三沙市①
儋州市	6度	0.05g	第一组	儋州市
省直辖县级行政单位	8度	0.20g	第二组	文昌市、定安县
	7度	0.15g	第二组	澄迈县
	7度	0.15g	第一组	临高县
	7度	0.10g	第二组	琼海市、屯昌县
	6度	0.05g	第二组	白沙黎族自治县、琼中黎族苗族自治县
	6度	0.05g	第一组	五指山市、万宁市、东方市、昌江黎族自治县、乐东黎族自治县、陵水黎族自治县、保亭黎族苗族自治县

① 三沙市市政府驻地西沙永兴岛。

A.0.22　重庆市

烈度	加速度	分组	县级及县级以上城镇
7度	0.10g	第一组	黔江区
6度	0.05g	第一组	万州区、涪陵区、渝中区、大渡口区、江北区、沙坪坝区、九龙坡区、南岸区、北碚区、綦江区、大足区、渝北区、巴南区、长寿区、江津区、合川区、永川区、南川区、铜梁区、璧山区、潼南区、梁平县、城口县、丰都县、垫江县、武隆县、忠县、开县、云阳县、奉节县、巫山县、巫溪县、石柱土家族自治县、秀山土家族苗族自治县、酉阳土家族苗族自治县、彭水苗族土家族自治县

A.0.23　四川省

城市	烈度	加速度	分组	县级及县级以上城镇
成都市	8度	0.20g	第二组	都江堰市
	7度	0.15g	第二组	彭州市
	7度	0.10g	第三组	锦江区、青羊区、金牛区、武侯区、成华区、龙泉驿区、青白江区、新都区、温江区、金堂县、双流县、郫县、大邑县、蒲江县、新津县、邛崃市、崇州市
自贡市	7度	0.10g	第二组	富顺县
	7度	0.10g	第一组	自流井区、贡井区、大安区、沿滩区
	6度	0.05g	第三组	东区、西区、仁和区、米易县、盐边县
攀枝花市	7度	0.15g	第三组	海城市
泸州市	6度	0.05g	第二组	泸县
	6度	0.05g	第一组	江阳区、纳溪区、龙马潭区、合江县、叙永县、古蔺县
德阳市	7度	0.15g	第二组	什邡市、绵竹市
	7度	0.10g	第三组	广汉市
	7度	0.10g	第二组	旌阳区、中江县、罗江县
绵阳市	8度	0.20g	第二组	平武县
	7度	0.15g	第二组	北川羌族自治县（新）、江油市
	7度	0.10g	第二组	涪城区、游仙区、安县
	6度	0.05g	第二组	三台县、盐亭县、梓潼县
广元市	7度	0.15g	第二组	朝天区、青川县
	7度	0.10g	第二组	利州区、昭化区、剑阁县
	6度	0.05g	第二组	旺苍县、苍溪县
遂宁市	6度	0.05g	第一组	船山区、安居区、蓬溪县、射洪县、大英县
内江市	7度	0.10g	第一组	隆昌县
	6度	0.05g	第二组	威远县
	6度	0.05g	第一组	市中区、东兴区、资中县
乐山市	7度	0.15g	第三组	金口河区
	7度	0.15g	第二组	沙湾区、沐川县、峨边彝族自治县、马边彝族自治县
	7度	0.10g	第三组	五通桥区、犍为县、夹江县
	7度	0.10g	第二组	市中区、峨眉山市
	6度	0.05g	第三组	井研县

城市	烈度	加速度	分组	县级及县级以上城镇
南充市	6度	0.05g	第二组	阆中市
	6度	0.05g	第一组	顺庆市、高坪区、嘉陵区、南部县、营山县、蓬安县、仪陇县、西充县
眉山市	7度	0.10g	第三组	东坡区、彭山区、洪雅县、丹棱县、青神县
	6度	0.05g	第二组	仁寿县
宜宾市	7度	0.10g	第三组	高县
	7度	0.10g	第二组	翠屏区、宜宾县、屏山县
	6度	0.05g	第三组	珙县、筠连县
	6度	0.05g	第二组	南溪区、江安县、长宁县
	6度	0.05g	第一组	兴文县
广安市	6度	0.05g	第一组	广安区、前锋区、岳池县、武胜县、邻水县、华蓥市
达州市	6度	0.05g	第一组	通川区、达川区、宣汉县、开江县、大竹县、渠县、万源市
雅安市	8度	0.20g	第三组	石棉县
	8度	0.20g	第一组	宝兴县
	7度	0.15g	第三组	荥经县、汉源县
	7度	0.15g	第二组	天全县、芦山县
	7度	0.10g	第三组	名山区
	7度	0.10g	第二组	雨夸区
巴中市	6度	0.05g	第一组	巴州区、恩阳区、通江县、平昌县
	6度	0.05g	第二组	南江县
资阳市	6度	0.05g	第一组	雁江区、安岳县、乐至县
	6度	0.05g	第二组	简阳市
阿坝藏族羌族自治州	8度	0.20g	第三组	九寨沟县
	8度	0.20g	第二组	松潘县
	8度	0.20g	第一组	汶川县、茂县
	7度	0.15g	第二组	理县、阿坝县
	7度	0.10g	第三组	金川县、小金县、黑水县、壤塘县、若尔盖县、红原县
	7度	0.10g	第二组	马尔康县
甘孜藏族自治州	9度	0.40g	第二组	康定市
	8度	0.30g	第二组	道孚县、炉霍县
	8度	0.20g	第三组	理塘县、甘孜县
	8度	0.20g	第二组	泸定县、德格县、白玉县、巴塘县、得荣县
	7度	0.15g	第三组	九龙县、雅江县、新龙县
	7度	0.15g	第二组	丹巴县
	7度	0.10g	第三组	石渠县、色达县、稻城县
	7度	0.10g	第二组	乡城县

城市	烈度	加速度	分组	县级及县级以上城镇
凉山彝族自治州	9度	0.40g	第三组	西昌市
	8度	0.30g	第三组	宁南县、普格县、冕宁县
	8度	0.20g	第三组	盐源县、德昌县、布拖县、昭觉县、喜德县、越西县、雷波县
	7度	0.15g	第三组	木里藏族自治县、会东县、金阳县、甘洛县、美姑县
	7度	0.10g	第三组	会理县

A.0.24 贵州省

城市	烈度	加速度	分组	县级及县级以上城镇
贵阳市	6度	0.05g	第一组	南明区、云岩区、花溪区、乌当区、白云区、观山湖区、开阳县、息烽县、修文县、清镇市
六盘山市	7度	0.10g	第二组	钟山区
	6度	0.05g	第三组	盘县
	6度	0.05g	第二组	水城县
	6度	0.05g	第一组	六枝特区
遵义市	6度	0.05g	第一组	红花岗区、汇川区、遵义县、桐梓县、绥阳县、正安县、道真仡佬族苗族自治县、凤冈县、湄潭县、余庆县、习水县、赤水市、仁怀市
安顺市	6度	0.05g	第一组	西秀区、平坝区、普定县、镇宁布依族苗族自治县、关岭布依族苗族自治县、紫云苗族布依族自治县
铜仁市	6度	0.05g	第一组	碧江区、万山区、江口区、玉屏侗族自治县、石阡县、思南县、印江土家族苗族自治县、德江县、沿河土家族自治县、松桃苗族自治县
黔西南布依族苗族自治州	7度	0.15g	第一组	望谟县
	7度	0.10g	第二组	普安县、晴隆县
	6度	0.05g	第三组	兴义市
	6度	0.05g	第二组	兴仁县、贞丰县、册亨县、安龙县
毕节市	7度	0.10g	第三组	威宁彝族回族苗族自治县
	6度	0.05g	第三组	赫章县
	6度	0.05g	第二组	七星关区、大方县、纳雍县
	6度	0.05g	第一组	金沙县、黔西县、织金县
黔东南苗族侗族自治州	6度	0.05g	第一组	凯里市、黄平县、施秉县、三穗县、镇远县、岑巩县、天柱县、锦屏县、剑河县、台江县、黎平县、榕江县、从江县、雷山县、麻江县、丹寨县
黔南布依族苗族自治州	7度	0.10g	第一组	福泉市、贵定县、龙里县
	6度	0.05g	第一组	都匀市、荔波县、瓮安县、独山县、平塘县、罗甸县、长顺县、惠水县、三都水族自治县

413

A.0.25 云南省

城市	烈度	加速度	分组	县级及县级以上城镇
昆明市	9度	0.40g	第三组	东川区、寻甸回族彝族自治
	8度	0.30g	第三组	宜良县、嵩明县
	8度	0.20g	第三组	五华区、盘龙区、官渡区、西山区、呈贡区、晋宁区、石林彝族自治县、安宁市
	7度	0.15g	第三组	富民县、禄劝彝族苗族自治县
曲靖市	8度	0.20g	第三组	马龙县、会泽县
	7度	0.15g	第三组	麒麟区、陆良县、沾益县
	7度	0.10g	第三组	东区、西区、仁和区、来易县、盐边县
玉溪市	8度	0.30g	第三组	江川县、澄江县、通海县、华宁县、峨山彝族自治县
	8度	0.20g	第三组	红塔区、易门县
	7度	0.15g	第三组	新平彝族傣族自治县、元江哈尼族彝族傣族自治县
保山市	8度	0.30g	第三组	龙陵县
	8度	0.20g	第三组	隆阳县、施甸区
	7度	0.15g	第三组	昌宁县
昭通市	8度	0.20g	第三组	巧家县、永善县
	7度	0.15g	第三组	大关县、彝良县、鲁甸县
	7度	0.15g	第二组	绥江县
	7度	0.10g	第三组	昭阳区、盐金县
	7度	0.10g	第二组	水富县自治县
	6度	0.05g	第二组	镇雄县、威信县
丽江市	8度	0.30g	第三组	古城区、玉龙纳西族自治县、永胜县
	8度	0.20g	第三组	宁蒗彝族自治县
	7度	0.15g	第三组	华坪县
普洱市	9度	0.40g	第三组	澜沧拉祜族自治县
	8度	0.30g	第三组	孟连傣族拉祜族佤族自治县、西盟佤族自治县
	8度	0.20g	第三组	思茅区、宁洱哈尼族自治县
	7度	0.15g	第三组	景东彝族自治县、景谷傣族彝族自治县
	7度	0.10g	第三组	墨江哈尼族自治县、镇沅枯族哈尼族拉祜族自治县、江城哈尼族彝族自治县
临沧市	8度	0.30g	第三组	双江拉祜族佤族布朗族傣族自治县、耿马傣族佤族自治县、沧源佤族自治县
	8度	0.20g	第三组	临翔区、凤庆县、云县、永德县、镇康县
楚雄彝族自治州	8度	0.20g	第三组	楚雄市、南华县
	7度	0.15g	第三组	双柏县、牟定县、姚安县、大姚县、元谋县、武定县、禄丰县
	7度	0.10g	第三组	永仁县

城市	烈度	加速度	分组	县级及县级以上城镇
红河哈尼族彝族自治州	8度	0.30g	第三组	建水县、石屏县
	7度	0.15g	第三组	个旧市、开远市、弥勒市、元阳县、红河县
	7度	0.10g	第三组	蒙自市、泸西县、金平苗族瑶族傣族自治县、绿春县
	7度	0.10g	第一组	河口瑶族自治县
	6度	0.05g	第三组	屏边苗族自治县
文山壮族苗族自治州	7度	0.10g	第三组	文山市
	6度	0.05g	第三组	砚山县、丘北县
	6度	0.05g	第二组	广南县
	6度	0.05g	第一组	西畴县、麻栗坡县、马关县、富宁县
西双版纳傣族自治州	8度	0.30g	第三组	勐海县
	8度	0.20g	第三组	景洪市
	7度	0.05g	第三组	勐腊县
大理白族自治州	8度	0.30g	第三组	洱源县、剑川县、鹤庆县
	8度	0.20g	第三组	大理市、漾濞彝族自治县、祥云县、宾川县、弥渡县、南涧彝族自治县、巍山彝族回族自治县
	7度	0.15g	第三组	永平县、云龙县
德宏傣族景颇族自治州	8度	0.30g	第三组	瑞丽市、芒市
	8度	0.20g	第三组	梁河县、盈江县、陇川县
怒江傈僳族	8度	0.20g	第三组	泸水县
	8度	0.20g	第二组	福贡县、贡山独龙族怒族自治县
	7度	0.15g	第三组	兰坪白族普米族自治县
迪庆藏族政自治州	8度	0.20g	第二组	香格里拉市、德钦县、维西傈僳族自治县
省直辖县级行政单位	8度	0.20g	第三组	腾冲市

A.0.26 西藏自治区

城市	烈度	加速度	分组	县级及县级以上城镇
拉萨市	9度	0.40g	第三组	当雄县
	8度	0.30g	第三组	城关区、林周县、尼木县、堆龙德庆县
	7度	0.15g	第三组	曲水县、达孜县、墨竹工卡县
昌都市	8度	0.20g	第三组	卡若区、边坝县、洛隆县
	7度	0.15g	第三组	类乌齐县、丁青县、察雅县、八宿县、左贡县
	7度	0.105g	第二组	江达县、芒康县
	7度	0.10g	第三组	贡觉县
山南地区	8度	0.30g	第三组	错那县
	8度	0.20g	第三组	桑日县、曲松县、隆子县
	7度	0.15g	第三组	乃东县、扎囊县、贡嘎县、琼结县、措美县、洛扎县、加查县、浪卡子县

城市	烈度	加速度	分组	县级及县级以上城镇
	8度	0.20g	第三组	仁布县、康马县、聂拉木县
	8度	0.20g	第二组	拉孜县、定结县、亚东县
日喀则市	7度	0.15g	第三组	桑珠孜区（原日喀则市）、南木林县、江孜县、定日县、萨迦县、白朗县、吉隆县、萨嘎县、岗巴县
	7度	0.15g	第二组	昂仁县、谢通门县、仲巴县
	8度	0.30g	第三组	申扎县
	8度	0.20g	第三组	那曲县、安多县、尼玛县
	8度	0.20g	第二组	嘉黎县
那曲地区	7度	0.15g	第三组	聂荣县、班戈县
	7度	0.15g	第二组	索县、巴青县、双湖县
	7度	0.10g	第三组	比如县
	8度	0.20g	第三组	普兰县
	7度	0.15g	第三组	噶尔县、日土县
阿里地区	7度	0.15g	第二组	札达县、改则县
	7度	0.10g	第三组	革吉县
	7度	0.10g	第二组	措勤县
	9度	0.40g	第三组	墨脱县
	8度	0.30g	第三组	米林县、波密县
林芝市	8度	0.20g	第三组	巴宜区（原林芝县）
	7度	0.15g	第三组	察隅县、朗县
	7度	0.10g	第三组	工布江达县

A.0.27 陕西省

城市	烈度	加速度	分组	县级及县级以上城镇
西安市	8度	0.20g	第二组	新城区、碑林区、莲湖区、灞桥区、未央区、雁塔区、阎良区、临潼区、长安区、高陵区、蓝田县、周至县、户县
铜川市	7度	0.10g	第三组	王益区、印台区、跃州区
	6度	0.05g	第三组	宜君县
	8度	0.20g	第三组	凤翔县、岐山县、陇县、千阳县
宝鸡市	8度	0.20g	第二组	渭滨区、金台区、陈仓区、扶风县、眉县
	7度	0.15g	第三组	凤县
	7度	0.10g	第三组	麟游县、太白县
	8度	0.20g	第二组	秦都区、杨陵区、渭城区、泾阳县、武功县、兴平市
	7度	0.15g	第三组	乾县
咸阳市	7度	0.15g	第二组	三原县、礼泉县
	7度	0.10g	第三组	永寿县、淳化县
	6度	0.05g	第三组	彬县、长武县、旬邑县

城市	烈度	加速度	分组	县级及县级以上城镇
渭南市	8度	0.30g	第二组	华县
	8度	0.20g	第二组	临渭区、潼关县、大荔县、华阴市
	7度	0.15g	第三组	澄城县、富平县
	7度	0.15g	第二组	合阳县、蒲城县、韩城市
	7度	0.10g	第三组	白水县
延安市	6度	0.05g	第三组	吴起县、富县、洛川县、宜川县、黄龙县、黄陵县
	6度	0.05g	第二组	延长县、延川县
	6度	0.05g	第一组	宝塔区、子长县、安塞县、志丹县、甘泉县
汉中市	7度	0.15g	第二组	略阳县
	7度	0.10g	第三组	留坝县
	7度	0.10g	第二组	汉台区、南郑县、勉县、宁强县
	6度	0.05g	第三组	城固县、洋县、西乡县、佛坪县
	6度	0.05g	第一组	镇巴县
榆林市	6度	0.05g	第三组	府谷县、定边县、吴堡县
	6度	0.05g	第一组	榆阳区、神木县、横山县、靖边县、绥德县、米脂县、佳县、清涧县、子洲县
安康市	7度	0.10g	第一组	汉滨区、平利区
	6度	0.05g	第三组	汉阴县、石泉县、宁陕县
	6度	0.05g	第二组	紫阳县、岚皋县、旬阳县、白河县
	6度	0.05g	第一组	镇坪县
商洛市	7度	0.15g	第二组	洛南县
	7度	0.10g	第三组	商州区、柞水县
	7度	0.10g	第一组	商南县
	6度	0.05g	第三组	丹凤县、山阳县、镇安县

A.0.28 甘肃省

城市	烈度	加速度	分组	县级及县级以上城镇
兰州市	8度	0.20g	第三组	城关区、七里河区、西固区、安宁区、永登县
	7度	0.15g	第三组	红古区、皋兰县、榆中县
嘉峪关市	8度	0.20g	第二组	嘉峪关市
金昌市	7度	0.15g	第三组	金川区、永昌县
白银市	8度	0.30g	第三组	平川区
	8度	0.20g	第三组	靖远县、会宁县、景泰县
	7度	0.15g	第三组	白银区

城市	烈度	加速度	分组	县级及县级以上城镇
天水市	8度	0.30g	第二组	秦州区、麦积区
	8度	0.20g	第三组	清水县、秦安县、武山县、张家川回族自治县
	8度	0.20g	第二组	甘谷县
武威市	8度	0.30g	第三组	古浪县
	8度	0.20g	第三组	凉州区、天祝藏族自治县
	7度	0.10g	第三组	民勤县
张掖市	8度	0.20g	第三组	临泽县
	8度	0.20g	第二组	肃南南裕固族自治县、高台县
	7度	0.15g	第三组	甘州区
	7度	0.15g	第二组	民乐县、山丹县
平凉市	8度	0.20g	第三组	华亭县、庄浪县、静宁县
	7度	0.15g	第三组	崆峒区、崇信县
	7度	0.10g	第三组	泾川县、灵台县
酒泉市	8度	0.20g	第二组	肃北蒙古族自治县
	7度	0.15g	第三组	肃州区、玉门市
	7度	0.15g	第二组	金塔县、阿克塞哈萨克族自治县
	7度	0.10g	第三组	瓜州县、敦煌市
庆阳市	7度	0.10g	第三组	西峰区、怀县、镇原县
	6度	0.05g	第三组	庆城县、华池县、合水县、正宁县、宁县
定西市	8度	0.20g	第三组	通渭县、陇西县、漳县
	7度	0.15g	第三组	安定区、渭源县、临洮县、岷县
陇南市	8度	0.30g	第二组	西和县、礼县
	8度	0.20g	第三组	两当县
	8度	0.20g	第二组	武都区、成县、文县、宕昌县、康县、徽县
临夏回族自治州	8度	0.20g	第三组	永靖县
	7度	0.15g	第三组	临夏市、康乐县、广河县、和政县、东乡族自治县
	7度	0.15g	第二组	临夏县
	7度	0.10g	第三组	积石山保安族东乡族撒拉族自治县
甘南藏族自治州	8度	0.20g	第三组	舟曲县
	8度	0.20g	第二组	玛曲县
	7度	0.15g	第三组	临潭县、卓尼县、迭部县
	7度	0.15g	第二组	合作市、夏河县
	7度	0.10g	第三组	碌曲县

A.0.29 青海省

城市	烈度	加速度	分组	县级及县级以上城镇
西宁市	7度	0.10g	第三组	城中区、城东区、城西区、城北区、大通回族土族自治县、湟中县、湟源县
海东市	7度	0.10g	第三组	乐都区、平安区、民和回族土族自治县、互助土族自治县、化隆回族自治县、循化撒拉族自治县
海北藏族自治州	8度	0.20g	第二组	祁连县
	7度	0.15g	第三组	门源回族自治县
	7度	0.15g	第二组	海晏县
	7度	0.10g	第三组	刚察县
黄南藏族自治州	7度	0.15g	第二组	同仁县
	7度	0.10g	第三组	尖扎县、河南蒙古族自治县
	7度	0.10g	第二组	泽库县
海南藏族自治州	7度	0.15g	第二组	贵德县
	7度	0.10g	第三组	共和县、同德县、兴海县、贵南县
果洛藏族自治州	8度	0.30g	第三组	玛沁县
	8度	0.20g	第三组	甘德县、达日县
	7度	0.15g	第三组	玛多县
	7度	0.10g	第三组	班玛县、久治县
玉树藏族自治州	8度	0.20g	第三组	曲麻莱县
	7度	0.15g	第三组	玉树市、治多县
	7度	0.10g	第三组	称多县
	7度	0.10g	第二组	杂多县、囊谦县
海西蒙古族藏族自治州	7度	0.15g	第三组	德令哈市
	7度	0.15g	第二组	乌兰县
	7度	0.10g	第三组	格尔木市、都兰县、天峻县

A.0.30 宁夏回族自治区

城市	烈度	加速度	分组	县级及县级以上城镇
银川市	8度	0.20g	第三组	灵武市
	8度	0.20g	第二组	兴庆区、西夏区、金凤区、永宁县、贺兰县
石嘴山市	8度	0.20g	第二组	大武口区、惠农区、平罗县
吴忠市	8度	0.20g	第三组	利通区、红寺堡区、同心县、青铜峡市
	6度	0.05g	第三组	盐池县
固原市	8度	0.20g	第三组	原州区、西吉县、隆德县、泾源县
	7度	0.15g	第三组	彭阳县
中卫市	8度	0.30g	第三组	海原县
	8度	0.20g	第三组	沙坡头区、中宁县

A.0.31 新疆维吾尔自治区

城市	烈度	加速度	分组	县级及县级以上城镇
乌鲁木齐市	8度	0.20g	第二组	天山区、沙依巴克区、新市区、水磨沟区、头屯河区、达阪城区、米东区、乌鲁木齐县①
克拉玛依市	8度	0.20g	第三组	独山子区
	7度	0.10g	第三组	克拉玛依区、白碱滩区
	7度	0.10g	第一组	乌尔禾区
吐鲁番市	7度	0.15g	第二组	高昌区（原吐鲁番市）
	7度	0.10g	第二组	鄯善县、托克逊县
哈密地区	8度	0.20g	第二组	巴里坤哈萨克自治县
	7度	0.15g	第二组	伊吾县
	7度	0.10g	第二组	哈密市
昌吉回族自治州	8度	0.20g	第三组	昌吉市、玛纳斯县
	8度	0.20g	第二组	木垒萨克自治县
	7度	0.15g	第三组	呼图壁县
	7度	0.15g	第二组	阜康市、吉木萨尔县
	7度	0.10g	第二组	奇台县
博尔塔拉蒙古自治州	8度	0.20g	第三组	精河县
	8度	0.20g	第二组	阿拉山口市
	7度	0.15g	第三组	博乐市、温泉县
巴音郭楞蒙古自治州	8度	0.20g	第二组	库尔勒市、焉耆回族自治县、和静镇、和硕县、博湖县
	7度	0.15g	第二组	轮台县
	7度	0.10g	第三组	且末县
	7度	0.10g	第二组	尉犁县、若羌县
阿克苏地区	8度	0.20g	第二组	阿克苏市、温宿县、库车县、拜城县、乌什县、柯坪县
	7度	0.15g	第二组	新和县
	7度	0.10g	第三组	沙雅县、阿瓦提县、阿瓦提镇
克孜勒苏柯尔克孜自治州	9度	0.40g	第三组	乌恰县
	8度	0.30g	第三组	阿图什市
	8度	0.20g	第三组	阿克陶县
	8度	0.20g	第二组	阿合奇县
喀什地区	9度	0.40g	第三组	塔什库尔干塔吉克自治县
	8度	0.30g	第三组	喀什市、疏附县、英吉沙县
	8度	0.20g	第三组	疏勒县、岳普湖县、伽师县、巴楚县
	7度	0.15g	第三组	泽普县、叶城县
	7度	0.10g	第三组	莎车县、麦盖提县

城市	烈度	加速度	分组	县级及县级以上城镇
和田地区	7度	0.15g	第二组	和田市、和田县②、墨玉县、洛浦县、策勒县
	7度	0.10g	第三组	皮山县
	7度	0.10g	第二组	于田县、民丰县
伊犁哈萨克自治州	8度	0.30g	第三组	昭苏县、特克斯县、尼勒克县
	8度	0.20g	第三组	伊宁县、奎屯市、霍尔果斯市、伊宁市、霍城县、巩留县、新源县
	7度	0.15g	第三组	察布查尔锡伯自治县
塔城地区	8度	0.20g	第三组	乌苏市、沙湾县
	7度	0.15g	第二组	托里县
	7度	0.15g	第一组	和布克赛尔蒙古自治县
	7度	0.10g	第二组	裕民县
	7度	0.10g	第一组	塔城市、额敏县
阿勒泰地区	8度	0.20g	第三组	富蕴县、青河县
	7度	0.15g	第二组	阿勒泰市、哈巴河县
	7度	0.10g	第二组	布尔津县
	6度	0.05g	第三组	福海县、吉木乃县
自治区直辖县级行政单位	8度	0.20g	第三组	石河子市、可克达拉市
	8度	0.20g	第二组	铁门关市
	7度	0.15g	第三组	图木舒克市、五家渠市、双河市
	7度	0.10g	第二组	北屯市、阿拉尔市

① 乌鲁木齐县政府驻乌鲁木齐市水磨沟区南湖南路街道；

② 和田县政府驻和田市古江巴格街道。

A.0.32 港澳特区和台湾省

城市	烈度	加速度	分组	县级及县级以上城镇
香港特别行政区	7度	0.15g	第二组	香港
澳门特别行政区	7度	0.10g	第二组	澳门
台湾省	9度	0.40g	第三组	嘉义县、嘉义市、云林县、南投县、彰化县、台中市、苗栗县、花莲县
	9度	0.40g	第二组	台南县、台中县
	8度	0.30g	第三组	台北市、台北县、基隆市、桃园县、新竹县、新竹市、宜兰县、台东县、屏东县
	8度	0.20g	第三组	高雄市、高雄县、金门县
	8度	0.20g	第二组	澎湖县
	6度	0.05g	第三组	妈祖县

附录 B 框架结构和框架-剪力墙
结构基本周期实测值

框架结构实测周期

序号	建筑物名称	高度（m）	层数 地上	层数 地下	结构特征	实测自振周期 横向	实测自振周期 纵向
1	北京民航总局办公楼（Ⅰ）	60.8	14	1	装配整体式框架，内外墙为装配壁板	(1.5) 1.10	0.89
2	北京民航总局办公楼（Ⅱ）	44.0	12	1	装配整体式框架，内外墙为装配壁板	0.75	0.75
3	北京电报大楼	52.50			现浇框架，层高7m，空心砖填充墙	(1.5) 0.51	
4	清华大学主楼（Ⅰ）	45.5	10	1	现浇框架，砖填充墙	0.60	0.59
5	清华大学主楼（Ⅱ）		9	1	现浇框架，砖填充墙	0.58	0.57
6	北京前门饭店	35.8	8	1	现浇框架，砖填充墙	0.45	
7	北京中国医科大学主楼	35.0	8	1	现浇框架，空心砖填充墙	(1.1) 0.61	
8	北京原华北局办公楼（Ⅰ）	34.0	8	1	现浇框架，砖填充墙	0.70	0.63
9	北京原华北局办公楼（Ⅱ）	31.0	7	1	现浇框架，砖填充墙	0.61	0.55
10	天津骨科医院	33.40	8	1	装配整体式框架	0.55	0.31
11	北京邮局转运站	18.1	4		现浇框架	0.40	0.33
12	上海大厦	79.8	20		现浇框架	1.15	0.85
13	上海衡山饭店	62.1(塔楼)19.1	17	局部1	现浇框架	0.72	0.60
14	上海和平饭店	76.7(塔楼)26.6	14		现浇框架	0.75	0.55

注：括号中所注为计算周期。

框架-抗震墙结构实测周期

序号	建筑物名称	高度（m）	层数 地上	层数 地下	结构特征	实测自振周期 横向	实测自振周期 纵向
1	北京饭店	80	18	3	现浇框架-抗震墙，砖和加气混凝土填充墙	(2.72) 0.90	(3.4) 0.90
2	北京16层外交公寓	60	16	1	装配式框架-抗震墙，外挂墙板	(2.7) 0.95	(2.27) 0.83
3	北京军事博物馆	69.3			现浇框架，L形抗震墙	0.58	
4	北京民族文化宫	63.2	13	2	现浇框架，L形抗震墙	0.73	
5	北京民族饭店	43.5	10	1	装配式框架，有抗震墙，砖填充墙	(0.58) 0.52	
6	北京中医研究院	41.9	11	1	现浇框架-抗震墙	0.75	0.40
7	北京友谊商店	25	4		装配式框架，有现浇抗震墙	0.29	0.36
8	上海长征医院	26.8	9		现浇框架-抗震墙	0.40	
9	上海武宁公寓西楼	24.2	8	1	现浇框架，砖抗风墙	0.35	
10	北京外交部大楼（Ⅰ）	35.1	8		装配整体式框架，有抗震墙	(0.71) 0.50	0.45
11	北京外交部大楼（Ⅱ）	26.6	6		装配整体式框架，有抗震墙	(0.71) 0.46	0.44
12	北京铁道部大楼（Ⅰ）	36.4	8		现浇框架，抗震墙	0.48	0.39
13	北京铁道部大楼（Ⅱ）	31.6	7		现浇框架，抗震墙	0.46	0.40

注：括号中所注为计算周期。

参 考 文 献

[1] 建筑抗震设计规范 GB 50011—2010(2016 年版). 北京：中国建筑工业出版社，2016.

[2] 中国地震动参数区划图 GB 183068—2015. 北京：中国标准出版社，2015.

[3] 建筑结构可靠度设计统一标准 GB 50068—2001. 北京：中国建筑工业出版社，2002.

[4] 工程结构可靠度设计统一标准 GB 50068—2008. 北京：中国建筑工业出版社，2008.

[5] 混凝土结构设计规范 GB 50010—2010(2015 年版). 北京：中国建筑工业出版社，2015.

[6] 建筑结构荷载规范 GB 50009—2012. 北京：中国建筑工业出版社，2012.

[7] 国家标准建筑抗震设计规范管理组. 建筑抗震设计规范 GB 50011—2010 统一培训教材. 北京：地震出版社，2010.

[8] 北京建筑工程学院，南京工学院. 建筑结构抗震设计. 北京：地震出版社，1981.

[9] 高振世等. 建筑结构抗震设计. 北京：中国建筑工业出版社，1995.

[10] 梁兴文等. 底部两层框架－抗震墙砖房侧移刚度的确定方法. 建筑结构，1999.11.

[11] 吴邦达. 对多层框架结构受地震作用的计算方法的意见. 建筑学报，1961.10.

[12] 方鄂华. 多层及高层建筑结构设计. 北京：地震出版社，1995.

[13] 高小旺等. 底部两层框架－抗震墙砖房侧移刚度分析和第二层与第三层侧移刚度比的合理取值. 建筑结构，1999.11.

[14] 梁启智. 高层建筑结构分析与设计. 广州：华南理工大学出版社，1992.

[15] 巴荣光. 砌体结构地震剪力的简化计算. 建筑结构学报，1989.

[16] Steven C. Chapra 等(唐玲艳等译). 工程数值方法. 北京：清华大学出版社，2007.

[17] 郭继武. 建筑抗震设计. 北京：高等教育出版社，1990.

[18] 郭继武. 建筑抗震疑难释义(第二版). 北京：中国建筑工业出版社，2010.

[19] 郭继武. 建筑抗震设计(第三版). 北京：中国建筑工业出版社，2011.

[20] 郭继武. 混凝土结构设计与算例. 北京：中国建筑工业出版社，2014.

[21] 郭继武. 结构构件及地基计算程序开发和应用. 北京：中国建筑工业出版社，2009.